U0182085

生命

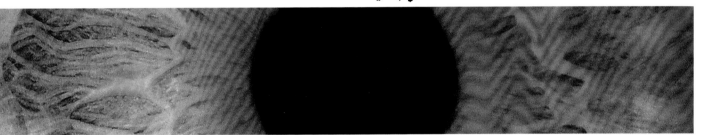

植物王国／斑斓昆虫／哺乳动物／人体秘密

[英]戴维·伯尼　理查德·沃克　詹·格林／著
吕潇 等／译
徐世新 等／审校

科学普及出版社
·北　京·

图书在版编目（CIP）数据

生命 /（英）戴维·伯尼，（英）理查德·沃克，（英）詹·格林著；吕潇等译. -- 北京：科学普及出版社，2022.1（2022.10重印）
（DK 探索百科）
书名原文：E. Explore Life
ISBN 978-7-110-10024-0

Ⅰ.①生… Ⅱ.①戴… ②理… ③詹… ④吕… Ⅲ.①生命科学—青少年读物 Ⅳ.① Q1-0

中国版本图书馆 CIP 数据核字（2019）第 239359 号

本书各部分的作者、译者、审校者如下：
《植物王国》 戴维·伯尼著，吕潇译，徐世新审校；
《斑斓昆虫》 戴维·伯尼著，吴佳瑶译，林静怡审校；
《哺乳动物》 詹·格林 戴维·伯尼著，周倩如译，林静怡审校；
《人体秘密》 理查德·沃克著，许媛媛 孙博译，张宁审校。

Previously published as: E.Explore Plant (2006); E.Explore Insect (2005); E.Explore Mammal (2005); E.Explore Human Body (2005)
Original Title: E.Explore Life

著作权合同登记号：01-2021-6678

总 策 划 秦德继
策划编辑 高立波 王 菡 许 英
责任编辑 高立波 张敬一
封面设计 八 牛
正文设计 中文天地
责任校对 张晓莉
责任印制 李晓霖

出　　版 科学普及出版社
发　　行 中国科学技术出版社有限公司发行部
地　　址 北京市海淀区中关村南大街 16 号
邮　　编 100081
发行电话 010-62173865
传　　真 010-62173081
网　　址 http://www.cspbooks.com.cn

开　　本 889mm × 1194mm 1/16
字　　数 700 千字
印　　张 23.25
版　　次 2022 年 1 月第 1 版
印　　次 2022 年 10 月第 2 次印刷
印　　刷 北京华联印刷有限公司
书　　号 ISBN 978-7-110-10024-0 / Q · 263
定　　价 196.00 元

（凡购买本社图书，如有缺页、倒页、脱页者，本社发行部负责调换）

For the curious

www.dk.com

录

物王国

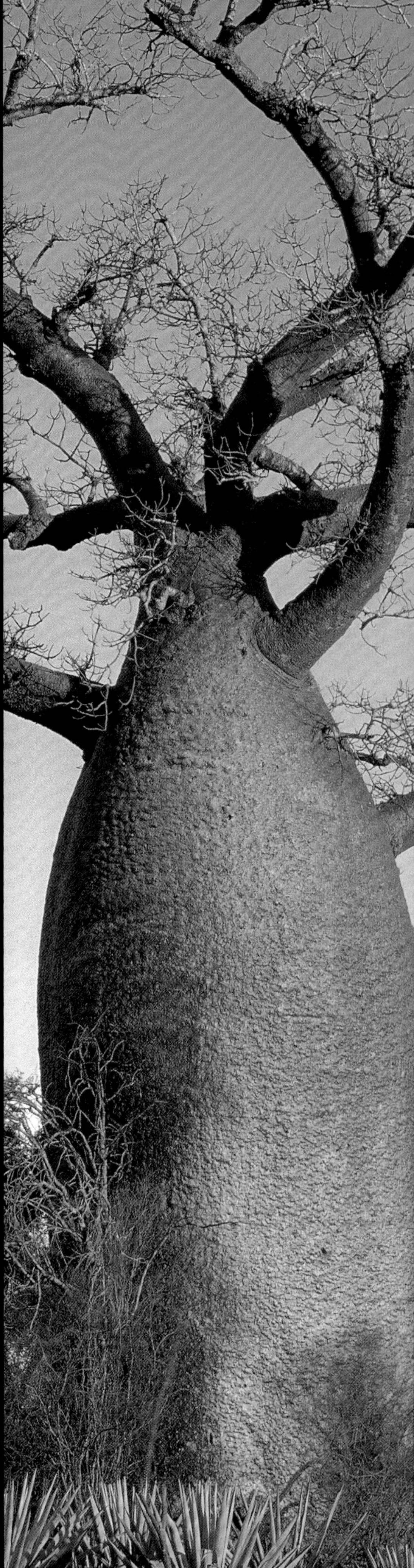

斑斓昆虫

哺乳动物

人体秘密

植物王国

植物界

地球上有超过 40 万种的植物，并且在它们之中包含了地球上最高、最重以及最古老的生物种类。这些植物在一起组成了植物界——生物中的五界之一。同动物一样的是，植物也需要能量来生存和生长，但是它们是通过吸收阳光来获得能量而非摄取食物。地球上的生命依靠着植物生存。所有的动物取食植物或是以植食动物为食。植物在生长过程中会释放一种副产品——氧气。氧气是所有动物呼吸所需要的气体。

南极洲生长着许多种类的不产种子植物（孢子植物），而被子植物仅有两种

雨林植物全年无休止地生长着

◀绿色的行星

植物几乎生长在地球的所有角落，并且从太空中都能够观察得到。在靠近赤道的地方，生长条件对于植物来说几乎是完美的，因为那里全年阳光充足，气候温暖潮湿。那里主要为热带雨林，储备着世界上最为丰富的植物资源。在远离赤道的地方，生存条件十分恶劣，植物必须能够适应干旱或寒冷的生活环境。

春

夏

秋

冬

季节与植物▶

在地球上，例如北欧的温带地区，植物随季节分步骤地生长着。在春季，它们开始生长，那时白天变长，土地开始升温；在夏季，它们继续生长；当秋季来临时，它们的生长便会停止，并且有许多树木都会掉落叶子；冬季是休眠的时节，因为白天变短，大地常常冰冻。在温暖地区是没有冬季的，但是一年也常被分为雨季和旱季。植物在雨季生长，在旱季停止生长。

植物的进化▶

这条时间链显示了重要的植物类群首次出现的时间。这是根据化石和分子钟（利用蛋白质和基因的变化来判定时间的方法）制作出来的。后面的植物并非是由前面的植物所进化而来的。例如，苔类植物是持续不断地生存在地球上的，没有什么变化，且已无再进化的可能。还有一些种类则是从已经灭绝的古老祖先种类进化而来的。

第一种陆生植物
5.1 亿年前

苔类
4.75 亿年前

藓类
4.5 亿年前

木贼类
3.6 亿年前

植物分类▶

所有植物物种都具有独有的、由两部分组成的科学命名。第一个词代表"属"（genus）名，第二个词代表"种"（species）名。例如：早期的紫罗兰就被命名为 *Orchis mascula*。第一个词 *Orchis* 为属名；第二个词 *mascula* 是种名。科学家对植物进行分类，可以显现出植物在进化中的关联。他们将植物界又分成了许多小类别，如目、科、属、种。

植物之最

最高的植物	海岸红杉（*Sequoia sempervirens*）	111 米
最重的植物	巨杉（*Sequoiandendron giganteum*）	2500 吨
最小的被子植物	澳大利亚浮萍（*Wolffia angusta*）	0.6 毫米长
最老的单株植物	狐尾松（*Pinus longaeva*）	4600 年
最老的丛生植物	石碳酸灌木（*Larrea tridentata*）	10 000 年
生长最快的植物	巨竹（*Dendrocalamus giganteus*）	每天生长 90 厘米
花朵最大的植物	大花草（*Rafflesia arnoldii*）	90 厘米宽
叶片最大的植物	酒椰棕榈（*Raphia farinifera*）	24 米
果实（野生）最大的植物	木波罗，也称菠萝蜜（*Artocarpus heterophyllus*）	35 千克
果实（栽培）最大的植物	南瓜（*Cucurbita pepo*）	606 千克
扎根最深的植物	野生无花果（*Ficus palmata*）	120 米

被子植物的主要分科

菊科（25 000 ~ 30 000 种）

世界上的被子植物有 300 多科，菊科是其中最大的科。凡属这个科的植物都具有复合花——即由许多小花或称小筒组成的头状花序。菊科包含了许多栽培植物，例如太阳花、金光菊，也包括了许多杂草种类。

兰科（25 000 种）

兰科植物有着世界上最吸引人、最精巧的花朵。它们具有微小的种子，并且种子依赖真菌帮助它们萌发和生长。许多兰科植物生长在土地上，但是在世界的温暖地区它们常常是附生的，也就是说它们附在其他植物上生长。许多兰科植物都在它们膨大的根中储存养分。

豆科（18 000 种）

豆科包含了多种类乔木和灌木，还有豌豆、豆形果实植物和其他作物。豆科植物的种子都生长在豆荚中，并且它们的根中包含有固氮菌，固氮菌有利于土壤的肥化。豆科中包含着许多观赏植物，如羽扇豆和金雀花。

禾本科（近 10 000 种）

禾本科植物是世界上分布最广泛的被子植物。它们具有管状的茎，细窄的叶子和羽状的风媒花。大多数禾本科植物为矮生，但是竹子却可以超过 40 米高。栽培禾本科植物中有可收获谷粒的谷类植物和能够产生糖的甘蔗。

大戟科（5000 种）

大戟科植物在全球范围内生长，但是它们中的大多数通常分布在热带和干旱地区。它们的花通常是绿色、杯形的，茎叶可能含有有毒的乳汁——一种白色汁液。大戟科植物——橡胶树上的乳状汁液可制作天然橡胶。

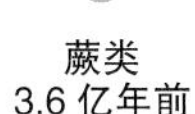

蕨类
3.6 亿年前

苏铁类
2.9 亿年前

银杏
2.9 亿年前

松柏类
2.9 亿年前

被子植物
1.45 亿年前

什么是植物

大多数人能够很容易地区分出植物和动物，因为动物是可以活动的，而植物却在地上扎根生长。但是，是什么使得植物称得上植物呢？同动物一样，植物也是由许多细胞组成的生命体；不同于动物的是，植物可通过光合作用（见第18和19页）——利用光能的过程，生产自身所需的养分。大多数植物具有根、茎、叶；并且大多数植物（虽然不是所有植物）是通过开花、结果进行繁殖的。藻类、真菌以及地衣具有一些植物特性，但是它们并不属于植物界。

植物细胞▶

植物是由微小的生命单元——细胞构建起来的。每一个植物细胞都具有坚韧的、由纤维素构成的细胞壁。细胞壁可以起到保持细胞形态的作用。细胞中包含承受着压力的细胞液，这些细胞液挤压着细胞壁，并且维持着细胞的坚固性。植物体中具有多种细胞。图中显示的这些细胞来自叶片，其中包含着被称为叶绿体的绿色结构；叶绿体是可以吸收光能并且能够进行光合作用的细胞器。

叶绿体截取那些穿过植物细胞的阳光

细胞壁是由搭叠着的纤维素纤维组成的

解剖植物▶

这株报春花是典型的开花植物。它由两部分组成：第一部分是用来固定植物，并且吸收土壤水分和养料作用的根轴系；第二部分是茎轴系统，这个系统包含了植物体地上所有的部分，包括茎部、叶片及花朵。根轴和茎轴通过一种平衡的方式进行生长，这样根部就能够为植物体传递植株所需的所有水分了。

水蒸气从叶片表面挥发出来

植物的繁殖

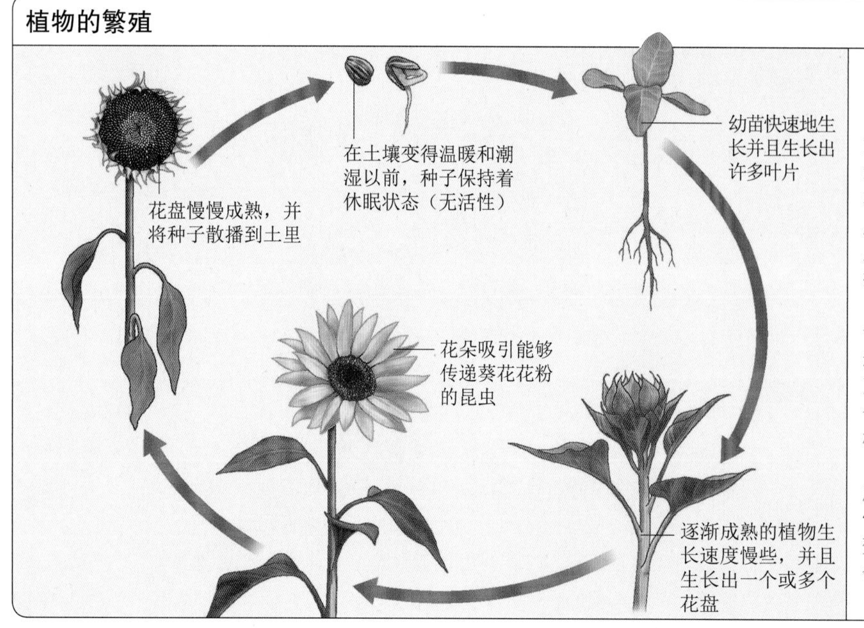
在土壤变得温暖和潮湿以前，种子保持着休眠状态（无活性）
幼苗快速地生长并且生长出许多叶片
花盘慢慢成熟，并将种子散播到土里
花朵吸引能够传递葵花花粉的昆虫
逐渐成熟的植物生长速度慢些，并且生长出一个或多个花盘

许多植物是通过两种不同的途径来进行繁殖的。第一种方法是有性繁殖，其中有雄性细胞和雌性细胞的参与。在开花植物中，如向日葵，雄性细胞就存在于花粉粒中，雌性细胞或者说是子房在经过花粉的授粉后发育产生种子。

当种子成熟后，它们便被母体植株散播出去；在条件合适的情况下，种子会生长、发芽。每一颗种子都会成长为一个能够产生种子的新植株，这样生命周期又重新开始。

植物还可以在不利用性细胞的情况下进行繁殖，称为无性繁殖。当植物生长出可以转变为新个体的特殊部分时，便会发生无性繁殖。

叶片从阳光中收集能量
茎部支撑着花朵或叶片，并且向上传递着来自根部的水分和养料
色彩鲜艳的花朵吸引着传粉动物
茎节是指叶片同茎部的连接处
主根储存养分并且固定着植物体
侧根散开生长，吸收水分和养分

简单植物▶

第一种陆生植物十分简单，它没有根、茎、叶片及花朵。从那时起植物界就已经发生了变化，但是简单植物却仍旧生存了下来。简单植物中最普遍的种类就是藓类植物和苔类植物了，如图中这些生长在溪流旁的植物。这些植物通过其外表面来吸收水分。大多数简单植物都生活在阴凉、潮湿的地方。

单细胞绿藻　藻类　真菌　地衣

▲植物相像者

藻类是通过与植物十分相像的方式来营生的——细胞中含有能够从阳光中收集能量的叶绿体。藻类和植物拥有共同的祖先，但是它们属于不同的界别。真菌则构成另一个界，它们看上去很像植物，但是它们的细胞构建却与植物不大相同。它们不需要光照，并且通过消化生命物质或从死亡有机体中来获取能量。地衣也不是植物，它们是真菌和微型藻类之间稳定而又互利的共生联合体。

特化植物

旱生植物

适应在干旱地区生活的植物被称为旱生植物。这个棒球状植物——奥贝沙就属于旱生植物。它具有深扎的根部去寻找水分，它的肉质茎可以储存水分以保持其在干旱情况下能够生存。许多旱生植物缺少叶片，而是用它们的茎部来收集阳光以供它们生长所需。

盐土植物

石楠是一种广泛分布的盐土植物，或称耐盐植物。它生长在靠近海洋的地方，并且通过吸收咸的水分而生存。盐土植物也同样生长在内陆，如生长在盐碱滩或是靠近盐湖的地方。路边带是另一个盐土植物的生长地，这是因为那里有用于路面化冰而堆积的盐。

水生植物

像这朵莲花一样生长在水中的植物被称作水生植物。植物在淡水中十分常见，如在池塘或是河流中。一些水生植物的根部扎入水底，而另一些水生植物的根则漂浮在水中或水面上。很少有植物生活在海中，取而代之的是那些类似植物的海草或其他藻类。

茎和根

茎是根和叶之间起输导和支撑作用的植物体重要的营养器官。茎中包含着运输水分、无机盐及养分的微型导管束。有些植物的茎比铅笔还细，在微风中就会折断。而有些植物的茎直径可能超过 3 米。植物的根部要执行两项任务：固定植株和从土壤中吸收水分及无机盐。有些植物，尤其是那些生活在干旱地区的植物，它们的根会比植株所有的地上部分都长得多。

顶芽使得茎生长变长
茎节上可以生长一个或多个叶片
叶脉连接着茎中木质部和韧皮部的导管

茎部解剖▶

植物的茎具有存在于木质部和韧皮部中的筛管和导管——能够运输水分、无机盐及养分的输导组织。在它们的外面包裹着能够保护茎部不受伤害及防止茎部死亡的表皮细胞。靠近顶芽的茎部生长得更长，在那里有不断能进行分裂的细胞。在远离顶芽的茎下部，叶片与茎的结合点被称为结节。

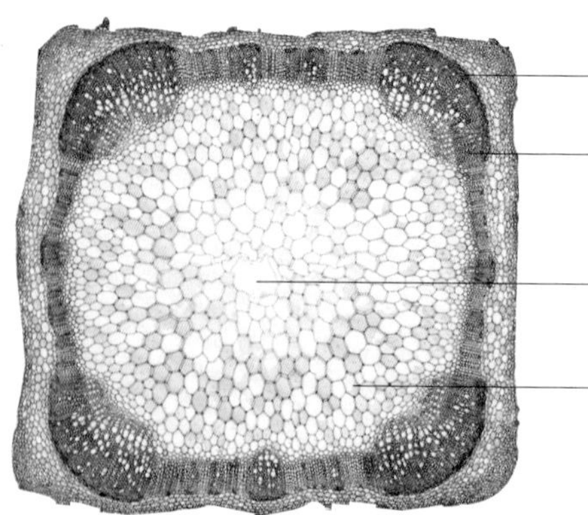
韧皮部筛管将叶制造的有机物传输到根和植物体其他部分
木质部导管向植株身体各处运输来自根部的水分和无机盐
髓腔位于茎中央
髓细胞有助于增加茎部的强度

野芝麻的茎

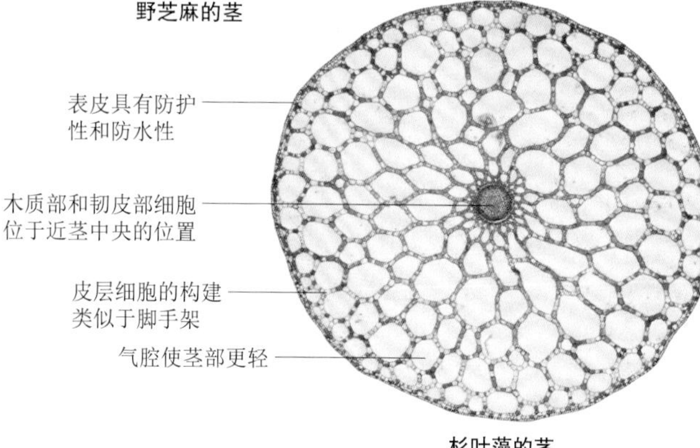
表皮具有防护性和防水性
木质部和韧皮部细胞位于近茎中央的位置
皮层细胞的构建类似于脚手架
气腔使茎部更轻

杉叶藻的茎

▲茎的内部

图中这两个茎横切面展示了植物茎的构成。野芝麻的茎方形，它的木质部和韧皮部细胞束都排列在靠近茎外部的地方。杉叶藻的茎圆形，它的木质部和韧皮部细胞都集中在茎中央处。这两种茎都具有气腔，气腔使植物的茎既轻又强韧。以上两种植物都属草本，会在冬季枯萎。

◀长高

这棵巨竹在破土而出之后，茎便开始了朝向阳光向上生长的过程。同所有植物的茎一样的是，它的生长源于细胞的分化。包括竹子在内的许多植物，生长都发生在茎的顶部，而茎的下部一旦形成后便不再生长。竹类中有世界上生长最快的植物，有的能够每天暴长 90 厘米，生长速度快得几乎能够被肉眼所见。

◀长粗

除了越长越高外，一些植物的茎部还会越长越粗。长粗的过程或者称次生生长，发生于所有木本植物的茎和分支中，如图中这棵山毛榉。在木本植物的树皮内侧具有着两薄层的不断进行分裂的细胞，里面一层细胞产生新的木材，而外面一层细胞产生新的树皮。这就意味着树干及其分支每年都能够生长得更粗、更强壮，并且木本植物在受到小伤害的时候还能够进行自我修复。

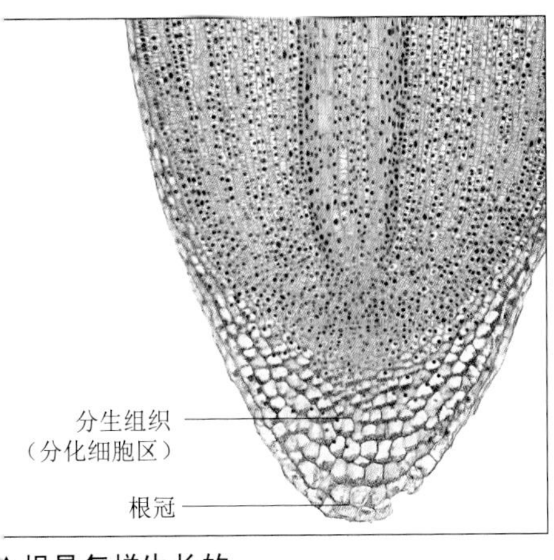

▲根是怎样生长的

这张图片中显示的是被放大了超过00倍的百合根尖。同茎一样的是，根的生长也是发生在尖端，那里的细胞具有分化能力。在根尖前端包裹着一个冠型结构（即根冠细胞），它们保护着分化细胞。根冠外部有一个黏液层，它有助于生长中的根部插入土壤微粒间。根受重力影响而向下生长（向地性）——在土壤中寻找水分的最佳方向。

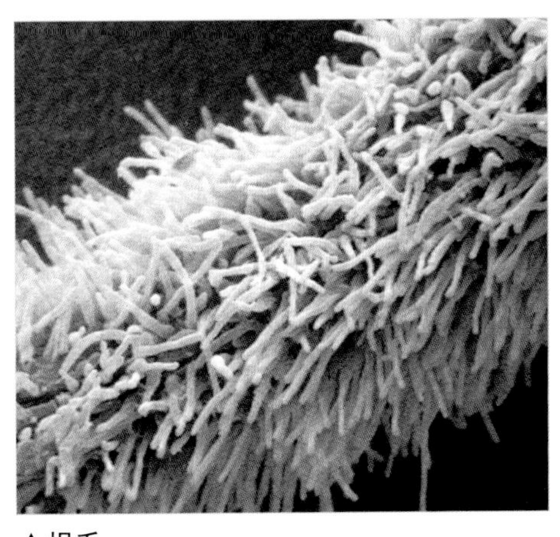

▲根毛

每一个根都会在远离根尖的位置处萌发出极其微小的簇状毛发，就像图中显示的这个马郁兰植株的显微图像一样。根毛插入土壤中用来吸收水分和矿物质。尽管根毛很小，但植物体上却拥有大量的根毛。单株黑麦所拥有的根毛连接起来能够超过1万千米长。移栽植株时，必须轻轻将它挖起，以免根毛受损。

▲特化根

许多植物都利用它们的根部吸收养分。块根植物如甜菜、胡萝卜、萝卜以及甘蓝，它们都是作为天然的养分储备。甜菜的块根有甘甜的汁液，煮沸后用来制糖。在多沼泽地区，许多树木具有特化的、从土壤中钻出的呼吸根。一些攀缘植物也生长有特化根。常春藤朝向阳光向上生长时，利用它的根部紧抓坚固物体。

根系▶

一株年轻的苹果树具有接近地表生长的分散根。这样的根系保证了植株即使在树干遭受到大风时，仍具有很好的抓地性。而蒲公英的根系则大有不同。蒲公英具有深扎的主根，仅有极少的小侧根从主根上生长出来。这一类型的根系能够很好地储存养分和水分，并使得植株很难被拔出。

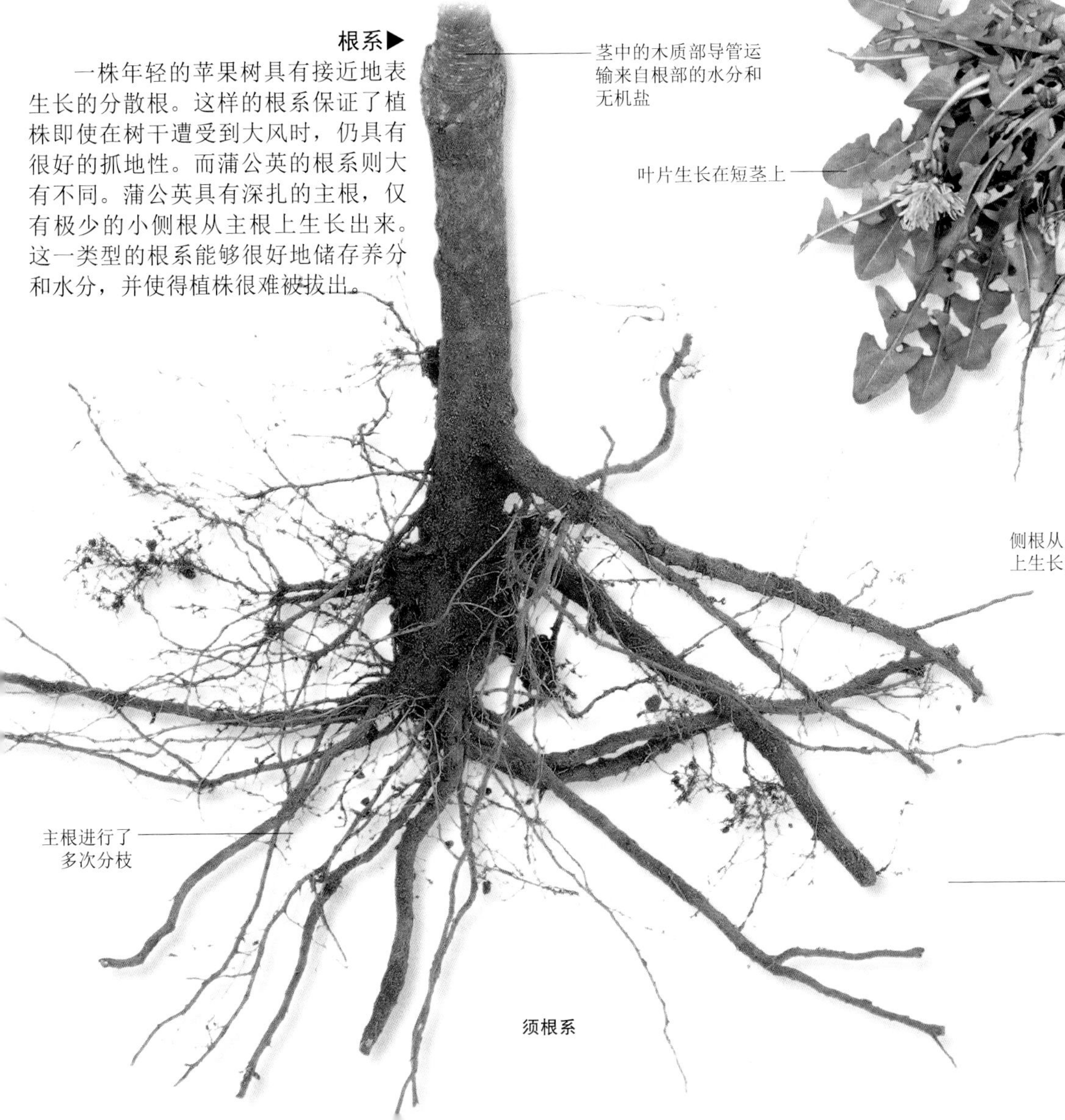

茎中的木质部导管运输来自根部的水分和无机盐

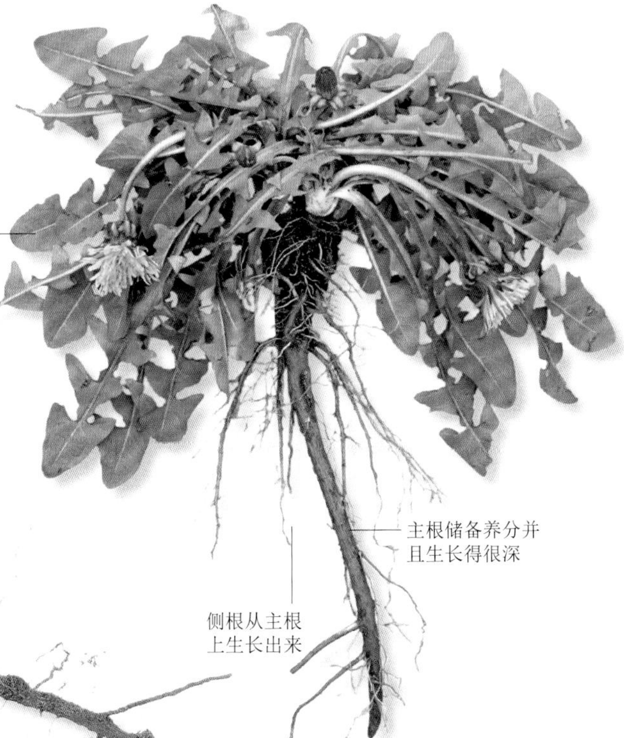

叶片生长在短茎上

主根储备养分并且生长得很深

侧根从主根上生长出来

直根系

主根进行了多次分枝

根尖可能最终达到的地方要远于树枝

须根系

蒸腾作用

植物从开始生长的那一刻起，便开始通过根吸收水分，并通过叶片散失水分。植物体中的水分以水蒸气状态散失到空气中的过程被称为蒸腾作用。一棵小树苗在一周内仅蒸发为数不多的几滴水，但是一棵生长完全的树木在一天内就能蒸发超过 1 升水。在蒸腾作用中，水分是从叶片上被称为气孔的微孔蒸发出来的。这些气孔能够打开或闭合以控制水分的散出。蒸腾作用对于植物来说十分重要，可以为植物从土壤中吸收重要的矿物质和有机物提供动力。

花朵也会通过蒸腾作用散失水分

蒸腾作用是如何运转的▶

同其他被子植物一样，雏菊也是通过推力与拉力联合来进行水分移动的。推力来自根，将水分向茎部泵出一小段距离。拉力来自叶片上的水分蒸发，因为水分蒸发后可以将更多水分拉上来填补。水分在植物体中的木质部细胞内移动，它们的功用类似于微型管道。从植物的根尖直到叶片上的孔道（或称气孔）均有木质部细胞分布。

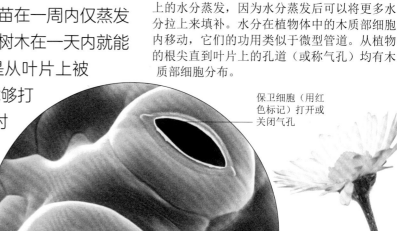

保卫细胞（用红色标记）打开或关闭气孔

打开的气孔（小孔）使得水蒸气和氧气从叶片中散发到外界中去

▼水分在移动

在热带地区的湿热气候下，雨林蒸发出大量的水蒸气。这些水分决定着当地的气候，这是因为它们有助于云层的形成，而这些云层会以降雨的方式浸湿整个森林。在炎热和干旱的条件下植物的水分蒸发会非常地快，这就是为什么沙漠植物需要具有一些特殊的形态来防止自己干枯。蒸腾过程在那些天气寒冷、风力微弱的地区进行得最为缓慢。

▲气孔

当水分达到叶片时，其大部分都会通过气孔蒸发掉。每个气孔的边缘都有两个保卫细胞，保卫细胞可以通过形态变化来控制气孔的打开或闭合。这些气孔使得气室网络被隐藏于叶片中。图中，叶片细胞正从空气中吸收二氧化碳——一种植物生长所需的气体。与此同时，细胞中的水蒸气和氧气通过气孔散发到外面的空气中。

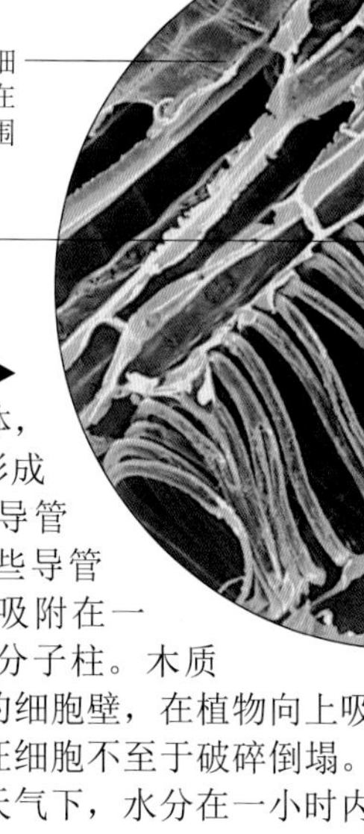

垛叠的细胞围绕在导管周围

细胞壁上的螺旋加厚

水通道▶

水分在植物体，在由木质部细胞形成的导管内流动。导管比头发还细，这些导管有助于将水分子吸附在一起形成长长的水分子柱。木质部细胞具有强韧的细胞壁，在植物向上吸收水分的时候，保证细胞不至于破碎倒塌。在阳光充足的温暖天气下，水分在一小时内可以移动 40 米。

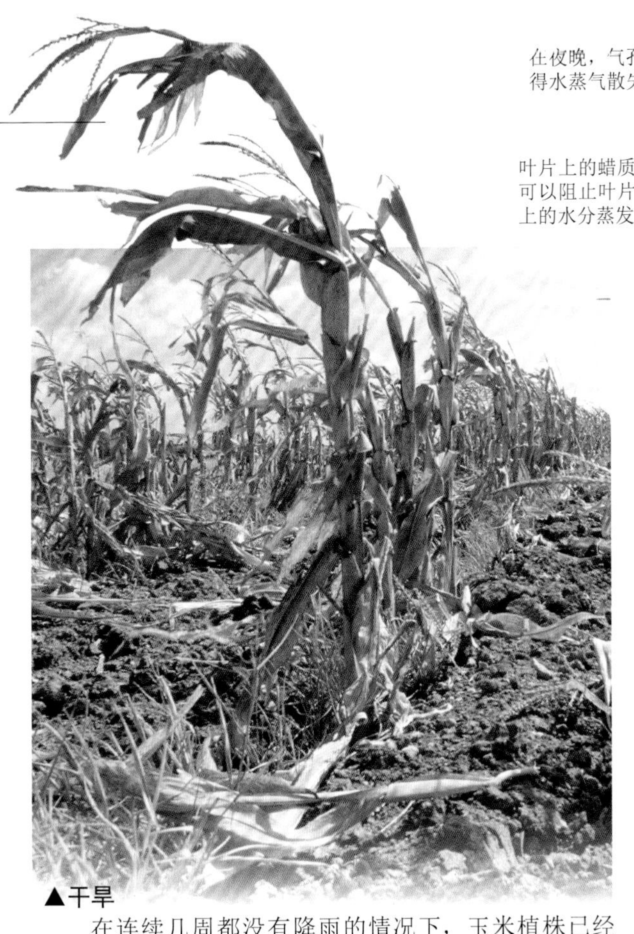
由于缺水，玉米叶片已经枯萎，死亡

▲干旱

在连续几周都没有降雨的情况下，玉米植株已经皱缩并死亡。干旱对植物来说是个灾难，因为它阻止了植物的蒸腾作用。蒸腾作用停止的首要征兆就是叶片发蔫、植株枯萎。因为植物细胞需要水分来维持它们的坚固性。如果缺失水分，细胞会失去它们的形态。如果植物很快又获得足够的水分的话，细胞可以再恢复过来；如果不能，植物细胞便开始枯萎，整株植物就会死亡。

在夜晚，气孔使得水蒸气散失
叶片上的蜡质被膜可以阻止叶片表面上的水分蒸发
叶片中的气室包含着水蒸气

▲保存水分

生长在干旱地区的植物如芦荟，必须节省水分。这类植物会在根、茎或是叶片中储存水分。此外，它们水分的蒸发要比其他植物慢得多。它们具有很少量的气孔，并且白天关闭夜晚打开。夜晚气温低，水分的蒸发会放慢些，这样植物就能少失去些水分。

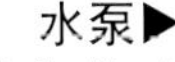

叶片表面具有使水蒸气散失的气孔

根向上输送水分

水泵▶

清晨，低地植物的叶片边缘有时有水滴“镶嵌”。这些水并非露水，它们来自植物体。这种情况发生在寒冷的晚上，那时植物的根把水分压入叶片中的速度要快于植物蒸腾的速度。这些水分没有散发到空气中，而是凝结为水滴。这一现象被称为吐水作用。

汁液

这个蚜虫利用注射器般的口器刺穿植物的茎，并吸取里面的汁液。汁液通常是浓密而黏稠的，这是因为里面包含了植物要运输至叶片的含糖物质。不同于水分的是，汁液的移动要靠韧皮部细胞导管来运输，并且除了向上移动外还可以向下移动。

植物利用汁液来运输它们所需的养分。春季里，汁液常常将养分从植株的根部运往叶芽，这样它们便能开始生长。秋季里，养分移动到根部，这样养分就能在冬季中得到储藏。

叶

叶片就如同于植物体的“太阳能电池板”，从阳光中汲取能量，植物便能利用这些能量而生长。叶片还能够释放水蒸气和氧气，从空气中吸收二氧化碳。叶片是由活细胞构建的，有多种不同的形状。叶片会发生进化，以便在不同条件下更有效地发挥其机能，以免植物因强光而干枯，也不会因大风而受损。不同植物叶片的寿命不同，一些植物的叶片能够生长好几年，而有些植物的叶片在枯萎和死亡前仅能够生长几个月的时间。

具有三小叶的复叶，三小叶的大小基本一致

金链花

叶片的形状和颜色▶

由平叶片组成的叶子因其叶脉而更加坚韧。生长在欧洲的山毛榉叶柄具有的单独叶片，叫单叶；金链花和胡桃的叶子是有两个以上分开的叶片，它们被称为小叶，这些小叶连接在一个中心柄上，称为复叶。金链花只具有3个小叶，而黑胡桃具有的小叶可多达23片，有些复叶甚至有上百片小叶。大多数叶片是绿色的，也有一些叶片具有特殊的色素，使得叶片呈其他颜色。那些叶片颜色不寻常的植物会受到园艺工人的青睐。

叶片上的中脉连接着小叶脉网络

欧洲山毛榉

复叶上的小叶排列成两排

胡桃

野生香蕉（大叶片）

高山虎耳草（小叶片）

◀叶片和季节

叶片通过进化来适应不同的生长环境。野生香蕉生长在热带雨林中。它那宽大的叶片可以接收照射在植株顶部的大部分阳光。当然，大叶片使植株通过蒸发失去更多的水分，但雨林的降水量很充足。另一个极端是虎耳草的叶片非常小。它们生长在高山地区，它们的叶片可以抵抗强光的照射、大风的侵袭以及寒冷的低温冰冻。

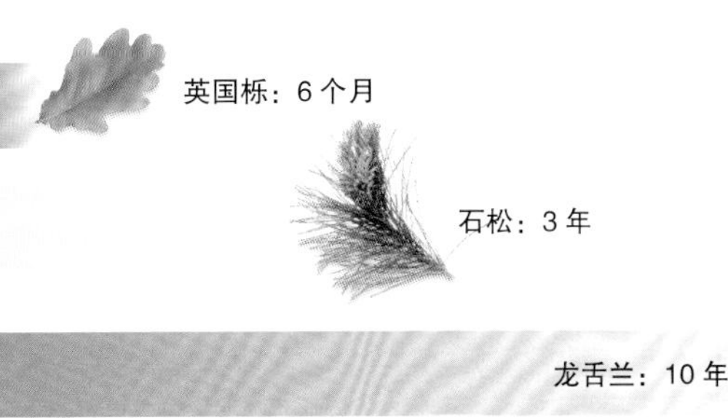

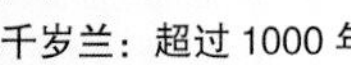

▲叶子的生命期

一些植物的叶片生来就是要被丢弃的，而有些植物的叶片能够生长许多年。例如，英国栎这样的落叶树会在每年秋季脱落叶片，并在次年春天生长出新的叶片。常绿树全年常绿，叶片的生命长短因树木种类而不同，3～40 年不等。世界上最长寿的叶子要属一种叫千岁兰的沙漠植物了，它仅有两片叶子并伴随着植株的一生，能够生长超过 1000 年。

◀巨型叶片

世界上具有最大叶片的植物是酒椰棕榈，这种植物生长在印度洋的岛屿上。它的叶片从茎基部到叶尖可长达 24 米。这种植物被栽培于种植园是因为它的茎部是酒椰纤维的来源，酒椰纤维是一种可被用作于手工艺品的天然纤维。世界上最大的单叶要数香蕉及其亲缘植物了。香蕉的叶片长度可超过 2.5 米，这样的大小足可做一个抵挡雨林暴雨袭击的巨型雨伞了。

特化叶

一些植物具有特化的叶，如仙人掌。仙人掌通过它们的茎部收集阳光。在超过上百万年的时间里，它们的叶片逐渐萎缩，最后进化成为刺；这些刺可以保护植物不受饥饿的动物侵袭。再如，攀缘植物通常具有细丝般的卷须，它们可以缠绕在坚固的支持物上。一些植物具有的是特化的茎，但多数为具有触碰感应端的特化叶片。

感应性叶片

叶片的打开

生活在世界温暖地区的低生野草——含羞草，属于感应植物。在大多数时间里，它们的叶片是张开的，以便获取尽可能多的光照。感应植物的叶片会引来那些植食性动物的注意，也具有奇妙的瞬间闭合的特性。

叶片的闭合

如果植食性动物触碰到含羞草植株上的一片小叶，小叶就会像合页一样关闭，这一动作很快地沿着叶片扩散，直至所有小叶都闭合上。既然叶片都隐藏了，那么动物也便没有兴趣前往取食了。在接下来的半个多小时的时间里，小叶会再次慢慢张开。

双生叶片▶

淡水植物通常具有两种不同类型的叶片。这棵水毛茛宽阔的五边形叶片浮在水面之上，而沉在水中的是细细的丝状叶。每种类型的叶片形态都是为了在不同环境下发挥功用而形成的。植物体还能够分别在幼苗时期和成熟时期具有不同种类的叶片。如许多桉树种类在幼苗时期具有的是卵形叶片（这样它们能够最大范围地为光合作用吸取阳光），在桉树成熟时，则具有的是披针形叶片（这是为了降低植物体水分的丧失）。

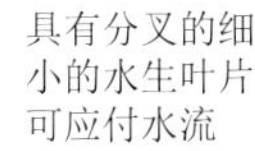

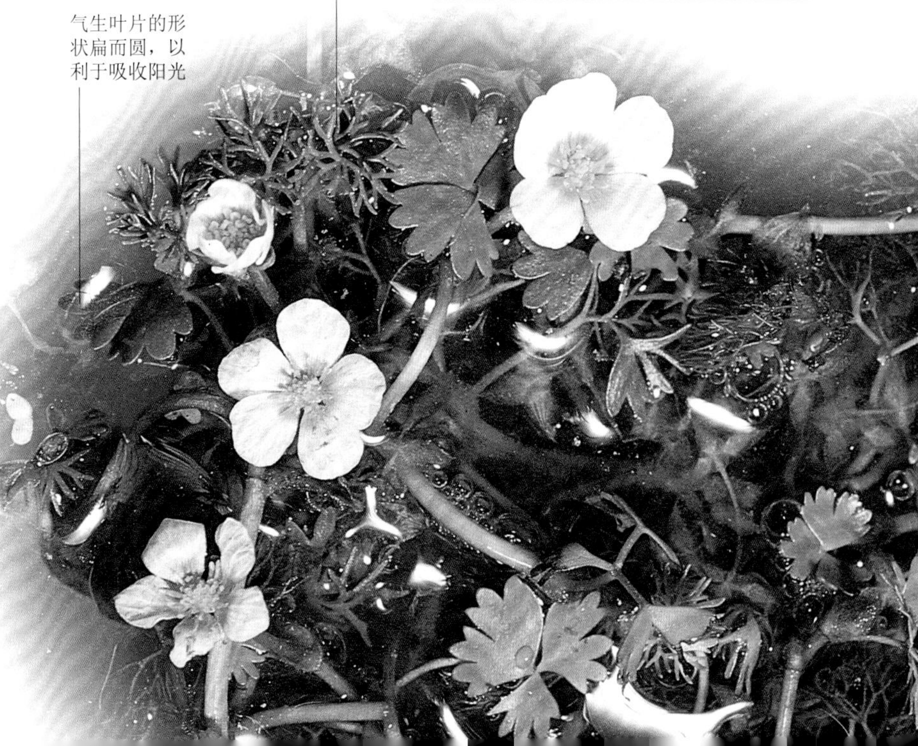

依光生存

不同于动物的是，植物并不依靠摄取食物来获取能量，而是直接从阳光中获取能量。它们利用光能将二氧化碳和水转化为一种功用如同燃料的糖类物质——葡萄糖。葡萄糖可以为植物细胞提供动力，并且使得它们能够进行分化和生长。这种生活的方式称为光合作用（photosynthesis），意为“通过光照进行装配整理”。光合作用发生在植物叶片中一个称为叶绿体的微小结构中。光合作用对于植物来说很重要，对动物来说也同样重要，因为如果没有光合作用，动物也就没有植物性食物可以食用了。

二氧化碳通过气孔进入叶片

葡萄糖从叶片被运往植物其他部位

氧气通过气孔离开叶片

光合作用▶

要进行光合作用，植物需要三个条件——阳光、二氧化碳和水分。二氧化碳通过一种叫作气孔的微小孔道进入叶片；而水分则是通过植物根和茎的导管从土壤中运输至叶片中。一旦二氧化碳和水分都存在于叶片中时，光合作用便在光照下开始了。光合作用有两大产物：植物所需的葡萄糖和作为废料从气孔排出的氧气。

运输管道

韧皮部 木质部

表皮具有蜡质的防水层

栅栏细胞很高并且紧密地排列着

海绵细胞包含着连接叶片气孔的气室

◀叶片内部

这个叶片横切面显示了那些要进行光合作用的细胞。位于叶片外皮（或表皮）下方的是高而细窄的栅栏细胞。这些细胞中含有叶绿体——一种捕获光照并利用光进行光合作用的绿色结构体。在栅栏细胞下方的是被气室分开的海绵细胞。这些气室中含有二氧化碳和水蒸气这两种使得光合作用得以运转的成分。

叶绿体▶

当阳光照射到植物叶片上时，叶绿体会截获这些阳光。叶绿体利用一种被称为叶绿素的绿色分子来捕获能量，并利用它们将二氧化碳和水相结合。每个叶绿体都包含有硬币状的薄膜，它们称为类囊体；这些类囊体位于充满基质的水状液体中。类囊体就像是化学反应面，在那里光能将水分子分解。在基质中，来自水分子中的氢会与二氧化碳结合形成葡萄糖。

基质中产生葡萄糖

类囊体垛叠（叶绿素膜）

通过光合作用进行养分（淀粉）储存

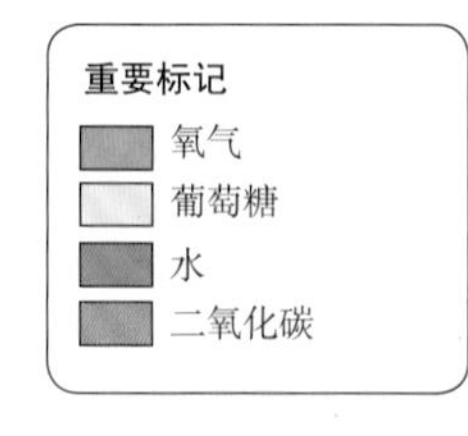

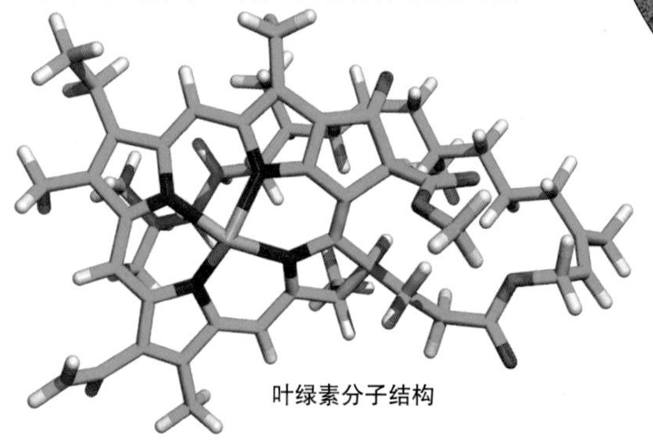

叶绿素分子结构

◀叶绿素

叶绿素的化学结构使得叶绿体具有绿色的外表。叶绿素吸收来自阳光中的能量并将其转化为化学能以供植物体利用。植物体中具有多种叶绿素。其中一种称为叶绿素 a，它存在于所有绿色植物中，也存在于藻类和蓝细菌中。通过叶绿素，这些生命体每年能够获取所有到达地球约 1% 的光能。

来自叶片的水蒸气
绿色的光被叶片中的叶绿素所反射出来
水分在通过茎部时被向上推拉
水分被根部从土壤中吸收

◀为什么植物是绿色的

阳光是由彩虹的七彩颜色组成的。叶绿体对来自阳光中的红橙光的能量吸收较好，此外还易吸收蓝紫光。但是，它们几乎不吸收光谱中的绿色部分。这些未被利用的光从叶片上反射或是照射穿过叶片时就会使得叶片显现出绿色。例如，草类植物中的绿色植物通体都是绿色的，这是因为它们的茎和叶片中都含有叶绿素。

光合作用的化学反应

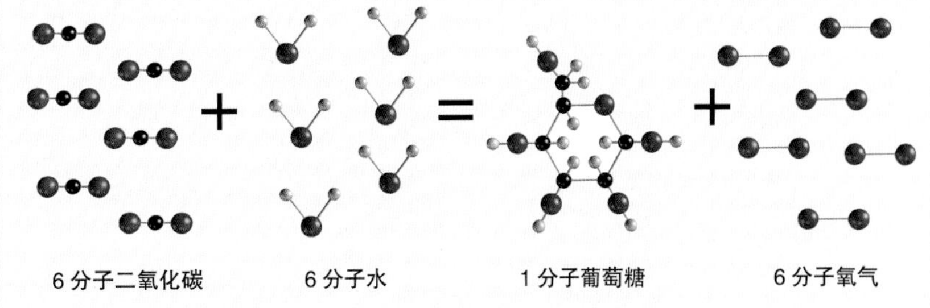

6 分子二氧化碳
6 分子水
1 分子葡萄糖
6 分子氧气

光合作用是一个需要许多不同步骤参与的复杂过程。但是在植物体中，光合作用的反应结果却十分简单。葡萄糖是从二氧化碳和水的反应中得来的，而氧气则作为废料被产生出来。

为了生产出 1 分子葡萄糖，一株植物需要 6 分子的水和 6 分子的二氧化碳。通过利用光能，水分子被分解。水分子中的氢原子会同二氧化碳结合产生出 1 分子的葡萄糖，而水分子中的氧原子则散失进入空气中。

光合作用产生出空气中的所有氧气。氧气对于所有生活在地球表面的活植物体以及埋藏在地下的化石燃料（例如煤和石油）来说都十分重要。

重要标记

- ● 碳原子
- ● 氧原子
- ● 氢原子

葡萄糖的利用

蔗糖（二糖）

植物利用葡萄糖作为生产其他有用物质的基础。这些有用物质中的一种就是蔗糖了，蔗糖是我们用来对食物进行甜度调味的物质。蔗糖被发现于植物的汁液中，它富含能量，并且在工业上通过甘蔗和甜菜生产出来。通过蒸煮的方式可将蔗糖转化为糖的结晶体。

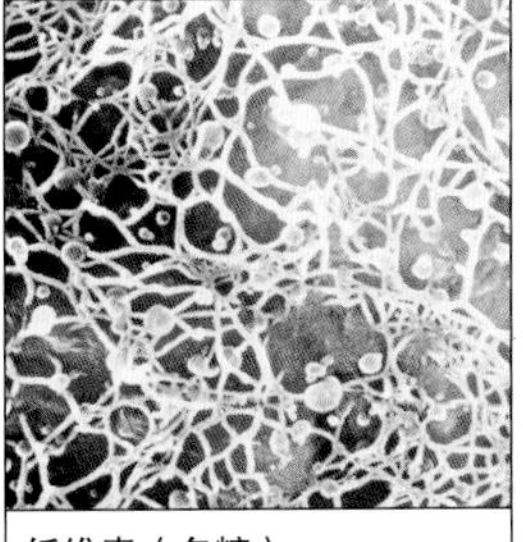

纤维素（多糖）

植物利用纤维素来构建它们的细胞壁。为了构建细胞壁，植物将葡萄糖分子长链或纤维结合在一起。这些纤维常常形成纵横交错的层面，以使得细胞壁更加的强韧。纤维素在每个植物中的含量都超过 1/3，因此纤维素是生命世界中最常见的一种物质。

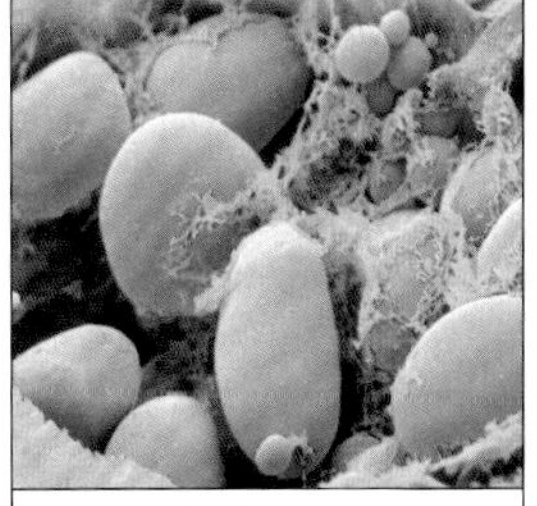

淀粉（多糖）

图中这些气球状的物质是来自马铃薯的淀粉颗粒。植物通过淀粉来储存能量，存在于叶片、根部以及种子中。不同于蔗糖的是，淀粉并不溶解于水中，可长时间储存。我们从植物性食物中所获取的大部分能量是由淀粉提供的。

◀水分的供应

为了进行光合作用，植物需要持续的水分供应。在大多数植物中，水分被根部所吸收，并通过蒸腾作用到达叶片。仅有很少量的水分参与到光合作用中，而大部分的水分通过植物的气孔蒸发进入空气中。

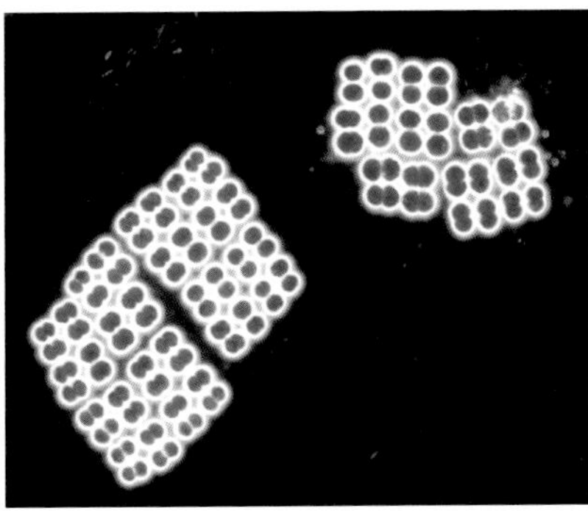

◀细菌中的光合作用

并不是只有植物依靠光合作用生存着，细菌也同样需要光合作用。平裂藻生活在淡水中，但是光合细菌在其他生境中也有发现，其中包括温泉和海洋中。光合细菌都含有叶绿素，但是也含有许多其他色素，这些色素使得细菌看起来为蓝绿色、淡黄色甚至是紫色。细菌在植物首次出现很久前就已开始进行光合作用了。在超过上百万年的时间里，它们向大气中释放氧气并且创造了可供我们呼吸的空气。

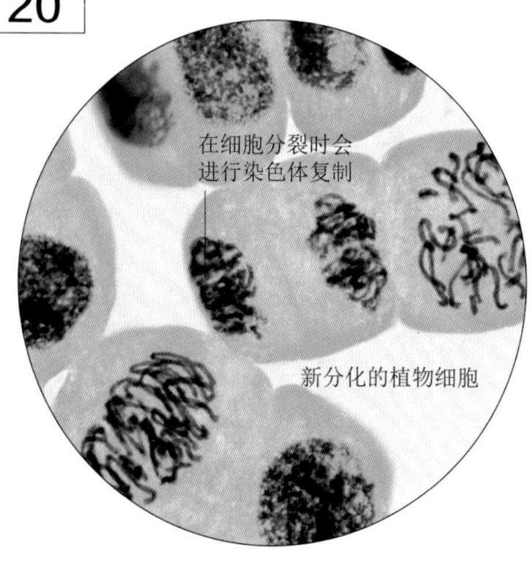
在细胞分裂时会
进行染色体复制
新分化的植物细胞

植物是如何生长的

动物是通过由其基因决定的固定方式生长的，甚至在它们很小的时候就能知道它们成年后的模样。植物则不尽然，它们的生长虽然也由基因决定着，但是最终的形态也由它们生长的环境所决定。例如，一棵生长在开阔地带的树木可以生长得很高大粗壮，枝繁叶茂；但是生长在密林中的同样树种则长得又高又瘦。在生长过程不能移动，因此能够适应环境对于植物来说是十分重要的。存在于植物体中的化学物质——生长调节剂，可以使得它们在生长过程中适应其外部环境。

▲基因和染色体

每个植物细胞中所含有的成套基因。这些基因所存在的丝状结构被称为染色体。图中的细胞已经被染色，以便能够清楚地看见它们的染色体。每个染色体上都包含着数千个基因。这些基因在一起共同控制着植物的机能和生长方式。植物是通过细胞的扩增和分裂来进行生长的。在细胞分裂前，植物的染色体会先增倍，这样每一个分裂后的新细胞都能够具有自己的成套染色体了。

茎秆高的水稻含有过
量的生长调节剂
形态标准的植株
包含正常水平的
生长调节剂

◀生长调节剂

在这片水稻的中央，有一棵很高的植株矗立着。这棵植株之所以比其他水稻高，是它产生了过量的赤霉素——植物用来调节（控制）其生长的物质之一。生长调节剂不仅对植物的高度有影响，还会使得植株的叶片和茎部都向光生长；此外，它们通过在合适时间触发植物生长来使植株随着季节分段生长。

生长在开阔地带的橡树

生长在密林中的橡树

◀获取阳光

植物生长调节剂使植株能够对环境做出反应，并且影响着植株的形态。当橡树生长在开阔地带时，那里到处都是阳光。橡树的树枝会向所有方向四处生长，植株呈散开状。当橡树生长在森林中，它会被周围的树木所遮蔽，并且树种之间会争夺光照，这时它们的生长调节剂会使它们生长得又高又瘦，以便它们能够更好地获取阳光。

树木的修剪

农夫和园丁常常会在植物生长的时候对其进行修剪。经过几年的耐心修剪，这株灌木已经变成了一头大象和骑象人。修剪用来使植株形成奇特或优美的形状。修剪还有其他意义。当灌木和乔木被修剪后，它们常常会开出更多的花、结出更多的果实，还能够使植物生活得更长久，因为它们的老枝不太容易断裂或脱落。

风造形态▲

在沿海地区，许多的乔木和灌木都是受风的影响形成了特定的形态。任何想迎风生长的细枝都被消灭掉了，但是在树干另一侧的那些树枝却得以生长起来。多年后，就形成了树木这种不对称的形态，就像这棵生长在田地中的有50年之久的山楂树。这棵树看起来像是朝一边倾倒，但是它的这种不平衡的形态确实有助于其生存。

没有任何树枝能在朝向海风的方向生存下来

生存方式

▲高大或微小

土壤影响着植物的生长方式。这些罂粟生长在一片玉米田中，那里的土壤营养和水分丰富，因此它们可以生长得跟玉米一样高。在贫瘠、干旱的土地中，同样的罂粟只能生长到8厘米高。它们也能够开花，但是产生的种子量很少。

▲高山上的矮化植物

这棵矮化的松树生长在靠近山崖边的坚硬岩石的裂隙中。它必须应对冷风和少量的水分供应，这是因为降落的雨水会很快从裸岩上流失。令人惊叹的是，这些树木竟能在这样的条件中生存下来。有些种类的植物还能在雪线处生存，在那里它们的树干沿地面迂回生长。

▲保持低姿态生长

石灰岩地面是一种奇特的多岩石景观，那里很少有土壤存在。从远处看，石灰岩地是裸露的、贫瘠的；但是，许多不同种类的植物却生长在深深的天然缝隙中。这些缝隙称为岩溶沟，植物隐藏在那里可以躲避饥饿的动物和风吹。

▲生存中的意外

在林区大火发生后的几周，这株桉树又萌发出新叶片。如果现存的树枝在大火中死亡，那么树干上萌发的特殊小芽会开始生长；如果整棵树都被烧毁，那么这棵植株会从土地中重新生长出来。虽然植物不能在遇到灾难时逃跑，但是，许多植物能够通过重新生长而从灾难中恢复过来。

植物的寿命

植物具有惊人的寿命。一些植物种类的生命在几周内转瞬即逝；而另一些种类的植物则能够存活几千年。现存年龄最大的植物，存世的时间比第一座金字塔建立的时间还早。在植物生命的整个进程——无论时间长短，在以不同的方式度过一生。许多植物将它们的大部分精力放在一次性的繁殖爆发、开花以及一生仅一次的结种上面。另一些植物则采取伺机而动的策略，以年复一年的持续性开花取代了繁殖。

▲一年生植物

园艺植物金盏花是一年生植物，这意味着它们将在短于一年的时间内完成它们的生长、开花和死亡。在开花后，它们就将集中精力于结种上。一年生植物中包括了许多色彩鲜艳的园艺植物，也包括了许多杂草类植物。一年生植物常常在土壤裸露的荒地上萌发；它们在生命周期较长的植物植入之前以最快的速度散播种子。

▲两年生植物

这株毛蕊花植物可以生长两年。在它们生命的第一年，它们构建其叶片并进行养分储存。在第二年，它们利用养分储存来开花和结种；在它们结种后便死亡。像这样的植物叫作两年生植物。它们并不如一年生植物那样普遍，但是它们中也包含着一些花朵鲜艳的植物，如毛蕊花和毛地黄。

▲多年生植物

能生活许多年的植物称为多年生植物。玫瑰就是一个典型的代表：在花园中，一些为人所熟知的品种能够生活超过一个世纪之久。多年生植物中包括世界上所有的乔木和灌木；也包括在秋季枝叶枯萎，在春季重新发芽的草本植物。大多数多年生植物每年都开花，但是有少数种类仅开花一次后便死亡。

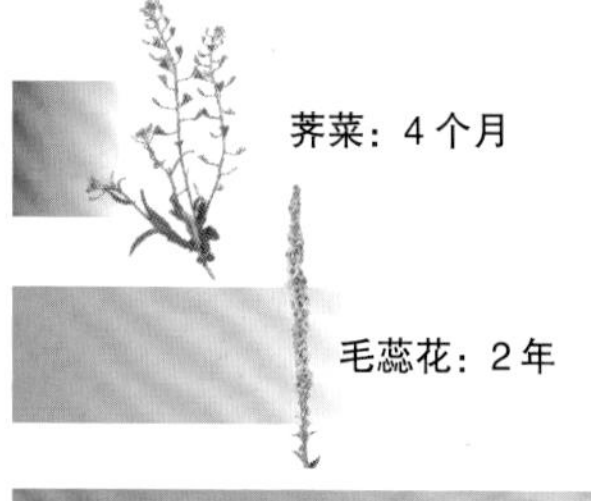

▼或长或短的生命

这个图显示了 6 种典型截然不同的植物寿命。荠菜是一种短命的一年生植物，存活的时间仅 4 个月；毛蕊花可以生长两年，而岩蔷薇（同普通蔷薇没有亲缘关系，属于半日花科）一般可存活 10 年；许多竹子的寿命可以长达 120 年之久，在生命的最后，竹子开出一簇簇的花朵，之后死亡；猴面包树通常可生存超过 1000 年之久，而狐尾松获得独立植株寿命的最高纪录——可存活达 4600 年。

▲“按部就班”

世界上的温暖地区有明显的季节区分，植物必须在一年中合适的时间里开花。在冬末，水仙花从掩埋在地下的球茎中开始生长。它们的叶片在早春时节穿过地表，并且在夏初完成开花和结种。植物受环境条件的影响随季节按步骤进行生长，这些环境条件包括：土壤温度、降雨以及日照时间。

▲三齿拉瑞阿无性系

世界上最老的植物并不是单株植物，而是连接成群的植物，它们被称为无性系。无性系可以生活超过 1 万年之久，比任何一个生物的生命力都长久。三齿拉瑞阿生长在美国西部的沙漠地区中。它们可以在某颗种子扎根很久的地方周围形成一个环状群体。欧洲蕨也同样能够形成无性系，它们可以存活超过 2000 年之久。

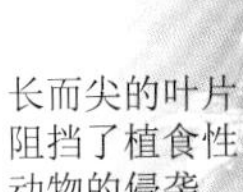

狐尾松：4600 年

◀短命植物

植物界中被称为短命植物的沙漠花朵具有极其短暂的生命。它们并不在一年中特定的时间里开花；它们的种子处于休眠状态（无活性状态），直到降雨后才萌发。在大雨瓢泼之后，种子在创纪录的最短时间内开始萌发、生长成为植株并完成开花。当土地再次干旱时，它们已经完成它们的生命周期并已将它们的种子散播到沙漠各地去了。

◀古树

这棵狐尾松的树干裸露，树枝卷曲着，看上去就像是死亡了一样；但是这些树木却是惊人的“生存者”。一些狐尾松能够存活超过 4600 年之久，甚至图中这株扭曲的生命体还能再生活 500 年。被发现位于美国西部干旱寒冷的高山地区的狐尾松每年生长不超过 2 厘米。在高海拔地区，狐尾松微小的叶片可以应对由风所带来的干旱影响。

最后的盛开▶

世界上最晚开花的植物——普雅花（为纪念普雅·雷蒙狄将此种植物的信息带给世人而命名）生长于玻利维亚的安第斯高原。在生命中的大部分时间里，它都在生长形成具有莲座结构的长而尖的叶片。约 150 年后，一个巨型花穗在叶子的中央慢慢形成。这个花穗中包含了多达 8000 个如同顶针大小的花朵，高度可达 10 米多。一旦花朵产生种子，叶片便开始枯萎，整株植物随之死亡。

巨大的花穗塔位于叶片之上
小花组成了高大的花穗
叶片储藏了养分使得植株能够开花
长而尖的叶片阻挡了植食性动物的侵袭

藻类

藻类要比真正意义上的植物出现得早很多。现今，它们仍然在有水和阳光的地方繁茂地生长着。大多数藻类生长在海洋或淡水中，也有一些种类生长在潮湿的土地上。不同于植物的是，藻类不具有实根、茎或叶片。最小的藻类只有一个单细胞大，并且常营漂浮生活。最大的藻类为褐海藻，它们看上去更像是植物，并且长度能够超过 50 米。藻类作为食物对于动物来说十分重要，并且一些动物还与藻类共生。

◀海藻

同真正意义上的植物一样的是，海藻具有绿色的叶绿素；但是许多海藻还含有其他色素，这使得它们看起来呈现棕色或红色。绿藻常生长在微咸的水域中；褐藻通常出现在靠近海岸的浅海区域；红藻生活在远离海浪的深水中。所有的海藻都具有叶状的植物体，其根状的固定物被称为固着器。

螺旋状的叶绿体收集来自阳光的能量

受精卵是通过有性繁殖形成的

浮游植物

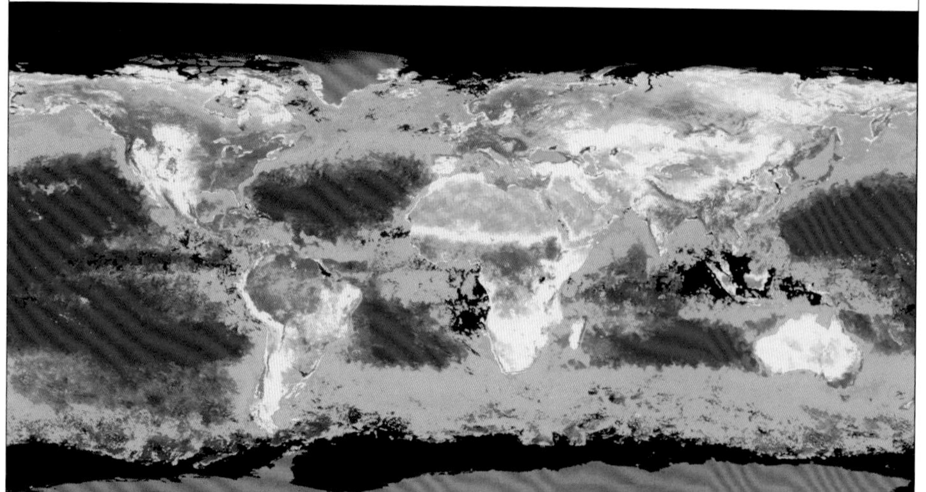

这张彩色卫星地图显示了地球上所存在的叶绿素总量。叶绿素由陆地上生长的植物和在海洋中生存的浮游植物和海藻所产生。浮游植物指那些在近水面营漂浮生活的微藻。浮游植物总重量要比所有陆地植物还重。浮游植物构成了海洋动物的巨大食物储备，范围从鱼到巨大的须鲸（无牙鲸类，如蓝鲸、驼背鲸和露脊鲸）。

藻类植物在富含可溶解营养物质的寒冷水域中生长得最好。在这张卫星地图上，海洋中的绿色和浅蓝色区域中包含浮游植物最多，而深蓝色区域则最少。黑色和红色区域则是卫星无法获取任何数据的地方。大多数浮游植物生活在地球上的北极和南极，当浮游植物处于繁殖高峰期时，动物生命体也大量出现于这些地区。

叶绿素密度

海洋中
- 高
- 中
- 低

陆地上
- 高
- 中
- 低

▲群落生长

这个绿色如稀泥一样的东西是一种叫作水绵的藻类植物；它们在污浊的水域中繁茂生长，常被发现于水沟以及浅塘中。水绵产生大量比人类头发还细的纤维。每个纤维都是一个藻类植物群体——生活在一起的完全相同的细胞的集合。单个独立的水绵细胞形态细长，并具有从一个细胞的末端延展至另一个细胞的螺旋状叶绿体（包含着叶绿素的微粒）。

硅藻的半片上壳和半片下壳相互契合，就像盒子的盖子一样

子代团藻群是通过无性繁殖形成的

◀单细胞藻类

这个美丽的生物是硅藻，生活在复杂外壳中的单细胞藻类。这个壳由二氧化硅构成，是一种坚硬得可以和玻璃相当的物质。单细胞藻类生活在海洋、淡水和许多其他潮湿的生境中，也包括土壤的表面。一些单细胞藻类具有功用类似于船桨的微毛，这使得它们可以游动。

蛤蚌的唇状软体会在外壳闭合前回缩

共生生活▶

这个蛤蚌张开着结实的壳，出色彩亮丽的唇状软体。色彩是因生活在其壳内藻类的颜色。蛤蚌为藻提供安居之所，反过它们也能够从藻类那得到食物。还有许其他动物也与藻类生，如扁形虫和构珊瑚礁的珊虫。

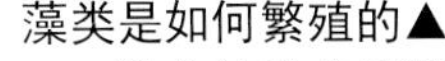

藻类是如何繁殖的▲

这些被称作团藻的球状藻类和下一代在池塘的水中游动。母体团藻最终会破裂，使子代独立生活。同大多数藻类一样，团藻可以通过两种方式进行繁殖：一种是无性生殖，这发生在单个母体细胞进行繁殖的时候；第二种方式是有性生殖，这发生在雄性细胞和雌性细胞相结合产生受精卵的时候。

▲巨藻

巨藻生长在加利福尼亚海岸地区，它们形成了高耸的水下森林，这对于野生动植物来说是十分重要的栖息地。巨藻是世界上最大的海藻，在良好的环境下一天能够生长1米。同许多海藻一样，它通过充气漂浮物或囊来保持自身直立。在太平洋海域，人们将巨藻收割用作肥料。它们还含有一种叫作藻酸盐的物质可用于食物增稠。

▲漂浮的海藻

大多数海藻都是固着在岩石或海床上生长的，但是马尾藻是在开阔水域上营漂浮生活的。大团的马尾藻漂浮在位于北美东部海域的马尾藻海域（海面满布以马尾藻为主的褐色藻类，故名）。探险家哥伦布带领舰队曾经过这片海域，马尾藻给航行带来很多阻力。船员们害怕他们的船只会被这些藻类所缠住。马尾藻为海洋生物创造了独一无二的生活环境，许多动物在其中生活，例如，海草鱼伪装在藻类的叶状体间。

▲雪生藻类

图中正在融化的雪被生长在高山上的藻类染成了粉色。随着雪的融化，雪生藻类在春季开始生长。它们仅在雪面的下方生长，这样可以免受强烈的阳光和夜晚的寒冷。雪生藻类通过在冬季将卵细胞掩埋在新鲜的雪里进行繁殖。当雪融化，卵细胞开始生长，开启一个完整的生命周期。

真菌和地衣

真菌有时候像是植物，但是它们的生长方式与植物不太相同。真菌营养摄取方式类似动物，并不是自给食物，而是以生物或其残骸为食。真菌通过散发孢子延续种群，它们能够在各种生境中生长，范围从土壤、树木到人体皮肤的表面。一些真菌对于其他生物来说是很有用的共生者，但是有些真菌却能引发疾病。地衣是真菌和藻类长期紧密结合的复合有机体。地衣可以在极端严酷的条件下生存。此外，虽然它们生长得缓慢，但是它们的生命期有时却很长久。

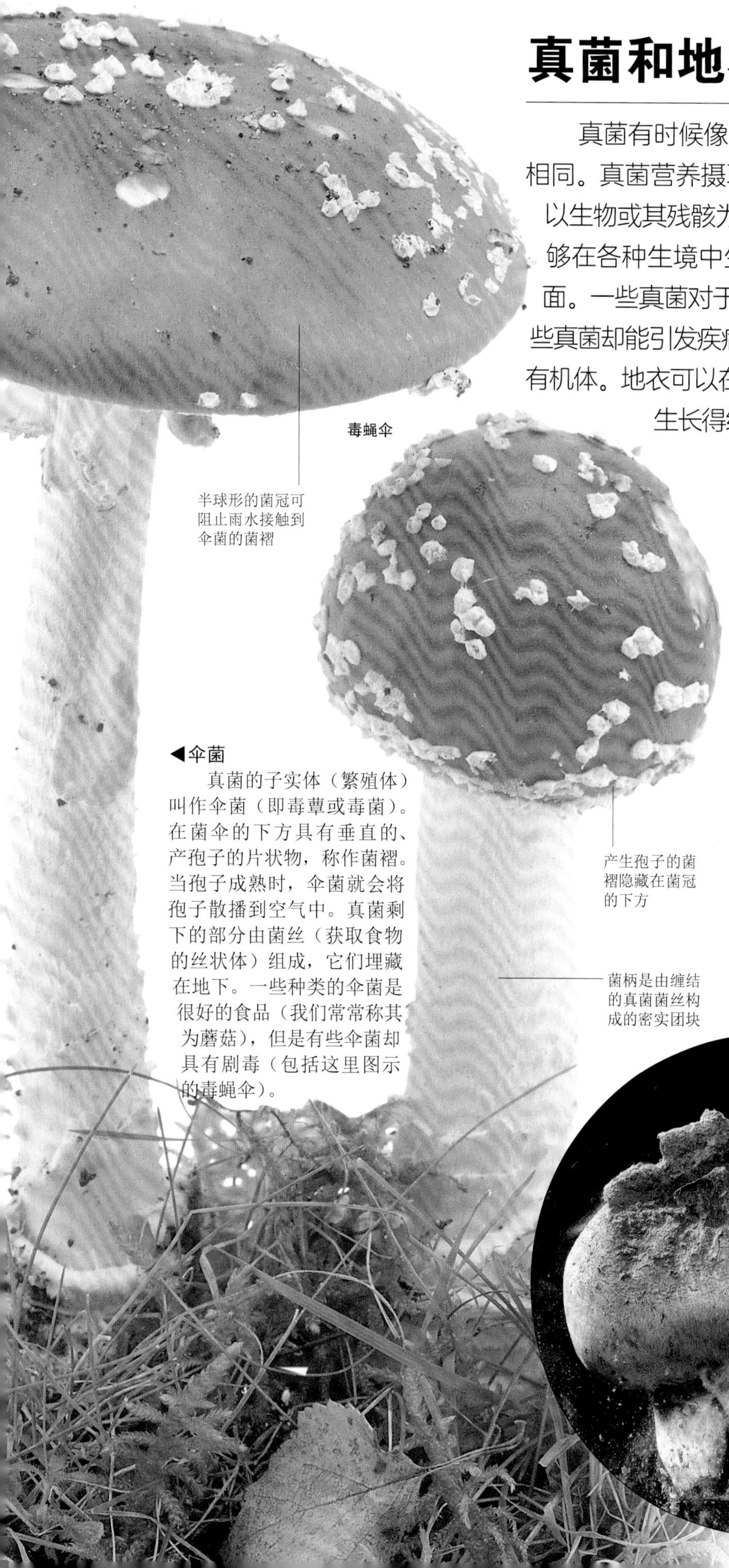

毒蝇伞

半球形的菌冠可阻止雨水接触到伞菌的菌褶

产生孢子的菌褶隐藏在菌冠的下方

菌柄是由缠结的真菌菌丝构成的密实团块

◀**伞菌**

真菌的子实体（繁殖体）叫作伞菌（即毒蕈或毒菌）。在菌伞的下方具有垂直的、产孢子的片状物，称作菌褶。当孢子成熟时，伞菌就会将孢子散播到空气中。真菌剩下的部分由菌丝（获取食物的丝状体）组成，它们埋藏在地下。一些种类的伞菌是很好的食品（我们常常称其为蘑菇），但是有些伞菌却具有剧毒（包括这里图示的毒蝇伞）。

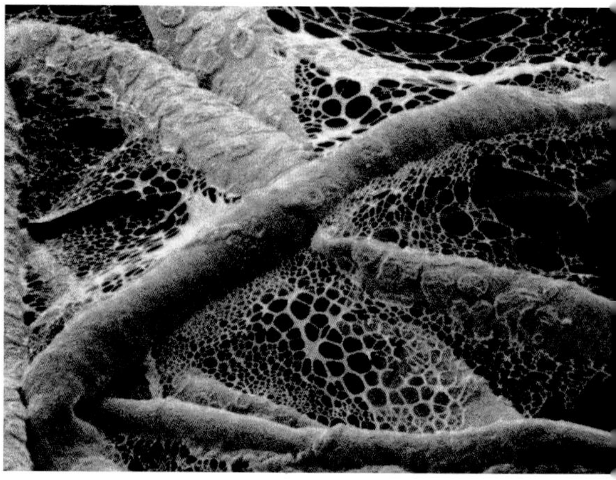

▲**真菌是如何取食的**

这个真菌的菌丝（获取食物的丝状体）被放大几百倍后看上去就像是蔓延在土壤上的根。不同于真正意义上的根的是，菌丝的生长延伸至真菌所需的食物，它们会消化和吸收所触及的任何营养物质。菌丝网络称为菌丝体。在适宜的生境中，例如林地土壤中，菌丝体可以从一个单个孢子生长成为巨大的网络。这些菌丝体网络可以覆盖面积超过600公顷，这使得它们成为世界上最大的生命体。

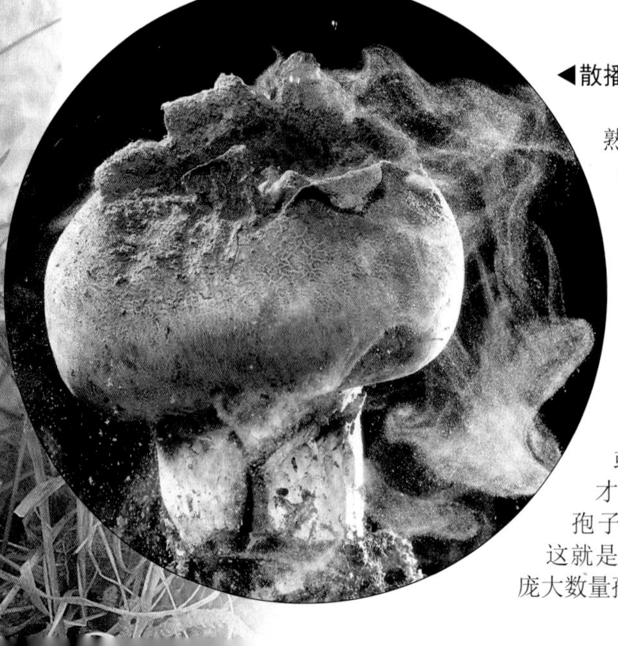

◀**散播孢子**

当马勃的子实体成熟后，子实体头部就会裂开，释放出深棕色的孢子群。一个马勃能够释放出超过1万亿个孢子，每个孢子都又小又轻，在微风下就能飘散得很远。孢子可以存活几年，但它们只有着陆在食物或是接近食物的地方才能开始生长。大多数孢子的生长是不成功的，这就是为什么真菌产生如此庞大数量孢子的原因。

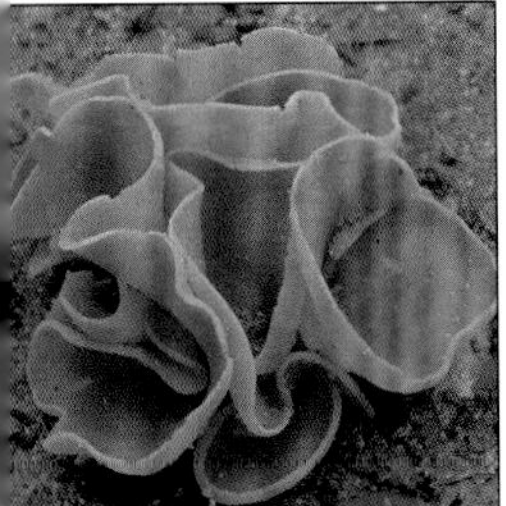

橘皮菌（橙黄网孢子盘菌）

这个橙黄色的真菌生长在裸地或是荒地上。也被称为盘菌（elf-cup fungus），杯状子实体可达到10厘米宽。在杯状子实体的上表面产生出孢子。当孢子成熟时，菌体就会将这些孢子朝向阳光射出。

夏块菌

夏块菌因其味鲜美成为世界上最昂贵的食物之一。它那圆形多突起的子实体在接近树木根部的地下生长发育。它以其独特的香气引诱动物前来食用，以便散播孢子。用来当作食物出售的夏块菌都是利用经过特殊训练的狗或猪找到的。

胶角耳

这种林地真菌的子实体看上去就像是亮黄色的鹿角。它生长在死亡针叶树的腐木上，通常靠近地面或近地面。胶角耳具有许多亲缘种，分别生长在不同种类的木材上。其中一些种类看上去像是直立的香肠，没有任何分叉。

“恶魔之手”（因此真菌形状故起此名）

这个形状怪异的真菌具有4～8个亮红色的“手指”，它们平散在地面上。“手指”的上表面覆盖着黏性的孢子，有股腐肉味。孢子的臭味引来苍蝇前来取食，孢子会粘在苍蝇的脚上，并被带走。

鸟巢菌

鸟巢菌的孢子生长在小型、卵形的物体内，它们并不通过将孢子释放到空中的方法来传播孢子。这些卵形物在形似鸟巢的杯状子实体当中，会因降落的雨滴而被弹射出去。鸟巢菌以肥料和其他植物残骸为食；有时会生长在花盆中。

◀酵母菌

这些成熟梅子上的蜡质光泽是由活酵母层产生的。酵母是以糖类物质为食的单细胞真菌。它们可通过出芽的方式进行繁殖，这些芽体会转变成新的酵母细胞，能将糖发酵成酒精和二氧化碳。因为酵母菌可以使生面团发酵涨起，在面包等食品制作中作为天然发酵剂；它们还用于制作含酒精饮料，如啤酒和葡萄酒。

面包霉菌孢子形成的子实体或壳状物

◀霉菌

这个变质的面包片被霉菌所侵入。霉菌是不产生大型子实体（在此指菌伞）的真菌。一些霉菌是扁平的，但是面包霉菌却是生长着形似细微毛发丛状的子实体。许多霉菌消化活体植物或植物残骸，但是有些却生长在人造材料上。例如：潮湿的石膏，壁纸糊，甚至是相机镜头的外壳。

攻击树木▶

这棵榆树的树叶渐黄，脱落，它活不了多久了。它得上了荷兰榆树病，是一种通过树皮甲虫传播引发的真菌感染。许多其他真菌也会侵袭植物。如，霉菌的孢子会引发马铃薯的枯萎病，这对于马铃薯的收成来说是一种毁灭性的疾病。这种疾病引发了19世纪中期发生在爱尔兰的饥荒，如今它仍在影响着马铃薯的收成。

◀青霉菌

这个略呈绿色的青霉菌以成熟果实和植物残骸为食。随着它们的生长，会释放出一种称作青霉素的抗细菌的化学物质。青霉素是一种有价值的药物，可以在不伤害人的情况下，杀死那些致病细菌。通过这种方式起作用的药物称为抗生素，被发现于1928年的青霉素是世界上第一种抗生素。

攻击动物▶

这只蛾子被虫草菌所杀死，这种真菌的子实体看上去像是裘皮大衣。不寻常的是，这类真菌甚至能够改变它们猎物的行为，如，让这些“受害者”会走向或死在植物体的高处，在那里更利于散播孢子。真菌也攻击许多其他动物，包括人类。例如：癣菌病就是由真菌入侵人类皮肤而引发的。

地衣▶

与植物相比较而言，地衣生长得很缓慢，但是它们能够在地球上一些最恶劣的环境中生存。许多地衣生长在裸岩上、墙上或是树干上；并且有些种类的地衣还能够在南极1200千米的范围内生存。地衣可以是扁平的、直立的或是同灌木样丛生的。地衣的外部是由汲取养分和水分的真菌构成的。地衣的内部包含着通过光合作用产生养分的微型藻类。

孢子植物

世界上最简单的陆生植物是不具有花和种子的，它们通过释放一种称为孢子的微小细胞进行繁殖。孢子要远比种子微小、简单，能够通过水或风进行散播。孢子植物包括苔类、藓类和木贼类，还有蕨类植物（见第 30 和 31 页）。不同于种子植物的是，不产种子植物的生命周期是由两种分开的植物体类型相互交替完成的：一种植物体产生孢子；另一种植物体产生性细胞（精子和卵子）。有时，这两种植物体看上去很相似，但是通常它们在大小和形状上很不相同。

藓类植物▶

这棵橡树上被亮绿色的藓类植物所覆盖。藓类植物在全球超过 9000 种，通常都生长在阴凉、潮湿和寒冷的地方。苔类植物和藓类植物共同构成苔藓植物。这些植物没有实根，并且通过植物体表面来进行水分的收集。许多藓类植物体是直立的，并具有小鳞片使其看上去很像叶片。它们从生长在细柄上的小囊中释放出孢子来。

包含着胞芽的单个芽杯

◀苔类植物

苔类植物是世界上最简单的植物。它们大多看上去像是绿色的小丝带，随着它的生长会分支为二。同藓类植物一样的是，苔类植物没有实根，而且可以在没有土壤的表面生长。苔类植物通过产生孢子进行繁殖，但也有许多苔类植物通过生长一种叫作胞芽的卵状珠进行散播（即苔类植物的营养繁殖），其胞芽生于小杯（称为芽杯）中。如果雨滴落入芽杯，胞芽则会从母体植株中溅出很远。

来自过去的植物

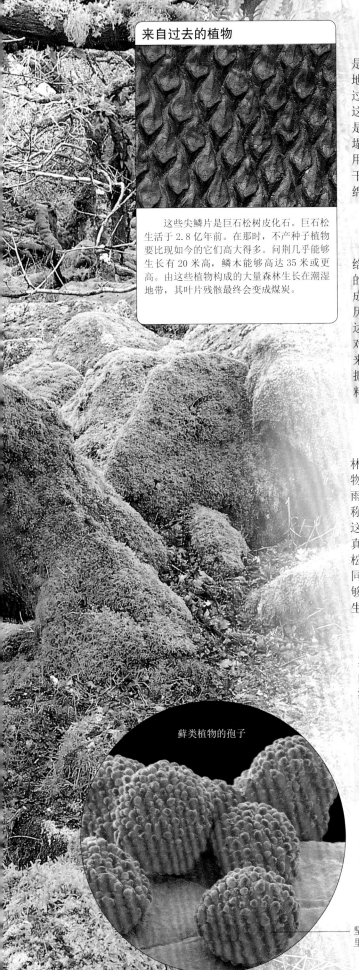

这些尖鳞片是巨石松树皮化石。巨石松生活于2.8亿年前。在那时，不产种子植物要比现如今的它们高大得多。问荆几乎能够生长有20米高，鳞木能够高达35米或更高。由这些植物构成的大量森林生长在潮湿地带，其叶片残骸最终会变成煤炭。

泥炭藓▶

异于典型藓类植物的是，泥炭藓生长在浸满水的地方。它们有时能够形成超过1米宽的绿色或粉色小丘；这些小丘显得很结实，但是在极微小的重量下就会坍塌。据史料记载，泥炭藓被用作填垫材料和绷带。一旦干燥，它们的吸水能力比海绵还好。

泥炭沼▶

这个机械切割机正在给泥炭（指泥沼中由死亡的藓类和其他植物残骸形成的疏松物质）切片。经历几千年，泥炭构建了深达10米的地层。泥炭地对于全世界的野生动植物来说十分重要。当它被挖掘并干燥后，可以作为燃料使用。

石松▶

大多数石松生长在森林地面上，但是这个复苏植物生长在沙漠中，能够在降雨后苏醒过来。尽管它的名称中包含moss（藓类植物）这个词，但是石松并不是真正藓类植物的近亲种。石松与藓类植物生长得很不相同，石松具有实根和茎，能够从土壤中吸收水分，并且生长得较高。

问荆▶

问荆（形像马尾）因其直挺的茎和坚挺、发状的叶片而命名，它可以在潮湿、肥沃的土地上生长形成茂密的丛。来自南美的最大问荆种类可以生长到10米高。如今，全球仅存30种问荆，并且有些种类在经过3亿年的时间里已经发生了一些小的变化。

藓类植物的孢子

◀孢子

孢子成簇存在于藓类植物的表面，它们很快将会被风吹散。每一个孢子由一个外被着坚韧外壳的单细胞组成。孢子小得在微风下就能被吹得很远。它们在干燥条件下能够存活好几年；但是一旦环境潮湿，就开始萌发生长。孢子植物不仅包括上述植物，像细菌、真菌以及藻类也都属于它们的范畴。

坚韧外壳保护着里面的孢子细胞

蕨类植物

世界上的蕨类植物有1万多种，是孢子植物中的最庞大类群。一些种类只到脚踝那么高，但是有些高大的蕨类具有像树木一样的树干。不同于藓类和苔类这类更低等的植物，蕨类具有实根和茎。根据叶片不同把蕨类植物分为小叶型蕨类（或称拟蕨类）和大叶型蕨类（即真蕨类）。大多数蕨类植物生长在潮湿环境下，也有一些为浮淡水生活。同其他孢子植物一样，它们通过释放孢子进行繁殖；此外，它们的生活周期包含了两种独立的植物形态。

◀蕨类的叶子是如何生长的

蕨类的叶是从纤维状的茎部或树干上萌发的。当其为幼苗时，叶片紧紧卷曲着，所形成的形态称为卷牙。随着每一个叶子的生长，卷牙松开直到叶子伸直为止。生活在温暖地区的蕨类植物，随时都在进行新叶的生长，有些叶子甚至能够持续生长好几年；生活在寒冷地区的大多数蕨类植物，在秋季死亡，并在春季生长发芽出新叶。

卷牙（幼叶）紧紧地卷曲着

位于中央的茎部支撑着叶

▲树蕨（桫椤）

树蕨是世界上最高的蕨类植物，同时也是世界上最大的孢子植物。它们具有单独的、不分枝的树干和雅致的叶形，叶的长度可达2.5米。大多数树蕨生长在阴凉的森林里。分布遍及热带地区和南半球气候稍冷的地区，如塔斯马尼亚岛和新西兰。树蕨是古老的蕨类植物，能生长高达25米。

▲膜叶蕨

这些小型蕨类植物因其纤薄的叶子而得名，位于叶脉间的叶片部分仅有一两个细胞那么厚。叶子太薄很容易干透，因此膜叶蕨生长在十分潮湿的地区。例如：能收集雨水的森林、阴凉的河堤以及瀑布旁边。膜叶蕨通常沿地面蔓延生长。

蕨类植物生活史

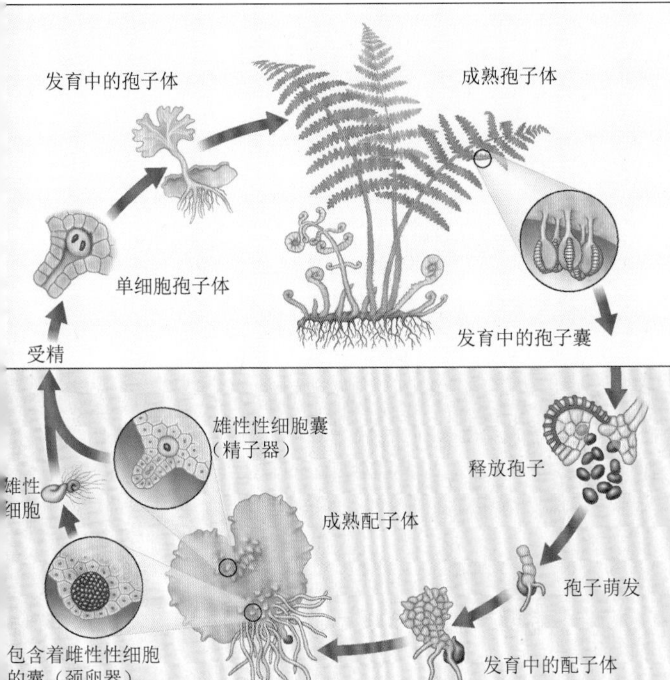

蕨类植物的生活史是在两种不同形式的植物体间相互交替进行的。一种形式为孢子体，它很好辨认，因为孢子体具有叶。一旦孢子体成熟，它就生产出蕨类的孢子来。这些孢子是在孢子囊的小囊中成熟的；而孢子囊成簇排列在蕨类叶片的背部。当孢子成熟，孢子囊便会打开。如果孢子着陆于合适的地点，它便会萌发，并且第二类植物体开始生长。第二类植物体称为配子体，因为它能产生蕨类的配子（或称性细胞）。配子体通常瘦而扁平，一般都不及邮票那么大。雄性和雌性性细胞在位于配子体下面的分开的囊（分别为精子器和颈卵器）中进行发育。雄性细胞朝向雌性细胞游去。一旦受精发生了，一个新的孢子体便会形成并且开始向上推动其自有的叶片生长。

蕨类植物叶

鹿舌草

这种蕨类具有舌状叶片，其边缘扁平或具褶。叶片可以长达50厘米，并且在叶片下面有柔软的边，还有生产孢子的微型囊。这种蕨类的近亲——鸟巢蕨，具有巨大的1.5米长的叶。鸟巢蕨来自热带地区，但它常被作为室内盆栽植物而种植。

欧亚水龙骨

同大多数蕨类植物一样，欧亚水龙骨的叶也被分开成许多小叶，这使得它们的叶片为羽毛状，叶有40厘米长。在叶的下面有凸起的圆点，里面包含着生产孢子的囊。欧亚水龙骨有时在地面上生长，但是观察它们的最佳地点为树上、岩石上以及老石墙的顶端。

王紫萁

具有壮丽的叶子，它通常作为园艺植物被栽培。每片叶都被分开两次，这意味着每片小叶又再次被分成小叶的小叶。王紫萁具有专门生产孢子的叶，它们生长于植株的中间部分。不同于植株上其他的叶，这些叶片细窄且为茶色。自然界中，王紫萁产于多沼泽地区，被人工种植于世界上许多不同地区。

▲欧洲蕨

一些蕨类很稀有且濒临灭绝，但是欧洲蕨是一种对环境适应性极强的野草。它们是通过根状茎来进行扩散和蔓延，并且在林地和田地中形成巨大的丛落。欧洲蕨对于家畜来说具有毒性，而且它们很难清除，因为它们埋藏在地下的茎会很快重新生长出来。异于其他蕨类植物的是，欧洲蕨在全世界各地都有分布。

▲附生蕨类

附在其他植物体上生长的蕨称为附生蕨类。附生蕨类有几千种，几乎大部分都生长在热带地区。鹿角蕨的叶有二型：细窄的孢子叶和起着固定、接收掉落附生物树叶作用的巨大的营养叶。当附生物上掉落的叶片腐烂后，它们能够为蕨提供营养。

▲水蕨

满江红（又称绿萍）在稻田和水池的水面上生长。因为它的上表面是防水的，所以很难下沉。在春季和夏季，它是蓝绿色的；在秋季和冬季，变为红色。世界上有许多种水蕨，大多数依靠水禽传播孢子。

种子植物

大多数植物都是结种子的，并且都是由种子发育而成的。不同于孢子的是，种子中含有大量的营养物质，是种苗萌发不可缺少的营养来源。世界上有两类种子植物：一类为裸子植物，它们将种子产在特殊的鳞片中，这些鳞片包裹在一起构成了球果；另一类为被子植物，将种子产在一个称为子房的闭合小室中，而子房又是构成植株花朵的一部分。不论这些种子的发育是发生在球果中还是花朵中，它们都需要得到保护，也需要一种传播的方式。

◀来自球果的种子

松树的球果就像是生产种工厂一样，球果的外部是由木质的鳞片以螺旋方式生长的。每鳞片内侧都产生出一对种子。种子成熟时，鳞片打开，种子以飞散出去。具有球果的裸子植物已经存在了3亿多年之久，要那些通过开花产种的被子植物生长得长久得多。

在温暖的气候条件下，鳞片渐渐地打开

种子附在长而透明的翅上

通过种子进行传播▼

种子植物在全世界的景观中占支配地位。在这个位于欧洲南部的炎热山坡上种植着许多不同的种子植物。位于最前面的为开花的灌木，其中包括了岩蔷薇、大戟和金雀花；位于它们后面的是风造形态树木——石楠属植物和松树。为了能够产种，所有这些植物必须与同种类植株进行花粉的交换。

暴露在外面的树枝远离盛行风（主风）生长
大戟科植物的叶片通常在夏季掉落

花蕾

花朵由许多部分组成，能够在几周内形成。当它发育时，花朵还在花苞中被保护着。在大多数植物中，花蕾是由称为萼片的绿色片状物保护着。这朵罂粟花花蕾具有两个萼片，它们相互契合形成一个外壳。当花朵准备开放时，萼片便会分开折叠并随即掉落。

花

昆虫来到罂粟花上，将其花粉收集并散播到其他罂粟花上。花粉粒中包含着雄性细胞，它们会给植物的雌性细胞或卵细胞受精。卵细胞位于子房——一个在花朵中央的小室中。一旦花朵被授粉，它的花瓣便会掉落，种子开始发育。

成熟的种冠

三个星期后，子房膨胀形成圆形的种冠。种冠坚硬并且干燥，种子松散分布在种冠里面。随着种冠的成熟，它的顶盖便向上拱起，在其边缘上方打开一个圆形的洞。种冠被风吹动，种子就会像从胡椒瓶中撒出的胡椒一样，通过洞口散播出来。

种子

一棵单株罂粟植物能够产种超过5000颗。每颗种子都具有一个坚硬的壳来保护里面的胚芽。胚芽是有生命力的，但是它处于休眠状态直到外界环境极其适合。胚芽有时能保持休眠许多年；一旦土壤湿润温暖，种子便会萌发。

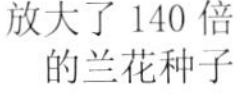

放大了140倍的兰花种子

极小的种子▶

世界上最小的种子要属兰花种子。5000颗兰花种子加起来才和一个单独的罂粟种子一样重。兰花种子小得只有通过显微镜才能观察得到。它们的种子仅有非常小的空间用于养分储存。取而代之的是，兰花要依靠土壤中的真菌来帮助它们萌发和生长。大多数植物的幼苗都以最快的速度生长出叶片，但是年幼的兰花要用好几年的时间才能生长出地面。

隐藏着的多样性▶

从外面来看，植物的种子可能都一样。而在其内部，每个胚芽都具有自己的一套独一无二的基因。这样的结果就导致了成年植株的不相同性。图中这些风铃草显示的就是多样性的一种：一些风铃草取代了普通的蓝色花朵，而具有的是粉色花朵。遗传变异使得植物可以调整改变和进化。植物（以及所有生物）都通过进化来适应它们外部变化着的环境。

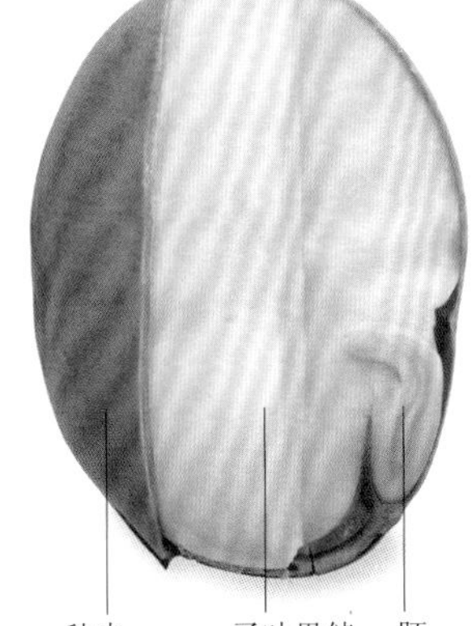

◀种子内部

这颗蚕豆已经被横切来显示种子内部的不同部分。整颗种子都被一个坚韧的外皮所包被着，这个外皮称为种皮。更里面的是两个蜡色的子叶；子叶中储存着种子的营养物质。胚芽位于子叶间，具有微小的芽和胚根。当蚕豆发芽时，胚根首先突破种皮，因此根部在种子萌发时首先出现。

以种子为食▶

对于这只北美灰松鼠和其他许多动物来说，植物种子是十分重要的食物来源。种子富含营养物质，并且便于作为饥荒时期的食物储存。松鼠经常在秋季埋藏坚果，并在冬季很难找到食物时，将它们挖掘出来。这样的做法也会有助于树木的生长，因为松鼠会忘记一些它们埋藏的种子的位置。春季来临时，这些种子正好位于合适的地方开始它们的生长。

北美灰松鼠以种子为食，如榛子

◀巨大的种子

世界上最大的种子要属大实椰子（或称海底椰）。这种棕榈植物生长在塞舌尔群岛（位于印度洋的岛屿群）。它的每个种子都由一个巨大劈开的外壳包裹着；种子和外壳加起来重达20千克，差不多是一个6岁孩子的体重。这些巨大的种子需要用7年的时间生长成熟。

裸子植物

与超过 25 万种被子植物相比，裸子植物的种类只有不到 800 种。裸子植物遍布全球，并且擅长在恶劣的环境中生存，如高山、沙漠以及接近极地的寒冷地区。不同于被子植物的是，裸子植物以球果的方式进行种子的生长，并且它们都是通过风力进行种子传播和授粉的。大多数裸子植物是乔木或灌木，有世界上最高和最重的生物种类。

◀松柏类植物

这棵欧洲赤松是典型的松柏类植物，有着修长的树干和坚韧的常绿叶片。松柏类植物占据了所有裸子植物的75%。它们中的许多乔木都是为获取木材而种植的，如松树、云杉、冷杉以及雪松、红杉和红豆杉。与其他针叶植物相比，欧洲赤松分布很广泛，分布于欧洲大部分地区及亚洲北部。

雄性球果准备散播花粉
未受精雌性球
成熟的雌性球果具有坚硬的棕色鳞片
一年前受精的幼龄雌性球果具有柔软、绿色的鳞片

球果▶

松柏类植物能够生长出两种球果。雄性球果小而柔软，成熟时便向空中散发花粉雾，随即变枯萎；雌性球果在幼龄时很柔软，但随着它们的生长，会变得坚硬而木质化，一旦雌性球果授粉，便会产生种子。松树的球果通常是完整地掉落到地面上，而冷杉和雪松的直立球果则随着它们种子的散播而分裂开。

松柏类植物的叶片

针形叶

松树具有细长的、尖尖的叶片，它们被称为针形叶，每簇八根。叶通常能够在树上生长到4年之久，但是一些种类，如狐尾松的叶能够生长30年或更久。叶上的蜡质表面能够有助于它们免于干燥，并且保护着叶片不受冷风的侵袭。

扁平叶

同许多松柏类植物一样，水杉具有细窄、扁平的叶片。扁平叶的上叶面具有光泽，下叶面色彩暗淡。大多数松柏类植物是常绿的，但是水杉为落叶树木。水杉的叶片在秋季掉落，并在春季生长出新叶。此外，具有针形叶的落叶松也属于落叶植物。

鳞片形叶

从柏树到红杉的大部分松柏类植物都具有小的、鳞片状叶子。图中这些叶子来自罗汉柏——一种生长在日本山林中的松柏类植物。鳞状叶可以吸收大量的阳光。此外，像杜松这类松柏类植物幼年时具有针形叶，但是当它们成熟时叶片便成为鳞状叶了。

▲肉质果

红豆杉及其亲缘植物不同于其他松柏类植物，它们不生长坚硬的球果。取而代之的是，它们的种子“坐落在”色彩艳丽的肉质杯状物中，这个杯状物被称为假种皮，看上去像浆果。红豆杉的果实对于人和家畜来说具有毒性，但是鸟类食用却不会受到任何伤害。在果实掉落后，通过鸟类的食用，帮助红豆杉种子的传播。红豆杉雌雄异株，并且只有雌性植株才具有浆果状的假种皮。

▲北方针叶林

覆盖面跨越了北美、欧洲以及亚洲北部地区的北方针叶林是世界上最大的森林。森林中的松柏类植物能够承受每年持续8个月的严酷冬天。这些树木顶端尖角形状，有利于积雪从其树枝上滑落而不是积在树枝间。森林内部黑暗又寂静，并且多具沼泽地，这使得森林内部很难被人类探察。

▲加州巨型树

高耸入天的海岸红杉来自加利福尼亚，是世界上最高的树木。这个最高纪录的保持者目前有112米，并且至少生长了1000年。海岸红杉之所以能够生长得这样高是因为它们从未缺少过水分。海岸边有大量的降雨和雾气，雾气会在叶片上凝结为水滴，然后掉落到幽深的地面上。

苏铁▲

苏铁易与棕榈相混淆，它们是已存在3亿多年的裸子植物。具有短粗的树干，树干顶部丛生坚硬的羽状叶片和球果，雄性球果同雌性球果分别生长在不同的植株上。大多数苏铁生活在世界上的温暖地区，范围自美国佛罗里达到澳大利亚。苏铁生长得十分缓慢。苏铁中的许多种类都因为被挖掘或被作为园艺植物来销售而面临消亡的威胁。

▼千岁兰

来自非洲纳米布沙漠的千岁兰是世界上最奇特的植物之一。它可以生存超过1000年之久，并且仅具有两片带状的卷曲叶片，这些叶片萌发于树干上。叶片坚硬并且木质化，随着不断生长，叶片会断裂分开。在几个世纪之后，这种植物看上去更像是一堆垃圾而不像是一个生命体。千岁兰的球果生长在小分叉上，这些分叉萌发于它们叶片的基部。

手指大小的球果以小簇的方式丛生

深扎的储水主根隐藏在地面下

叶片从植株的中央基部生长出来

老叶部分会分裂并且有磨损

被子植物

无论你在世界上的什么地方，被子植物都能随处可见。已发现的被子植物超过 25 万种。被子植物也叫有花植物。被子植物的种子生长在子房（一个位于花朵中央的闭合小室）中。被子植物分为两类：一类是单子叶亚纲植物，即只有一片子叶的植物类群；另一类是双子叶亚纲植物，即具有两片子叶的植物类群。

作为食物的被子植物
卷须使得西番莲固定在其他植物上
柱头接受来自造访昆虫身上的花粉
花蜜
子房
在昆虫飞走前花药将花粉撒在它们身上
彩色的花丝吸引着昆虫到花朵上来
5 片花瓣中的其中一个，它们在 5 个萼片的伴衬下排列成圆形

被子植物对于人类来说极其重要，因为它们为我们提供几乎所有的植物性食物。水果和蔬菜都来自被子植物，并且所有能够被畜牧动物食用的食物也是来自被子植物。一些饮料如咖啡和茶，也是来自被子植物。人类食用被子植物的不同部位，包括根、茎、叶片、果实及种子。令人感到奇怪的是，我们却很少食用花朵本身。

◀花朵“迷人”的方式

这朵西番莲在阳光下盛开，它的开放仅持续一天。在这段时间内，它必须经授粉才能够产生种子。它那艳丽的色彩吸引着昆虫的造访，它们复杂的形态也保证了花朵在昆虫前来取食的情况下授粉成功。在传粉过后，子房便开始肿胀，从而形成包含着大量种子的果实。动物取食果实后，能够有助于种子大范围的散播。

肉质花瓣
柱头形成了中央的柱状物
花药位于花朵基部

▲原始的被子植物

这朵木兰花和世界上存在于1.3亿至1.4亿年以前的原始花朵很相像。早期的花朵具有一圈花瓣环，雄性和雌性花部在中间位置。后来许多花朵进化出一些更加复杂的花形。有些具有羽状花药，可以在空中散播花粉；另一些像西番莲一样的花朵则进化出授粉动物的“着陆场”。

▲巨大的被子植物

有着笔直树干的花楸树是世界上最高的被子植物。这些雄伟的树木属于桉属中的一种，生长在澳大利亚寒冷、潮湿的地方。现存最高的花楸树可达93米高，而在19世纪，林业员曾发现一棵倒在地上的花楸树有140多米长，可能是有史以来世界上最高的植物了。

被子植物的分类

单子叶植物

这些番红花为单子叶植物。它们的种子内部只具有一片子叶。单子叶植物的成熟叶片通常是长而窄的，并具有平行的叶脉。花部通常是三基数的。单子叶植物包括禾本科、百合科、兰科及棕榈科植物。除了棕榈科外，许多都是生长自球茎上的，单子叶植物中很少有乔木。

双子叶植物

这些岩蔷薇为双子叶植物。双子叶植物在世界上被子植物中所占比例超过3/4。它们具有两片子叶。双子叶植物的成熟叶片具有网状叶脉。它们的花部通常是四基数或五基数的。双子叶植物中包括许多种类的灌木以及世界上大部分阔叶树。不同于单子叶植物的是，许多双子叶植物具有很深的主根。

浮萍在水面上漂浮

▲微型被子植物

这个池塘被浮萍覆盖。浮萍科植物是世界上最小的被子植物。浮萍如同绿色的串珠一样在水面上漂浮。每一个植株都有个代替叶片的叶状体，具有浮板的功用。浮萍科中最小的种类为芜萍（无根萍），其长度不足1毫米，没有根，并且花朵也因为太微小而无法被肉眼所见。

◀海洋中的花朵

许多种被子植物生长在淡水中，也有少数种类生活在海洋中，如海岸线不远处的海草。这只海龙正在海草丛中游动。海草具有微小的花朵，并且在水下授粉。海草对于许多海洋动物来说是很重要的食物来源，其中包括鱼类和龟。海龙和海马就是把海草丛当作取食和隐蔽的场所。

花

花是植物体上最引人注目的。它们包括了植株的繁殖器官，其功能就是传粉、受精、产生种子。一些花利用风力传粉，但是那些大朵的、色彩亮丽的或具有强烈气味的花则是通过动物进行传粉。许多植物的花是单独的，被称为单生花。但是有些植物的花形成组，被称为花序。一个花序可以生长多个单独小花，最大的花序有千百万朵小花，以吸引来自各处的传粉动物。

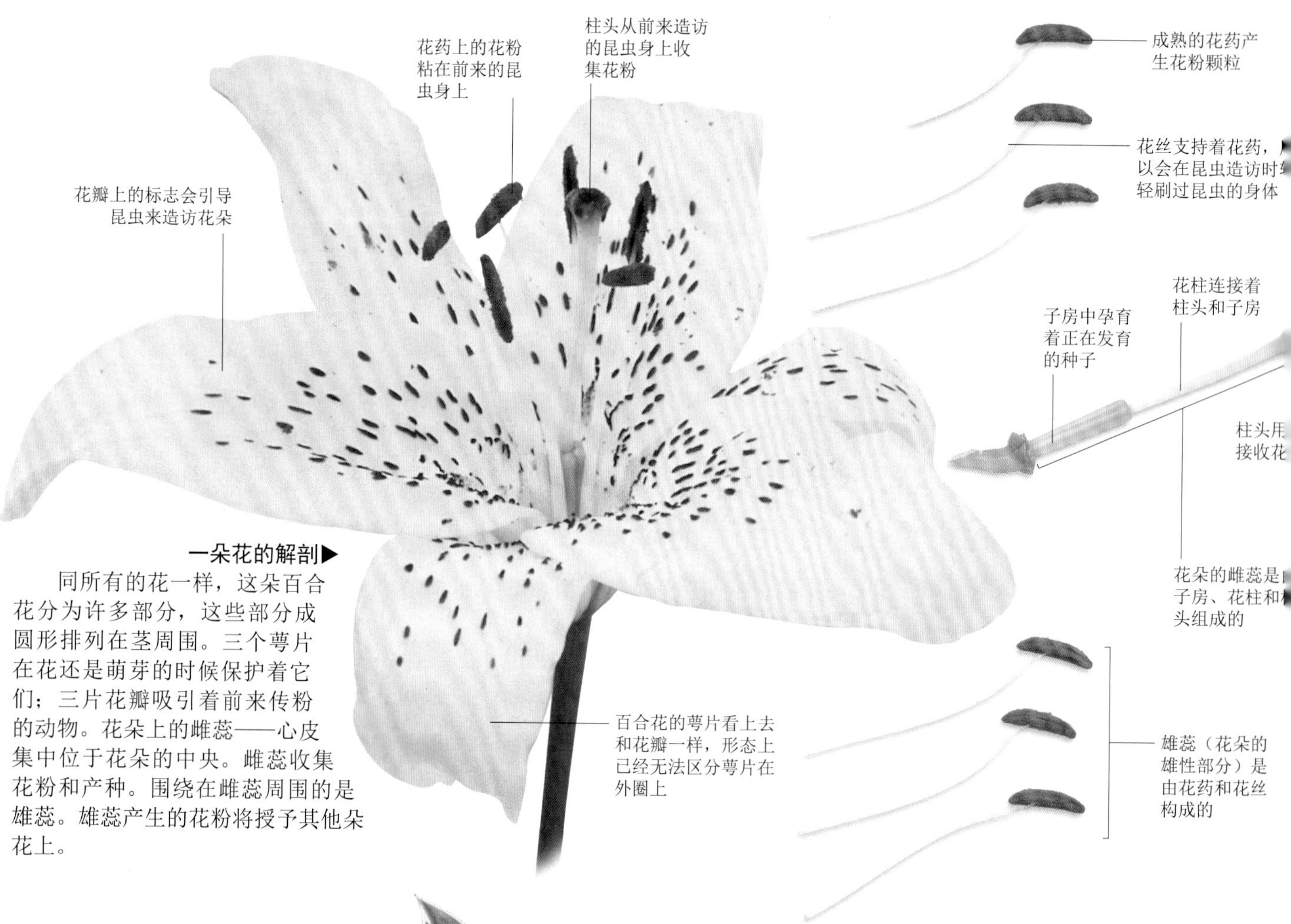

花药上的花粉粘在前来的昆虫身上

柱头从前来造访的昆虫身上收集花粉

花瓣上的标志会引导昆虫来造访花朵

成熟的花药产生花粉颗粒

花丝支持着花药，以会在昆虫造访时轻刷过昆虫的身体

子房中孕育着正在发育的种子

花柱连接着柱头和子房

柱头用接收花

花朵的雌蕊是子房、花柱和头组成的

百合花的萼片看上去和花瓣一样，形态上已经无法区分萼片在外圈上

雄蕊（花朵的雄性部分）是由花药和花丝构成的

一朵花的解剖▶

同所有的花一样，这朵百合花分为许多部分，这些部分成圆形排列在茎周围。三个萼片在花还是萌芽的时候保护着它们；三片花瓣吸引着前来传粉的动物。花朵上的雌蕊——心皮集中位于花朵的中央。雌蕊收集花粉和产种。围绕在雌蕊周围的是雄蕊。雄蕊产生的花粉将授予其他朵花上。

雌雄异体▶

一些开花植物会分别生长出开有雌花和雄花的植株。雄性植株产生花粉，而雌性植株产生果实和种子，如冬青树的浆果。像这样的植物叫作“雌雄异株”。雌雄异株的植物包括柳树、猕猴桃、芦笋和棕榈树等。为了能够产生出种子，雌性植株需要花粉，因此在雌株的附近要植有雄性植株才行。

◀雌雄同体

不同于动物的是，大多数植物的同一株的雌雄是同时存在的。这样的植物称为“雌雄同株”。在这棵密生西葫芦上，同一株植株会生长出分离的雌花和雄花。但是，大多数雌雄同株的花朵是同一花朵中同时具有雄蕊和雌蕊。当这些花朵开放时，雄蕊常常会先成熟起来，这有助于避免花朵的自花授粉。

花序

穗状花序

澳大利亚红千层（瓶刷子树）所具有的花序称作穗状花序。在穗状花序中，花朵并不具有自己的花柄，而是直接生长在花序的主轴上。穗状花序通常是直指一个方向向上生长的。但有一种常见的类别——柔荑花序就和这种情况相反，柔荑花序是常下垂生长的。在红千层的穗状花序中，每一个单独的花朵有着微小的花瓣，但是却拥有着长而艳丽的雄蕊，吸引鸟类采蜜、传粉。

总状花序

风铃草和风信子的美丽花朵所形成的花序呈总状花序。总状花序像穗状花序一样是向上生长的，但是每一朵花都具有各自的短柄。在总状花序中，位置在最下面的花通常先开放，而位于上部的花朵还处于萌芽状态。这样的开花顺序对于昆虫和其他传粉的动物来说是十分有益的，因为这样的花序可以在数周内持续为它们提供食物。

圆锥花序（复总状花序）

同许多其他禾本科植物一样，水稻的花朵呈现为圆锥花序。圆锥花序和总状花序很像，但是每个侧边的分枝还具有自己的分枝（各自呈总状花序状），并且以花为末端。这个花序所呈现出来的就是一大簇花朵并排生长着。有的圆锥花序十分巨大。来自东南亚的贝叶棕所生长的圆锥花序可高达5米，其中具有成千上万的花朵。贝叶棕会在产生种子之后死亡。

伞形花序

伞形花序是比较容易辨认的一种花序，因为它们呈现出雨伞的形状，具有条幅状的柄。这些伞形花序是野生胡萝卜（伞形科植物）的。它的大多数亲缘植物，像是豕草、茴香以及芹菜也都是伞形花序。在伞形花序中，花通常是浅颜色的，并且同时开花。这样就为前来传粉的昆虫（如小甲虫、蠓及食蚜蝇）提供很大一块着陆的场所。

肉穗花序

这棵臭菘具有的微小花朵生长在肉质的花轴上，称为肉穗花序。在臭菘的外部包有一个罩兜即苞片，称为佛焰苞。臭菘散发着强烈的气味，并且佛焰苞可以吸引小昆虫来造访花朵，帮助传粉。所有的臭菘亲缘种类，包括龟背竹（又称"瑞士干酪"树）、海芋和马蹄莲都具有这种与众不同的花序。

开花时间

花朵会经历雨水或寒冷天气的侵袭，仍然怒放。同许多花相同的是，这棵蒲公英在白天开放，在夜晚闭合，以便抵御夜晚的寒冷气候。而一些花朵会在下雨时或者在天空多云的情况下闭合。

通过夜行动物（如蛾子或蝙蝠）进行传粉的花则是常在黄昏时刻开花，并且整夜保持开放状态，而在黎明后立刻闭合。通常这些花朵都十分的香，但是它们仅在夜晚传粉动物活动的时候散发香气。

菊科植物的花朵▶

雏菊及其亲缘种类所具有的微小的花朵称为小筒（小花）。这些小筒紧密地集合在一起形成的花序使其看上去像一朵单独的花朵。在雏菊中，围绕在边缘的小花（指舌状花）呈白色，它们中的每一朵都具有一个被称为是"辐"的片状物，这个片状物看上去很像花瓣。位于中心的小筒呈现黄色，它们能够产生出花粉和种子。具有这样排列的花朵则被认为是菊科植物。雏菊的所有亲缘植物（如太阳花、金盏花和蓟）都具有类似的花朵。

位于外面的花朵先开放，随后开放的是接近中心的花朵

萼片

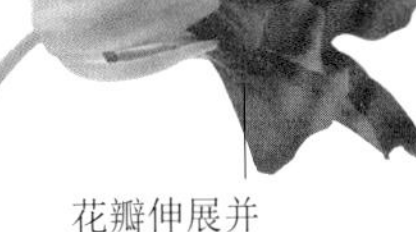

当花朵开放时，萼片彼此分开

花瓣伸展并向后折叠

旱金莲花具有5片花瓣

子房位于花朵的中央

◀一朵花的盛开

大多数花蕾都是由一个被称作萼片的绿色片状物包裹着而得到保护的。当花朵盛开时，萼片可能会存在或是掉落到地上。花瓣会快速地伸展，并且随其生长是向后折叠的。最后剩下的需要成熟的部分就是雄蕊和心皮了。一朵花的雄蕊和心皮是在不同时间成熟的，这使花更有可能授到来自其他花的花粉。

动物传粉

花的雌性细胞必须要经过花粉颗粒的受精作用才能产生出种子来。有些花可以进行自花授粉，但是如果花粉来自另一植株，则能产生出好种子来。一些花利用风力进行传粉，但是有许多花都是通过昆虫或其他动物来进行传粉的。它们通过亮丽的色彩、强烈的香气和香甜的花蜜吸引那些动物。当动物到花上取食时，会将粘在身上的花粉撒落到花的雌性器官上。

花粉颗粒粘在大黄蜂的脚上

足顶端的小钳爪

大黄蜂的足

▲传粉

在世界上的许多地区，大黄蜂是第一个在春季开始传粉工作的昆虫。它们在花朵间穿行，微小的花粉颗粒会粘在它的脚和被毛上。当它们落在花朵上时，会传递部分花粉，这使得花朵能够产生种子。反之，花也为蜜蜂提供了花蜜作为食物。有许多蜜蜂还收集多余的花粉来喂养它们的幼虫。

花粉在罂粟柱头上的“出芽”

柱头

花粉管生长进柱头

柱头

花粉管

胚珠

罂粟花

◀受精

在受精发生时，花粉颗粒必须到达相同种类植物花朵的柱头（雌性器官）上。在几小时的时间里，花粉颗粒生长出一个修长的花粉管。这个花粉管将插入花朵的子房中，在那里它们可以将两个雄性细胞（营养细胞、生殖细胞）送入雌性卵中（即卵细胞）。其中一个雄性细胞受精于卵细胞从而形成胚；另一个雄性细胞则帮助胚乳（为胚提供营养的结构）的形成。这一过程成为双受精并且仅在开花植物中存在。

花粉颗粒

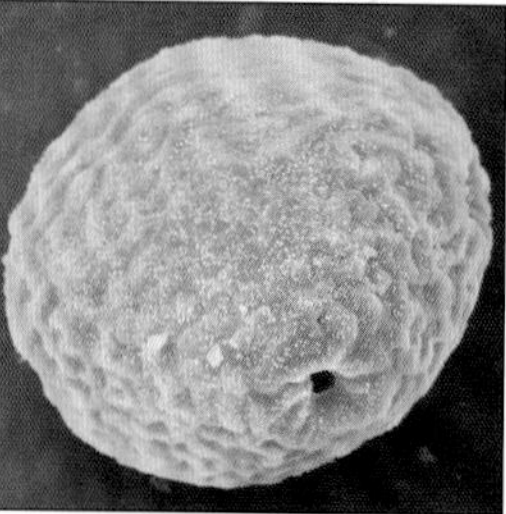

榆树的花粉

花粉颗粒同指纹一样是具有差异性的，因为每一种植物会产生不同类型的花粉。这是一粒榆树（一种通过风媒传粉的植物）花的花粉。榆树的花粉很轻，像尘土一般，这样它们在空中传播的范围才能更远。每粒花粉都具有坚硬的外被，外被上具有一个单独的洞或孔。

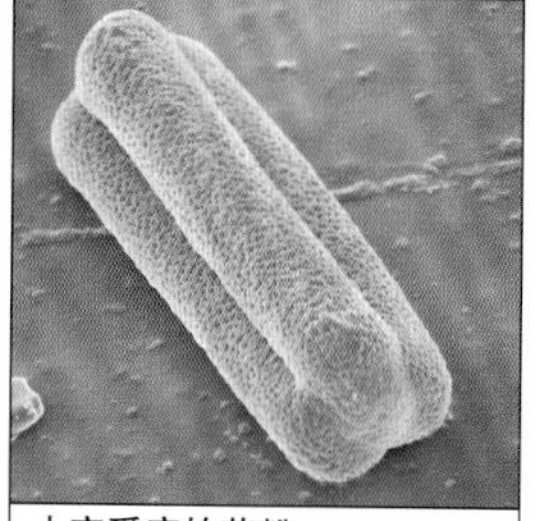

十字爵床的花粉

这个花粉颗粒具有三个长圆突，这种花粉是来自热带非洲的一种被称作十字爵床的多彩灌木。十字爵床花是通过虫媒进行传粉。每一个花粉颗粒都非常黏，可以很好地黏附在来访的昆虫身上。它的花粉粒中含有两个雄性细胞（营养细胞和生殖细胞——二细胞型花粉粒），这使其可以形成单个种子。

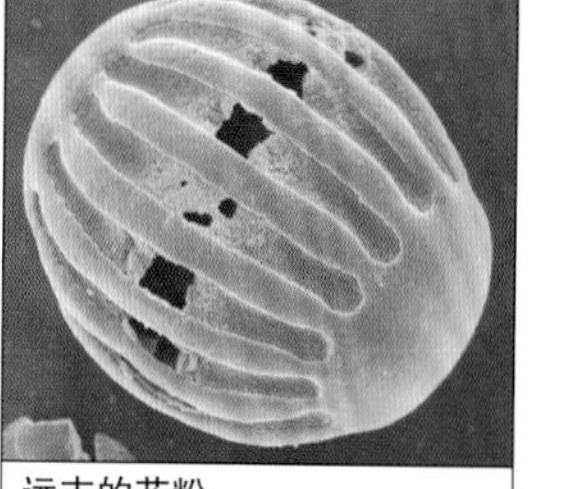

远志的花粉

远志的花粉颗粒是球形的，上面具有许多脊和垄沟。同十字爵床的花粉一样，远志的花粉也是黏附在昆虫的足或毛发上。这些花粉尽管很小，但极其坚固。如果它们被掩埋，它们仍能够保存其形状上千年，这样使得科学家能够对过去的植物进行研究。

花朵在普通日光下

花朵在紫外光下

只有昆虫才可见的标记

蜜腺标记

这两张照片显示的是同一花被照以不同方式的光。部的这朵花是在日光下。肉眼来看，它看上去是具有色中心的黄色花。右侧的花是在紫光下照射的。这样一来，隐藏着的号都显现了出来。我们人类不能看紫外光，但是昆虫却可以。它们根这些被称作蜜腺标记的记号找出花就在花朵的中央。

开放式邀请

伞形花序（雨伞形状的花）受各种昆虫的欢迎，苍蝇、甲虫到蜜蜂、黄蜂。像这种杂草的花一天受到上千只昆虫的造访来帮助其进行花粉的传播。是，它们的花粉有可能被带到不合适种类的植株去，因为造访这些花朵的昆虫都十分挑剔它们取的地点。为了防止这样的问题，许多植物逐步形与传粉动物的特殊合作关系。

蝙蝠传粉

在世界上的温暖地区，蝙蝠对于植物来说是很重的一个传粉者，尤其是对树木来说。这只有着灰色部的狐蝠待在一棵生长在澳大利亚东部的桉树上，在用它那长舌头舔食花蜜和花粉。蝙蝠传粉的花朵常是白色的，这样便于它们在黑暗中显现出来；并花朵具有很强烈的麝香气味。经蝙蝠传粉的花朵必很坚固，这是因为蝙蝠要在花朵中攀爬取食。

◀腐肉花

在非洲南部的沙漠中，腐肉花以其散发着的腐肉味道吸引着苍蝇的造访。它们那五片棕色花瓣是肉质的，上面还附着柔软的毛，像是毛皮一样。这种花宽达20多厘米，并且它们在地面上盛开。当苍蝇造访时，它们会将花粉囊剪断并附在苍蝇的足上，等待苍蝇飞走时会将花粉带到另一朵腐肉花上。

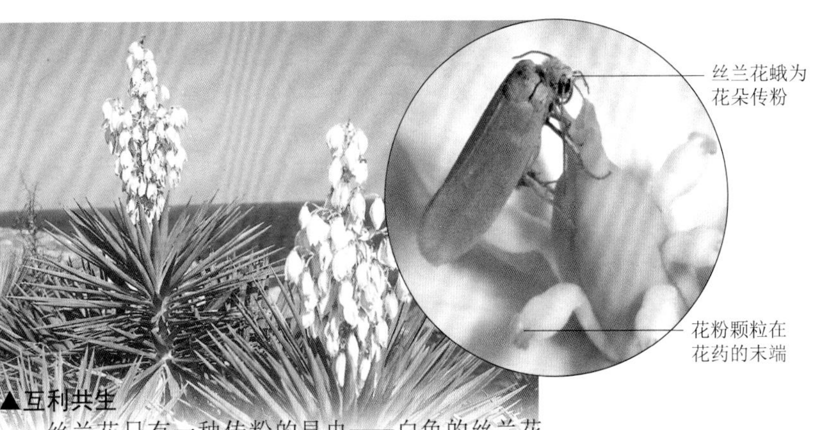

▲互利共生

丝兰花只有一种传粉的昆虫——白色的丝兰花蛾。这种蛾子会将它们的卵产在丝兰花上，而传粉工作会在蛾子飞行时发生，它们会将花粉从一棵植株传至另一棵植株。这些蛾子的幼虫在花朵中生长发育。它们食用一部分丝兰花的种子，但也会留下那些没有遭到取食的种子。经过长达上百万年的共生，丝兰花和丝兰花蛾已经成为十分亲密的伙伴，以至于它们现在谁都无法离开对方而生存。

◀鸟类传粉

这只蜂鸟在一朵凤梨科植物花的附近“停飞”，吸吮着它的大餐——甜甜的花蜜。当它取食的时候，鸟喙会将花粉掸掉，这样就能实现花粉在花与花之间的传播了。蜂鸟仅在西半球有发现，但是其他的传粉鸟生活在世界各个不同的地区。它们中包括非洲的太阳鸟和来自东南亚和澳大利亚的蜜雀与鹦鹉。通过鸟类传粉的花朵通常是红色的，这是因为艳丽的色彩能够更容易被鸟类发现。

飞翔着的蜂鸟翅膀在一秒钟内能够拍打80次

吸管状的喙使得鸟类可以汲取花蜜

管状花朵正好适合鸟类的喙

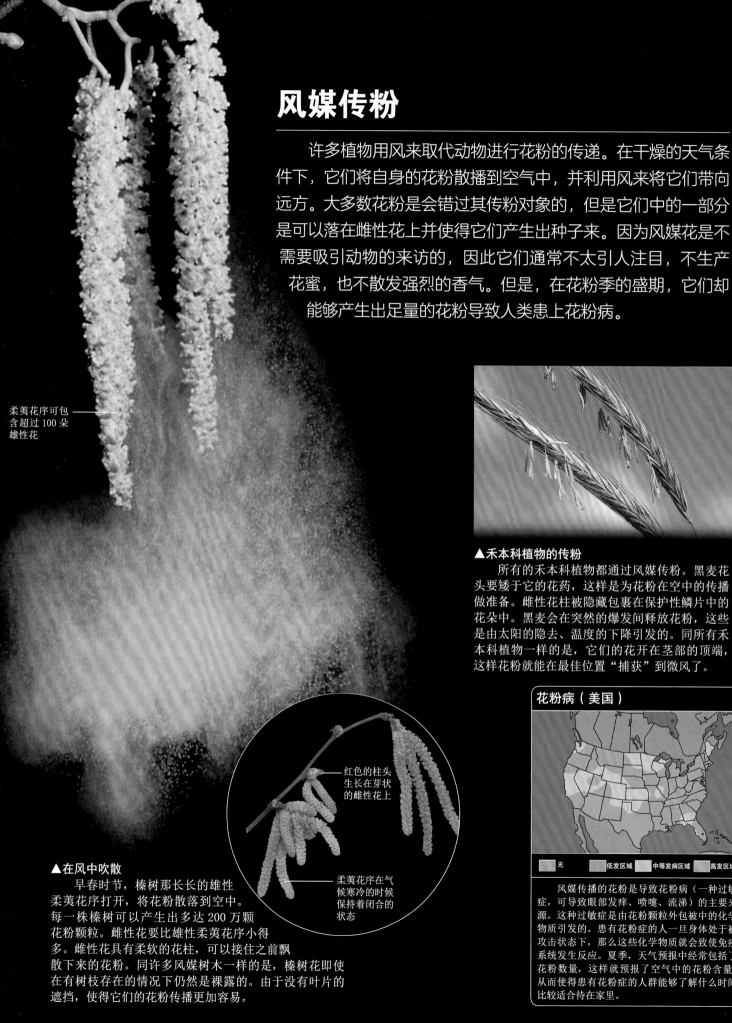

风媒传粉

许多植物用风来取代动物进行花粉的传递。在干燥的天气条件下，它们将自身的花粉散播到空气中，并利用风来将它们带向远方。大多数花粉是会错过其传粉对象的，但是它们中的一部分是可以落在雌性花上并使得它们产生出种子来。因为风媒花是不需要吸引动物的来访的，因此它们通常不太引人注目，不生产花蜜，也不散发强烈的香气。但是，在花粉季的盛期，它们却能够产生出足量的花粉导致人类患上花粉病。

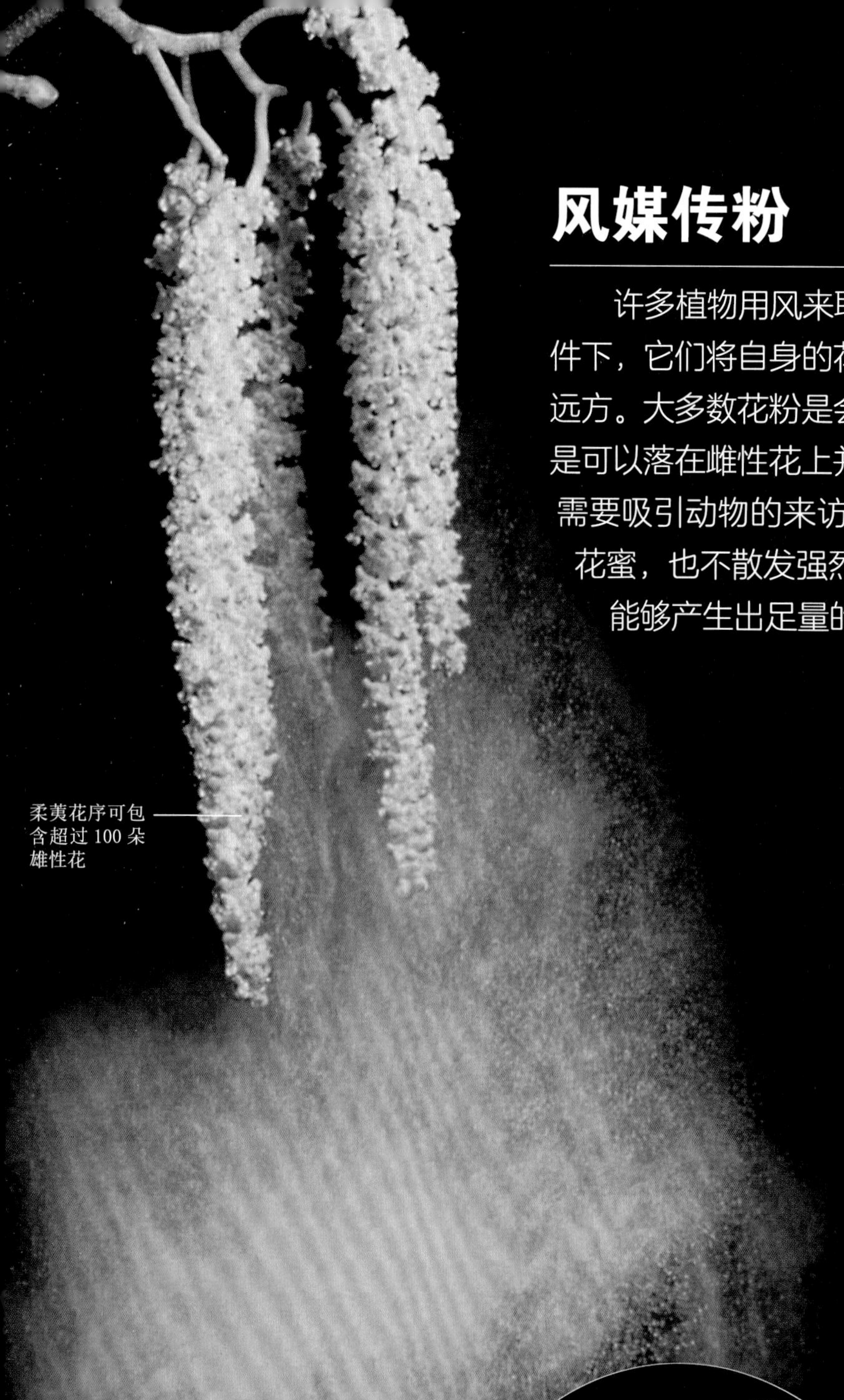

柔荑花序可包含超过100朵雄性花

▲禾本科植物的传粉

所有的禾本科植物都通过风媒传粉。黑麦花头要矮于它的花药，这样是为花粉在空中的传播做准备。雌性花柱被隐藏包裹在保护性鳞片中的花朵中。黑麦会在突然的爆发间释放花粉，这些是由太阳的隐去、温度的下降引发的。同所有禾本科植物一样的是，它们的花开在茎部的顶端，这样花粉就能在最佳位置“捕获”到微风了。

花粉病（美国）

无　低发区域　中等发病区域　高发区域

风媒传播的花粉是导致花粉病（一种过敏症，可导致眼部发痒、喷嚏、流涕）的主要来源。这种过敏症是由花粉颗粒外包被中的化学物质引发的。患有花粉症的人一旦身体处于被攻击状态下，那么这些化学物质就会致使免疫系统发生反应。夏季，天气预报中经常包括了花粉数量，这样就预报了空气中的花粉含量，从而使得患有花粉症的人群能够了解什么时间比较适合待在家里。

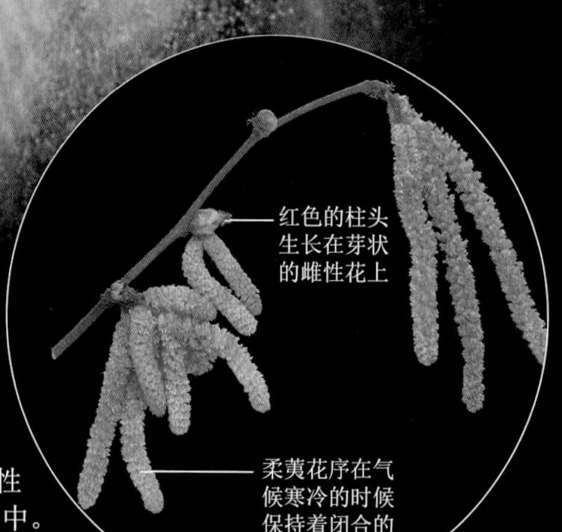

红色的柱头生长在芽状的雌性花上

柔荑花序在气候寒冷的时候保持着闭合的状态

▲在风中吹散

早春时节，榛树那长长的雄性柔荑花序打开，将花粉散落到空中。每一株榛树可以产生出多达200万颗花粉颗粒。雌性花要比雄性柔荑花序小得多。雌性花具有柔软的花柱，可以接住之前飘散下来的花粉。同许多风媒树木一样的是，榛树花即使在有树枝存在的情况下仍然是裸露的。由于没有叶片的遮挡，使得它们的花粉传播更加容易。

风媒传粉的树木

橡树

世界上有超过600种橡树，它们全部都通过风媒进行传粉。每株橡树具有分离的雄性花和雌性花。雄性花生长在长长的柔荑花序中，而雌性花成小簇生长在近树枝顶端的位置。在开花后，雄性柔荑花序会掉落，而雌性花会生产大量的果实——橡果。

山核桃

山核桃的雌性花很小，并且很难被发现，但是它们的雄性柔荑花序尽管是绿色却很惹眼。春季的山核桃花及它们的雌性花生产出鸡蛋形状的果实，果实为具有坚硬外壳的坚果。世界上大约有20种山核桃。美洲山核桃是其中之一，它们被种植于美国东南部的果园里。

杨树

杨树科中包括三角叶杨和山杨。大多数杨树在叶片生长前开花。不同于橡树和山核桃的是，它们的雄性花和雌性花生长在异株上。在它们进行传粉之后，雌性柔荑花序常常看上去就像毛毛虫一样。每一个柔荑花序中包含了大量的微小种子，风会吹着种子上的羽状绒毛带着种子在风中飘散。

香蒲

香蒲这种在水边生长的普通植物通常会与同样沿池塘边沿生长的宽叶香蒲相混淆。这个棕色的肥肥的部分包含着雌性花。雄性花生长在它们上方的尖刺中。当它们成熟时，雄性花看上去像淡黄色的原棉一样。秋季中，花穗破裂并释放出种子，然后由风媒进行种子的散播。

豚草

在北美地区，这种引发花粉症的路边杂草臭名昭著。由于它们在荒芜土壤上茂盛地生长，因此它们在城市和在开阔的乡村地区一样的常见。它们的穗状雄花并不明显，为绿色的小花，但是在干旱的夏季它们会散播大量的花粉进入空气中。在传粉过后，微小的、绿色发白的雌性花就会发育成为带刺的果实。

未成熟的雄性果球还没有打开

成熟的雄性果球将花粉散播到空中

花粉颗粒在无风时掉落，或是在微风时飘散

单个花粉颗粒具有圆形的翅

针叶植物中的传粉▶

针叶植物不开花，但是它们也利用风媒来进行花粉的传递。在这株松树上，生长在树枝顶端的雄性果球正在散播着花粉。松树的花粉粒上具有微小的肿块，它们的作用同翅膀一样帮助种子传播到远方去。

水媒传粉

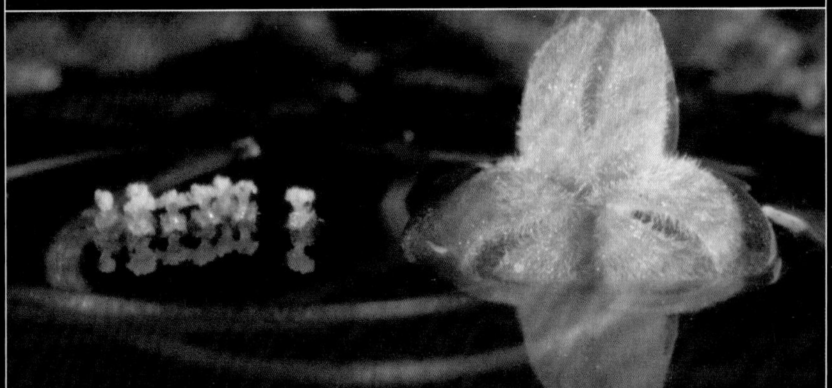

大多数水生植物的花是开在水面上的，并且利用动物和风力进行花粉的传播。苦草（绒带草）就不同了。雄性苦草植株的花朵生在水下，它们将花粉释放到小船一样的结构中，以便浮出水面。每个这样的小船结构都具有三个花瓣，它们的作用类似浮板。在微风的吹拂下，这些承载着花粉的“小船”在水面上漂浮。

苦草每一朵雌性花都坐落在水面上，等待着花粉的到来。水面的张力使得雌性花周围形成了一个下陷的水窝，这使得近处的花粉可以被拉拢进来。图片显示的是，一排花粉正要向花朵的中心处前进。

水媒植物在海洋中也有发现。海草通常就具有蠕虫状的花粉颗粒。花粉在水中漂浮，直到它进入雌性花朵中。

种子是怎样传播的

一旦花被传粉后，植物便可形成种子。在被子植物中，种子在花的子房里生长发育，子房成熟后就成为被人们所熟知的果实了。果实的大小、形状多种多样，可能是柔软、多汁的，或是坚硬、干燥的。最小的果实还不及大头针的针头大，但是最重的果实——栽培南瓜可重达超过 600 千克。果实在种子发育的过程中保护着它们。一旦种子成熟后，果实常会帮助它们的种子从母体植物上向远处传播。

肉质果实▶

巨嘴鸟利用巨大的鸟喙啄入橘子。肉质果实为了吸引动物已经逐渐进化，这样更利于传播它们的种子。巨嘴鸟整口地吞下橘子，但是它只能消化肉质部分。种子在通过它身体的时候是完整无损的，并随着它们的排泄物落到地上，在条件合适的时候萌发。以果实为食的鸟类对植物来说是有益的，因为它们有助于植物种子在广泛的范围内传播。

巨嘴鸟的鸟喙像钳子一样钳住果实

成熟的橘子包含着籽（种子）

肉质果实的种类

浆果

肉质果实有许多不同的种类。浆果就是一种包含着大量种子的柔软的肉质果实。浆果中有黑加仑、醋栗、葡萄及西红柿——世界上销售量最大的果实。同许多水果一样，浆果在其成熟时变化着颜色，从而告知动物们它们已经成熟了，可以食用了。

核果

科学家用“核果”这个词来形容那些具有小数量、大型坚硬种子的肉质果实。核果中包含樱桃、桃和杏，还有橄榄和芒果。当动物食用这些水果时，它们会将多汁的果肉吞下，但是它们通常会将含有种子的核丢在地上。

聚合果

聚合果，如黑莓，像是许多个小果集合在一起，并连接在同一个花托上。每一个小果是由一个离生子房及其内部种子和果肉发育而来的。聚合果中包含了所有黑莓的亲缘植物，如山莓和罗甘莓。

假果

不同于真果是仅由成熟子房发育而来，假果是由成熟子房和植株上其他部分共同发育而来的。例如，苹果果实就是由果核（子房发育而来）和果肉部分（由花托发育而来——指连接在花朵下部的部分茎）组成的。

黑种草的果实裂开并释放出种子

刺芹属植物的头状花序生产出许多小果实

◀干果

当人们使用“水果”这个词的时候，通常都会想到那些柔软多汁、食用起来味道不错的东西。但是，有许多植物，像图中这种植物具有的就是坚硬而干燥的果实。不同于肉质果实的是，干果并不能吸引动物。取而代之的是，它们通过其他方法来进行种子的传播。“迷雾中的爱人”（或称黑种草）的果实在其种子成熟时就会裂开，并将种子散播到土地中。刺芹属植物，如海滨刺芹就具有小而干燥的果实，它的果实是由尖刺的头状花序发育而来。

喷瓜

厚实的外表皮抑制着内部的压力

种子和果液从果实中喷射出去

产自欧洲南部的喷瓜具有不同寻常的方法进行种子传播。它的果实像小而多刺的黄瓜。当喷瓜成熟后，压力会积蓄在其内部。如果有什么东西触碰到它的果实，果实便会从茎部掉落下来，爆裂并且将其种子散播出去，水质果肉能喷射出3米远。

喷瓜在与其他植物间的竞争方面并不占优势。它们的种苗在裸地或是在荒芜的土地上（如荒地、路边草地和小路）生长成功率很大。走在路上的人类和狗能够帮助它们传播种子。

崩裂的果实

许多干果在其成熟的时候会开或爆裂，在距离它母体植株一段距离的地方散播出它的种。豆荚具有两瓣，在天气温暖的候会分裂开来，同时还伴有折断声音。牻牛儿苗具有像小导弹一的果实，它们能将自己的种子喷到空中。这些果实都要经过干燥才能发挥这样的作用，当它们干时，压力会聚集在果实内部。最，部分果实会崩裂，并将种子散出去。

▲飘浮在空中

上千种不同的植物能生产出飘浮在空中的干果。每一个蒲公英的果实都具有一个发冠，它的作用同降落伞一样能带动每一颗独立的种子。在干燥、有风的气候条件下，蒲公英的发冠（降落伞）打开，并带动着种子在空中飘浮。一些植物果实释放的种子带有翅膀。最大的带翅种子发现于热带雨林地区，它的翅能够达到13厘米宽，用几分钟的时间就能飘到地面上。

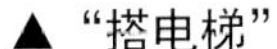

▲“搭电梯”

夏季，如果你走在草地里，你常常会发现一些刺果会像搭电梯一样黏附在你的衣服上。这些种子的头部其实是被刺或钩状物包裹着的特化果实。如果人类或动物拂过它们，这些刺果会黏附在其上被带走。在这之后，这些果实会掉落到地面上并散播其种子。大多数刺果很小，但是来自非洲大草原的最大刺果具有令人生畏的钩刺，它的钩子长度超过了6厘米。

▲漂浮的果实

生长在河岸或海岸附近的植物常常生产出能够漂浮的果实来。最著名的漂浮果实是椰子，它在被海浪冲到岸边之前，可以在海水中生存数周时间。它们会在远离浪潮的高潮线上方扎根。漂浮对于种子的远距离传播来说是一种很好的途径。这种传播方式解释了为什么有些海滨植物常常能够在世界上许多不同地区被发现。

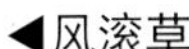

◀风滚草

被称作风滚草的沙漠植物在行进中进行种子的传播。它们在开花、干透之后，该草从土里连根收起来卷曲成一个球随风四处滚动。在开放地带，风能够将风滚草吹出50千米远。可以堆积在位于其行进路上的任何障碍物和建筑物上。风滚草最早起源于欧洲和亚洲，现在世界的许多地区都有种植。

生命的开端

每颗种子中都包含有一个微小的植物胚，它时刻在寻找机会进行萌发。如果生存条件过于干旱或寒冷，那么这个胚胎将继续保持休眠状态（无活性），有时休眠会持续好几年。一旦条件适宜，种子会在突然间开始生长，植物胚细胞开始分化，种子萌发（发芽），一棵新的植株开始成形。发芽在植物生活史中是最重要的一个时期，萌发过程对于幼年植株的生存来说必须进行得顺顺利利才行。一旦种子已经开始了萌发便不能再倒退回去。

▲萌发

一旦萌发开始，那么随后的许多步骤便速连续地接踵而来。同所有幼年植物一样是，这株红花菜豆通过根的生长开始其生命这些根能够收集水分并使其紧扎在土壤中。一步，这株红花菜豆便生长出茎，茎部使得株能够穿出土壤。一旦植株穿出地面，第一真叶便打开，幼苗植株便可以自己生产自身长所需的物质了。萌发一周后，植株就成为个完全自给自足的植物，并快速地生长。

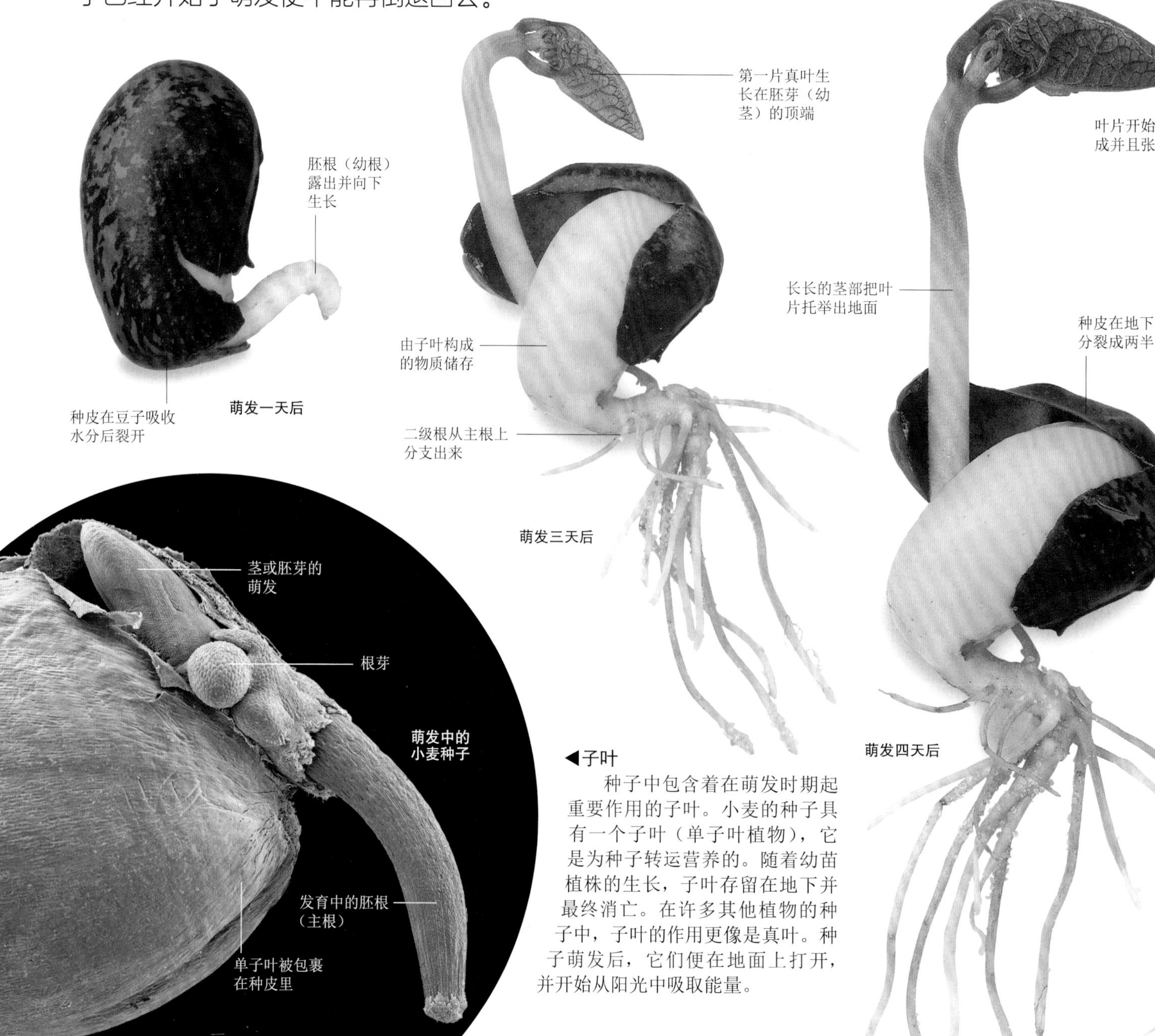
胚根（幼根）露出并向下生长
种皮在豆子吸收水分后裂开
萌发一天后
第一片真叶生长在胚芽（幼茎）的顶端
由子叶构成的物质储存
二级根从主根上分支出来
萌发三天后
叶片开始成并且张
长长的茎部把叶片托举出地面
种皮在地下分裂成两半
萌发四天后
茎或胚芽的萌发
根芽
萌发中的小麦种子
发育中的胚根（主根）
单子叶被包裹在种皮里

◀子叶

种子中包含着在萌发时期起重要作用的子叶。小麦的种子具有一个子叶（单子叶植物），它是为种子转运营养的。随着幼苗植株的生长，子叶存留在地下并最终消亡。在许多其他植物的种子中，子叶的作用更像是真叶。种子萌发后，它们便在地面上打开，并开始从阳光中吸取能量。

茎部继续生长，并且生长出更多的叶片来

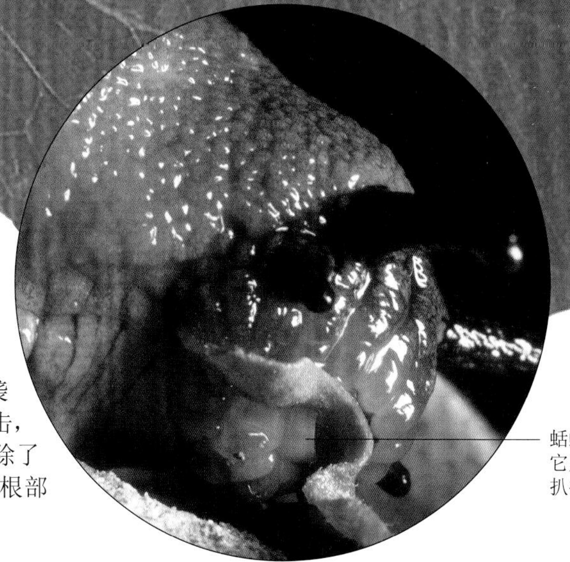
蛞蝓（鼻涕虫）用它那白垩质的牙齿扒拢着食物

为生存而战▶

萌发中的植物面临着许多危险。一只饥饿的蛞蝓（鼻涕虫）能够使一棵幼苗失去其生存的机会。从昆虫到小蠕虫等许多动物都在植物开始生长的时候侵袭它们。幼苗植物还会受到来自真菌的袭击，真菌仅仅在几小时内就能将植物杀死。除了以上问题之外，幼苗植物还要在它们的根部找到机会发育之前经历干燥环境的风险。

▲早期的种子

在适当的条件下，种子的存活时间长得令人惊讶。我们所知道的忘忧树的种子就是在经历了1000年的掩埋后萌发的，而生长在北极地区的羽扇豆如果被掩埋在冻土中，它们能够生存长达10 000年之久。种子常常被保存在自然界当中，这样科学家就能够通过它们来研究我们的祖先种植什么植物和以什么植物为食了。

▲等待着火的到来

森林大火对许多种子来说都是有利的。一些种类植物的种子都不萌发，直至它们受热或是在烟熏中受化学因素的影响才会萌发。大火将那些死亡的植物清除，并且为大地覆上一层肥沃的灰分，植物幼苗在这样的环境下可以生根。一些乔木和灌木，如针叶树和南非山龙眼，会等待大火为它们清除道路后才将自己的种子掉落到地面上。

▲休眠

只要这些豆子待在干燥的环境下，它们就能够保存好几年。每一颗豆子里都包含有一个休眠胚胎，这些胚胎只需要少量的养分和水分就能存活。在自然界中，休眠的种子可以耐受所有极端环境，与此同时，它们也在等待合适的时机萌发。种子的休眠在厨房中也是有益处的，因为这样可以长期储存那些并未发芽的种子。

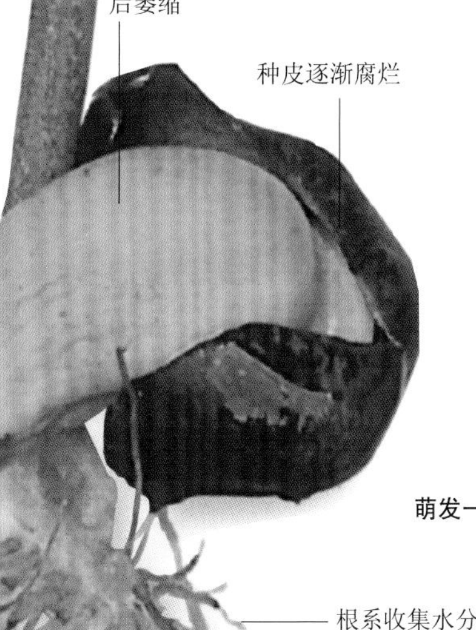
子叶作为植物生长所用的营养储存，在利用之后萎缩
种皮逐渐腐烂
根系收集水分和养分

萌发一周后

克服不利的条件▼

除了要在不良天气、虫害及疾病的侵扰中生存，这些幼苗植物还要应对来自其他幼年植物的竞争。这些山毛榉幼苗在森林地面上发芽，在那里它们不得不去争抢光照、水分和空间。自然界会很快淘汰那些脆弱的幼苗，为的是让那些强壮的植物生存下来。生存与不利条件间的抗争是十分巨大的。对于山毛榉所产生的上百万颗种子来说，只有不到10颗种子能够长成产种的成年树木。

无性繁殖

许多植物能够通过两种截然不同的方式进行繁殖。它们生产出种子，但是它们也能够通过器官的生长发育成为新个体。这些新植株通常从植物根部发育而来，同样也能够从茎、芽甚至是叶发育而来。这种繁殖的方式称为营养繁殖。不同于通过产生种子的有性繁殖的是，营养繁殖产生的幼苗总是和它的母体极其相似。这种繁殖方式受到农民和园丁的喜爱，因为这样他们就可以直接种植那些有用或是具吸引力的植物的相同复本了。

▲植物入侵者

黑刺莓在无性繁殖方面是尤为突出的。每节茎生长时都会拱起，直至它们的末端接触到地面而那时，这个接触到地面的茎节末端又会扎根形一个新的植株。黑刺莓的茎可长达5米，因此这植物在不受控制的情况下蔓延非常快。当然，它也能够通过种子进行有性繁殖，因为它们生长的甜的黑莓吸引了许多以果实为食的动物。

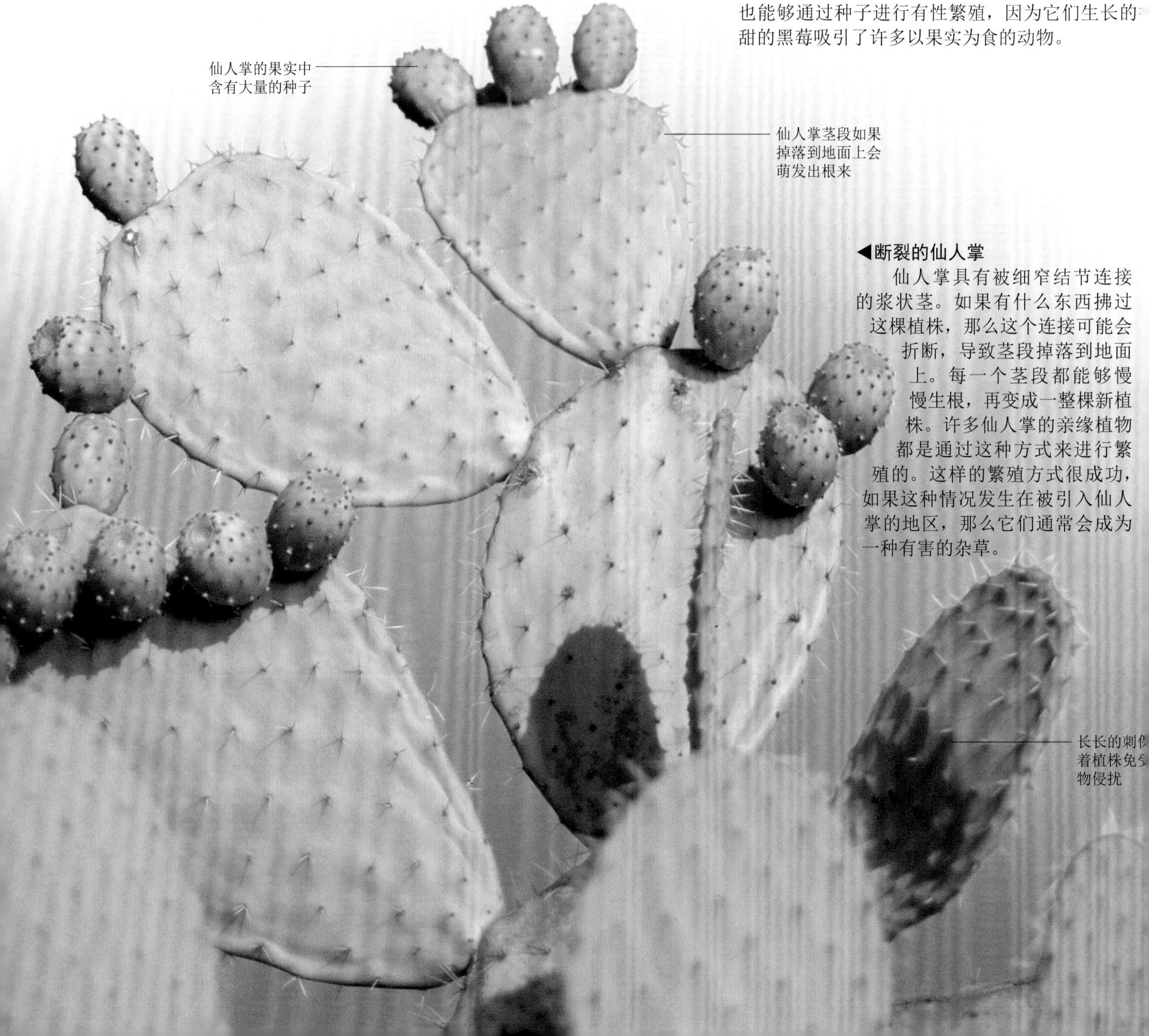

仙人掌的果实中含有大量的种子

仙人掌茎段如果掉落到地面上会萌发出根来

◀断裂的仙人掌

仙人掌具有被细窄结节连接的浆状茎。如果有什么东西拂过这棵植株，那么这个连接可能会折断，导致茎段掉落到地面上。每一个茎段都能够慢慢生根，再变成一整棵新植株。许多仙人掌的亲缘植物都是通过这种方式来进行繁殖的。这样的繁殖方式很成功，如果这种情况发生在被引入仙人掌的地区，那么它们通常会成为一种有害的杂草。

长长的刺
着植株免
物侵扰

殖扩散的方法

匍匐茎

草莓生长出的茎称为匍匐茎。这些匍匐茎在地面上蜿蜒并生长出新的植株。匍匐茎从母体中向新生个体运送营养和水分，直至这些新个体生长得足以自给为止。种植草莓的农民收集这些幼植株，并且利用它们来进行新的草莓种植。

根状茎

鸢尾花生长的水平茎称为根状茎。根状茎生长在地下或是沿地面生长。当它们蔓延生长时，这些根状茎会分化并生长出新芽、嫩芽。其他的一些以根状茎进行繁殖的多年生植物包括：竹子、大黄、金光菊以及一些恼人的杂草。

球茎

球茎是指一种短小、肥厚的、被扁平鳞片包裹着的萌芽。当球茎生长时，它常常会产生出新的球茎，当新球茎掉落时便生长出新的植株体。大蒜的球茎中包含着许多小球茎（蒜瓣）。球茎也是储存养分的地下茎。植物可以利用这些养分快速生长、开花以及生产种子。

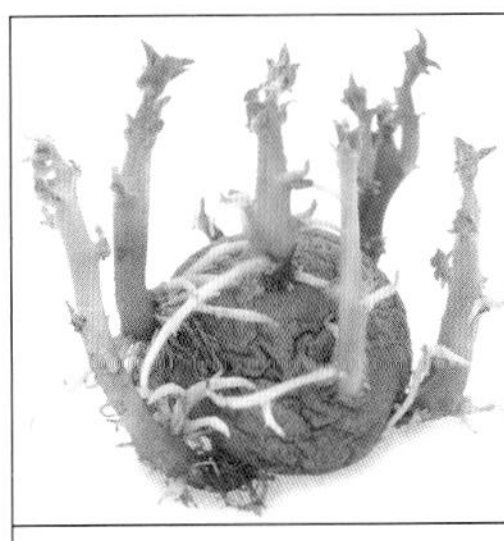

块茎

块茎指肿胀的地下茎。它的主要作用是储存养分，但是它也可以萌发出新的植株。马铃薯就是块茎。它们身上被那些称为"芽眼"的小芽覆盖着。如果马铃薯被小心地切割的话，那么每一个芽眼都能够形成一个新的植株。种用马铃薯就是一种被用于种植的块茎，而非用于食用。

▼叶片发芽生长的植物

大叶落地生根这种植物具有十分不同寻常的无性繁殖方法——在它的叶片边缘能生长出许多不定芽，碰触落地，根伸入土中即可生成新的植物，故名落地生根。这种植物原产于非洲马达加斯加岛，生长在沙漠和干旱地区，它们的肉质叶能够储存水分。那些不定芽也同样能储存水分，这样一旦它们从母体掉落，可以防止其干枯。

群落和克隆

通过无性繁殖进行传播的植物通常形成的分散群落成为无性系（纯系）。世界上最大的无性系（纯系）是北美的树种——颤杨。一些颤杨的无性系（纯系）能够达到15公顷，其中包含了被密集根系网络相连接的几千棵树木。同所有的无性系（纯系）一样，每一棵植株都是由共同唯一的母体而来。在最大的无性系（纯系）中，母体植物的生命起源于几千年前。

插条

当植物的茎被切断插入土壤中通常能够生根。幼苗植物，或是植株切段都可以通过这种方式进行种植。当它们通过这种方式成长起来后，每一棵植株的特点都与它的母体植物极为相似。在野外，成熟的植株在风暴的袭击下会被折断。如果雨水覆盖了这些黏附了泥土的植株碎片，这些碎片将会生根发芽。例如，像柳树和杨树这样生长在河岸边的树就会通过这种方式生长。

肉质叶储存水分
不定芽生长在母体植株叶片的边缘

禾本科植物

禾本科植物或许并不是世界上色彩丰富的植物，但是它们中有一些是重要植物。世界上有9000多种不同类型的禾本科植物，分布从热带直至世界的各个地方。在一些生境中，禾本科植物统领了整个景观，延伸至所有能看到的地方。禾本科植物对于生存在野外或是农场的食草动物来说是极为重要的食物来源。那些被种植的禾本科植物——谷物，是人类赖以维生的食物。

▼禾本科植物的解剖

禾本科植物具有管状的茎部和纤细的叶片。每片叶子上都具有包裹着茎的叶鞘和长扁平叶片，叶片具有尖状末端。花都很小、不引人注意，且属于风媒花。花集结在一起形成小穗，这样看上去像是茎部尖端的一丛羽毛。根是纤维状的，并且扎根范围很广，这也是对干旱土地生活的一种适应。

洋狗尾草
小穗中包含着许多被鳞状薄片（稃片）包裹着的小花
单独的叶片从茎节处生长
具有坚实茎节的茎部是中空的
根部形成稠密的垫状

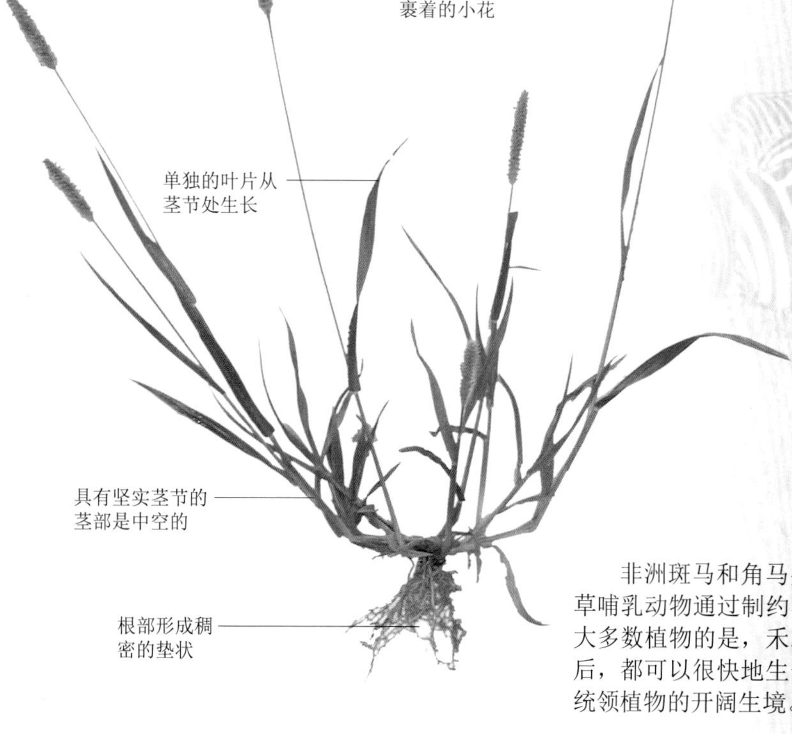

草地和食草者▲

非洲斑马和角马要依靠禾本科植物生活，且与禾本科植物相互依赖。食草哺乳动物通过制约其他植物的生长从而帮助了禾本科植物的生长。不同于大多数植物的是，禾本科植物的生长是贴近地面的，因此在被踩踏或者食用后，都可以很快地生长出来。结果就导致了草地的形成，即以禾本科植物为统领植物的开阔生境。草地在世界上的干旱地区是很常见的。

禾本科植物是如何蔓延的

滨草生长在沙丘上。它们是通过称为匍匐茎的水平生长的茎部进行蔓延的。即使沙子有好几米厚，它们仍通过这种方式在沙地上推进、蔓延，并且萌发出新的植株。滨草是一种非常有用的植物，因为它们有固沙作用，这样防止了沙子在地面上流动。并不是所有的滨草都具有匍匐茎，有的匍匐茎有时只是在地面上蔓延而非穿过土壤。

竹子做的脚手架在风中具柔韧性，因此它适合应用在高层建筑的修建上
竹竿可供做轻便、坚固的脚手架

竹子做的脚手架

甘蔗▶

世界上的大部分糖都是来自甘蔗——可以生产香甜汁液的禾本科植物。糖的制作是通过收割甘蔗榨取出汁液。汁液要经过煮沸直至其水分蒸发后留下糖的结晶体。甘蔗种植在世界上的温暖地区。糖类也产自甜菜中——一种主要种植在欧洲和北美洲的块根植物。

竹子▶

竹子是具有木质茎的高大禾本科植物。尽管它们中的一些种类可以在冰雪地区生存，但是大多数的竹子都生长在温暖的地区。这些来自东南亚的巨大品种的竹子可高达40米，并且它们的茎部比许多种类的树还要粗。对于包括大熊猫这类动物来说，竹子是很重要的食物来源。人类也会食用竹笋。竹子的茎部还用做家具的制作，房屋及支架的建造。

鬣刺形成了一个环状丛

▲沙漠禾本科植物

多亏了细窄的叶片和繁密的根，这些禾本科植物才能够经受得住干旱。图中显示的植物叫作鬣刺，它覆盖了澳大利亚大部分内陆干旱地区。鬣刺总是丛生生长形成一个环状。鬣刺丛对于包括刺草地鸠等动物来说是一个十分重要的栖息地。这些动物在鬣刺丛中筑巢，并以鬣刺种子为食。

芦苇层生长在淡水湖的边缘地区

▲淡水生禾本科植物

许多禾本科植物都生长在小溪边或湖边的浅滩淡水地区。它们中的大多数都生长得很高以便能够露出水面，但是一些禾本科植物的叶片则在水面上漂浮。普通芦苇是分布最广泛的淡水禾本科植物之一——它们生长在湿地（沼泽地）中。茂密芦苇丛对于野生动物来说是十分重要的栖息地，对于水禽来说尤为重要。冬季，芦苇死亡的茎部有时被收割并作为建盖茅草屋的屋顶使用。

南极洲海狗10月登岸进行繁殖

▲丛生禾（丛生草）

这个南极洲海狗从寒冷的南部海洋中来到岸边，在丛生禾中消磨时光。这种禾本科植物生长在寒冷、多风的地区，并且能够形成被泥泞的冲刷沟分隔的高大草丛。仅有少数的动物可以以丛生禾为食，但是丛生禾可以用作防风篱使用。海豹经常栖息在丛生禾中，在里面生产幼仔。此外，丛生禾也为企鹅提供了很好的筑巢地点。丛生禾是生长在南极洲的少有的开花植物之一。

兰科植物

兰科植物共有25 000多种，兰花（一般指兰科植物）是被子植物中最大的族群之一，分布遍及全球。兰花属地生或附生草本，在气候温和地区，它们通常生长在地面土壤中，但是在热带地区，许多兰花则附着于树木上。兰花因花期能维持数周时间而具有价值。多数兰花的传粉由昆虫完成，并且一朵花能够产生出超过上百万粒微小的种子。兰花的种子因为太微小而不能够进行营养物质的储存。取而代之的是它们采取与真菌共生的方式来使自己发芽、生长。

萼片在花朵还是蓓蕾的时候保护着它们

色彩鲜艳的唇瓣吸引昆虫来传粉

◀兰花的解剖学

这些绚丽夺目的花属于杂交兰花种类——一种在不同野生品种兰花之间通过异体授粉而产生出的兰花。像其他兰花一样，它的花具有三片外瓣，或称萼片；并且具有三片内瓣，或称花瓣。花瓣中最下面的那一枚为色彩艳丽的唇瓣，它的作用类似于机场停机坪，是为前来的昆虫停靠用的。兰花通常是因色彩艳丽而吸引着昆虫的来访，但是也有一些种类的兰花则是通过强烈的香气来吸引昆虫的。

与昆虫相像

这只雄性蜜蜂被这个与众不同的兰花所使用的伎俩所蒙蔽，这朵兰花正运用拟态来模仿雌性蜜蜂以招致雄性蜜蜂的光顾。对于蜜蜂来说，这朵蜂兰不仅在外形上很像雌性蜜蜂，而且它闻起来和感觉上都像是一只雌性蜜蜂。拿这样的模仿作为诱饵，导致这只雄性蜜蜂停留在这朵兰花上，并尝试着交配。在这只蜜蜂发现自己的错误之前，兰花已将其花粉包裹固定在蜜蜂身体上，这样蜜蜂一旦飞走，就会将其花粉传授至它去到的另一朵蜂兰上去。

▲在夜晚传粉

大多数兰花都是在白天进行传粉，但是这株奶白色的、来自马达加斯加的兰花品种却在夜晚通过蛾子进行传粉。蛾子来到这朵花上吸吮着其甘甜的花蜜，这些花蜜产自花朵底部的一个被称为“距”的纤长小管中。这朵花中的花距可达到30厘米长，因此只有具有超长喙的蛾子才能够达到足够的深度去吸吮花蜜。世界上有许多以蛾子来进行传粉的兰花，并且大多数是白皙的花朵，这种颜色可使它们在暗淡的光线下更容易显露出来。不同于那些白天传粉的兰花，它们的香味在夜晚是最强烈的，而蛾子正是在夜间活动。

▲**地生兰花**

这个来自欧洲北部地区的像女士拖鞋的兰花是地生（意为生长在地面上）兰花品种之一。同所有地生兰花一样，它具有粗密的根，以便在地下储存养分。它们通过小蜜蜂进行传粉，因花朵的形状像拖鞋而得名拖鞋兰。拖鞋兰（学名为兜兰）由于常被挖掘或采摘而变得越来越稀少。

▲**食腐兰**

珊瑚兰属地生兰花，不同于大多数植物的是，它不具有任何叶片。没有叶片意味着它不能够进行光合作用（利用光能生产养分以便自身生长使用）。取而代之的是，这类植物同地下的真菌一同协作，以地下的腐物为生。像这类的兰花被称为腐生植物。它们生活史中的大部分时间都不是暴露在外的，仅有当它们开花时才会显露出来。

▲**附生兰**

在热带雨林地区，兰花常常附生在高高的树木上，在那里生长可以使它们更好地吸收阳光。同所知的附生植物一样的是，这些兰花具有特化的根，这些根可使它们固定在树枝之间，并且能够从雨水中吸收水分。它们的根部常常聚拢掉落的叶片或树皮屑，从而产生微型堆肥以便它们自身的生长。

▲**兰花保育室**

在温室中，保育人员正在为这些将要出售的热带兰花洒水。兰花因其颜色华丽、花期较长而成为十分流行的室内盆栽植物。地生兰花被栽培在有土壤的花盆中，但是附生兰则被栽培在有树皮屑的花盆中。日常的洒水可以模拟它们在热带雨林中的生长环境。

◀**培育兰花**

这些整整齐齐成排摆放的玻璃培养皿中盛放着兰花茎部的小切片，这些切片将会生长成为一整棵兰花植株。兰花很难从种子进行培养，因为它们依赖于特定真菌而生存，并且需要很长时间的生长期。通过利用分生组织进行组织培养的方式培育兰花要更快些。

香子兰▶

仅有一种兰花品种——香子兰被作为作物来栽培。香子兰散发着令人愉快的香气，因此被用在冰激凌、巧克力以及其他食品的调味中。首次将香子兰投入使用的是墨西哥的阿兹特克人（墨西哥人数最多的一支印第安人）。如今，大多数香子兰都栽培在马达加斯加。

喜马拉雅桦

黄花七叶树

刺果栎

美洲山核桃

木兰

合欢

阔叶植物

阔叶植物都是开花植物。全球有至少 25 000 种阔叶植物，其中包括 1000 多种合欢和 600 多种橡树。一些阔叶植物为常绿植物，但是它们中多数的树叶都会在冬季或是气候变得炎热或干旱的时候掉落。阔叶植物对于动物和人类来说极其重要（它们为动物提供遮蔽的空间和食物；为人类提供木材、果实、香料、医药以及许多其他的植物产品）。

一棵树的解剖▶

枫树是典型的阔叶植物。它拥有柱形树干，伸展的枝叶形成了圆形的树冠。它看上去与典型的针叶植物有很大的不同，生长得很高大、挺直。枫树的树叶呈现黄绿色，通过风媒传粉。雌性花产生出被称为翅果的果实，翅果是由同纸一样的翅形物相连的一对种子构成的。像图示这样大的一棵树每年可产上千颗翅果。

◀叶子

阔叶植物的叶片极具多样化。一些种类的叶片小得跟指甲盖一样大，但是最大的叶片可达 20 米长。阔叶可具有很简单的形状，并具有分支或裂叶；它们也可被分开成连接在同一叶柄上的小叶。桉树在幼苗时具有一种类型的叶片，而在其成熟后叶片又呈现另一种类型。

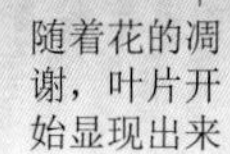

随着花的凋谢，叶片开始显现出来

夏季中的枫树

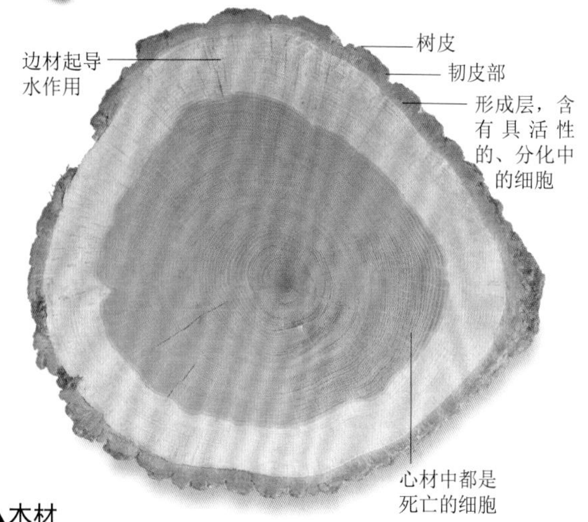
边材起导水作用
树皮
韧皮部
形成层，含有具活性的、分化中的细胞
心材中都是死亡的细胞

▲木材

一棵树的树干和树枝都是通过相同方式产生的。最外部是一层具有保护作用的树皮。紧靠树皮内侧的一层被称为韧皮部，它们是用来运输树木的汁液的。再次就是形成层了——一薄层细胞层，它们持续地分化以加厚树干或树枝。边材中包含有木质部细胞，它们可以运输来自根部的水分。死亡的心材部分可以提供给树木更多的强壮度，心材都存在于树干及老化树枝的中心部位。

树皮的种类

栓皮栎

栓皮栎具有厚实的树皮，树皮上有着深深的沟壑和脊。这类树皮可以被剥掉形成弯曲的片状，被应用于软木的制作中。如果小心地去掉树皮，那么在其空缺的位置将有新一层的光滑树皮慢慢形成。只要不对这棵树进行破坏，那么我们能在超过一个世纪的时间里从同一棵树上收获到软木。

英国梧桐

英国梧桐（二球悬铃木）常用于城市绿化，具有灰白色的树皮，树皮可以被剥落成一大块薄片，在树皮剥落后会露出下面光滑的一层新树皮。这类树木通过树皮上的小孔呼吸，树皮定期剥落可以防止小孔被堵塞。这些特性都可以使得它在空气污染严重的城市中生存下来。

纸皮桦

纸皮桦具有纸一样薄、颜色白皙的树皮。随着树干的生长，树皮呈片状或条状掉落。纸皮桦的树皮是防水的，美洲原住民曾经用它来制作独木船和活动窝棚的房顶。2000 多年前，亚洲佛教僧侣在桦树皮上书写。

位于嫩枝基部
的幼芽将在第
二年开出花来

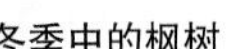
冬季中的枫树

多刺的果壳
在坚果发育
的过程中起
保护作用

一颗果壳中生长
着多达 3 个坚果

▲花朵

所有的阔叶植物都开花。图中这些花是酸苹果树上生长的——一种被种植于花园中用于装饰的观赏植物。它是通过蜜蜂来进行传粉的，蜜蜂是被其色彩丰富、香气迷人的花朵所吸引。一些热带树木，如蓝花楹，则更加的引人注目，因为它们通常在没有叶片的情况下开花。而枫树这样的风媒树木则十分的与众不同，它们甚至在花朵完全盛开的情况下，那些小绿花也很难被发现。

▲种子及果实

阔叶植物花落后，便会产生果实和种子。这些种子为生长在多刺果壳中的甜栗。这些坚果（种子）成熟时掉落到地上，果壳裂开将种子散播出去。许多阔叶树生长出肉质果，并且它们逐渐演化以吸引动物的注意。产自东南亚的木波罗（俗称菠萝蜜）有巨大果实。这种果实吃起来的味道介于菠萝和香蕉之间，并且重量可高达 35 千克。

◀常绿树

常绿树整年都具有叶片。每一叶片通常能够保持好几年，并且仅在另一叶片准备好取代它的位置时掉落。几乎所有的针叶树都是常绿树。此外，大部分常绿树都生长在雨林或是冬季气候较温和的地区。常绿树叶通常比落叶树的树叶更加厚质、坚韧，这是因为它们的树叶要保持较长的时间。一些常绿树，如桉树，叶子具有强烈气味的油性物质。这些特性可以使得它远离昆虫和其他一些以叶片为食物的动物的袭击。

▲落叶树

像这棵枫树一样，大多数落叶树木都在秋季掉光所有的叶片，又在春季生长出全新的叶片来。这样做可以节省能量的消耗，停止生长直至适宜的生长条件出现为止。在热带地区，每年涝旱交替，落叶树常常在旱季来临时掉落其叶片，并在雨季来临时生长出新的叶片。

秋季的色彩▶

同许多落叶树一样，生长在美国东北部新英格兰地区的枫树在秋季大放异彩。到了秋天，阳光减弱，气温下降，叶绿素难以生成。没有了叶绿素，那些被隐藏的色素，如叶黄素、胡萝卜素则会显露出来。在那些夏季温暖、秋季夜晚寒冷的地区，秋天的颜色是最鲜艳的。

枫树叶片在秋季
会变幻为红色、
黄色和橙色

棕榈科植物

棕榈科植物具有修长的树干和华丽的叶片，这使它们看上去和其他阔叶树有所不同。全球有 3000 多种棕榈科植物，大多数都生活在温暖地区。有些棕榈科植物比较矮小，而有的棕榈植物可高达 40 多米。它们的叶片坚韧、持久，可能有数米长。棕榈科植物对于野生动物来说十分重要，比如鸟类可以在它们的树叶间建巢，果实被所有种类的动物所食用，范围从猴子到盗蟹（或称椰子蟹）。人类也同样为了食用其果实而人工种植。

根部常常从地面下长出

叶片的生长可以保持好几年

木质部重量很轻，而且呈纤维化，并且不具有年轮

▲棕榈科植物的外形

椰子同所有棕榈科植物一样，具有没有任何分支的独立树干。树干顶端生长着成簇的巨大树叶，这些叶片是从植株中心的一个萌芽处（生长点）发出，紧挨着生长。这个芽点对于整株植物来说十分重要，如果它被切除掉或是因为天气寒冷而死亡，那么整棵树都会因为这个原因停止生长或死亡。棕榈植物的花和果实通常是成簇地生长在叶片基部。椰子成熟后，它们会掉落，可漂浮在海中。

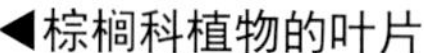

◀棕榈科植物的叶片

同其他植物的叶片比，棕榈植物的叶片十巨大。它们叶片最长纪是 20 米长，即使小型棕植物的叶片也能够超过米长。棕榈植物的叶片坚硬，并且长而尖。它通常以分开的小叶形式在，这些小叶连接着中的柄。一些棕榈植物的叶展开成半圆形，形成子的形状。而在另一些类中，它们的小叶成两排列，形成羽毛的形状。

扇形棕榈植物叶片

羽毛状棕榈植物叶片

棕榈科植物的生活环境

水椰属生活在潮湿的沼泽地区

海枣（枣椰树）生活在沙漠地区

棕榈植物都需要温暖的环境，但是它们仍可以生活在多样化的环境中。例如，水椰属棕榈植物就生长在热带的沼泽地区，在那里它们能获得所需的大量水分。也常见在河边或湖边成簇生长。

生长在热带雨林地区的许多雨林棕榈植物形体小，且茎部纤细。例如，白藤属植物具有纤细、具有弹性的树干，以便它们蔓延缠绕到周围的树木上。

棕榈植物也同样生长于少有植物生存的沙漠地带。它们通常在干涸的河床边发芽，这样它们的根可以扎入隐藏在地面下的水中。

棕榈科植物是如何生长的

棕榈植物幼苗

这棵椰子树在海滩生长发芽。同所有的棕榈植物一样，在它的树干上生长出成簇的叶片。叶片的基部包裹着树干，并且随着每片叶子的发芽，整棵植株幼苗也在长高。与此同时，生出许多根，使植株固定生长在移动的沙子中。

棕榈植物幼树

当棕榈植物逐渐地成熟，叶片丛也越长越高，形成树干。棕榈植物的树干变得越来越长，不同于大多数树木的是，棕榈植物不具有真正意义上的树皮，并且它的树干一旦被砍伐或者被损坏后就不能修复。

成熟棕榈植物

图中这棵椰子树已经生长了 10 年。它具有成年棕榈植物的叶片大小，树干高达 8 米。这是一株完全成熟的棕榈植物，并且已经开始开花、产果。一些棕榈植物在特定的季节里开花，但是椰子树全年都可以开花。只要植株中心的芽（生长点）存在，这棵棕榈植物就会继续生长下去。

◀棕榈科植物的果实

这位种植园工人正在搬运油棕（一种广泛生长于温带地区的植物）的果实。同大多数棕榈科植物果实相同的是，油棕的每一个果实都只有一颗种子。由这些果实产生的油料被广泛应用于清洁剂、食品等产品的制造。包括油棕和椰子在内的许多棕榈科植物的果实都具有坚硬的外壳。但海枣（枣椰树）的果实却很特别，它的果实叫海枣或椰枣，果实有香甜果肉和外皮。

棕榈科植物产品

棕榈科植物的用途很多。它们能够提供食物，汁液还可作为饮料。棕榈科植物的汁液经过发酵后还可作为棕榈酒。

一些棕榈科植物是纤维的主要来源，如酒椰纤维（产于马达加斯加）和椰壳纤维。酒椰纤维来自酒椰的叶片，可用于编织物的制造。椰壳是椰子外被的硬壳，常被用于制作刷子、席子和绳子。

棕榈科植物叶片可以被用来做茅草屋的房顶和沙滩伞。茎部常会在建筑中使用或作为栅栏桩使用。棕榈科植物还会生产出有用的蜡质物质。

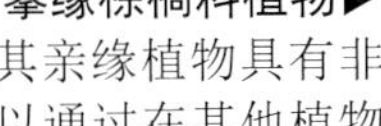

攀缘棕榈科植物▶

白藤属植物及其亲缘植物具有非常修长的树干，可以通过在其他植物上的攀爬生长达到150米长。生活在东南亚地区的雨林中，通过在其他植物上的攀爬来同那些植物分享阳光。它们的树干上具有背向勾缝脊，有助于勾住树枝，从而在一个地方固定下来。白藤属的树干十分茂盛，并且十分强壮且易弯曲的特性，常被用于制造家具。

密集的叶片丛都靠桶状的树干支持着

▲濒危棕榈科植物

全球棕榈科植物有超过10%都面临着灭绝的威胁。这种智利酒棕由于其汁液被用作制酒而变得越来越稀少。为了收集它的汁液，人类将树干的顶部砍掉，导致树木死亡。这类物种现已被保护，但是由于其他许多棕榈科植物生存环境的破坏也同样面临着灭绝的危险。这种威胁越来越难以控制。

幼嫩的叶片从扇面的中心发芽生长

老叶在远离扇面中心的地方生长

位于扇形基部的叶片会很快就掉落

旅人蕉▲

旅人蕉生长成熟时的巨型叶片可形成8米宽的扇形。旅人蕉起源于马达加斯加，现在在世界温带地区的公园里都有种植。旅人蕉不属于棕榈科植物，但是属于单子叶植物，并且它们有着与棕榈科植物相同的生长方式。其他如香蕉和露兜树的类棕榈科植物则生长在热带海滨地区。

食虫植物

植物不需要食物，但是却需要矿物质营养（氮素）来维持生长。大多植物能够从土壤的硝酸盐中获取足够的氮。而食虫植物（肉食植物）则是通过捕获小动物，并且消化它们的尸体来获取氮素的。它们捕获的动物中小型昆虫占大多数，但是有些种类的食虫植物还可以捕获像蜈蚣和青蛙等大型猎物。食虫植物生长在世界上任何土壤泥泞、荒芜以及氮素缺乏的地方。为了能够捕获到猎物，食虫植物利用取代正常叶片的特化捕虫器进行抓捕。

雨林地区的捕虫植物▶

热带猪笼草（瓶子草）的叶片末端具有一个瓶子状的捕虫笼。每个捕虫笼具有一个防雨的盖子和一个又宽又滑的瓶口（也称为唇）。这个捕虫笼的瓶口可以生产花蜜，这样就会吸引那些采蜜的昆虫停驻在上面。一旦昆虫站在上面就会滑进充满着消化液的特化捕虫笼中。几天后，消化液中的消化酶会渐渐地将昆虫的尸体消化掉。最小的食虫植物捕虫器还没有缝纫用的顶针大，并且沿地面生长。最大的捕虫器能够盛下超过1升的消化液。捕虫器都是由常绿的攀缘植物产生的。热带猪笼草生长在马达加斯加、南亚以及澳大利亚地区的森林中和多雨草原上。

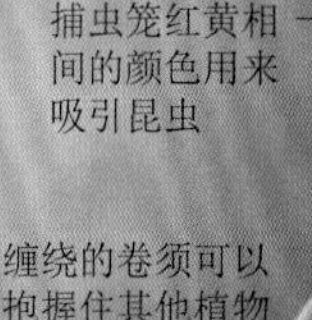
捕虫笼红黄相间的颜色用来吸引昆虫
缠绕的卷须可以抱握住其他植物以获得支撑

捕蝇草

捕虫夹上的着陆

捕蝇草拥有具弹簧机制的叶片，它可以在瞬间关闭来捕获昆虫。图中显示的是一只豆娘在捕蝇草的捕虫夹的叶片上落脚。这个捕虫器是酷似"贝壳"的两片叶子所形成，由一个铰合区相连。捕虫夹的每个叶片边缘会有规则状的刺毛。在捕虫器中心还有三根小刺毛，它们的作用相当于启动捕虫器的开关。

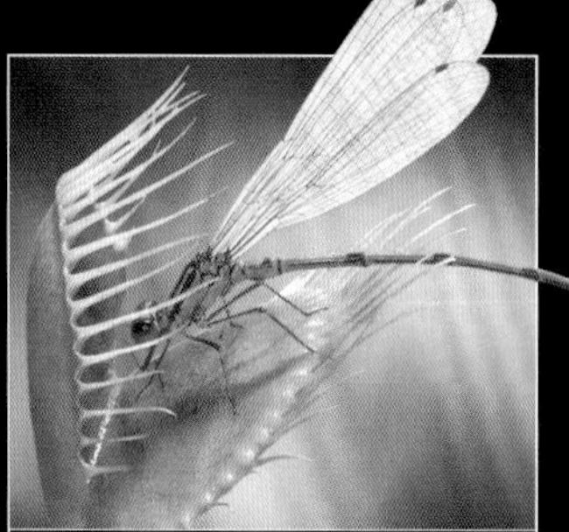

捕虫夹的关闭

如果这只豆娘同时触碰捕虫器的两个开关后，这个捕虫夹的弹性机制便开始发挥作用。这个铰合区关闭，捕虫器"啪"地合在了一起。当捕虫器合上时，圆裂片上的刺毛便会像手指一样咬合在一起，使得豆娘难以逃脱。在不到一秒的时间里，这只昆虫就会被完全地捕获。

消化猎物

一旦捕虫器关闭，捕虫器的叶片上就会分泌消化酶，用以分解这个豆娘的尸体，并释放出能被植物体吸收的营养物质。大约一周过后，这个捕虫夹会再次打开，猎物的残体被释放。每个捕虫器在经过两到三次的消化后便会枯萎消亡。

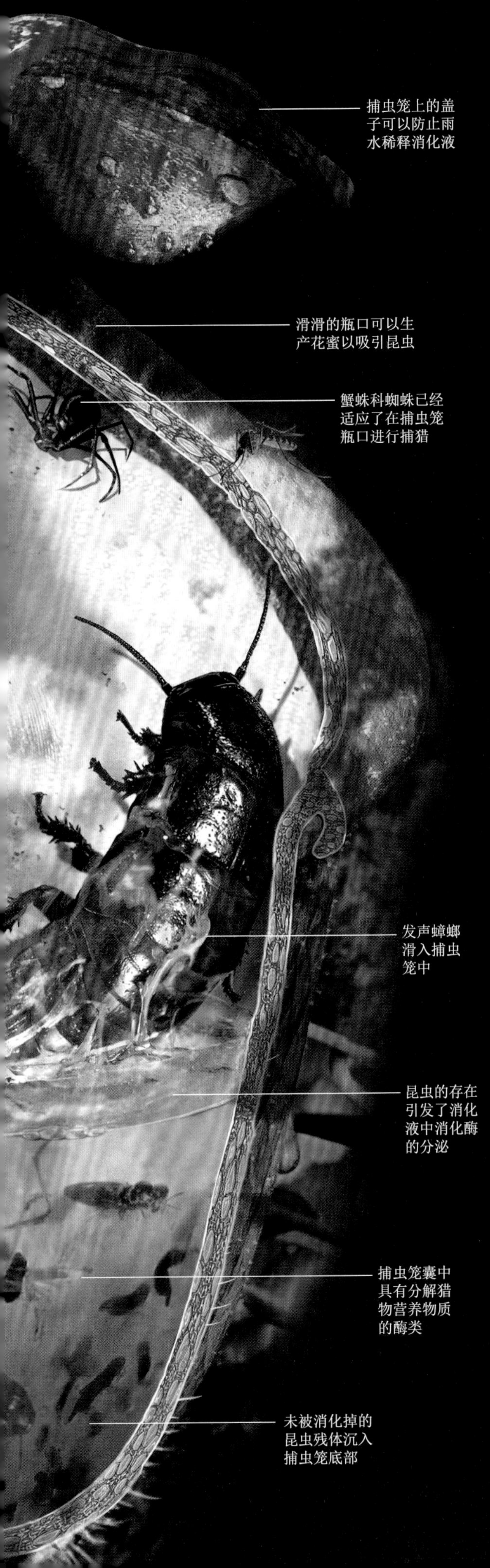

捕虫笼上的盖子可以防止雨水稀释消化液

滑滑的瓶口可以生产花蜜以吸引昆虫

蟹蛛科蜘蛛已经适应了在捕虫笼瓶口进行捕猎

发声蟑螂滑入捕虫笼中

昆虫的存在引发了消化液中消化酶的分泌

捕虫笼囊中具有分解猎物营养物质的酶类

未被消化掉的昆虫残体沉入捕虫笼底部

茅膏菜▶

茅膏菜是一种食虫的沼泽植物，它全身被有黏性的毛（腺毛）。在每一根腺毛的末端都有露珠状的黏液。一旦昆虫将这闪闪发光的“露珠”当作是花蜜而停驻的话，立刻被黏住。附近的腺毛会将昆虫折叠起来并当场将它消化掉。世界上有超过 100 种茅膏菜。世界各地均有分布，生长于沼泽中，高山上或者其他一些土壤湿润且酸性的地方。

捕虫堇▶

捕虫堇的叶片上附有两种不同的腺体。一种腺体分泌具有特殊气味的黏液以吸引并捕捉昆虫。另一种腺体分泌消化液。这种植物英文为 butterwort（黄油植物），是因为它们的叶上覆盖着“油腻”的腺毛。许多食虫植物的花色都很灰暗，但是捕虫堇的花朵颜色是为亮蓝色。世界上大约有 40 种捕虫堇。野生的捕虫堇生长在沼泽地带，它们有时也会被种植在温室中，用来防控虫害。

瓶子草（猪笼草）▶

北美洲瓶子草（猪笼草）能够从地面上生长出成簇的瓶状体。它们的瓶状体像冰激凌蛋筒，高度长达 90 厘米。同热带猪笼草一样的是，它们也具有防雨的盖子，此外，它们散发出的强烈气味是用来吸引蝴蝶以及其他一些在腐坏物上进行生殖的昆虫。北美瓶子草的生长遍及大陆中沼泽湿地，范围从美国南部的佛罗里达州一直北上至加拿大的极地地区。

狸藻▶

唯一能够在水下进行捕虫的食虫植物就是狸藻了。狸藻在水下的叶片备有小型的、泡泡状的捕虫囊。这些捕虫囊外部的纤毛被触动后，捕虫囊以极快的速度打开，囊内形成的负压就可以迅速地把周围的东西吸进去。图中，一只水蚤在捕虫囊附近游动，而现在已被捕获。

附生植物

附生植物并非在地面生长，而是高高地生长在树木或其他植物上。这样的方式为它们不必靠自身的高度生长就能获取光照提供了很好的条件。大多数附生植物利用它们的根定植在一个地方，它们所需的水分都从雨水中获得。它们从空气尘埃或者从它们上方掉落的枯死叶片中获取矿物质营养。附生植物包括苔类植物、藓类植物和蕨类植物，除此以外，还包括地衣和许多被子植物。它们大多常见于热带雨林中，但是也有一些生长在寒冷、潮湿的森林中。

空中花园▶

图中这个热带植物的树干被附生植物和攀缘植物所覆盖。这些攀缘植物扎根于土壤中，但是附生植物终其一生都是离开地面而生存的。一些附生植物生长在垂直的树干上，而另一些则附着于倾斜的树枝上。不同于寄生植物的是，附生植物并不从其宿主植物中窃取水分或营养。大多数附生植物具有小的、风媒传送的种子或孢子，它们会在树与树之间进行迁移。

花朵产生花蜜以吸引前来的蜂鸟

树蛙具有黏性的指垫以依附在植物叶片上

◀凤梨科植物

生长在热带的凤梨科植物中包括了世界上最大的一些附生植物。图中这种来自南美洲地区植物开着艳丽的花朵，通过蜂鸟进行传粉。同许多凤梨科植物一样的是，它通过叶片将雨水引流到位于植物中心的一个类似于储水箱的凹陷中。这个凹陷是一个十分重要的栖息地，一些树蛙甚至将它们的卵放置在这个凹陷中，蝌蚪就在这个高于地面的凹陷中进行生长发育。

寒冷气候中的附生植物

这些形态扭曲的橡树被藓类植物所覆盖。它们是生长于寒冷、潮湿地方中的一些最常见的附生植物。藓类植物能够在橡树上生长得很好，这是因为橡树皮上具有苔藓植物孢子能够附着生长的大量裂隙。

地衣是生长在温带树木上的另一种附生植物。一些地衣平展地覆盖在树干上，而另一些看上去像小灌木丛的地衣则是从分叉和细枝中生长出来的。

定植于某处▶

附生植物为了生存需要紧紧地附着生长。附生兰花是利用其特殊的根部将树枝抱住。它的根具有海绵状的包被，它们的水分和营养吸收来自雨水。世界上有超过一半的兰花为附生生长，并且多数都生活在温暖而潮湿的热带雨林地区。它们的种子十分细小，并且通过微风将种子散播在林冠层中。

绿色的根尖进行光合作用

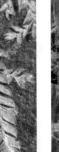

▲叶附生植物

图中的苔类植物附生在一个独立的叶片上。以这种方式生长的植物被称为是叶附生植物，它们中的大多数都生长在热带雨林地区。叶附生植物通常附着在生长于潮湿林底层的大型常绿植物的叶片上。除了苔类植物外，叶附生植物还包括藓类植物和藻类植物。总的来说，它们可以完全覆盖、压住叶片，并且获取它大部分的光照。

▲西班牙藓类植物

在美国的东南部，西班牙藓类植物优美地拖曳在树枝间。尽管它的名字叫藓类植物，但是这种附生植物并不是真正的苔藓，而是一种凤梨科植物。大多数凤梨科植物具有肉质叶，但是西班牙藓类植物却具有悬挂着的茎，上面还长着能够收集水分的小鳞片。西班牙藓类植物的茎部可生长达 1 米多长。同凤梨科植物一样，西班牙藓类植物只生长于美洲的热带地区，在世界上的其他区域却没有生长。

▲空气凤梨

由于它们特别的外形和生活方式，空气凤梨常常被作为盆景植物进行栽培。不同于大多数的附生植物，空气凤梨可以生活在干旱的生长环境中，并且它除了用根部，还会用其蜿蜒的叶子来进行附着生长。空气凤梨通常生长在灌木和乔木上，但是也有可能生长在一些人工材料上，如电视天线和电话线。空气凤梨属于西班牙藓类植物的亲缘性植物，它们同样具有覆盖于叶片上的集水鳞片。

蔓生植物和攀缘植物

植物需要光的滋养。为了得到足够的光照，大多数植物长有强壮的、能够生长大量叶片的茎部。但是这些对于蔓生植物和攀缘植物来说却很难做到。在蔓生植物和攀缘植物中，自我支撑被替代，它们采取在就近物体上攀爬的方式来生长。许多蔓生植物和攀缘植物爬到其他植物上去，但是有一些会爬到岩石、篱笆和建筑物上去，为的就是能够和它们共享阳光。这样的生活方式具有一个很大的优势——蔓生植物和攀缘植物不需要强韧的茎，因此可以将更多的能量用于自身的快速生长中去。蔓生植物和攀缘植物分别来自许多不同的植物分科，已经发展出多种攀爬方式。

龟背竹▶

同室内盆栽一样流行的龟背竹（或称蓬莱蕉）是一种野生于美洲中部雨林地区的攀缘植物。龟背竹的幼苗在森林地被层向着荫蔽处生长。这样的方式有助于它们寻找能够攀爬以获得阳光的树干。随着幼苗的生长，这种植物生长出许多纤细的根，它们能够像绳子一样缠绕在树干上。它们的叶片也随之变大，并且叶片上面生长出许多小洞，这使得它们看上去就像切片后的瑞士干酪。成熟植株，可高达20米。如果龟背竹的宿主植物不高，它则会通过其生存趋向性去接近阳光。在它开始下一次攀爬之前，会先回到地面生长再去寻找新的树干进行攀缘。

◀藤本植物

藤本植物指的是那些具有厚实木质茎的巨大的缠绕植物。它们生长于热带的森林地区，要借助其他植物在林冠（指森林中树木的最上部枝叶相互连接成一大片）中立足。藤本植物通常要比那些被它们缠绕生长的植物活得久。一些藤本植物可以超过100米长，茎直径达到5厘米。在林冠中，它们的叶片摊开的范围比一个足球场还大。

缠绕的攀缘植物

旋花科植物和甘薯属植物都是典的攀缘植物，即那些缠绕在其他植上面生长的植物。攀缘植物的茎旋成螺旋状，这样可以为它们提供足的攀爬力。攀缘植物的缠绕总是朝一个方向螺旋。从上方看，旋花科物的旋转方向是逆时针的。当缠绕物开始萌发时，它们生长中的茎常近地蜿蜒成圆形。这样的方式为它寻找攀爬物提供了一个很好的机会。

▲附着根

常春藤利用沿茎生长的根而附着在树木或是墙壁上。它们的根会生长进树皮或砖墙的裂隙中。当常春藤植物成熟后，它的顶端会生长出去形成灌木丛，有时会高于地面。常春藤不算是寄生植物，因为它们不窃取附着植物体内的水分和养分，但是它们可以通过包埋树木的叶子而杀死树木。常春藤还是老旧建筑的一大难题。当它们从墙壁上被剥掉时，建筑中砖块的碎片和砂浆也会随之脱落。

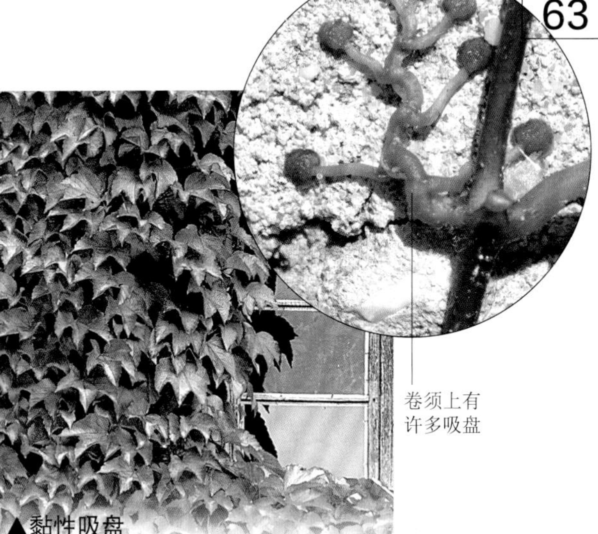
卷须上有许多吸盘

▲黏性吸盘

北美爬山虎（五叶地锦）几乎可以攀爬各种表面，这都要归功于吸盘。这些吸盘是从它们卷须的末端特化而来的，它们伸展开来像是手指一样。随着每个叶枕的生长，它们会钻进很小的缝隙和裂隙中去，以便获取极其坚固的抓力。这些卷须会将植株和它的支撑物紧紧地连在一起。北美爬山虎（五叶地锦）是很受欢迎的园艺植物，因为它们的颜色在秋季里能够变成亮红色。

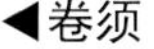
以卷须进行连接，一旦接触上，卷须的末端就开始卷曲
卷须的基部进行螺旋缠绕以加强它的附着力

◀卷须

许多攀缘植物都是通过一种叫作“卷须”的纤细线状物卷曲固定在一个地方的，这些卷须具有感应末端。下图中，白泻根的卷须正卷曲在麝香兰的周围——卷须遇到任何牢固的物体都会卷曲。一旦卷须抓紧后，它的基部就会像弹簧一样开始螺旋。这个紧抓的卷须有助于植物在某一个地方的固定。因为卷须的基部具有这个类弹簧结构，因此它们更具弹性且在有风吹过植物的时候不易被折断。卷须对于触碰十分敏感。如果用铅笔轻碰卷须，它们会在五分钟内变得卷曲。

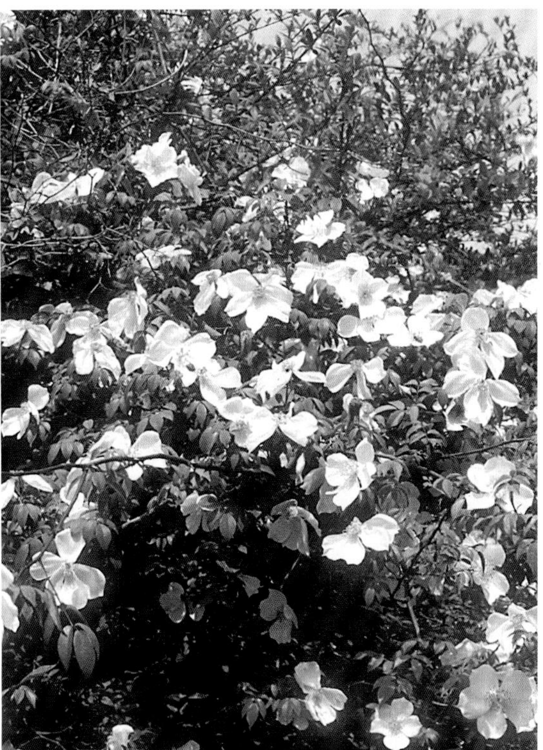

▲攀缘植物和匍匐植物

图中这个蔷薇科植物穿过灌木而生长。它们是利用刺倾靠在其他植物上生长，而不是紧紧地附着在其上。通过这样方式生长的植物，植株大小能够达到令人吃惊的程度。世界上最大的蔓生玫瑰灌木丛具有一个主干，直径能够达到1米，灌木丛所覆盖的面积竟有一个奥运会的游泳池那么大。匍匐植物采取同样的方式生长，但是是接近地面的。它们那具有弹性的茎可以蔓延扩展到任何位于其生长路径中的物体，其中包括岩石和其他植物。

寄生植物

寄生植物指不依靠自身生长，而是靠“偷取”其宿主植物体内营养物质而生长的植物。所有的寄生植物都不具有叶片，但它们可获取自身生长所需的一切物质。半寄生植物具有叶片，并且自己合成食物，但是它们也会“偷取”其宿主植物中的水分和营养物质以供自身生长所用。寄生植物生长于多种生境中，范围从雨林到农田。大多数寄生植物很容易定植，但是一些种类则隐生在其宿主植物内部或地下，这些寄生植物仅仅在每年开花的时候才能够见到。

作物上的寄生

世界上有100多种列
（上图），它们有害于庄稼作
的生长，尤其对豌豆和菜豆
伤害最大。它们从地下闯入
物体内，并且营寄生生活，
生长所需的物质完全依赖于
寄主植物。它们的花朵呈褐
或淡黄色。

独脚金（下图）是一种
自亚洲和非洲地区的寄生植物
它们袭击玉米及其他谷类植物
同列当一样，它们的生长完
依靠于其宿主植物，并且在
下进攻宿主植物。独脚金因
色彩斑斓的花朵而倍加显眼。

对付庄稼寄生植物并非
事，现在唯一确定的办法就
进行不同种类庄稼的轮种，
便寄生植物无法进行寄生生活

巨大的寄生植物▶

大花草是来自亚洲东南部地区的一种寄生植物。它生长在雨林中，其生命中的大部分时间都是寄生在攀缘的藤本植物上。它每一朵似橡胶的花径达90厘米，并且具有极其强烈的气味来吸引成群的苍蝇。大花草产生的软烂的果实有网球那么大。这些果实黏附在森林象的脚上，以便其种子传播到其他藤本植物上。

似橡胶的边缘围绕在花朵的中央

花瓣看上去和闻上去都像腐肉一样

在花朵的中心产生出具有黏性的果实

丝子

被菟丝子所覆盖

图中的灌木已被菟丝子覆盖，形似意大利面的菟丝子是完全的寄生植物。菟丝子生长在土壤中，而一旦它攀附于宿主植物后，它自己的根便会萎缩。菟丝子会生长出被称为“吸器”的肿块，这个肿块会进入宿主植物中窃取它的养分和水分。世界上有100多种菟丝子，它们可以寄生于多种植物中。

菟丝子的花

菟丝子开出成簇的粉色或白色的小花。这些花常常通过蝴蝶进行传粉，他们生产出的极小种子也会被散落入土中。当菟丝子的种子开始萌发时，这种幼小的植物便开始长出长长的茎，这些茎伸出土壤去寻找它们的宿主植物。

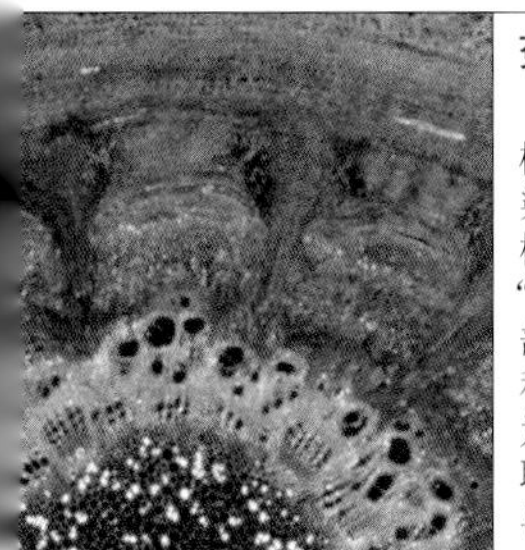

菟丝子的闯入

图中是显微镜下已被染色为橙色的菟丝子茎以及菟丝子那被染成深绿色的“吸器”。而宿主植物的茎则被染色成为青绿色。“吸器”强行进入宿主植物的茎部，并且与宿主植物中运输养分和水分的管道进行了连接（显示为粉色）。有时由于寄生植物吸取了太多宿主植物的营养物质而导致其死亡。

画眉鸟通过对槲寄生的果子在树木间的运输来实现槲寄生的传播

光彩夺目的黄色花朵产生出大量的花蜜

这些绿色的叶子使得槲寄生能够通过光合作用产生自身所需的养分

槲寄生长入宿主植物的树枝中

寄生▶

槲寄生是一种寄生在树木上的寄生植物。它们从其宿主树木中获取水分和无机盐，但是它们有自己的叶片并且自己供给养分。槲寄生为了传播必须将自己的种子散播出去，这样才能使其到达其他宿主树木上去。一般来说，槲寄生是通过产生黏附性果实来实现种子的传播的。这要通过鸟类来实现，鸟类在树枝上的行走中便将果实黏黏的外皮给剥掉了。这样种子便能裸露出来黏附在树枝上，然后开始自己的生长发育。

▲寄生乔木

澳大利亚圣诞树是世界上最引人注目的寄生乔木之一。每年12月，当它的花期来临时，树上便开满了黄色的花。这种引人注意的树木属于半寄生植物，它们从其周围生长的草类植物中吸取水分和养分。澳大利亚圣诞树通过利用周围草类植物的根，要比仅仅利用自身的根可以吸取更多的水分。澳大利亚圣诞树和槲寄生属同一个科。

植物的防御

植物从开始生命的那一刻起，就必须抵御那些饥饿的植食性动物的攻击。昆虫吸吮它们的汁液，啃食它们的叶片或是在它们的茎部挖洞。诸如鹿一类的大型植食性动物能够一口就剥食掉植物的树皮和叶片，或者将植株连根拔起一口吞掉。植物不能够跑动，因此它们采取一些特殊的防御机制与这些入侵者保持一定距离。一些植物采取加大动物取食难度或获取过程繁复等措施进行防御。而另一些植物则吃起来味道不那么好，甚至具有毒性，从而保护了植物远离动物的侵袭。

坚硬的苞片生长在头状花序的下部，包被着它们

长而尖的叶片

结实、挺直的茎部

植物的盔甲▶

海滨刺芹以其坚硬、尖端带刺的叶片很好地将自己保护起来，远离饥饿的植食动物的袭击。它们的花具有自己的防护盔甲——即一轮叫作“苞片”的片状物，它们形似带刺领口。这种多刺的植物“盔甲”使得许多植食性动物都不敢靠近它们。海滨刺芹生活在风势强劲、淡水资源缺乏的沿海地带。它们的革质叶片能够很好地保存水分，并且能够抵御风暴的侵袭。海滨刺芹是刺芹属植物类群中的一种，在干旱的内陆地区生长有许多它的亲缘植物。与海滨刺芹一样，它们也具有带刺的防护，并且具有深扎土壤中寻找水源的直根。

▲防御性茸毛

羊耳朵是一种具有柔软、丝质叶片的草本植物，叶片上有细小茸毛覆盖。这些茸毛不但可以帮助叶片遮阳，使叶片在光照下保持一定的低温，还能够抵挡住那些想食用这些叶片的小昆虫。茸毛有时候分叉缠结成一团，形成毡状层，使得昆虫很难进入。在许多植物中，这些茸毛还能够产生出给予叶片更多保护的黏液。

小帽中含有毒素

尖锐的茸毛是由二氧化硅组成的

◀荨麻

一株荨麻被含有小剂量毒性的尖锐茸毛覆盖着。每一根茸毛都是中空的，茸毛末端为一坚硬的小帽。如果哪个动物拂过这些茸毛，这些小帽便会断开并将毒性物质注射进这个动物的皮肤中。这些被擦伤的动物很快就知道了荨麻不能食用。来自澳大利亚和新西兰的荨麻树则更具毒性，它们甚至可以杀死那些和它们有过接触的动物。

毛刺覆盖着荨麻的茎和叶

孔雀蝶幼虫在取食时可以避免荨麻的蜇刺

▲克服植物的防御机制

尽管荨麻具刺，但是面对袭击，它们仍不是完全安全的。仍有许多毛虫以荨麻为食。新孵化出的毛虫小得足够在带刺茸毛间穿行；而长大的毛虫很轻，移动慢得不至于将那些茸毛顶端折断。大多数毛虫在化蝶前，维持以荨麻为食的生活大约四周。荨麻是良好的食物来源，因为它们的叶片中富含营养物质，并且叶片上的毛刺可以保护它们免受大型植食动物的袭击。

成簇的小花
肿块形成于植株尖刺的基部
蚂蚁进入肿块中，并在上面留下了穿行后的小孔

▼与动物同盟

在与动物的殊死抗争中，一些植物利用其他动物来帮助自己。来自美洲中部的合欢荆棘树，在其尖刺的基部具有隆起的肿块，蚂蚁就居住在这些肿块中。如果有其他动物想食用合欢荆棘树，这些蚂蚁则会攻击它。在有风的天气里，这些肿块会发出类似于口哨的声音，这也是为什么这种植物又名哨刺金合欢的原因。

草酸钙的单结晶
取自叶片中心位置的细胞

▲化学防御

图中这个植物叫作花叶万年青（大王黛粉叶），在它的叶片中具有草酸钙结晶。这些尖锐的结晶体一旦进入动物喉咙中，会导致它们窒息。总计下来，植物体内有几千种不同的化学物质用于自我防护。例如，单宁酸仅仅是使植物被食用时味道不好；而像氰化物和士的宁仅很少的剂量就具有致命的毒性。

▲胶乳

大戟科植物圆苞大戟在茎部断裂时，能够渗出一种叫作胶乳的乳白色液体。胶乳具有强烈刺激的味道。这些胶乳使得其茎和叶被动物食用起来并不那么好吃，甚至是致命的。胶乳还能够密封住切口，这样使得真菌无法进入。橡胶树也属于大戟科。天然橡胶的取得是通过切割树干上的树皮后而得的，这样胶乳能够自己渗出。

▲植物的伪装

图中显示的是生长在非洲南部沙漠地区的“有生命的石头”。它具有两片肉质的、带有斑纹的叶片，这些叶片让它们看起来像是小卵石。它们的伪装近乎完美，这些保护会持续到它们的开花时期。植物中的伪装较动物来说更为少见，其中一个原因是植食动物通常是依靠气味来寻找食物的，而非外表。

有毒植物

随着植物的生长发育，它们产生出上千种不同的产物。这些产物多数是无害的，但是一些却是有毒的。来自蓖麻籽中的蓖麻毒是世界上的剧毒之一。来自月桂中的氰化物可以在几分钟内杀死活细胞，而来自颠茄中的生物碱可以麻痹肌肉并且能够使呼吸变得困难。产生有毒物质对于植物来说是一种自我保护，因为它们能够保护植物免受饥饿动物的侵袭。植物产生的有毒物质一般在其被吞咽时发挥毒性，但是一些剧毒物质在被碰触的时候就会散发毒性。

▲毒性持久的有毒植物

毒葛是北美洲最危险的植物之一在它体内有漆酚，即一种浓密的、黏的有毒物质，裸露的皮肤一旦接触了种物质就会引发严重的皮疹。如果它被意外地蹭到衣服或鞋上，毒性可持几个月之久。如果毒葛被点燃，将产具有毒性的气体。尽管它的名字叫毒有时会攀爬到树干上去，但它并非是正的常春藤。它的叶片为光亮的三出叶。秋季，叶片在掉落前变成亮红色。

世界上最致命的植物▶

蓖麻可以在生命世界中产生出最致命的有毒物质。这种有毒物质被称为蓖麻蛋白（蓖麻毒），它仅仅存在于蓖麻的豆型种子中。蓖麻蛋白的毒性是响尾蛇毒液的1万倍之多，并且没有发现解毒剂。1978年，蓖麻毒被应用于一场特别著名的暗杀中。当时，保加利亚记者乔治·马克夫被雨伞刺伤了腿部。在他死后，医生在他的腿中发现一个比米粒还要小的、沾过蓖麻毒的子弹。当然，蓖麻蛋白在蓖麻油的榨取过程中被视为无用产物而清除掉了。蓖麻油是一种具有多功能的物质，被应用在医药、香水、肥皂、塑料以及油漆的制造中。

蓖麻籽中含有致命的蓖麻毒

小果实成熟后会变为黑色

桂樱的叶子在受到伤害时会释放氰化物

▲有毒的叶子

桂樱是一种生长十分迅速的园艺灌木。它那厚质、常绿的叶片很好地抵御了来自昆虫的攻击。因为当叶片受到戳刺或挤压时，会散发氰化物。由于氰化物对于植物来说同样具有毒性，因此，桂樱体内储存着能够产生出氰化物的成分，并且储存氰化物本身。一旦昆虫咬了桂樱的叶片，这些成分就会混合形成氰化物。这些释放出来的氰化物能够杀死昆虫，并且还会被带到另一棵植物中去。

海洋中的有毒植物

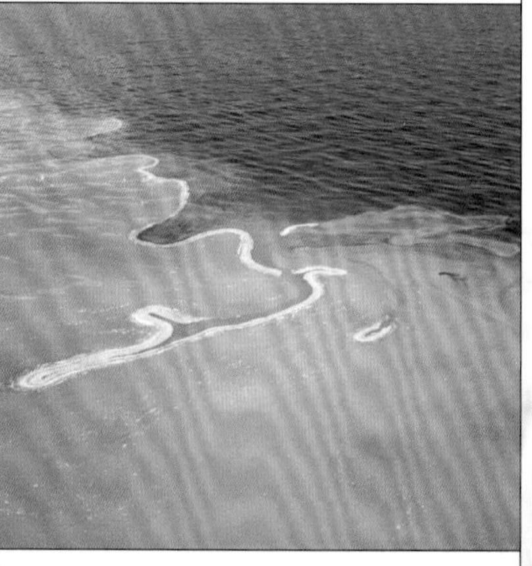

一些藻类也会产生如同植物释放物一样的有毒物质。这幅图片中显示的是赤潮，是由被称作沟鞭藻的无数漂浮的海藻引发的。这些有毒物质随着藻类的生长被释放出来，它们能够杀死海中的鱼类及其他种类的生物。

赤潮通常发生在世界上温暖的地区，这些地区的水中含有大量的营养物质，其中包括有肥料或污物。在赤潮过后，成千上万的死鱼可能会被冲上岸。

蛤蜊、贻贝以及其他贝类海产常常以沟鞭藻为食。它们本身不会受到伤害，但是这些有毒物质会在其体内积累。如果有人吃了被污染的贝类食品，那将非常危险，他可能会在几小时内失去生命。

乳草属植物的叶片中含有毒性物质强心苷

致死或治愈

洋地黄（毛地黄）中含有一种称洋地黄毒苷的毒性物质，它可作用心肌。如果哺乳动物吃了洋地黄的子，那么它的心脏将会比通常跳动更加有力，并且心跳会减慢。如果个动物持续以洋地黄为食，那么它会有心脏病发作的危险。同许多植有毒释放物一样的是，洋地黄毒苷被应用于药物的制造中。它可以助人们缓解心力衰竭，是要对其用量进行格控制，3 倍剂就会致死。

▲植物间的对抗

植物的毒性物质不仅为击退动物而释放。诸如黑胡桃树一类的植物，还会利用其有毒物质防止其他植物靠近。黑胡桃的根部会释放有毒物质，这会使胡桃树周围形成一片裸露的土地，导致其他植物无法在其周围生长；这样可以保证它自身所需的光照和水分的摄取。黑胡桃树生长在森林中，但是像这种化学毒性物质的争斗在沙漠中也十分常见，沙漠中的植物都尽自己所能地获取更多的水分。

大斑蝶的幼虫具有警戒色

成年大斑蝶以乳草属植物的花蜜为食

茄科家族

致命的颠茄

茄科家族包含上百种植物，它们都能够产生一种叫生物碱的毒性物质。生物碱在医药中有重要作用，但大剂量的使用则会造成致命性伤害。致命颠茄的浆果中就富含一种叫作阿托品的生物碱。这种物质能够加速心跳，并且影响大脑中控制呼吸的区域。

天仙子

天仙子通常生长在荒芜的土地上，具有喇叭形的、带有紫色叶脉网络的花朵。这种具有强烈气味的植物生产出一种叫作天仙子胺的生物碱，这种物质能够影响中央神经系统。天仙子胺可用作镇静药，为那些饱受神经紊乱之苦的人缓解痛苦。

风茄（又称曼德拉草）

从古时候起，人们就利用曼德拉草的毒性产物作为催眠药物及其他一些具有药效的饮剂（波欣酒）使用。这种植物的叉状根外形类似人体。风茄的根呈人形，人们传说它具有灵性，在它被连根拔起时会发出剧烈的惨叫声，令采集风茄的人精神失常甚至丧命。

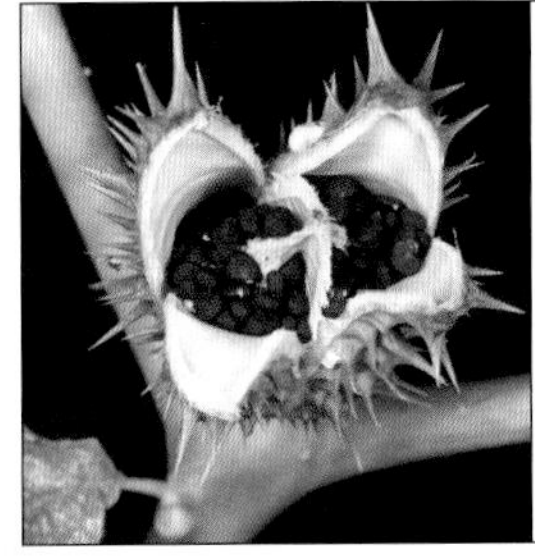

曼陀罗

曼陀罗是一种常见的生长在热带地区道路旁的植物。它含有多种有毒的生物碱，其中包括阿托品和东莨菪碱。这两种生物碱都能够作用于控制内脏、心跳以及呼吸的神经系统。英语名字 thorn apple（thorn 意为“刺”）来自其钉子样的蒴果。

烟草

烟草中的主要有毒物质就是尼古丁，它是一种极易使人上瘾的物质。尼古丁保护烟草免受昆虫的叮咬，有时也作为商用杀虫剂（即能够杀灭害虫的化学制剂）使用。野生烟草是来自美洲中部及南部地区，但是，烟草现如今作为一种作物被栽培在世界各地。

◀以毒物为食

有毒物质的毒性也不会总是有效的，因为动物可以对这些毒性物质进行免疫。乳草属植物包含对心脏有强烈影响的毒性物质，但是大斑蝶却以其为食并且免受伤害。这些幼虫会将毒性物质储存在其体内，成为对抗捕食天敌的一种武器。成年大斑蝶体内仍含有这些有毒物质，并且通过与幼虫相同的方式来保护自己。

警告：不要去碰那些你并不了解的植物，因为它们可能是有毒的！

沙漠植物

对于植物来说，沙漠算是十分恶劣的生活环境了。大多数沙漠的年降水量不到 250 毫米。当雨水来临时，通常都是那种能够冲走任何土壤的瓢泼大雨。白天的沙漠可能会极其炎热，而夜晚又可能出现冰冻。夹带着沙粒的强风又不断袭击生长在沙漠里的植物。植物通过不同的方式来对抗恶劣的生活环境。一些植物通过积累足够的水分来度过数月、甚至是数年的干旱期。另一些被称为“短生植物”的种类可在雨水来临后迎来其短暂的生命周期。

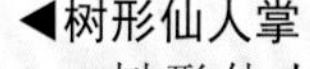

◀树形仙人掌

树形仙人掌以其
米的直立高度成为世界
最高的仙人掌。同多
仙人掌一样，它拥
尖刺，但是它不具
任何叶片，而是
过巨大的、具沟
的茎来获取光
其茎的作用如同
缸一样，雨水来
的时候，它们从
壤中获取水分，
就会慢慢地膨胀起
树形仙人掌具有淡黄
的花朵，它们通过蜂鸟
蝙蝠进行传粉。树形仙
掌虽然生长得缓慢，但
它们的寿命可长达 150 年

当树形仙人掌的茎部获取水分时，其上具有沟槽的一侧就会膨胀起来

在干旱中生活▶

北美洲的索诺兰沙漠是一个为 2500 多种植物提供生活环境的地方，这里的仙人掌就有 300 种，其中包括壮观的树形仙人掌——同树木的体型一样巨大，重量可超过 1 吨的巨型植物。生长在那里的植株通常都被裸露的地块分开，因为每一棵植株会汲取在其附近下过的所有雨水。生活在索诺兰沙漠里的植物体生长格外地茂盛，因为它们可以依靠冬季的雨水生存。世界上最干旱的沙漠则更加的荒芜。

树形仙人掌是索诺兰沙漠中最高的植物

沙漠中的灌木植物通常仅在冬季和春季具有叶片

仙人掌的解剖结构

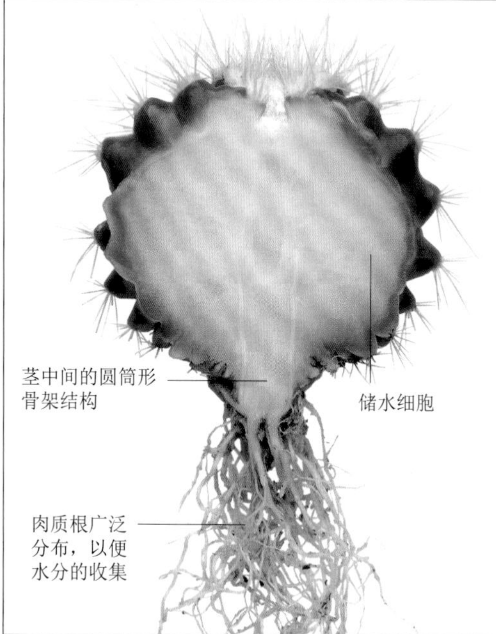

世界上有 2000 多种仙人掌，其中一些如同树木一样高大，而另一些种类比高尔夫球还要小。这些仙人掌都有着相同的基本结构，都具有肉质的储水的茎部。大多数仙人掌具有由叶子特化而来的尖刺，这些刺作为植物抵制植食动物来袭的一种保护措施。一些种类的仙人掌有短小丛生的尖毛。光合作用在仙人掌的茎部进行。茎中含有储水细胞，并且还具有当仙人掌死后或腐烂后仍能存留的圆筒形骨架。仙人掌的花开在茎的顶端。许多花朵通常在晚上开放，并通过蝙蝠和蛾子进行花粉的传播。

▲肉质植物

来自非洲南部的景天属植物是一种肉质植物——指那些植株根、茎或叶片中能够储存水分的植物。仙人掌也是肉质植物。在肉质植物中，水分被储存在一种特殊细胞中，外形上显得肥厚多汁。肉质植物在叶片上通常具有一层蜡质包被，这可以防止水分通过蒸腾作用散失到空气中。如果它们的叶片掉落，掉落的叶片能够很快地扎根并生长出新的植株。

沙漠乔木

箭筒树

只有生命力顽强的树木才能够在沙漠环境中生长。南非纳米布沙漠中的箭筒树将水分储存在其树干中。它的叶片狭小且革质，这样可使其在阳光照射下不易被晒干。这种乔木之所以被称作“箭筒树”是因为居住在沙漠中的桑族人利用挖空的树枝作为装箭的箭筒。

土豆袋树（或称索科特拉岛沙漠玫瑰树）

迷人的土豆袋树生长在索科特拉岛上，这座岛位于印度洋靠近红海的入海口处。矮胖、类似袋子状的树干用来储存水分，在树干顶部具有许多短而粗的树枝，在那上面开有粉色的花朵。索科特拉岛上生长着许多世界上其他地区所没有的奇异树种。

圆柱木

当圆柱木生长成熟时，它看上去像一根杆子。这种植物具有非常短的、形如硬毛的树枝。它们的叶子十分微小，叶片在一年中最热的时期掉落。这种植物只生长在墨西哥西北地区的加利福尼亚半岛上。

在酷热与严寒中生存▶

并不是所有的沙漠地区都很炎热。美国西部的内陆盆地（大盆地）就是个夏季温暖而冬季寒冷的地方。大多数仙人掌植物无法抵御这种生存环境，因为它们一旦受冻就会死亡。在这种地区生长的大多数常见植物为低生灌木，如蒿属植物。虽然蒿属植物生长缓慢，但是它们却覆盖了沙漠的大片区域。植株上的银白色茸毛可以保护叶片免受强光和冷风的侵袭。

沙漠绿洲▶

在许多沙漠中，水源都隐藏在地表下方不远处。这些海枣生长在一片绿洲（指那些终年有水的地方）当中。许多绿洲植物都是通过风媒传种而到达这里定植的，但是海枣通常被人类作为食物来源而种植。一些绿洲只有几米宽。世界上最大的绿洲之一为埃及的哈里杰绿洲，长达200多千米。

玩具熊仙人掌具有布满尖刺的分支，看上去毛茸茸的

沙漠中的野花在雨后开放

◀在沙漠中盛开

这个毛茸茸的仙人掌植物（玩具熊仙人掌）被多姿多彩的短生植物花朵层覆盖着。与仙人掌和沙漠灌木不同的是，短生植物仅具有非常短的生命周期。它们的种子以休眠状态存在于地下，直到雨季来临时它们开始萌发。种子开始萌发后，它们将快速地生长在几周内完成生命周期。雨季后，土壤再次进入干旱期，成年植株死亡，但是它们已经将种子散播出去了。

高山植物

对于植物来说，高山上的生活要比低地生活艰难得多。许多山上都有树木生长，但是很少有树木能在山顶生活。高于森林线生长的植物必须要应对强烈的阳光、强风的袭击以及夜晚的严寒。高海拔植物为适应环境都具有小叶片、深扎的根部以及紧贴地面生长的特点。有一些植物生长在海拔 6500 米的地方，而人类登上那些地方因缺氧而呼吸困难。

▲在高于雪线地方生存的植物

图中这株犬齿赤莲正穿过俄罗斯阿尔泰山脉上的雪层生长。雪对于高山上的动物来说是一大难题，但是它通常有助于植物的生长。在冬季，雪会形成一个保护层，保护植物不受到严寒和风的侵袭。春季，许多高山植物在雪融化之前就开始了生长，雪一融化，植物就为开花做好准备。

高山上盛开的花

春龙胆

初夏，植物的花开遍了高山地带。春龙胆是这些引人注目的花朵之一，天蓝色的花朵招引着蜜蜂。有 400 多种龙胆生长在世界上温带地区的高山上。有些龙胆并非在春季开花，而是在秋季开花。

喜马拉雅报春花

报春花喜寒冷、潮湿环境。许多报春花都生长在高于森林线的岩石上，或是生长在高山区的牧场。这些来自喜马拉雅山上的美丽物种只有 10 厘米高。高山报春花也常常被园艺师种植，许多色彩丰富的种类都是通过野生报春花之间的杂交产生出来的。

耧斗菜

耧斗菜具有钟形花朵和挺立的茎。每片花瓣上都具有凹陷的小管或瓣距，在距的末端储存着花蜜。耧斗菜通过大黄蜂进行花粉的传递。这些黄蜂利用它长长的喙深入耧斗菜的距中去吸吮花蜜，同时进行传粉。

◀垫状植物

如同许多高山植物一样，虎耳草具有短小的团块状的茎，它们形成接近地表的垫状堆。这样的垫状物可保护植物免受寒风侵袭，并且使得植株在雪层的重压下不会折断。垫状层中的温度可比外界气温高出10℃之多。虎耳草在拉丁语中意为“碎石机”。名称源于其根可深扎入岩石的裂隙中，看上去像是它们将岩石分裂开来一样。

◀壳状植物

与形成垫状层不同，痂状草散布在岩石表面就像一层具有生命的壳儿一样。它们平均有1厘米高，是世界上最扁平的开花植物之一。它们来自新西兰。它们那种紧扣地面的结构有助于它们在山中强风下的生存。地衣（藻类和真菌的共生体）同样是扁平状的，并且生长在海拔更高的地方。地衣生长在接近于埃佛勒斯峰顶的岩石上、南极洲境内和其他一些世界上最寒冷、风最大的高山上。

植被的分带

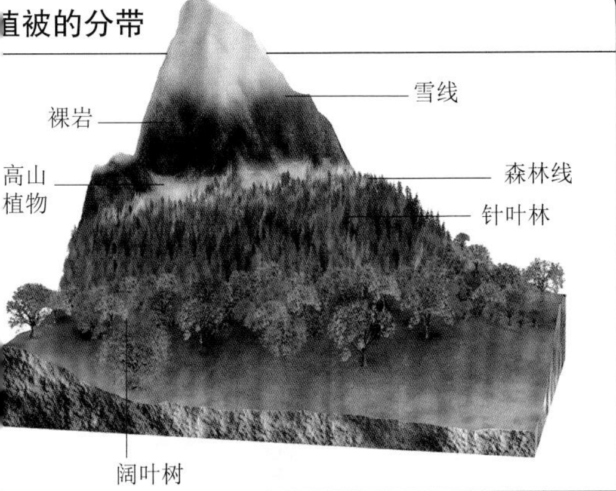

高山植物分布随海拔而变化。在温带地区，阔叶树生长在低坡带。海拔再高的地方生长的则是针叶树，它们更能够抵抗住严寒和冰雪的侵袭。随着海拔继续升高，针叶树变得越来越小，并且多为矮化种。针叶树的生长停止在森林线处，在高于森林线的地方，生活环境寒冷不适于这些植物的生长。

远离森林线的地方为高山地域，那里的春夏两季生长着低地开花植物。如果山足够高，那么高山地域则仅剩裸岩，并且在高于雪线的地区只剩下积雪。在这样寒冷的地区，只有微生物和地衣能够生存下来。

隔离阳光▶

在高山上，阳光十分强烈以至于会对叶片有极大的损伤。同许多高海拔植物一样，银剑（一种火山植物）的叶片被其表层的银色茸毛保护着，这些茸毛的作用是将部分照射在叶片上的阳光反射回去。银剑仅生长在夏威夷群岛贫瘠的火山坡上。它的生命长达20年，在开过巨大的花簇后死去。

非洲地区的巨型植物▶

大多数高山植物都是小型的，但是非洲东部地区的高山上生长着一些世界其他地区发现不到的巨型植物。生长在肯尼亚山岩石坡上的巨型山梗菜高达3米或更高。处于日照极其强烈的赤道地区。在日落时，它那长而尖的叶子向内折叠以便保护植物免受夜晚严寒的侵袭。

高原植物▶

图中这些藓类植物生长在南美洲的安第斯高原。高原气候干燥，雨水稀少，植物赖以生存的水分仅靠春季雪水融化时才能得到。当融化的雪水流失，这些藓类植物就进入休眠状态，并且变得干燥、生脆和灰暗。像仙人掌那样的开花植物在这种情况下仍然能够维持生长，其原因是它们的根和茎中可以储存足够的水分来维持其生长。

淡水植物

淡水环境中经常被一些生长繁茂的植物包围着——这标志着这片环境对于植物来说是最适生境。许多植物都在水边生长，但是真正的水生植物却是生活在水中的。水生植物包括小型的浮萍，到能够高出过往船只的纸莎草。淡水植物的寿命受多种因素的影响，其中包括水的深度以及水中营养物质的总量。水中营养物质含量越高，植物就生长得越快。

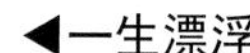

◀一生漂浮

马尿花（一种与小型睡莲相像的漂浮植物）在水面漂浮度过一生，而非在某个固定的环境下生长。它的根拖曳在水中，心形叶漂浮在水面上。秋季，马尿花会形成独特的冬芽。这些冬芽会在水面结冰前沉入水下。次年春天，当冰开始融化，它们会再漂浮到水面。马尿花生长在欧洲、亚洲以及非洲北部地区的浅水环境中。

淡水生境▶

淡水生境的多样化可从小池塘直至覆盖面积超过10 000平方千米的沼泽地。浅水湖对于睡莲来说是十分完美的生活环境，在那里睡莲的根可以扎入湖底的泥土里，而其叶片又能够漂浮在水面上。大多数睡莲都不能在水深超过3米深的水中生存。

鸭子用它的脚掌把浮萍划开

浮萍的茎漂浮在水面上

浮萍的根拖曳在水中

◀浮萍

浮萍是世界上最小的开花植物。每一枝浮萍都具有一个微小的、鸡蛋形状的茎，并且通常具有一个或多个拖曳在水中的根。世界上最小的浮萍结构更加简单，不具有根。浮萍可通过出芽产生新的茎来繁殖，新的茎会自行漂走去开始它新的生命周期。在春夏季，它们繁殖速度过快以至水沟和池塘都被覆上了一层绿色。

生活在水下▶

加拿大角果藻除了开花之外，都只营水下生活。这种能够快速生长的植物具有很小的卷曲的叶片，并且在低浅的湖或池塘中缠结成厚实的一团。它那微小的花朵在其柔软的茎上向上生长，直至穿过水面。角果藻有助于水的氧化（即将氧摄入水中），并且它们为小鱼提供掩蔽之所。角果藻的适合种类也可用于水族箱内养殖。加拿大角果藻充满生命力以至于很快就能将填满一个小鱼缸。

香蒲▶

香蒲因其如天鹅绒般柔软光滑、拨火棒般的花头而容易被发现。香蒲生长在低浅的水沟、池塘及湖泊中。通过风媒传种定植，植株通过根状茎（水平根状茎）蔓延扩展。一个单独的根状茎一年可生长2米多，将其与植株分离后便可形成新植株进行定植。随着时间的流逝，死亡香蒲的遗骸堆积起来，它们有助于将露天水源转变成为被叶子覆盖的沼泽。

纸莎草▶

在热带地区的非洲，纸莎草成一大丛围绕在湖边和河边生长。纸莎草的茎是三棱形的，并且可生长至近5米高。每棵纸莎草顶部都具有一个球形花，花上有许多绿色硬挺的辐条状结构。在遥远的过去，纸莎草是一种具有许多用途的植物。古埃及人用它做衣服、席子和绳子，此外还用它制造出一种最早的书写纸。

落羽杉▶

多数乔木很难在水中生长，原因是它们的根无法从水中摄取生长所需的氧气。落羽杉通过其根上的一种特殊生长结构来克服这个问题，这种结构被称为“膝盖”。这些枝条（即屈膝状的呼吸根）露出水面并且摄取来自空气中的氧气。落羽杉为针叶树，但是不同于其多数的亲缘种，它们的叶片在冬季脱落。它们生长在美国佛罗里达州的沼泽地以及美国东南部的其他一些地区。

亚马孙睡莲的叶枕出现在叶片的边缘处

◀巨型漂浮植物

来自南美洲的亚马孙睡莲具有世界上最大的漂浮叶。每片叶子可达2米宽，并且叶片上具有垂直的边缘。边缘上的凹陷可排去雨水。它们的叶片具有足够大的空间使其漂浮在水面上，在叶片的下面具有棘状棱。这种结构使得叶片极其强壮：当其生长成熟时，它们的叶片可承受一个体重20多千克小孩的重量。

沿海植物

位于沿海地带的植物必须能够承受强风和海浪的侵袭。风和浪的结合使得沿海植物的生活环境很恶劣，尤其是当炙热的阳光或寒冷的严冬来临时，会使得这些植物的生存更加艰难。在岩岸边，大多数植物都近地面生长，这样可使它们躲避风的侵袭。在低洼沿海地区所生长的植物要面临不同的问题，因为它们的生活环境是不变的。在这种环境下，粗砾石随着海浪漂动；风吹散了沙子；潮汐推动着泥土。生长在这种环境下的植物通常具有很深的根，并且都具有处理过剩海盐的独特方法。

海岸边▶

海岸边的环境多种生境并存。地衣生长在裸岩上——黑色品种生长在海洋附近，亮橙色品种在高处生长。生长于更高处的是耐盐植物，它们生长在会被咸咸的浪花打湿的悬崖裂隙中。悬崖顶端的草地是观察野花的好地方，这些野花在远离浪潮的地方生长。岩岸边也是沿海灌木生长的地方，在那里它们能够应对登陆海岸的风的侵袭。

◀悬崖植物

圆形的、具有亮粉色花的滨簪花是生长在岩岸边色彩最丰富的植物之一。滨簪花的另一个名称是海石竹。它生长在远离浪潮的岩石裂隙中。滨簪花十分修长、坚韧，而它那美丽的花朵并不像看上去那么脆弱。它们具有强壮的茎和坚韧的花瓣，并且很容易在强风的侵袭下生存。滨簪花的生长遍及北半球的高山及沿海地区。

沿海灌木

马基斯群落（常绿高灌木丛林带）

这类灌木丛林状植物出现于环绕地中海沿岸的岩石地面上，被称为马基斯群落（常绿高灌木丛林带）。其中包括了常绿灌木和低矮乔木。许多常绿高灌木丛林带中的植物都具有强烈的香气，这些香气来自储存在植物体叶片中的油类物质。这种油类物质可以防止叶片在酷热的地中海阳光照射下干枯。

拔克西木

在澳大利亚南部，有一种生长在距离海岸边很近的灌木，被称作拔克西木。拔克西木具有坚韧、常绿的叶子以及蜡烛状的包含有几百朵小花的头状花序。花能开数月。它们为那些帮助它们传粉的鸟类提供全年的食物和栖息地。

高山硬叶灌木群落

高山硬叶灌木群落是生长在非洲南部海岸及其内陆山上的一类常绿植物。英文词意为“窄叶”，这类灌木可以抵御酷热的夏季和强风。高山硬叶灌木群落包含的植物种类多得令人惊讶，是全球植物学研究的热点之一。

◀**生长在沙滩上的植物**

近海岸地区，风会不间断地改变沙丘的形状。只有少部分植物能生活在这样的环境下。最普遍的此类植物之一就是滨草（见第51页），它的种植有助于沙子的固定。在距离海边更远一些的内陆地区，沙丘不会移动得太快，并且沙子中包含着肥沃的腐殖土壤（指腐烂植物的遗体）。这类形态持久的沙地是多种沿海植物的生长地，这类植物包括兰花、海滨刺芹，甚至一些小型乔木。松树就常常生长在内陆沙地上。它们在贫瘠的沙质土壤上茁壮成长，叶片能够抵挡住海风。

◀**生长在砾石地上的植物**

粗砾石地对于沿海植物来说算得上是最差的生活环境了，因为地上的小石块很容易被海浪卷走。更糟的是，砾石地无法储存水分，雨水会因此从中直接流失掉。海滨香豌豆是少有的几种能够生存在此的植物之一。这都要归功于它那超长的根部以及异乎寻常的坚韧叶片和茎。它的种子看上去像小的、黑色的豌豆，并具有坚韧的外皮以防止它们在暴风天气下破裂开来。它们在海水中存活的时间长达五年，海浪有助于将海滨香豌豆散播到其他砾石地中去。

盐碱滩▶

盐碱滩形成于低洼海岸，在那里河流将沉积物带到海岸。潮水导致一片泥泞地的形成，地上面满是凹陷和小溪。盐碱滩上最干涸的部分被禾本科植物、匙叶草以及其他耐盐植物所覆盖。匙叶草在夏末开紫色的小花。它们具有长长的根部能够深深地扎入土壤中，并且使得植株在满潮来临时能够固定不动。

泥潭▶

厚岸草生长在全世界平坦、泥泞的海岸上。这些不常见的植物只有不到15厘米高。它们具有肉质茎和小的鳞状叶。春季，厚岸草呈亮绿色，到了夏季，它们就变成深红色。厚岸草体内包含很多盐分，并且它们曾经在玻璃制造中被用来提供苏打。一些厚岸草则被收集、腌制为食品用来食用。

红树林▶

热带沼泽地区平坦、泥泞的海岸线是红树林（唯一能生存在咸水中的树种）的生长地。红树林植物具有坚韧、常绿的叶片以及形成拱形的支持根（支持根从植物的主干中长出，牢牢扎入淤泥中形成稳固的支架）。红树林具有独特的呼吸根，呼吸根露出泥土表面并且从空气中获取氧气。红树林是许多野生动植物的栖息地。

海洋漂泊者

即使在遥远的小岛上，植物也能在那里安营扎寨生存下来。例如，椰子一类的植物通过种子的越洋漂流来到小岛上；另一些植物则通过海鸟一类的动物到岛上进行繁殖的时机，将种子带到岛上来。

植物的旅行也离不开人类的帮助，人们会有意或无意地将植物带到新的生境中来。有时，植物的引进也会引发一些问题，因为引进的植物会同原产植物进行生存竞争。

食用植物

早期的人类通过捕食动物，采集野生植物生存。在 1 万年以前，人们开始学会种植植物以供食用。耕种转变了人们的生活方式，并且改变了整个世界的面貌。如今，我们依靠着培育的食用植物而生存。谷物是最重要的食用植物。我们也种植上百种不同品种的水果和蔬菜以及那些为我们提供香料和食用油的植物。

玉米：10.99 亿吨

小麦：7.34 亿吨

稻：4.95 亿吨

大麦：1.41 亿吨

高粱：5800 万吨

▲谷类植物

这张图表显示了世界谷类植物的年产量。谷类植物中具有富含能量的淀粉、食用纤维以及维生素。仅玉米、小麦、稻这三类谷类植物就占据了人类食用的植物食品的一半。玉米和小麦主要生长在世界上气候温暖的地区，如北美、欧洲以及澳大利亚西南地区。稻生长在热带地区，生长在水田中的称为水稻。

耕作方式

给养耕种

采取给养耕作方式的人们仅仅是为了喂饱自己和供养家庭而进行耕种的。农民只有一小块田地种植不同种类的作物，并且还会饲养一些家畜。给养耕种是一项艰苦劳动，但是其花费很低，原因是农民不用机器进行劳作。

集约化耕种

在集约耕种的农田中，会耕种大面积的作物，机械化劳动也取代了人工劳作。其结果就是小部分人能够种植出比上千人手工劳作产量还高的食物。集约化耕种也会大规模地应用化学制剂防止病虫害的侵扰以及土地的施肥。

▲油料作物

橄榄是世界上最古老的油作物之一。这类植物最早源于地中海地区，在那里们生长了至少 5000 年。一些油料作物包括油棕、生、向日葵以及芸苔（也油菜）。除了为我们提供能食物外，一些植物油还用于清洁剂、肥皂和颜料制造。

橄榄成熟时会变为黑色，但是绿色时的橄榄是可食用的

农田工作人员徒手采摘橄榄，或是摇晃树枝使其掉落

豆科植物

豆科指任何属于豆科的食用植物。豆科植物中括许多种类的豌豆和豆类，在全世界各地都有种。最早种植的豆科植物之一就是兵豆——一种来中东地区的豆科植物。豆科植物的种子都十分容保存，并且它们也是蛋白质的良好来源。豆科植还有助于土地的施肥，因为它们的根含有一种细（根瘤菌）能够将空气中的氮气转化为改善土壤硝态氮。

◀水果

除了味道好以外，水果是维生素的一大重要来源。现在已有上百种不同的水果被种植。例如，橘子一类的水果已被大规模地种植，并且被全世界的人们所食用。另一些水果如榴莲，就是属于地区特产水果了。榴莲来自亚洲东南部。它们因独特美味而珍贵，但是它们也因其强烈的气味常被禁止在汽车及火车上携带。

这个榴莲约有4千克重，并且皮上布满了尖刺

可食用的果肉包裹着榴莲籽

◀蔬菜

人们每天都要将许多不同种类的植物作为蔬菜食用——卷心菜的叶片、花椰菜的头状花序以及球芽甘蓝的萌芽。蔬菜也包括某些植物的茎，如芹菜和芦笋以及某些植物的根，如胡萝卜。

叶枝可被动物食用

长长的茎通常蔓延于地面上

薯的皮可能是红紫色或是白色

▲块根植物

许多植物将其养分储存在根中，这也是为什么块根植物是能量的有用来源了。在热带地区，人们种植甘薯、木薯、芋头以及薯蓣。但是，世界上最具地位的块根植物是马铃薯，每年要种植超过3亿吨，并且品种多达上千种。甘薯和马铃薯的亲缘并不相近，但是它们都生长出位于地下的可食块根。

草本植物和香料▶

几千年来，人们利用草本植物和香料为食物调味。草本植物在全世界都有种植，并且大部分由叶片组成。香料大部分来自热带地区，来自多种植物的不同部位。姜黄粉是通过研磨姜黄的块根制得的，而丁香是小的常绿乔木的花蕾。胡椒粉——世界上最流行的香料，是由一种攀缘藤本植物的浆果干燥后制成的。

姜黄粉具有与众不同的深黄色

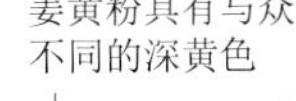

辣椒粉是辣椒干燥后研磨成粉制成的

玉米穗中包含
上百个谷粒

育种

我们现在吃的大部分食用植物都与其野生亲缘有很大不同。这是由于农民们会通过选择育种提高庄稼质量。为了实现这些，需要农民选择最好的植株种子进行播种。多年选择育种的结果就是庄稼产量的提高。从史前时期开始，人们就已经开始运用选择育种；今天，科学家用一种全新的技术投入植物育种，即运用遗传修饰方法将有用的基因直接插入庄稼植物基因中去。

◀**玉米**

玉米源自中美洲，在那里已培育了至少6000年。玉米野生原种是一种称为玉米草的禾本科植物，具有在成熟时会破裂的小玉米穗。通过选择性育种，农民们将这种本无利用价值的植物转变成为如今全世界都种植的谷类植物。不同于玉米草，玉米不能自己散播谷粒，因此失去人工的作用下玉米无法生长。

玉米草是玉米的野生原种

不规则形状
的马铃薯可
能个头很小
马铃薯皮颜
的排列从蓝
色到淡黄色

▲**遗传变异**

这位秘鲁妇女正在卖马铃薯，这些马铃薯起源于南美洲高原。在那里，人们种植马铃薯的历史至少有7000年，并且还培育出外界不知道的许多其他品种。这些本地品种也引起了植物培植者的极大兴趣，因为它们有时会包含可以培育成为新型品种的有利基因，这些基因在对抗植物病虫害方面是有用的。

小麦及其祖先

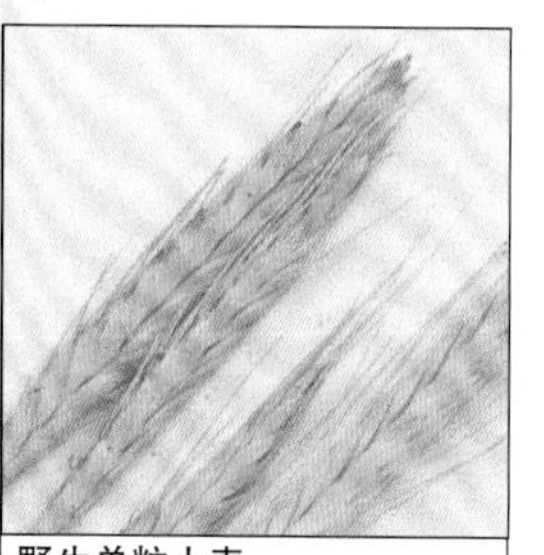

野生单粒小麦

这类来自中东地区的野生禾本科植物是栽培小麦的原种之一。在人类学会耕种之前，当地的人们就通过收集这种小麦的种子作为食物。野生单粒小麦具小的谷粒，当它们成熟时会从植株上脱落。约9000年前，人类开始培育单粒小麦，选择植株以便生产出更大颗的谷粒。

野生二粒小麦

在埃及以及中东地区发现的这类野生禾本科植物是二粒小麦（最早的小麦种类之一）的原种。野生二粒小麦较野生单粒小麦具有更大的谷粒，并且谷粒上具有长而尖的称作芒的刺毛。栽培的二粒小麦曾是重要的庄稼作物，但是最终被杂交小麦（如斯卑尔脱小麦）所取代。

斯卑尔脱小麦

这类小麦出现在大约3000年前的欧洲，由单粒小麦和二粒小麦进行杂交后产生。斯卑尔脱小麦具有大的谷粒，并且当其成熟时谷粒会依附在植株上面，这些都利于对它们的收割。直到20世纪，斯卑尔脱小麦依然是世界上最重要的庄稼作物之一。

现代小麦

幸亏有了科学的植物育种使得现代小麦较之前的小麦原种来说具有更加高产的特性。这种做面包用的小麦含有高水平的谷蛋白。存在于谷蛋白中的蛋白质使生面团具有弹性，因此可使面发起来。另一种现代小麦——硬质小麦，含有较少的谷蛋白，低筋力，常用作意大利面和饼干等。

人工授粉

农民在为香草花进行授粉，使它们产出具良好收成的荚。人工授粉是种植庄作物的一种途径，常用在南瓜和番荔枝自然授粉率低的植物上。人工授粉还用杂交品种的生产中，即授予来自不同品植株的花粉。杂交品种的植株通常较其本、母本更加强壮。从小麦到葡萄柚，多食品植物都是通过人工授粉的方式产的。

▲更容易收割或采摘

除了产量的增大，植物育种还能够使收割或采摘变得更加容易。这些苹果树已经被移植到特殊的砧木上（指另一品种苹果树的树桩）。这样的嫁接可使苹果树的树干低矮，便于果实的采摘。植物育种者也通过与强健而低矮的植株茎的杂交来培育矮小的谷类植物。不同于形态高大的谷类植物品种，这些低矮品种植株在暴风天气情况下被吹倒的可能性更小些。

▲绿色革命

这位种植水稻的中国农民正在用喷雾器对他的庄稼采取防虫措施。水稻在20世纪70年代得到发展，那时正实施全球作物育种计划，即绿色革命时期。这项研究计划取得了很大进展，产生出了产量是传统品种3倍的新种水稻。

遗传修饰是如何发挥作用的

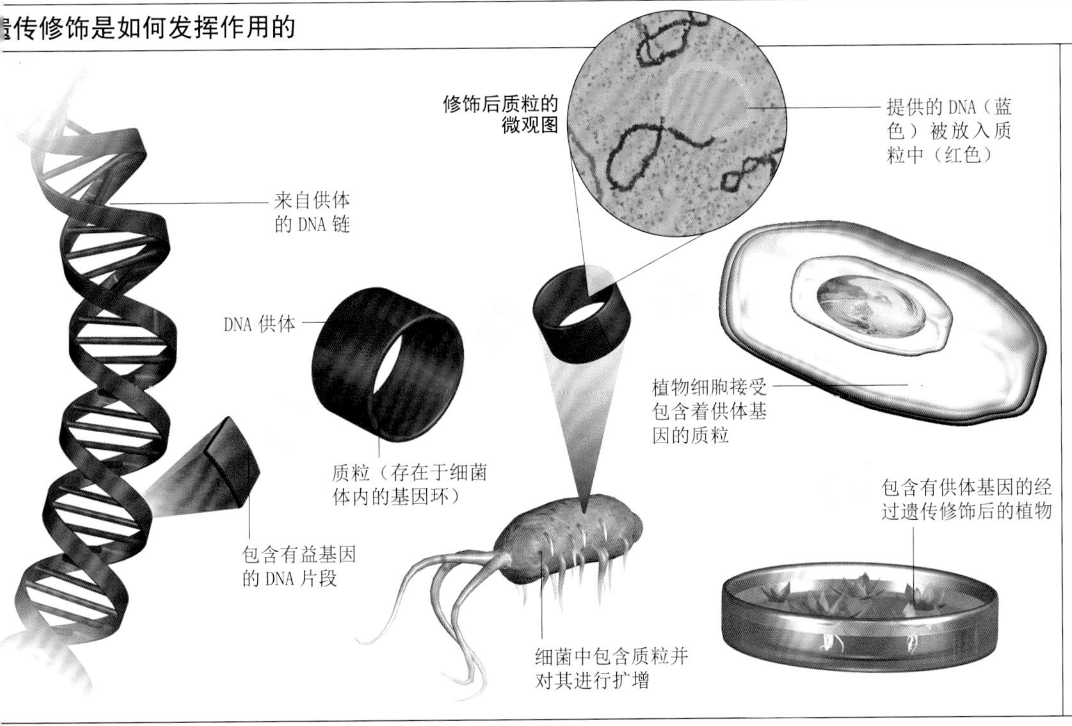

基因是所有生命体中都具有的一种化学结构体。在遗传修饰中，科学家鉴别出有益基因后，便将它们从一种生命体中移入另一种生命体中。他们利用一种叫作限制性酶的化学制剂将基因从DNA链中间切下来，然后将这段基因插入细菌中进行扩增。最后，将含有扩增后基因的细菌插入至植物体中。

遗传修饰经常用于庄稼育种中，因为它快速并精准。利用遗传修饰可使得庄稼作物生长速度更快，并且有助于作物的病虫害防治。遗传修饰还可以降低浪费，这样的水果和蔬菜在收割后能够保存较长的时间。

◀遗传修饰的庄稼与环境

这些示威者正毁坏经过遗传修饰后的油菜田。他们想制止遗传修饰作物的培育，因为他们认为庄稼的基因会跑入野生植物当中去，如通过风媒传粉会将遗传修饰后植物的花粉授给野生种类植物，从而产生出杂交种。反遗传修饰示威已经遍及西欧地区，但是在北美地区遗传修饰作物已经进行了大面积的培育。科学家对于遗传修饰的意见有分歧。一些科学家认为植物的遗传修饰可以解决世界粮食短缺问题；另一些科学家则更关注遗传修饰所带来的长期影响。

植物产品

在我们每天的生活中，除了食品，植物还为我们提供成千上万种重要物品。树木为房子和家具提供木材，同时，木浆又是纸张和硬纸板的主要成分；棉花和亚麻等植物为我们制造织物和衣服提供天然纤维；香水和化妆品也是以植物为基本成分制造的；还有许多工业产品，如上光剂、清漆、油墨以及颜料等。此外，来源于植物的糖可以转化为酒精，而酒精可以作为低污染燃料。

▲木材

木料是世界上主要的建筑材料一。软木来自针叶树，生长得非常又轻又结实。它还是很好的绝缘材有助于高效能房子的建造。硬木来阔叶树，需要较长的生长时间。像树、栗子树等硬木，重量很轻，并加工容易，有好看的纹理。而柚木橡木十分结实，很适合作为抗腐材料

纸张和硬纸板▼

大约2000年前，中国发明了纸。纸张是植物重要的产品之一。纸张是由木片制成的。木片被磨碎制成木浆，木浆被铺在一个金属细筛网上，而后进行压制。在纸张干透、切割成型之前，它以大纸卷方式保存。纸张可重新转化为纸浆，从而进行循环利用。

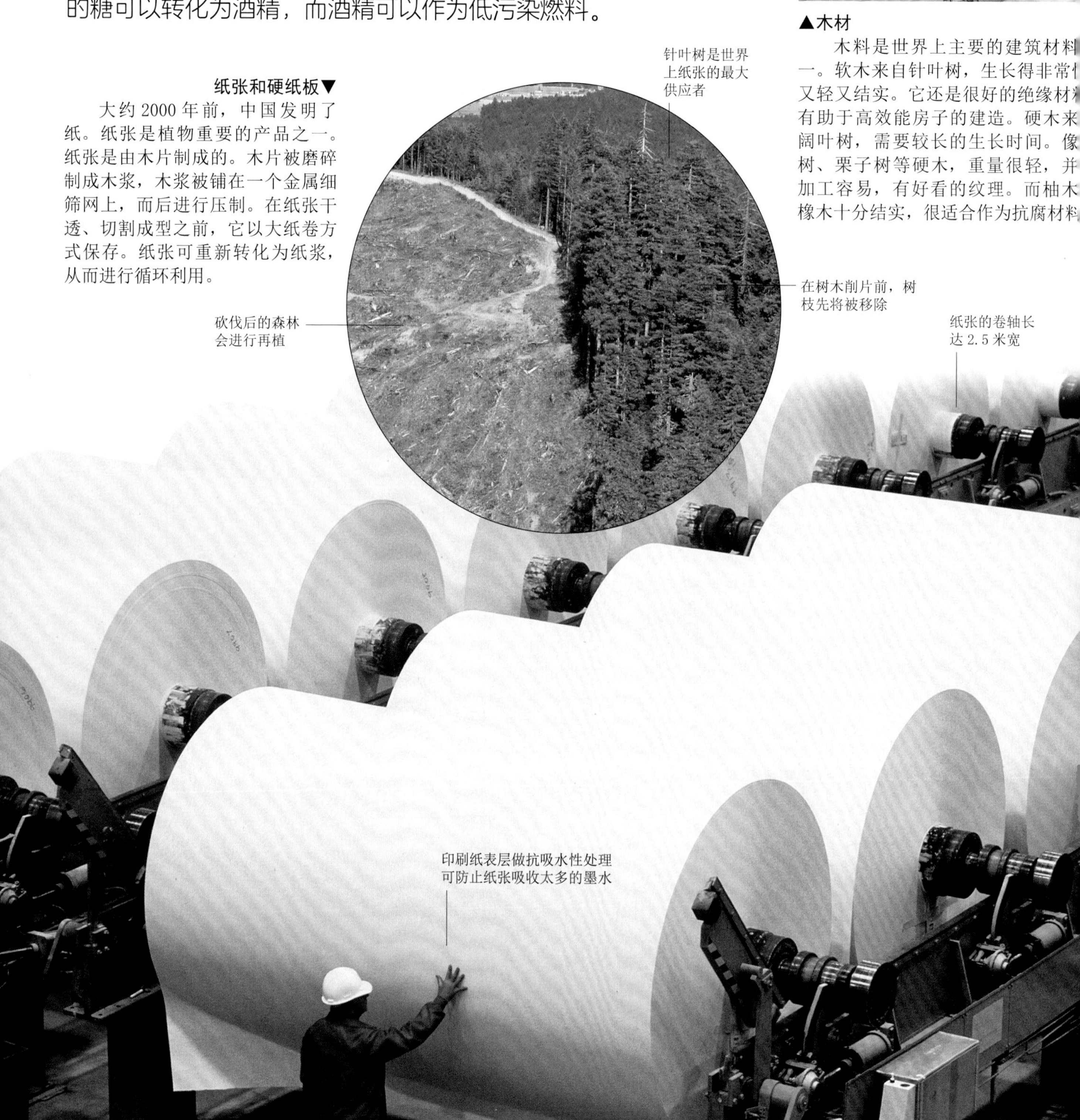
针叶树是世界上纸张的最大供应者
在树木削片前，树枝先将被移除
砍伐后的森林会进行再植
纸张的卷轴长达2.5米宽
印刷纸表层做抗吸水性处理可防止纸张吸收太多的墨水

植物纤维制品▶

棉花、亚麻以及大麻都是可以产生出纤维的植物。棉花纤维生长在称作棉铃的松软纤维团中，棉铃中包含着棉花的种子。棉铃是通过机器收割的，在收割的时候会将种子挑选出去，只留下棉花纤维。棉花纤维纺织在一起形成纱线，纱线纺在一起织成棉布。棉布穿着舒适，易漂染，是制衣的上等材料。

收获棉铃为扎棉（种子的挑除）做准备

成熟的棉铃

▲植物油

除了食用油外，植物生产的油还做他用。由于棕榈油和橄榄油对于肤来说性质温和，因此都可以作肥使用。从制动液到油墨，蓖麻油在业生产中有多种应用；而亚麻籽油可用作清漆以及画家用的油画颜料。物油一般为液态，但是许多植物油通过氢化过程转化成为固态。人造油就是通过氢化作用制造而成的。

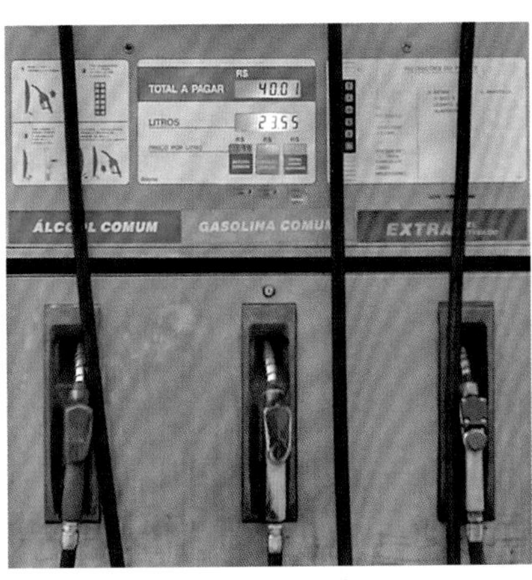

▲以植物为基础制造的燃料

世界上的一些地区，例如：巴西，甘蔗是被用作生产机动车燃料的植物的。先从甘蔗茎中提取出甘蔗汁，然后添加酵母菌进行发酵。酵母菌能够将糖转化为乙醇。以乙醇制成的燃料相对于汽油来说更环保，因为它含有较少的硫黄。并且它还能够将一些国家从依靠进口石油（随着石油储备的减少，石油价格越来越贵）的束缚中解脱出来。

植物染料▶

几千年来，人们一直在用从植物中提取的染料对衣物、食品，或是头发和皮肤进行染色。产自胭脂树的荚果可以生产出给织物和食品上色的染料。这种植物最早起源于美洲中部和南部地区，现在那里的原住民仍然在用它作为底彩（一种为准备在身体上着色或涂画图案所用的油彩或化妆品）使用。另一些以植物为基础的重要染料包括靛（由某些植物尤指从木蓝中提取的蓝色染料，即藏蓝色）以及散沫花染剂（呈棕红色）。

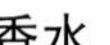

香水

薰衣草

从古时候起，这种开蓝色花朵、具香气的灌木就被用于香水的制作。它栽培于欧洲及北美地区。芳香的薰衣草油是从其茎、叶和花的油腺中提取出来的。薰衣草花还可被制成干花，放入香包内使用。

栀子花

栀子花是一种生长于非洲及亚洲热带地区的灌木。它们具有大朵白色的和强烈香气的花。它们中的大多数是通过蛾子来传粉的，在天黑后这些传粉的蛾子通过花朵散发的香气来寻找花朵。栀子花香气是由聚集的花朵产出的，通过对花的压榨可提取出芳香油。

香柠檬

不同于其他柑橘属类植物，香柠檬具有坚韧、少汁的果肉。栽培香柠檬更多是为了获取其具有香味的油，而非食用果实。香柠檬油是从其果皮中提取出来的，用于制造古龙香水和格雷伯爵茶等。香柠檬主产区在意大利南部。

檀香木

这种低生乔木是以取自于其木材中的芳烃油而极负盛名的。檀香木油用于香水、熏香以及传统医药方面的制造。檀香木本身还可因其独特的香味用于制作家具。它生长在亚洲南部和东部地区，但是在某些地区由于对它的过度利用，檀香木变得稀少。

依兰－依兰

这种树生长在亚洲东南部地区，一些世界上知名的香水（包括香奈儿5号）都是由提取自依兰－依兰树中的油制成的。依兰－依兰油是从全年都开放的花朵中提取的。这种油很贵，因为1千克的花朵才能生产出10滴依兰油。

药用植物

早在现代医学出现之前，人们就知道一些植物能够帮助抵抗疾病。一些世界上较早的书籍都是草药书，即那些描述药用植物形态以及用法的书籍。在现代医学出现后，许多疾病是由特制药物来进行治疗的。即使如此，我们所用药物的 80%都是由植物产品或基于最初在植物中发现的物质制成的。研究者每年都会发现一些新型的药用植物以及那些已知植物的新用途。

叶子边缘的尖是用来威慑动物的

罂粟具有大朵的花和蜡质的叶片

未成熟的种子头部中含有用作止痛药的乳汁

◀止痛药

在 5000 多年的时间里，罂粟的种植是为了获取存在于其体内作为止痛药的乳汁。这些药物包括可待因（碱）和吗啡（已知的最强效止痛药之一）。有一段时期，含有罂粟的药物被用来治疗腹泻和失眠；尽管如此，它们还是具有危险的副作用。现今，罂粟仍旧作为药用植物被种植，但是为制造毒品海洛因而去种植罂粟则是非法的。

花蕾显现于植株的中心

多汁的肉质叶是用来震慑植食性动物的

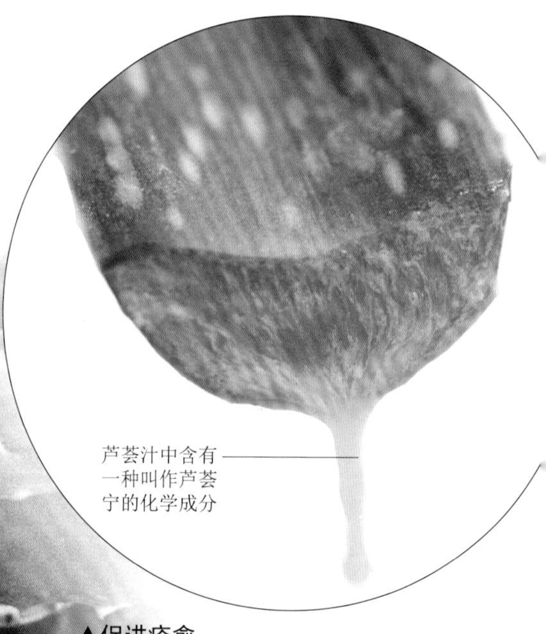

芦荟汁中含有一种叫作芦荟宁的化学成分

▲促进痊愈

从古代起，人们就开始利用植物治疗动物叮咬和蜇刺，还用它们去治愈割伤和擦伤。来自芦荟的汁液可以减少发炎和舒缓烧伤，也被用于化妆品和防虫剂的制作。世界上有 200 多种芦荟，许多品种都一直被作为药品使用。现在世界各地都有种植起源于热带非洲的芦荟。

抗哮喘药用植物▶

常绿灌木——麻黄可
l生产出作为药物的麻黄
𠃊（麻黄碱）。麻黄素可
l打通直达肺部的导气管，
古代中国人就利用麻黄来
台疗哮喘和花粉病。现今，
床黄素采用合成的方式制
戈，替代了从植物中提取
勺方法。麻黄素被吸入后
逐渐发挥作用，但是一剂
芍只发挥几小时的药效。

抗疟疾药用植物▶

疟疾是一种十分可
白的疾病，一年能够侵
害2.5亿人。金鸡纳树的
对皮用于疟疾的治疗已有
00年的历史。金鸡纳树
对皮中含有金鸡纳碱，可
以防止疟原虫在已感染人
本血液中的繁殖。人工生
产金鸡纳碱很困难，因此
金鸡纳碱的生产仍然是依
赖于金鸡纳树。

抗癌药物▶

同多数红豆杉一样，
太平洋红豆杉也是有毒的。
旦它也是紫杉醇（一种重
要的抗癌药物）的来源。
紫杉醇可以干预细胞的分
匕，因此它可抑制癌细胞
的生长和扩散。红色的蔓
长春花（长春蔓）是另一
种含有抗癌药物的植物。
它用来治疗白血病和霍奇
金病（霍奇金淋巴瘤）。

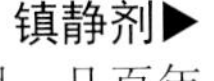

镇静剂▶

许多药用植物都对神经系统起作用。几百年来，木质灌木——萝芙木根部的粉末曾被作为镇静剂和降压药使用。这种植物的速效成分——利血平，被作为是治疗精神疾病的最有效的药物。长时间服用此类药物会带来一些副作用，因此后来不再把它作为处方药来使用。

萝芙木的花朵是管状的，具有红色的茎和白色的花瓣

叶片类似皮革并且常绿

古柯的叶片用来生产可卡因

药物滥用▶

在拦截可疑船只后，海关工作人员正在检查所缴获的非法毒品。许多来自植物的毒品都在秘密地进行着提炼和买卖。毒品的主要原料是大麻、罂粟和古柯（生长在南美的一种用来生产可卡因的灌木）。违禁毒品对健康造成极大伤害，并且加剧了犯罪的发生。尽管国际刑警组织一直在努力打击毒品犯罪，但毒品贸易仍旧很难得到控制。

药用植物治疗法

金光菊

按其科学分类也称为紫锥菊（echinacea）。这种植物来源于北美洲大草原。它可以治疗刀伤，也可以增进免疫系统（身体中预防感染的部分）的免疫力。金光菊是最重要的药用植物之一，美国的印第安人就利用它作为治疗药物。

夜来香

夜来香作为药物治疗首次应用于20世纪70年代，是一种相对来说比较新型的药物治疗方法。夜来香油中含有脂肪酸，它可以促进循环，并且有助于关节炎症状的治疗。夜来香起源于北美，但现在在世界各地都有种植。

银杏

银杏具有扇形叶，其中含有高水平的抗氧化剂——有助于保护生命细胞中复合化合物的物质。许多草药学家认为，从银杏叶中提取出来的物质能够有助于保持身体的健康，并延缓衰老。

亚洲人参

人参被视为强身滋补药。人参是最著名的药用治疗植物之一。几个世纪来，东亚地区的人们将人参的根作为滋补品，即那些能够增强体魄并预防疾病的物质。在北美种植的一种人参的近亲植物似乎也同人参一样具有同样的功效。

常见缬草

也称夏枯草。缬草是一种用于治疗失眠的传统药物。不同于合成药物，它们没有不良的副作用，可以帮助人们入眠，也常用于低血压的治疗以及精神压力的缓解。缬草的提取物是从其经过干燥和碾碎的根部来制备的。

杂草

生长在一定生境中的无用植物被称为杂草。杂草对于园丁和农夫来说都是一大难题，因为它们会与栽培的植物争夺空间、水分和阳光。杂草还会导致病虫害在园艺植物和作物中扩散。如果杂草扩散到正常生境以外的地区，那将会造成更大的麻烦，因为它们会变得具有入侵性，并将原产地的植物排挤出去。控制杂草的方法有三种：人工除草；利用化学制剂消除；利用自然敌害控制的生物防治。

蒲公英几乎一年四季都开花

坚韧的叶片可以对抗踩踏

如果直根上部发生折断，长长的直根可以重新长出

种子顶端（具白冠毛）依靠风来进行种子的传播

根

◀杂草解剖学

蒲公英是世界上最出名的杂草一。来源于欧洲及亚洲北部地区，被偶然地传播至许多其他地区，从美一直传播至澳大利亚。蒲公英的命力十分坚韧顽强，它们可以在踩的重压下生存，此外还具有深扎的根，这使它们很难被拔除。它们能抗冰霜或干旱天气，并且通过种子播至四面八方；其种子的传播是通形似降落伞的微小绒毛的飘散进行的

杂草是如何扩散的▶

醉鱼草最初来源于中国，但是它现在已经成为世界其他地区常见的一种杂草。在19世纪，醉鱼草作为一种园艺植物被带到欧洲和北美地区，但是它们自己却野化（退化）掉了。它们在荒地中（砾石地及铁路旁）茁壮成长。如果根部能够收集到水分，它们甚至能生存于高架桥以及墙壁上。夏季，这种草开的小紫花能够产生出具有香甜气味的花蜜，从四面八方招引蝴蝶。一些蝴蝶能够在超过1千米的地方闻到来自醉鱼草花的芳香。

▲园艺杂草

对于全世界的园丁来说，除草是必需的工作。大多数园艺杂草为一年生植物，一旦土壤经过挖掘它们就会萌发生长。繁缕、千里光以及其他一些一年生杂草通常具有浅根，这使得它们容易被拔除。而蒲公英这样的多年生杂草就是比较棘手的问题了。它们在土壤中扎根很深，并且当根被折断后，还能够重新生长。这类杂草的每一部分都必须被去除。

▲耕地杂草

耕地中，不同的杂草生长在不同的区域。图中这些马正在牧场吃草，牧场是荨麻、蓟、酸模以及其他多年生杂草最喜爱生活的环境。农畜啃食草类以及叶片柔软的植物，唯独剩下了杂草没有被吃掉，结果导致了杂草缓慢的扩散。在庄稼地中，大多数杂草属一年生植物。这些杂草通常在作物开始生长之前就已经萌发，并且在作物收割时还帮助了杂草种子的传播。

▲水生杂草

一些世界上最有害的杂草生活在淡水中。这张图片显示的是被称作水葫芦的水植物。它来源于南美，偶然被带到热带地区，在那里它们依附于河流、湖泊以及池塘生活。水葫芦生长非常迅速，遮蔽了生存在水中的动植物，使得鱼类很难生存下去。它们堵塞船舶的推进器，甚至能够迫使水电站的涡轮机停止工作。

工作人员将入侵的灌木拔除
帝王花是南非的国花

与外来入侵植物的争战

南非的植保工作人员手持大砍刀正在击退外来的入侵植物。受世界自然金会的经费支持，这项工作的目的在于保护高山硬叶灌木群落，这是一类世界的其他地方发现不到的植物。此类植物种类多得令人惊讶，包括芦荟植物、天竺葵属植物以及南非山龙眼属植物。但是它们中的大多数都受到自外来物种对其生境入侵的威胁。入侵种大多为一个世纪前引入南非的澳利亚灌木和乔木。

以仙人掌为食的蛾子

杂草的生物防治

20世纪20年代，来自南美的刺仙人掌在东澳大利亚毫无拘束地生。几年中，有超过1500万公顷的田被仙人掌植物所覆盖。为了应对些危害，科学家从南美引进了以仙掌为食的蛾子。5年中，这些蛾子制住了仙人掌植物侵略的脚步。这治理杂草的方式称作生物防治。

双翼飞机低空飞行向作物喷洒除草剂

▲杂草的化学防治

在田地上空飞行的飞机正在向庄稼喷洒除草剂。一些除草剂会杀死所有植物，但是用在杂草防治中的除草剂需要经过选择进行使用，也就是说除草剂只消除庄稼以外的杂草。除草剂彻底改变了农业耕种，并且帮助农民增收。但是，除草剂同样存在一些欠缺，它们会伤害到野生动物，并且对人类健康造成威胁。

被引入的入侵植物

黑荆树（澳大利亚柔毛金合欢）

这是来自澳大利亚的一种生长十分迅速的树种，它的生长环境通常是贫瘠、干旱的土地。它被引入世界其他地区，因为它是制造火柴的上等原料。它的根中还含有固氮菌，可以为土地施肥。在南非，黑荆树已经成为当地的问题树种，因为它们强夺了当地树种生长所需的水分。

日本结节草

这是一种成簇生长的多年生植物。日本结节草是作为园艺植物引入欧洲和北美地区的。但不幸的是，被引入的结节草很快就野化（退化）了，如今它们出现在荒地或河畔，尤其出现在那些土地潮湿的地区。它们将其他植物种类排挤出去，并且它们的茎形成浓密的灌木丛，即使利用强效除草剂也很难消除这类植物。

野葛

也称为一分钟一英里藤（形容生长速度快）。这种生长速度极快的攀缘植物来自中国和日本。它们一年可生长10米，并且它们还能够在地面和树上蔓延。它们是作为园艺植物被引进至北美地区的，并已成为最主要的有害植物，现在这类植物已经蔓延超过200万公顷的土地。在北美的许多州，种植此类植物是非法的。幸运的是，由于它们承受不了恶劣的冰霜天气，这也限制了它们的蔓延速度。

马缨丹

这是一种低生的热带灌木，它们具有整洁的叶片和散发芬芳的橘色或红色的花朵。尽管具有十分吸引人的外表，但是它们在世界的温带地区仍旧不受欢迎。它们常常“掌管”牧场，因为农畜无法啃食它们粗糙的叶片和木质茎。此外，它们生产的浆果是有毒的。由于马缨丹无法忍受冰霜天气，因此，在冬季寒冷的地区，将其作为园艺植物进行种植是安全的。

千屈菜

这是一种来自欧洲的普通野花。千屈菜生长于河堤及淡水沼泽中，在其自然生境中，其他植物种类控制它的生长。但是在北美地区，千屈菜经常排挤本地植物。千屈菜的蔓延十分迅速，仅一棵千屈菜就能产生出多达30万颗种子。这种植物还具有攀缘茎，会形成巨大丛落。

植物学研究

植物学（即以植物为研究对象的学科）是一门古老的科学。早在2000多年前的古希腊和中国，经验丰富的医生收集各类植物并对这些植物的药用价值进行描述。在18世纪，瑞典植物学家林奈发明了一套植物的命名系统，并且一直沿用至今。从那时起，植物学家就开始对植物的运作机制进行了大量的研究。现代植物学家的身影开始出现在实验室中、植物园中以及遍及各地的天然植物生境中。植物学之所以重要，是因为世界变化得太快了。植物的生活环境正不断地缩减，与此同时，植物学家为能在如此的威胁下对植物进行保护而更加努力地进行着工作。

对新物种的研究▶

图中的植物学家正手持放大镜对南亚热带雨林中的猪笼草进行研究。在对活体植物的近距离观察之后，他会带走一些植物的叶片及花朵的样本，从而能够对其进行鉴定。如果结果显示此类植物为新品种，那么植物学家会对其进行细致的描述，并为之赋予一个科学的名称。这类工作会对濒危植物的保护提供帮助，因为识别濒危植物是对它们进行保护的第一步。植物学家对植物的研究已经进行了几个世纪，尽管如此，植物学领域仍有许多需要研究的东西。每年有上百个新种被发现——这些新种的发现不仅存在于遥远的雨林，也同样存在于城市之中。

植物标本被压制平整并保存起来

▲保存植物

这个抽屉中装有一个被压平的植物标本，它被平放在一张纸上。平缓地压制植物标本可以挤出其中的水分，但又不破坏其形态。干燥的植物标本可以无限期地保存，并且不会腐坏。压制的标本汇总成为植物标本集。世界上最大标本集之一就存在于伦敦邱园，其中包含了700万份植物标本，标本数量每年仍在不断增加。

生境的破坏▶

由于农民对土地的渴望，南亚的雨林正在消失。树木也因人们对木材的需求而被砍掉。当雨林中的树木消失，其他的森林植物如兰科植物、棕榈科植物以及蕨类植物，也将随之消失。据世界自然保护联盟调查显示，世界上有000 多种的植物正在遭到破坏。

植物保护▶

组织培养是保护濒临物种的一项技术。将植物细胞移除，然后将细胞团转移到放置有培养基的试管中。经过几周的培养，每一个细胞团都能发育成为具有根和叶的新个体。组织培养中新个体的形成是直接略去花的授粉和种子发育这两个步骤的。

种子库▶

在世界各地，特殊种子库中保存了濒危物种的种子。不同于活体植物，种子是可以保存几十年甚至几百年的。将来，这些种子可以在野外重新种植培育出植物。种子库也储存来自作物的原始种，这样可以防止它们在新种出现后不会完全消失。

▲植物园

这些植物种植于英国皇家植物园——邱园。邱园是世界上植物研究方面的领先中心之一。在邱园中，科学家可以进行研究；也可供游人观赏，游客们可以在控温的温室中欣赏多种植物。现代植物园中经常种植那些在野外罕见、濒临灭绝的植物物种。

▲植物命名

当一个新种植物被鉴定出来后，必将赋予其一个科学的名称。这个名称通常描述的是这个植物的形态特点，但也经常为纪念第一个发现它的人而命名。例如，引人注目的攀缘植物宝巾花（*Bougainvillea glabra*）的名称就是在一位名叫路易斯－安托万·德布甘维尔（Louis-Antoine de Bougainville）的法国海军军官于南太平洋探险时发现的。“glabra”是拉丁文中“光滑”的意思，用来描述此植物光滑无毛的叶片。

濒危植物

渐尖木兰

这种稀有物种生长在“非洲之角”的延长部分——索科特拉岛。渐尖木兰是葫芦科中唯一的一个树种，具有一个可以抵抗干旱的储水树干。在旱季，农民们常常给他们的牲畜喂食渐尖木兰的多汁果肉，这就是为什么这类植物稀少的原因。

智利肖柏

此种植物属于大型针叶树，来自位于智利南部和阿根廷地区的湿润山坡上。早在17 世纪，欧洲殖民者利用它作为木料，目前原始智利肖柏只剩下一小部分。这一树种现已被保护起来，但是非法砍伐仍然存在。

圣海伦岛黄杨树

这种小型灌木生活在位于大西洋南部的圣海伦岛上，那里只留有不足 20 种野生植物种。生境的丧失以及家畜的破坏是这些植物所面临的主要威胁。但是，植物学家收集黄杨树的种子，以便能够在野外重新进行种植。

黄金宝塔

如同许多南非的灌木，黄金宝塔同样受到来自外来物种的威胁。在它们的生境中涌入了外来植物物种。幸运的是，黄金宝塔受全世界的园艺爱好者欢迎。虽然这种植物在野外生存数量稀少，但是它们能够依靠人工栽培继续存活下去。

扶桑

这种植物只生长在位于印度洋地区的毛里求斯。外来种侵占了它的生境，仅有少数存活于自然环境下。这种植物还面临着另一大难题——它与普通木槿属中其他植物的杂交，导致了纯种扶桑数量的递减。

植物的分类

不开花植物

孢子植物

门	常见名	科	种	分布	突出特点
苔类植物门	苔类植物	69	8000	全世界范围	世界上最简单的植物，不具有真正的根、茎叶（虽然有些种类中具有片状叶）。低生（矮生）并且限制生活在湿润生境下，通过产生孢子进行繁殖。
角苔植物门	角苔	3	100	主要分布在热带及亚热带地区	类似于苔类的简单植物，可能是由绿藻单独进化而来。生长在潮湿环境中，其名称由角状的产孢结构而来。
苔藓植物门	藓类植物	92	9000	全世界范围内，但大部分分布于温带地区	通常具有垫状或羽状结构的多样化简单植物其孢子在生长于细柄上的孢蒴中发育。它们生长于林地、泥炭沼泽及裸岩上。
松叶蕨植物门	松叶蕨	1	6	热带及亚热带地区	最简单的维管植物（指植株体内具有运送水分的导管）。在产孢时期有具细微分支的类笤帚状结构。松叶蕨可能生长在其他植物体上。
石松植物门	石松	3	1000	全世界范围	一种低生（矮生）植物，具有实根、攀爬或直挺的茎以及小的鳞状叶。通常生长于林底层石松属于成煤时代（石炭纪一名最初创用于英国，由于这个时期的地层中蕴藏着丰富的煤矿藏，故称成煤时代；3.54 亿～ 2.9 亿年前）的优势植物。
楔叶植物门	问荆	2	15	全世界范围	具圆形茎、轮生细叶以及分开的产孢茎。一般生长在潮湿环境下，如生长在小溪旁，并经常成簇生长。
蕨类植物门	蕨	27	11 000	全世界范围，但大部分分布于热带地区	具发达根系、纤维状茎以及复叶的植物。多数在地面生长；一些种类生长在淡水中或附着于其他植物生长。蕨类组成了不开花植物中的最大群体。

裸子植物　不开花，产种子的植物

门	常见名	科	种	分布	突出特点
松柏门	针叶树	7	550	全世界范围，但大部分分布在北极地区	不开花的风媒植物。具有木质茎并且在雌性球果中产种。种类多为乔木，也有一些为低生灌木，并且几乎所有种类都具有常绿叶。它们的叶片及木质部中通常都含有芳香树脂。
苏铁门	苏铁	4	140	主要分布于热带地区	具有质密的木质茎，顶生复叶的掌状植物。雌雄异株，雌性苏铁在球果中产种，雄性苏铁散布花粉。多数苏铁为风媒传粉，也有一些为虫媒传粉。
银杏门	银杏	1	1	起源于中国和日本；现今在世界各地都有培育	唯一具有与众不同的扇形叶的树种（也称作掌叶铁线蕨）。雌雄异株，雌性树产具有肉质外壳的种子，当其成熟时看上去像黄色的浆果。
买麻藤门	买麻藤	3	70	主要分布于热带及亚热带地区	多样化的、不开花的种子植物。通常生活在沙漠或干旱地区，包括有被称作麻黄的分支茂密的灌木以及只生长在非洲纳米布沙漠的千岁兰。风媒或虫媒传粉。

子植物（有花植物）

兰纲　具两片子叶的植物

亚纲	常见名	科	种	分布	突出特点
木兰亚纲	木兰及其亲缘植物	39	12 000	全世界范围	具有单瓣花的植物（而不是头状花序）。萼片和花瓣都呈螺旋状排列。包括含有木质茎以及软质茎的植物，如木兰、睡莲、毛茛和罂粟。它们都是最原始的双子叶植物。
金缕梅亚纲	金缕梅及其亲缘植物	24	3400	全世界范围	具有典型的小型风媒花，并组成柔荑花序的植物。这一种类中包括了一些软质茎植物，如荨麻和大麻；但是一些为乔木和灌木，如金缕梅、悬铃木、桦树、山毛榉以及橡树。
石竹亚纲	石竹及其亲缘植物	13	11 000	全世界范围	这类植物通常具有软质茎，并且花瓣颜色通常多样。大多数为低生，一些种类为常见的杂草。此类植物中包括石竹和康乃馨、甜菜、菠菜以及一些攀缘植物，如九重葛。仙人掌也属于此亚纲。
五桠果亚纲	棉花及其亲缘植物	78	25 000	全世界范围，但是大部分分布在热带地区	此类植物通常为单叶（即不分开的叶），有些时候花朵的花瓣是相连的。此种类中包括许多乔木、灌木以及一些庄稼植物，如木瓜、南瓜属（南瓜、西葫芦和黄瓜）、棉花、可可和茶。
蔷薇亚纲	蔷薇科及其亲缘植物	116	60 000	全世界范围	此类植物的花朵具有分开的花瓣，并且具有数量众多的花蕊。包括许多世界上最大的植物分科，如豌豆、大戟植物以及蔷薇植物，此外还有大花草属植物（具有最大花朵的植物）。
菊亚纲	雏菊及其亲缘植物	49	60 000	全世界范围	此类植物具有花瓣相连的花朵，其花蕊依附于花朵内部。此类中有许多主要的植物分科，包括薄荷及马铃薯。雏菊科植物具有复合花，即由许多小花（或称小筒）集合在一起而形成的。

百合纲　单子叶植物

亚纲	常见名	科	种	分布	突出特点
泽泻亚纲	水池草（泛指多种淡水植物，如眼子菜，鸭子草等）及其亲缘植物	16	400	全世界范围	此类植物具有软质茎，并且在水中生长或浮水生活。此种类中包括沼泽海韭菜、淡水眼子菜以及生活在海洋中的大叶藻。它们都是最原始的单子叶植物。
鸭跖草亚纲	禾本植物及其亲缘植物	16	15 000	全世界范围	此类植物通常具有风媒传粉的小花。此种类中包括禾本科植物（是分布最广、最重要的开花植物分科中的一类）、灯芯草、芦苇、莎草植物以及凤梨科植物。此种类中的大多数为软质茎。
槟榔亚纲	棕榈植物及其亲缘植物	6	4800	全世界范围，但是大部分分布在热带地区	此类植物具有排列成组的小花，花朵被称为佛焰苞的叶状片紧扣。此种类包括棕榈科植物（大约有 2800 种）、天南星科植物（如蓬莱蕉）以及浮萍科植物（最小的开花植物）。
百合亚纲	百合及其亲缘植物	19	30 000	全世界范围	此类植物具有典型的软质茎、狭叶以及引人注目的花朵。除百合外，此类植物还包括蝴蝶花、水仙花、龙舌兰、薯蓣科植物以及兰科植物（开花植物中最大的分科之一）。它们是最高等的单子叶植物。

词汇表

DNA（脱氧核糖核酸）

DNA 是脱氧核糖核酸的缩写。DNA 是生命体储存生命信息的物质。它的工作方式类似于化学配方。它决定了细胞的形成，而且控制细胞如何去工作。参见染色体。

半寄生

依靠吸取其他植物体内的水分和养分而生存的植物。

孢子

能够发芽及生长发育的小型细胞囊或单个细胞。简单植物及真菌利用孢子进行扩散。

孢子体

在苔类、藓类或蕨类等简单植物生活史中，产生孢子的那一时期的植株。

被子植物

通过生产种子来进行繁殖的开花（有花）植物。供种子所生长的保护性腔室称为子房，子房成熟后便形成了果实。

表皮

植物的叶、茎、根中的最外层细胞。

常绿树

常年具有树叶的树木。

传粉

花粉从花药或小孢子囊中散出后，传送到雌蕊柱头或胚珠上的过程。传粉后进行受精和种子的生长发育。传粉媒介有动物（昆虫）和风。

雌雄同株

分开的雄花和雌花生长在同一植株上。玉米就是雌雄同株的一个范例。

雌雄异株

雌花和雄花分别长在不同株体上的植物。

单叶

不分成两个部分的一片叶子。科学解释为：一个叶柄上只着生一个叶片。

单子叶植物

具有一片子叶的开花（有花）植物。

地下茎

匍匐生长于地下的茎。植物可利用地下茎蔓延。

地衣

由真菌和微藻组合的复合有机体。地衣常生长于裸岩以及一些其他植物无法生存的极端生境中。

淀粉

储存于植物中的高能量物质。可用来作为食物淀粉，是人类主食（如小麦、大米和马铃薯）中十分重要的一种成分。

豆科植物

双子叶植物纲蔷薇亚纲的一科。有成熟时会崩裂开的荚果。

短生（短命）植物

萌发、开花及种子的散播（即生命周期）都发生在短时期内的植物。多数短生植物生长在干旱地区，雨水来临后即可萌发。

多年生植物

生长期为多年的植物。所有的乔木和灌木都是多年生植物。其他的一些多年生植物具有非常柔软的茎，它们在冬季是通过地下休眠来躲避寒冷的。

萼片

保护花蕾的片状物。不同于花瓣，萼片通常是绿色的。

二年生植物

在两年内完成其生活周期的植物。二年生植物的开花、结果以及死亡都发生在其生命周期的第二年里。

发芽

种子或孢子在一定湿度和温度条件下的萌发。

浮游生物

那些在水中度过其整个或部分生活周期的微型生物。

浮游植物

在水中营浮游生活的微小生物体。它们的生活方式同植物一样，从光照中获取能量。

附生植物

能够自己获取养分或食物（不同于寄生植物），但附生在其他植物（尤其是树木）上生长的植物。

复叶

被分离成多枚小叶，且小叶共同着生在同一个叶柄上的叶子。

高山植物

在高于森林线上的空旷山坡生长的植物。多数高山植物属于矮生种并且形态为垫状。

根毛

生长于接近根尖区域的微型毛

状物。它们可从土壤中吸收水分和养分。

谷类

经过培育的禾本科植物。例如：小麦和玉米。栽种它们是为了生产出可供食用的谷物。

光合作用

植物和藻类生产养分的途径，这些植物含有一种被称为叶绿素的色素，它们在光的照射下，将二氧化碳和水转化为葡萄糖。

硅藻

微小的、单细胞藻类。具有硅质小壳（即硅藻与众不同的细胞壁——由上下两壳相扣而成）。硅藻大量地出现在海水表层，在那里它们可以从阳光中吸收能量。

果实

包裹着种子的成熟子房。开花植物通过果实来散播其种子。

旱生植物

特别适应干旱生境的植物。

花瓣

花朵上的片状体。通常花瓣具有鲜艳的颜色来吸引传粉动物。

花粉

种子植物雄花花药中的粉状物（花粉粒），是植物雄性生殖细胞。

花丝

花朵中支撑花药的柄状结构，可以做散播花粉之用。

花药

花中的雄性部分，是产生和散播花粉的地方。

花柱

花朵中连接柱头和子房的柄。

化石

存留在岩石中的生物遗骸。植物化石可以帮助植物学家研究植物是如何进化的。

基因

控制机体生长及工作的化学结构。基因是具有遗传效应的DNA片段，基因的复制和传递发生在生命物质进行复制的时期。

寄生植物

从其他植物（宿主）体内获取所有自身所需养分的植物。不同于大多数植物，寄生植物不具备机能叶片。

胶乳

由植物产生的一种具有难吃味道的汁液。通常用于抵御植食性动物的侵犯。

界

生物科学分类法中最高的类别。大多数生物学家将生物界分为五类：动物、植物、真菌、原生生物以及原核生物。原生生物包括藻类（与植物有着十分近的亲缘关系的生命体）。

进化

植物乃至所有生命体中产生的一种渐变的过程。进化使生命体能够历经多代去适应不断变化的生活环境。

茎节

茎上生长一片或多片叶子的地方。

聚合花

具有头状花序的花。其花序由微小花朵或小筒聚合在一起组成，使其看上去像朵单个的花。

卷须

植物用来附着和缠绕其他物体的螺旋状叶（此处指的是由叶片演变而成的卷须，此外还有由茎演变而来的卷须）。卷须环绕在植物近处的物体上，并支持植物向上生长。

克隆

利用无性繁殖，由同一个祖先产生的植物（或生命体）的一群个体的集合。被克隆的植物共享完全相同的基因。

块茎

肉质膨大的块状茎，用于植物的养分储存及帮助植物延展。马铃薯就是植物块茎的代表。

阔叶树

非针叶树类的开花（有花）树种。阔叶树可以是常绿或是落叶的。

落叶树

在一年当中会掉落其所有叶子的树木。

裸子植物

一类无花无果，通过产生种子进行繁殖的植物。其种子通常形成在球果中。

木质部

功能类似于管道的细胞网络。植物通过木质部可将来自根部的水分运输至叶片中去。

年轮

树木在被砍倒后，显现于树干

截面上的环。每一个环代表着树木在每一年中增长的部分。环的数量代表着树木的年龄。

胚

包裹在种子内部的未发育的植物体。

胚根

种子植物胚中未成熟的根。

胚珠

开花（有花）植物中的一小团雌细胞群，是种子的前体。在种子形成之前，花粉粒中的雄细胞会对胚珠进行受精。

配子体

简单植物中（如苔类或蕨类），在其生活史内处于产配子（性细胞）时期的植物体。参见孢子体。

葡萄糖

植物通过光合作用产生的一种糖类。葡萄糖可以为植物提供生长所需的能量。

球茎

植物处于地下的，用于储存养分的部分。球茎是由肿胀的叶基形成的，或由相互包裹的肉质鳞茎所组成。

染色体

在多数生物细胞中发现的微观结构。染色体包含一种被称作基因的化学指令，基因通过一系列指令来构建生命物质并使其运转工作。

韧皮部

具有管道作用的细胞网络。负责将植物通过光合作用而产生的养分运输到植物体的各部分当中去。

肉质植物

生长在干旱地区的植物，将水分储存在根、茎以及叶片中。

生长调节剂

调控植物细胞分化速度的一类化学物质。通常作用于加速细胞分化的进程，但有时也会降低细胞分化的速度。

生境（栖息地）

植物（或其他种类生物）生长（生活）所在的特定环境。

生物碱

由植物产生的化学物质。它们可以侵袭动物的身体。生物碱中含有兴奋剂（如咖啡因）和有毒物质（如马钱子碱）。

生物控制

一种控制虫害和疾病的方法。此方法是利用生物的自然天敌来替代合成的化学药剂。

受精

雄性细胞与雌性细胞结合产生新个体的时刻。在开花植物中，当花粉于两花间转移后发生受精。一旦受精发生了，花朵便可以开始形成种子。

双子叶植物

具有两片子叶的开花（有花）植物。

水生植物

生活在水中的植物。

松柏类植物

在球果中产生种子的不开花植物。大多数的松柏类植物属于常绿树种。

藤本植物

具有较长木质茎的植物，常见于热带雨林地区。

头状花序

生长于同一个茎上的花簇。

外来植物

野化进入荒地的非本地植物。

无性繁殖

一种不涉及雄性细胞和雌性细胞的繁殖方式。比如，一个植物可以通过茎和芽的生长最终形成一个新的、独立的植株。

细胞壁

由纤维素构成的围绕在细胞外部的纤维状外套。细胞壁的功用类似于支架，可以为植物提供其生长所需的支撑力。

细胞

构成生命体的极小的结构单元。它被一层薄膜包裹着。在植物细胞中，其细胞外膜被细胞壁包围着。大多数植物具有不同功能的不同类型的细胞。

细菌

单细胞生命有机体。是世界上结构最简单、种类最丰富的生物。一些细菌会引发植物疾病。有些种类的细菌与植物互惠共生，并帮助植物从土壤中吸收养分。

纤匐枝

在地面水平延展的茎。它的生长可产生出新的植株。

纤维素

由植物产生的一种建构材料。植物利用纤维素去构筑细胞壁。

小花（小筒）

头状花序中组成一整朵复合花中的单一小花。

心皮

花的雌蕊部分。雌蕊是由收

集花粉的柱头和种子生长发育地方——子房构成的。连接两者的柄称作花柱。

性细胞

有性繁殖中的雄性细胞和雌性细胞。在开花（有花）植物中，雄性细胞存在于花粉中，雌性细胞存在于子房中。

雄蕊

花朵中雄性部分的集合。每一个雄蕊含有一个花药（产花粉部分）和一根连接在花药与花朵其他部分之间的花丝。

休眠

长时间的无活性状态。种子通过休眠来度过不良环境。

选择育种

一种提高植株质量的方法。即从母本产生的种子中挑选出有实用价值和具有独特性质的种子来培育植株。

盐生植物

生长在具有一定盐度生境中的植物。如生长在海边或是盐湖周围。

叶附生植物

附生于其他植物叶片上的一类植物。通过附着在其他植物叶片上以利获取阳光。

叶绿素

绿色色素（有色的有机化合物）。植物和藻类可以在光合作用中利用叶绿素从阳光中获取能量。

叶绿体

植物体中含有叶绿素的微观结构。叶绿体利用叶绿素从阳光中收集能量。

一年生植物

在一个单独的生长季节（一年）内完成其生活周期的植物。

遗传修饰（GM）

将有用基因从一类生命体转移至另一类当中去的一种人工方法。例如：遗传修饰在农作物增产当中的应用。

有性繁殖

通过两性生殖细胞相互融合的生殖方式。不同于无性生殖，有性繁殖可产生多样的后代，如植物产生的不同颜色的花朵。

杂草

生长在其不该生长的环境和场地中的草本植物。

藻类

简单、类植物生命体中一类多样化的群体。它们通过光合作用获得养分。大部分藻类生活在水中。

针叶树

一类不开花的、在球果中形成种子且具有常绿叶的树或灌木。针叶树是具有球果的植物，而且种类繁多、分布广泛。

蒸腾作用

水蒸气通过植物叶片中的气孔向外散失的过程。这一过程帮助植物吸收来自根部的水分。水分能提供有用的矿物质，保持植物细胞的坚固性，并且水分还要参与植物的光合作用。

汁液

向植物体内不同部分运输水分、养分和溶解食物的液体。汁液流过木质部及韧皮部细胞的微型管道。

植物学

研究植物的学科。

中脉

延伸于叶片中央的一条主脉。

种皮

附于成熟种子外部的坚硬的、具有保护性的外壳。

种

生物分类系统中最基本的单位。同种的成员形态相似，并且同种之中在野生状态下能够繁殖后代。

种子库

将种子集合、干燥并进行长期储存的地方。

主根

植株的最主要的根。其他小根从主根中作为分枝生长出去。

子房

开花（有花）植物中生长种子的器官。

子叶

包裹在种子内部的小叶。一些子叶储存营养物质，并且不会像正常叶片那样打开。另一类子叶在种子萌发时即快速打开，并获取能量以利种子的生长发育。

斑斓昆虫

蝴蝶典型的棒状触须

昆虫世界

昆虫的成功令人诧异。它们在数量上超过人类 10 亿倍，占地球上所有生物种类的一半以上。迄今为止，科学家已经确认了超过 100 万种昆虫，而且还将发现更多新的种类。科学家将昆虫分成若干大类，称之为目。在每个目中的昆虫拥有相同的特征。7 个主要的目分别为：膜翅目（蜜蜂、黄蜂和蚂蚁），双翅目（苍蝇），鞘翅目（甲虫），鳞翅目（蝴蝶和蛾子），蜻蜓目（蜻蜓和豆娘），直翅目（蟋蟀和蚱蜢）以及半翅目（蝽类）。

单独一对翅膀

▲双翅目（苍蝇）

双翅目昆虫，包括家蝇在内，与大多数飞行昆虫不同，它们仅有一双翅膀。由一对平衡棒代替后翅，用以保持飞行平稳。更多有关双翅目的内容请见第 130 和 131 页。

前翅和后翅间由一排极小的钩子连在一起
发达的眼睛
如同毛发的鳞片有助于保持体温

▲膜翅目（蜜蜂）

膜翅目昆虫（蜜蜂、黄蜂和蚂蚁）都有细窄的腰和两对极薄的翅膀，有的带有蜇刺。这些昆虫大多数是独居的，但绝大多数会构成固定的种群，称之集群。蜜蜂在自然界从事极为重要的活动——为花授粉。如果没有它们，许多植物就无法结出种子。更多有关膜翅目的内容请见第 166 和 167 页。

昆虫成功的秘密

外壳坚硬 昆虫没有骨头（内骨骼），但有外骨骼（甲壳）。以它们的体型大小而言，甲壳使它们更加强壮，并可以防止失去水分。这就是说，昆虫可以存活在地球上某些最干旱的地方。

体型小 通常而言，相比脊椎动物（有脊柱的动物），昆虫实在太小了。这使它们可以生活在各种大型动物无法生存的地方。体型小的生物吃得也少，因此当食物缺乏时，昆虫更容易存活。

飞行能力 大部分昆虫成年后都会飞。飞行是昆虫的巨大优势，因为飞行的昆虫更容易找到食物和拓展生活空间。虽然大部分昆虫飞不远，但有的种类为了繁殖可以飞很远的距离。

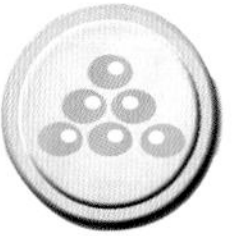

繁殖迅速 相较哺乳动物，昆虫繁殖十分迅速，而且通常种群巨大。当气候适宜，食物充分，它们的数量在仅仅几周之内会增加千倍。

食物来源多样 昆虫通常只吃一种食物。但总体而言，它们几乎摄食任何东西，从活着的植物、动物到死去的尸体。多样的食物来源使昆虫有许多进食的机会。

雄性用以争斗的颌
翅鞘（坚硬的前翅）在背上的中缝处会合
强壮的腿用来攀爬
钩状脚用来爬树

▲鞘翅目（甲虫）

这一类有多达 40 多万个不的种，因而成为昆虫中最大的个目。它们大小各异，但都有为翅鞘的一对坚硬前翅，像罩一样盖在后翅上。这一目中有鹿角甲虫这样的大家伙，它们备有一双吓人的角。更多有关翅目的内容请见第 114 和 115 页

翅膀表面覆盖着彩色的鳞片

前翅比后翅宽大

直翅目（蚱蜢）▶

许多昆虫分别拥有强壮的后腿或发达的翅膀，直翅目同时拥有这两大优势。它们一般靠跳跃来移动，但如果事出紧急，它们大多可以飞行。它们皮革一样的前翅很窄，后翅很薄，并可以像扇子一样张开。更多有关直翅目的内容请见第 146 和 147 页。

后翅提供绝大部分的飞行动力

前翅通常带有保护性的标记

宽大的胸部包含了飞行肌

◀鳞翅目（蝴蝶）

这一大类包含了一些世界上最美丽的昆虫，如这只欧洲凤尾蝶。鳞翅目在外形和颜色上大相径庭，但它们的一个共同特征是身体和翅膀上都覆盖有微小的鳞片。更多有关鳞翅目的内容请见第 158 和 159 页。

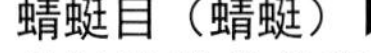

半翅目（蝽）▶

蝉属于半翅目，对于科学家而言，它们是拥有穿刺性口器和两对翅膀的特殊昆虫。更多有关这类昆虫和它们多种多样的生活方式请见第 138 和 139 页。

蜻蜓目（蜻蜓）▶

这类昆虫有细长的身体和坚硬的翅膀，它们可以在水上和开阔的空间寻找食物。它们视力极好，掠食其他昆虫，用长满刚毛的腿抓取猎物。更多有关这种最古老的昆虫请见第 120 和 121 页。

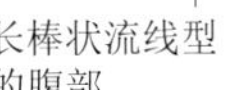

长棒状流线型的腹部

其他昆虫目

蜚蠊目（蟑螂）

这种夜行食腐昆虫取食死尸和腐败的食物，大部分在热带雨林过着无害的生活。但少数种类出没于住宅中给人们带来麻烦。大多数蟑螂有翅膀，但数量最大的种类，如这只马达加斯加（嘶嘶）蟑螂，是没有翅膀的。

革翅目（蠼螋，又称地蜈）

蠼螋（qú sōu）以其独特的大螯成为世界上最著名的花园昆虫。它们会飞，但当爬行时，它们扇形的后翅就折叠并隐蔽起来。它们的大螯用来自卫以及捕获诸如蚜虫、螨、跳蚤之类的猎物。

脉翅目（草蜻蛉，又名纺织娘）

这类昆虫的得名显而易见。它们的翅膀大出身体许多，其上娇嫩的翅脉构成了网状的结构。草蜻蛉营夜行生活，常在明亮的光源周围翻飞。它们的颌很小，喜欢掠食蚜虫或者其他小型昆虫。

最古老的昆虫

约 3 亿年前，最早的飞行昆虫出现了。这些史前的飞行者中就有巨型的蜻蜓，比如在石灰石中变成化石的这一只。有的史前蜻蜓翼展可达 75 厘米，是有史以来最大的昆虫。最早的类昆虫生物推断距今 4 亿年。这种昆虫的亲缘种没有翅膀，看起来非常像现在的跳虫。

什么是昆虫?

世界上随处可见长着许多条腿到处跑的小动物。它们被称为节肢动物，包括所有的昆虫以及很多看起来像昆虫的小动物。除非你知道如何区分昆虫的特性，否则很容易混淆。昆虫的成虫由头、胸、腹三部分组成，通常有6条腿。它们也是节肢动物中唯一有翅膀的。因为身体会随着生长改变形状，这使昆虫的幼虫很难辨认。这种变化称为变态。

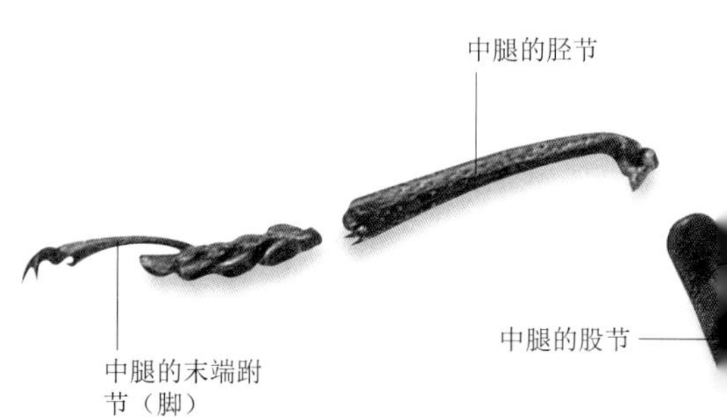

分解开的昆虫▶

这只拆解开的宝石甲虫是用来显示虫体是如何组成的。它的身体可拆成三个主要的区域：头、胸、腹。头部包含大脑，还有一对复眼。腹部长着甲虫活动所需的肌肉，腿和翅膀也长在这一部分上。腹部是三部分中最大的。它包含着生殖系统和甲虫的肠道。称作外骨骼的坚硬甲壳覆盖着整个虫体，包括眼睛在内。

与昆虫相似的节肢动物

蜘蛛

与昆虫不同，蜘蛛有8条腿。但身体只有两部分，称为头胸和背部（或称腹部）。蜘蛛以及其他节肢动物都有外骨骼，但通常很轻薄，并覆盖着轻柔的毛。在其生长过程中，身体形状也不发生改变。

扁虱

扁虱和蜘蛛亲缘关系很近，也有8条腿。它们爬到动物身上吸食血液。图上的这只由于吃得太饱身体胀了起来。螨和扁虱一样属于小型节肢动物，只是身形更小，通常只有显微镜下才能看见。

土鳖（潮虫）

土鳖是地球上数量最少的甲壳类生物。甲壳类包括蟹和虾，它们大部分生活在淡水和海洋中。甲壳类的名字源自它们装备的沉重外壳，像个盔甲一样扣在身上。与昆虫不同，它们常常有12对以上的腿。

蜈蚣

蜈蚣的身体有许多节，每节都长有一对腿。虽然个别种类长有300多条腿，但大部分种类的腿并没有那么多。蜈蚣身体扁平，因而可以蜿蜒于缝隙中寻找猎物。它用头两侧长着有毒的爪来杀死猎物。

前腿的胫节
前爪的末端跗节（脚）
的股节
触角能感知周围空气的流动和不同的味道
坚硬的甲板包裹着充满肌肉的胸部
前腿的髋部
许多微小的单眼聚集而成复眼
腿的髋部固定于胸部
放大的甲壳，可见丛生的毛
翅形成坚硬鞘翅

◀外骨骼

昆虫的外骨骼包裹着全身。它看起来光亮而且平滑，但其上还附有细微构造，更有利于昆虫生存。这些构造包括鳞片、钩、毛，甚至像羊毛一样的长丝。这些外壳上有蜡，赋予虫体绚丽的光泽。蜡的作用是作为防水层，防止虫体中的水分蒸发到空气中。

成年的蠹虫像鱼一样披着光滑的鳞

▲蠹虫的幼虫

绝大多数昆虫长大后身体会变形。这种变形发生在身体因为增长而蜕皮的时候。大多数昆虫在固定次数的蜕皮后，身体就不再长大。而这种叫作蠹虫的原始昆虫就是为数不多的反例之一。它们终生都在蜕皮，但身体形状几乎完全不变。它们没有翅膀，但包被有银色的鳞片。它们最早出现于约 3.5 亿年前，此后几乎就没有发生过变化。

成年的蚱蜢有更粗壮的身体，翅膀可以飞行

▲蚱蜢的若虫

蚱蜢的身体在生长过程中逐步发生变形。幼年的蚱蜢与成虫看起来很像，主要差别在于它没有成熟的生殖系统或翅膀。每次蜕皮后，它都会更加接近成虫。最后一次蜕皮后，它的翅膀完全成熟，并做好了繁殖的准备。这种变化称不完全变态。

成年大蚊有着轻薄的翅膀

▲大蚊的幼虫

大蚊的幼虫没有腿，与成虫完全不同。它经过几个月的吃吃喝喝，外貌几乎不变，这之后就发生剧烈的变化。它会进入称为蛹的休眠阶段，不吃不喝。这一时期，原有的身体构造被打破，成虫的形态由此构建。一旦成虫做好准备，就会破茧而出，准备繁殖。这种变化称为完全变态。

昆虫的栖息地

世界任何地方，都可以发现昆虫的存在。从热带雾气弥漫的雨林到黑暗而静谧的洞穴，它们生活在所有类型的陆地栖息地上。许多昆虫在淡水中生长，并且在那里消磨全部的成年时光。有些昆虫沿海滨生活，少数甚至可以在波浪上滑行。唯一完全没有昆虫的栖息地是海洋深处。

衣鱼

细长的身体上没有翅膀

用以寻找食的长触角

▲海岸和海洋

对于昆虫，海岸算不上优良的栖息地。它们大多生存于
中或峭壁上的草丛中。在含盐的泡沫能飞溅到的地方，则很
昆虫能生存下来。海岸昆虫包括游弋在岩石中的衣鱼。水黾
很长，是唯一可以生存在开阔海域的昆虫。

昆虫栖息地

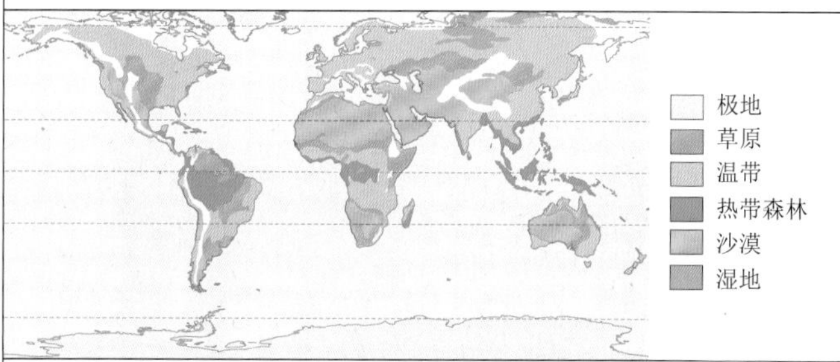

这张地图展示了世界各地的生态体系。生态体系是拥有特定植被组合的生物群落。例如，沙漠中的植物善于在干旱中生存。反之，雨林里的是生长迅速的常绿植物。植物为生态体系中的各种动物提供食物。例如草原，就是以哺育偶蹄哺乳动物而闻名。如果没有草，它们就不能存活。

昆虫能在从热带到极地附近的大陆等所有的生态体系中生存。热带常年温暖，因而昆虫终年忙碌。再往南和往北，昆虫的生命来来去去。它们在春夏活动，当秋冬到来时，只有很少的种类还在活动。

草原白蚁

强壮的头部用于防卫

▲草原

草原上数量最多的昆
是白蚁和蚂蚁。它们穿行
地表寻找食物，收集种子
树叶，并带回到巢穴。蜣
在这种栖息地有着非凡的
用，它们能清理食草哺乳
物留下的粪便。

大黄蜂

大眼睛用以发现猎物

▼温带落叶林

每到春季，温带落叶林蓬勃而出的树叶，为昆虫创造了一场盛宴。毛虫对着美食不停地大吃大嚼。同时，像大黄蜂这样的肉食昆虫，则可以捕获到大量的毛虫和其他幼虫来喂养自己的幼虫。

室内昆虫

家蝇

有些昆虫通常生活在室外，但有时会进入室内寻找食物。这些不受欢迎的客人中就包括家蝇。它们停留在任何含糖的东西上，用海绵一样的口器逐个扫荡。蚂蚁对有甜味的东西也很感兴趣。如果一只蚂蚁发现了含糖的食物，它会即刻散播消息。很快，就会有数百只蚂蚁过来把食物带走。

许多昆虫都是在无意间闯进室内后，才把温暖而且食物充沛的室内当成永久的栖息地。几乎全世界的房屋里都生活有蠹虫，它们昼伏夜出，取食淀粉类食物。蟑螂就更令人头疼，它们的食谱更广，而且在温暖环境中繁殖迅速，这些都使它们难以被人类消灭。

多刺的前肢能
紧紧抓住猎物
田鳖
扁平的后腿起
着桨的作用

淡水▶

在湖泊、河流、池塘和溪流中充斥着大量的昆虫。孑孓（蚊子的幼虫或蛹）的食物都是显微镜下才能看见的斑斑点点的微生物。某些淡水昆虫个头很大，例如大龙虱，它们能捕食蝌蚪甚至小鱼。水蝇会猛然扑向追降在水面上的虫子，在它们有机会飞走之前将它们抓住。

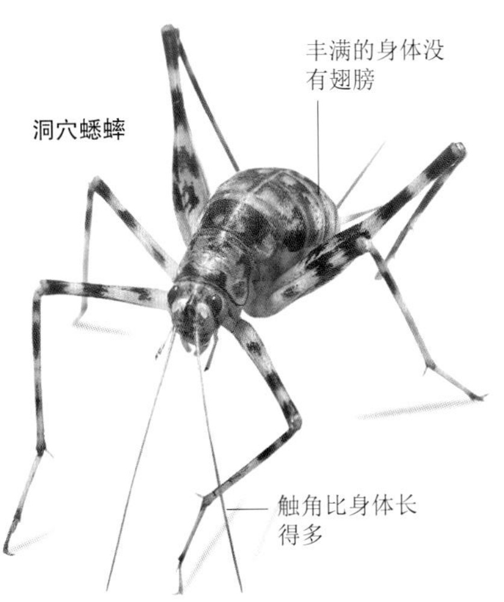
丰满的身体没
有翅膀
洞穴蟋蟀
触角比身体长
得多

洞穴和山脉▶

洞穴中居住着一些与众不同的昆虫。洞穴蟋蟀基本上就是个瞎子，它们用极长的触角在黑暗中探路。山上通常是很寒冷的，时常狂风大作，但是许多昆虫仍然能在此安家。甲虫在岩缝中寻找食物，而蝴蝶和蜜蜂则给花授粉。在雪线以上，没有翅膀的蝎蛉就游荡在雪层之下。

纳米布
黑暗虫

苍白的翅鞘可
以反射阳光

◀沙漠

与其他动物相比，昆虫更适合在沙漠中生活。它们有些在白天觅食，但大多数会等到天黑。沙漠昆虫包括鹰蛾、蚁狮（蚁蛉的幼虫）、巨蟋蟀，还有许多种陆生甲虫。它们有些从不喝水。来自纳米布沙漠的这只黑暗虫，能从海洋上涌来的雾气中收集小水滴。

非常大的前翅带
有翠绿色斑纹
绿鸟翼凤蝶

◀热带雨林

生活在热带雨林中的昆虫种类，比以上所有栖息地中生活着的加起来还多。从显微级别的黄蜂到巨大的蝴蝶都在其列，例如这只凤蝶，翅展长达28厘米。在热带雨林中，许多蜜蜂和苍蝇以花朵为食，而白蚁和甲虫更喜爱腐烂的木头。当行军蚁的大军从地面上蜂拥而过时，能制服挡在路上的所有昆虫。

甲壳下的生命

人和老鼠之间看起来差别很大，但有一个很重要的共同点——骨骼。人的骨骼（称之内骨骼）由骨头组成，位于身体的内部。这些骨头由柔韧灵活的关节连接起来，由肌肉带动。而昆虫的构造方式则完全不同。昆虫也有关节，但是骨骼长在身体的外面，像一个轻便的盔甲。这层甲壳由弯曲的壳板和管腔组成，从外部支撑着昆虫的身体。它被称作外骨骼。

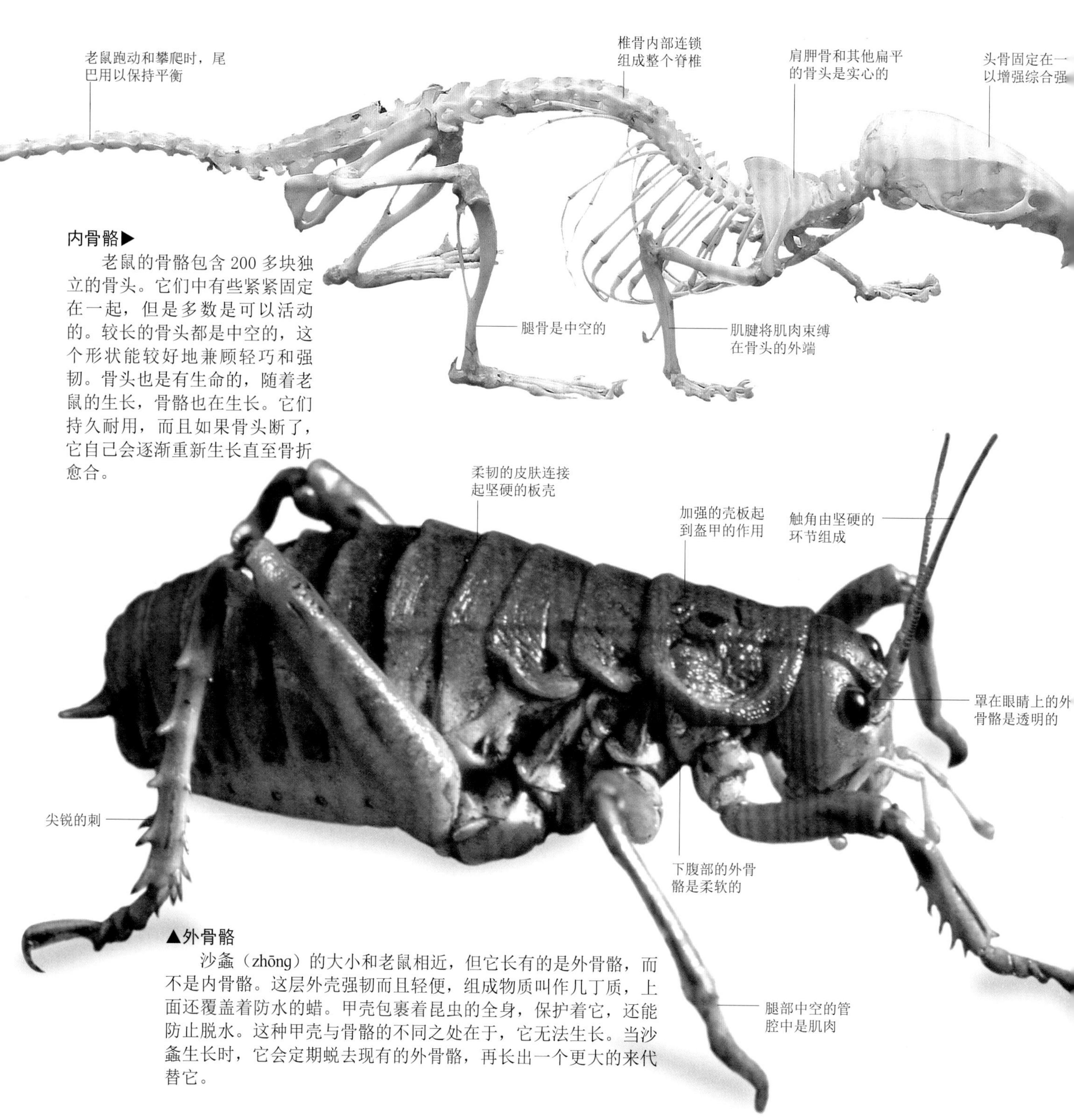
老鼠跑动和攀爬时，尾巴用以保持平衡
椎骨内部连锁组成整个脊椎
肩胛骨和其他扁平的骨头是实心的
头骨固定在一
以增强综合强
腿骨是中空的
肌腱将肌肉束缚在骨头的外端
柔韧的皮肤连接起坚硬的板壳
加强的壳板起到盔甲的作用
触角由坚硬的环节组成
罩在眼睛上的外骨骼是透明的
尖锐的刺
下腹部的外骨骼是柔软的
腿部中空的管腔中是肌肉

内骨骼▶

老鼠的骨骼包含200多块独立的骨头。它们中有些紧紧固定在一起，但是多数是可以活动的。较长的骨头都是中空的，这个形状能较好地兼顾轻巧和强韧。骨头也是有生命的，随着老鼠的生长，骨骼也在生长。它们持久耐用，而且如果骨头断了，它自己会逐渐重新生长直至骨折愈合。

▲外骨骼

沙螽（zhōng）的大小和老鼠相近，但它长有的是外骨骼，而不是内骨骼。这层外壳强韧而且轻便，组成物质叫作几丁质，上面还覆盖着防水的蜡。甲壳包裹着昆虫的全身，保护着它，还能防止脱水。这种甲壳与骨骼的不同之处在于，它无法生长。当沙螽生长时，它会定期蜕去现有的外骨骼，再长出一个更大的来代替它。

肉鼓鼓的昆虫▶

毛虫的外骨骼十分薄，这就是为什么它们摸起来柔软而有弹性。这些昆虫在压力作用下才能保持身体形状，活像一串会动的气球。它流质的身体向外紧压着外壳，将外壳展开并保持紧绷。毛虫外壳最坚硬的部分是下颌，那是因为它需要不停地啃食植物。

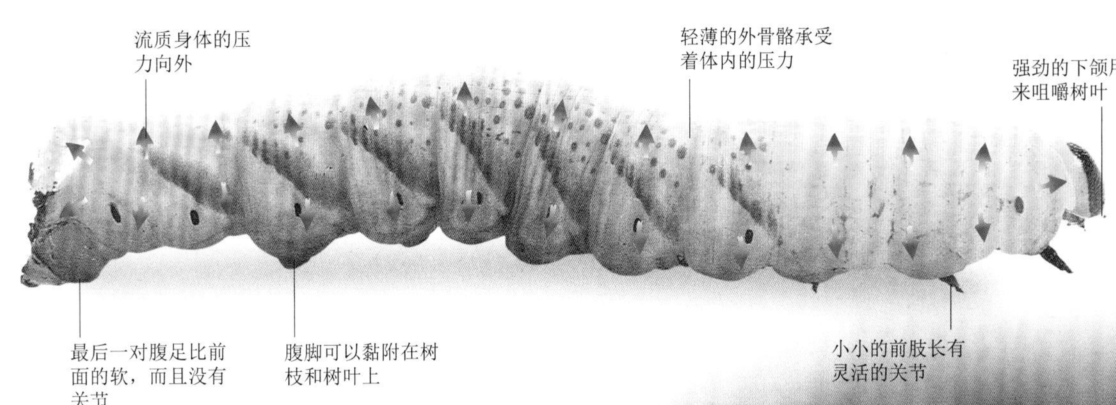

流质身体的压力向外
轻薄的外骨骼承受着体内的压力
强劲的下颌用来咀嚼树叶
最后一对腹足比前面的软，而且没有关节
腹脚可以黏附在树枝和树叶上
小小的前肢长有灵活的关节

黑色和黄色是典型的警戒色
伸出的触角散发出强烈的刺激性气味

斑斓的色彩▶

闪蝶的蓝色源自翅膀上微小的颜脊。当阳光照到上面，会以一种特别的方式被反射回来。光线经过衍射，蓝色的部分显得格外突出。这种颜色被称为彩虹色。与颜料色不同，如果从不同角度看过去，彩虹色会发生改变。在暗淡的光线下看起来则完全是黑的。

翅膀鳞片上的颜脊反射太阳光中的蓝光
闪蝶的颜色随翅膀的扇动而改变

▲化学色

昆虫的颜色通常显现在外壳上，或者紧挨着外壳下的身体上。这只凤尾蝶的毛虫全身充满明亮的警戒色，用来警告鸟类和其他掠食者：“我吃起来味道并不怎么样。”这些颜色是由化学色素（存在于植物和动物中的物质）产生的。毛虫和其他昆虫通常从所吃的植物中获得色素。

▲鳞片和绒毛

大部分昆虫身体表面平滑、光亮，但蝴蝶和蛾子全身包裹着微小的鳞片。它们翅膀上的鳞片像屋顶上的瓦片一样相互交叠，而且通常是鳞片上的色素使它们拥有鲜艳的色彩。昆虫并没有真正意义上的毛发，但它们长有绒毛，看起来很像毛发和皮毛。毛虫用身上的绒毛保护自己。

▲蜡质的外罩

放大30多倍后，这只蚜虫仿佛被一层雪覆盖着。这层“雪”实际上是虫蜡，由蚜虫外骨骼上极细小的腺体分泌。这种蜡还能使寄生虫难以附着在上面。所有昆虫的体外，都有这样一件蜡质的外罩。

额外的保护

蓑蛾的幼虫躲在树叶做成的口袋里，挂在细小的树枝下面。这个袋子可以起到额外皮肤的作用，保护蓑蛾的毛虫和它柔软的外骨骼。雄性的蛾为了交配会从里面出来，但雌性蛾会待在里面产卵。

蓑蛾的幼虫并不是唯一会制作保护罩保护自己的昆虫。石蚕（石蛾的幼虫）也会为自己建造活动房，并且带着它在水下移动。

昆虫内部

昆虫的内部器官和人体器官的功能相同，只是方式不同。例如，昆虫没有肺。取而代之，氧气会进入遍布全身的微小空管，称之气管。昆虫的心脏形状狭长，就在背部下面运转、工作。昆虫的血液与人体不同，并不携带氧气，不是红色的而是黄绿色的。昆虫的大脑位于头部，但身体的其他部位也有微型大脑。这就是为什么昆虫被捕食者吃了一大半之后，还能挣扎的原因。

机体系统▶

右图为大黄蜂的剖面图，向我们展示了保持机体运转的主要系统。神经系统支配着肌肉，搜集来自眼睛和其他感觉器官的信息。循环系统储存水分和抵抗感染。呼吸系统输送氧气。消化系统分解食物，吸收养分为蜜蜂提供能量。

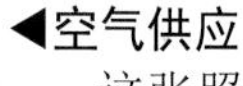

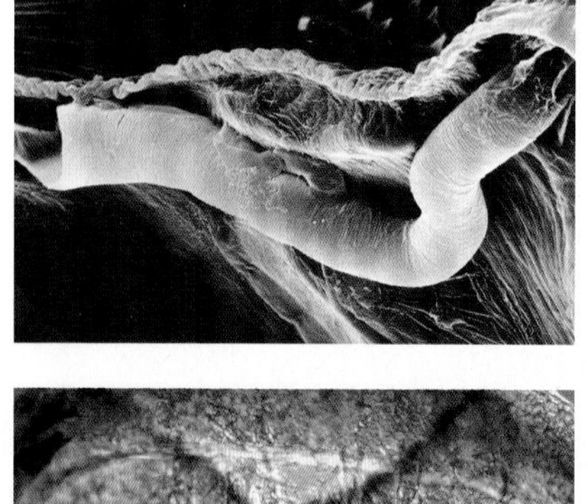

◀空气供应

这张照片是一根放大上千倍之后的气管。气管开始时都是单根的管子，之后便分化出高度发达的分支，深入昆虫身体内部。通过气管将空气中的氧气输送到昆虫的细胞中，同时，将二氧化碳等废气输出。有些大型昆虫会挤压自己的身体以帮助空气前进。

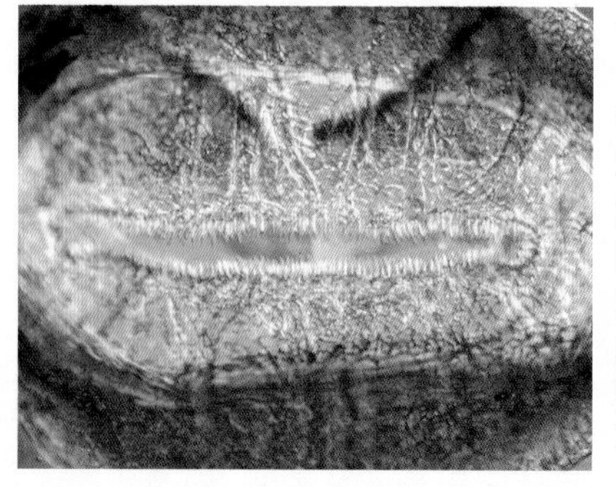

◀气孔

所有气管都有一头开口被叫作气门，另一头则在昆虫体内。这张图片展示的是蚕的某个气孔。实际上蚕的气孔的大小还不到1毫米，很像一个舷窗，上面的肌肉就像控制开关。当昆虫飞翔或剧烈活动时，气管会打开气孔，让大量氧气到达肌肉。当它静止不动时，气孔基本是关闭的。

大黄蜂的内部

神经系统

① 脑：接受来自感觉器官的信号，引发肌肉运动。
② 神经索：这两条神经索在脑和身体其他部位间传递信息。
③ 神经中枢：这个迷你脑独立运作，控制着身体不同部分的肌肉。

循环系统

④ 血淋巴：昆虫的血液流经身体的间隙，而不是动脉和静脉。
⑤ 心脏：这个强健的空管将血液向前泵入头部。瓣膜防止血液回流。

呼吸系统

⑥ 气管：这些带分支的管子将氧气带入身体，然后运出二氧化碳。

消化系统

⑦ 嗉囊：储存在这里的花蜜将会反刍到蜂巢的蜂房里，并在那里酿熟成为蜂蜜。
⑧ 中肠：食物再次降解，成为单质，被身体吸收。
⑨ 后肠：吸收水分和盐分，排泄身体废物。

防御系统

⑩ 毒囊：蜜蜂和其他蜇刺昆虫，将毒素储存在这里，保持备用。
⑪ 蜇刺：它将毒液注射进猎物的身体。

▲生殖系统

这只地图蛱蝶紧紧抱住一片树叶，在上面产下一串串的卵。这些卵在腹部的生殖系统中产生。在繁殖季节，雌性蝴蝶看起来比雄性胖很多，因为它们的肚子里充满待产的卵。绝大多数昆虫是卵生，但不是全部。在春夏两季，蚜虫和其他吸食树汁的昆虫会直接生出幼虫。

活的食物储藏库▶

昆虫消化系统的形状取决于它的食物类型。吸血昆虫和食花蜜的昆虫的肠道都很短。肉食和吃种子的昆虫通常有个用来磨碎食物的囊，被称为砂囊。这只蜜蚁就更加特别了，它的腹部储藏着大量花蜜，胀得像个气球。它生活在半干旱区，那里的旱季食物十分匮乏。在这段时间，它吐出蜜露给巢穴中的其他蚂蚁。

昆虫感官

如果把昆虫放大成和我们差不多大小，那它们的眼睛就会像足球一样大，触须则足有 2 米长。幸运的是它们永远长不了那么大，但感官确实对它们的生存极其重要。视力是我们最重要的感官，对许多昆虫也是如此。此外，有些昆虫还具有极灵敏的嗅觉，有的昆虫则能听到 1 千米外的声音。昆虫靠这些感官来寻找食物，追寻配偶以及躲避捕食者。

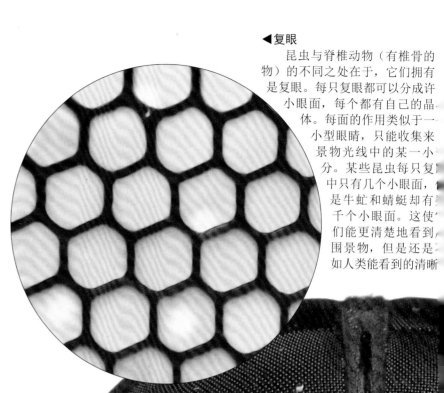

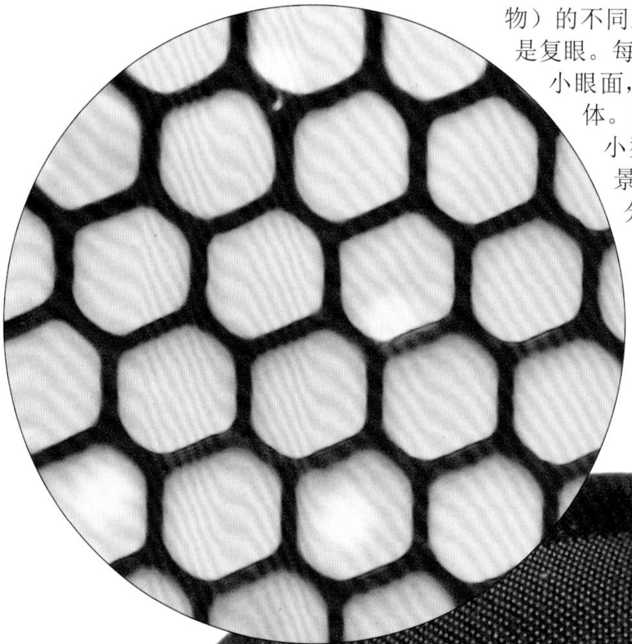

◀复眼

昆虫与脊椎动物（有椎骨的
物）的不同之处在于，它们拥有
是复眼。每只复眼都可以分成许
小眼面，每个都有自己的晶
体。每面的作用类似于一
小型眼睛，只能收集来
景物光线中的某一小
分。某些昆虫每只复
中只有几个小眼面，
是牛虻和蜻蜓却有
千个小眼面。这使
们能更清楚地看到
围景物，但是还是
如人类能看到的清晰

昆虫所见的景象

人类的视野

人的每只眼睛中只有一个晶状体，它像电影院的放映机一样，将光线聚焦在视网膜上。视网膜由百万个感官细胞组装而成。它们能感知不同的光线和颜色，并向大脑传送信号。大脑接下来会处理这些信号，形成人类看到的景象。

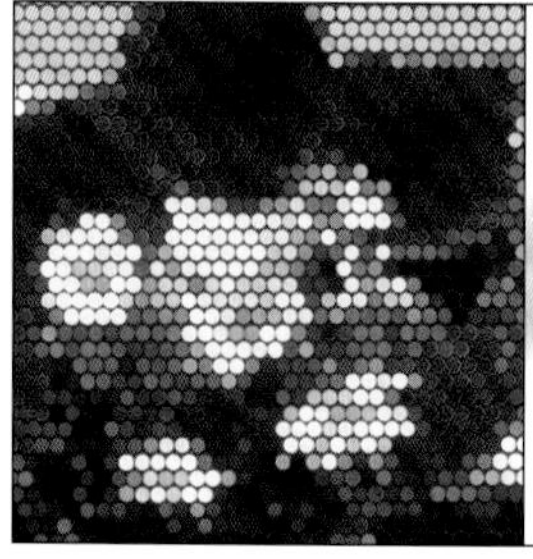

昆虫的视野

当昆虫注视着同个景物时，它会以完全不同的方式将其再现。它们复眼中的每个小眼面（单位）能看到的都是景物中极有限的一部分。接着，来自所有小眼面的信号就会传达给大脑。在此，大脑将信息叠加起来，形成对外界的合成图像。昆虫的视力并没有人类的那么精细。

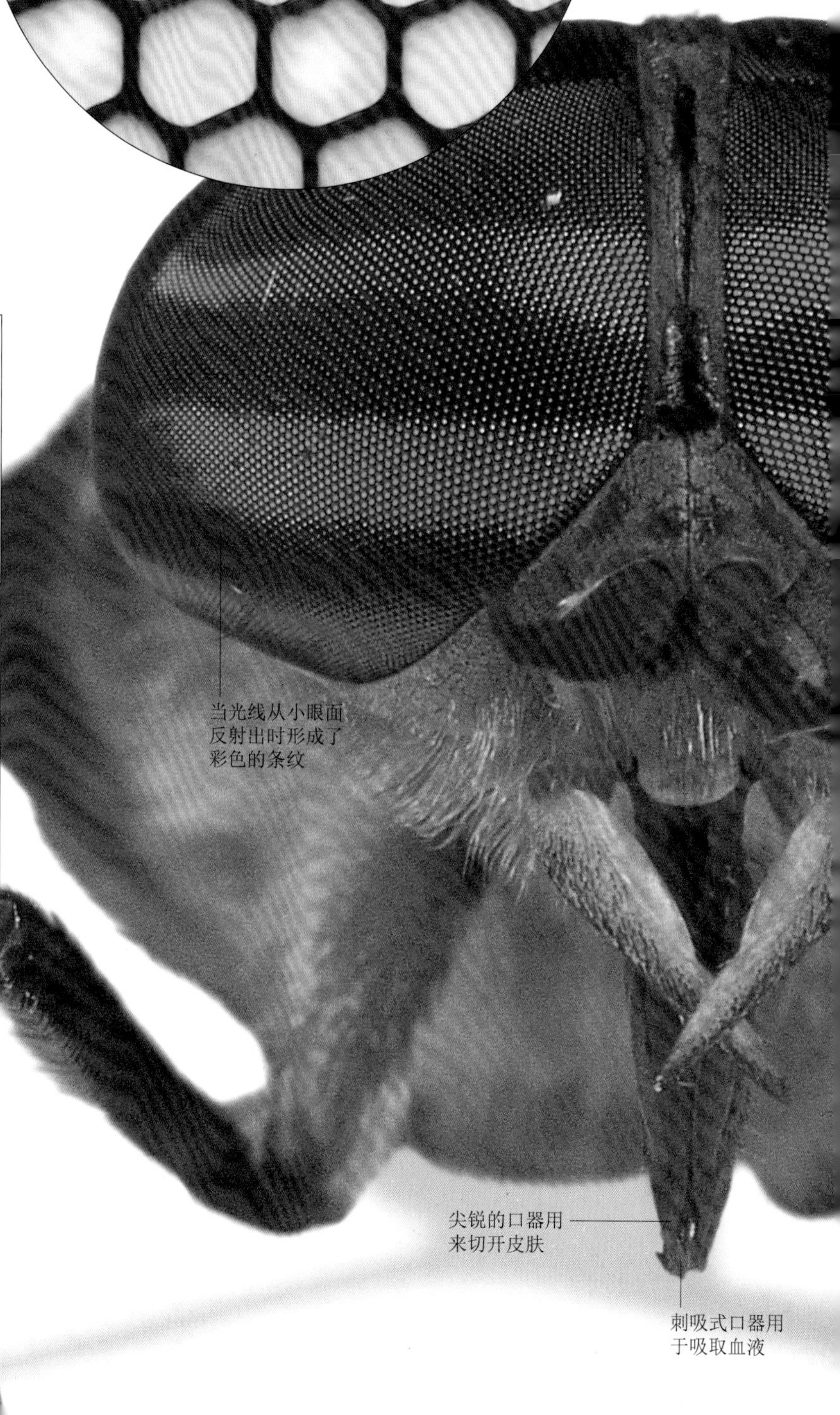

威胁的凝视▶

这只牛虻的复眼占了它面部的绝大部分。与我们的眼睛不同，昆虫的眼睛是不能转动的。但是眼睛向前凸出，因此对四周有着很好的视野。许多昆虫不仅有复眼，还在头顶长着另外三只小眼睛，或者叫作单眼。这几只眼睛有自己的晶状体。它们能感受光线的强弱水平，但并不用来形成图像。

当光线从小眼面反射出时形成了彩色的条纹

尖锐的口器用来切开皮肤

刺吸式口器用于吸取血液

指示蜜源▶

昆虫能看到的颜色比我们少，比如说它们对红色就不怎么敏感。然而，许多昆虫能感觉到我们看不见的紫外线。植物常常用紫外线标志将昆虫吸引到花朵上来。这种标志称为指示蜜源。这些标志将昆虫吸引到花朵的中心，从而让昆虫吸食花蜜，接着带着花粉从一朵飞到另一朵。

在紫外线下显露出的蜜源指示

在可见光下，蜜源指示是看不见的

运动视觉

人类的视野

人类的大脑很发达，因此我们可以很好地分析看到的景象。一只飞行中的黄蜂立即就能吸引到我们的注意力，并且我们同时还能看到背景中静止的景物，比如黄蜂背后的花草。即使昆虫保持完全静止，我们仍能认出它的轮廓，知道它在哪里。

蜻蜓的视野

蜻蜓的大脑则简单许多，而且主要针对运动中的事物做出反应。它的眼睛能对飞行中的黄蜂做出反应，但几乎看不到它身后静止的背景。大多数肉食昆虫也是以同样的方式看东西。它们能察觉到移动的猎物，却看不到保持静止的东西，昆虫依靠触觉和嗅觉去发现静止的事物。

耳朵和触角▶

许多昆虫靠声音交流，但它们的耳朵并不都长在头上。蟋蟀的耳朵就长在腿上，而蚱蜢和蛾子的耳朵则长在腹部的两侧。蛾子将耳朵当作预警系统，借此留心它们的敌人，例如飞行中的蝙蝠。昆虫的触角（触须）是多重感觉器官，包括嗅觉、触觉和味觉，还能感知空气振动。

一连串的环节组成的触角十分灵活

整个蟋蟀的身体都散布着敏锐的触觉绒毛

耳朵就在膝关节下面的隐窝中

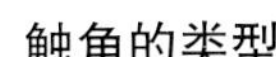

触角的类型

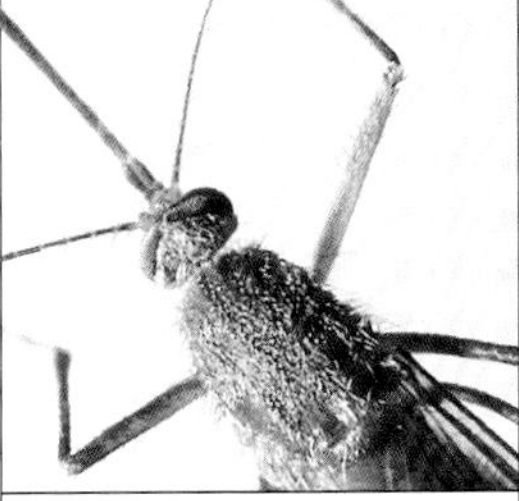

蚊子

触角随着昆虫的种类不同而不同，也随着性别不同而改变。这只雌蚊用细长的触角追踪自己的下一顿美餐。雄蚊的触角则像毛刷一样。它们可以用触角感觉雌蚊翅膀的振动，因而能在黑暗中发现雌蚊。

金龟子

金龟子短而粗壮的触角可以像扇子一样张开。它由许多独立分隔的薄片组成，可从空气中截取化学物质。这种触角相当坚固，很适合像甲虫这种长时间在树上和地上攀爬的昆虫。

天蚕蛾

某些雄蛾拥有昆虫世界最灵敏的触角。触角的形状像是羽毛，覆盖有发达的细丝，能感觉到空气中的化学信号。雄蛾用它来获取雌蛾的气味。它们能发觉数千米外的上风处有一只雌蛾。

昆虫的行为

与人类相比，昆虫的神经系统十分简单，通常它们的大脑不如一个句号大。尽管如此，它们仍反应迅速，习性常常十分复杂。所有昆虫都知道如何觅食、如何躲避危险以及如何找到配偶。某些昆虫的本领能给人留下极深的印象，例如在一望无际的沙漠上导航，或者建造极精致的巢穴。昆虫的习性主要取决于本能。本能就像是装在昆虫大脑中的计算机程序。它通常都能告诉昆虫该做些什么、怎么做以及什么时候做。

快速反应▶

家蝇一旦感觉到危险，就会立即采取紧急行动，飞到空中。它依赖神经系统的快速反应做到这一点。通常当苍蝇侦察到上方有动静时，便立即起飞。特殊的神经会将来自眼睛的信号迅速传输到飞行肌，为翅膀提供动力。同时，苍蝇收起口器，腿向上蹬。现在，开始拍动翅膀，不到一秒的时间之内，它已经飞在空中了。

眼睛察觉到上方的动静
苍蝇取食时，口器是伸出的

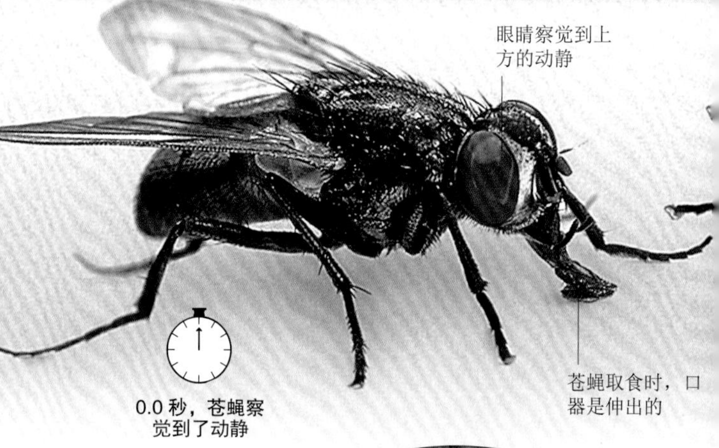

0.0 秒，苍蝇察觉到了动静

▼脑和迷你脑

像所有的昆虫一样，下图的蟑螂在头部有一个大脑，还有一个神经索在身体远端运转。神经索的作用就像是数据同步传输电缆。它将感觉器官的信号搜集起来送到大脑，并从大脑将信号传到肌肉。神经索同样长有一系列神经中枢（迷你脑）控制身体的不同区域，因此身体的各部分就可以自我运转。尽管如此，蟑螂还是由大脑支配全身。

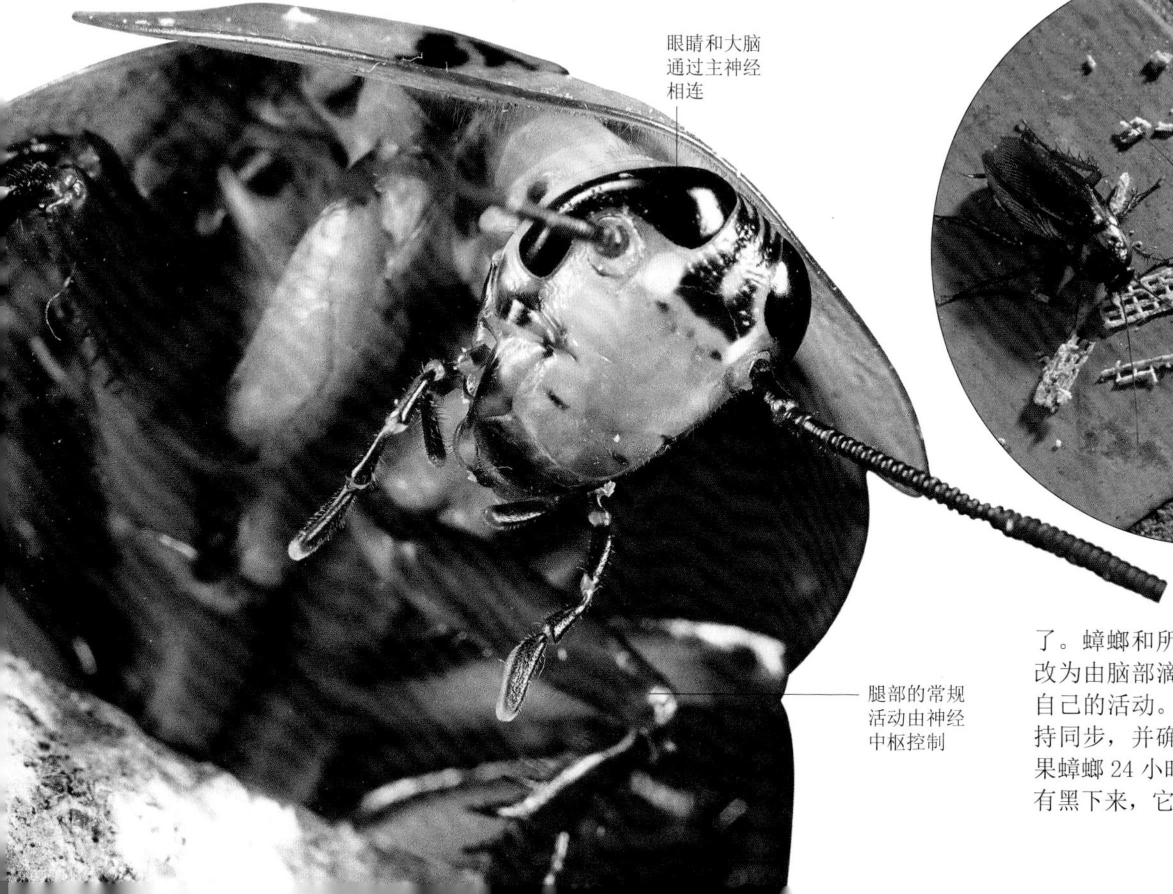

眼睛和大脑通过主神经相连
腿部的常规活动由神经中枢控制

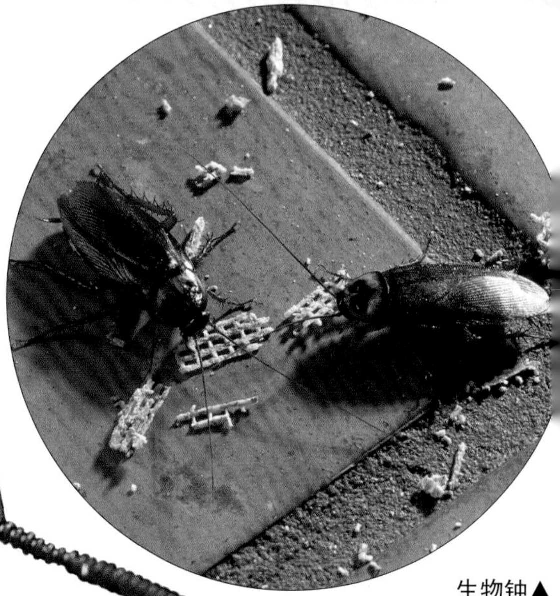

生物钟▲

天色暗下来后，这两只蟑螂出来取食时被抓拍到了。蟑螂和所有的昆虫都不能报时。它们改为由脑部滴滴答答走着的化学时钟控制自己的活动。这个生物钟使昆虫与外界保持同步，并确保它们在晚上出来活动。如果蟑螂 24 小时都在日光下，即便天色并没有黑下来，它们还是会在“晚上”出来。

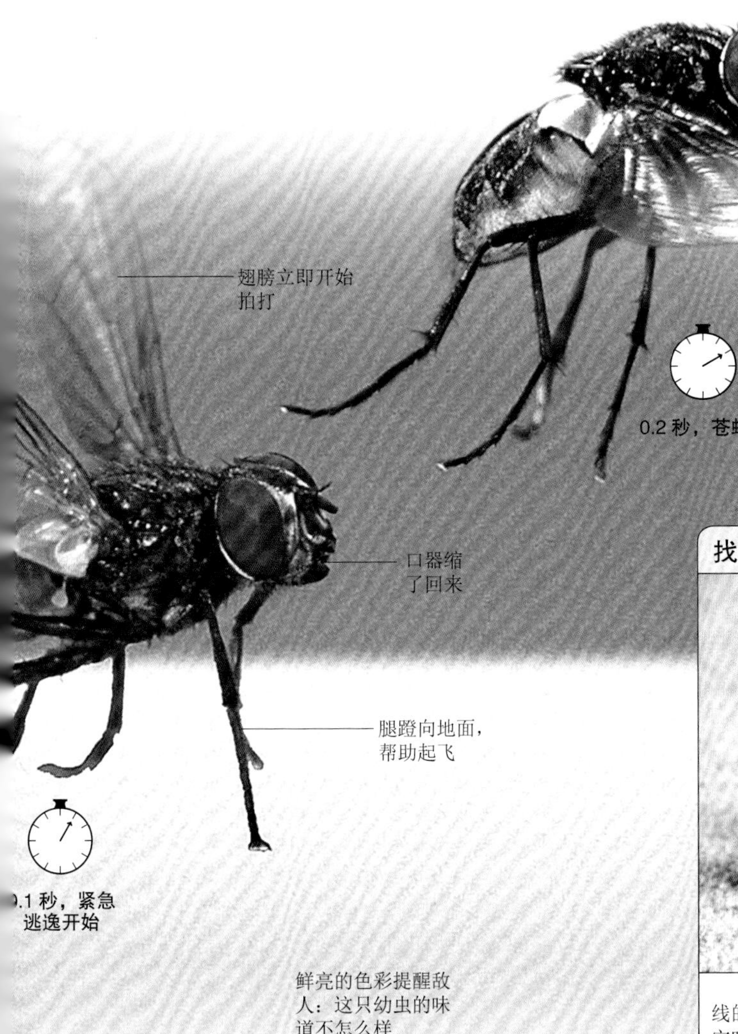
翅膀立即开始拍打
苍蝇朝光线飞去，逃离危险
0.2 秒，苍蝇起飞
口器缩了回来
腿蹬向地面，帮助起飞
.1 秒，紧急逃逸开始

找到回家的路

科学家在这只沙漠蚁身上涂上蓝色标记，以便观察昆虫是如何找到活动路线的。这种蚂蚁的巢是在沙地上的，它们可以步行 200 米寻找食物。它离开巢穴时，沿“之”字路线行走。回程中，即使离巢穴太远无法看到，它仍能径直返回。

蚂蚁是如何做到这一点的？最大的可能是，它们将空中的偏振光当作罗盘使用，这样能最快指出它们回去的路。

鲜亮的色彩提醒敌人：这只幼虫的味道不怎么样

▲昆虫的条件反射

这两只紧紧抱住马铃薯茎的科罗拉多甲虫的幼虫，很容易被食虫鸟类当作目标。幼虫并没有翅膀，腿也很短小，所以没法逃跑。但是一旦有任何东西碰到它们，它们会耍一种简单但十分有效的把戏——松开枝条，落到地上。等到周围确认安全，它们再慢慢爬回到植物上。这种行为称为条件反射。昆虫可以因此逃过一劫，而且几乎不需要费任何脑力。

▲昆虫智力

这只雌性泥蜂正用下颌拾起一颗小石子封锁自己巢穴的入口。这是个不寻常的举动，因为会使用工具的昆虫几乎不为人所知。直到发现巢穴已密封好，泥蜂才会将石子放回地面。使用工具的能力使泥蜂看起来很聪明。但事实上，它们并不聪明。当泥蜂拾起一颗小石子时，它仅仅遵从自己的本能。与人类和黑猩猩不同，它并不明白工具是如何起作用的。

昆虫的运动

蝗虫后腿用力一蹬，可以向上跳出 2 米。这是个很令人佩服的本领，也是有效的逃生手段。许多昆虫都会跳跃，但更多的昆虫是依次移动 6 条腿，在地上急速逃走。比起人类，昆虫的体重很轻，这也决定了它们移动的方式。它们可以直接启动或停止，而且爬上坡和爬下坡一样容易。它们娇小的身材还有另一个好处——如果重重地摔下来或落到地上，几乎不会受伤。

无腿移动

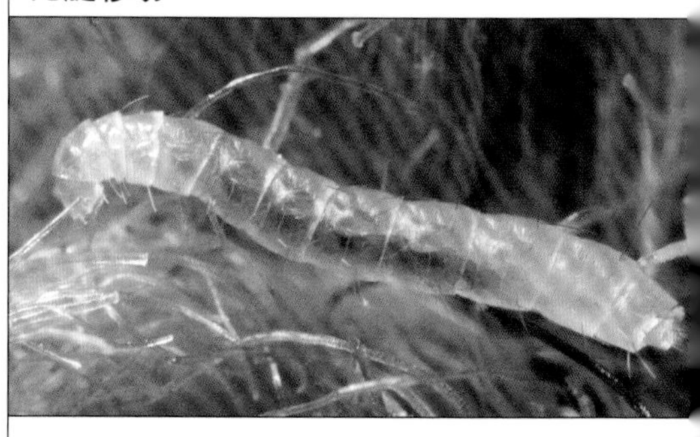

因为没有腿，许多昆虫的幼虫靠蠕动前行。这只长得像蠕虫一样的动物是跳蚤的幼虫。与成虫不同，幼虫在脱落的皮屑和毛发中生存，取食干燥的血迹和皮肤碎屑。其他没有腿的幼虫则在自己的食物中钻洞。它们包括蛆（苍蝇的幼虫），还有在木头中钻洞的甲虫和叶蜂。对于这些幼虫，没有长腿其实是它们的优势，因为腿会碍事。

运转中的肌肉▶

这张图显示了蝗虫的腿部强壮有力的肌肉。蝗虫的肌肉长在腿的内部，牵动外骨骼活动。它们通常成对地发挥作用，右图中蓝色的肌肉用来弯曲腿关节，而红色的肌肉能使它伸直。昆虫的肌肉在温暖的环境下能发挥最大作用。温度高时，它们活动迅速；温度低时，它们往往休眠。

◀准备跳跃

在蝗虫起跳之前，它已经做好了准备。它折起后腿，把脚塞到身子底下。因此它伸直腿的时候，就能最大限度发挥优势。蝗虫的后腿在膝部有一个弹簧和弹性十足的肌腱。当它的后腿折叠收起时，由膝盖内一个特殊的钩状结构固定就位。当腿部肌肉收缩时，钩状结构松开，随着爆发性的一蹬，腿瞬间伸直，将蝗虫发射到空中。

▼起跳

当蝗虫跳起时，它的后腿伸直，同时将其他腿向后折起，使身体更符合流线型。一旦蝗虫腾空，它或是展开翅膀飞走，或是落回到地面上。后腿保持流线型，但是前腿在蝗虫再次落地时却是展开的。这一跳的距离有它体长的40倍。

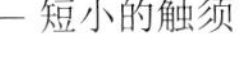

尖锐的下颌用于咀嚼植物

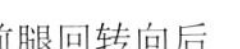

昆虫的腿

划蝽

划蝽和其他淡水昆虫一样，把腿当成桨来使用。它的后腿特别适合这项任务，形状像是船桨，并有一排毛用以帮助划水。这样的腿不在水中就没什么用了，因此划蝽靠飞行在池塘间移动，而不是爬行。

蝼蛄

它一生中大部分时光都待在地下，在土壤中推进，以植物的根部为食。与蟋蟀不同，它们没有强壮有力的后腿。它们可以爬行或者飞行，但不会跳跃。

竹节虫

竹节虫的腿又细又长，而且足端由钩状的爪子提供了很好的握力。竹节虫依靠它的伪装性的外骨骼来提供保护，当然腿也有部分保护功能。当竹节虫行动时，它的身体通常来回摆动。这使它看起来像植物的一部分，随风轻轻摆动。

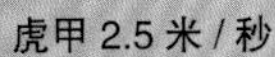

◀昆虫运动员

昆虫的运动速度是很难测算的，因为它们很少奔跑较长的距离。然而，冠军应属于食肉虎甲——它们爆发速度可达到2.5米/秒，和人类轻柔的慢跑一样。蟑螂可没有这么快，但它们的瞬时速度极快。在刻度尺的另一端，行军蚁的速度只有0.05米/秒。即使以这种速度，行军蚁群仍然可以赶上许多种昆虫。

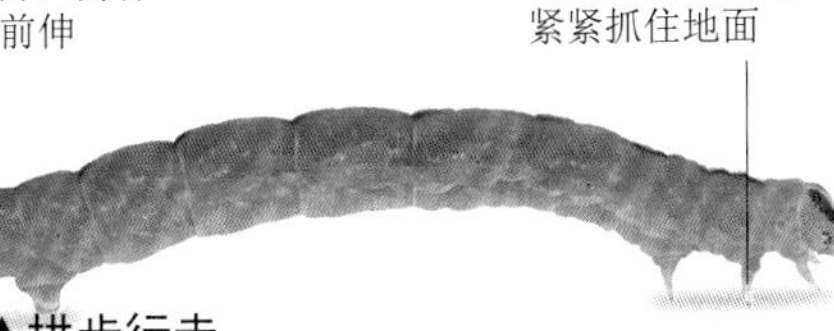

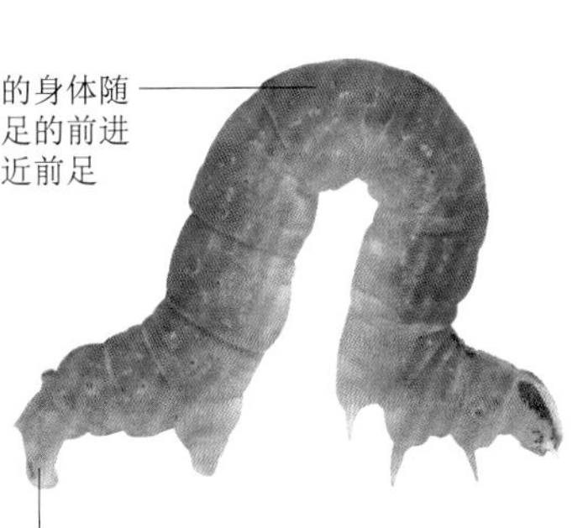

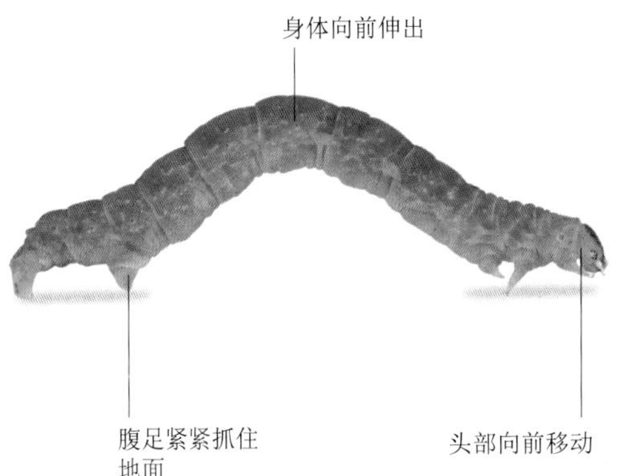

▲拱步行走

毛虫的6条真正的足在身体的前部，后部的腹节上有几对吸盘似的腹足。上图中的尺蛾（或叫作尺蠖），两种足相互之间的距离很远，使得毛虫可以以一种与众不同的方式行走。首先，它的腹足牢牢抓紧，同时身体尽量向前伸。接着松开腹足，然后身体蜷曲成拱形。

鞘翅目（甲虫）

甲虫是世界上最成功的昆虫，它的数量很多，在地上随意地拾起一只昆虫，有很大概率是甲虫。目前为止，科学家已经确认了近 40 万种不同的甲虫——其中小到肉眼勉强可见的，大到可以和成人的手掌一样大。成年甲虫有极其坚硬的身体和强壮的腿，但它们最重要的特征是硬化的前翅，将后翅罩在其中。在这种特殊的保护之下，它们能在任何物体表面攀爬寻找食物。

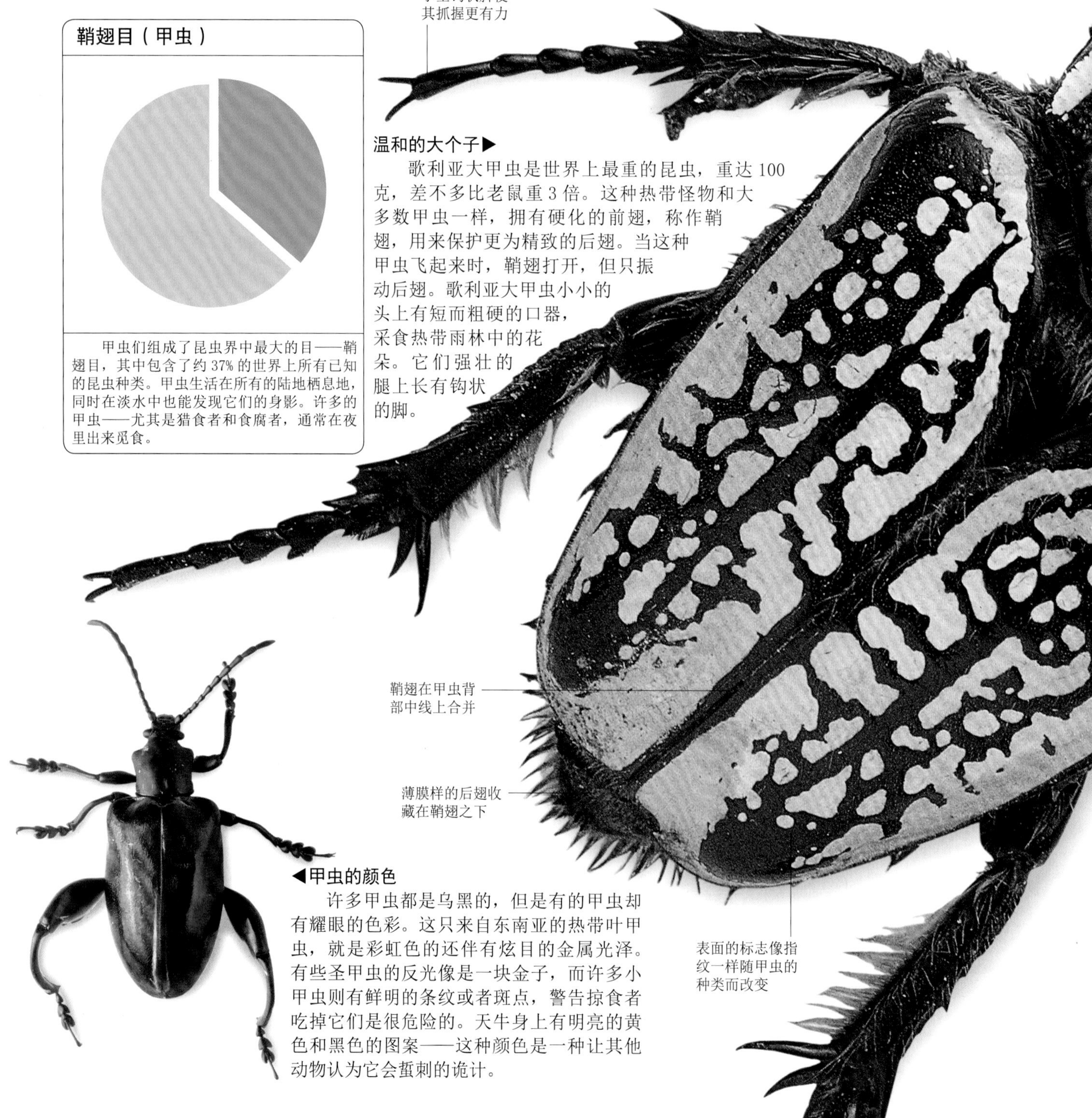

甲虫们组成了昆虫界中最大的目——鞘翅目，其中包含了约 37% 的世界上所有已知的昆虫种类。甲虫生活在所有的陆地栖息地，同时在淡水中也能发现它们的身影。许多的甲虫——尤其是猎食者和食腐者，通常在夜里出来觅食。

温和的大个子▶

歌利亚大甲虫是世界上最重的昆虫，重达 100 克，差不多比老鼠重 3 倍。这种热带怪物和大多数甲虫一样，拥有硬化的前翅，称作鞘翅，用来保护更为精致的后翅。当这种甲虫飞起来时，鞘翅打开，但只振动后翅。歌利亚大甲虫小小的头上有短而粗硬的口器，采食热带雨林中的花朵。它们强壮的腿上长有钩状的脚。

◀甲虫的颜色

许多甲虫都是乌黑的，但是有的甲虫却有耀眼的色彩。这只来自东南亚的热带叶甲虫，就是彩虹色的还伴有炫目的金属光泽。有些圣甲虫的反光像是一块金子，而许多小甲虫则有鲜明的条纹或者斑点，警告掠食者吃掉它们是很危险的。天牛身上有明亮的黄色和黑色的图案——这种颜色是一种让其他动物认为它会蜇刺的诡计。

甲板覆盖了头部的前端

扁平的腿上有防御性的棘刺

复眼

短小的触角是棒状的

腿上的丝毛

▲肉食性甲虫

瓢虫和许多甲虫一样，捕食活着的猎物。它们捕食蚜虫和螨虫，而且每天都要吃很多。瓢虫的颌很小却十分尖锐，可将食物变成食糜。蚜虫行动缓慢，因此瓢虫很容易抓住它们。其他肉食性甲虫还包括土鳖，它们猎物的速度比蚜虫快，所以它们需要比瓢虫速度快。某些肉食甲虫是世界上跑得最快的昆虫，速度可以达到 9 千米／时。

▲食腐昆虫

墓地甲虫是一种典型的食腐者，天黑之后出来觅食。它主要以动物尸体、植物的残体为主食，当然还有那些自己送上门的小动物。食腐甲虫能清理所有的自然废料，有助于营养物降解，使植物对其加以重复利用。但这些甲虫一旦进入家里就会引起麻烦，因为它们会吃掉储藏好的食物。

长长的口器可深深探入食物中

全身伪装有短毛

素食昆虫▶

这只象鼻虫的长长的口器顶端长有颌，可以在坚果中钻洞。它们是世界上数千种以植物为食的甲虫之一。有些甲虫从外部攻击植物，但更多的甲虫的幼虫则是钻洞，这样它们就能被食物所包围。取食植物的昆虫并不总有害于植物。许多甲虫都会造访花朵，同时传播花粉，帮助花朵结出种子。

瓢虫的发育阶段

卵

甲虫都是全变态发育，这意味着它们的身体会随着发育而完全改变形态。像大多数甲虫一样，瓢虫的生命始于卵。图中这一批虫卵只有几天大。幼虫刚能透过卵壳看到，但很快它们就会做好孵化而出的准备。

破壳而出

当一只甲虫的幼虫孵化后，它们的第一餐往往是自己的卵壳。这一阶段的幼虫很孱弱，不过很快它们就开始进食并不停生长。甲虫的幼虫是很多样的。瓢虫的幼虫长有强壮的颌和粗短的腿，但是象鼻虫的幼虫通常是没有腿的，它靠从食物中挖洞来移动。

生长期

当瓢虫两周大时，幼虫们胃口很大，绝大多数的时间都在进食。在这一阶段，它们的模样和自己的父母们完全不一样。经过几次蜕皮后，幼虫就会停止进食变成蛹。在蛹的内部，幼虫完全打破身体结构，而逐渐变成成虫形态。

成虫期

当身体完全成形后，瓢虫的成虫就会从蛹中破壳而出。像所有的成年甲虫一样，瓢虫有功能完备的翅膀。当食物短缺时，它们就可以飞到其他地方去寻找食物并繁殖。与其他甲虫相比，成年瓢虫是很长寿的，可以存活超过一年。

翅膀

昆虫是最早拥有可拍动的翅膀的动物。尽管翅膀很小，但是它们效力惊人，陆地上几乎没什么地方是昆虫飞不到的。大多数昆虫有两对翅膀，但真正的苍蝇例外，它只有一对翅膀。昆虫的翅膀通常轻薄而且透明。有些昆虫，比如甲虫，它们的前翅厚而强健。一旦昆虫的翅膀发育成熟，它们就不会再长大了。如果翅膀遭到了任何方式的破坏，就不能修复了。

雄性金龟子的触角像扇子一样张开

鞘翅紧紧罩着腹部

当金龟子准备好起飞后，鞘翅向上并向外张开

▼起飞

昆虫的翅膀通常轻薄而且透明。有些昆虫，比如甲虫，它们的前翅厚而强健。前翅，也就是鞘翅，和硬塑料一样坚硬，像罩子一样保护后翅。在起飞之前，金龟子必须先张开鞘翅并将它们旋转着分开。一旦准备好了，它就张开鞘翅，飞到空中。

在飞行中鞘翅并不拍打

腹部的表面通常被翅膀覆盖

当翅膀合上时，腹部的尖就会伸出

后翅展开至全长

昆虫翅膀的类型

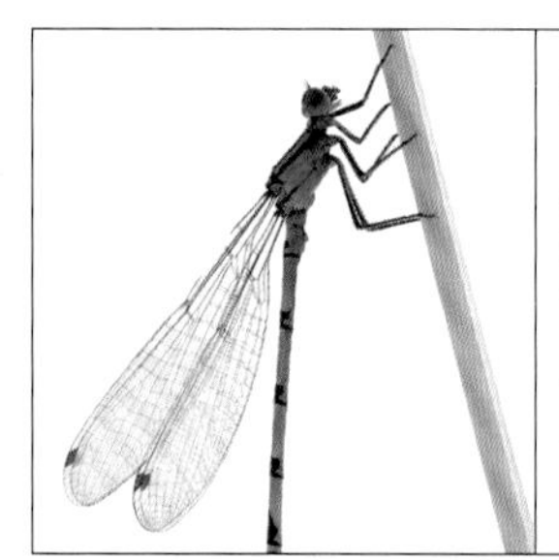

蓝色蜻蛉（豆娘）

蜻蛉长有两对几乎完全样的翅膀，而且细长轻薄，休时翅膀向后折叠在背部。蜻蛉得并不快，但两对翅膀却可同以不同的方向拍打。这意味着可绕着一点盘旋，或在半空倒退。

家蝇

家蝇只长有一对流线型翅膀。它们的翅膀比蜻蛉的翅短得多，但振动更快，能在空迅速飞行。当家蝇着陆后，膀折叠在后面，并且很快就以张开，这对紧急逃跑而言太美了。

普通黄蜂

黄蜂长有两对薄膜样的膀。前翅长度比后翅长很多，当黄蜂飞起时，前翅和后翅会起拍打，因为它们是由一排小子连在一起的。折起来时，黄的翅膀看起来很窄。为了保护们，冬眠中的黄蜂会将翅膀蜷腿下面。

羽蛾

蛾子和蝴蝶有两对翅膀，上面覆盖有极微小的鳞片。它们的翅膀通常是宽大而平坦，但是羽蛾的翅膀是分为羽毛状的一丛丛的。羽蛾着陆时，翅膀像扇子一样折起来，但同时从身体两侧伸出，使身体看起来像字母“T”。

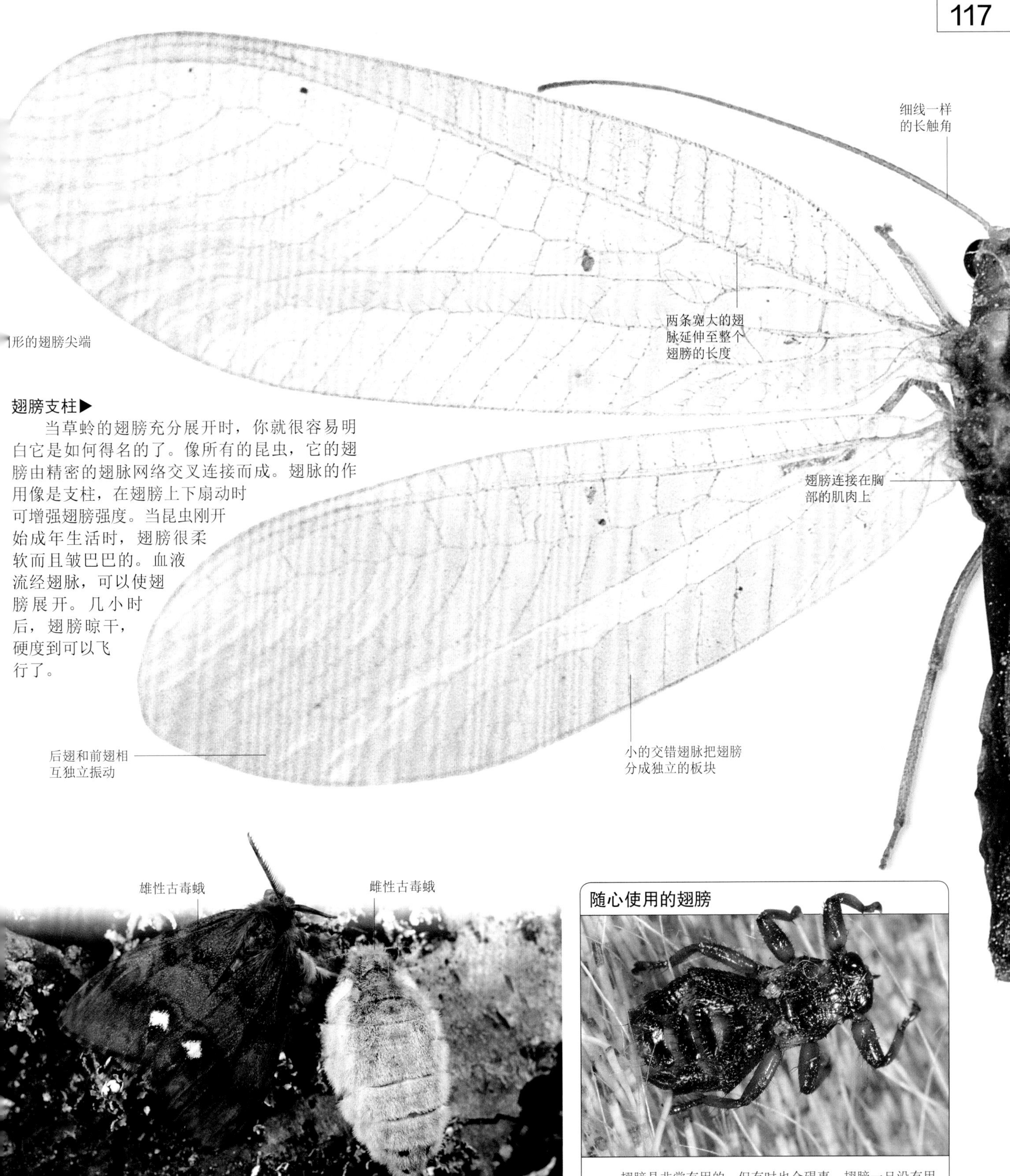

翅膀支柱▶

当草蛉的翅膀充分展开时，你就很容易明白它是如何得名的了。像所有的昆虫，它的翅膀由精密的翅脉网络交叉连接而成。翅脉的作用像是支柱，在翅膀上下扇动时可增强翅膀强度。当昆虫刚开始成年生活时，翅膀很柔软而且皱巴巴的。血液流经翅脉，可以使翅膀展开。几小时后，翅膀晾干，硬度到可以飞行了。

▲无翅昆虫

世界上最原始的昆虫，例如衣鱼，历来就没有翅膀。而许多其他的昆虫在数百万年前就已经失去了飞行的能力，包括某些蝴蝶和蛾子。这张照片上的就是一对雄性和雌性古毒蛾。雄性长有翅膀，但雌性则没有翅膀只能爬行，使它看起来更像是一只毛茸茸的肥硕幼虫。雌性直到交配之后，才会离开它的蛹壳，它们产卵并死在卵的旁边。雄性则需要用翅膀去寻找雌性古毒蛾。

随心使用的翅膀

翅膀是非常有用的，但有时也会碍事。翅膀一旦没有用了，有些昆虫会脱落翅膀以避免麻烦。这只鹿虻只要落到鹿的身上后，就会脱落翅膀，以鹿的血液为食，余生都将在鹿的皮毛中爬来爬去。

其他脱落翅膀的昆虫还包括会飞的蚂蚁和白蚁。它们飞不远，通常只是为了建立一个属于新蚁后的新巢穴。当它们到达新的筑巢地点，就会咬掉翅膀。没有翅膀，它们更容易开始筑巢。

昆虫的飞行

体型娇小的昆虫是世界上最令人惊叹的飞行者。蜻蜓在空中飞奔追逐猎物，蜜蜂在原野和花园中飞驰寻找花朵。食蚜蝇可以在半空中悬停，而蝴蝶迁徙可以飞越整个大陆。昆虫以特殊肌肉来为翅膀提供动力，才能做到这样的飞行。这些肌肉都聚集在胸部，可以连续工作数小时不需要休息。大蝴蝶缓慢地拍打翅膀，每一次振翅都清晰可见。许多昆虫每秒钟可振翅数百次，使身形模糊成一个点。当翅膀快速移动时，会使空气振动，发出嗡嗡或呜呜的声音。

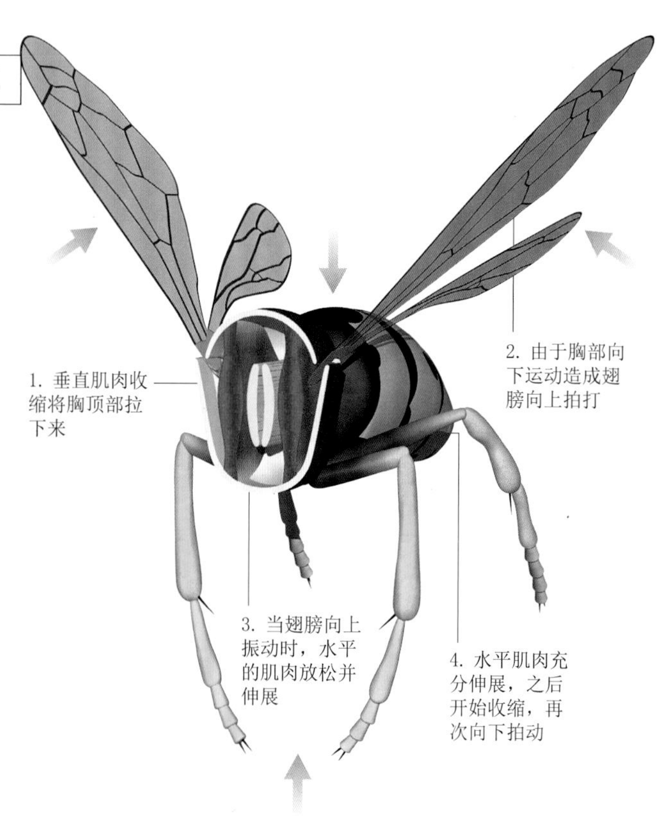
1. 垂直肌肉收缩将胸顶部拉下来
2. 由于胸部向下运动造成翅膀向上拍打
3. 当翅膀向上振动时，水平的肌肉放松并伸展
4. 水平肌肉充分伸展，之后开始收缩，再次向下拍动

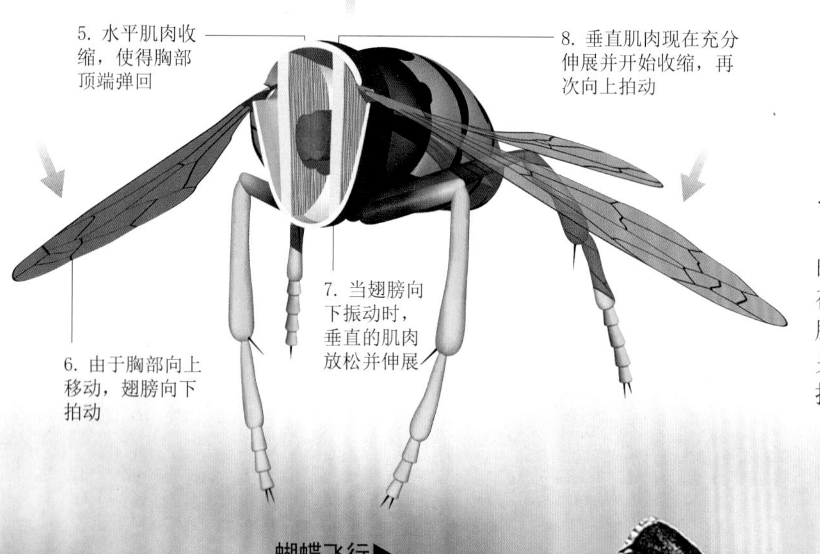
5. 水平肌肉收缩，使得胸部顶端弹回
8. 垂直肌肉现在充分伸展并开始收缩，再次向上拍动
7. 当翅膀向下振动时，垂直的肌肉放松并伸展
6. 由于胸部向上移动，翅膀向下拍动

◀行动力

某些昆虫，包括蜻蜓在内，都长有直接连在翅膀上的飞行肌。但更高级的飞行者，例如黄蜂，飞行肌是连在胸部上的。这些肌肉靠胸部变形发挥作用。其中一组肌肉垂直拉伸，使胸部顶端下移。此时，翅膀向上拍动。另一组肌肉则水平拉伸，使得翅膀回落。一旦翅膀开始拍打，肌肉会自动持续拉伸，直到昆虫决定着陆。

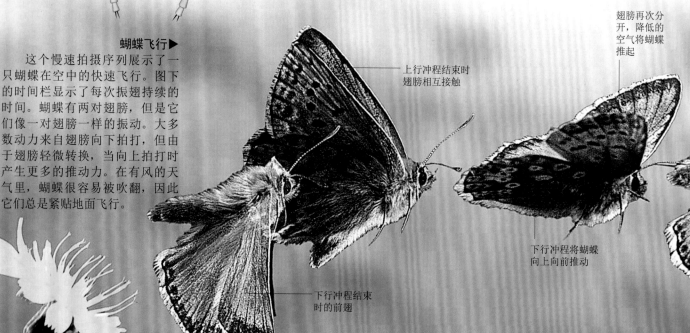

蝴蝶飞行▶

这个慢速拍摄序列展示了一只蝴蝶在空中的快速飞行。图下的时间栏显示了每次振翅持续的时间。蝴蝶有两对翅膀，但是它们像一对翅膀一样的振动。大多数动力来自翅膀向下拍打，但由于翅膀轻微转换，当向上拍打时产生更多的推动力。在有风的天气里，蝴蝶很容易被吹翻，因此它们总是紧贴地面飞行。

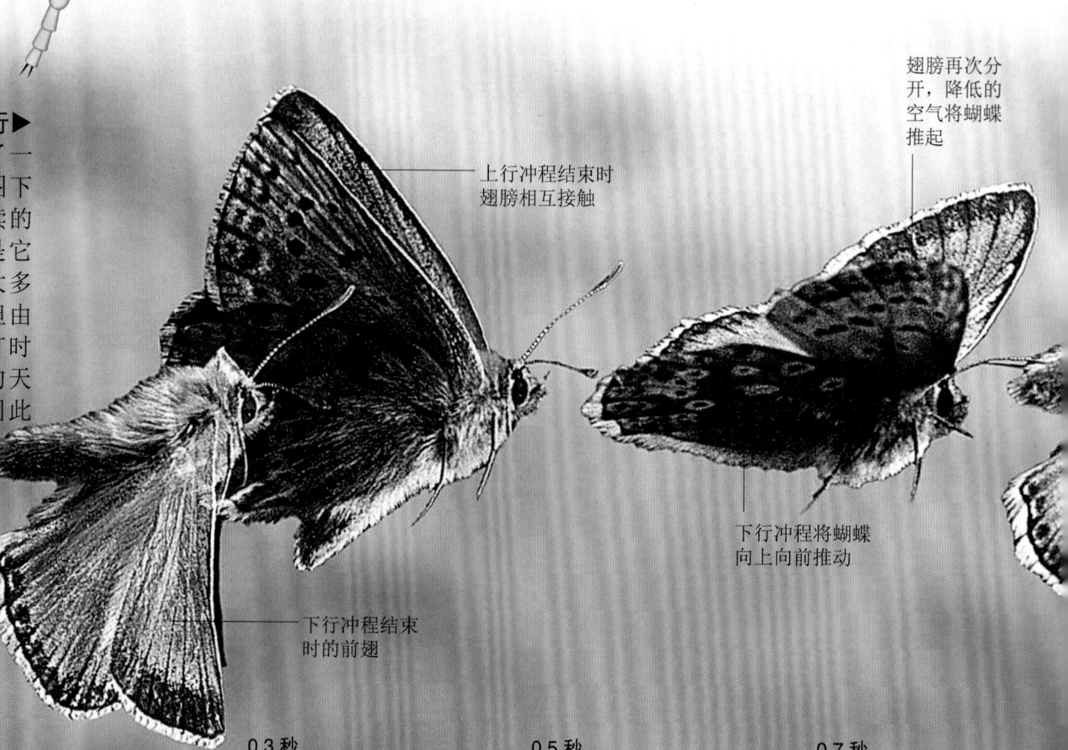
翅膀再次分开，降低的空气将蝴蝶推起
上行冲程结束时翅膀相互接触
下行冲程将蝴蝶向上向前推动
下行冲程结束时的前翅
0
0.3 秒
0.5 秒
0.7 秒

◀热身

昆虫的飞行肌在温暖时能发挥最好的功效。当气温降到10℃，许多昆虫就会因为太冷而无法起飞。但不是所有的昆虫都是这样的，大黄蜂通过振动给飞行肌热身——几分钟后它们的飞行肌就能达到20℃，比外界空气热得多。这只北极大黄蜂以格陵兰岛上的花朵为食，那里距离寒冷的北极点不到750千米。

果蝇：0.2千米/时

蜜蜂：22千米/时

沙漠蝗虫：33千米/时

骷髅鹰蛾：54千米/时

蜻蜓：58千米/时

▲飞行速度

昆虫总是短距离爆发式飞行，所以很难计算它们的飞行速度。许多昆虫平时都只是慢慢地游荡着，一旦有危险或在追逐猎物时才会加速。上图显示了不同昆虫的速度。蜻蜓飞行速度58千米/时可以胜过绝大多数昆虫，甚至一些鸟类。但是由于昆虫身体会过热，最高速度飞行难以长久保持。

起落装置▶

许多飞行昆虫靠腿起
。蝎蛉用力一蹬就可以
飞。蝎蛉飞行能力不
，因此它们会选择一个
高点起飞。蟋蟀和蚱蜢
推力更大，一旦进入空
，就张开翅膀飞走了。
行过程中，某些昆虫会
腿收起来，但还有许多
把腿伸开。这样有助于
们保持身体平衡，而且
容易着陆。

蜻蜓目（蜻蜓和蜻蛉）

蜻蜓整日在原野和池塘上空迅速地飞来飞去，它们是昆虫世界速度最快的猎手之一。它们猎食其他昆虫，抓住猎物并带到半空中。世界上大约有 5500 种不同的蜻蜓和蜻蛉（豆娘），它们都有大大的眼睛、细长的身体和两对透明的翅膀。蜻蜓通常伸开翅膀休息，而蜻蛉休息时却将翅膀收在背后。蜻蜓若虫和蜻蛉若虫生活在淡水中，需要 3 年时间发育成熟。它们在水下的发育期间，靠下颌闪电般迅速的一击，捕食猎物。

蜻蜓目

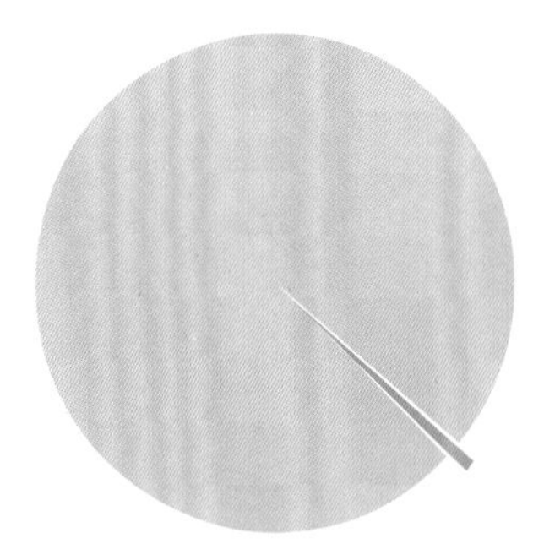

蜻蜓目昆虫占所有昆虫种类的 0.5%。多数蜻蜓和蜻蛉都住在淡水附近或湿润的息地。蜻蜓通常比蜻蛉大，热带雨林中的蜓拥有最大的翅展——从翅尖到对侧翅尖厘米。

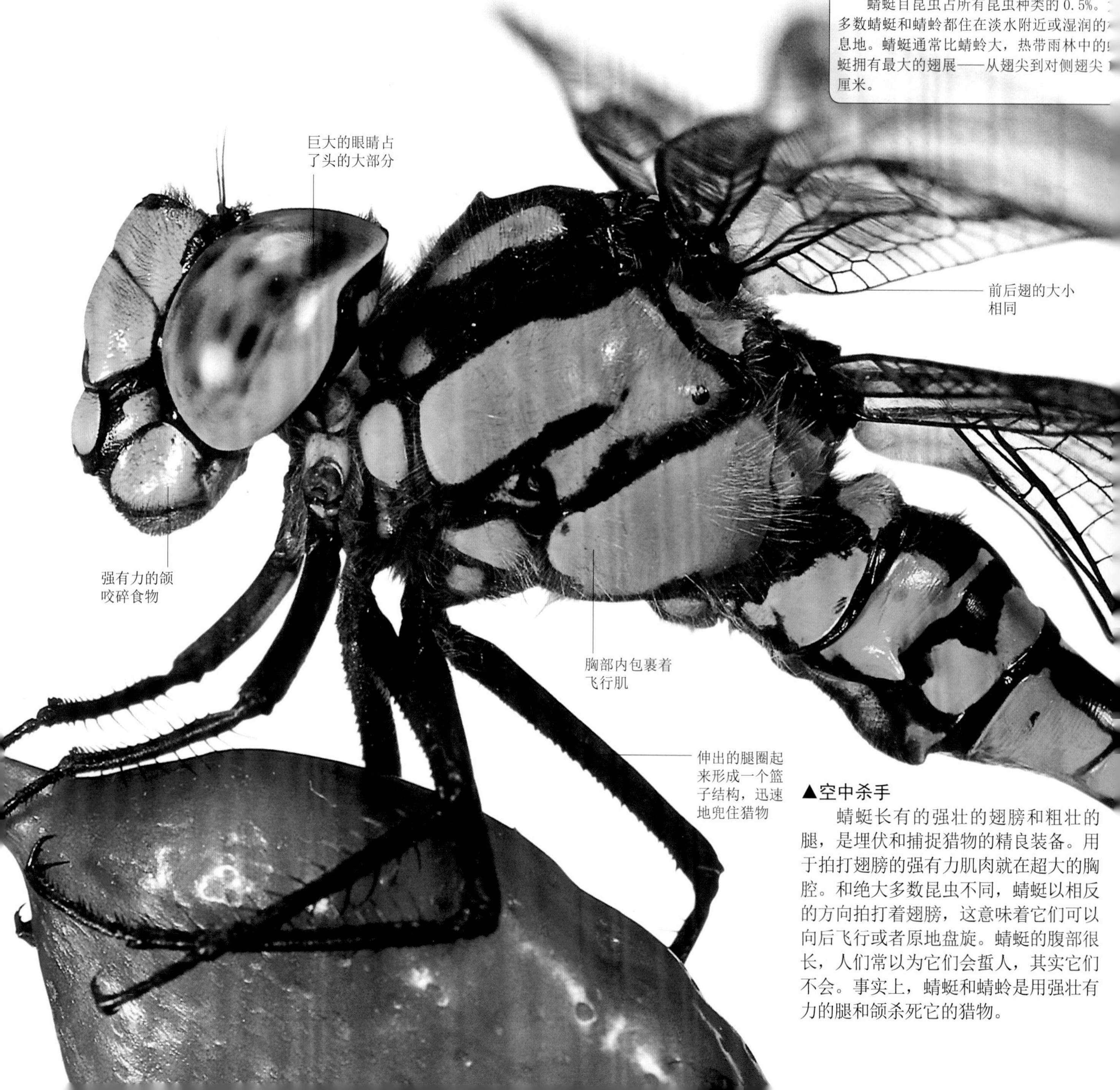

巨大的眼睛占了头的大部分

前后翅的大小相同

强有力的颌咬碎食物

胸部内包裹着飞行肌

伸出的腿圈起来形成一个篮子结构，迅速地兜住猎物

▲空中杀手

蜻蜓长有的强壮的翅膀和粗壮的腿，是埋伏和捕捉猎物的精良装备。用于拍打翅膀的强有力肌肉就在超大的胸腔。和绝大多数昆虫不同，蜻蜓以相反的方向拍打着翅膀，这意味着它们可以向后飞行或者原地盘旋。蜻蜓的腹部很长，人们常以为它们会蜇人，其实它们不会。事实上，蜻蜓和蜻蛉是用强壮有力的腿和颌杀死它的猎物。

水下狩猎

这只蜻蜓若虫刚刚捕获了一只棘
。它靠突然袭击、潜伏和跟踪来捕
猎物。当距离猎物足够近时，蜻蜓
虫就会射出一列带铰链的口器，像
具一样，称为脸盖。脸盖的尖端是
钉似的颌，就像渔叉一样，扎进猎
然后拉到面前。蜻蛉若虫没有那么
壮，只能猎食小一点的水生动物。

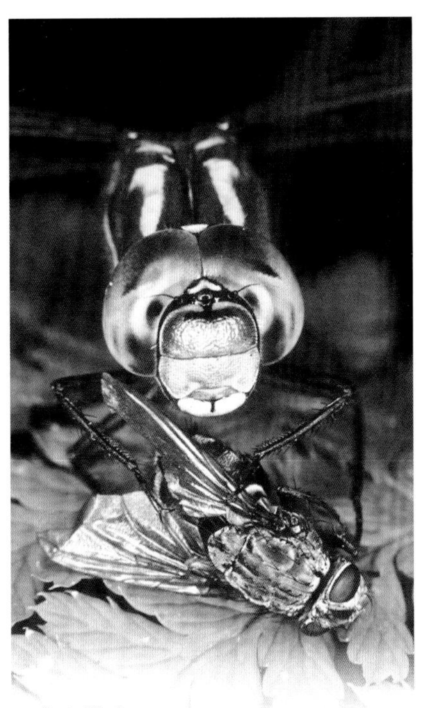

▲空中猎食

成年的蜻蜓在空中到处游弋寻找猎物。这只蜻蜓刚刚为自己抓到了一顿美餐，并停下来准备进食。它用腿抓住猎物，在吃的时候压制住猎物。蜻蛉成虫则使用完全不同的技巧——它们要么坐等昆虫从面前经过，要么从水生植物上抓起猎物。

帝王伟蜓发育过程

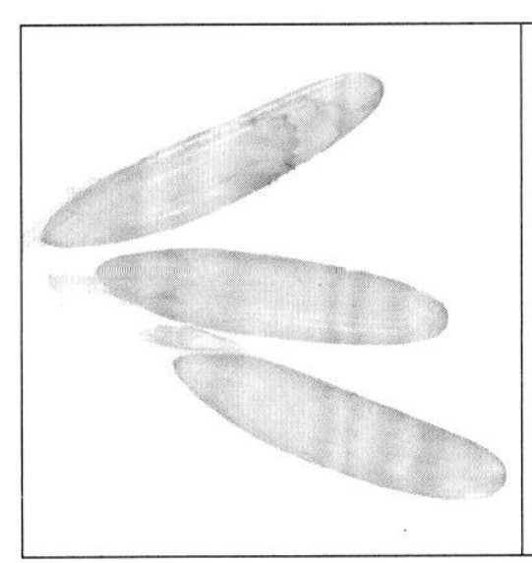

卵

蜻蜓和蜻蛉为不完全变态，意思是它们的身体随生长而逐渐改变形态。成虫将卵产在水中。许多蜻蜓仅仅是将卵产在水面上，但蜻蛉通常自己会爬进水里。

低龄若虫

幼年蜻蜓和蜻蛉被称为若虫。从卵刚孵化出时，它们已经具有发育良好的腿和眼睛，以及尖锐的颌。它们通过一排鳃呼吸。若虫通常伪装得很好。它们潜伏在小溪和池塘的底部，攻击所有在袭击范围内的小动物。

成熟若虫

在若虫水下生活期间，会蜕几次皮。每次蜕皮后，若虫都会长大一些，翼芽也进一步发育。最终，若虫在春夏季会爬出水面并最后一次蜕皮。它的外皮裂开，一只成年的蜻蜓从中慢慢爬出。

成虫

成虫的翅膀功能完备。它们的眼睛比若虫大，而且专为空中飞行而设计。成虫的颜色也更丰富。许多蜻蜓的腹部都有明亮的金属条纹，或者在翅膀上长有烟斑。这种标记雌雄不同，很容易区分。

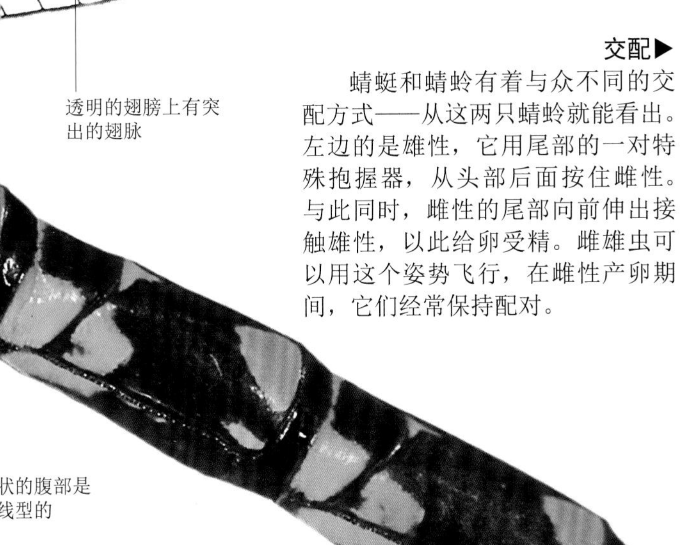

交配▶

蜻蜓和蜻蛉有着与众不同的交配方式——从这两只蜻蛉就能看出。左边的是雄性，它用尾部的一对特殊抱握器，从头部后面按住雌性。与此同时，雌性的尾部向前伸出接触雄性，以此给卵受精。雌雄虫可以用这个姿势飞行，在雌性产卵期间，它们经常保持配对。

雄性从头部后面按住雌性

雌性的尾部收集来自雄性的精子

昆虫捕食者

昆虫有许多天敌，但最致命的威胁通常是来自其他昆虫。有些昆虫从正面袭击猎物，而有些偏爱伏击，给猎物意外的一击。有些昆虫直到猎物死了才吃，但螳螂则是在猎物仍然挣扎着逃脱就直接开始进食了。食肉性昆虫猎捕许多种类的小型动物，包括其他昆虫、蜘蛛、螨虫、鱼以及青蛙，其中的昆虫许多都是很难消灭的害虫，因此肉食昆虫对控制害虫很有益处。

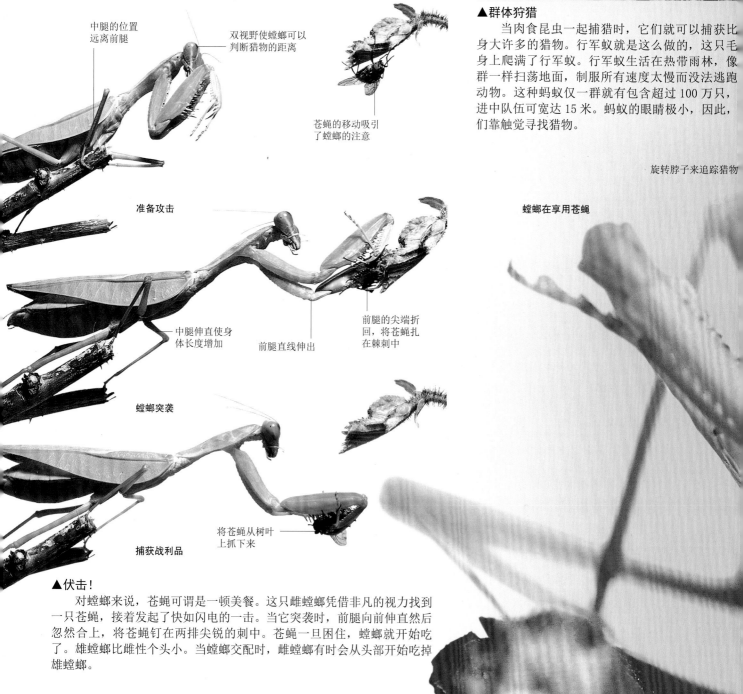

▲群体狩猎

当肉食昆虫一起捕猎时，它们就可以捕获比身大许多的猎物。行军蚁就是这么做的，这只毛身上爬满了行军蚁。行军蚁生活在热带雨林，像群一样扫荡地面，制服所有速度太慢而没法逃跑动物。这种蚂蚁仅一群就有包含超过100万只，进中队伍可宽达15米。蚂蚁的眼睛极小，因此，们靠触觉寻找猎物。

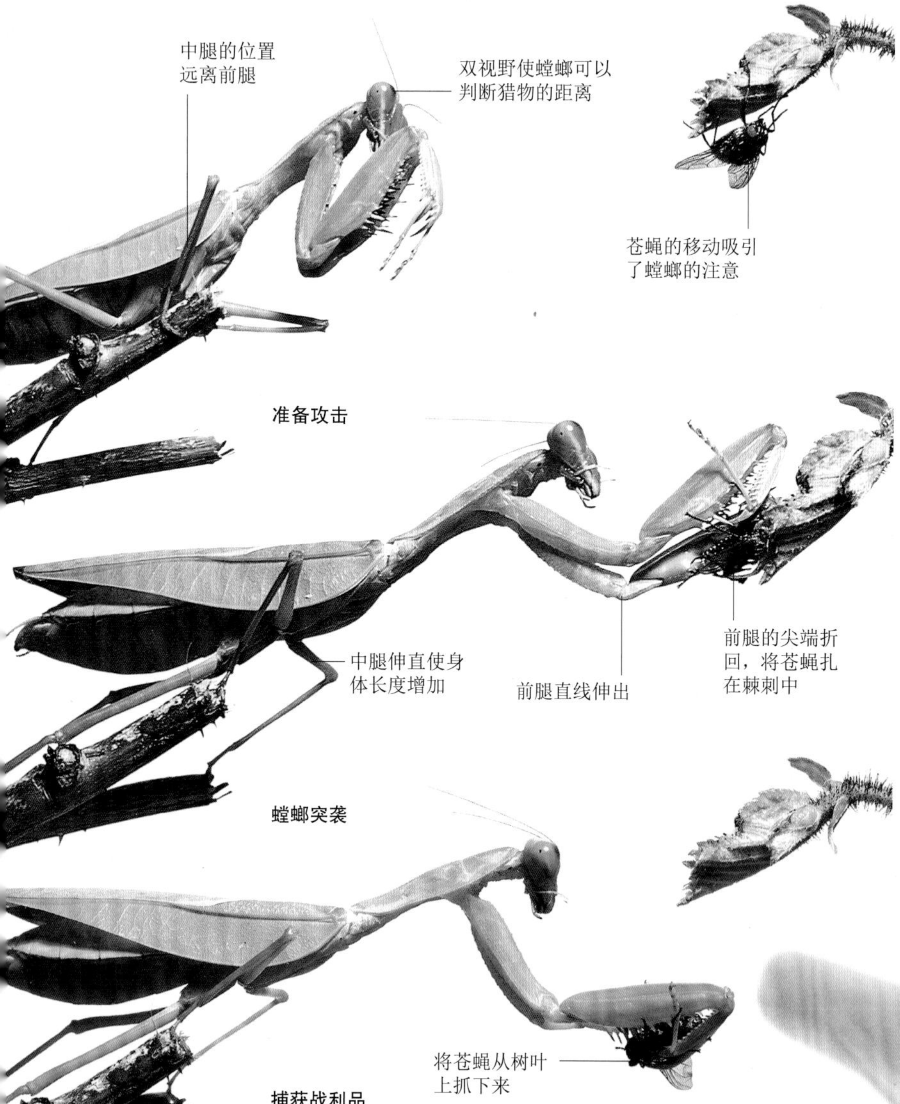

中腿的位置远离前腿

双视野使螳螂可以判断猎物的距离

苍蝇的移动吸引了螳螂的注意

准备攻击

中腿伸直使身体长度增加

前腿直线伸出

前腿的尖端折回，将苍蝇扎在棘刺中

螳螂突袭

将苍蝇从树叶上抓下来

捕获战利品

旋转脖子来追踪猎物

螳螂在享用苍蝇

▲伏击！

对螳螂来说，苍蝇可谓是一顿美餐。这只雌螳螂凭借非凡的视力找到一只苍蝇，接着发起了快如闪电的一击。当它突袭时，前腿向前伸直然后忽然合上，将苍蝇钉在两排尖锐的刺中。苍蝇一旦困住，螳螂就开始吃了。雄螳螂比雌性个头小。当螳螂交配时，雌螳螂有时会从头部开始吃掉雄螳螂。

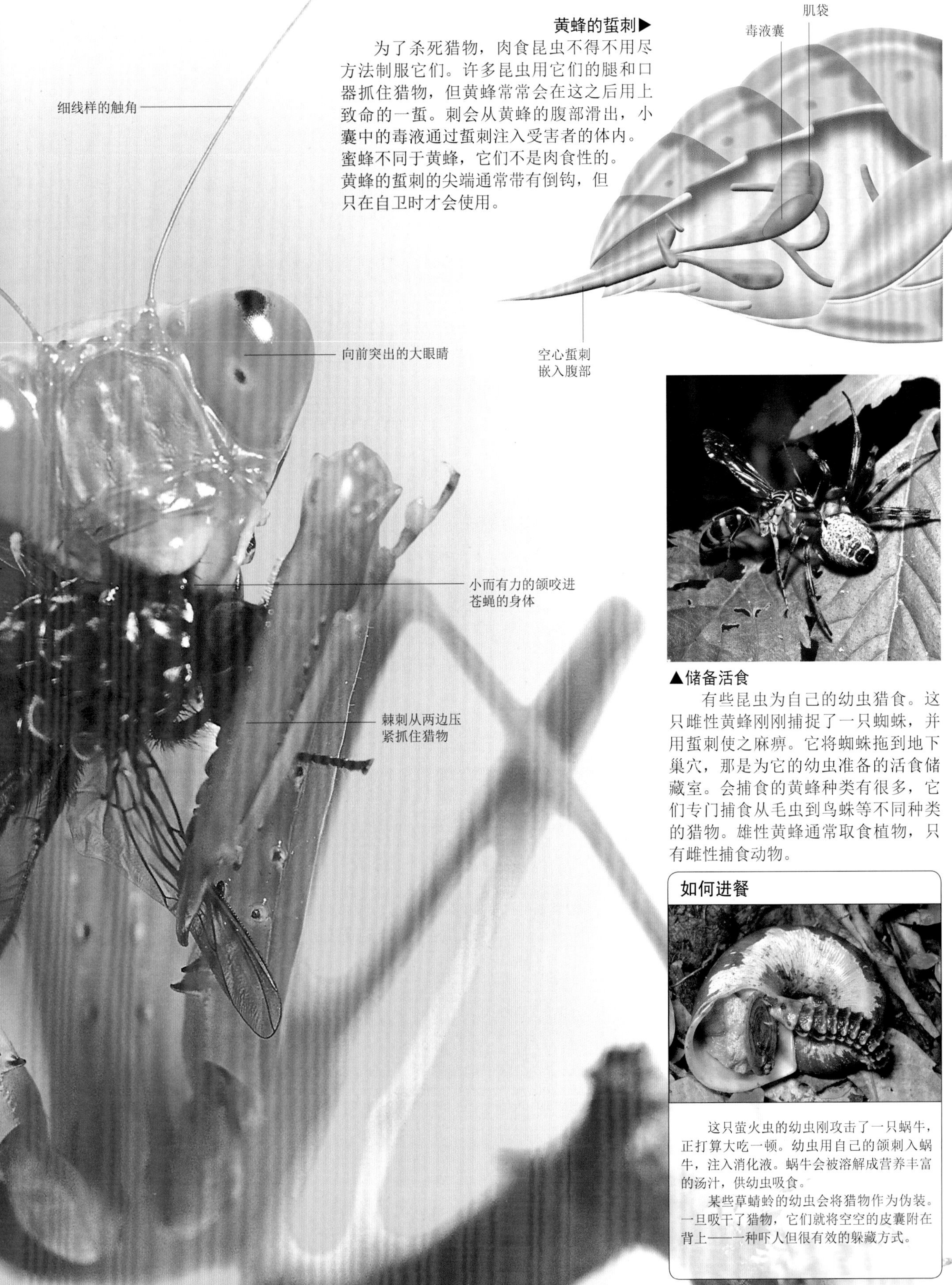

黄蜂的蜇刺▶

为了杀死猎物，肉食昆虫不得不用尽方法制服它们。许多昆虫用它们的腿和口器抓住猎物，但黄蜂常常会在这之后用上致命的一蜇。刺会从黄蜂的腹部滑出，小囊中的毒液通过蜇刺注入受害者的体内。蜜蜂不同于黄蜂，它们不是肉食性的。黄蜂的蜇刺的尖端通常带有倒钩，但只在自卫时才会使用。

▲储备活食

有些昆虫为自己的幼虫猎食。这只雌性黄蜂刚刚捕捉了一只蜘蛛，并用蜇刺使之麻痹。它将蜘蛛拖到地下巢穴，那是为它的幼虫准备的活食储藏室。会捕食的黄蜂种类有很多，它们专门捕食从毛虫到鸟蛛等不同种类的猎物。雄性黄蜂通常取食植物，只有雌性捕食动物。

如何进餐

这只萤火虫的幼虫刚攻击了一只蜗牛，正打算大吃一顿。幼虫用自己的颌刺入蜗牛，注入消化液。蜗牛会被溶解成营养丰富的汤汁，供幼虫吸食。

某些草蜻蛉的幼虫会将猎物作为伪装。一旦吸干了猎物，它们就将空空的皮囊附在背上——一种吓人但很有效的躲藏方式。

异翅亚目（水黾和水蝽）

在平静的池塘中，致命的捕食者正在活动。龙虱在浅水域迅速游动，用尖锐的颌捕捉小鱼和昆虫。水蝽紧贴在水面之下，等着捕捉紧急迫降的飞虫。水黾（水蜘蛛）在水面上等待它的猎物，感受微小的波纹来精确定位挣扎着的猎物。每 20 种昆虫中就有一种昆虫生活在潮湿的环境中，例如池塘、湖泊、河流和小溪中。有的昆虫在水中长大之后就飞走了，有的一生都生活在淡水中。

◀表面张力

水黾依靠表面张力而不是浮力在水面上行走。表面张力是一种将水分子拉在一起的力量。当水体平静时，水面就像一张薄膜。水黾体重极轻，还有排水的腿，因此站在水面上不会沉下去。这张在特殊光线下拍摄的照片，向我们展示了围绕水黾的腿形成的水面凹痕。

▲水黾

从侧面看，这只水黾展示了它穿刺性的口器和纤细的腿。水黾捕食搁浅在水面上的昆虫。它们用前腿来抓住猎物，中间的腿用来游泳，后腿则用来掌舵。水黾是蝽类，多数长有发育良好的翅膀。它们会飞，因此很容易散布在池塘间。

◀水蝎

尽管有昆虫生活在水中，但所有成虫仍靠呼吸空气存活。水蝎依赖伸出水面的通气管得到空气补给。通气管将空气送入呼吸系统，再将氧气分送到全身。水蝎是食肉的，它们在泥泞的水中追踪小鱼和昆虫。它们的捕食方式是偷袭、伪装，还有用来抓住猎物的长而有力的前肢。

◀蜉蝣若虫

生活在流水中的蜉蝣若虫身体扁平，腿脚强壮——这些特点都可防止它们被水流冲走。它们并不呼吸空气，而是从两排羽毛状的腮搜集氧气。若虫需要在水下待上 3 年，只为准备那不到一天的成年生活。

流线型的身体表面十分光滑

大龙虱▲

大龙虱的身长达 5 厘米，是十分强壮的淡水猎手。它们靠后腿在水中迅速游动。每次潜水前，它们都在翅膀壳下储藏空气，因此必须努力划水以防自己浮到水面。龙虱的幼虫比成虫更具攻击性，强壮的颌足以杀死蝌蚪和小鱼。

▲圆盘田

像多数淡水昆虫一样，圆盘田也是猎手，前腿犹如一对小刀可以忽然合上，从而紧紧抓住猎物。它们潜伏在池塘底，为了狩猎而伪装。它们回到水面呼吸，接着再潜回水底躲在植物和泥泞之中。

▲鼓虫

肉食昆虫通常都是守株待兔，而鼓虫却总是在活动。鼓虫就像黑色的小船一样在水面上盘旋，寻找落入水中的小虫。它的眼睛可分为两部分，一部分看着水面以上，而另一部分则注视水面下方。这种全景视野使鼓虫下潜捕食的同时，还能发现来自上方和下方的危险。冬天，成年鼓虫就隐藏在池塘底部的淤泥里。

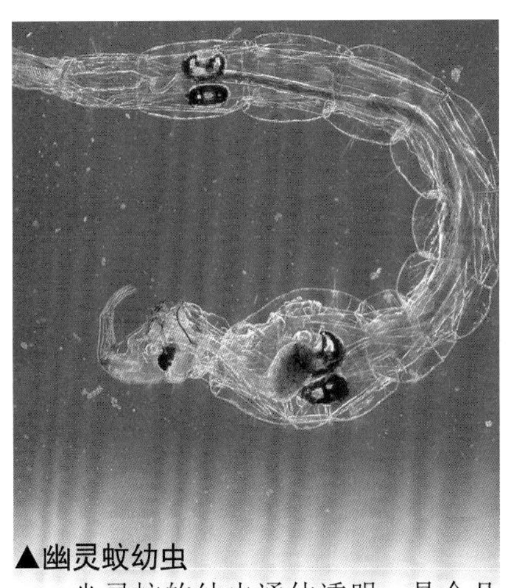

▲幽灵蚊幼虫

幽灵蚊的幼虫通体透明，是个几乎看不见的杀手。它待在水中不动，用钩子样的触角捕捉小动物。它有两对可调节便携式的浮箱改变水位，像潜艇似的上浮、下潜。夏天时，成虫紧密聚在一起，看起来像片烟雾。

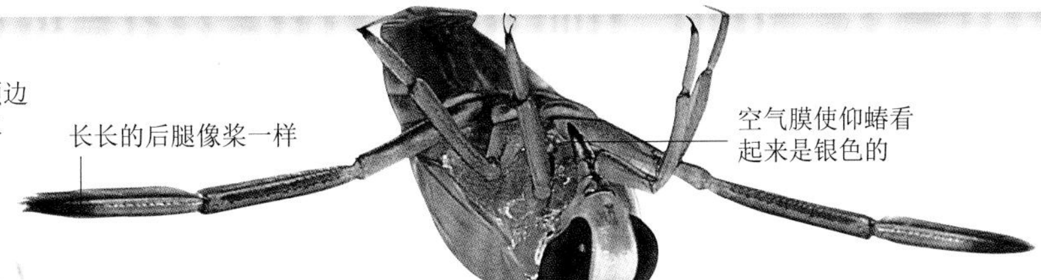

后腿的须边用来划水

长长的后腿像桨一样

空气膜使仰蝽看起来是银色的

▲仰蝽

仰蝽终生都是腹部朝上反着漂在水面下。仰蝽像水黾一样猎食迫降在水面上的昆虫，只不过是从下方发起攻击。它的后腿像极长的船桨一样，用来划水游向猎物。仰蝽长有很大的眼睛，而且总是面向着光线。如果把它们放到点亮底部的水箱中，就会立即翻过来游泳。

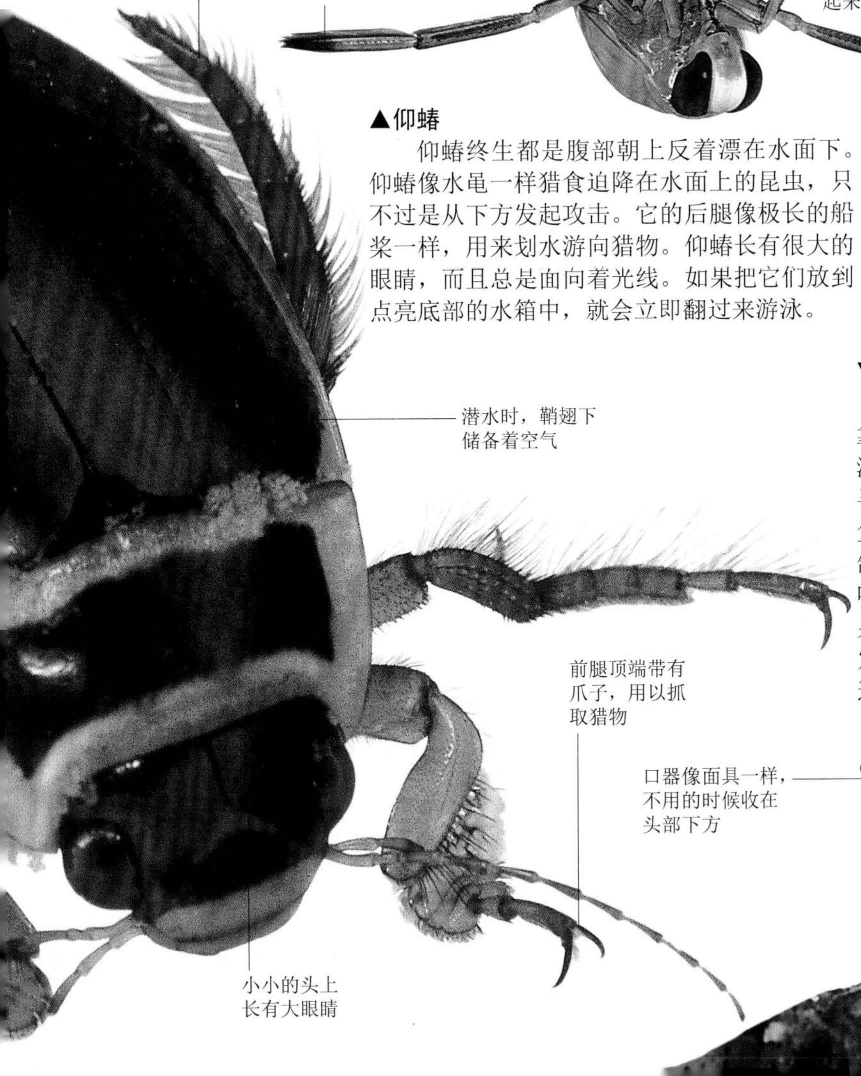

蜻蜓的卵产在水下植物上

潜水时，鞘翅下储备着空气

▼蜻蜓若虫

蜻蜓的幼虫称为若虫，靠偷袭捕猎。它们在池塘和湖泊底部爬行，或爬上植物寻找猎物。如果有蝌蚪或小鱼游过，它们就用可伸缩的颌抓住它们。若虫通过将水吸入和排出腹部来呼吸。如果受到威胁，幼虫就像喷气发动机一样将水挤出腹部，迅速逃离。

前腿顶端带有爪子，用以抓取猎物

口器像面具一样，不用的时候收在头部下方

小小的头上长有大眼睛

诡计和陷阱

▲黑暗中的光亮

新西兰的怀摩多萤火虫洞中有数千个微小的亮点划破黑暗。这些光点是由称为蠓虫的萤火虫幼虫发出的。每只萤火虫都用纤细的丝线将自己垂到空中，亮起自己的光线吸引飞虫。飞虫一旦飞进丝线中就会被粘住。在它们挣扎着要逃走时，蠓虫就开始进餐了。

昆虫的世界里，事物并不总像看起来那样。洞穴中，闪烁的光亮引诱着昆虫去送死。在植物和花丛中，带刺的腿和致命的颌随时都会袭来。甚至在地面也不安全。特殊的猎手躲在地面下，潜心等着捕食的机会。所有这些危险都来自用陷阱捕食的昆虫。对于肉食动物，这种生活方式是很有效的。它们耐心等待猎物自己送上门，而不是花力气去追它们。

▲致命陷阱

从近处看，萤火虫的丝线看起来就像洞穴顶垂下的项链。这些丝线有 5 厘米长，上面有沾满胶水的微珠。每只幼虫都会放下几根丝线，来增加抓住猎物的机会。萤火虫还在其他光线昏暗的地方猎食，例如树桩的空洞中。

▲花朵中的陷阱

这只花螳螂爬上一朵怒放的兰花，等着毫无戒心的昆虫自己送上门来。花螳螂通常颜色艳丽，长有花瓣似的完美伪装。花朵是捕猎的理想场所，因为它们总有固定的来访者。螳螂的反应极其迅速——有时它们甚至能在空中直接抓住昆虫。

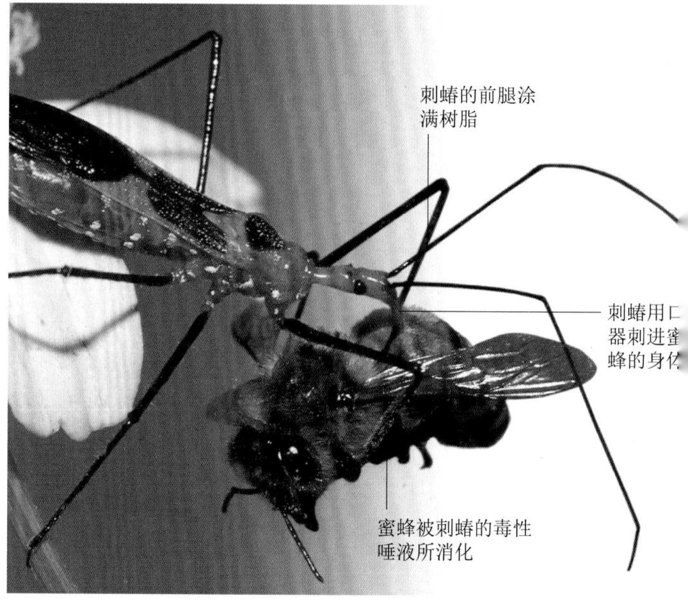

▲致命香气

这只刺蝽从花中探出身体，正在吃一只蜜蜂。刺蝽可以引诱蜜蜂自己送死——在自己的前腿涂上从树上搜集来的黏性树脂。蜜蜂喜欢树脂的气味，正努力追踪它们。当蜜蜂进入可袭击范围，刺蝽就发起攻击。树脂的黏性使蜜蜂很难逃脱。

◀特洛伊木马

这些来自澳大利亚的毛虫由一群蚂蚁照料着。这些蚂蚁会一直保护毛虫直到它们化蛹为止。作为回报，毛虫会给蚂蚁提供少量含糖食物。但不是所有的毛虫表现都那么好。有些毛虫使诡计进入蚂蚁窝，然后开始吃它们的卵和幼虫。它们模拟蚂蚁的气味，从而说服工蚁将它们带回到地下巢中。令人惊讶的是，蚂蚁们竟无法辨认出入侵者。

蚁狮的陷阱

致命的颌

肉食的蚁狮的腿很短，颌却特别长。有些蚁狮在地面或石头下捕猎，但它们中的多数都太笨重，没法捕捉到活动中的猎物。因此，蚁狮的幼虫就在松散的沙土中挖出特殊的陷阱。一旦挖好陷阱，只需要等着猎物自己送上门了。

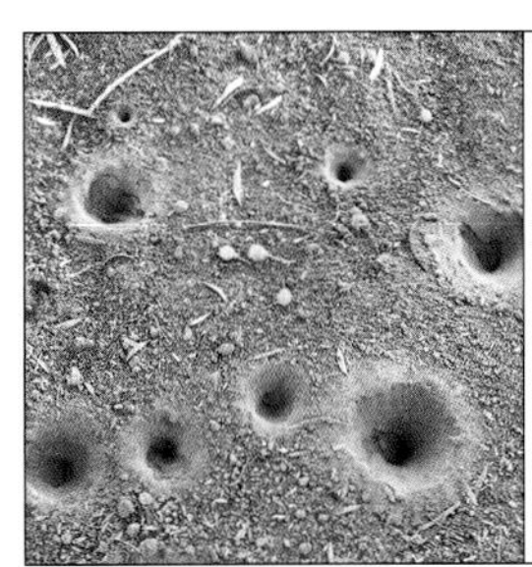

地上的凹痕

这张俯视图展示了散布在地面上的蚁狮的陷阱。陷阱是一个两壁很陡峭的深坑，开口有5厘米宽。每只蚁狮都在坑底耐心等待着，只有颌暴露在外。深坑只有保持干爽才能起作用。因此，这些陷阱都挖在树下，免于被雨淋。

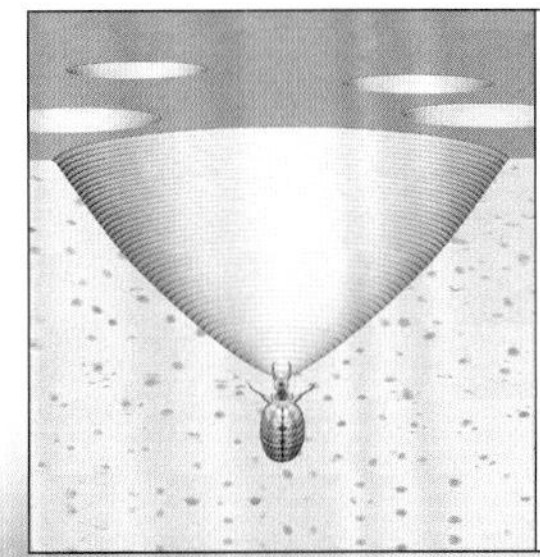

陷阱作用机制

如果昆虫走到蚁狮陷阱的边缘上，有时会直接跌进去。更多的时候，蚁狮会发觉到昆虫并用沙子弹它们。昆虫如果失去平衡，就会从边缘跌落下去。一旦昆虫落到底部，蚁狮就用颌抓住它们，享用一顿美餐。

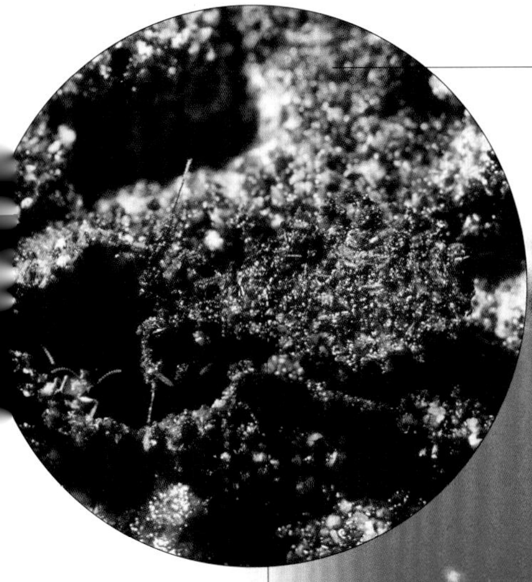

白蚁窝表面的物质

触角上伪装有来自白蚁巢穴中的纸屑

几乎看不出这是只正在白蚁窝上行走的刺蝽

工蚁被用来作诱饵

致命的诱饵▶

这只年幼的刺蝽蜷缩在白蚁窝边，准备钓取下一顿美餐。它用颌紧紧抓住一只刚杀死的白蚁作为诱饵。一旦有白蚁出来调查，它就一个接一个地把它们捕到吃掉。为了保护自己，刺蝽全身伪装有纸屑，就是白蚁用来筑巢的，像纸一样的材料。

吸血为食

对许多昆虫而言，血液是很理想的食物。血液富含蛋白质，雌性昆虫产卵很需要它。昆虫在几分钟内吸食的血液足够维持好几天，甚至它的整个成年生活。吸血昆虫有两种取食方式。有些只是临时的造访者，降落、进食，然后就离开，如蚊子和许多种类的苍蝇、甲虫和吸血飞蛾。有些则是终生在寄主身上生活的寄生虫。

◀无痛穿刺

蚊子通过感受体温和呼出的二氧化碳来追踪宿主。一旦蚊子着陆，在叮咬时，口器的外壳向后折起。蚊子轻轻将内部口器扎进皮肤，直到血液流进来。蚊子吸食血液的同时会注入抗凝血的唾液，阻止血液凝固，这样蚊子就有足够时间享用美餐了。

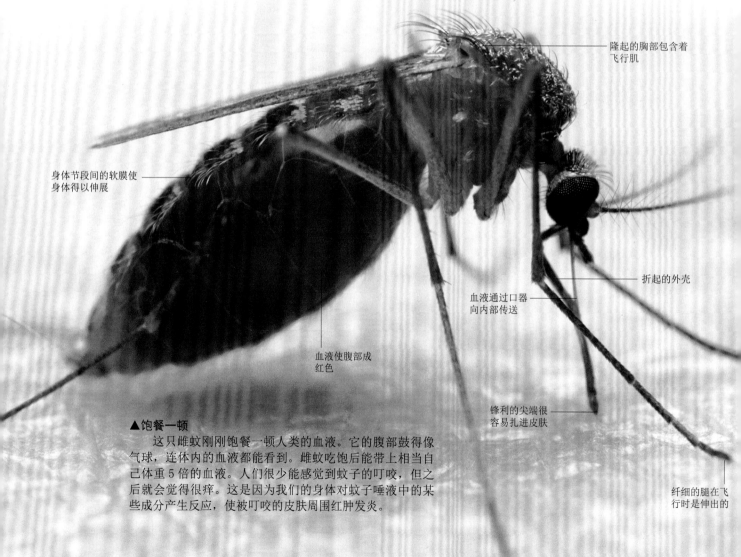

隆起的胸部包含着飞行肌

身体节段间的软膜使身体得以伸展

折起的外壳

血液通过口器向内部传送

血液使腹部成红色

锋利的尖端很容易扎进皮肤

纤细的腿在飞行时是伸出的

▲饱餐一顿

这只雌蚊刚刚饱餐一顿人类的血液。它的腹部鼓得像气球，连体内的血液都能看到。雌蚊吃饱后能带上相当自己体重5倍的血液。人们很少能感觉到蚊子的叮咬，但之后就会觉得很痒。这是因为我们的身体对蚊子唾液中的某些成分产生反应，使被叮咬的皮肤周围红肿发炎。

吸血昆虫

马蝇

最常见的吸血昆虫就是两对翅膀的飞虫，包括蚊子、黑蝇和小型蠓，以及马蝇和采采蝇。绝大多数昆虫都是只有雌性吸血，它们最喜爱的宿主就是哺乳动物和鸟类。雄性则取食花蜜或其他来自植物的含糖液体。

臭虫

比起苍蝇，臭虫中只有很少种类吸食血液。床虱在其中是最声名狼藉的——由于人类旅行的增加，它们成功地传播到了全世界。它身体是圆形紫铜色的，也没长翅膀。它们会爬到宿主身上，总是在晚上叮咬宿主。

头虱

从显微镜下看，人类的头虱长有强壮的爪子用来抓住毛发。像所有吸血的虱子一样，头虱终生都在宿主的身上，用头上尖锐的口器咬人。世界上大约有250种吸血的虱子生活在各种哺乳动物身上，包括蝙蝠和海豹。

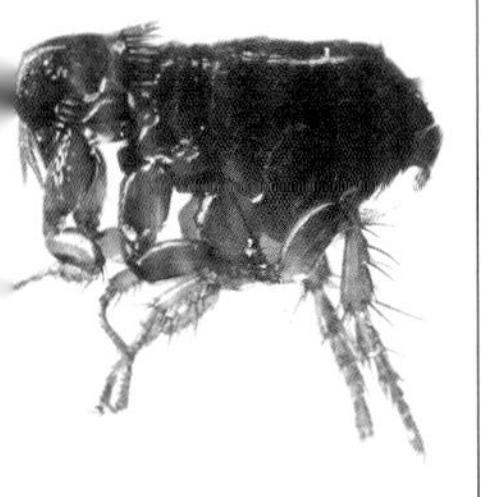

跳蚤

跳蚤的扁平身体和坚硬的皮肤，很适应在羽毛和毛发中生活。它们没长翅膀，用强壮的后腿在宿主间跳跃。跳蚤的幼虫并不吸血，它们在巢穴和草垫中以腐物为食，等成熟后就跳到恒温动物身上。

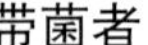

带菌者

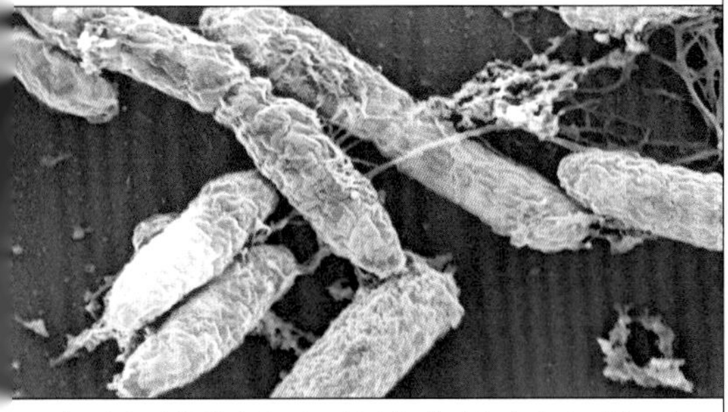

经过上千倍放大之后，鼠疫杆菌看起来完全无害，但它们足以造成世界上最致命的疾病。鼠疫通过跳蚤传播。跳蚤在老鼠身上搜集细菌，之后再叮咬人类，将鼠疫杆菌转移到人类身上。在以前的致命疫病流行中，鼠疫横扫全世界。幸运的是，现在抗生素药物的应用使疫病得以控制。现今，疟疾是动物携带的最危险的虫媒疾病。它由蚊子传播，每年造成上百万人死亡。

◀马蝇

夏天，马匹总是被嗡嗡作响的蚊蝇所包围。许多蚊蝇都是被含盐的汗液所吸引，停留在马的脸上和眼睛周围。这些蚊蝇并不叮咬，但很容易惹恼马匹。吸血的马蝇从另一个角度接近马匹，通常落在马的侧腹。它们用刀片样的颌切开皮肤，然后舔吸从伤口中渗出的血液。

马蝇咬破皮肤，造成一个很疼的伤口

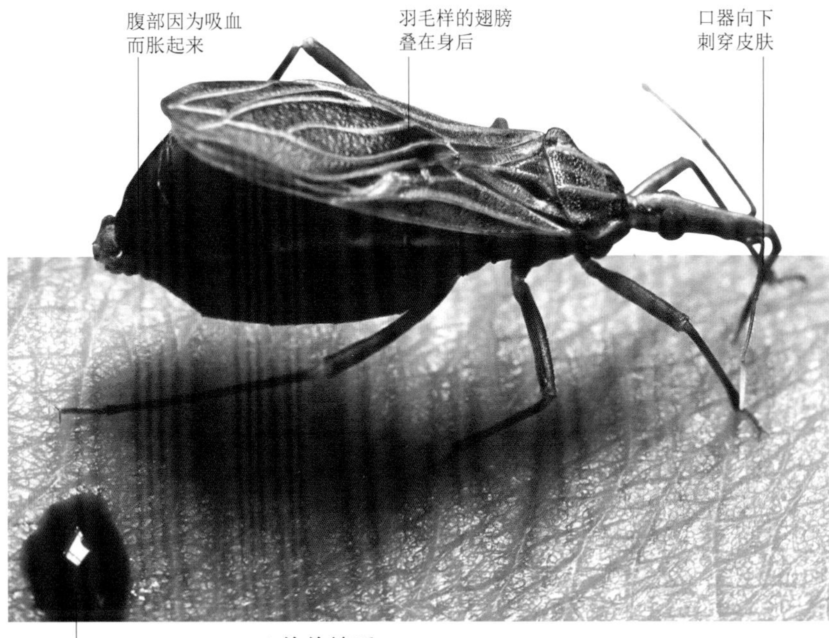

腹部因为吸血而胀起来

羽毛样的翅膀叠在身后

口器向下刺穿皮肤

如果把虫子的排泄物混入被叮的伤口，就会传播疾病

▲偷偷接近

这只刺蝽将口器向下折，正在饱食人的血液。大多数刺蝽靠捕食其他生物为生，但有些种类吸血为食。它们喜欢停留在人的脸和嘴唇上，这就是它们有时又称作接吻虫的原因。像床虱一样，它们白天躲起来，晚上努力吃食。吸血昆虫都是不受欢迎的造访者，因为其中有些会传播疾病。

双翅目（苍蝇）

许多昆虫的名字里都有“蝇”字，但真正的苍蝇是独一无二的，它们和大多数飞虫不同，只长有一对翅膀而不是两对。这种设计十分高效，让它们成为昆虫世界最优秀的飞行者。苍蝇十分敏捷，这就是为什么苍蝇很难被捕到的原因。世界上有约3.4 万种苍蝇，生活在地球上所有类型的栖息地之中。它们许多都以植物或死去的动物残骸为食，其中也有寄生虫，还有吸食血液的和传播疾病的。

短而粗硬的触角用来搜集食物的气味

发达的眼睛

有条纹的胸部

不速之客▶

家蝇是世界上生活范围最广并且最烦人的害虫。与双翅目中其他昆虫一样，它们长有大头、短短的触角，和一对透明的翅膀。在后翅的位置上，长着一对称为平衡棒的短棍，在空中迅速飞行时用来保持平衡。家蝇视力极好，但主要靠味觉和嗅觉追踪食物。

苍蝇在空中时，腿向内卷起

钩子和吸盘使苍蝇很容易抓取东西

透明的翅膀上有几根翅脉

双翅目（苍蝇）

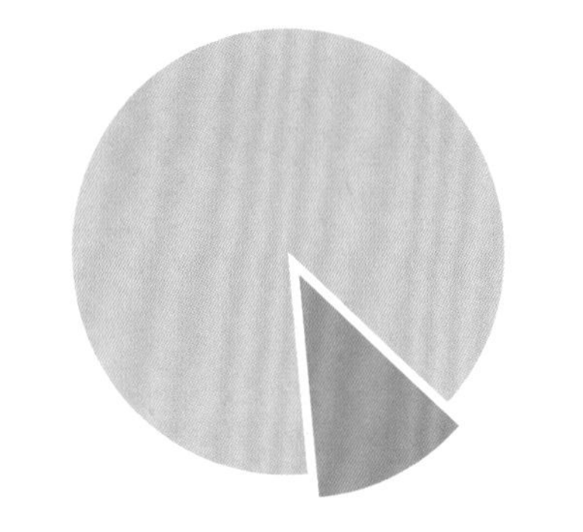

一对翅膀的昆虫组成的双翅目，占所有已知昆虫种类的 12%。它们生活在许多类型的栖息地，但在温暖潮湿的地方最常见。个体最大的种类是热带的拟食虫虻。它的翼展达 10 厘米，比许多蝴蝶都大。

丽蝇的发育过程

卵

苍蝇的发育为完全变态——随着生长发育身体形状完全改变。丽蝇，又称肉蝇，靠嗅觉找到死去的动物和腐肉，并在上面繁殖。雌性丽蝇每次产卵数可达 500 枚。如果天气足够暖和，卵第二天就会孵化。

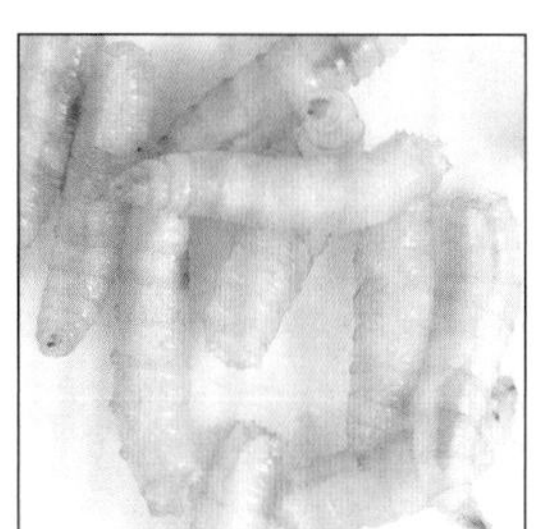

蛆

当丽蝇的卵孵化后，没有足的幼虫（足已退化）就会从中出来。蛆这种毫不吸引人的动物，一出生立即开始吃东西。它们在食物中蠕动，迅速生长，会蜕皮好几次。约 10 天后，蛆就离开化成蛹。

蛹

丽蝇的蛹两头圆圆，呈微红色和棕色。在蛹内部，蛆的身体分解，渐渐形成成虫的身体。这个过程大约 12 天，取决于温度。一旦身体完全变化，蛹的一头打开，一只苍蝇成虫就从中爬出来了。

成虫

丽蝇完成完整的的生活史需要 3 周。雄性丽蝇采食花朵，而雌性产卵。由于繁殖迅速，它们一年可以繁殖许多代。成虫在冬季冬眠，等到暖和时，就会再次出来活动。

◀倒挂行走

许多昆虫，例如家蝇，可以倒着走。它们用腿上的钩和吸盘几乎可以附着在任何表面上，包括玻璃。倒着着陆很有技巧性。首先，苍蝇用前腿抓紧附着物，像杂技演员抓着吊秋千。接着，将身体的其他部位悬摆在腿下，这样就能倒转过来。一旦6条腿都接触到平面上，它就可以到处走动了。

腿胫节上长有一排排的刚毛

◀长满刚毛的身体

苍蝇的整个身体，包括腿上都覆盖有细长的刚毛。这些刚毛对气流十分敏感，如果附近有任何东西移动，就给身体加热。苍蝇的腿上也有感觉器官，以辨别自己落在什么地方，这样很方便就能找到食物和产卵的理想位置。

前缘脉较强壮，与翅的前缘合并

不用时，翅膀折叠在背后

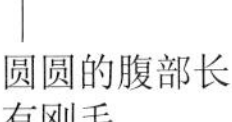

圆圆的腹部长有刚毛

▲扫荡食物

双翅目苍蝇都吃流质食物，但进食方式不同。苍蝇的口器像折起来的海绵，把唾液洒到食物上，等食物溶解了，苍蝇再吸回来。家蝇主要吸食含糖的东西，也喜欢腐烂的剩菜。不论家蝇落在哪里，墙上、窗户上甚至电灯泡上都会留下黏黏的口水污渍。

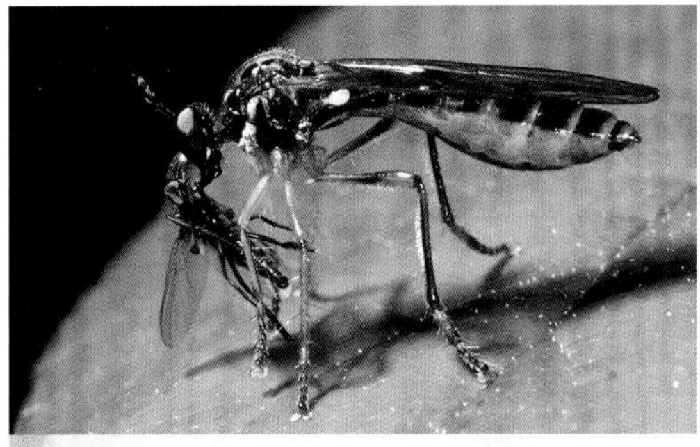

▲猎食性苍蝇

与家蝇不同，食虫虻通常在空中捕捉其他昆虫。一旦食虫虻捉到猎物，就落下来吃食。食虫虻长有尖锐的口器，用来扎进猎物的柔软部位，比如颈部。等它们吸干了昆虫的体液，就把空壳丢掉。许多食虫虻头部都有浓密的刚毛，用来防备猎物挣扎。

▲吸血蝇

许多双翅目昆虫以吸血为生。它们包括蚊子、蠓、马蝇，还有图中的黑蝇。蚊子的口器像注射器，但马蝇和黑蝇却咬破猎物的皮肤。黑蝇会传播危险的疾病，比如疟疾——不仅在人群间，也在野生动物间传播。

寄生虫

寄生虫无法自己独立生活，而是生活在称为寄主的其他动物身上。虱子和跳蚤都以吸食寄主的血为生，但其他寄生虫有更可怕的习性——咬破或挖洞进入寄主的体内。尽管宿主通常能存活下来，但会在一定程度上受到伤害。拟寄生虫与一些寄生虫不一样，它们在寄主体内长大，它们不停地吃直到寄主死亡。在昆虫世界中，寄生是一种很常见的生活方式。对于人类，有些寄生虫甚至很有用，因为它们能帮助控制害虫。

爪子紧紧抓住头发

口器不用时，就缩回去

短而硬的触角分成好几节

头虱随着长大颜色会变深

虱子顺头发爬下去吃食

家中的头发▶

从这张经人工染色的图片上看到，头虱用带钩的爪子紧紧抓着一根头发。它们的爪子很强壮，所以很难被赶走。虱子是用三个细针似的口器刺破人的头皮从中吸血为生。这种小虫子更多侵袭儿童而不是成人，通常在学校传播。可用刷或梳，也可以用含杀虫剂的洗发香波清除它们。

◀孵化

这只刚从卵中孵
出的头虱，被放大了5
倍。雌虱在头发上
卵，将卵集中在超级
水似的液体中。当幼
的头虱准备孵化，卵
顶部落下，虱子就从
出来。其他种类的虱
常在衣物上产卵，比如
虱。与头虱不同，体虱
传播多种危险的疾病。

◀寻找寄主

姬蜂轻轻拍打触角，通过嗅觉可以感知以植物为食的幼虫的振动来追踪寄主。世界上有6万多种姬蜂，几乎所有的姬蜂都是寄生性的。许多姬蜂都有长长的用来产卵的管子，被称为产卵器，可以在坚硬的木头上钻洞。雌性姬蜂就是用它钻进树干里将卵产在树上钻洞的幼虫身上。

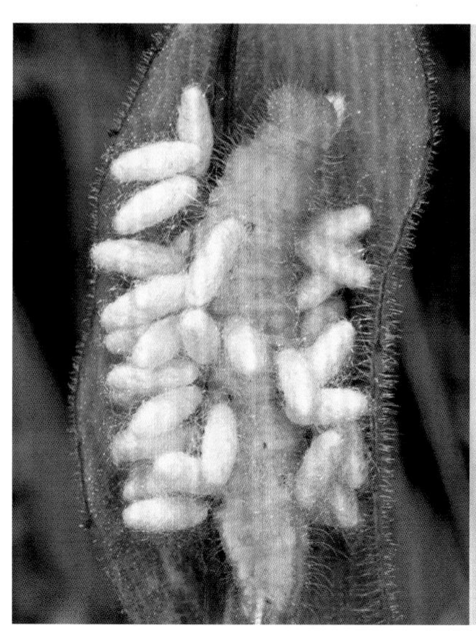

◀侵袭毛虫

这些小小的茧表
这只毛虫已经被寄生
侵袭。成年寄生蜂
卵产在毛虫体内，幼
从里面吃掉了毛虫。
着，幼虫从毛虫体内
出来结茧。一只毛虫
够100多只寄生蜂幼
并排一起进食。然而
它们的寄生生活并不
全，因为也会遭到某
重寄生虫侵袭。

艳华蜂▶

美丽的艳华蜂并不己养育后代。取而代，它进入其他蜜蜂的，将卵产在其中。它幼虫孵化时，就备有利的颌。它们会毁掉里其他所有的幼虫，样就能将大多数食物给自己。世界上大约 1/5 的蜂类用这种方抚养下一代。成年艳蜂身上披有甲壳，在入别人巢里被袭击和咬时就能幸免于难。

强行劳役▶

大多数蚂蚁是勤勉的劳动者，但有些种类的蚂蚁会绑架其他蚂蚁，强迫它们替自己工作。图中展示了一只奴隶主——火红蚁带着它的猎物。它们偷袭附近的蚁穴，将不同种类的幼蚁带回家。这些幼蚁在奴隶主的巢穴里长大，表现得像是这里的成员一样。靠着捕获其他工蚁的幼虫，这些奴隶主可以养育更多的幼蚁，而不必自己做所有的工作。

为家庭准备食物▶

狩猎象鼻虫的胡蜂，用自己的刺，使不幸的猎物麻痹。胡蜂并不是直接吃掉象鼻虫，而是把它带回巢穴里——地上的一个浅浅的洞穴。等到巢穴里装满了象鼻虫，胡蜂就把卵产在其中，它的幼虫就会把象鼻虫当作食物。许多独居的胡蜂有自己搬运猎物的方式：它们在空中携带小型昆虫，而大一些的猎物通常拖着在地上行进。

胡蜂飞回巢穴，用强壮的腿紧紧抓住象鼻虫

良好的视力有助于定位猎物

象鼻虫被蜇之处在下腹部，身上最柔软的地方

捻翅蜂

捻翅蜂是世界上最小、最奇怪的寄生虫之一。比如这只雄蜂，长着凸出的眼睛和扭曲的翅膀。雌蜂没有翅膀、没有腿并且看不见，它寄生在蜜蜂和胡蜂的腹部，只有身体的一小部分露在外面。雄蜂就和这部分交配，雌蜂产出幼虫，幼虫爬到花朵上再爬到新的宿主身上，然后钻进它们的身体。长大后的雄蜂最终飞走，而雌虫则仍然待在宿主体内。

采食植物

每年，昆虫都会咀嚼、啃食和吸食数百万吨的植物。在昆虫面前，没有什么植物可以幸免。昆虫尽情享用着根、茎、树叶、花朵和种子，它们还在树皮和木头上钻洞。面对如此丰富的食物供给，绝大多数食草昆虫都是专家，它们口器的形状都是为了处理这些食物而形成的。许多昆虫采食植物的范围很广，但有些则极其挑剔。有些毛虫只在特定的植物上采食长大。

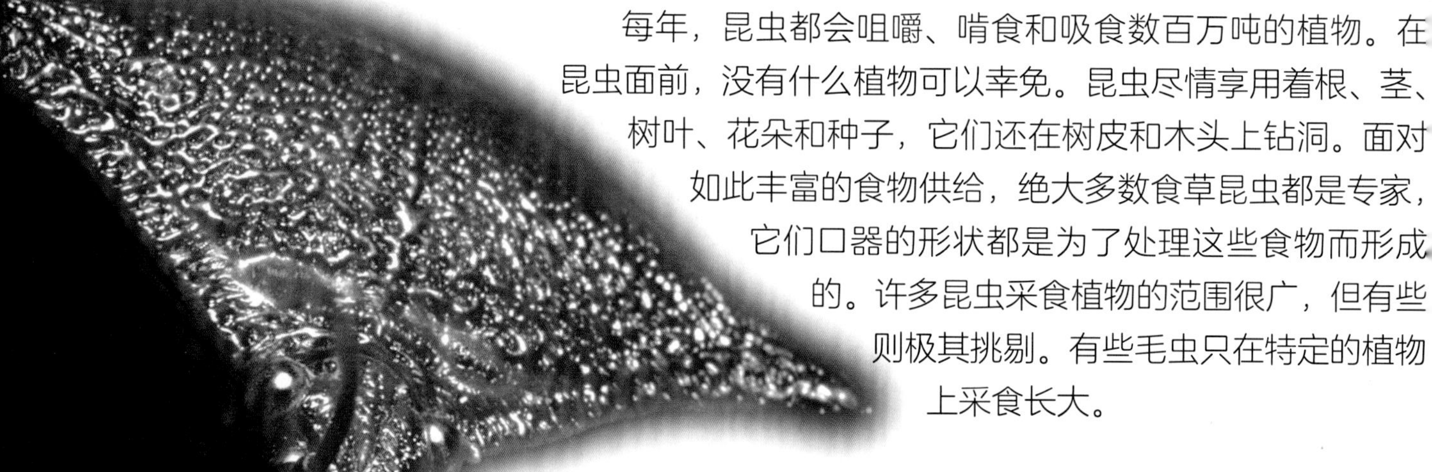

◀取食树汁

这只盾蝽用口器咬开植物的茎，对着树汁一顿痛饮。树汁很容易到手，而且富含糖分，为昆虫提供活动所需能量。然而，它却缺乏其他营养，尤其是昆虫生长所需的氮。为了弥补不足，大多数吸食树汁的昆虫总是花很多时间进食，尤其是它们幼龄的时候。其他虫子，比如蝉幼虫吃的就比较少，这就需要更长时间长大。

虫瘿

这个看似苹果形的东西，实际上是一个叫作虫瘿的增生体。当昆虫落在植物上，释放刺激植物生长的化学物质，虫瘿就长出来了。随着虫瘿长大，它就为昆虫的幼虫提供了安全的避难所和食物来源。大多数虫瘿都是由小型的胡蜂和蚋引起的。每种昆虫只侵袭特定的植物，产生特殊形状的虫瘿。这个橡树苹果形虫瘿柔软而且气鼓鼓的，但有些虫瘿是木制的而且坚硬。

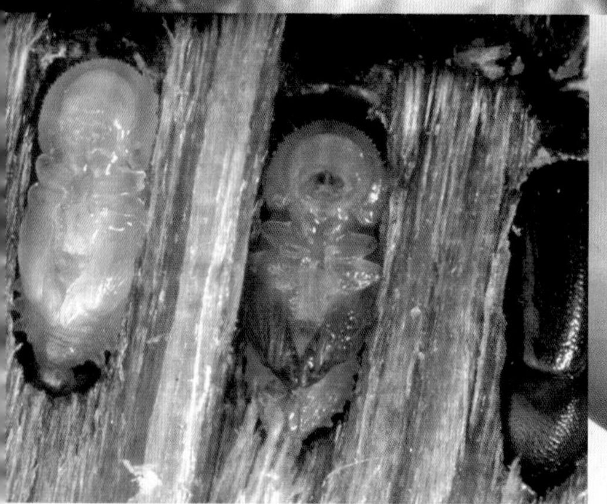

▲啃食木头

藏在树干中的这些粉蠹虫的幼虫正准备转变为成虫。粉蠹虫深深钻进树中，身后留下木制的管道网络。与大多数啃食木头的甲虫一样，它们要花很多时间才能长大，因为木头很难啃食，更难消化。粉蠹虫啃食的树种范围很广，也包括长满果子的树。

▲啃食种子

这只象鼻虫静静待在一粒小麦里。它的弯曲的口吻末端有一对短小而粗硬的颌。象鼻虫用这一对颌从里向外啃食小麦颗粒。种子是植物最有营养的一部分，因此这样一粒种子足够象鼻虫饱食好几天。雌性象鼻虫常常用强壮有力的颌在种子和坚果上钻个小洞，并在里面产卵，这样它们的后代就有了现成的食物来源。象鼻虫大约有5万种，许多都是农作物和储存食物的害虫。

▲地下的食物

蝼蛄像是隧道机器。它们在潮湿沙土中钻洞，咀嚼植物的根。根并不找，但它们通常含有昆虫所需的营有些昆虫比如蚜虫，整个冬天都吸食的汁液，一年的其他时候却都在地生活。

数量取胜▶

这些舟蛾的毛虫一起挤在蔷薇叶上开始吃食。它们从叶子外缘向里啃食，直到完全吃完再移向下一个。在生命的早期，毛虫为保证安全都是挤在一起，但之后，它们就会分开。蛾子的幼虫是昆虫界最贪吃叶子的食客。由于人类帮助传播，有些种类，比如舞毒蛾已经成为最主要的害虫。

便携帮手

植物类食物很容易找到，但并不容易消化。许多昆虫依赖微生物解决这个问题。微生物生活在昆虫的肠道中，释放降解食物的物质。这些微生物来自啃食木头的白蚁的消化系统。它们漂浮在白蚁的肠道中，吞噬小片的木头，再转化为白蚁能吸收的食物。

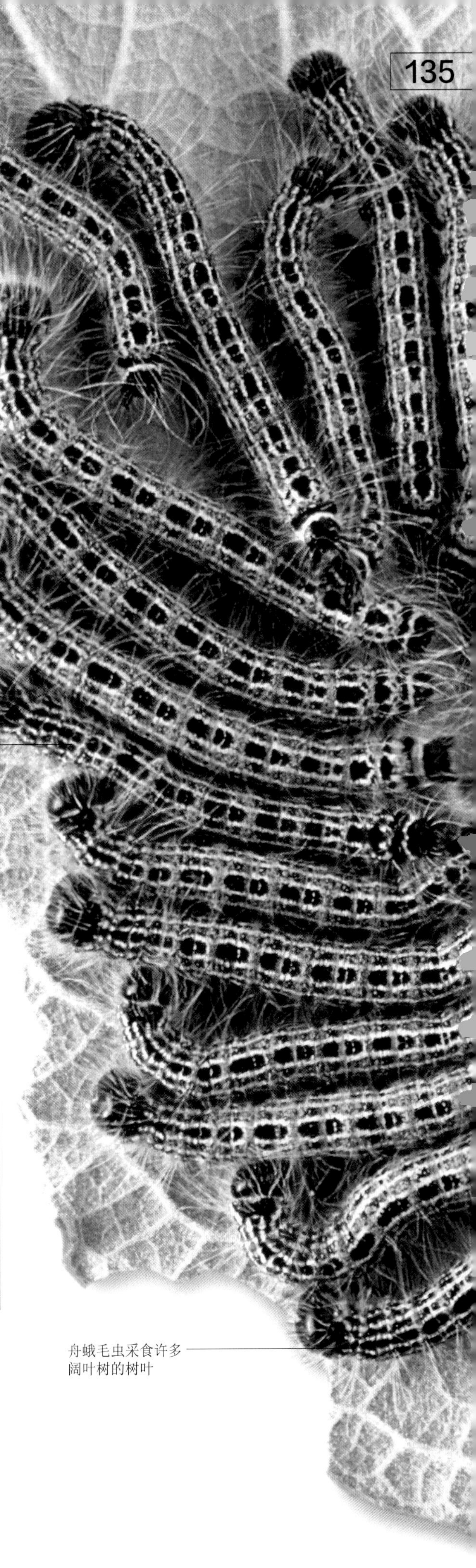

刚毛和警戒色有助于阻止掠食者和鸟类

▲挑剔的食客

这只普通的凤尾蝶幼虫用吸盘状的腹脚站稳后，开始吃茴香叶子。许多凤尾蝶的幼虫对吃什么很挑剔，茴香是它们最喜爱的食物。一旦毛虫被任何东西碰到，它就伸出头后面的一对鲜红的触角，散发强烈的气味，让猎食者不能靠近。

▲植物盛宴

比起毛虫，蠼螋对食物并不挑剔。它们啃食植物的任何部位，包括嫩芽、树叶和花朵。和多数植食性昆虫不同，它们也吃残骸和其他任何能抓到的小动物。蠼螋并不是像毛虫那样高效的食客，但它们的生活方式也有一个很大的优势。如果一种食物短缺，它们可以换着吃别的食物。

舟蛾毛虫采食许多阔叶树的树叶

采食花朵

对许多昆虫来说，花朵是外带食品的理想来源。菜单上的主菜通常是花蜜——一种甜蜜的液体，是富含能量的昆虫食物。作为回报，昆虫携带花粉(一种包含植物雄性生殖细胞像尘埃似的物质)。植物在结籽前需要交换花粉，而昆虫的“快递服务”正好满足了植物的需要。昆虫为花朵授粉已经有一亿年的历史了。在这段时间里，花朵和昆虫已经是很亲密的搭档。有些昆虫造访许多不同的花朵，没有特别的喜好，但大多数只坚持取食适合它们的形状的花朵。

▲移动中的花粉

这张照片展示的是高倍放大的蜜蜂的腿。这些黄色的圆点，是细微毛发上捕捉到的花粉颗粒。蜜蜂每次造访花朵都会带上花粉，同时也散播花粉。蜜蜂喝下大量的花蜜，也吃花粉。蜜蜂将它们梳下来，放进每条后腿特殊的袋子里，这样就可以将它们带回蜂房。

花瓣将蜜蜂吸引到花朵上

蜜蜂的触角感知花朵的香味

柱头搜集蜜蜂带来的花粉

蜜蜂伸到花朵底部，采集花蜜

花粉囊将花粉撒到蜜蜂身上

传粉▶

这只大黄蜂刚落在一朵花上，开始吃食。许多大黄蜂都有长长的口器，深深探进花朵吸食花蜜。当蜜蜂进食时，花朵的花粉囊（雄性部分）往它身上撒满花粉。同时，花的柱头（雌性部分）搜集蜜蜂带来的花粉。一旦柱头落上一些花粉后，花朵就开始结籽。

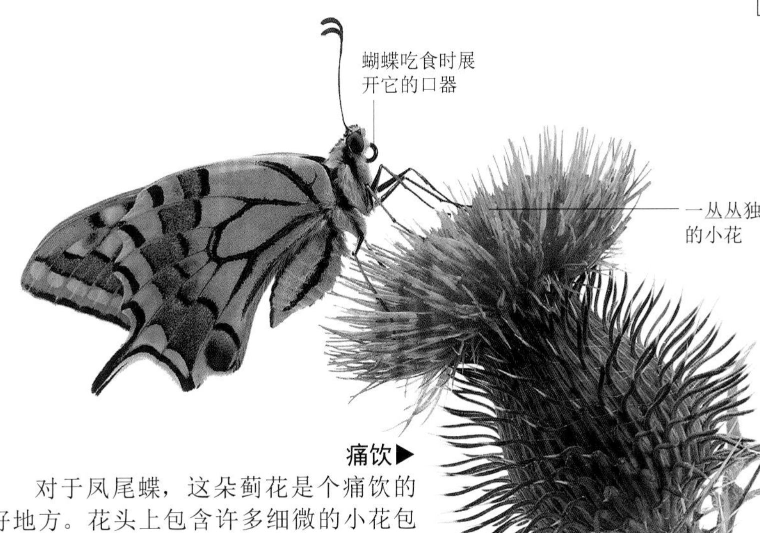

痛饮▶

对于风尾蝶，这朵蓟花是个痛饮的好地方。花头上包含许多细微的小花包裹在一起，像刷子上的毛。蝴蝶展开它的口器，痛饮每一朵花的花蜜。蝴蝶的口器很长，而蛾子的口器更长。来自马达加斯加的鹰蛾的口器有30厘米，比自己的身体长好几倍。

喂食

食蚜蝇用口器从花朵上搜集花蜜和花粉。和蜜不同，不是所有的苍蝇都有长长的口器，有些喜又浅又平的花朵。雄性食蚜蝇常常守着一朵花，半空中盘旋，允许雌性落下进食，但如果雄性竞对手出现，它们会相互追逐展开一场空战。

完美组合▶

玄参的花朵并不吸引蝴蝶或者蜜蜂，而是专为胡蜂设计的。这只胡蜂被花的香味吸引，把头伸进去取食。当它吃食时，花朵就在胡蜂的下颌上撒下花粉，胡蜂会把花粉带到下一朵玄参花上。胡蜂与蜜蜂不同，是用昆虫来喂养下一代，因此它们并不搜集花蜜带回蜂巢。

胡蜂趴在花上，
把头伸进去

偷蜜

这只大黄蜂后腿紧抱着紫草花，正在偷吃花蜜。能闻到花朵里的花蜜，但是口器太短够不着。于，它在花朵的底部挖一个洞，这样就能吃到了。用这种卑鄙诡计的昆虫被称为偷蜜访花者，在昆界是十分常见的。一旦花被挖开一个洞，其他昆常常也会利用它，对植物而言，偷蜜者是不受欢的来访者，因为它们吃了花蜜但并没有以传粉来为回报。

▲昆虫拟态

不只是昆虫会在授粉上作弊。蜂兰花不产蜜，但它们分泌雌蜂的气味来引诱雄蜂，并且花上长满毛，进一步完备了它的伪装。当雄蜂试着交配时，花朵将一包花粉放在雄蜂的头上。雄蜂飞走，这个包裹就会被它造访的下一朵蜂兰花签收。

▲恶心的气味

绝大多数花都靠鲜艳的色彩和甜蜜的气味吸引昆虫。腐臭花不同，因为给它授粉的是食腐肉的苍蝇。它有一种极倒胃口的腐肉气味。雌性丽蝇在花上产卵，从花瓣上爬过时，花就把花粉包扣在丽蝇腿上。当丽蝇造访另一朵花，花粉包就被转移了。

半翅目（蝽）

半翅目昆虫种类多达 8 万多种，包括世界上最吵闹的和数量最多的昆虫。其中包括刺蝽这样凶猛的猎食者，以及小蚜虫这样数量众多的吸食树汁的昆虫。半翅目昆虫都有喙一样尖锐的口器，用来刺穿猎物。它们大多数都长有两对翅膀，生活在陆地和淡水中的任何地方，少数甚至能在远海的开阔水域生活。蝽类有助于控制其他昆虫，但吸食树汁的种类因为会传播植物疾病而造成严重的危害。

热带蝉▶

蝉是数量最多的以植物为食的昆虫。口器在不用时折叠起来。它们通常长着两对翅膀，折起来后像一个倾斜的屋顶。蝉的一生大部分在地下生活，取食乔木和灌木的根。在地下待上几年后，它们就爬上树梢，转变为成虫。雄性靠敲击腹部的甲片来吸引配偶——这种刺耳的声音在 1 千米外都能听见。

▲外星人一样奇异的长相

许多昆虫靠伪装从目光锐利的猎食者（尤其是鸟类）口下逃生。这只来自南非热带雨林的惊人的角蝉，装饰有两个微缩的“鹿角”，其中一个在头上，另一个在翅膀间。这些“角”能够帮助它们伪装自己，也使猎食者难以下咽。有些昆虫如果被袭击了，就会释放一股难闻的味道，借此自我防卫。

蚜虫的发育阶段

出生

半翅目昆虫发育为不完全变态，即身体形态随生长而逐渐改变。但是有些种类可以直接产下幼虫而不是卵。这只雌虫差不多就要完成生产了。它的幼虫最先露出来的是腿部。蚜虫宝宝很快就能准备好第一次进餐了。

低龄若虫

雌性蚜虫一天能生产好几只幼虫。很快，每位母亲的身边就挤满了正在生长的幼年蚜虫和若虫，但是若虫的颜色更苍白，个头更小。它们没有翅膀，但口器发育完全，几乎一刻不停地吸食树汁。

成熟若虫

几次蜕皮后，若虫就和成虫一样了。每只都是头部小小的，6 条腿，腹部肥大用来消化树汁。若虫会爬行，但通常走不远。结果，许多蚜虫一个挨着一个地进食，树枝上的空间就显得狭小了。

有翅的成虫

最后一次蜕皮后，蚜虫变为成虫。大部分若虫在春天或者初夏会变成无翅的雌虫，不需要交配就可以繁殖。当年晚些时候，这些若虫会变为有翅的雄性和雌性。雌、雄虫交配后，雌虫就会飞到别的植物上产卵。

▲刺杀

这只刺蝽刚抓住一只甲虫，开始进食。和所有掠食性昆虫一样，它不能咀嚼食物。因此，它们用尖锐的口器刺穿猎物，注入有毒的唾液。一旦受害者死了，它就吃掉猎物身上柔软的部位，扔掉其余部分。

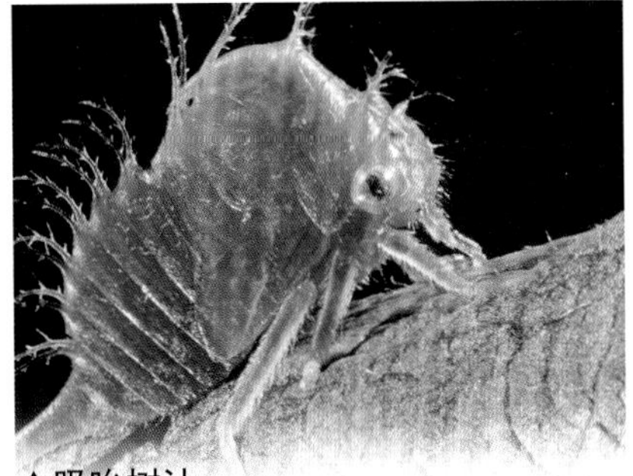

▲吸吮树汁

世界上几乎所有吸食树汁的昆虫都会给植物造成严重危害。大多数种类，例如这只紫花苜蓿跳虫虽然个头很小，但在食物充沛时，繁殖极其迅速。吸食树汁的昆虫包括蚜虫、粉蚧虫、飞虱和蝉。

▲水下攻击

这只大水蝽用它针一样的前腿抓住猎物。水蝽藏匿于池塘和小溪的淤泥之中，其强壮地足以刺穿人类的脚趾。划蝽和水蝎也在水下狩猎。

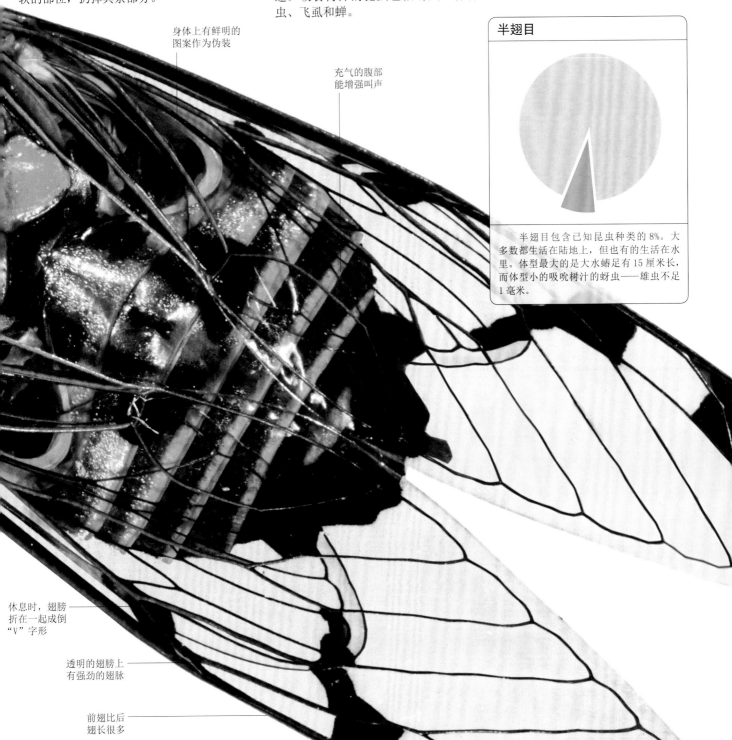

身体上有鲜明的图案作为伪装

充气的腹部能增强叫声

休息时，翅膀折在一起成倒“V”字形

透明的翅膀上有强劲的翅脉

前翅比后翅长很多

半翅目

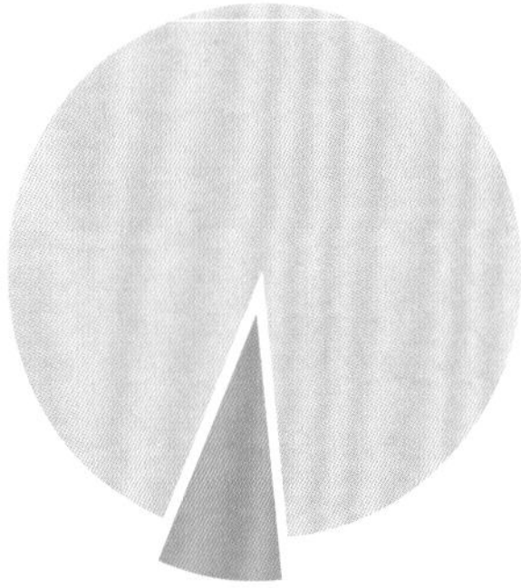

半翅目包含已知昆虫种类的8%。大多数都生活在陆地上，但也有的生活在水里。体型最大的是大水蝽足有15厘米长，而体型小的吸吮树汁的蚜虫——雄虫不足1毫米。

腐食者和再循环者

腐食昆虫在自然界中扮演着重要的角色。它们以腐败的有机物为食，清理掉动物的粪便和死尸。它们解决掉各式各样的残渣和遗骸，分解原材料，并使之得以重复利用。大多数腐食昆虫在天黑之后才活动，靠气味找到食物。它们生活在任何一种栖息地内，有的甚至进入室内。在这里，这样的虫子是不受欢迎的，因为它们会糟蹋食物，还有许多在被褥和衣物中钻洞。

埋葬者▶

这只死去的老鼠吸引来了一大群专职处理动物残骸的埋葬虫。这些甲虫成群行动，挖开尸体下的泥土，直到尸体落入坑中。接着在将它们埋起来之前，甲虫们会在上面交配并产卵。当甲虫的幼虫孵化出来时，就将老鼠残骸当成了私人的地下食品储藏室。

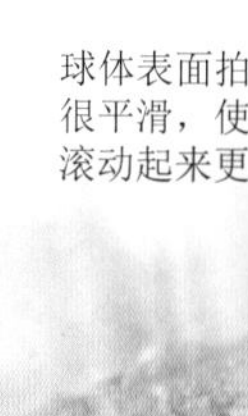

后腿向上蹬
使球滚起来

甲虫铲起粪便，
滚成一个球

▲食粪便

对于蜣螂（俗称屎壳郎）来说，这一堆新鲜的大象粪便是一个重要的发现。蜣螂以草食哺乳动物的粪便为食，并有助于分散粪便，有利土壤吸收粪便中的营养物质。蜣螂对草原尤其重要，因为庞大的草食动物群每天都会留下大量的粪便。

滚粪球▶

这两只蜣螂收集了一堆粪便，并将其拍打成球形。它们的下一个任务是将它滚走，这样就能在新的食物储备上产卵，并埋到地下。左边的甲虫用后腿推粪球，而它的搭档帮着掌握方向。时不时地，其中一只会爬上粪球检查它是否保持着球形。

杂食昆虫▶

有些昆虫是极为挑剔的食客，但是许多蟑螂恰恰相反。在野外，它们以死去和腐败的残骸为食。但当它们进入室内后，就会吃任何食物和残渣。一有机会，它们也会啃食贴墙纸的糨糊、胶水，甚至肥皂，而且还常常随购物袋旅行——这是个到处移动的简单办法。蟑螂传播疾病，污染食物，还会留下一种难闻的气味。

极细的毛发可感知可能带来危险的任何振动
蟑螂的油性分泌物会污染爬过的任何东西
灵敏的触须收集食物的气息
富含淀粉的食物更吸引蟑螂
领路的甲虫带着粪球绕开障碍物
完成的球和高尔夫球一样紧实

奇怪的食物

衣蛾

衣蛾的幼虫生长全靠吃羊毛。成蛾在羊毛的衣物或毯子上产卵，孵化出的毛虫吃食的时候就在上面咬出小洞。成年的衣蛾飞行能力不强，但可以待在衣物上随人类活动而传播，因此现在全世界都能见到它们的身影。

标本圆皮蠹

这种微小的甲虫可是博物馆中的大麻烦，因为它的幼虫以死去的昆虫和填充好的动物标本为食。幼虫全身布满刚毛，并在食物上打洞。过去，这些昆虫常毁坏博物馆中的展品。但现在，深度冷藏和熏蒸技术使它们得以控制。

刺人虱

与吸血的虱子不同，刺人虱采食极小片的羽毛。它们终生生活在鸟类的身上——特别是鸟类的喙够不到的安全部位，如头和颈。所有的鸟类都受到这种小虫的骚扰，它们还是家禽饲养场的严重害虫。

昆虫的防御

对昆虫来说，生活充满了危险。它们需要面对来自其他昆虫的袭击，也要面对来自它们的天敌——视觉敏锐的鸟类的攻击。一旦发现有危险，它们立即逃离或者飞向安全地带。有些昆虫原地不动，依靠特殊的防御手段求生。伪装可以使昆虫难以被发现，而有些防御措施使它们难以接近，有些触摸起来很危险，或者极为难吃。如果以上所有的办法都失败，它们试图虚张声势以蒙混过关。

每个眼状斑点真正的眼睛一都有黑色的瞳

翅膀完全张开，露出眼点

令人困惑的眼睛▶

这只雌性大蚕蛾靠露出一双怒目圆睁的大眼睛来自我防护。这双眼睛是它后翅上的特殊标记，一旦有什么东西接触或靠近它，它就会把这双眼睛亮出来。蛾子常休息在树影斑驳中，这双凝视的眼睛看起来十分危险，可以阻挠猎食动物的袭击。蛾子不是唯一拥有防御性眼状斑点的昆虫——某些蝴蝶和甲虫也有。

浑身是毛的食物▶

白刺古毒蛾幼虫长有非同寻常的刚毛和丛丛茸毛，看起来更像是一柄刷子而不是一只活着的昆虫。这种特殊毛虫面朝前方，头部则藏了起来，但是一丛灰色的刚毛指出了另一端的位置。白刺古毒蛾的毛虫在开阔的地方进食，它们的刚毛使鸟类无法靠近。像许多毛茸茸的毛虫一样，如果人类碰到它们会引发皮炎。

固定目标▶

沫蝉的幼虫从保护性的泡沫中出来后，就成了其他昆虫和鸟类唾手可得的猎物。它的身体苍白而肉软，腿太孱弱无法逃跑。取而代之，它靠自己的泡沫保护自己。等它变为成虫后，会长出更坚硬的身体和强壮的腿。它离开泡沫时，在植物间跳跃着逃避危险。

沫蝉幼虫返回
它的泡沫中
泡沫中是来自消化
树汁的水和黏液的
混合物

▲捉迷藏

年幼的沫蝉吸取树汁为食，生活在树上的开阔处。为躲避袭击，它们躲进一件像泡泡浴中的泡沫一样的泡沫外衣中。这里有一只沫蝉的若虫正回到它的保护性泡泡中。沫蝉若虫用自己吞下和消化的树汁来制造泡沫。随着泡沫晒干，它们再制造更多，这样它的防御性隐蔽所就能保持湿润。

用醒目的警戒色代替伪装赶走猎物

泡沫破裂时，散发出强烈的气味

弱小的翅膀意味着这种蚱蜢并不是飞行能手

最后的手段▶

紧急情况时，昆虫尝试用诡计逃生。许多昆虫都会脱落几条腿，有的甚至装死。幸运的话，猎食者会失去兴趣。一旦它们走了，昆虫很快就会活过来。磕头虫在这种常见的技术中加入自己的绝技。装死几秒钟后，它们突然折断胸腹之间的一个特殊关节。其力量之大，能将磕头虫推向空中。

胸腹间的关节随着咔嚓声断开

腿缩回到下腹部的凹陷处

子弹形的细长身体

味道极差▲

如果受到威胁，这只非洲蚱蜢不会试图逃走或飞走。它的胸部会产生一堆散发恶臭的泡沫来代替。仅仅这种气味就足以阻挡大多数捕食者了，其实如果捕食者吃它的话，味道比看起来的更差。蚱蜢和其他许多昆虫从它们吃的植物中获得自己的防御性化学物质。这些昆虫通常有鲜艳的色彩作为额外的防御——用以警告其他动物远离。

磕头虫的逃逸行为

装死

如果磕头虫受到威胁，它就收起腿背靠地面躺着，装作已经死了。多数猎食者靠移动寻找猎物，因此几秒钟后它就走了。

发射

如果磕头虫仍处于危险中，它就收紧肌肉，胸腹间的关节发出咔嚓一声，使得胸部撞击地面，再将磕头虫抛向空中。

着陆

磕头虫将腿收拢，可以在空中行进达30厘米。几秒钟后，它紧急降落。当它撞到地面后立即就翻过身，伸出腿逃跑。

伪装和拟态

昆虫是伪装艺术的专家。百万年来，它们一直靠伪装和拟态求生。伪装将昆虫和背景融为一体——无论那是树枝还是毫无特色的沙漠沙子。拟态的作用方式不同，因为昆虫并未试图躲藏，而是模仿不能食用的东西，或者捕食者回避的东西。昆虫模仿各种各样的东西，例如小树枝。无害的昆虫种类则会模拟身体有毒或者有螫刺的种类。结果使世界变得令人困惑，在这里任何事物都完全不是看起来的那样。

蛇的拟态▶

远距离看，这只天蛾的幼虫看起来和蛇惊人的相似。它收起头部，身体前段拱起，展示出怒目而视的“眼睛”。为了使模拟更加真实，毛虫的身体两侧起伏成波浪形。从近处看就暴露出它不是蛇，因为它还长着几对腿。但是对多数猎食者，只要看一眼就足够了。因为被咬的威胁会让它们主动尽快远离。

眼点面向前方

真正的头藏在隐蔽处

身体前段收缩形成蛇头的形状

伪造的中脉贯穿前后翅

◀生活在枯叶中

这只印第安叶蝶蜷缩在一根小树枝的末端，模仿成枯死的树叶。在这里，蝴蝶头朝右，背上的翅膀合拢在一起。它的翅膀上有一条深色的条纹，看起来像是树叶的主脉，而且颜色正好和周围枯叶浑然一体。飞行中，蝴蝶的样子就不同了，因为它飞行时翅膀朝上的那一面是橘黄色和蓝色相间的。

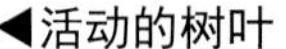

◀活动的树叶

和印第安叶蝶不同，这只昆虫模仿的是活着的叶子。它是一只叶虫——生活在东南亚和澳大利亚的30多种叶虫之一。叶虫多为绿色或者棕色，腹部扁平，和真正的树叶惊人的相似。为了完善伪装，这只叶虫的腿上长有薄片，行动缓慢，随着微风轻轻摇摆。叶虫在夜间进食，因为那时很少有猎食者活动。

完美的伪装▶

最成功的拟态是那些模仿蜜蜂和大黄蜂的昆虫。这只透翅蛾模仿的就是大黄蜂——长着强壮有力蜇刺的特大号的黄蜂。蛾子的逼真模仿令人震惊。像真的黄蜂一样，它有黄色和棕色的标记，细窄的腰部和透明的翅膀。它们白天觅食，飞行时发出嗡嗡的响声。蛾子靠它极具威胁的长相，愚弄了大多数人类和鸟类。

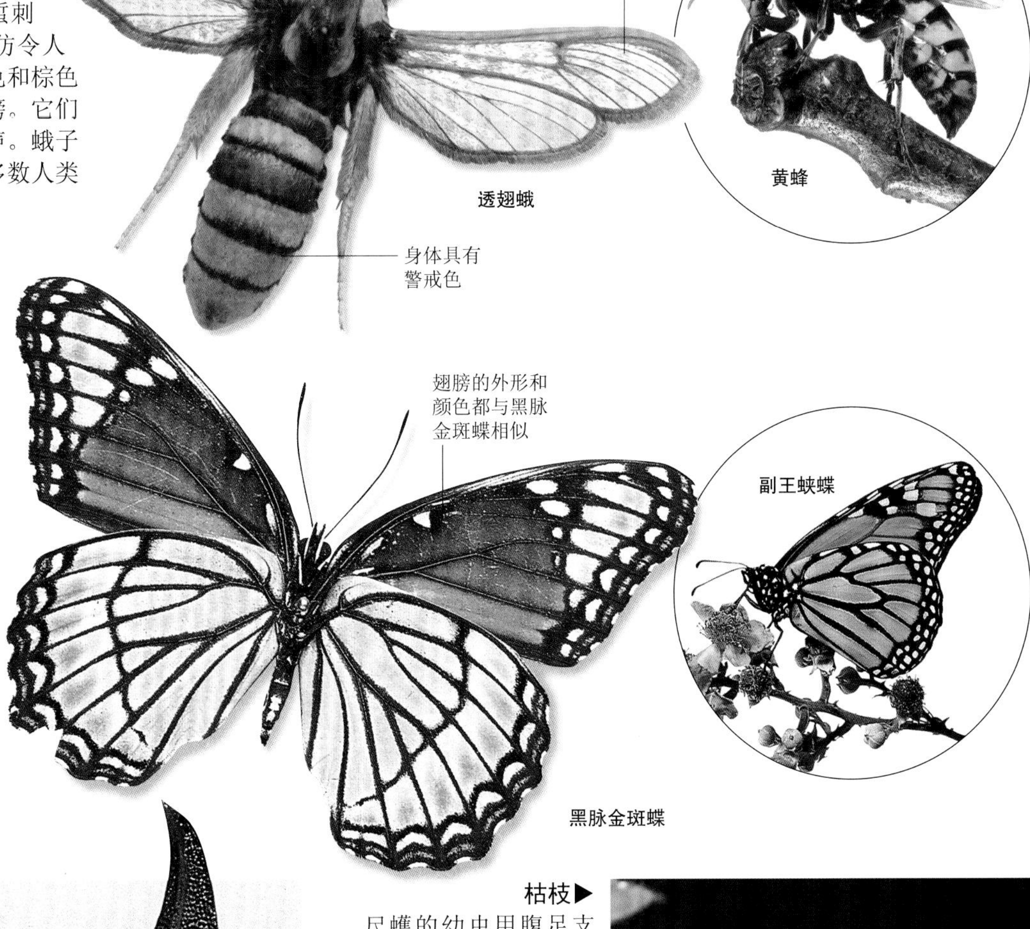

有毒的长相▶

在北美，副王蛱蝶靠模仿另一种蝴蝶——黑色和橘黄色相间的黑脉金斑蝶保护自己。与副王蛱蝶不同，黑脉金斑蝶从它的食物乳草属植物中搜集毒素。任何吃过黑脉金斑蝶的鸟类很快都会不舒服。鸟类立即认识到这一点，都不再去理它。副王蛱蝶是无毒的，但由于它和黑脉金斑蝶相似，鸟类也躲着它们。这种拟态在蝴蝶间很常见，某些有毒的种类会被十几种无毒的种类模仿。

活的荆刺▶

角蝉的背上立着一长刺，使它看起来像植物的一部分，即使食者已经发现它，这刺会令它难以下咽。蝉吸食树汁，总是成活动。它们在植物的上活动，朝向相同方，这使它们看起来更是植物的荆刺。

鸟粪▶

很少有动物吃鸟类粪便，因此装成它的子是个不错的求生方。这只毛虫使用的就这种奇形怪状的伪装。通体灰色并间有白——就像是落到树叶的鸟粪。毛虫在低龄常伪装成鸟粪。随着体长大，它们常改变和周围的树叶融为一的颜色来保护自己。

枯枝▶

尺蠖的幼虫用腹足支撑身体，看着像根树枝。它的肤色与树干相同，身体斜着伸出分支，指向正确的方向。绝大多数尺蠖的毛虫的伪装是为了躲避鸟类，但有些却有更险恶的用意。如果任何小动物进入它的猎食范围，它们就捉住它并吃掉——这是毛虫猎食动物性猎物的罕见例子。

藏在树干上▶

胡椒蛾在树干上休息时，和背景浑然一体。它们是行为进化的著名案例。在19世纪的英国，随着煤炭燃烧的烟尘使树干颜色加深，深色翅膀的品种变得更为常见。深色翅膀的蛾子相较浅色的，更不容易被鸟类发现。所以它们就有更大的机会存活下来并繁殖。

直翅目（蟋蟀和蚱蜢）

比起某些昆虫，蟋蟀和蚱蜢是很好辨认的。它们长有坚实的身体，两对翅膀，后腿特别长。如果危险来临，它们用力一蹬，能将自己向空中抛出好几米。雄性的蚱蜢和蟋蟀还是不知疲倦的“歌手”，雄性蚱蜢用后腿摩擦翅膀来发声，而雄性蟋蟀则是用前翅举起，左右摩擦来发声。绝大多数蟋蟀和蚱蜢都以植物为食。单独个体的破坏力不大，但是群集的种类（如蝗虫）可以毁坏农作物。

直翅目

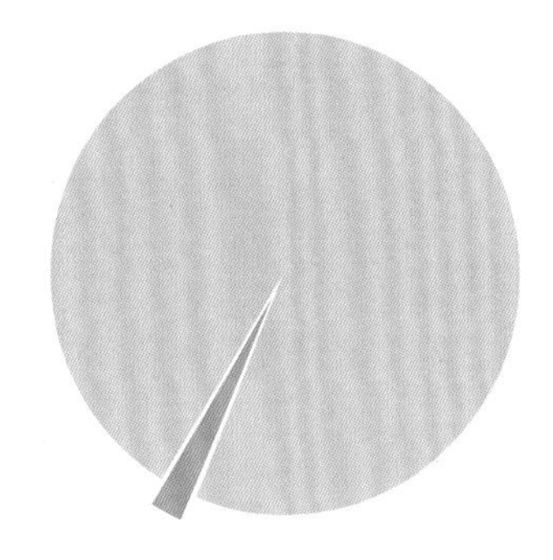

蟋蟀和蚱蜢所在的直翅目，约包含所已知昆虫种类的 2%。这个目中有个头最大和最重的昆虫。有一种来自新西兰的不会行的沙螽，就可重达 70 克。

▼绿色保护色

蟋蟀和蚱蜢常常靠伪装避免被发现。这只来自欧洲的雌性灌丛蟋蟀（又名纺织娘）通体翠绿，可以和鲜绿的树叶完美地融合在一起。它长长的产卵管道呈桨叶形，被称为产卵器，这使它看起来很危险。尽管它会叮咬，却不会蜇人。像大多数蟋蟀一样，它长有细长的触须，手指样的口器（须肢）用来给自己喂食。它的翅膀发育良好，但是大多种类蟋蟀的翅膀要小很多，甚至根本没有。

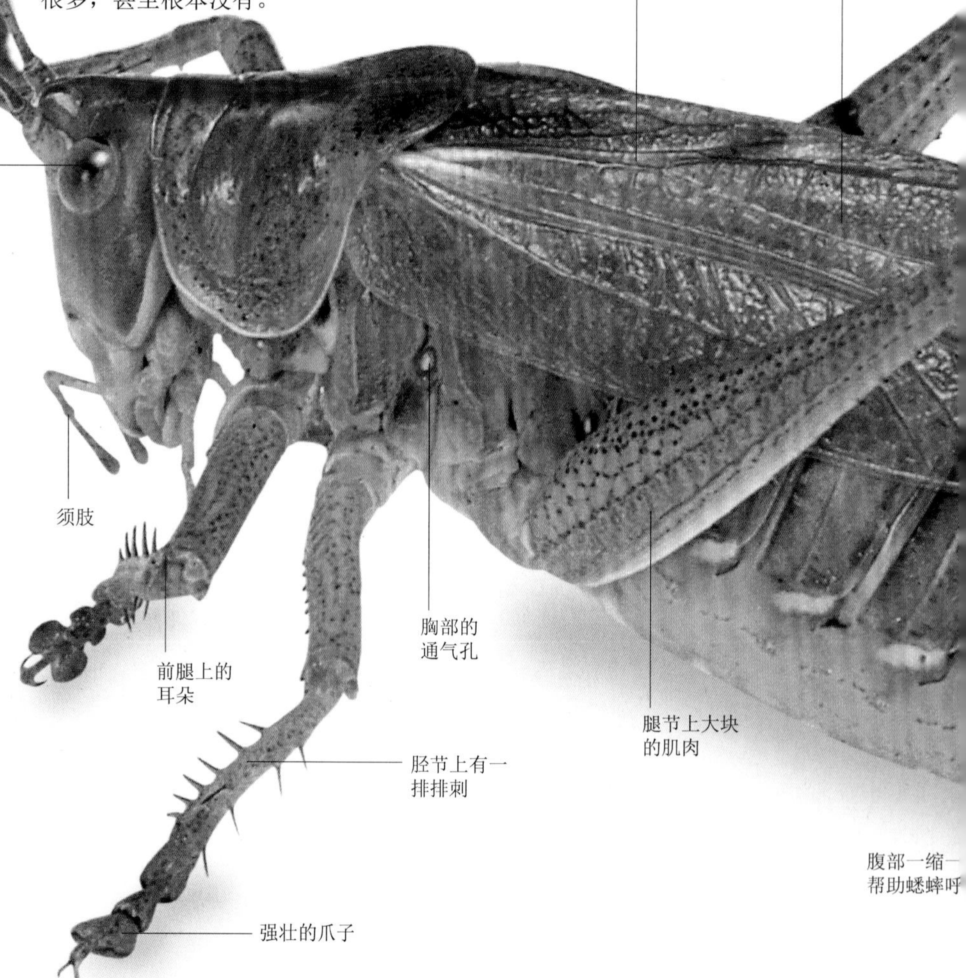

同类相残的蟋蟀

和蚱蜢不同，许多蟋蟀多多少少吃一些肉食。它们用前腿抓住猎物，然后用强壮有力的颌咬碎食物。图中这只蟋蟀就刚抓住一只同类。它会吃掉猎物身上柔软的部位，扔掉腿和翅膀。许多蟋蟀都有捕食同类的癖好。如果一只大个的蟋蟀靠过来，那年轻的就不得不小心了。

蚱蜢的发育阶段

卵

蟋蟀和蚱蜢都是不完全变态，就是身体形状随生长而逐渐改变。它们的生命起始于卵。这些就是蚱蜢的卵。蚱蜢用手指样的腹部当作挖掘工具，将卵埋在几厘米深的湿润沙土中。

低龄若虫

当蚱蜢卵孵化时，幼虫看起来像蠕虫似的。它们爬出地面后，立即蜕皮。第一次蜕皮后，就成为若虫或跳虫，它们不能飞行，但是腿部发育良好，幼虫可以跳跃很远的距离觅食。

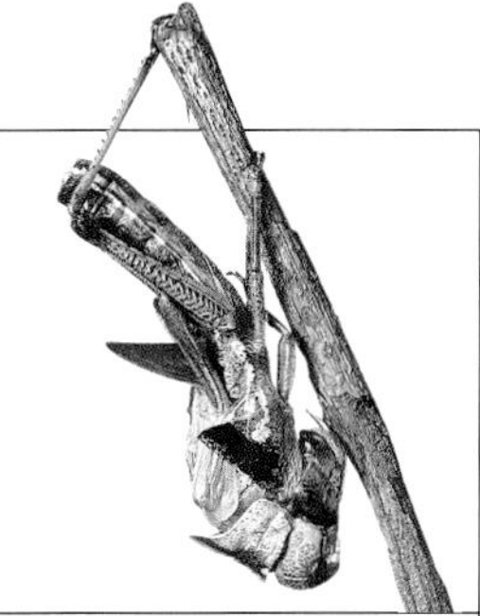

最后一次蜕皮

随着若虫的生长，它会蜕皮6次。每次蜕皮时，它都紧紧抓住一根树枝，然后背上皮肤裂开。若虫从中爬出，只留下一个空壳。在蚱蜢群集前，地上被上百万只若虫所覆盖，它们或在进食或在蜕皮。

成虫

最后一次蜕皮后，成虫就出现了。和若虫不同，成虫的翅膀功能完备，也做好了繁殖的准备。成虫飞行能力很强。当食物出现短缺时，成虫就飞到空中聚成一群。仅一群就包含有上亿只，它们看起来像雪花，拍打着翅膀从空中呼啸而过。

当蟋蟀跳起时，膝部突然伸直

后翅张开像一把扇子

长长的产卵器

◀食用花朵

蚱蜢是素食主义者，但是草只占它们食谱的一小部分。它们许多都更偏爱多年生植物，有的专门吃某一种灌木。这只蚱蜢爬上一朵花，准备饱餐一顿。它的前腿紧紧抓住食物，低头用力咀嚼花瓣。

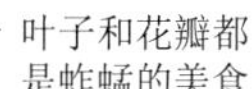

叶子和花瓣都是蚱蜢的美食

黑暗中的腐食者▲

夜幕降临后，食腐蟋蟀就出来觅食了。这只耶路撒冷蟋蟀采食其他昆虫，还有植物的根部以及植物和动物残骸。和灌丛蟋蟀不同，食腐蟋蟀大部分时间在地上活动。许多都在松软的泥土中打洞，用于白天休息躲藏。洞穴蟋蟀也食腐，只不过它们终生都在地下。

繁殖

昆虫繁殖能力惊人，这也是它们为什么成为最成功的动物的原因之一。如果条件好，它们能在很短时间内建立数量庞大的种群，并且只需少数亲代就能实现。不幸的是，这种数量激增持续不了多久。求爱是大多数昆虫繁殖过程中的第一步，然后才进行交配。之后，子代开始生活，迅速成长、变形，开始自己的成年时光。

季节性繁殖

这个北极苔原地带的造访者全身覆盖网罩，吸引了一大群饥饿的蚊子，极度渴望吸食血液。在北极，昆虫只有几星期的时间繁殖。从晚春起，上亿只蚊子飞到空中，给人类和野生动物的生活造成极不适。蚊子交配、产卵，到了夏末，随着气温急剧降低，大多数蚊子都会死去。

为了安全，年幼的蚱蜢会聚在一起

◀幼龄蚱蜢

这群孵出仅几天的笨拙的蚱蜢正大肆啃食一株马缨丹类植物。蚱蜢产卵的数量很大，若食物充足，幼虫的数量可立即飞涨。尽管如此，蚱蜢能为人父母的机会仍很小。有些会死于饥饿，或者疾病。其中很小一部分会死于进食或活动时发生的意外。大部分会被包括其他昆虫在内的捕食者抓到并吃掉。

若虫抓住叶两边开始进

若虫靠行走发现食物

▼种群数量膨胀

在计算器的帮助下，我们很容易展示为什么昆虫繁殖速度比许多动物都快。这里，一对象鼻虫可产生 80 个后代。如果所有的都能存活并产卵，它们自己就会有 3200 个二代。到第三代时，将会有 128 000 只象鼻虫，如果仍有足够的食物的话。到第 18 代，如果环境仍旧适宜，象鼻虫的数量之大就可以填满整个地球。

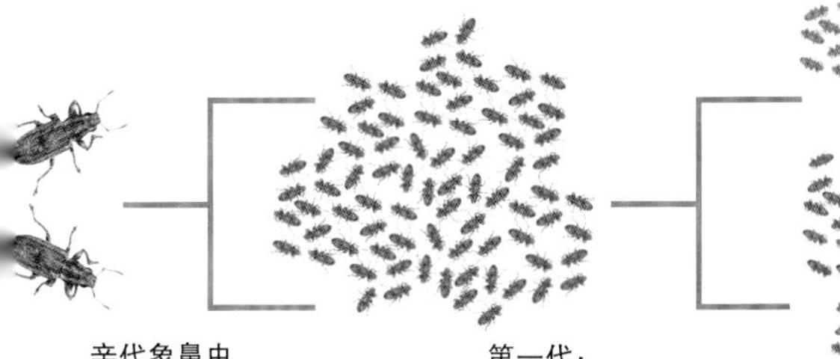

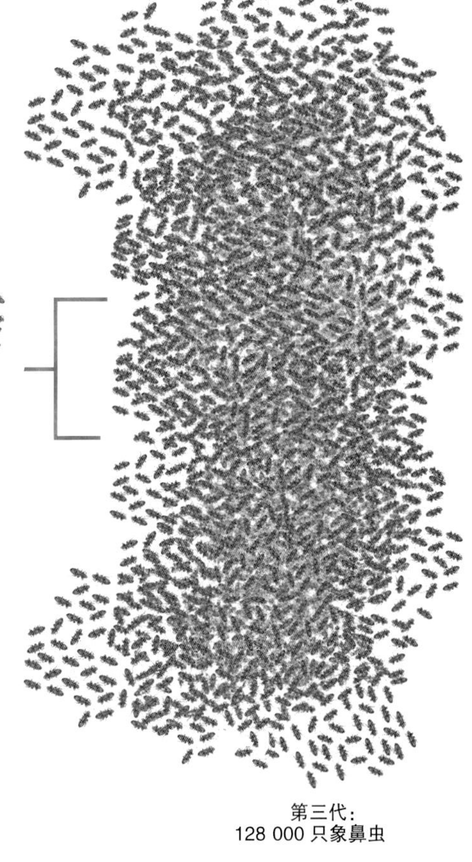

性和雌性

性闪蓝色蟌（cōng）

雌雄两性昆虫通常看起来一模一样，需要专业眼光将它们加以区分。有些种类——例如豆娘，差别却显而易见。这只闪蓝色蟌身体为炫目的蓝色，翅膀上有烟状的斑点，只有雄性有这样的颜色和标志。

雌性闪蓝色蟌

比起雄性闪蓝色蟌，雌性看起来是属于另一个品种。它的翅膀完全透明，身体也是绿色的。这种颜色差别在蝴蝶和蜻蜓中也可以见到。通常，雄性的颜色更加鲜亮——它求偶时需要鲜亮的色彩来吸引雌性。

生产幼虫

大多数昆虫的繁殖靠的是产卵，但吸血的采采蝇却是直接生出幼虫。这只雌性采采蝇马上就要生出一只差不多有自己一半大的幼虫。虫在体内时，母亲一直滋养着它，幼虫出生后很快就会化成蛹——在昆虫中很不寻常。成虫在约 6 个月的寿命里将繁殖大概 12 只幼虫。采采蝇生活在非洲，当它进食时，会将疾病传染给人类和牛。

▲生产

在春夏两季，蚜虫会直接生出幼虫。这一排刚出生的幼虫在右边这只有翼的成虫面前显得很矮小。一只雌性蚜虫一天可以产出好几只幼虫，而不需要雄虫受精，也就是说雌性蚜虫无须离开自己的食物，就可以很快扩大家庭。蚜虫以树汁为食。

求偶和交配

昆虫需要很长时间生长，但成年时间很短。一旦它们长大了，大多数种类的昆虫立即着手，希望尽快寻找到配偶。昆虫依赖特殊的求偶行为将雌雄性聚在一起。有些昆虫跳舞求爱，而有些产生闪烁的光亮或者“一展歌喉”。许多雌性都会散发出特殊的气味，雄性在 1 千米之外就能闻到。一旦两位伴侣相见，它们就配对并交配，雌性的下一项任务就是产卵。

两腿上下摩擦时，轮廓变得模糊

▲摩擦声

这只蚱蜢用腿摩擦翅膀来呼唤雌性。它腿部侧长有细小的钉子用来摩擦翅脉。结果，发出响的鸣叫——夏天草丛里一种极具特色的声音。这发出声音的办法称为摩擦发音。蟋蟀也会高声鸣但是它们靠翅膀相互摩擦发出音调。许多蟋蟀会直叫到深夜。

◀发出光信号

当夜晚来临，萤火虫就打开能发出阴森森的绿光的器官。雄性在空中飘浮，向躲在矮树丛或草丛下的雌虫发出邀请。雌性闪光回答后，雄性就飞下去交配。每种萤火虫都有自己的信号。然而，有些萤火虫借此诈骗——雌性模仿其他种类的闪光信号，雄性落下时就把它们吃掉。

雌性萤火虫藏在长长的草丛中
雄性向地面上
雌性发出信号

雄性将精子注射
到雌性的生殖系
统中
雌雄交配时
紧贴在一起

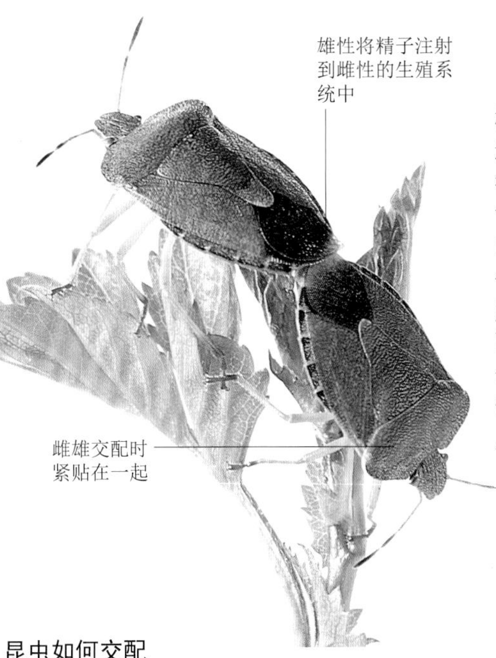

致命交配▶

猎食昆虫在交配时要格外小心，尤其是雄性。这只雌螳螂抓住了比它小得多的雄螳螂，正在吃掉它的胸部和头部。雄螳螂已经完成了交配，它的身体将作为营养餐为雌螳螂服务，帮助卵的生成。然而，雄性也不都是这样的命运。有时，雌性已经吃饱了，这样雄性就能交配后赶快逃走。

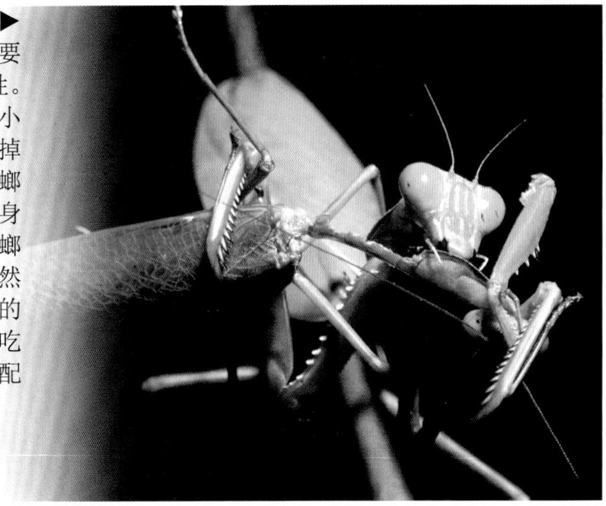

昆虫如何交配

对于昆虫，交配会持续很长时间。这两只盾蝽正在交配，而且会连在一起持续几个小时。一旦结束，雄性的精子将与雌性的卵子受精，这样它们就准备好产卵了。昆虫交配的方法很多。甲虫常背对背交配，但是许多昆虫会面向前方。蜻蜓交尾时，相互固定对方的身体，形成一个心形。

▼挡开对手

一只鹿角锹用巨大的颌将另一只举向空中。它们是为了争夺交配的机会。在昆虫界中雄性之间的争斗很常见，尤其是在守护一片私人的求爱领地时。这些争斗看起来很危险，但失败者通常都能幸存。对于鹿角锹，被打败的一方的角甲（身上的甲壳）常常被损坏，这样的话，它就不能再交配了。

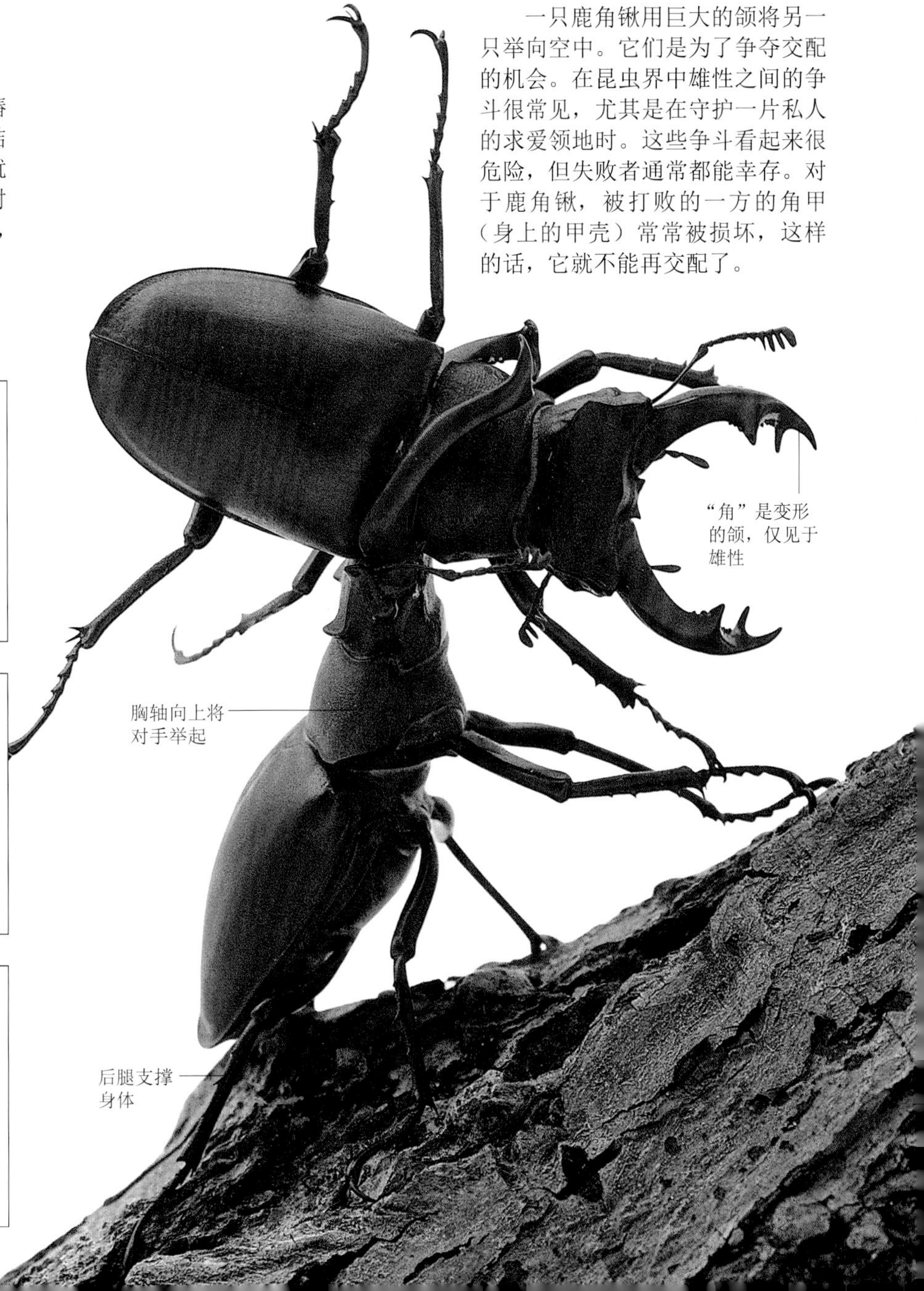

“角”是变形
的颌，仅见于
雄性
胸轴向上将
对手举起
后腿支撑
身体

蝶的求偶

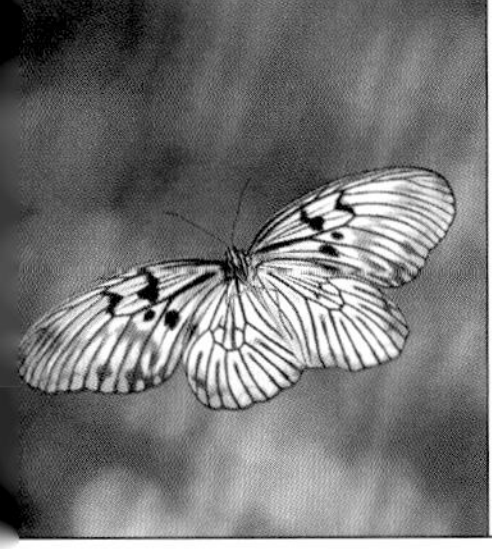

嗅觉信号

短距离内，蝴蝶间靠视觉联系，但长距离下，它们靠嗅觉。这只东南亚的雌性眼蝶在飞行时散发出气味。气味随空气扩散，会被雄性蝴蝶识别出，并逆风找到它。雄性用触角识别雌性的气味。

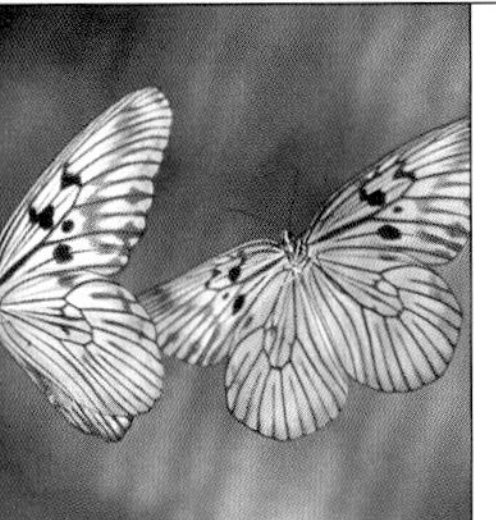

空中分列

雄性靠识别气味已经找到了雌性，开始在它周围跳起求爱的舞蹈。它向下扑飞经过雌性身边，展示出自己的翅膀上特殊鳞片产生的气味。雌性飞上前，近距离观察它的舞蹈，辨别它的气味。

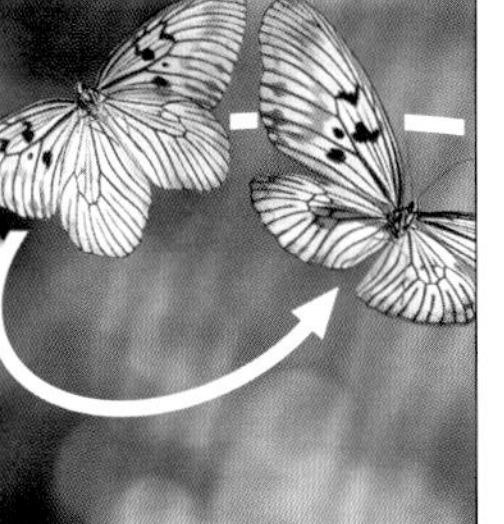

配对

舞蹈继续进行，雄性绕着此圈飞行。它的气味和行动表示，它是名副其实的品种，而且是一个合适的伴侣。经过短时间察看舞蹈，雌蝶落在一片树叶上。雄性落到旁边，然后交配。

卵和幼虫

昆虫的卵都很微小，但它们是动物界最复杂而精密的有机体。它们形状各异，而且外面常有浮雕似的螺纹和斑点。它们的卵极其坚硬，但仍旧是生命体，这意味着它们必须呼吸。它们的卵壳允许空气流进流出，却将水分留在其中，以保证卵不会干掉。有些卵几天之内就会孵化，而其他卵会等上几个月，直到外部环境合适了，幼虫才会打破或撬开卵壳爬出来。

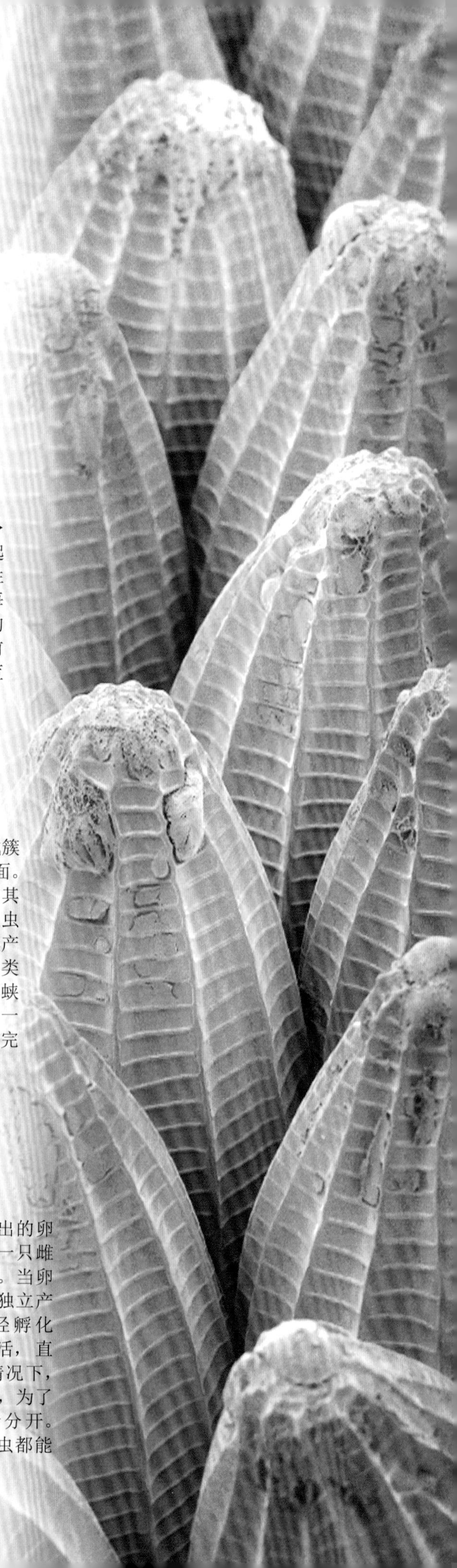

完美排列▶

菜粉蝶的卵放大100倍后，看起来就像是整齐排列的谷物实穗。雌性会在甘蓝叶的背面产下几十枚卵。每个雌性都很关心产卵地点，因为它的幼虫吃食很挑剔。产卵前，它会用前腿尝一下叶子的味道，寻找产生甘蓝苦味的特殊化学物质。

在毛虫已经孵出之后，透明的外壳被遗弃

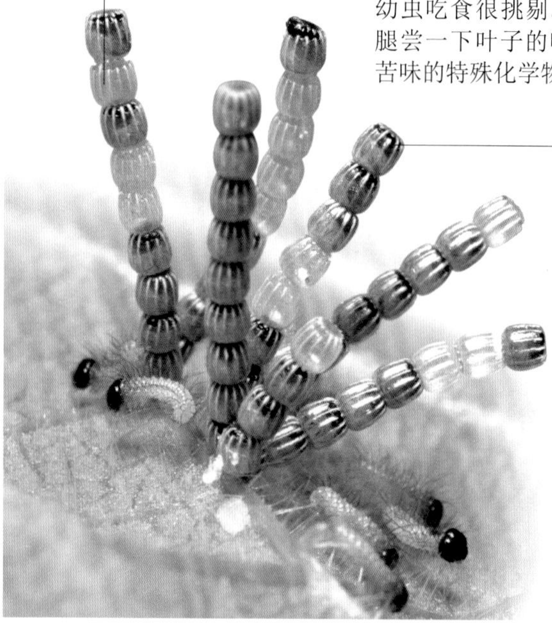

未孵化的卵包裹着正在发育的毛虫

◀成簇以保证安全

地图蛱蝶将卵成簇地产在荨麻叶的背面。每簇都有12枚，这其中有些已经孵化出毛虫并出发寻食了。成簇产卵有助于在捕食的鸟类面前伪装自己。地图蛱蝶一年繁殖两代。第一代和第二代看起来不完全一样。

在每个卵的顶端都长有肉质的触角

◀卵簇

昆虫成组产出的卵称为卵簇。这是一只雌性叶甲产的卵块。当卵成组产出而不是独立产出时，毛虫一经孵化就过上集体生活，直到成年。更多情况下，食物出现匮乏时，为了觅食，毛虫就会分开。并不是所有的毛虫都能幸存到成年。

▲产卵

雌蜻蛉在池塘中产卵时，雄蜻蛉用腹部紧紧按住雌蜻蛉的脖子。除了蜻蛉之外，多数雌性都是自己产卵。蝴蝶将卵粘在叶子上，许多种类的竹节虫将卵产在地上。蚱蜢将卵埋在地下，而螳螂将卵包在泡沫中，泡沫变硬后就成了一个外壳。

▲理想的家

图中哥斯达黎加蝴蝶用脚固定住一片树叶，产下了一批卵。产卵前，它会仔细检查叶子确保没被使用过。如果它找到另一只雌虫的卵，或者仅仅是闻到它的气味，它都会飞走，将卵产在另一株植物上。这种行为对它的幼虫很有帮助，这意味着它们将有充足的食物供给。

父母的关爱

大水蝽

大多数昆虫产完卵后就会弃置不理，全凭它们自己生长。蝽类则不同，它们会保护幼虫。这只大水蝽是雄性的。交配后，雌性就将卵粘在它的背上。雄性就背着它们并守护直到卵孵化。

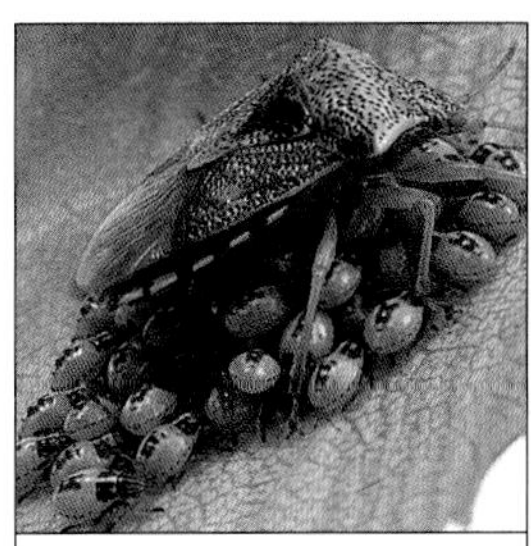

盾蝽

这只盾蝽的卵已经孵化了，母亲仍守护着它的幼虫。一旦有危险，幼虫就聚集到它身下，像母鸡身下的小鸡一样。母亲并不给它们喂食，但它会继续保护幼虫，直到它们能照顾自己为止。这通常需要两三天时间。

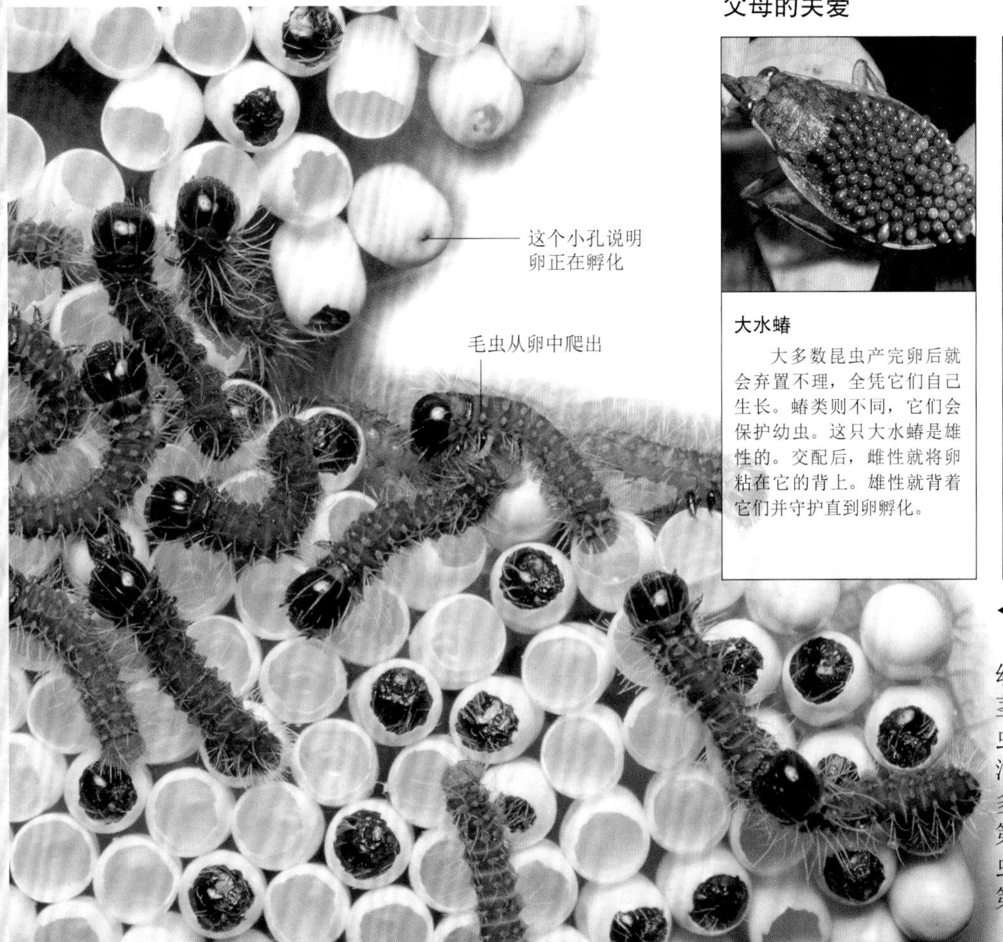

◀孵化

这些刚孵化出的天蛾幼虫聚集在石楠属植物的茎上。为了孵化，每只幼虫都将卵壳顶部咬出一个洞，然后渐渐爬出来。许多新孵化的幼虫生命里的第一餐就是它的卵壳。昆虫的卵壳富含蛋白，作为第一餐营养十分丰富。

生长

一旦昆虫孵化后，就立即进食并开始生长。随着身体的增长，它们会周期性蜕去外骨骼。每次蜕皮，身体形状都会改变。有些昆虫，例如蜻蜓和蝽类是循序渐进发生微小的变化，称为不完全变态。若虫尽管没有翅膀，仍和亲代长得很像。其他昆虫，例如蝴蝶和甲虫，这种转变剧烈得多，而且仅发生在一个特殊的休眠阶段——蛹，这称为完全变态，意思就是昆虫的外形完全改变了。

▲变为成虫

这只蝉在经历最后一次蜕皮，即将变为成虫。旧的外壳从部裂开，成虫就从中爬出来。刚开始，它的身体柔软而苍白，膀也缩皱在一起。两个小时后，身体变硬，翅膀也展开了。多昆虫，除了衣鱼和蜉蝣之外，成年后便不再蜕皮。最后一次蜕后，它们身体的形状就不再变化。

▼不完全变态

蜻蜓的若虫生活在池塘和湖泊中，将在水下待上3年。最终，在春季或夏初温暖的某一天，若虫都会爬出水面，开始成年的生活。这里一只若虫抓住了一株植物茎的顶端，它用腿紧紧固定在茎上，接着开始了惊人的变化，一只行动迟缓的淡水昆虫将变成飞行迅速的成年蜻蜓。

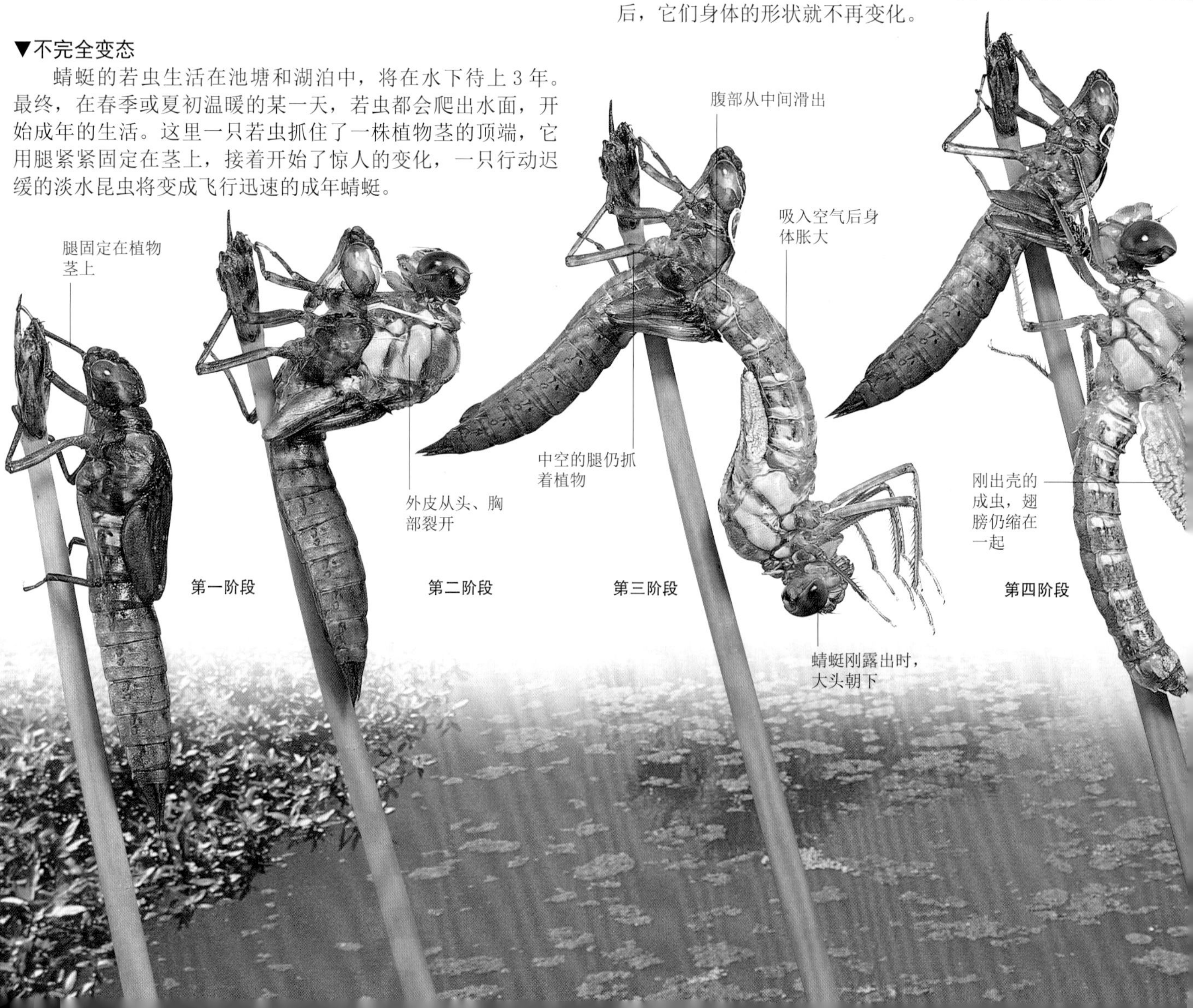

腿固定在植物茎上

外皮从头、胸部裂开

腹部从中间滑出

中空的腿仍抓着植物

吸入空气后身体胀大

蜻蜓刚露出时，大头朝下

刚出壳的成虫，翅膀仍缩在一起

第一阶段

第二阶段

第三阶段

第四阶段

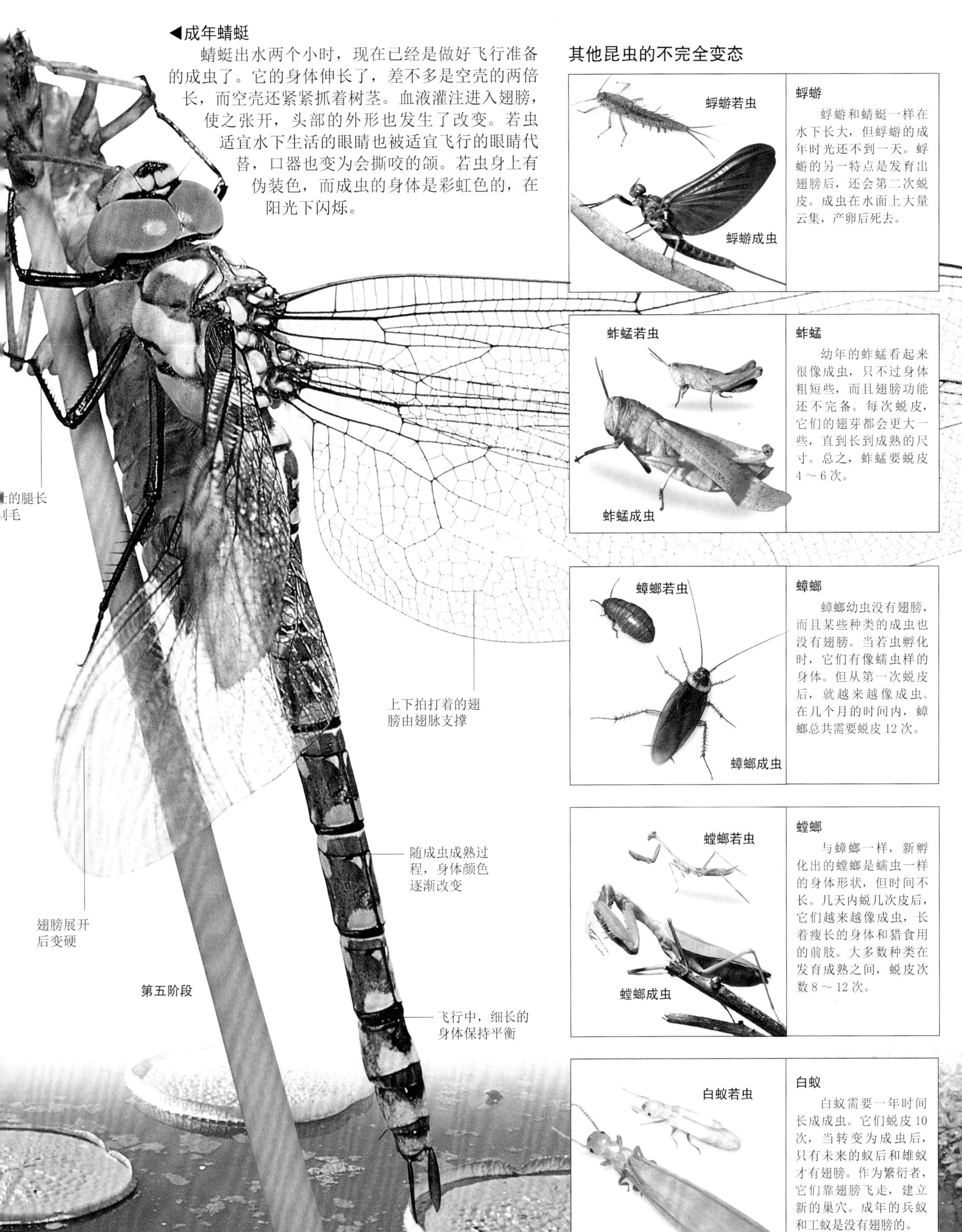

◀成年蜻蜓

蜻蜓出水两个小时，现在已经是做好飞行准备的成虫了。它的身体伸长了，差不多是空壳的两倍长，而空壳还紧紧抓着树茎。血液灌注进入翅膀，使之张开，头部的外形也发生了改变。若虫适宜水下生活的眼睛也被适宜飞行的眼睛代替，口器也变为会撕咬的颌。若虫身上有伪装色，而成虫的身体是彩虹色的，在阳光下闪烁。

其他昆虫的不完全变态

蜉蝣

蜉蝣和蜻蜓一样在水下长大，但蜉蝣的成年时光还不到一天。蜉蝣的另一特点是发育出翅膀后，还会第二次蜕皮。成虫在水面上大量云集，产卵后死去。

蚱蜢

幼年的蚱蜢看起来很像成虫，只不过身体粗短些，而且翅膀功能还不完备。每次蜕皮，它们的翅芽都会更大一些，直到长到成熟的尺寸。总之，蚱蜢要蜕皮4～6次。

蟑螂

蟑螂幼虫没有翅膀，而且某些种类的成虫也没有翅膀。当若虫孵化时，它们有像蠕虫样的身体。但从第一次蜕皮后，就越来越像成虫。在几个月的时间内，蟑螂总共需要蜕皮12次。

螳螂

与蟑螂一样，新孵化出的螳螂是蠕虫一样的身体形状，但时间不长。几天内蜕几次皮后，它们越来越像成虫，长着瘦长的身体和猎食用的前肢。大多数种类在发育成熟之间，蜕皮次数8～12次。

白蚁

白蚁需要一年时间长成成虫。它们蜕皮10次，当转变为成虫后，只有未来的蚁后和雄蚁才有翅膀。作为繁衍者，它们靠翅膀飞走，建立新的巢穴。成年的兵蚁和工蚁是没有翅膀的。

变形

世界上并没有小蝴蝶、小甲虫或小苍蝇之类的生物。取而代之，昆虫有两种完全不同的生活。昆虫的前半生是幼虫，基本上是个进食机器。一旦它吃饱了，幼虫就会进入一个特殊的休眠阶段，成为蛹。在接下来的几天到几周，幼虫的身体分解，一个完全不同的成年身体则装配起来。这种惊人的转变称为完全变态。

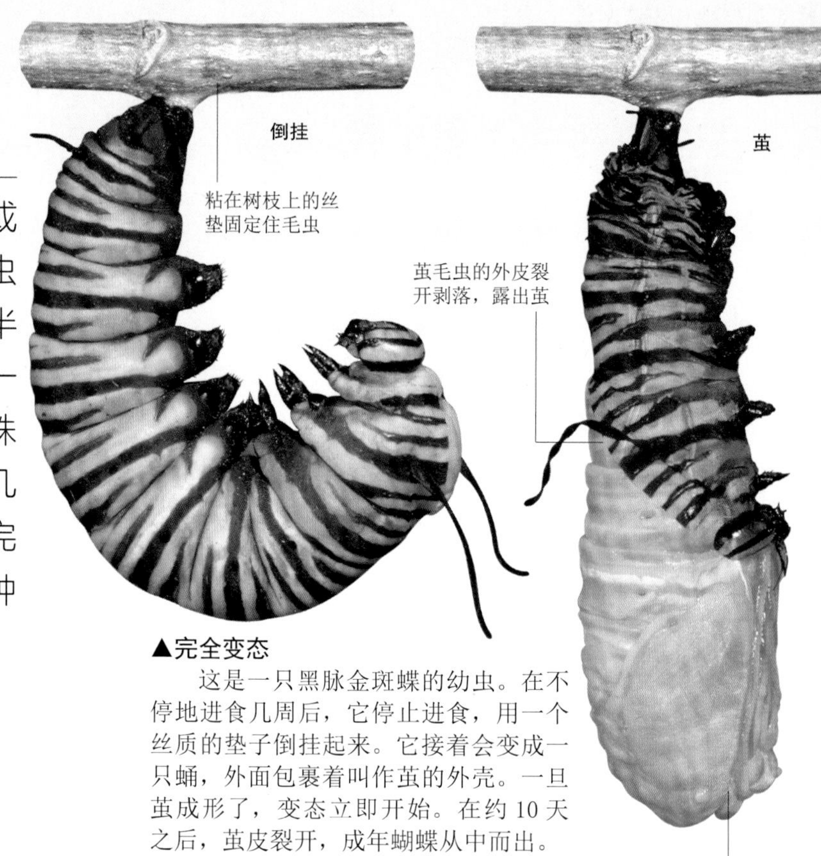

▲完全变态

这是一只黑脉金斑蝶的幼虫。在不停地进食几周后，它停止进食，用一个丝质的垫子倒挂起来。它接着会变成一只蛹，外面包裹着叫作茧的外壳。一旦茧成形了，变态立即开始。在约 10 天之后，茧皮裂开，成年蝴蝶从中而出。

◀枯叶拟态

在它们转变期间，绝大多数的茧是不能动的。为了躲避捕食者，有些蝴蝶和蛾子在地下化蛹，然而有些则依靠伪装。生活在亚洲的文蛱蝶的茧就像是一片枯叶。斑点和焦边有助于茧和背景相融合。其他某些蝴蝶模仿树枝、树叶或鸟粪。

不规则的形状模仿腐朽树叶的骨架

◀有毒的茧

中北美洲黑脉金斑蝶的茧上标记有清晰的明黄色条纹。在它们还是幼虫时，以汁液中有毒素的乳草和乳草藤蔓为食。它们在身体里储藏这些叫作葡萄糖苷的毒素。企图吃掉毛虫、茧或成虫的猎食者多会立即中毒。这种明亮的警戒色就提醒猎食者，下次再见到时不要吃它们。

生动的颜色是对捕食者的警戒

其他昆虫的完全变态

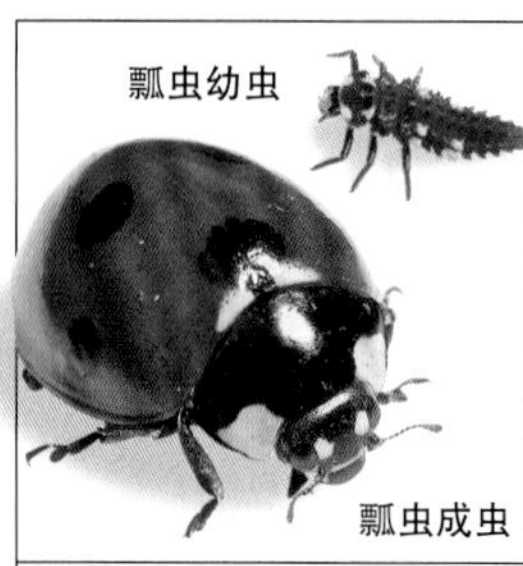

甲虫

有些甲虫的幼虫长有细小的腿，或者根本没有。瓢虫的幼虫长有腿，它们被用来觅食时攀爬上植物。当它们经历完全变态时，其身形完全改变，发育出锚定在背上的色彩鲜亮的前翅。

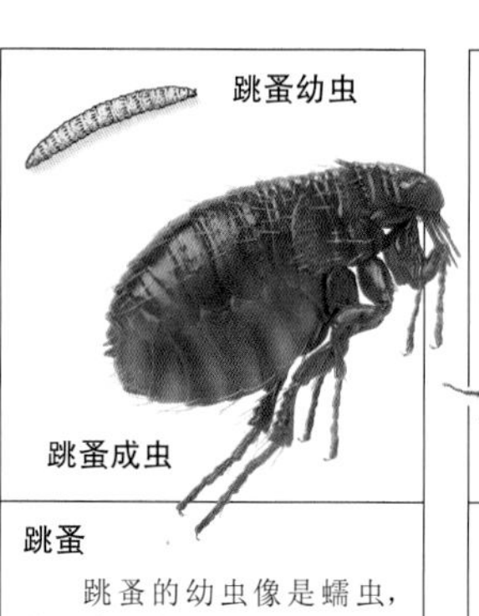

跳蚤

跳蚤的幼虫像是蠕虫，它们生活在巢穴中或者草褥等材料中。成虫在茧中发育，但并不立即直接孵出来。它会等待直到感觉到一只宿主动物的活动时才破茧而出，跳到宿主身上。

苍蝇

苍蝇的幼虫没有腿，它们通常在食物中钻洞。它们有些取食真菌和腐烂的植物，但是蓝丽蝇的幼虫靠食肉生长。等它们成熟了，就从尸体上爬出来，再找个干燥、凉爽的地方化蛹。

黄蜂

许多种类的黄蜂都在精心建造的纸质蜂房中照看幼虫。卵通常放在蜂房的底部。成虫将肉带回喂每一只幼虫，使它们渐渐长大直到填满蜂房。当幼虫可以独立生活了，成虫就把自己密封在蜂房里化蛹。

蚂蚁

大多数蚂蚁将幼虫藏在巢穴深处的托儿所里。工蚁会把食物喂给头部左右摇摆，在要食的幼虫。蚂蚁的幼虫在丝质的茧中化蛹。蛹常会被误认为是幼虫。

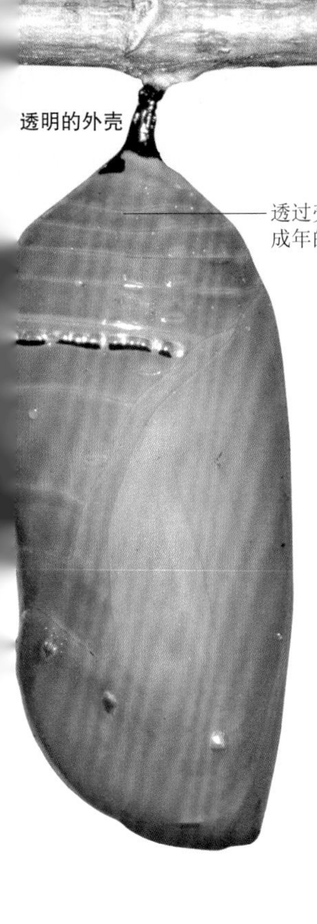

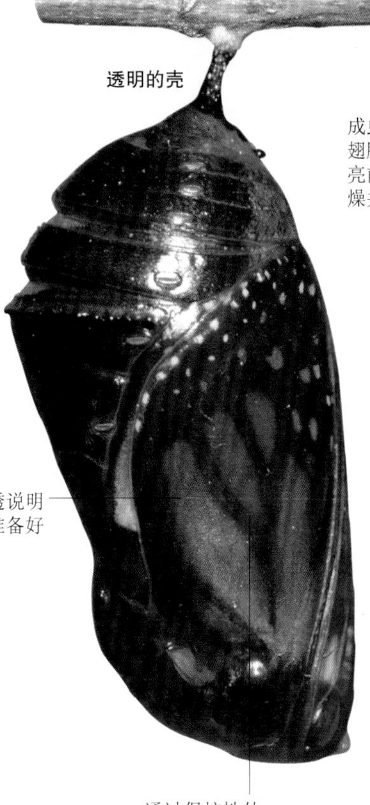

7 天  纹白蝶

2 周  蓝闪蝶

8 个月 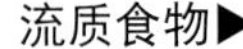 凤尾蝶

前期和后期发育

多数蝴蝶转化为成虫需要一两周的时间。有时，一之中有三四代蝴蝶可彼此相随。但不是所有的蝴蝶都如此迅速繁殖。有些蝴蝶会越冬——在一个藏身之处眠，到来年春天再产卵。其他蝴蝶将蛹当作它们的隐匿段。有些种类的凤尾蝶，蛹的阶段可以持续好几个月。

流质食物▶

毛虫的口器有专为啃食植物而设计的切割和咀嚼部分，但成年蝴蝶在蛹中发育成喙（管状口舌）。蝴蝶的成虫用它从花朵中吸食甘甜的花蜜。花蜜是极有效的飞行燃料，但是它们不含任何蛋白质，因此成年的蝴蝶不再生长，而且身体破损后也无法修复。

藏在地下的蛾子蛹

许多蛾子都在地下或草堆中化蛹。毛虫会在土壤里弄出个洞。个别种类的蛾子在茧室的壁上涂上丝，用来阻挡外界湿气和寒冷。丝可对某些小型猎食者的口器造成阻碍，使蛾子的蛹不宜食用。多数蛾子仅仅是形成一个坚硬的茧。随着蛹渐渐成熟，诸如眼睛、触角、尾巴这样的特征都能从茧壳外看到。

鳞翅目（蝴蝶和蛾子）

蝴蝶色彩艳丽，翅膀又宽又大，是十分引人注目的昆虫。蝴蝶和蛾子一样取食含糖的流质，用管状口器吸食。它们的幼虫（称为毛虫）则不同，它们有坚硬的颌，用来啃食植物。成年的蝴蝶和蛾子周身覆盖有细小的鳞片。蛾子的鳞片通常单调而灰暗，而蝴蝶的鳞片有颜料般艳丽的色彩。蝴蝶在白天飞行觅食，而蛾子通常在晚上活动。

细长的触角顶端呈棒形

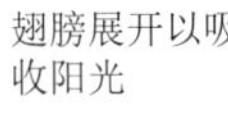

丝毛使身体隔热

▲燃料补给

一只欧洲凤尾蝶落在花上进食。它和所有蝴蝶一样，都有两对翅膀，上面还覆盖着交叠的鳞片。身上其他部位也覆盖有鳞片，它的腹部上有皮毛一样的丝。蝴蝶的眼睛发育极好，细长的触角顶端呈棒状。多数蝴蝶和部分蛾子的飞行能力都很好。有的种类每年都会迁徙数千米，寻找合适的繁殖地。

眼点将鸟类的注意力从头部转移开

后翅上的尾尖是凤尾蝶的特征

鳞翅目

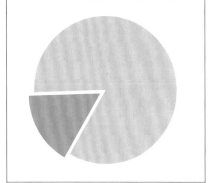

世界上约有16万种的蝴蝶和蛾子。它们所在的鳞翅目，约占世界已知昆虫种类的16.5%。有的种类体型很大，颜色艳丽，但这一目还有数千种的微型蛾子，通常是毫不引人注目的袖珍蛾子。

增厚的翅脉加强了翅膀的前缘

前翅比后翅大

鳞片含有的色素使之具有丰富的色彩

蝴蝶还是蛾子？

蛾子

蛾子通常以单调的颜色在白天休息时伪装自己。大多数蛾子休息时，翅膀水平摊开，或者像这只栎枯叶蛾，翅膀像屋顶一样遮盖在身上。通常，触角很厚，尖端没有肿胀。有些蛾子在白天也很活跃。

蝴蝶

除了晒太阳之外，黑脉金斑蝶以蝴蝶的经典方式将翅膀折起立在背上。蝴蝶通常是色彩鲜亮，比蛾子更容易被发现。然而，有些蝴蝶在后翅上有伪装，休息时整个身体躲在翅膀下面。

外罩在毛虫进食时，保护着它

▲不同寻常的食谱

衣蛾的幼虫正在啃食一条羊毛毛毯。它生活在用丝将羊毛纤维粘成的便携式外罩里。绝大多数的蝴蝶幼虫都吃植物，而蛾子的幼虫食谱很多样：除了羊毛，有些还能在坚果和种子上咬洞，少数种类的毛虫甚至能捕食其他昆虫。

▲铺展开的口器

夜里，天蚕蛾在一朵兰花上盘旋，用极长的口器吸吮花朵中的花蜜。它的口器比身体还长许多，就像是根极细的吸管。当蝴蝶进食完毕，就将口器像一个细小的弹簧一样卷起，然后飞走。因为口器伸在外面的话，会使飞行消耗太多的能量。

一只大西洋赤蛱蝶的发育过程

卵

大西洋赤蛱蝶的生命和所有蝴蝶一样起始于一枚卵。卵是绿色的，并有白色的垂直纹脉，雌虫会将它们产在多刺的荨麻植株上。一周后，赤蛱蝶的卵孵化。毛虫出来后，会用丝将树叶卷起，给自己做个帐篷一样的庇护所。

毛虫

大西洋赤蛱蝶的毛虫不是黑色就是棕黄色，背上长有两排鬃毛似的肉棘。随着生长，它们会制造一系列的树叶帐篷来躲避鸟类和其他捕食者。毛虫会时不时从里面出来，给自己做个新家，或者觅食。

蛹

大西洋赤蛱蝶毛虫一旦生长结束后，就会倒挂在荨麻树枝上化蛹。蛹或称茧一旦形成，很快就变硬并富有光泽。蛹需要大约 10 天转变为成虫。这只蛹内部鲜艳的颜色表示转变基本上完成了。

成虫

最终，茧壳裂开，成虫破茧而出。成年的大西洋赤蛱蝶进食、交配从春末直到秋季，如果气候温暖，甚至直到冬季。天气转冷之后，它们就会冬眠。幸存者在春天出来产卵，就这样繁衍生息。

昆虫的寿命

比起哺乳动物或鸟类，昆虫的寿命可谓长短不一。寿命较短的昆虫有小型黄蜂和苍蝇。条件适宜时，有些种类可在 2 周之内完成孵化、生长、繁殖直到死亡。繁殖迅速的大多数是寄生昆虫，或是以很容易变质的食物——例如腐败的水果为生的昆虫。啃食树木的甲虫通常能存活超过 10 年。蚁后可以存活 50 年，但在它漫长的一生中仅仅享受过一次短暂的飞行，之后的余生都待在巢穴深处，困在主室之中。

▲长寿的蚁后

长寿的蚁后总是被殷勤的工蚁包围着，她的一生很长，但是通常很平淡。只要她的蚁穴不被捕食者袭击，她就可以存活几十年，每天都能产数千枚卵。工蚁会给她喂食，也会保持她身体的清洁，避免固定不动可能带来的疾病。其他的社会型昆虫也有极长寿的女王。胡蜂蜂王和嗡嗡忙碌的蜜蜂很少能存活超过 1 年，但是蚁后可以存活超过 25 年。

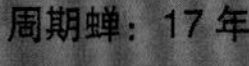

蜻蜓：3 年

北极灯蛾：14 年

周期蝉：17 年

◀长长短短

这张图表展示的是不同昆虫的寿命，这里只是象征性的数字——根据昆虫的食物供给、气候和所生活季节，实际的寿命有很大的变化。例如，在春季出生的蝴蝶通常在夏季结束前就已经死了。如果同种蝴蝶出生在夏季，它可能冬眠熬过冬季，将寿命延长好几个月。有些昆虫在食物匮乏或遭遇干旱时会蛰伏起来。

◀不平衡的生

春天某个日黄昏，河流、湖的水面之上，成的蜉蝣露出水面进繁殖。蜉蝣的成年生不过是一次短暂的经历，们没有口器和消化系统，因此不能进食它们唯一的任务就是交配并产卵，因成虫通常只能存活不到一天。然而，旦卵孵化出幼虫，称为若虫，在水下生存时间可长达 2～3 年。

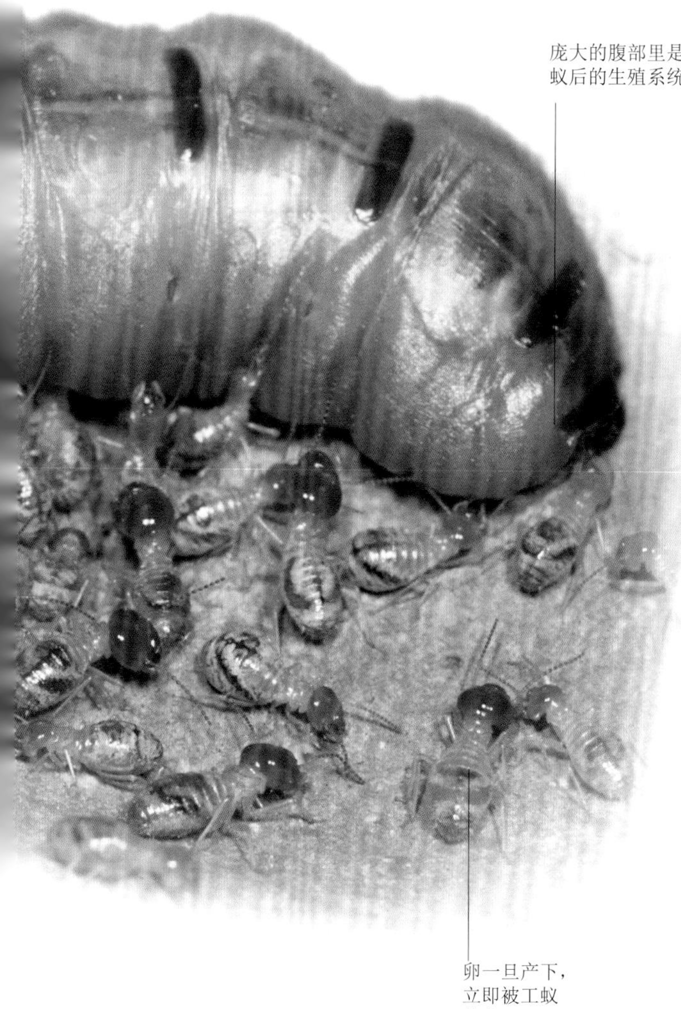
庞大的腹部里是
蚁后的生殖系统
卵一旦产下，
立即被工蚁
带走

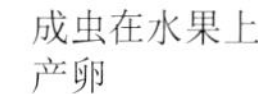

成虫在水果上
产卵

▲加速和减速

与人类不同，天冷的时候昆虫生长缓慢，天热时生长迅速。温度到达 10℃时，果蝇可以生存 4 个月，但是温度达 30℃时它仅能存活不到 10 天。气候温暖时，果蝇还有其他昆虫在一年内可以繁殖好几代。有些昆虫还有适应不同季节的不同世代。例如，春天时蚜虫成虫总是无翅的，而年末的时候，有些成虫是有翅的。无翅成虫负责繁殖，而有翅的可以帮助种族广泛传播。

30℃
10℃

最后一次蜕皮
后，成虫爬上
树或灌木

◀步调一致的生活

这些蝉在地下取食营养匮乏之的植物根部树汁，经过多年后，它们最终爬上树变成成虫，进行交配。某些种类的成虫每年都会出现。但有许多种类成虫只在“蝉年”出现。在北美，有一种蝉会在地下待整整 13 年。每经过 13 年，蝉全都爬到地表，“唱歌”吸引配偶。13 年后，它们的后代也会做同样的事。

极端环境

人类没有衣物、暖气、空调，就很难应付极端高温或寒流。如果没有足够的氧气或水分，人类的麻烦就更大了。但这样的极端条件对许多昆虫而言，根本不是问题。昆虫可以在某些地球上最严酷的栖息地生存。在滚烫的温泉中生长，在能烫伤人类脚掌的酷热沙漠上快速游走。它们能在北极冬天的严寒之中生存，还能在污浊池塘且有毒的环境中生活。有些甚至终生都不需要喝一滴水。

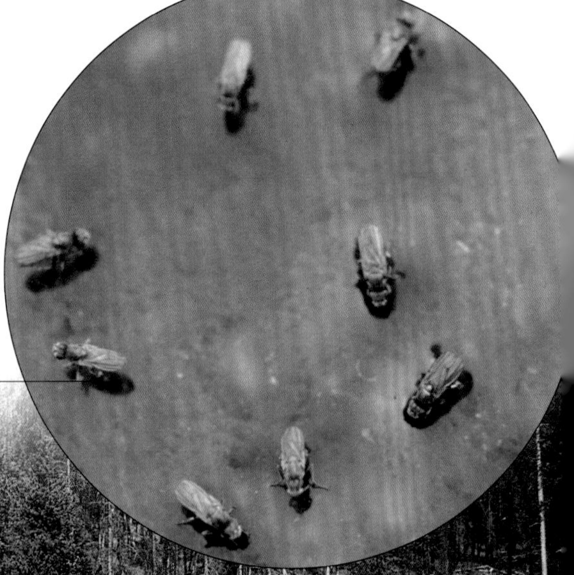

耐热的苍蝇▶

大多数昆虫在温暖的环境中生长旺盛。但当温度急剧攀升至40℃时也会开始消沉。然而，对于某些苍蝇而言，这个温度正是舒适的温度。生活在温泉边缘的苍蝇，将卵产在污浊的细菌菌醭上。它们靠身上包裹的气泡护身，甚至可以潜到水面下。冬天，这些苍蝇紧贴着湖水，因为一旦身体凉下来，它们很快就会死去。

苍蝇在菌醭上漫步

▲酷热的栖息地

美国黄石国家公园中的温泉是耐热苍蝇的家园。温泉的中心对任何昆虫而言都实在太热了。然而，苍蝇们聚集在边缘地带，那里的水温不超过43℃。世界上最耐热的昆虫是沙漠上的蚂蚁。它们在地表温度达到50℃以上时还在寻食。在这个温度下，将鸡蛋打在地上，不用多久就熟了。

苍蝇生活在水温相对较低的狭窄地带

菌醭环绕着温泉生长

水潭

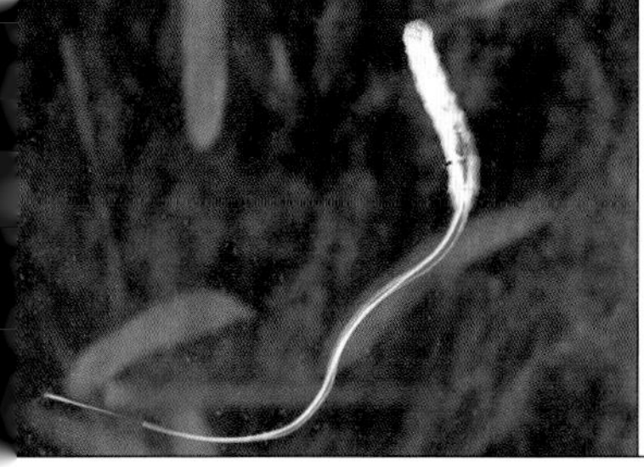

鼠尾蛆

死水潭中几乎没有氧气，而且通常含有散发难闻气味的硫化物。对于大多数动物，这是极危险的化合物，但鼠尾蛆可以在这里繁衍。每只蛆身后都有一根长长的管子。这根管子可以当水下呼吸管用，这样就可以从水面上的空气中得到氧气。

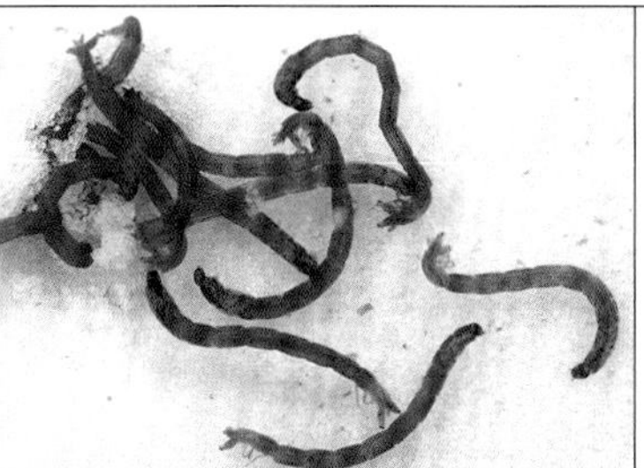

赤虫

这种蠕虫似的动物是摇蚊的幼虫，特别适应在死水中生活。它们的红色来自血红蛋白，和人类血液中的物质相同。血红蛋白有很好的搜集和携氧能力。因此幼虫可以在几乎没有动物的污染的水体中生活。

结满霜花的翅膀

▲抗寒昆虫

一夜初秋严寒之后，阳光下达赤蜻浑身结上了霜。霜不会对蜻蜓造成任何永久性伤害，因为那只是身体外面的。蜻蜓的身体里被一种与应用在汽车上的防冻剂相似的物质保护着。在山区和北极，许多昆虫靠这种防冻剂得以生存。有些昆虫在温度低于 -60℃时仍能存活——比冰箱冷冻室的温度低很多。

鞘翅上的蜡保持身体的水分不会流失
谷物所含的水分在消化分解时才会释放

▲无水生活

液态的水对于人类是至关重要的——没有它，人类无法生存。但是许多昆虫，包括这只面象虫，在完全干燥的环境中生存几个月甚至几年。面象虫吃谷类、面粉、压碎的粮食，它们从食物中获得所需的所有水分。在沙漠中，昆虫常使用不同的生存技巧。有一种来自西南非洲纳米比亚沙漠的甲虫，在雾蒙蒙的夜晚它们爬上沙丘，收集在身上凝结的水珠。

休眠

这只黄蜂蜂王将翅膀折叠在身下，正在冬眠。它进入了假死状态，当天气转暖后会再次苏醒。许多其他昆虫，也以卵、幼虫、蛹或成虫的形式冬眠。昆虫在极度炎热或干旱时，也会休眠。

有些昆虫休眠时，会失去身体大部分水分，身体的化学反应中止。在这种状态下，一种摇蚊幼虫可以在 -270℃的液氮中存活，与外太空一样。一旦环境暖和并湿润起来，昆虫会奇迹般地复活。

社会昆虫

大多数昆虫都独立生活，留下幼虫自己照顾自己。社会昆虫则完全不同，它们生活在群体或永久性的家庭中。有的群体仅有几十个成员，但是最大的群体有数百万之众。群体中的昆虫像一个团队一样工作，筑巢、觅食、抚养群体中的下一代。社会昆虫包括所有蚂蚁和白蚁，以及许多种黄蜂和蜜蜂。由于群体生活，它们中的有些成了地球上最成功的动物之一。

家中的蜜蜂▶

这些工蜂聚集在巢穴内部的一张巢脾上。巢脾是由蜂蜡做成的，充满了六边形的蜂房，像是悬挂式的储藏系统。有些蜂房充满了蜂蜜，这是由蜜蜂从花朵上采来花蜜并带回巢穴做的。其他蜂房里则是正在生长的幼虫，或者是蜂王新产下的卵。右边的放大图片向我们展示了蜂房以及蜷在里面的幼虫。

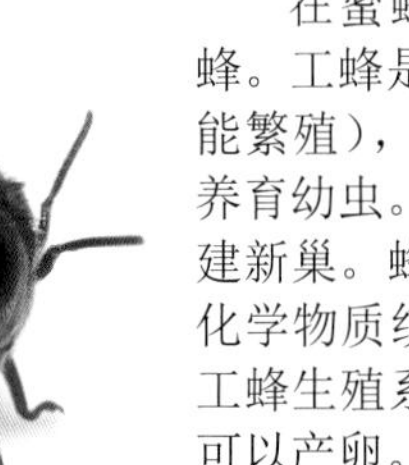

开放的蜂房中蜷缩着的幼虫

◀蜜蜂的社会等级

在蜜蜂巢穴中一共有 3 种蜂。工蜂是不育的雌蜂（它们不能繁殖），它们筑巢、维护巢穴、养育幼虫。雄蜂和新蜂王交配，组建新巢。蜂王依靠所产生的一种特殊化学物质统治巢穴，它是可以压制其他工蜂生殖系统的化学物质，因此只有蜂王可以产卵。

▲纸巢蜂

这些胡蜂用咀嚼成纸浆的木头纤维来筑巢。它们将巢穴悬挂在开阔处，通常是树干上。它们的群体可能很小，只有区区 50 只。

▲大黄蜂

大黄蜂常在温暖的老鼠旧窝里繁殖。春天，窝里只有几十只工蜂围绕着蜂王。到夏末，工蜂的数量可以攀升至 500 只。工蜂在黄蜡做的椭圆形蜂房里喂养幼虫。

▲木蚁

冬眠后，这些蚂蚁聚在自己巢的外面。春天时，它们用松树的针和小树枝筑巢，在巢穴表面下的隧里喂养幼虫。

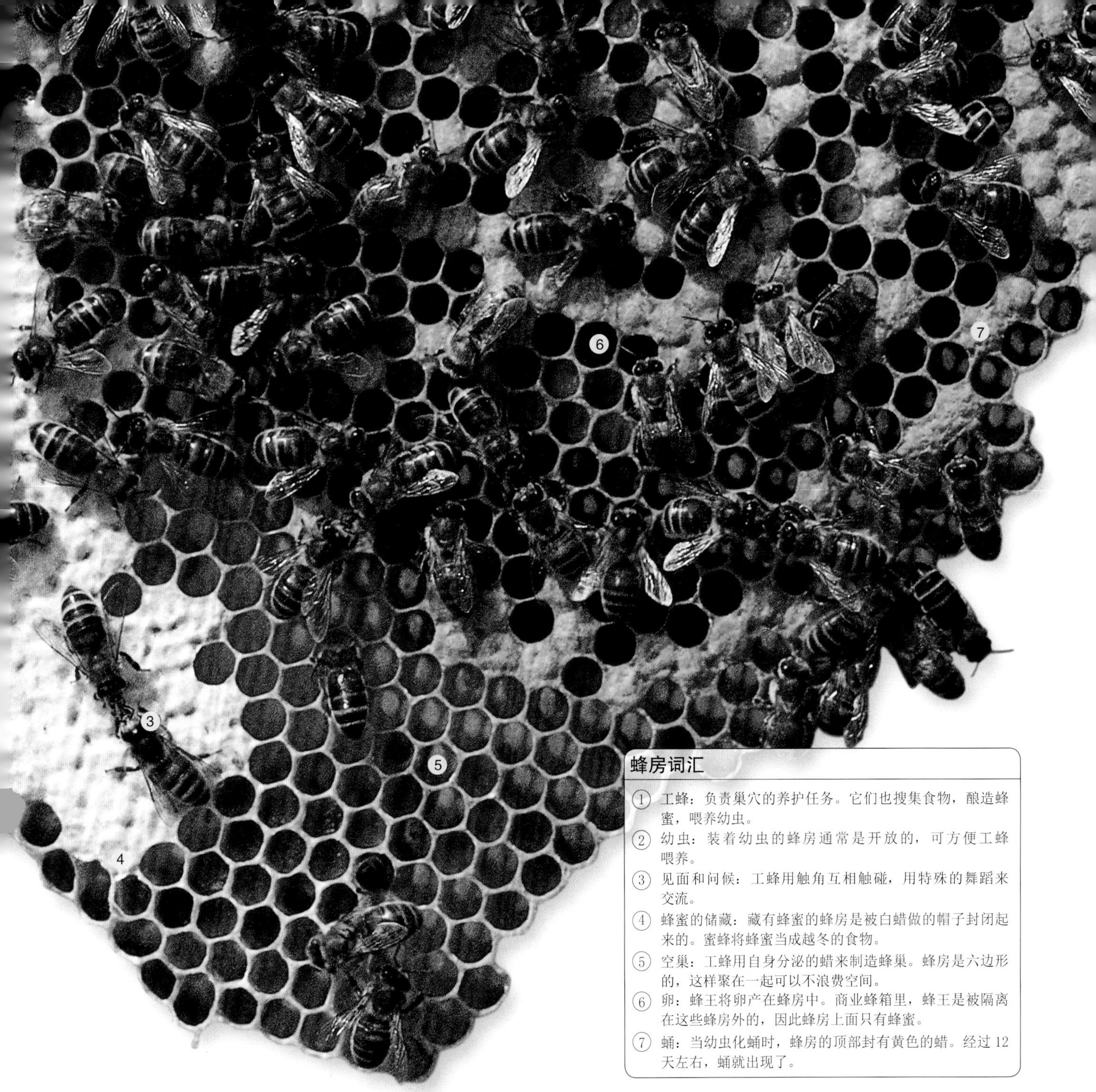

蜂房词汇

① 工蜂：负责巢穴的养护任务。它们也搜集食物，酿造蜂蜜，喂养幼虫。

② 幼虫：装着幼虫的蜂房通常是开放的，可方便工蜂喂养。

③ 见面和问候：工蜂用触角互相触碰，用特殊的舞蹈来交流。

④ 蜂蜜的储藏：藏有蜂蜜的蜂房是被白蜡做的帽子封闭起来的。蜜蜂将蜂蜜当成越冬的食物。

⑤ 空巢：工蜂用自身分泌的蜡来制造蜂巢。蜂房是六边形的，这样聚在一起可以不浪费空间。

⑥ 卵：蜂王将卵产在蜂房中。商业蜂箱里，蜂王是被隔离在这些蜂房外的，因此蜂房上面只有蜂蜜。

⑦ 蛹：当幼虫化蛹时，蜂房的顶部封有黄色的蜡。经过 12 天左右，蛹就出现了。

每群 50 000 ~ 75 000 只成虫

蜜蜂

蜜蜂的巢穴可以持续使用数年。春或夏天时，因为食物充足，巢里工蜂数量还会增加。工蜂和蜂王秋冬两季会冬眠。

每群成虫 500 万只以上

▲白蚁

白蚁群的大小不同。有的巢穴只有几厘米宽，而有的巢穴地上建筑有几米高。白蚁很少在户外进食——它们从里面啃食木头，在泥浆做成的隧道中横跨开阔空间。

每群成虫 2000 万只以上

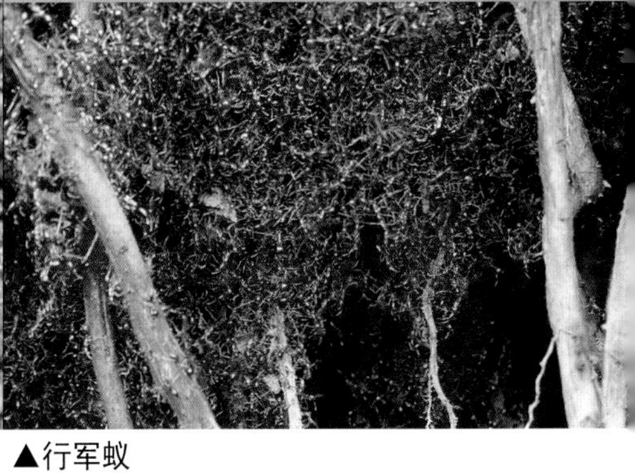

▲行军蚁

这些昆虫是游牧者——在晚上它们的腿连在一起，组成临时的巢穴。它们取食小型动物和昆虫，聚在猎物周围，并制服它。

膜翅目（蜜蜂、黄蜂和蚂蚁）

膜翅目中有世界上最成功的昆虫，某些还有强有力的螫刺。蜜蜂、黄蜂和蚂蚁虽然看起来不同，但是它们间的亲缘关系很近。除了蚂蚁，它们大部分都有两对翅膀，还有纤细的腰部。独居的种类自己生活，社会性种类生活在称为群体的巨大家庭中，在巢穴中哺育下一代。蜜蜂以花粉和花蜜为食，但黄蜂和蚂蚁食物来源范围很广。有些种类在植物授粉和控制害虫方面都发挥了很重要的作用。

许多蜜蜂和黄蜂都有黑黄警戒色

腹部前方纤细的腰

刺在腹部后方

后翅比前翅小很多

带钩的爪用来携带毛虫和其他昆虫

警戒条纹▲

这只普通黄蜂用一身醒目的黑黄条纹宣扬着一个事实——它会蜇人。它与大多数蜜蜂和黄蜂一样，有一对轻薄的翅膀收拢在身体两侧。它的前后翅由细小的钩子固定在一起，飞行时一起拍打。黄蜂的眼睛很大，触角粗短，口器锐利。成虫以水果和其他含糖食物为生，但成虫却将其他昆虫嚼成营养浆后喂养幼虫。

膜翅目

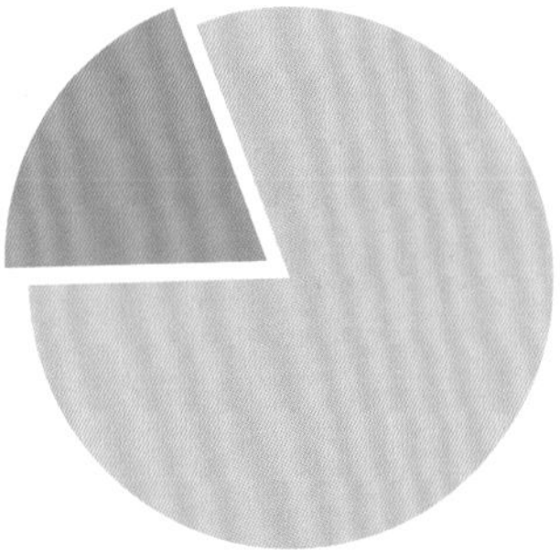

蜜蜂、黄蜂和蚂蚁都属于膜翅目，该目的20万个种类占所有已知昆虫种类的20%。蜜蜂和黄蜂中既有独居种类，也有群居种类。蚂蚁总是成群生活，很可能是世界上数量最多的昆虫。

蜜蜂的发育

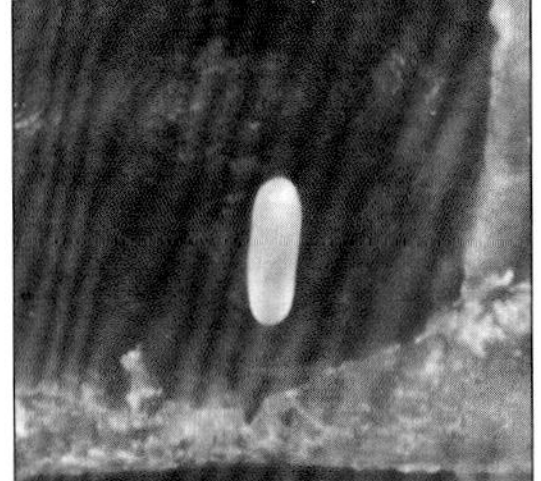

卵

蜜蜂随着生长会完全改变外貌，属完全变态。在蜂巢中，只有蜂王产卵。夏天时，它一天可以产2000多枚卵，将它们每一个都粘在空的蜂房底部。4天后，卵孵化出幼虫。

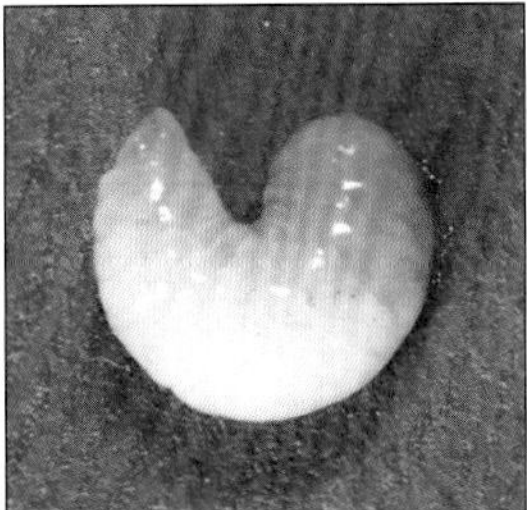

幼虫

蜜蜂的幼虫是白色的，而且没有长腿。在蜂巢中，称为保姆蜂的年轻蜜蜂会用花粉和花蜜混合物来喂养它们。丰盛的大餐使幼虫生长十分迅速。孵化后6天，幼虫就长成，并准备化蛹了。

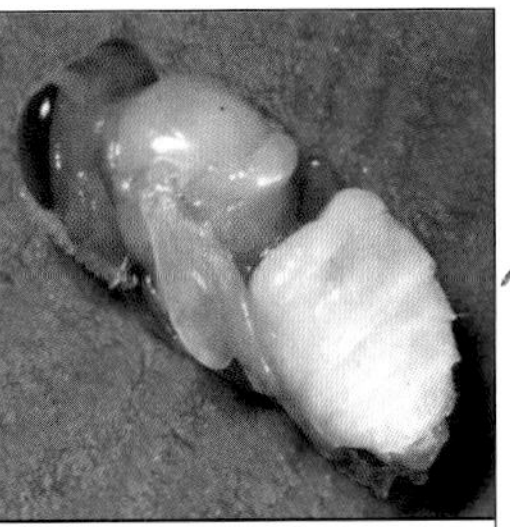

蛹

幼虫蜕下皮就转变成蛹。同时，保姆蜂会做一块蜡板封住巢房。在接下来的10～12天内，幼虫的结构分解，成虫装配成形。卵孵化3周后，一只工蜂就爬出来了。

成年工蜂

工蜂的寿命约为6周。在此期间，它的工作取决于年龄大小。第一周，它们的作用是保姆蜂，喂养幼虫。下一周，它们维护蜂巢并首次飞行。最终，它们将是粮草兵，从花朵上搜集花蜜和花粉。

敏感的触角分节，增强灵活性

用来寻找昆虫猎物的巨大复眼

头顶的三只眼睛（单眼）

触角有个突然转弯处

工蚁的胸部通常比腹部长

强壮的腿上有带钩的爪用来抓取东西

没有翅膀的劳动者▶

工蚁通常长着蜇刺，但没有翅膀。比起蜜蜂和黄蜂，蚂蚁胸部长而腹部短，这使它们看起来像是被拉长了。工蚁的眼睛很小，但触角发达，觅食主要依靠嗅觉。蚂蚁繁殖时，巢中也有带翅膀的雄蚁和雌蚁。这些会飞的蚂蚁在夏天离开巢穴，开始建立自己的新巢。

小个儿的工蚁爬上树叶躲避猎食的苍蝇

大个儿的工蚁将树叶带回巢中

▲不同的食谱

这些切叶蚁切下了几片叶子，正在将它们带回地下的巢穴。它们会把叶子堆成肥料堆，而不是直接吃树叶。有一种特殊的真菌会在上面生长，切叶蚁就以此为食。多数蚂蚁的食谱比切叶蚁更丰富，取食种子、水果或任何甜的东西。有的捕食其他昆虫和小型生物，并用刺杀死猎物。

▲寄生虫和宿主

这只在树干上钻洞的树蜂就要产卵了。它的幼虫将在树中挖掘隧道，吃腐烂的木头和真菌。然而，在幼虫进食时，有被寄生姬蜂攻击的风险。姬蜂嗅到树蜂幼虫后，就钻开树木，将卵产在树蜂幼虫身上。姬蜂的这种行为看起来令人厌恶，但它们对控制诸如树蜂这样的害虫十分有效。

昆虫建筑师

昆虫尽管身形微不足道，但其中就有动物界技艺最精湛的建筑师。它们凭本能建造而不是事先规划，使用的建筑材料范围极广。有些昆虫自己劳作，但是最大的建筑仍然是由社会昆虫依靠团队合作完成的。白蚁的巢穴最大——某些热带种类的巢穴可高达 7 米。甚至这些巢实际上比看上去更大，因为巢穴的一部分是藏在地下的。

白蚁蛊▶

这个塔状的白蚁巢重达 1 吨。这些巢由潮湿的泥做成，在热带阳光烘烤下变硬。白蚁用唾液湿润泥土，将它们固定在巢穴承重的支柱上。白天，巢穴像是被遗弃了，因为白蚁在巢穴内消磨白天的时光。夜晚来临时，工蚁便搜寻巢穴外一片片死去的植物。

◀巢穴内部

在非洲白蚁的巢穴内，塔的作用类似空调，保持巢内湿润、凉爽。主要的饲养区在距离较近的圆顶内。工蚁收集自己的粪便，并在此培养一种特殊的真菌作为主要的食物来源。在真菌园下面就是王室——蚁后产卵的地方，以及卵孵化、生长的孵育室。

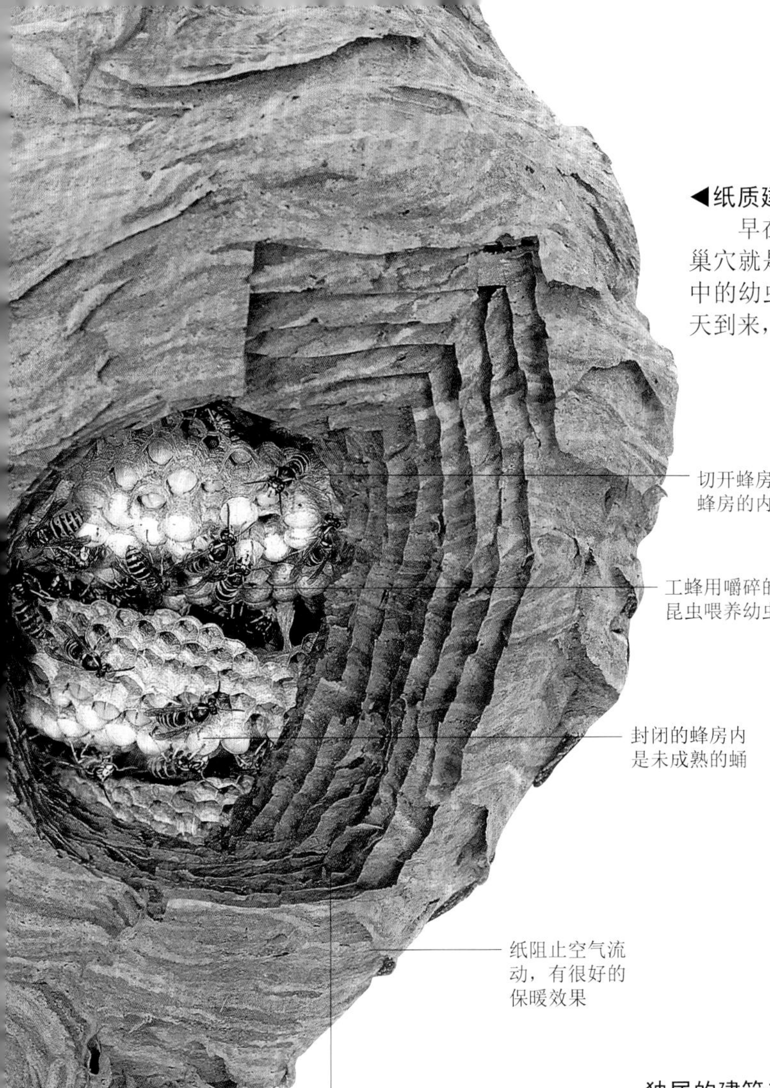
切开蜂房展示了
蜂房的内部
工蜂用嚼碎的
昆虫喂养幼虫
封闭的蜂房内
是未成熟的蛹
纸阻止空气流
动，有很好的
保暖效果
巢由多层
纸组成
下部的狭窄入
口将温暖的空
气留在巢内

◀**纸质建筑**

早在人们发明纸之前，昆虫就在用它们筑巢了。这个黄蜂的巢穴就是由多层纸缠绕建成的。纸是很好的绝缘体，可以为发育中的幼虫保暖。黄蜂将植物纤维嚼碎，再吐出来展开成纸。随夏天到来，它们撕下内层制作新的外层，这样来扩大巢穴。

积攒的纤维用来筑巢

▲**造纸术**

工蜂用下颌积攒木质纤维带回巢中。纤维混合唾液后吐出，铺展成纸张。巢的颜色取决于使用的木头种类。啃食木头的白蚁也制作类似的建筑材料，称为纸箱。有的昆虫用它制作出圆形的像足球那么大的巢，挂在树上。

独居的建筑者▶

筑巢并不总是靠团队完成的。这只雌性陶蜂用黏土做了个瓶状的巢，正在将一只被它的螯刺麻痹了的毛虫拖进巢中。它将在毛虫旁边产卵，并封闭出口。等到卵孵化后，幼虫变成黄蜂要飞走前，以这只毛虫为食。陶蜂在温暖的地方很常见。

陶蜂将毛虫
拖进巢穴

移动式房屋

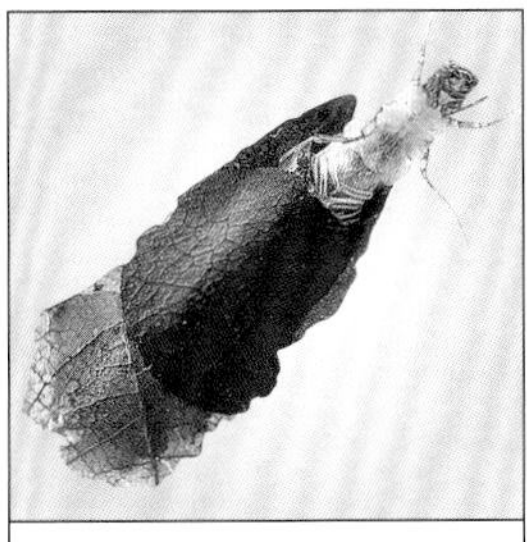

寄居树叶

大多数昆虫建筑师为养育后代而筑巢，但也有少数筑巢是为了保护自己。这只生活在小溪中的石蛾幼虫就用树叶做一个套保护自己。幼虫大部分身体藏在套子里，只在觅食时会爬出来。随着生长，它会不停地套上更多的树叶。

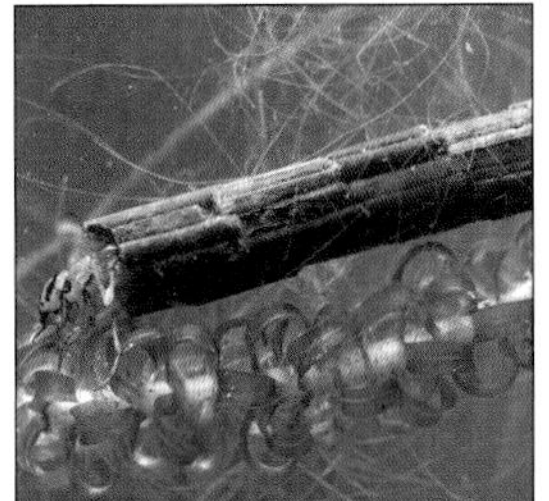

精密建筑

不同种类的石蛾都有自己的建筑技巧来制作各自的巢。这只幼虫就将树叶和植物茎切割成相同大小，做成套子。它将材料螺旋排列，用丝系在一起。最后做出一个铅笔粗细、5厘米长整洁的管子。

石头间的安全地带

这种石蛾幼虫的移动速度很快，不需要筑巢。然而当它化蛹时，需要保护自己免受捕食者的攻击。它将丝做成幛子，上面粘着小石头。蛹和它的幛子都粘在岩石上，使捕食者很难将它吃下去。

探出身子

石蛾的腹部很柔软，总是藏在套子里。这只幼虫探出身来觅食。这种石蛾开始做套子时，首先用细碎的根须做出一个小篮子。所有的石蛾都会吐丝，生长过程中，它们用丝固定住切碎的植物茎。

群居生活

蜜蜂以高效组织的团队外出觅食。如果一只蜜蜂找到了大片花丛，它就飞回巢穴并传播这个消息。它用一种特殊的舞蹈告诉同伴食物在哪里，需要飞行多长时间到达。这个交流系统的效果惊人，它使蜜蜂成为世界上觅食效率最高的昆虫之一。和蜜蜂一样，所有其他的社会昆虫都展示出独特的群体行为。通过有效的信息传递、不同任务的调配，使它们成功生存的机会更大。

◀摇摆舞

蜜蜂有两种不同的舞步引导同胞前往觅食地。圆形舞步说明食物距离巢穴很近。舞步越快，食物越多。食物距离较远时，所使用的是左图展示的摇摆舞。蜜蜂以“8”字形移动，跨越中间时摇摆身体。舞步的速度表示花朵距离的远近。摇摆的角度表示花朵相对于太阳的方向。

▼保持联系

这两只蚂蚁在一条行经路线上相遇了，靠嗅觉相互交流。为了保持联系，它们向周围环境释放一种叫信息素的物质来传递化学信息。工蚁用信息素标记食物路线，当受到攻击时也用来拉响警报。在巢穴的核心部位，蚁后散发自己的信息素保持整个蚁巢运转良好。如果蚁后死了，它的信息素即消失，其他的蚁后就会前来取代它的位置。

触角探查信息素和食物的气味

蚂蚁腹部的腺体留下一条气味痕迹

巢穴里的偷渡者

信息素和任何交流系统一样，也会被盗用。这只被称作阿尔康蝶的毛虫模仿蚂蚁蛹的形状和气味来伪装自己。工蚁将它错当成蚁蛹并带回到巢穴中。一旦毛虫到了地下，它就成了贪吃的捕食，尽情享用蚂蚁的卵和幼虫。许多其他昆虫也使用这种伎俩。有以它们的宿主为食，但多数仅仅将它们的巢当作家使用。

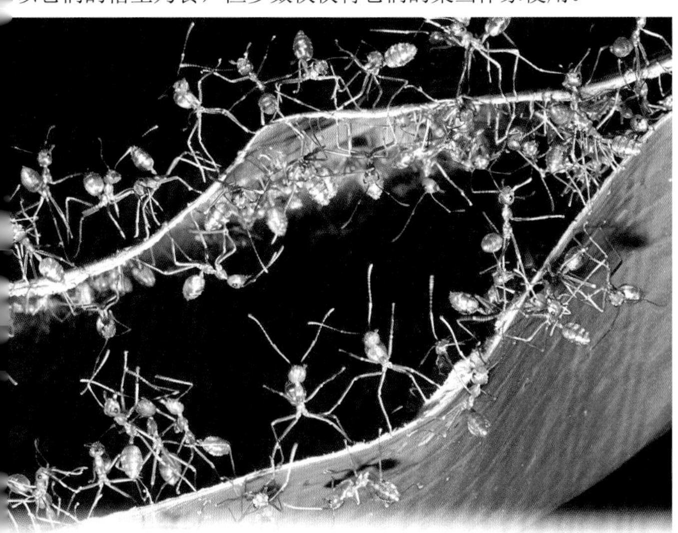

编制巢穴

编织蚁将树叶对折并用丝缝合制作出巢穴。这些蚂蚁刚刚开这项任务，把树叶折起来，使边缘几乎相互接触。下一步，工用腿横跨树叶的缝隙，慢慢将边缘合拢。最后蚂蚁幼虫分泌出线。工蚁用颌举起幼虫，拍打着它们缝合缝隙。等丝硬化后，接就完成了。

日常任务

喂养幼虫

在昆虫的巢穴中，喂养幼虫是头等大事。纸巢蜂刚带回喂养蜂房中幼虫的食物来到巢穴。生长中的幼虫不时地就会有小餐一顿。比如蜜蜂幼虫，在它长成的6天内一共进食150次左右。蜜蜂和黄蜂的幼虫自己不能自己觅食，只能依靠定时喂食。

气温控制

蜂巢中的温度是由工蜂控制的。它们扇动翅膀向蜂箱中鼓入冷空气。这项工作在夏天时尤为重要，因为温度升到36℃以上，幼虫就会热死。如果巢穴因温度过高出现危险，工蜂就会采取紧急行动，在蜂房上洒水滴降温。

修复巢穴

当昆虫的巢穴被毁时，工蚁就会进行维修。这些白蚁在用储备泥土修补巢穴上的一个洞。几天之内，修补的地方就会变硬，破口就此封闭。如果破损影响到了繁殖区，工蚁迅速将幼虫和蛹聚集，将它们转移到安全地带。等它们一离开现场，工蚁就开始维修工作。

尸体处理

在庞大的巢穴中，每天都有几十只死去。为了防止疾病传播，及时清理尸体是很重要的。这只工蚁将尸体带离巢穴足够远后就会把它丢掉。秋天时，工蜂大量死去，这项工作变得越发重要。存活下来的蜜蜂则聚集在巢穴中央，静静等待温暖春天的到来。

保卫巢穴

这些兵蚁将蚁酸喷射在空中来保卫巢穴不受侵袭。社会昆虫对危险的反应极为迅速，散发信息素向其他成员求助。蚂蚁和蜜蜂都有自己的特殊阶级，时刻守卫巢穴抵抗侵袭者。它们大多长有硕大的颌，但白蚁中的兵蚁被称为鼻型兵蚁，头部为喷嘴形，可以喷出一种黏性物质。

群体

昆虫的群体十分壮观，有时候甚至壮观得吓人。没有任何预兆，沙沙作响的百万只昆虫就会忽然出现。如果出现的是落在农民庄稼上的蝗虫，结果就是灾难性的，会造成粮食减产或者绝收。聚群的昆虫也很危险，尤其是那些会叮咬和有强效螯刺的种类。许多群体都是由社会昆虫组成的，例如蜜蜂或蚂蚁。但是某些最常见的群体中也有通常情况下单独生活的昆虫。

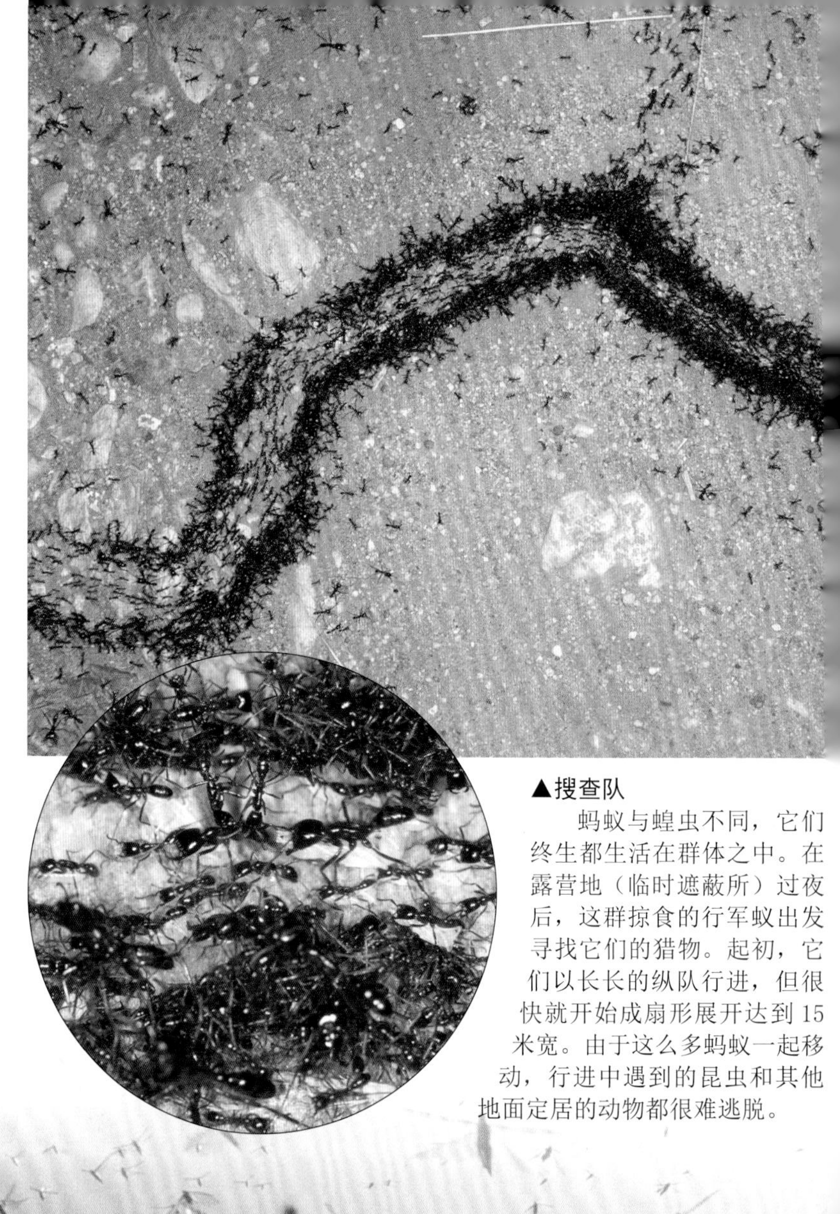

▲搜查队

蚂蚁与蝗虫不同，它们终生都生活在群体之中。在露营地（临时遮蔽所）过夜后，这群掠食的行军蚁出发寻找它们的猎物。起初，它们以长长的纵队行进，但很快就开始成扇形展开达到15米宽。由于这么多蚂蚁一起移动，行进中遇到的昆虫和其他地面定居的动物都很难逃脱。

▼移动中的蝗虫群

这些沙漠蝗虫正在觅食，而当地居民则在设法赶走它们。蝗虫通常都是独自生活，但潮湿气候使它们大量繁殖，造成过度拥挤和食物匮乏之后，它们就会聚集在一起。蝗灾是非洲和世界上其他温暖地区的一大难题。曾有记载的最大的蝗虫群来自北非。它包含了10万亿只个体，总重量达2500万吨以上。

当地居民设法从蝗虫嘴下夺食

▲蜂群

这些蜜蜂聚成一群挂在一根树枝上。蜂群里面的某个地方就是新生的蜂王，它准备组建一个新巢。当蜂群聚在蜂王周围时，侦察蜂出发为新巢选址。一旦发现了好地方，蜂群就搬家到那里定居。蜜蜂聚在一起看起来很危险，其实此时的蜜蜂通常脾气温和，很少蜇人。

▲聚集现场

春季平静的某天，雄性的蚋或蠓常聚在一起，像是弥漫在空气里的烟雾。蚋通常是独自生活，但是繁殖季节时，雄性聚在一起吸引雌性。如果一只雌性靠近，一只雄性就会迅速接近她，两只虫子接着一起飞走。与其他群体不同，这样的群体仅能维持不到一小时。如果天气转变或开始刮风了，群体立即就散开了。

成群的蝗虫一起觅食

群体被捕食▶

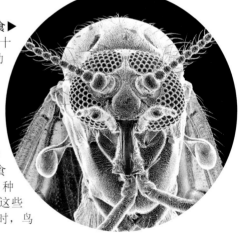

群居对于蠓来说十分有利，它可以帮助雄性和雌性相互发现。但群体生活也吸引带刺的蠓，正如图中所示。它们不加入群体，而是捕食这些群居的蠓，昆虫的群体生活也吸引其他捕食者，比如鸟类。许多种鸟喜欢捕食飞蚁。当这些飞蚁飞离它们的巢穴时，鸟就会立即捕捉它们。

成群取暖

这些瓢虫聚在一起冬眠。这是一种不同的聚群，因为它几乎毫不移动。瓢虫待在一起度过整个冬季，春天之后就各自离开。苍蝇也经常组成冬眠群体。有一种欧洲苍蝇叫作粉蝇，如果有机会常会聚集在空屋子或仓库。某些最大冬眠群体是由蝴蝶和蛾子组成的。

迁徙

昆虫是动物界最伟大的旅行家之一。每年，都有百万只蝴蝶长途迁徙到达它们的繁殖地。一旦繁殖结束，它们又和下一代转头飞向它们的越冬地。所有的昆虫——包括蜻蜓、蚱蜢、蛾子和牧草虫，都会季节性地迁徙。昆虫完全依靠自己的力量到达它们想去的地方，它们靠本能导航。它们的旅行被称为迁徙。在迁徙过程中，昆虫走过了世界不同地方，经历着各种不同的自然条件。

▲准备上路

这些蜻蜓栖身在湖边的芦苇上，就要开始从蒙古到南亚的漫长向南的旅程。旅行充满危险，因为它们会受到暴风雨的袭击，还有诸如鸟类的捕食者的袭击。许多蜻蜓都死在这次旅行中，但更多的则死在回来的路上。但是对于幸存者而言，迁徙的一大好处是，它们躲开了蒙古寒冷的冬天。

◀随风旅行

小型的迁徙昆虫飞行能力有限——比如这只牧草虫，但是在风的帮助下它们可以迁徙很长的距离。夏天，它们常被暴风雨卷到空中。在被风吹走很远后，它们慢慢落回到地面。当昆虫以这种方式迁徙时，它们无法决定方向，但是如果幸运的话，它会落在食物充足的地方。

◀成功者的聚会

这些黑脉金斑蝶到达了它们在墨西哥的越冬地，并聚集在松树树干上。接下来的几个月，蝴蝶都会待在树上，天气暖和时稍稍飞一会儿。春季温度回升时，它们出发向北飞向遥远的繁殖地。并不是所有的黑脉金斑蝶都会加入这个聚会，其中有些就待在出生地，在树洞或树皮中冬眠。

北美洲的黑脉金斑蝶是世界上最有名的迁徙昆虫。它们多数会在大陆的南部度过冬天，要么是美国加利福尼亚州，要么是得克萨斯州和墨西哥北部。春天，某些蝴蝶会迁徙到加拿大——距离达3000千米。

夏天向北迁徙的蝴蝶通常在旅行结束前就已经繁殖或者死去。它们的下一代会完成向北的旅程，在夏天结束前开始向南飞行。

◀路程中

这张示意图展示了一只典型的昆虫迁徙时，在不同方向飞行多少次。春天，它迁徙总体方向是向北，当然也会飞向不同的方向。秋天时，就正好反过来，总体方向朝南。如果昆虫生活在南半球，迁徙就是反方向循环模式。昆虫靠自带的罗盘导航辨认方向，但也使用诸如海岸这样的地标。

▲途中迷路

800年前，这只蝗虫迫降在美国怀俄明州的冰川上。科学家在研究冰川的冰层时发现了它。这只蝗虫和其他许多蝗虫一样，死在迁徙的路上。坏运气以多种方式阻止着昆虫的迁徙。船只在航行中经常遇到成群迷路的蝴蝶。一旦昆虫到了远海的开阔水域，它们能回到陆地的机会就很渺茫了。

昆虫和人类

许多人对昆虫怀有复杂的感情——尤其是对那些会叮咬和蜇人的或那些进入室内的昆虫。昆虫是种麻烦的生物，有些昆虫会啃食粮食作物或传播疾病，给人类造成很严重的问题。但有些昆虫则很有益，它们会向人类提供有用的产品，例如丝和蜂蜜。尤其重要的是，它们会给世界上许多植物授粉。没有它们，生物界将会变得非常乏味。

养蜂人穿着
防护服装
烟雾迫使蜜蜂停止
飞行，落在巢脾上
丝线绕木制
线轴缠绕
几缕丝缠
成一股线
茧浮在一
锅温水中
木框中
的巢脾
木框垂直放
在蜂箱中

▲缫丝

桑蚕丝是由蚕的幼虫生产的。当毛虫化蛹时，它们用薄薄的丝茧将自己裹起来。这里展示的传统的缫丝方法，即用水浮起蚕茧。每只蚕茧都可以缫出长达900米的一缕丝。饲养蚕最早出现在5000多年前的中国。今天，它们已从野外绝迹了。

◀搜集蜂蜜

身穿防护服的是一位养蜂人，他打开蜂箱正取出一些巢脾。在他另一边，是一支烟枪用来向蜜蜂放烟以控制它们。蜜蜂在一个方形木头框中筑巢。养蜂人将它们取出，将蜂房上的蜡板盖去掉，放到离心分离器中（用来分离液体蜂蜜的机器）。机器会将蜂蜜从蜂房中分离出来。

科罗拉多甲虫

科罗拉多甲虫在啃食土豆的叶。这种害虫原产于北美，但自从50年它们被意外地带到世界上许其他地方。每只雌虫一年可以产00枚卵，一年可繁殖三代。如果加控制，它们将毁掉大片的土豆。

▲吉卜赛蛾

这种白色的小蛾子原产自欧洲和亚洲，它们取食树木的叶子。19世纪60年代，它被引进北美，为的是饲养获得它们的丝。然而，一些成虫逃了出来，躲进了附近的树林，很快地繁衍。这种蛾子在北美几乎没有天敌，因此它们的幼虫可以将树木的叶子吃光。直到今天，吉卜赛蛾仍然在传播，一旦爆发，树林就需要喷药了。

▲地中海果蝇

这种具有破坏性的害虫可以在各种水果上产卵。它们的幼虫钻进水果，使水果无法出售。它原产自非洲，现在几乎散播到了世界所有的温暖地带。因为这么小的昆虫能造成如此大的损失，水果生产地需要做极大的努力才能免受其害。世界许多地方都有隔离检疫规则以防止它们入境。

移动蜂箱

大多数蜂巢都固定在一个地方，但是这辆卡车则装满了蜂箱，夏两季都在移动。这些蜂箱租给果农，几周后授粉任务结束，次聚集在一起。蜜蜂很好地适应了这种旅行式的生活方式。每蜂箱转移，它们很快就能找回方向感，从而找到回家的路。

◀昆虫食品

蚱蜢烤熟并铺展在玉米薄饼上后，就是一道营养丰富的酥脆美食。这种以昆虫为主料的食谱秘方源自墨西哥，但在世界上其他地区也有把昆虫当作食物的。昆虫含有大量蛋白质，但只有微量的脂肪。在西方，许多人都认为吃昆虫很恶心，尽管他们很乐意吃昆虫的近亲，比如龙虾、虾和蟹。

蚊子是如何传播疟疾的

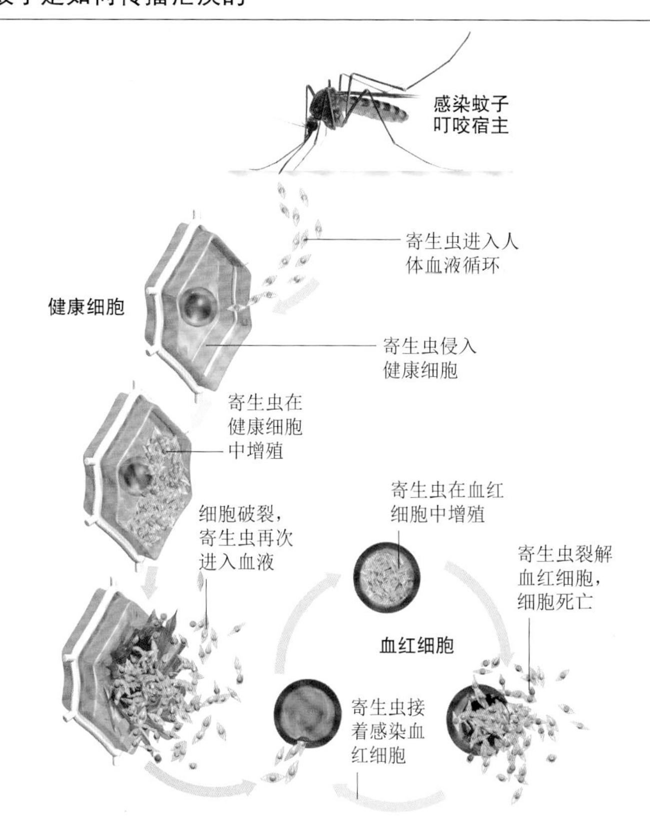
感染蚊子
叮咬宿主
寄生虫进入人
体血液循环
健康细胞
寄生虫侵入
健康细胞
寄生虫在
健康细胞
中增殖
细胞破裂，
寄生虫再次
进入血液
寄生虫在血红
细胞中增殖
寄生虫裂解
血红细胞，
细胞死亡
血红细胞
寄生虫接
着感染血
红细胞

昆虫可向人类传播大约20种疾病，向动物传播的疾病更多。其中，疟疾是最危险的，每年都会有几百万人口感染。疟疾是由一种生活在蚊子唾液腺中的单细胞寄生虫引起的。当一只已感染的蚊子叮咬了人类宿主，寄生虫（疟原虫）即进入宿主的血液循环系统，并感染健康细胞。它们在这里增殖，接着细胞破裂进入血液，在此再次增殖。疟疾会造成多种发热，有时造成肾脏和脑的致命损伤。蚊子叮咬已经感染的人即携带上病源。

昆虫研究

研究昆虫的专家被称为昆虫学家。他们研究昆虫，为了弄明白昆虫是如何生活的，并且发现它们是如何影响人类以及世界上其他生物的。经过昆虫学家的研究，人类知道了许多有益的昆虫，以及那些侵袭农作物和传播疾病的害虫。昆虫学家也研究当人类改变和破坏自然界时，对昆虫的影响。许多其他领域的科学家也会研究昆虫。例如，基因学家靠研究微小的果蝇，在基因和遗传方面有了重大发现。昆虫也给了工程师创造 6 条腿的机器人，甚至微缩星球的灵感。

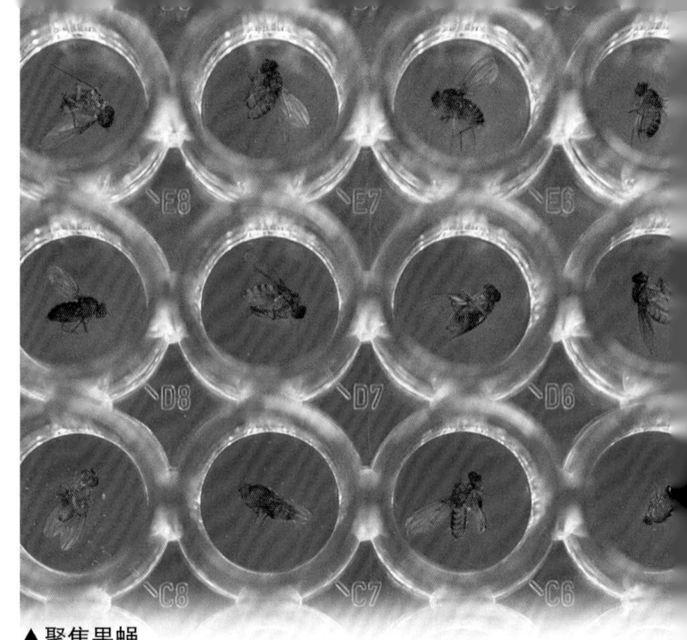

▲聚焦果蝇

这些果蝇被排列在塑料小盘中，即将送到显微镜下，对它的特征进行研究。对于基因学家，这些果蝇极其重要，因为它很容易喂养，而且繁殖迅速。果蝇还有另一个优点：尽管身材小，果蝇体内却含有极长的染色体（携带动物基因线形 DNA）。对科学界研究染色体的作用机制很有帮助。

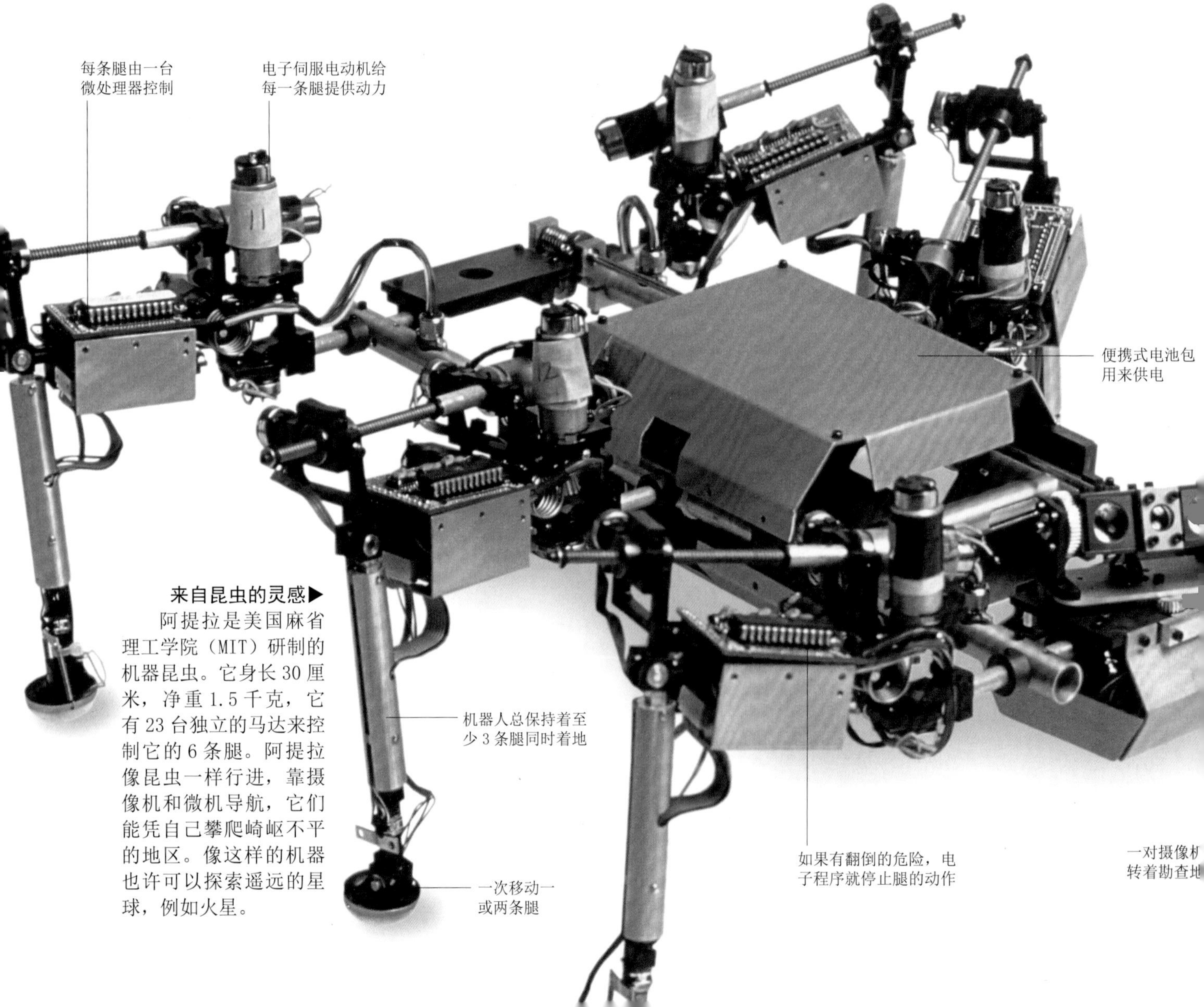

每条腿由一台微处理器控制

电子伺服电动机给每一条腿提供动力

便携式电池包用来供电

机器人总保持着至少 3 条腿同时着地

一次移动一或两条腿

如果有翻倒的危险，电子程序就停止腿的动作

一对摄像机转着勘查地

来自昆虫的灵感▶

阿提拉是美国麻省理工学院（MIT）研制的机器昆虫。它身长 30 厘米，净重 1.5 千克，它有 23 台独立的马达来控制它的 6 条腿。阿提拉像昆虫一样行进，靠摄像机和微机导航，它们能凭自己攀爬崎岖不平的地区。像这样的机器也许可以探索遥远的星球，例如火星。

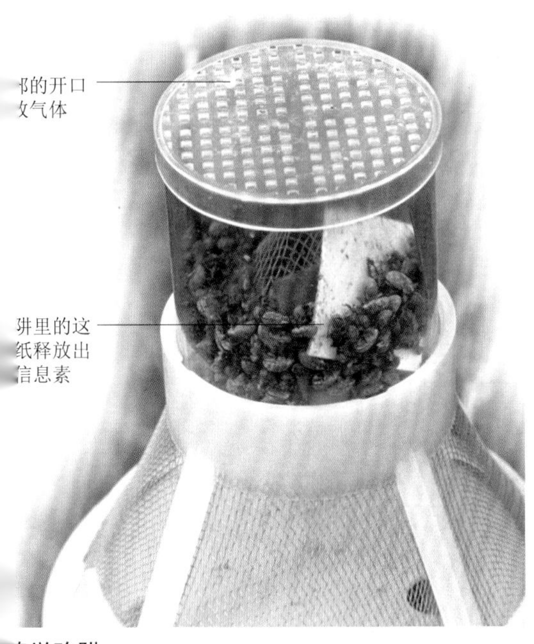

臭觉陷阱

这只塑料陷阱是被设计用来诱捕棉籽象鼻——一种棉花地中的害虫。陷阱散发出的气味是方一只棉籽象鼻虫的信息素。在野外，象鼻虫言息素相互吸引。当它们闻到假信息素时爬进陷就此被捕。这种陷阱可以用来对付许多种害与杀虫剂不同，它们能消灭害虫而不会同时杀有益的昆虫。

昆虫同盟▶

在20世纪20年代，一种多刺的梨形仙人掌在澳大利亚辽阔的农田造成灾难性的危害。为了制止它的传播，昆虫学家从阿根廷借来了一种吃仙人掌的蛾子。他们在笼子里养蛾子，并在野外散播了30亿枚卵。10年之内，灾难过去了。今天，这些蛾子仍然控制着仙人掌的生长。

▲发现新品种

2002年，昆虫学家在纳米比亚的群山中发现了这种非同寻常的昆虫。虽然总有新品种的昆虫被发现，但这只却格外让人兴奋，因为以前从来没发现过像这样的昆虫。经过研究后，科学家决定称它为螩（Mantophasmid），意思是一半是螳螂，一半是竹节虫。到目前为止，又发现了几种螩（xiū）。

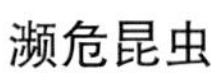

濒危昆虫

蜻蜓目

由于人类改变了自然界的环境，造成蜻蜓在很多地方都受到了威胁。这种旧金山蜻蜓生活在加利福尼亚的繁华地区，这使它们面临的境况十分危险。

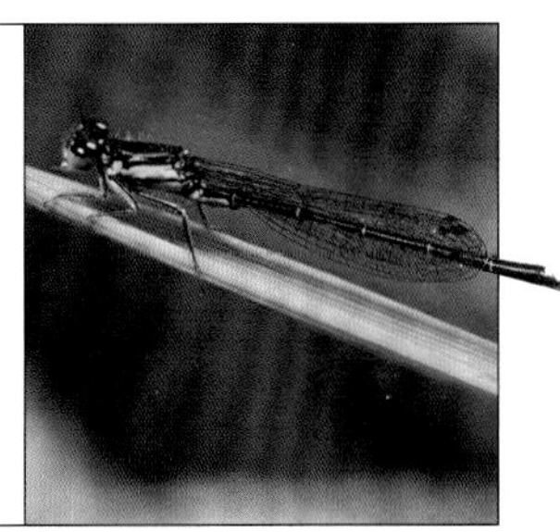

甲虫

甲虫的幼虫吃活着或死去的树木。当森林被砍伐，枯死的树木被清理掉，对甲虫来说是极大的生存威胁。吃木头的甲虫发育缓慢，因此恢复它们需要很长的时间。例如双色吉丁虫就是木材蛀虫，也是欧洲最稀有的甲虫之一。

蝴蝶

这只亚历山大女王凤尾蝶被收藏家捕获，因为它是世界上最大的蝴蝶之一。和所有昆虫一样，蝴蝶也会因世界气候迅速变化而受到威胁。昆虫学家正抓紧研究它们，以探索其带来的影响。

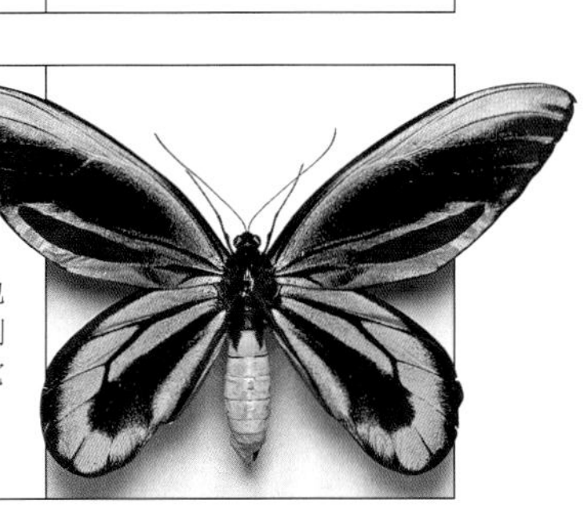

昆虫分类

无翅亚纲（原始无翅昆虫）

目	俗名	科	种	分布	特征
石蛃目	衣鱼	2	350	全世界均见	无翅昆虫，背部隆起，长有复眼和3条纤细刚毛\[…\]的尾巴。
缨尾目	衣鱼	4	370	全世界均见	无翅昆虫，腹部细长，长有三条腹尾。身上覆盖\[…\]色的鳞片，外貌像是鱼类。在腐败的植物和室\[…\]常见。

有翅亚纲［有翅昆虫（尽管某些间接无翅）］

外翅类分类（不完全变态昆虫）

目	俗名	科	种	分布	特征
蜉蝣目	蜉蝣	23	2500	全世界，南极除外	虫体细长，两对翅膀。成虫不再进食，通常仅存活不到一天。若虫生活在淡水中，取食植物和动物。
蜻蜓目	蜻蜓和豆娘	30	5500	全世界，南极除外	虫体细长，两对翅膀，腹部纤细，复眼发达。成虫常在空中捕食其他昆虫。若虫生活在淡水中。
襀翅目	石蝇	15	2000	全世界，南极除外	飞行能力不强，腹部扁平，两对薄膜状翅膀。幼虫生活在淡水中，成熟前约蜕皮30次。
蛩蠊目	蛩蠊	1	25	亚洲和北美	细长无翅昆虫，生活在岩石间。头部和眼睛均很小腿很发达，低温下仍可以保持活动。
直翅目	蟋蟀和蚱蜢	28	20 000	全世界，南极除外	重型昆虫，长有咀嚼式口器，坚硬的前翅，后腿发达。多数取食植物，但有些猎食或者腐食。
竹节虫目	竹节虫和叶虫	3	2500	全世界，南极除外	行动缓慢的食草昆虫，身体纤细，伪装成树叶或者树枝的典型代表。雌性通常无翅。某些种类，雌性无须交配即可繁殖，而雄性罕见或没有。
蛸	蛸	1	13	南非	肉食类无翅昆虫，虫体细长，触角纤细，腿部发达。该目发现最晚，2002年确立。
螳螂目	螳螂	8	2000	全世界，南极除外	虫体细长，突袭捕猎，抓取性的前腿有刺。螳螂目光敏锐，头部灵活，有两对翅膀。无翅的若虫也是捕食性昆虫。
革翅目	蠼螋	10	1900	全世界，南极除外	扁平的腹部末端长有螯。大多数种类后翅折叠复杂，在小得多的前翅下拍打。蠼螋吃植物和动物性食物。
蜚蠊目	蟑螂	6	4000	全世界，南极除外	椭圆形昆虫，咀嚼性口器，腿部发达。大多数种类有两对翅膀。
纺足目	足丝蚁	8	300	热带及亚热带	这些昆虫在丝质的隧道、泥土或树叶堆中生活。两性的前肢都是勺子形的，包含丝腺。雄性有翅，但雌性无翅。
等翅目	白蚁	7	2750	热带及温带	社会性植食昆虫，生活在精心搭建的巢中。工蚁无翅，蚁后和雄蚁则有翅。

续表

目	俗名	科	种	分布	特征
缺翅目	缺翅虫	1	29	热带及温带，澳大利亚除外	蚂蚁似的小型昆虫，生活在腐烂的木头或树叶堆中。大多数种类的成虫都有有翅形态和无翅形态。
啮虫目	树皮虱，书虱	35	3000	全世界均可见	典型生活在树丛、树叶堆和室内的小型昆虫。大多数成虫，头部粗钝，长着两对翅膀。书虱有时无翅。
虱毛目	寄生虱	25	6000	全世界均可见	无翅的寄生性昆虫，生活在鸟类或哺乳动物身上。每一种通常仅寄生一种宿主。
半翅目	蝽	134	82 000	全世界，南极除外	种类繁多，吃植物或动物，用口器穿刺或吸吮。有翅的种类，前翅通常坚韧，关上时保护后翅。蝽类在多种栖息环境中生存。
缨翅目	蓟马	8	5000	全世界，南极除外	虫体细长，长有两对羽毛状翅膀的昆虫。许多种类多取食植物的汁液，有些是农作物的严重害虫。

翅类分类（完全变态昆虫）

目	俗名	科	种	分布	特征
广翅目	泥蛉和鱼蛉	2	300	全世界，南极除外	生活在水边的昆虫，两对翅膀形状大小相近。成虫不再进食。幼虫为肉食性，生活在淡水中。
蛇蛉目	蛇蛉	2	150	全世界，南极除外	捕食性昆虫，有两对翅膀，咀嚼性口器。捕食时，长长的脖子突然刺向猎物。幼虫也是肉食性的。
脉翅目	蚁狮和草蜻蛉	17	4000	全世界，南极除外	捕食性昆虫，两对翅膀大小相近，长有精细的翅脉网。幼虫的颌很大，也是肉食性。
鞘翅目	甲虫	166	370 000	全世界均可见	长有坚固前翅（鞘翅），像罩子一样保护后翅。甲虫的栖息地范围极广，生活史及食物多样。幼虫可能没有腿，而是在自己的食物中钻洞。
捻翅目	飞虱	8	560	全世界均可见	寄生在其他昆虫身上的小型昆虫。雄性的翅膀有独特的扭曲，终生生活在宿主身上。
长翅目	蝎蛉	9	550	全世界，南极除外	翅膀细长，腹部通常弯曲的昆虫。成虫吃活的昆虫、死去的残骸或者花蜜。幼虫常为腐食性。
蚤目	跳蚤	18	2000	全世界均可见	无翅的寄生昆虫，生活在哺乳动物和鸟类身上。身体扁平便于进入皮毛。后腿发达，跳跃能力强。幼虫像是蠕虫，腐食性。
双翅目	蝇	130	122 000	全世界均可见	这种昆虫有一对翅膀和一对平衡棒。成虫的口器用来叮咬或吸吮，主要吃流质食物，如血液和花蜜。苍蝇的幼虫像蠕虫。该目许多为寄生虫和害虫。
毛翅目	石蛾	43	8000	全世界，南极除外	外貌和蛾子相似，触角细长的昆虫，水边常见。石蛾幼虫生活在水中，常制作便携的套子保护自己。
鳞翅目	蝴蝶和蛾子	127	165 000	全世界，南极除外	全身覆盖有微小的鳞片。大多数蝴蝶和蛾子都有宽大的翅膀，简洁的身体，管状的口器不用时会卷起来。
膜翅目	蜜蜂、黄蜂和蚂蚁	91	198 000	全世界，南极除外	长有典型的细腰和两对不一样的翅膀。飞行时，前后翅由微小的钩子连在一起。其许多种类都有刺。

词汇表

鼻型兵蚁

白蚁中，头部形状像是喷嘴的一种特殊兵蚁。它们会向袭击巢穴的任何东西喷出一种黏性物质。

变态

昆虫或其他动物发育中身体形态的改变。昆虫发生两种变形。不完全变态的昆虫生命的第一阶段是若虫，很像成虫。随着生长，身体逐渐而缓慢地变形。完全变态昆虫的生命则从幼虫开始。它们和成虫完全不同，在化蛹或结茧时，身体形状忽然发生变化。

表面张力

一种能使水表面成膜的分子间的吸引力。有些昆虫利用表面张力在池塘和小溪表面移动。

兵虫

昆虫群体中，兵虫是保卫巢穴和捕捉猎物的特殊职虫。

彩虹色

一束光线通过折射分解成不同颜色。彩虹色在昆虫中很常见，常常使昆虫看起来有金属光泽。

虫瘿

由昆虫、蚜虫，或者某些细菌引起的植物的异常增生。能引发虫瘿的昆虫常将植物当作庇护所和食物来源。

重寄生虫

侵袭另一种寄生虫的寄生虫。

触角

绝大多数昆虫的成虫头部都有的感觉器官。昆虫的触角有嗅觉、味觉、触觉，还能感知空气的振动。

单眼

昆虫头顶的单个眼睛。和复眼不同，单眼并不形成图像，而是用来全面感知各种光线。

蝶蛹

蝴蝶或蛾子的蛹。蛹的外壳通常坚硬并富有光泽，但是有的在蛹外还有丝质的茧。

冬眠

冬季的深度睡眠。缺乏必需的食物，昆虫靠冬眠熬过一年最寒冷的季节。

毒液

有毒化合物的统称。昆虫用毒液自卫，捕获或毒死猎物。

分类

昆虫的辨别和分组方法。科学的分类通常能表明，通过进化而不同的生物有着怎样的联系。

跗节

昆虫的脚。跗节由许多环节组成，末端常有一个或数个爪子。

腐食动物

以动物残骸为食的昆虫或其他动物。

复眼

含有许多独立小单元的眼睛，每个单元都有自己的透镜结构。

腹部

昆虫身体的后部，紧接着胸部。腹部包含着昆虫的生殖系统，还有消化系统的大部分。

腹足

毛虫身体后部短小而柔软的腿。腹足不像真正的腿，没有分节或关节。

股节

昆虫腿部直接在膝部以上的部分，通常是昆虫腿部最长的一段。

后翅

两对翅膀的昆虫身上，这对翅膀紧靠着胸部末端。后翅通常比前翅轻薄，起飞前总是保持合拢。

呼吸系统

昆虫体内携带氧气到各个细胞，并将二氧化碳废气带走的身体系统。昆虫的呼吸系统由充满空气的管道组成，被称为气管。

花粉囊

花上制造产生花粉的部分。许多花的花粉囊都有特殊的形状，便于将花粉散到来访的昆虫身上。

花蜜

花产生的含糖液体。花用花蜜吸引昆虫的到访，利用昆虫进行传粉。

环节

组成昆虫身体的单位。环节通常在外骨骼上可见。每个环节外部有甲片，通过窄小的关节和邻近的环节分隔开。

喙

纤细的鸟嘴形口器，被某些昆虫用来穿刺和吸食血液。

基因

控制生物生长和运转的化学指令。基因由DNA组成，繁殖时，遗传给下一代。

寄生虫

生活在其他动物体内并以之为

食的昆虫。

茧

在化蛹前，某些昆虫制作的保护性丝质外壳。

节肢动物

一种身体分节的动物，长有外骨骼和内置关节的腿。节肢动物包含有昆虫以及其他无脊椎动物，例如蜘蛛和蜈蚣。

节肢弹性蛋白

昆虫体内极具弹性的物质。昆虫将其用来储存能量，用来飞翔和跳跃。

进化

生物适应周围环境而产生的生物性状的缓慢变化。进化并不发生在一个单一世代内，而是需要花费几代的时间。

警戒色

告知昆虫有毒或不宜食用的鲜亮颜色。

胫节

昆虫膝部以下的腿。

抗凝剂

一种暴露在空气中可以防止血液凝固的物质。吸血的昆虫能产生这种物质，使它们在吸血时保持血液流动。

髋

昆虫腿部最上面的部分，位置紧邻身体。髋部连接在胸部上。

昆虫学家

研究昆虫的专家。

脸盖

蜻蜓或豆娘的幼虫铰链连接的部分口器，能从嘴下射出，用来捕捉其他昆虫。

猎物

被其他动物捕捉并吃掉的动物。

摩擦声

一种靠身体部位间相互发出声音的办法。昆虫常会摩擦自己的腿或翅膀。

母体

在昆虫群体中，母体指可以飞走建立自己巢穴的雌性和雄性。成功组建一个新巢的雌性将会成为王后。

拟寄生虫

这种昆虫的生命开始于寄生性的幼虫，生活在寄主体内。等它变为成虫时，寄主死亡。大多数拟寄生虫都寄生在其他昆虫身上。

拟态

昆虫外貌模仿成不宜食用或者有毒的东西，借以保护自己。许多昆虫都伪装成味道不佳的，或者叮咬和蜇人的其他昆虫。

平衡棒

双翅昆虫身上用来代替后翅的一对短小的棒状器官。飞行时，平衡棒用来在空中保持平衡。

栖息地

生物生存必需的各种环境。多数昆虫只有一种赖以生存的栖息地。

蛴螬

身体短小，没有腿的幼虫。大多数蛴螬蠕动，或者靠咬穿它们的食物钻洞来移动。

气管

携带空气进入昆虫身体，使昆虫得以呼吸的管子。气管开口的那端称为通气孔。气管伸出许多极细微的分支，到达每个细胞个体。

气孔

昆虫体表的呼吸孔。气孔使空气进入昆虫的气管中。

迁徙

昆虫在一年内的不同时间利用不同地区的自然条件，在两个不同地区间旅行。

前翅

两对翅膀的昆虫中，前翅的位置最靠近胸部。前翅通常比后翅硬，合拢时用来保护后翅。

鞘翅

甲虫的前翅。鞘翅坚硬，当折起时，像罩子一样保护后翅。

求偶

一种昆虫和其他动物用丁吸引配偶进行繁殖的特征行为。

群体

一起生活的亲缘极近的一组昆虫。绝大多数的群体都是由称为王后的单一个体开始的。

染色体

在绝大多数细胞内都有的显微结构。染色体含有生物合成和运转所必需的指令（DNA）。

肉食动物

以其他动物为食的动物。

若虫

靠不完全变态发育昆虫的幼虫。

若虫通常和成虫看起来很像，只是没有翅膀。每次蜕皮它们的身体都发生微小的改变，最后一次蜕皮发育出具有功能的翅膀，转变为成虫。

腮

动物用于水下呼吸的器官。在昆虫中，腮用于收集氧气，并传递到气管系统。

社会等级

形成群体生活的昆虫（例如蚂蚁）的特殊分级。在群体中，不同的等级有不同的身体形状和分工。这些等级包括工蚁、兵蚁和蚁后。

社会昆虫

和其他同类在一个群体内生活的昆虫。社会昆虫分担繁殖和喂养后代的工作。

神经系统

感知外部环境，指导昆虫活动的身体部位。

生殖系统

昆虫身体上用来繁殖的部分。它在雄性昆虫体内产生精细胞，雌性昆虫体内产生卵细胞。有些雌性可不经交配而繁殖。

受精

受精是指生物繁殖中，雄性细胞和雌性细胞融合的瞬间。受精后，雌性昆虫就会产下它们的卵。

授粉

花粉从一朵花到另一朵花之间的传播。有些植物靠风授粉，但更多的靠昆虫授粉。

宿主

被寄生虫侵袭的动物。宿主会因寄生虫而虚弱，但通常能够幸存。

头胸部

蜘蛛和它们近亲身体的前半部分。头胸部由头和胸部融合而成。

蜕皮

昆虫为身体成长并改变外形，脱掉外层外骨骼。对于昆虫，蜕皮常被称为“脱掉外皮”。

外骨骼

包裹动物身体外的骨骼，保护下面的柔软部分。

外壳

另见外骨骼。

王后

建立昆虫群体的雌性。在多数群体中，王后是唯一可以产卵的个体，所有职虫都是它的后代。

伪装

帮助昆虫或其他动物和环境融为一体的形状、颜色和图案。

无脊椎动物

没有脊椎骨的动物。无脊椎动物包含所有昆虫和其他节肢动物，还有其他一些尤其是淡水和海洋里的动物。无脊椎动物通常都很小，但数量远多于脊椎动物，而且种类更加多样。

细菌

单细胞微生物，世界上最简单但也是最多样的生物。能引起疾病的细菌常称为病原体。

消化囊

昆虫消化系统的一部分，用来在降解前储藏食物。

消化系统

用来分解食物，并吸收其包含的营养物质的身体部分。消化系统根据食物的不同而形状多变。

血淋巴

昆虫的血液。和人类的血液不同，血淋巴的压力很低，它缓慢地流经昆虫身体的间隙，而不是动脉和静脉。

信息素

昆虫散发出的用于影响其他昆虫行为的化学物质。昆虫用信息素吸引配偶，保持联系，巢穴遭侵袭时发出警报。信息素靠空气或直接接触传播。

胸部

昆虫身体的中部，在腹部和头部之间。腿和翅膀都附着在胸部，而且其中还包含有大多数行动所必需的肌肉。

雄蜂

成年雄性蜜蜂。雄蜂和蜂王交配，但和工蜂不同之处在于，它们并不收集食物和喂养后代。

休眠

长时间不活动的昆虫进行休眠状态，为了在逆境中生存。

循环系统

昆虫体内，将血淋巴输送到全身的系统。

眼点

昆虫翅膀上的像大眼睛一样的标志。昆虫用它来吓走猎食者。

蛹

昆虫生命循环中的一个休眠阶段。此时，幼虫的身体结构分解，构建起成虫结构。蛹只存在完全变态发育的昆虫中。

幼虫

幼年的完全变态昆虫。幼虫的模样通常和成虫完全不同，而且食物通常也不同。它们通过称为蛹的特殊休眠阶段发育为成虫。

螫刺

蚂蚁、蜜蜂和黄蜂身上改良的产卵管，用来注射毒液。它们用螫刺对付猎物或自卫。

职虫

在社会性昆虫中，司职收集食物、维护巢穴以及照看后代的个体。职虫通常是不育雌性，如工蜂和工蚁。

纸箱

某些白蚁靠咀嚼木头得到的，用来筑巢，和纸板相似的物质。

柱头

花朵上结出种子的部分。许多花朵中，为了收集昆虫身上的花粉，柱头都有着特定的形状。

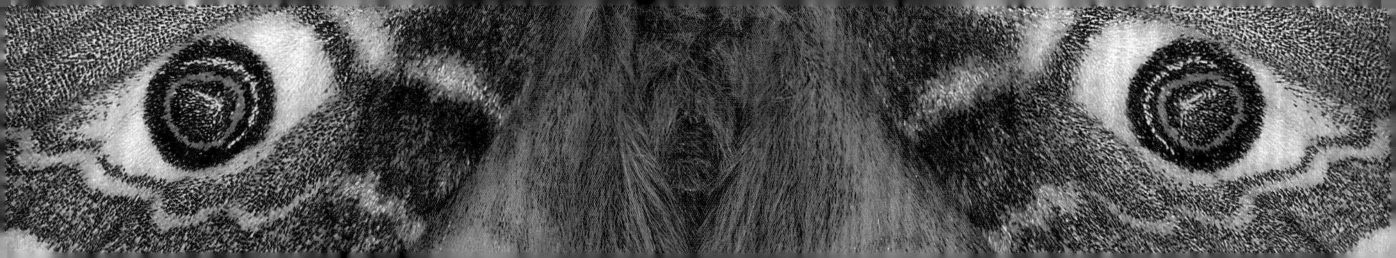

哺乳动物

哺乳动物世界

哺乳动物可能是所有动物中我们最熟悉的一类，人类就属于其中。从类人猿到土豚，从鹿到海豚，哺乳动物在大小、形态和生活方式方面存在显著差异。自人类出现开始，我们就将其他哺乳动物作为食物、运输工具、其他工具和衣物的原材料。哺乳动物对自然界也是非常重要的。肉食哺乳类可以控制植食类动物的数量，否则植食类动物可能会吃掉所有新生的植物，使栖息地变成荒原。植食类哺乳动物能够帮助传播植物种子，同时，哺乳动物粪便也可以肥沃土壤。

耳朵具有巨大的表面积，可以散发热量，有助于保持体温

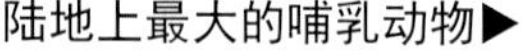

陆地上最大的哺乳动物▶

陆地上最大的动物——非洲象就是哺乳动物。一头成年雄象重量大约有 10 吨，肩高可达 4 米。在大象之后，犀牛是世界上第二大的陆地哺乳动物。相比之下，泰国猪鼻蝙蝠是最小的哺乳动物，翼幅长 15 厘米，重量仅 2 克。几种鼩鼠体型也极小，身长（包括尾巴）4.5 厘米。

发现新物种

从干旱的陆地到天空和海洋，哺乳动物广泛分布于全球各地。一些哺乳动物生存在极端环境中（如雪山和沙漠）；一些生活于河流、黑暗的洞穴或地下。哺乳动物有 5000 多种，总数随着新物种的不断发现（经常在非常偏僻的地方发现）而不断增加。一般新发现的物种体型都较小，但 1993 年在越南茂密森林中发现的剑角牛却非如此，这种有蹄类哺乳动物身长 1.5 米，体重 90 千克。有些哺乳动物喜欢群居生活，而另一些则喜欢在繁育后代以外的时间内独居。一般认为，剑角牛是独居或以小群体生活的，属于濒危动物，正遭受着捕猎和森林家园丧失的威胁。

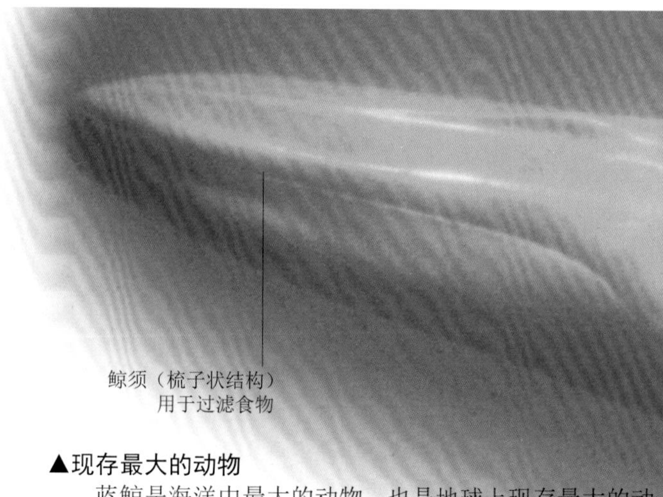

鲸须（梳子状结构）用于过滤食物

▲现存最大的动物

蓝鲸是海洋中最大的动物，也是地球上现存最大的动物。雌鲸大于雄鲸，身长可达 33 米，体重 150 吨。甚至一只刚出生的蓝鲸仔身长可达 7 米，体重可达 2.5 吨。但是蓝鲸并不是潜水最深的哺乳动物，这个纪录的保持者是抹香鲸。捕食时抹香鲸可潜入深达 2500 米处。塞鲸游速最快，可达 35 千米 / 时。

成功的哺乳动物

驯养的哺乳动物

早在1万多年前，人类为了获得肉、皮、毛等开始驯养哺乳动物。山羊、绵羊、牛、猪是第一批被驯养（被驯服与人类生活在一起）的动物。狗可能是第一批宠物，后来，牛被用于拉犁，马和骆驼用来载人和行李。

数量巨大的哺乳动物

人类从古至今一直在猎捕哺乳动物，这造成很多物种变得稀少或已经灭绝。但有些哺乳动物，如老鼠则在人类身边繁衍壮大，如今它们已成为世界上种群数目最多的哺乳动物。它们在新环境中的生存能力和快速繁殖率使它们的数量仍在继续增长。

具适应能力的哺乳动物

大多数哺乳动物对特殊生存环境有其身体适应性。鲸的体形适宜生存于水中，蝙蝠的前肢演变成能够飞行的翅膀，通过飞行，蝙蝠可以到达其他哺乳动物无法到达的地方，所以它们不需要与其他动物争抢食物。

柱状的腿支撑沉重的身体

热带草原养育了庞大的象群和其他哺乳动物

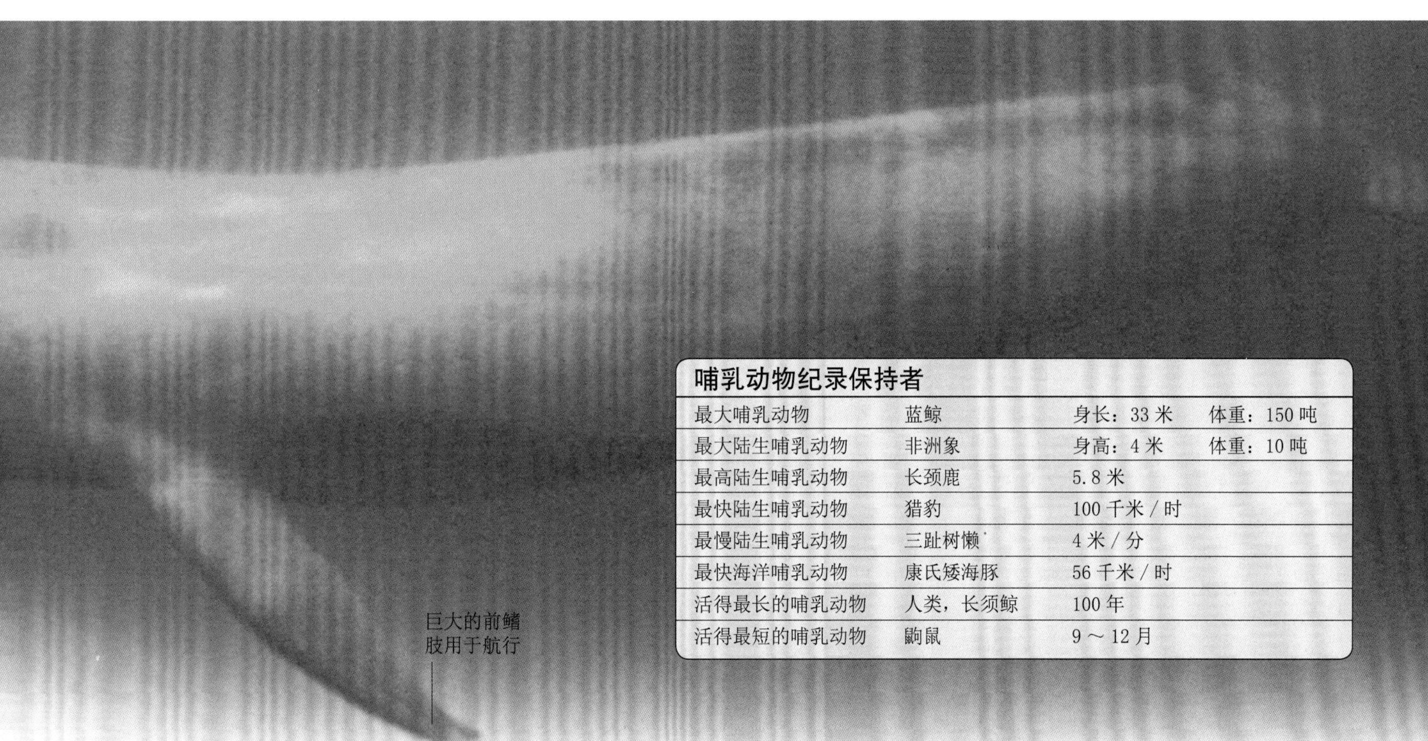

巨大的前鳍肢用于航行

哺乳动物纪录保持者

最大哺乳动物	蓝鲸	身长：33米	体重：150吨
最大陆生哺乳动物	非洲象	身高：4米	体重：10吨
最高陆生哺乳动物	长颈鹿	5.8米	
最快陆生哺乳动物	猎豹	100千米/时	
最慢陆生哺乳动物	三趾树懒	4米/分	
最快海洋哺乳动物	康氏矮海豚	56千米/时	
活得最长的哺乳动物	人类，长须鲸	100年	
活得最短的哺乳动物	鼩鼠	9～12月	

什么是哺乳动物？

哺乳动物是一类有内骨骼（包括一条脊柱）的动物。与鸟一样，哺乳动物是恒温动物（能够产生和控制其自身热量），所以其生存环境广阔多样。不论是蝙蝠、熊，还是鲸、袋熊，所有的哺乳动物都有三个区别于其他动物的重要特征：①哺乳动物体表被毛；②幼仔靠母乳喂养；③颌部结构特异，科学家们以此区分哺乳动物和其他动物的化石。

长毛位于鼬鼠口鼻部，具有触觉敏锐性

毛皮有颜色和图案，可以提供很好的伪装

足底无毛覆盖

◀哺乳动物毛发

哺乳动物是动物中唯一具有毛发的动物，大多数物种，如鼬鼠，毛发构成一件浓密的外衣几乎覆盖全身。但是海洋或热带地区生活的哺乳动物一般只具有稀疏的毛发，鲸通常仅在出生前体表被毛。毛皮有利于哺乳动物保持体温并具有保护作用。很多哺乳动物具有的长胡须有触觉功能。豪猪和刺猬的毛发已经演变成了具有防御功能的刺。

鼻子裸露，较
毛区散失体热
浓密的毛皮减
热量散失，可
节省能量
毛皮下方有一层
脂肪有助于保温

◀恒温哺乳动物

无论外面气候条件如何，所有哺乳动物都可以产生体热，这就是通常所说的“恒温”。由于可以保持恒定体温，某些哺乳动物（如北极熊）才能在非常寒冷的地区（如北极）繁衍生息，还有些哺乳动物能活跃于像沙漠一样的炎热地区。尽管如此，在保持体温的过程中需要消耗巨大的能量，所以哺乳动物所需的食物就要比变温动物（如爬行动物）所需的食物多。

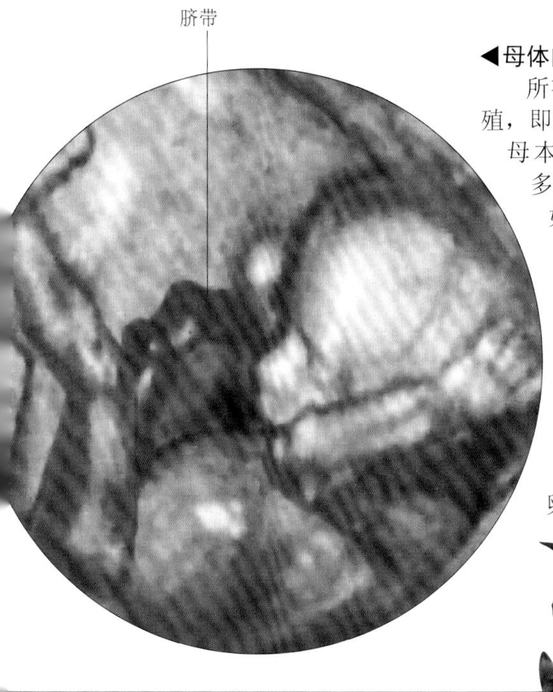

◀母体内的生长

所有哺乳动物都为两性繁殖，即来自父本的精子和来自母本的卵子受精结合。大多数哺乳动物的胎儿，例如人类，都是在母体子宫内发育的，它们与胎盘连接，通过脐带输送营养。大多数哺乳动物幼仔都在发育基本成熟后出生，而有袋哺乳类胎儿在发育早期就降生了。另外，单孔类动物是产卵繁殖的。

母乳喂养

所有哺乳动物的母体都用乳腺分泌的乳汁喂养下一代。位于母体胸部或者腹部的腺体称为乳腺，母乳是一种营养丰富的液体，提供给幼仔发育所需的营养，如图中所示的这只小红狷羚羊。此外，与其他动物相比，哺乳动物的母亲照顾子女更加仔细，多方面的照料使幼仔有更多机会学习必要的技术，如觅食。

▲智力与交流

与其他同等体重的动物相比，哺乳动物具有相对其身体较大的大脑。高度发达的大脑可以获得来自感官的信息，并给予哺乳动物为适应环境改变而改变行为的能力，这对哺乳动物的存活具有重要作用。如图中所示的猩猩，这样的灵长类动物生活在复杂的社会群体中，具有相互交流的技能。

共有特征

哺乳动物的骨骼构成身体内部框架。所有哺乳动物骨骼都有相似的基本结构，却适应了不同的生存环境。如图，狮子的颅骨可以保护大脑。哺乳动物具有与其他动物不同的下颌，它与颅骨直接相连，使颌具有强有力的咬合功能。上下颌骨和牙齿相互配合，以适应哺乳动物的饮食要求。

肢结构

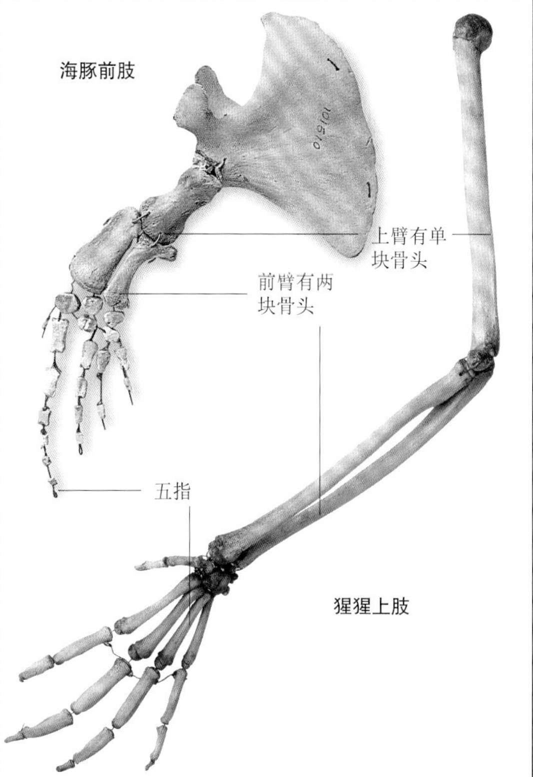

几乎所有哺乳动物都有四肢，但是鲸、海豚和鼠海豚后肢退化，使其更具流线型。不同的物种在完全不同的环境中进化、生存，它们的四肢不断发展，以利于它们在特殊的生存环境中活动。和猩猩、海豚一样，很多哺乳动物的四肢演变有共同的特征（如上所述），但每个骨头都有不同的形状。上臂由单独单块骨头组成，前臂有两块骨头。五指末端由很多骨头组成。

▲异齿龙

追溯到二叠纪早期，异齿龙身长 3.5 米，这种惊人的食肉动物属于盘龙，它与犬齿兽有很近的亲缘关系。异齿龙具有鳞状皮肤，很像典型的爬行动物，但它也有两种不同类型的牙齿——其中一些使其与哺乳动物更加相似。

哺乳动物起源

哺乳动物通过进化产生，这个演变过程影响着所有的生物。哺乳动物的祖先是从原始的鱼类进化而来。在 2.5 亿年前的古生代末期，这些动物演变成爬行类——一类群演变成恐龙。但是之前，一类叫犬齿兽的爬行动物具备了一些显著的新特征，如特化的牙齿、骨头很少的颌，以及毛皮。大约 2 亿年前，第一个真正的哺乳动物诞生了。

▲大颌龙

这是大颌龙的颅骨化石，大颌龙是最大犬齿兽之一，身长 1 米。大颌龙的英文名字“dog jaw”意为“狗的颌”——很好地描述了这类动物的牙齿很像现代的狗，如长长的犬齿可以咬紧它的猎物。至于它的体型，头很大，嘴裂很宽，有非常强劲的咬力。

颌由单一骨头组成

身体有毛皮覆盖

指末端有尖锐的爪

▲三尖叉齿兽

三尖叉齿兽和猫的大小差不多，是生活在三叠纪早期的一种犬齿兽，这一时期，第一只恐龙进化产生了。三尖叉齿兽有很多哺乳动物的相似特征：特化的牙齿，一种新型的颌使其具有强劲的咬力；它还可能全身被毛，并可能已经成为恒温动物了。

哺乳动物进化时序

具有大量明显生命的显生宙时代					
原始生命的古生代			爬行动物占统治地位的中生代		
二叠纪			三叠纪		
早期	中期	晚期	早期	中期	晚期
2.92 亿～2.75 亿年前	2.75 亿～2.60 亿年前	2.60 亿～2.51 亿年前	2.51 亿～2.45 亿年前	2.45 亿～2.28 亿年前	2.28 亿～2.00

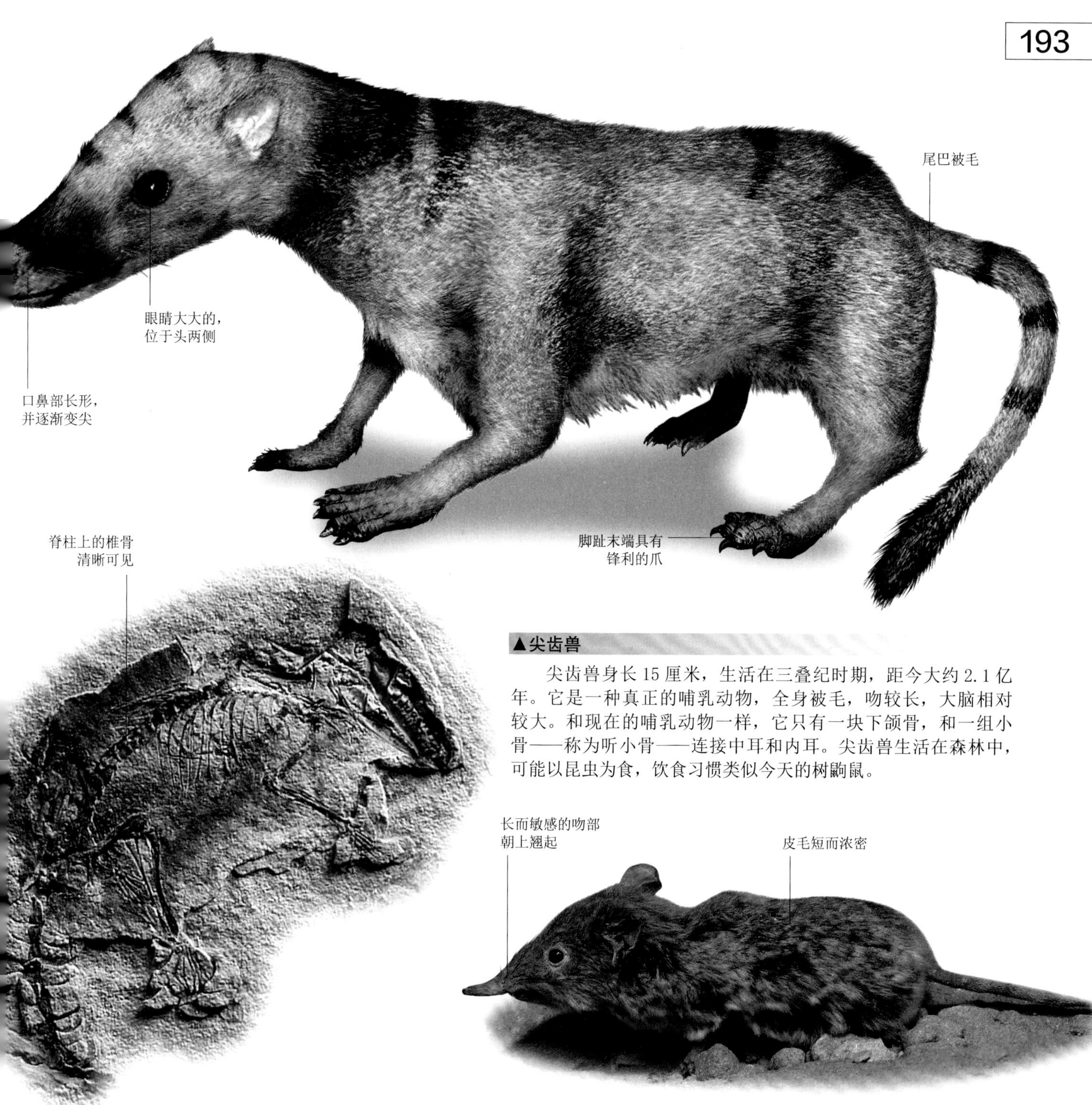

尾巴被毛
眼睛大大的，
位于头两侧
口鼻部长形，
并逐渐变尖
脚趾末端具有
锋利的爪
脊柱上的椎骨
清晰可见
长而敏感的吻部
朝上翘起
皮毛短而浓密

▲尖齿兽

尖齿兽身长15厘米，生活在三叠纪时期，距今大约2.1亿年。它是一种真正的哺乳动物，全身被毛，吻较长，大脑相对较大。和现在的哺乳动物一样，它只有一块下颌骨，和一组小骨——称为听小骨——连接中耳和内耳。尖齿兽生活在森林中，可能以昆虫为食，饮食习惯类似今天的树鼩鼠。

始祖兽

始祖兽的化石是2002年在中国北部发现的，是人们认识的早胎盘哺乳动物的祖先，可以追溯到白垩纪的早期。胎盘类动产出幼仔，幼仔在体内养育时间较其他哺乳动物长。这种新的殖方法经证明是非常成功的。如今，胎盘类动物已占所有哺乳物数目的90%以上。

▲重褶齿猬

白垩纪后期，真正的哺乳动物已经相当普遍。重褶齿猬是一个很典型的例子，它身长20厘米，有一尖吻和长的颅骨，这很像现在的鼩鼠。它有长长的腿骨和无法反转的脚趾（无法触到其他脚趾的末端），这个特点意味着它可能生活在地面。

具有大量明显生命的显生宙时代				
爬行动物占统治地位的中生代				
侏罗纪			白垩纪	
早期	中期	晚期	早期	晚期
1.76亿年前	1.76亿～1.61亿年前	1.61亿～1.46亿年前	1.46亿～0.99亿年前	0.99亿～0.65亿年前

进化和多样性

白垩纪后期，6500 万年前，一颗巨大的陨石撞击地球，造成爬行动物时代的结束，大多数大型陆地动物灭绝。这次大灾难后，生命慢慢恢复，哺乳类取代爬行类成为占世界统治地位的动物。到更新世开始，180 万年前，所有今天的哺乳类群都已出现，包括身披绵毛的猛犸象和犀牛，也包括能制造工具的灵长类，它能够直立行走，是人类的祖先。

双门齿兽▶

双门齿兽与现在的河马一样大，属于大型有袋类（有袋哺乳动物），在渐新世不断进化。它生活在澳大利亚，这个岛屿板块逐渐漂移，离开其他板块，也隔离了有袋哺乳类与其他哺乳类的联系。双门齿兽是吃嫩叶的动物，以盐生灌木和其他的灌木为食，它可以用尖锐的门齿撕下多叶的树枝。

大颌骨用于咀嚼坚韧的植物
幼仔装在由单性皮肤构造的育儿袋中
熊掌一样大的足掌
牙齿用于刺杀猎物

▲原古马

这个保护完好的化石是在德国梅塞尔的一个沙场发现的，显示了真正最早期的马，可以追溯到始新世。它大约和大型犬的大小相当，头很小，带三或四趾的蹄样足。随着马类的逐渐进化，足变得越来越大，脚趾消失了。

◀始剑齿虎

在哺乳动物的进化期，具有锋利牙齿的食肉动物的化进行了许多次，它们包括有锋利牙齿的有袋类和多种类。始剑齿虎产生于渐新世是早期哺乳动物的例子。它共有 26 颗牙齿，比现今典型猫科动物少 18 颗。始剑齿虎上犬齿巨大，而且，当嘴闭时，它的上犬齿露出颌外。

哺乳动物进化时序

具有大量明显生命的显生宙时代			
哺乳类的新生代			
古近纪			新近纪
古新世	始新世	渐新世	中新世
6500 万～ 5480 万年前	5480 万～ 3350 万年前	3350 万～ 2400 万年前	2400 万～ 530 万年

须鲸

很多哺乳动物是在陆地上进化的，但到新近纪中，海洋中开始产生许多种哺乳动物。早期的鲸具物和四个鳍状肢，但是后来的鲸（如新须鲸）只鳍和一水平尾翼。新须鲸能够滤食小动物，这和体型巨大的鲸一样。鲸是从早期的有蹄哺乳动物而来的。

石头通过彼此打击成形

◀能人

能人生活在非洲，大约210万年前进化而来，属于灵长类家族，称为原始人类，这也包括我们自己。他有巨大的脑，并会制造石器工具——这在哺乳动物进化方面是一大进步。能人是科学家发现的至少20种灭绝的原始人类之一。

皮毛经常可以在化石中被发现

猛犸象▶

更新世时期气候显著变化，全球变一系列冰期到来。在北半球，冰原加大，哺乳动物伴随着寒冷，进化出很多适应特征。长毛猛犸象皮毛很厚、巴短、耳朵特别小，这些特征都可以止热量散失。长毛猛犸象活动于丛林少的亚、欧和北美的苔原地区（荒芜低洼区）。

象鼻用以收集食物

具有大量明显生命的显生宙时代		
哺乳类的新生代		
新近纪	第四纪	
上新世	更新世	全新世
30 万～180 万年前	180 万～1 万年前	1 万年前至现在

哺乳动物群

如今地球上生存着 5100 多种哺乳动物，它们生活环境各异。为了理解这个惊人的多样性，科学家们从种群上将它们分类，用这种方法展示它们的进化亲缘关系。其中一类称为单孔类动物，卵生哺乳动物属于其中，它们仅在大洋洲发现。下一类是后兽亚纲或有袋类动物，大约 300 种，它们用育儿袋养育幼仔。最后是胎盘哺乳动物，它们在体内孕育后代直至发育完全，共有 4700 多种胎盘哺乳动物广布于全世界。

哺乳动物分类（又见第 270 和 271 页）

原兽亚纲		
卵生哺乳动物	科	种
单孔目	2	5
后兽亚纲		
有袋哺乳动物	科	种
负鼠目	1	78
鼩负鼠目	1	6
智鲁负鼠目	1	1
袋鼬目	3	88
袋鼹目	1	2
袋狸目	2	22
袋貂目	8	136
真兽亚纲		
胎盘哺乳动物	科	种
食肉目	11	283
鳍脚目	3	35
鲸目	11	84
海牛目	2	4
灵长目	10	375
树鼩目	1	19
皮翼目	1	2
长鼻目	1	3
蹄兔目	1	6
管齿目	1	1
奇蹄目	3	20
偶蹄目	10	228
啮齿目	24	2105
兔形目	2	85
象鼩目	1	15
食虫目	6	451
翼手目	18	1034
异节目	5	31
鳞甲目	1	7

袋貂目▶

和所有的后兽亚纲一样，考拉在发育早期就出生了，刚出生的小考拉体重是母亲的 1/100 000，它爬进母亲的育儿袋内，在里面生活 6 个月，一直吃母乳。之后，它再骑在母亲的后背上。考拉的育儿袋很宽大，但有一些有袋动物的育儿袋却非常小，幼仔需要挂在袋外，贴着母亲的乳头。有袋哺乳动物在大洋洲和美洲有分布。

◀单孔目

短鼻针鼹是最常见的单孔目或卵生哺乳动物。像它的两个近缘种——长鼻针鼹和鸭嘴兽一样，它产的卵有坚硬的外壳，从针鼹卵孵化出来后，这小家伙就要待在母亲的育儿袋内 8 周，然后再开始外面世界的冒险。鸭嘴兽没有育儿袋，母亲在安全的洞穴中照看它的孩子。

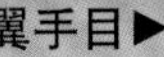

翼手目▶

蝙蝠是胎盘哺乳动物种类最多的类群之一，有将近1000种。世界上最小的哺乳动物属于其中，重量只有零点几克；另外，图中这只飞狐，翼幅可达1.5米以上。所有的蝙蝠都是夜间出没，大多数以昆虫为食，通过回声定位（用声波探路）的方法捕食。飞狐以果类为食。

飞狐的鼻子有
敏锐的嗅觉
翼膜与后腿
和尾巴连接
翼幅由长的上肢
骨和指骨支撑

大眼睛使蹄兔具
有非常好的视力

◀蹄兔目

11种蹄兔组成了胎盘哺乳动物的一个小而独特的家族。它们身体粗短，看起来很像豚鼠，但它们现存亲缘关系最近的物种却是大象和儒艮、海牛这样的海洋哺乳动物。蹄兔的攀爬能力很强，这要归功于它们不寻常的脚趾，趾尖具有橡胶垫。它们能够在非常干旱的地区存活，从食物中获得水分。

耳朵在进入洞
穴后可放平

◀管齿目

土豚是胎盘哺乳动物，但它没有近亲，所以自成一目。凭借着强有力的爪子，它成为哺乳动物中最快的挖掘者之一。土豚以蚂蚁和白蚁为食，用长而有黏性的舌头将它们包卷起来食用。土豚的孕期为8个月，小土豚出生时已发育完好。

鳞片不断生长，
定期更换

◀鳞甲目

穿山甲身披重叠交错的鳞片，看起来像一个行走着的松果。它以昆虫为食，靠鳞片保护自己抵御外袭。当遇到危险时，穿山甲蜷缩成球，将头安全地卷在里面。穿山甲是胎盘哺乳动物，它的幼仔出生时具有软软的鳞片，几周后逐渐变硬。穿山甲共有7种，均生活在非洲和南亚地区。

哺乳动物骨骼

和鸟、鱼、蛙、爬行动物一样，哺乳动物也是脊椎动物（有椎骨的动物），靠内部骨骼支撑身体。哺乳动物有比其他动物更加复杂的骨骼，这使它们活动范围更加广泛。骨骼既可以支撑身体，又可保护内部器官和附着的肌肉，肌肉牵拉骨骼使之运动。骨头还可以储存矿物质，产生血细胞。所有哺乳动物身上都有 200 多块骨头，但其中有些融合在一起了。骨骼系统是由活组织构成的。

颅骨和牙齿

深深的眼窝保护眼睛

牙齿，包括长长的犬齿，用来对付各种各样的食物

长尾猴

宽而平的颅骨使身体呈流线型便于游泳

海豹

强壮的犬齿用于抓捕猎物

鹿

扁平的臼齿用于研磨植物性食物

门牙按压上颌，用于切断植物

颅骨形成的骨腔可保护哺乳动物的大脑。它也储藏着主要的感觉器官眼睛、耳朵、舌头、鼻腔。不同哺乳动物的颌骨和牙齿根据各自食性而不同。哺乳动物与其他动物不同，它们具有特殊的牙齿，主要分为四类：前面的牙齿称为门齿，用于切断食物；两边的牙齿称为犬齿，用于咬紧食物；两颊的牙齿称为臼齿和前臼齿，用于研磨食物。尽管如此，但不是所有哺乳动物都具有以上四类牙齿。颌的铰合部关节是身体中最强壮的部分之一。

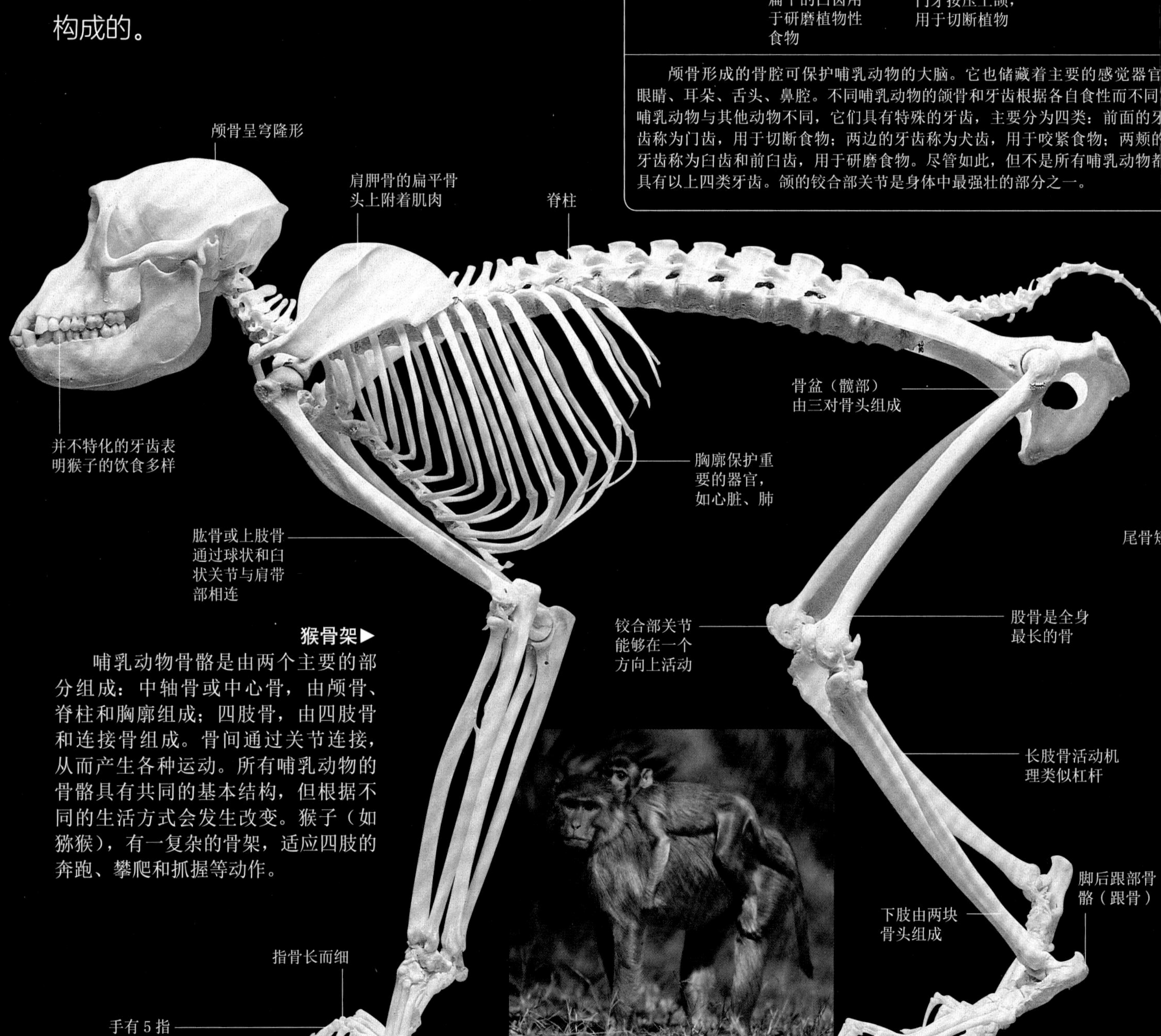
颅骨呈穹隆形
肩胛骨的扁平骨头上附着肌肉
脊柱
骨盆（髋部）由三对骨头组成
并不特化的牙齿表明猴子的饮食多样
胸廓保护重要的器官，如心脏、肺
肱骨或上肢骨通过球状和臼状关节与肩带部相连
尾骨短
铰合部关节能够在一个方向上活动
股骨是全身最长的骨
长肢骨活动机理类似杠杆
脚后跟部骨骼（跟骨）
下肢由两块骨头组成
指骨长而细
手有5指

猴骨架▶

哺乳动物骨骼是由两个主要的部分组成：中轴骨或中心骨，由颅骨、脊柱和胸廓组成；四肢骨，由四肢骨和连接骨组成。骨间通过关节连接，从而产生各种运动。所有哺乳动物的骨骼具有共同的基本结构，但根据不同的生活方式会发生改变。猴子（如猕猴），有一复杂的骨架，适应四肢的奔跑、攀爬和抓握等动作。

背幼猴的猕猴

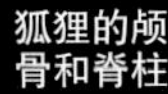

狐狸的颅骨和脊柱

形成骨腔头盖骨又称为颅骨

颈部椎骨（几乎所有哺乳动物都有 7 块）

肢骨▶

哺乳动物的肢骨具有相似的结构，但为了适应不同的生活方式，形状发生了不同的改变。海豹的四肢进化成有力的鳍，用来划水。灰海豹的前肢主要用于划水，强有力的后肢提供前进动力。其他哺乳动物的前肢适应不同的运动，如飞翔、奔跑、跳跃、挖掘。

海豹的前鳍状肢

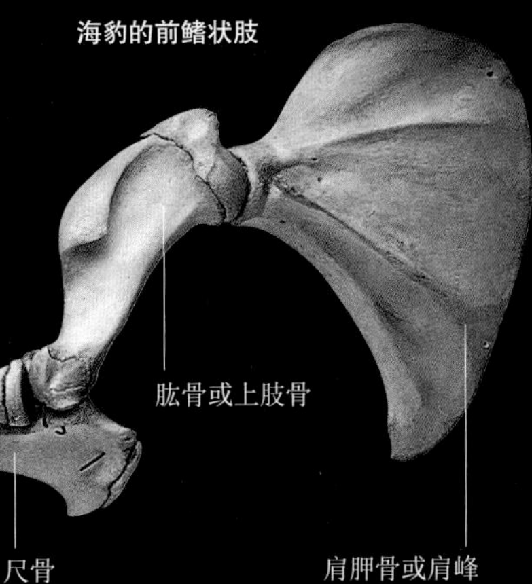

肱骨或上肢骨

第一大指骨位于鳍状肢的最前端

伸长的指骨

桡骨

尺骨

肩胛骨或肩峰

◀脊柱

脊柱是哺乳动物骨骼的中心部分，它将颅骨和四肢骨连接起来。许多称为椎骨的小楔形骨安装在一起组成的细柱称为脊柱。脊柱保护着其内部的脊髓，这是连接大脑和身体其他部分的主要神经束。脊柱上的骨突（隆突）使其互相连接，并可以附着肌肉。

脊柱、四肢和运动

坚硬的脊柱

马的脊柱相对比较坚硬。它的四肢较长，可以增加奔跑的速度，脊柱可以增强马的耐力。脊柱具有很好的弹性，可以在大步前行时节省能量，这是马能够长时间奔跑的原因之一。每只足只有一趾（ 这已进化成蹄），外部一层坚硬部分包裹着足底垫。马是有蹄类哺乳动物——以足尖奔跑。

柔韧的脊柱

肉食动物如老虎，需要依靠爆发性的速度来抓捕猎物。它们的脊柱非常柔韧，通过一卷一伸完成每步的奔跑动作。动物高速奔跑必然丧失很多能量，所以老虎不能保持长期奔跑状态。强劲的四肢用于跳跃、猛扑、攀爬、游泳。老虎的前肢有五趾，后肢有四趾，属于趾行性动物——靠趾奔跑。

脊柱的椎骨分为胸区（上部）和腰区（下部）

马有 14 ～ 21 个尾椎骨

马尾骨

骶（臀部）椎骨经过骨盆与下肢联系

尾椎骨组成尾巴

◀尾

大多数哺乳动物都有尾，由尾椎骨支撑。尾椎骨的数量根据尾的长度不同而不同。尾有许多用途，马用尾巴来拍打苍蝇和抒发情绪；海獭的尾有舵的作用，如果拍打水面，就有桨和警报信号的作用；狐猴的尾可以像旗一样挥动，以此为种群成员传递信息。

加拿大海獭尾

下尾椎骨细长

环状狐猴尾

长而硬的胡
有敏锐的触

淡色的保护性
毛发伸出深色
下层毛皮外

长尾无毛发覆
盖，具有敏锐
触觉

皮肤和毛发

哺乳动物与其他动物不同的两个主要特征是皮肤和毛发，它们都位于身体表面。哺乳动物的皮肤具有许多腺体，包括哺乳幼仔的乳腺和降低体温的汗腺。哺乳动物另一独有特征——毛发有着许多不同作用，毛皮外衣帮助哺乳动物保持体温恒定，并有防御和伪装作用。有些哺乳动物的毛发演化成刺棘或和皮肤一起变成坚韧的皮革，形成天然盔甲。

▲毛皮的两个分层

所有哺乳动物在体表都有一些毛发，多数具有厚厚的毛皮。弗吉尼亚负鼠等很多动物都有浓密的毛皮，仅留下鼻尖、脚趾和尾巴处裸露。负鼠和许多其他物种的毛皮具有两层：长而粗的保护性毛发组成的外层和密而细的毛皮组成的内层。保护性的毛发防寒、遮风、挡雨；内层隔绝空气，保持体温。

◀羊驼毛

羊驼是南美安第斯山脉骆驼家族的重要家养成员。它们具有非常厚且柔韧的毛发，可以隔离空气，具有防风御寒的作用。绵羊和驼类（如大羊驼），分布于高山地区，也具有棉质毛发。数千年以来，人们饲养这些哺乳动物以获取毛发、肉、奶和皮革等。

皮种类

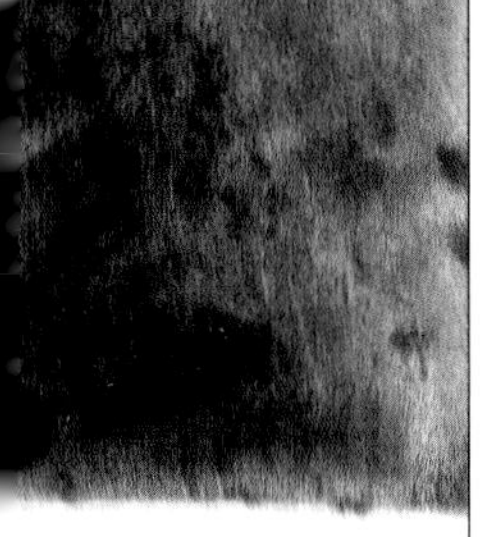

豹的毛发

不同哺乳动物的毛发有同的长度和质地。海豹的短而粗，防止其在陆地活时被岩石划伤。皮肤上的脂分泌腺分泌油脂，使游时外衣能够防水。

疣猴的毛发

疣猴的体表附有长毛，软而柔滑。浓密的毛可以保护它们免受西非森林中雨水的侵袭和热带烈日的暴晒。而且，它可以为这些灵长类动物提供伪装，在遮天蔽日的树叶中隐藏自己。

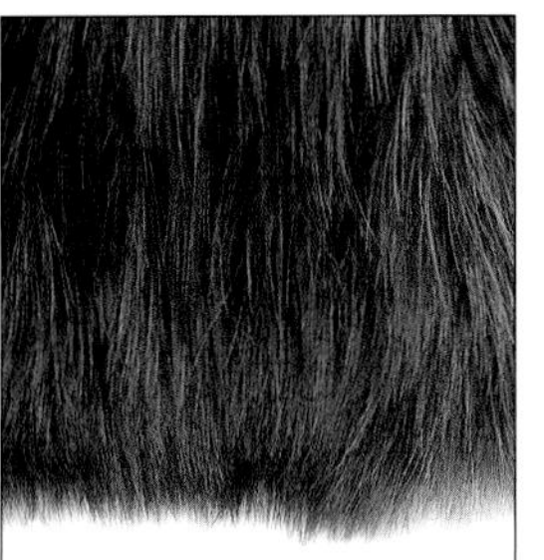

海獭的毛发

海獭大量时间生活在水里，长而苍白的保护性毛发和浓密的下层毛皮使其在游泳和潜水时保持身体干燥。这些哺乳动物曾在北美河流湖泊中大量繁殖，引来为获取其毛皮的过度捕猎，致使目前它们的数目非常稀少。

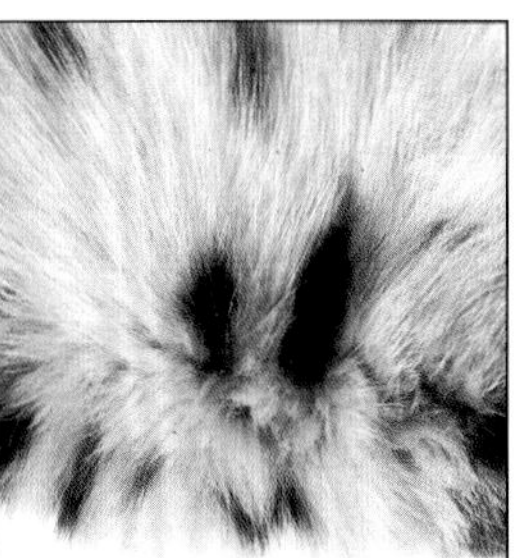

猞猁的毛发

猞猁外衣上的斑点模糊了这只大猫的轮廓，成为它的伪装，可以帮助它们悄悄靠近猎物。耳尖部分的皮毛呈长而厚的簇状分布，这些簇状毛发在冬天时尤其显著。猞猁的足部也有长的毛发分布，这有利于它在雪地里活动。

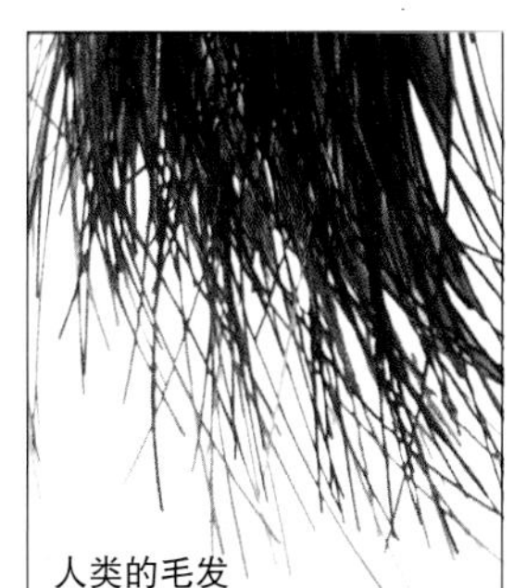

人类的毛发

和所有哺乳动物的毛发一样，人类的毛发由很多柱状细胞组成，由一种称为角蛋白的物质连接和加固起来。人类的毛发有两种：粗糙的头发和身体其他部位细微的汗毛，当我们感觉寒冷时，这些汗毛可以自动竖起，阻隔空气。

毛状角

犀牛依据物种的不同，头部有1或2个角。实际上角是由毛发演变而来的，由强韧的角蛋白组成，这种蛋白在人的头发和指（趾）甲中也存在。雌雄犀牛都具有角。牛的角有一骨质的核，这是由颅骨的前端骨发育而来的，与此不同，犀牛角没有骨质核，而是从鼻骨上方的粗糙骨片上长出来的。犀牛角用来威胁捕食者和其他犀牛。

与大象和海洋哺乳动物（如鲸）一样，犀牛身体表面毛发较少。缺少毛发使其更适应温带气候的生活。犀牛坚韧的皮肤可达2厘米厚，使之不易被荆棘刺伤，也可抵御捕食者的侵袭。

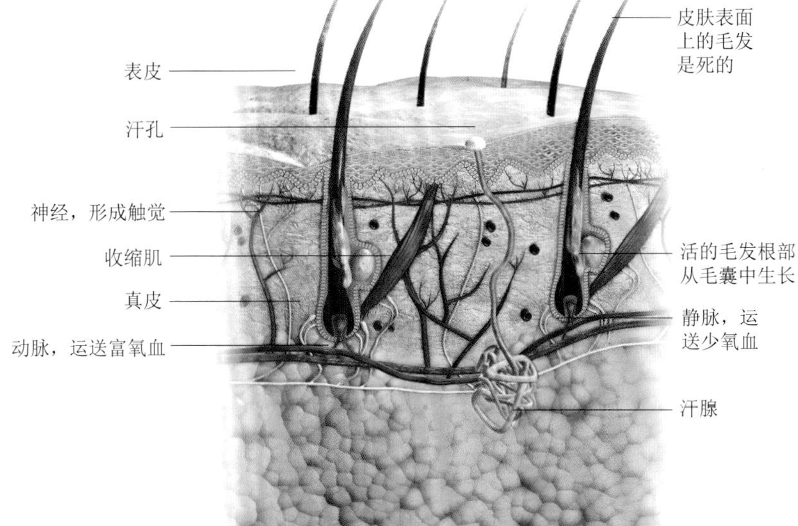

▲人类皮肤内部结构

人类和其他哺乳动物的皮肤都是由两层组成，表皮层或外层保护着下方的真皮层，真皮层包括大量血管，为皮肤提供血液和神经，形成我们的触觉。毛发从称为毛囊的孔隙中长出，随着肌肉收缩（勃起）而竖起，形成空气的阻断层。汗腺排出盐液，帮助皮肤散热。

挠抓可以清除皮肤上的灰尘和脏垢

◀保持清洁

在条件较舒适时，哺乳动物（如鼠类）通常用舌头舔、用爪子梳理、轻咬皮毛等方法清洁它们的皮毛，这称为梳洗。在许多物种中，动物之间会彼此梳洗，社交性的梳洗具有增进群体间关系的纽带作用。

◀脱毛

双峰驼生活在亚洲中部蒙古地区的多风荒地，长而粗糙的毛皮适应了这种恶劣的气候。秋天，它长出更加厚的长毛外衣，用以在严冬保持体温。春天，皮毛成片脱落，长出轻薄的外衣，在脱毛完全结束前的骆驼都显得肮脏破乱。

哺乳动物的内部结构

哺乳动物的大小和形态差别显著，但它们身体运行方式相似。所有哺乳动物都有发育很好的大脑，复杂的感官以及便于肌肉附着的柔韧骨骼。其他器官（有作用的部分）还有心脏、肺、肝、肾。哺乳动物的身体是由称为细胞的小单位组成的，它们集合形成组织，组织联合形成器官，器官一起工作构成身体系统，包括消化系统、呼吸系统、循环系统和神经系统。

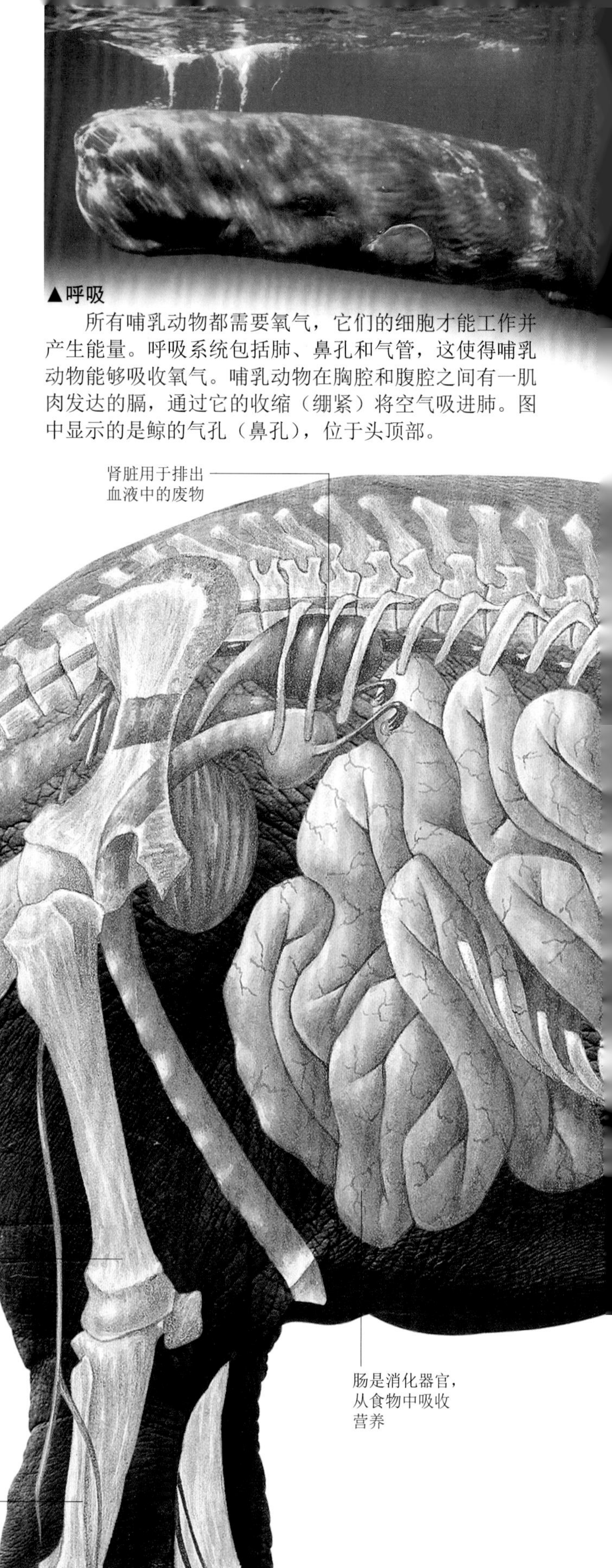

肾脏用于排出血液中的废物
脊柱由许多连锁的椎骨组成
内骨骼构建体型并支撑身体
肠是消化器官，从食物中吸收营养
四肢强健，支撑大象巨大的体重

▲呼吸

所有哺乳动物都需要氧气，它们的细胞才能工作并产生能量。呼吸系统包括肺、鼻孔和气管，这使得哺乳动物能够吸收氧气。哺乳动物在胸腔和腹腔之间有一肌肉发达的膈，通过它的收缩（绷紧）将空气吸进肺。图中显示的是鲸的气孔（鼻孔），位于头顶部。

解剖▶

所有哺乳动物都有四肢，适应两肢或四肢的运动和像蝙蝠一样的飞行，但鲸类动物（鲸、海豚和鼠海豚）已经丧失了它们的后肢。许多重要的器官都位于靠近前肢的胸腔内，而肾、肠和生殖器官位于靠近后肢的腹腔中。尽管内部结构相似，但哺乳动物的外表有很大差异，例如，大象的特征有长鼻子、大耳朵和粗糙的皮肤。

▲消化

消化系统可以分解食物，便于机体吸收营养。肠由一条长的管道组成，食物从嘴到胃和肠。消化管道壁上有特殊的肌肉可以将食物沿壁按压。食物遗留下的废弃物经肛门排出体外。兔子体内有特殊的菌群，可以消化纤维素。

◀循环

循环系统由心脏、网状细管（称为血管）和血液本身组成。所有哺乳动物都有一个强健的四腔心脏，心脏泵压的血液在体内循环。血液携带氧和营养物质供应所有组织，并循环全身，带走废弃物和传递热量。小的哺乳动物（如鼩鼠）的循环系统必须努力工作来保持体温，鼩鼠的心跳可达每分钟 1000 次之多。

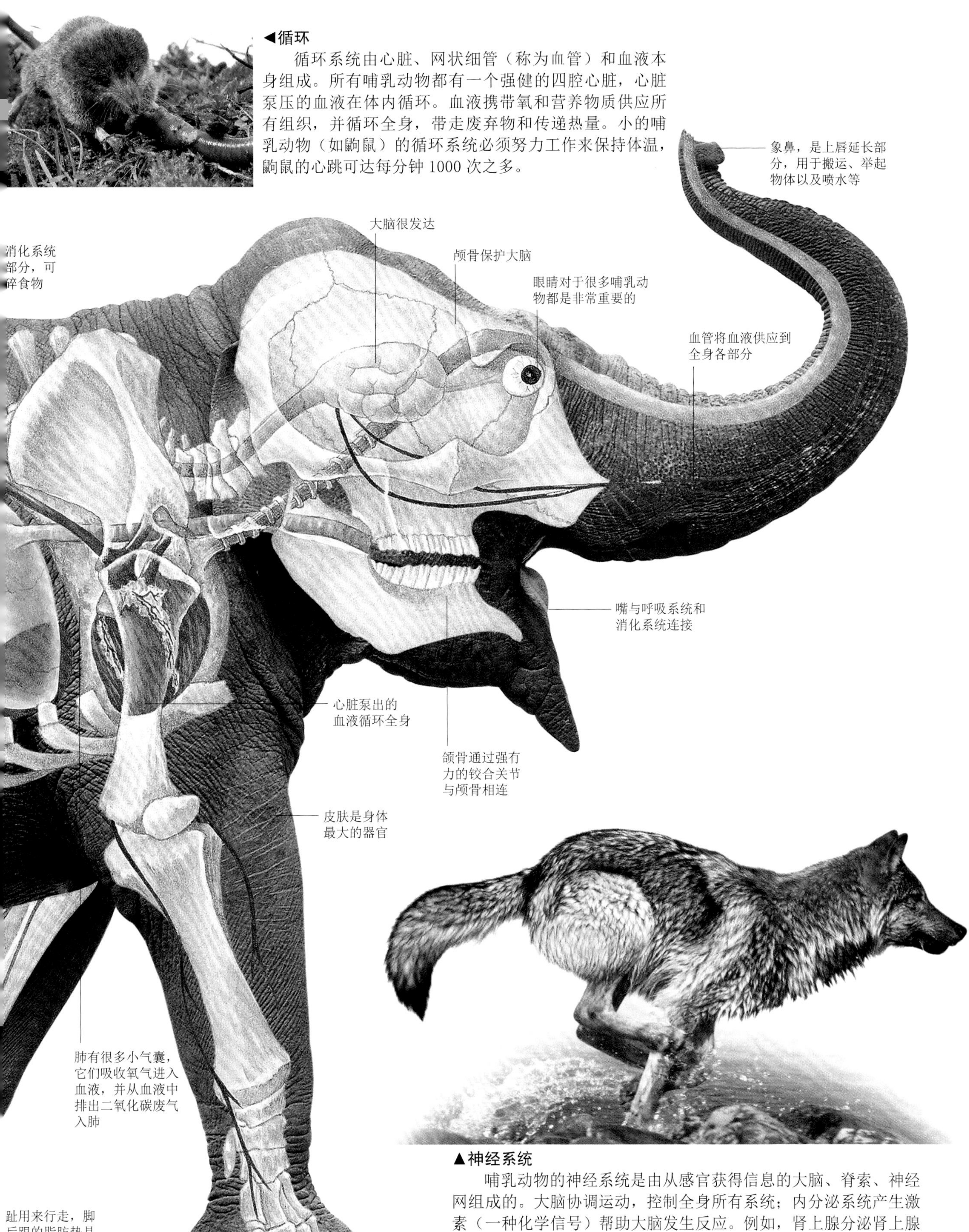
象鼻，是上唇延长部分，用于搬运、举起物体以及喷水等
大脑很发达
颅骨保护大脑
眼睛对于很多哺乳动物都是非常重要的
血管将血液供应到全身各部分
消化系统部分，可碎食物
嘴与呼吸系统和消化系统连接
心脏泵出的血液循环全身
颌骨通过强有力的铰合关节与颅骨相连
皮肤是身体最大的器官
肺有很多小气囊，它们吸收氧气进入血液，并从血液中排出二氧化碳废气入肺
趾用来行走，脚后跟的脂肪垫具有减震器的作用

▲神经系统

哺乳动物的神经系统是由从感官获得信息的大脑、脊索、神经网组成的。大脑协调运动，控制全身所有系统；内分泌系统产生激素（一种化学信号）帮助大脑发生反应。例如，肾上腺分泌肾上腺素，使像狼这样的哺乳动物能够追捕猎物。

雨林哺乳动物

雨林在世界很多地区都有分布，那里大多数时间都在下雨。热带雨林中生活着包括哺乳动物在内的大量生物，比其他环境中的生物数量多。这些繁茂的森林沿着终年炎热的赤道生长在低洼地区。最大的热带雨林位于亚马孙盆地。温带雨林位于较冷地区。科学家将雨林垂直分为四层：露生层（高大树木）、树冠层、林下层、森林地表层。

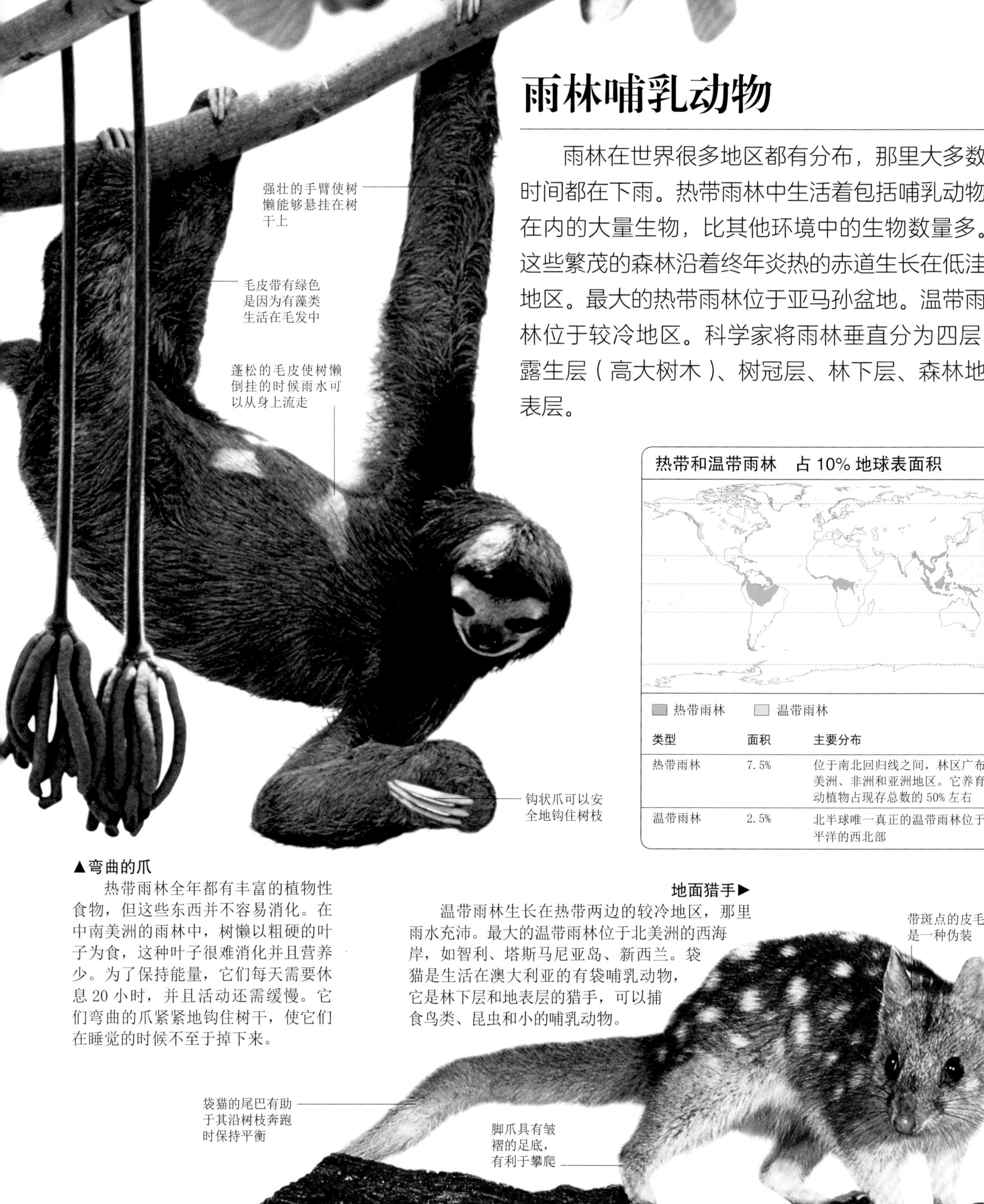
强壮的手臂使树懒能够悬挂在树干上
毛皮带有绿色是因为有藻类生活在毛发中
蓬松的毛皮使树懒倒挂的时候雨水可以从身上流走
钩状爪可以安全地钩住树枝
带斑点的皮毛是一种伪装
袋猫的尾巴有助于其沿树枝奔跑时保持平衡
脚爪具有皱褶的足底，有利于攀爬

热带和温带雨林　占 10% 地球表面积

热带雨林　温带雨林

类型	面积	主要分布
热带雨林	7.5%	位于南北回归线之间，林区广布美洲、非洲和亚洲地区。它养育动植物占现存总数的 50% 左右
温带雨林	2.5%	北半球唯一真正的温带雨林位于平洋的西北部

▲弯曲的爪

热带雨林全年都有丰富的植物性食物，但这些东西并不容易消化。在中南美洲的雨林中，树懒以粗硬的叶子为食，这种叶子很难消化并且营养少。为了保持能量，它们每天需要休息 20 小时，并且活动还需缓慢。它们弯曲的爪紧紧地钩住树干，使它们在睡觉的时候不至于掉下来。

地面猎手▶

温带雨林生长在热带两边的较冷地区，那里雨水充沛。最大的温带雨林位于北美洲的西海岸，如智利、塔斯马尼亚岛、新西兰。袋猫是生活在澳大利亚的有袋哺乳动物，它是林下层和地表层的猎手，可以捕食鸟类、昆虫和小的哺乳动物。

猿猴强健的双臂
比它的腿要长
尾巴可以
抓住树枝
大眼睛能够在
昏暗的光线下
具有好的视觉
长黑舌头从树上
撕拧树叶
斑纹在个体
之间有差异

◀白天的树冠层

在热带雨林里，很多大树高耸入云达50米高。这些大树伸展它们的枝叶，形成大约20米深的浓密树叶层。大多数森林动物，如白面猿就栖息在这潮湿、阳光充足、食物丰富的层带。猿类是技艺精湛的攀爬者和跳跃者，它们可以手传手地摇摆前行，这种动作称为臂力摆荡。

▲夜晚的树冠层

夜间，一系列不同的哺乳动物开始在热带雨林中活动。有了白天和黑夜的更替，使在任何特定时间里觅食的动物都相对减少。在亚马孙的雨林里，蜜熊白天在树洞里睡觉，夜间出来寻找水果和昆虫，它的尾巴长而且能卷缩，就像是它的第五肢，从而保证在树间安全地移动。

◀白天的林下层

在树冠层以下，林下层由很多矮树和小树苗组成。上层浓密的树叶形成屏障，阻隔光线和水分，所以这里的植物性食物较少。非洲雨林中的狒狒白天在地面寻找水果、蛋类，偶尔也捕捉小动物。它们在夜间爬进林下层寻觅躲避捕食者的隐蔽处。这样的灵长类通常20多只群居生活。

夜间的林下层▶

林下层在夜间是非常黑暗的地方，仅仅有微弱的月光透进来或萤火虫的光亮。夜间活动的哺乳动物必须要有在昏暗光线下定位食物的好方法。婆罗洲和东南亚的茂密森林里，跗猴用它敏锐的视觉、听觉和嗅觉捕捉昆虫，当这个小灵长类在林下层中穿梭跳跃、捕捉飞虫时，用尖爪和趾垫抓住树枝。

◀白天森林地表层

热带雨林的地表层植被相对稀疏。蕨类植物、开花植物以及小树苗在稀疏的土壤中生长，透过的光线到达森林地面。在非洲中部，欧加皮鹿单独或成对漫步森林中，以树叶为食。这些大而警觉的哺乳动物与长颈鹿亲缘关系较近，直到1901年其身份才被确认。

◀夜间的地表层

虎猫是中南美洲热带雨林中的夜间捕食者。这种行动诡秘的猎手捕食范围广泛，包括鸟类、爬行类以及蝙蝠、啮齿类、小鹿等哺乳动物。由于它们是高明的攀登者，可以凭视觉、嗅觉和听觉在地表层和林下层捕猎。它们皮肤上的黑暗花纹为其提供了很好的伪装，便于在夜间的森林中穿梭，静静地伏地而行。

森林哺乳动物

温带林地和针叶林的物种比热带雨林少，但哺乳动物种类仍然很多。与热带环境不同，温带林地有温暖或凉爽的夏天和寒冷的冬天。大多数乔木都是落叶植物，它们秋天落叶，春天长出新的叶子。哺乳动物在枝叶繁茂、食物充足的夏季繁殖后代。冬天，环境很恶劣。在北半球，温带林地以寒冷的针叶林为主，针叶林的树木在冬季保留树叶，为哺乳动物提供庇护所。林地和针叶林被垂直划分成数层。

▲野猪在落叶层生活

在温带森林中，落叶乔木的树叶堆积在地面上，形成肥料滋养植物生长。乔木和灌木秋天结出坚果和浆果，成为像獾、松鼠、野猪等哺乳动物的食物。欧洲和亚洲的森林里，野猪用它敏锐的鼻子嗅出隐藏在枯叶层下的植物根、坚果以及真菌，它们的尖蹄能够刨出地下的食物。

针叶林和温带林　占 27% 地球表面积

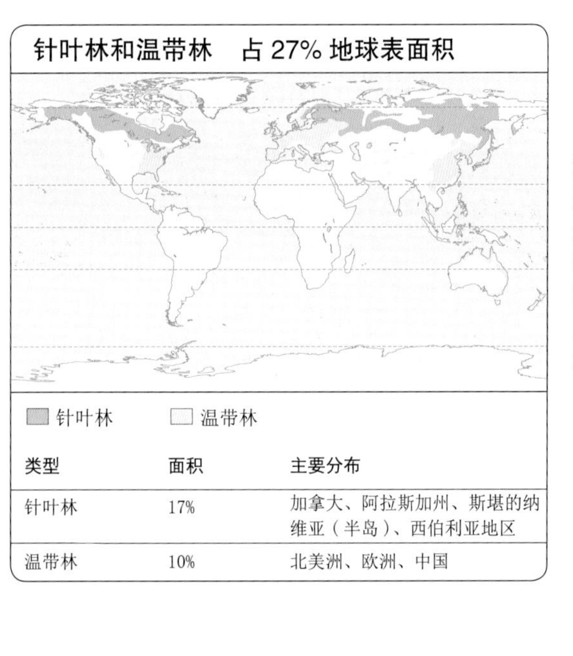

类型	面积	主要分布
针叶林	17%	加拿大、阿拉斯加州、斯堪的纳维亚（半岛）、西伯利亚地区
温带林	10%	北美洲、欧洲、中国

觅食中的獾▶

冬季，树叶落下，哺乳动物躲避处很少。在欧洲和亚洲，獾退到地下洞穴中，等到恶劣的天气过去后再出来。这些网状洞穴在地下可延伸 20 米，獾白天待在洞穴里，夜间出来寻找各种食物，包括水果、昆虫、蛙类、蜥蜴以及小型哺乳动物。

头和灰白上身处的花
在昏暗的光线下是一
很好的伪装

强劲的爪子
可以挖蚯蚓

◀湿地驼鹿

一大片针叶林称为针叶林带，分布在北半球北纬 45° 至 65° 之间。冷潮的森林拥有无数的湖泊和沼泽。像驼鹿这样的动物生活在湿地中，在夏天，它们跋山涉水，吃浮游植物并避开能刺痛的昆虫。驼鹿是世界上最大的鹿，雄性体重可达 450 千克。

在林下层觅食▶

温带森林的林下层由高的灌木、树苗和成熟树干组成。像亚洲黑熊那样的熊类在林下层和地表层活动，同多数熊一样，它们的饮食多样，根据季节不同，包括芽、叶子、昆虫、浆果和橡树果。强壮的爪子和有力的四肢使这种又矮又胖的哺乳动物可以爬到树上。

冠形攀缘植物

温带森林的乔木很少超过 30 米，叶的树冠层没有热带森林浓密，所更多的阳光能够透射到森林的地表。像松貂这样的食肉动物生活在北针叶林和温带森林中，以甲虫、啮动物、鸟类为食，也吃水果。这种茸茸的哺乳动物生活在树冠层，但要在地面寻找食物。

大眼睛具有很好的视力，帮助松鼠判断距离

长尾有助于松鼠保持平衡

毛皮厚而松软，能够在雪天保持体温

◀树栖的杂技演员

许多温带森林的哺乳动物攀爬技术高超，但没有动物比松鼠还灵敏。这种优雅的啮齿动物将巢建在树杈上或树洞里。当松鼠在树杈间跳跃或沿树干上下奔跑时，尖而卷曲的爪子可以抓住树皮。秋天，灰松鼠忙着收藏橡树果以备过冬。遗漏下的坚果将发育成小树。

熊猫

大熊猫栖息于中国中部山区的落叶林中，那里竹子繁茂。尽管熊猫也吃腐肉、幼虫和蛋，但它们主要靠竹子为生，包括笋、叶、茎。在熊猫的腕部有一骨节，功能类似拇指，能使熊猫抓住竹竿。竹子这种食物坚韧、纤维含量多，含营养少，很难消化，所以熊猫每天要花费 18 小时进食。

熊猫黑白相间的毛色引人注目，但实际上，这种毛色淡化了它的轮廓，使其在竹林中很难被发现。熊猫独居并且发育缓慢，所以野生种群数量仅 1864 只（2015 年公布的第四次大熊猫调查结果）。

草原		占 17% 地球表面积
类型	面积	主要分布
温带	7%	澳大利亚、俄罗斯、中国、北美
热带	10%	非洲西撒哈拉局部、巴西、墨西哥

草原哺乳动物

世界上的草原分布于森林茂盛的潮湿地带和沙漠覆盖的干燥地带之间，可以分为温带草原（如美洲草原、亚洲草原）和热带大平原。草原上的哺乳动物种类繁多，包括大型有蹄植食动物，如羚羊和野牛，它们群居生活；食肉动物，如狮子和猎豹；食腐动物，如豺。植食动物包括：食嫩叶动物，以稀疏的乔木和灌木为食；食草动物，以草为食。

哺乳动物的步态

步法

速度对于大多数草原哺乳动物是非常重要的。由于没有什么遮挡物，通常情况下，快速奔跑不管对于追捕者还是逃跑者都是最好的选择。一些哺乳动物，如图中这只长耳豚鼠正在慢跑。长耳豚鼠属于典型的豚鼠类（南美啮齿类），当运动时，前后腿彼此协调，移动前肢的同时就要抬起后肢。骆驼和大象也有这样的步法。

快步走

当遇到危险时，有蹄哺乳动物（如斑马先进入快步走（也叫对角线步法）状态，然后加速到小跑，最终疾驰。一只正在快步走的哺乳动物同时抬起前肢和对侧后肢。斑马的蹄有脂肪垫的坚硬保护层，脂肪垫位于保护层和骨骼之间，起到减震器的作用。马和狗也会快步走。

非常柔韧的脊柱使猎豹可以迈开大步奔跑

◀陆地上最快的动物

在非洲平原上，猎豹是所有陆生动物的短跑冠军。当要追捕猎物时，它的奔跑速度可达 100 千米 / 时。但是，它仅能保持这样高的速度 20 秒，随后身体就会过热。猎豹的速度源自它的身长、强有力的腿以及每迈一步都伸缩的弹性脊柱。

尖爪像跑
的钉子一
以抓住地

长尾可以保持平衡

袋鼠每次跳跃时都向前倾斜

▲弹跳运动

在炎热干旱的澳大利亚内陆，草原中穿插大片漫天尘土的灌木丛林地。袋鼠在此广泛分布。袋鼠属于两肢运动的动物，而不是四肢，它们的后腿长且肌肉发达，用于跳跃，很像是两块跳板。这些哺乳动物通常舒适的活动速度为 20 千米 / 时，遇到危险时的逃脱速度可达 60 千米 / 时。袋鼠的一个跳步可达 14 米远。

两只犀角用于进攻
犀牛奔跑速度达 45 千米 / 时
灰白皮肤由于在泥浆中打滚而变得灰暗

▲陆地上的大块头

非洲草原是世界上最大和最重的陆地哺乳动物的家，如非洲大象和两种朝天犀牛（包括图中这只黑犀牛）。不同种犀牛以草原上不同种食物为食，它们的嘴与其饮食相适应，方形的口，适合食草。犀牛相当胆小，但遇到危险时，可以笨重地快速前行。

草原哺乳动物的威胁

漫步草原

许多草原哺乳动物受到很多威胁，如栖息地丧失、捕猎等。在欧洲人殖民北美之前，大量成群的野牛漫步草原。在 19 世纪，欧洲殖民者向西扩张，他们猎杀大量野牛，致使这些动物几乎灭绝。少量种群只能在公园和保护区繁衍存活。

草原上的跳羚

非洲草原养育了地球上大量哺乳动物，像羚羊这样的草食动物在种群中相对安全，因为在任何时间，当种群中的其他动物吃草时，总有些个体在警惕着周围。曾经跳羚种群数量巨大，但人类侵占了它们的栖息地后，如今最大的种群数量仅有 1500 只。

非洲大羚羊的迁徙

同跳羚一样，非洲大羚羊也是大种群生活，有时和斑马结伴。它们远距离迁徙，横跨非洲草原，寻找雨后新生的嫩草，在新鲜青草丰富的 2 月繁殖后代。但是，一些传统的迁徙路线如今已经被公路和其他开发设施切断了。

沙漠居民

大多数生命不能在极其炎热和干旱的沙漠环境中生活。但某些哺乳动物能够适应高温天气，并能发现水源。白天，较小的哺乳动物在沙和岩石下的洞穴中躲避高温。在凉爽的夜间出来觅食和寻找水源。大型沙漠哺乳动物不容易躲藏，只能将自己暴露在炙热的阳光下。它们一般具有淡色的皮毛，这能够反射更多的太阳热能，保持身体凉爽。

死亡谷的白天▲

加利福尼亚的死亡谷是北美大陆最热又最干旱的沙漠。来自溪流的表面水和稀少的降水蒸干后，只剩下令植物无法生存的盐分。

地面温度	阴影下的空气温度	盐水池温度
可达 88℃	49℃	35℃

90℃

▲全球沙漠温度范围

世界上沙漠温度范围从炙热的 88℃（死亡谷温度）至 -20℃（南极洲干谷）不等。

尾巴遮挡
松鼠的身体

◀地松鼠

小型哺乳动物比大型哺乳动物更难调节它们的体温，为了解决这个问题，大多数小型沙漠哺乳动物白天睡觉，晚上觅食。南非地松鼠已经发现了在白天高温下生存的好方法，它用浓密的尾巴翘在背上，当作遮阳伞。

眼睛通过额外的
眼睑和睫毛能够
防沙
驼峰储存剩余
食物的能量作
为脂肪沉积
骆驼的嘴已适应
吃坚韧、带棘的
植物
长腿高高地支撑
骆驼身体，高出
炎热的沙漠地面
具有弹性的蹄防
止陷在软沙中

◀沙漠之舟

单峰驼在背上仅有一个驼峰。来自中亚的双峰驼有两个驼峰。这两个物种都具有高而窄的身体，从而保证吸收较少的太阳热能。所有驼类家族成员的红血细胞具有特殊结构，当水源充足时，它们能够喝下大量的水而不致涨碎细胞。

骆驼的适应特征

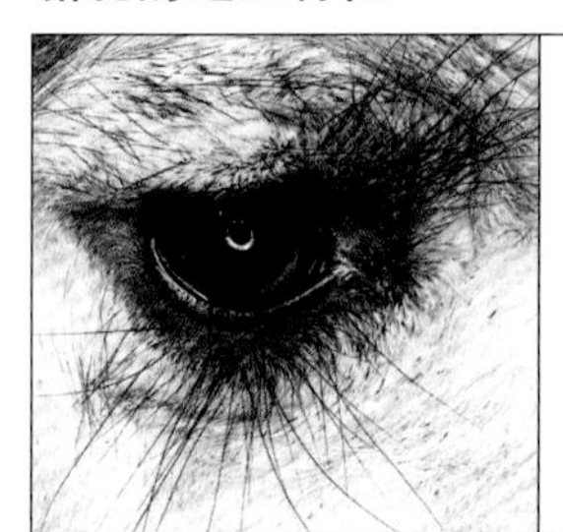

眼睛防护

干旱的沙漠环境有很多土和沙粒，大风吹过，沙子尘土颗粒会损害敏感的眼睛骆驼的眼睑上粗壮的睫毛具保护作用。在通常的眼睑下它们还具有一个秘密武器——三眼睑，能从眼球的一边擦到另一边。

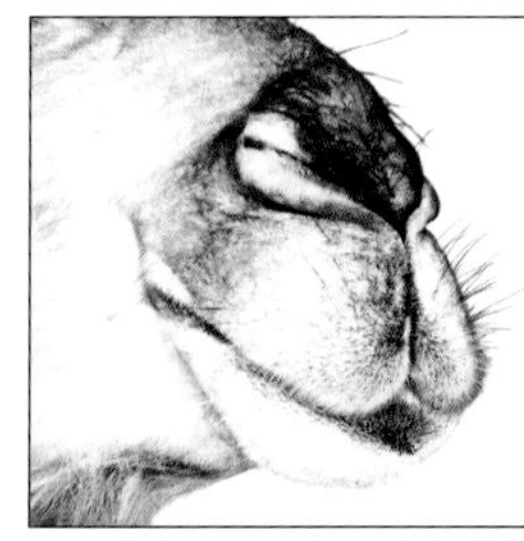

鼻子和嘴

骆驼的鼻子能够循环水分大多数哺乳动物呼气时都不具备这种功能。特殊的肌肉可控制鼻孔的开合。骆驼在沙天气里能够把它的鼻子夹紧以此保护它的肺。嘴巴也具适应特征，裂开的上唇有利它们对付多刺的食物。

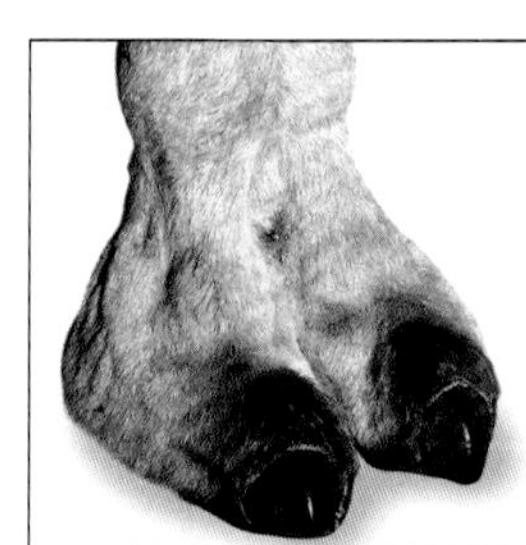

蹄

骆驼的蹄宽大且有弹性便于行走在沙丘等松软地面坚韧的足底垫硬而具有弹力足骨通过一块脂肪与足底垫离，这块脂肪甚至跨过整个底，有助于缓解压力，也有隔绝地面热量的作用。

驼峰

当骆驼发现了一处好食物源时，它们就把食物储存起来将能量转换成脂肪储存在骆驼背部，这使骆驼能够在食源之间长距离行走，用储存的脂肪供应，将脂肪转变成能量的化学反应也产生很多水分来保持身体凉爽。

沙漠　占 12% 陆地表面积

类型	面积	主要分布
亚热带	8.5%	北非、阿拉伯、印度
寒带	1.5%	中亚
西海岸	1%	美国
雨幕	1%	美国、澳大利亚、东非

▲夜间的沙漠

所有的沙漠在日落之后都会变得非常寒冷，在日出之前，所有前一天的热量都将进入大气中。在最冷的夜晚，死亡谷能够达到冰冷的 -9.4℃。

-10℃

盐湖冷至 10℃

空气温度低至 5℃

冬天的夜晚温度降至零点以下

鼻子处冰凉的皮肤能够冷却呼出来的气体

被覆短柔毛的身体保护皮肤免受炙热的沙子灼伤

长尾用来保持平衡

▲更格卢鼠

这个小型啮齿动物利用身体中的袋状结构——颊囊来应付沙漠生活。白天的时候，它将自己藏在潮湿的洞穴中，它的肾脏过滤血液中的废物，有效循环水，长长的鼻腔可以冷却呼出的气体，产生的冷凝气能够重新吸收。更格卢鼠位于嘴两侧的颊囊是向外张开的，当它们用颊囊装运食物时，不需要张开嘴巴，便于保存水分。

耳朵巨大的表面积有利于热量散失

耳廓狐▶

耳廓狐在夜间出来觅食，非常敏锐的听觉有助于发现猎物。耳廓狐身长 24 厘米，是世界上最小的狐狸。它们可以生活在 20℃～40℃的环境中，能够通过大耳朵泵出额外的血给自己降温，通过耳朵散失身体额外的热量。

粗壮的睫毛能够阻止沙粒进入眼睛

鼻子部位的凉爽皮肤有利于保持体温

穴居哺乳动物

沙漠刺猬

巨石之间的洞穴为沙漠刺猬提供了一个白天的避难所。沙漠刺猬主要以昆虫为食，喜欢在天气较凉爽的夜间出来觅食，它们体内具有毒素抗体，这使它们被蝎子毒刺刺到后的存活率比其他小型动物高 40 倍。

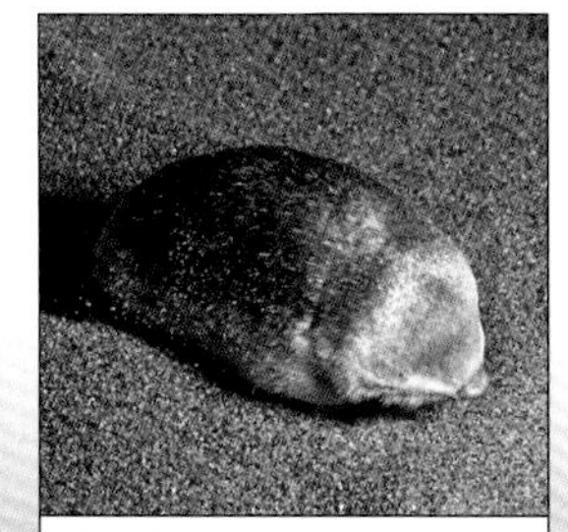

金鼹鼠

金鼹鼠是个挖洞高手，它还可以在南非纳米比亚沙漠中“游泳”。它在夜间捕食猎物——白蚁。当食物或危险就在附近时，金鼹鼠用听觉和嗅觉去感知。它们的眼睛几乎没有什么作用，隐藏在一层多毛的厚皮下面。

◀厚厚的毛皮

寒冷是极地和高山哺乳动物最大的敌人之一，和北极陆地上所有哺乳动物一样，北极熊有一身厚厚的毛皮外衣，可以隔绝冰冷的天气和刺骨的寒风。北极熊花费很多时间在水里或在浮冰上漫步，捕捉它们主要的猎物——海豹。皮肤下一层厚厚的脂肪帮助它们保持恒定的体温。

覆盖毛皮的四肢有利于北极熊保持热量

极地和高山哺乳动物

极地和高山地区是地球上气候最恶劣的地区之一，夏季短而凉，冬季长而严寒。在靠近两极的地区，冬末时，黑暗会持续数月。北极地区哺乳动物数量相对较多，因为这里的苔原地带几乎没有树木，它与南边较温暖的地区相连接。大面积冰雪覆盖的南极，对陆生哺乳动物非常不利，但是海豹和鲸生活在这片海域。高山地区的哺乳动物必须应对稀薄的空气、强烈的太阳光以及寒冷的天气。

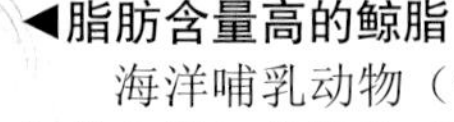

◀脂肪含量高的鲸脂

海洋哺乳动物（包括海豹和鲸）比陆生哺乳动物更加需要隔热，因为水吸收体热的速度比空气快，鲸和海豹类动物，如图中这只常见的海豹，比陆地哺乳动物的毛皮要少很多，但却可以保持体温，这是因为皮肤下有厚厚的一层脂肪含量高的鲸脂。在寒冷的条件下，使流经鲸脂层的血管收缩（变窄），从而起到保持身体热量的作用。

强有力的前肢由腕和爪演化而来

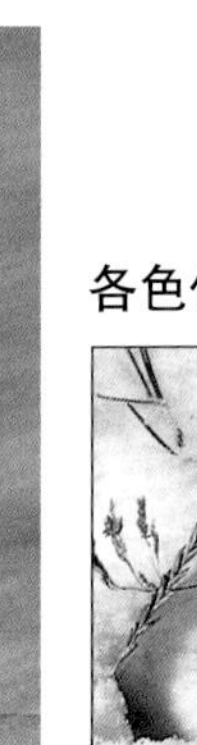

▲穿雪鞋奔跑

雪鞋兔具有宽大而被毛的足，活动起来像双雪鞋，雪鞋兔由此而得名。当雪鞋兔在冰原奔驰时，宽大的足能够分散体重，避免其陷入松软的雪中。雪鞋兔和它的亲缘种——北极野兔有比温带野兔更小的耳朵和更短的四肢，这些特点有助于减少通过四肢和耳朵的热量散失。

各色伪装

身披冬装的白鼬

白鼬是北极肉食动物，需要常年保持伪装，它的外衣颜色随着季节的改变而改变，使其能够全年捕食如旅鼠那样的猎物。秋季，白鼬长出一身厚厚的冬装，除了尾尖背部均为白色。因为这件外衣，所以它被分类为貂类。

身披夏装的白鼬

春季，这只白鼬脱掉了厚厚的冬毛，换上薄外衣，新外衣顶端黄褐色，腹部奶油色，使其容易藏在雪融化后的苔原地区的岩石和草丛中。北极野兔、雪鞋兔、北极狐以及鼬都可以改变体色，夏季毛皮灰色或褐色，冬季白色。

尾巴有 40 厘米长，占身体总长度的一半以上
爪具有带毛的足底，减少热量散失

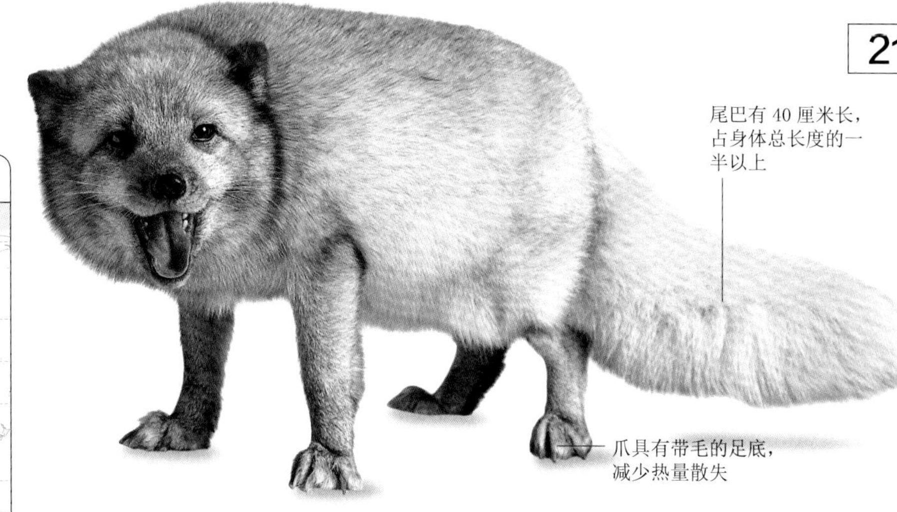

▲对寒冷的适应

北极狐能够在大多数哺乳动物无法生活的条件下生存，它白色的冬季外衣是夏季棕色毛皮的两倍厚，外层毛粗糙，内层细腻。北极狐具有适应寒冷气候的特征：耳朵小而圆，且被毛（减少热量散失），爪足底带毛（能够抓住冰），尾巴长而浓密，能够缠绕在身体上保持体温。

地和高山

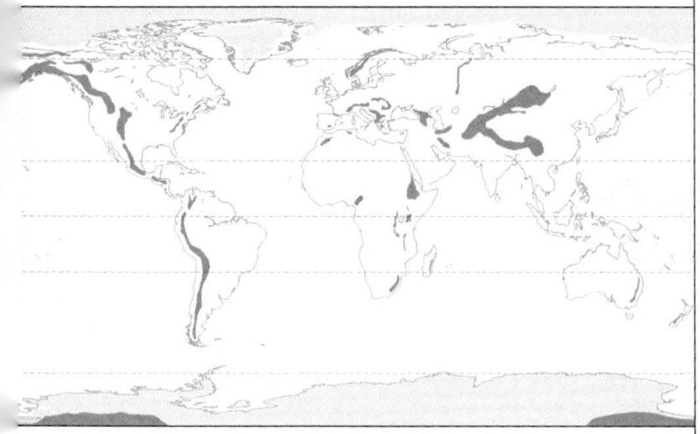

高山
极地

型	面积	主要分布
山	24%	南美洲，亚洲东南部，非洲中部
地	南极洲占全球陆地面积的 9%，北极地区面积随着季节变化而改变	

高山哺乳动物▶

牦牛是生活在最高海拔的哺乳动物，如在海拔 6000 米的亚洲喜马拉雅山脉。粗浓而杂乱的毛皮外层是粗糙的毛发，能够抵御狂风和暴雪，内层浓密的毛皮贴近皮肤，能够保暖。通常，同一座山中有几种不同的栖息环境，野猪、熊和鹿生活在较低海拔的斜坡森林中，耐旱山羊和绵羊生活在其上的草原斜坡。

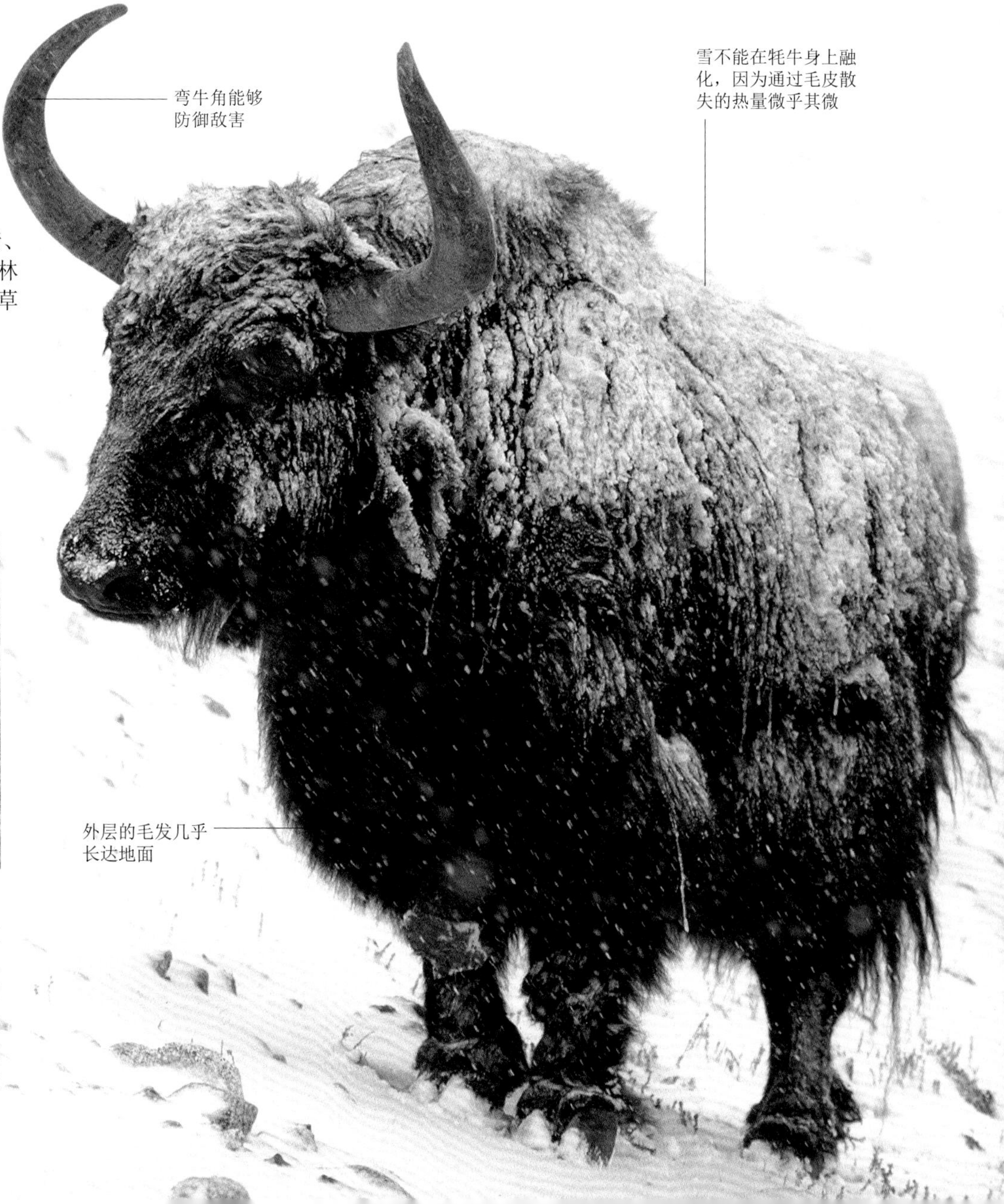

弯牛角能够防御敌害
雪不能在牦牛身上融化，因为通过毛皮散失的热量微乎其微
外层的毛发几乎长达地面

雄性和雌性都具有角

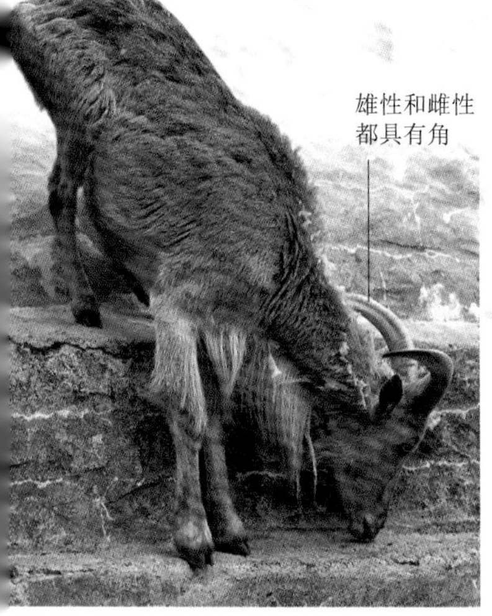

▲惊人的蹄

有蹄类动物，如鬣羊的蹄子边缘坚硬，中间足底部柔软，像个吸盘，能够抓紧悬崖峭壁的岩石表面。膝盖上的硬结防止躺下时受伤。大多数高山哺乳动物都有较大的心脏和肺，这有助于它们生活在高海拔、氧气稀薄地区。

海洋哺乳动物

哺乳动物是由陆地爬行类进化而来的，但是某些种类后期又返回水中，并产生了适应水中生活的特征。哺乳动物中的三个主要类群生活在海洋中，它们是鳍足类（海豹）、鲸类（鲸、海豚、鼠海豚）和海牛类（海牛和儒艮）。鲸类和海牛类完全水生，甚至出生在水中。像海豹家族（包括海狮和海象）这些哺乳动物一生多数时间在海洋中，但也要来到岸上休息、繁殖和养育下一代。

▲鲸的家族

鲸类比其他哺乳动物都更像鱼，后肢已经消失，变成更加圆滑的形状，前肢演化成鳍状肢，用以划水。与鱼的尾巴不同，鲸有凹口的尾巴是水平排列的。鲸通过弯曲脊柱，使它的尾巴能够上下摆动，推动身体前进。鲸全身几乎无毛覆盖，一层厚厚的鲸脂有利于保持体温恒定。

强有力的前肢用于推动身体前行

蹼状后肢用于前行

鱼雷形身体在水里轻松滑行

海豹家族▲

鳍足类具有像鳍一样的足，海豹的足演化成鳍状肢，能够强有力地划水，它们的身体简洁并呈流线型。鳍足类分为三个类群：真海豹或无耳海豹；有耳海豹（如皮毛海豹和海狮）以及海象。实际上，所有的海豹都有耳朵，“无耳”海豹只是缺少外耳郭。真海豹用后肢划水推动自己前进，而有耳海豹用前面的鳍状肢划水前进。海狮和其他有耳海豹在陆地都可以灵活自如地行动。

▲齿鲸

鲸类分为两个类群：齿鲸和须鲸。齿鲸是迄今为止最大的类群，占所有鲸类的90%。这一类群包括抹香鲸、尖头鲸、白鲸、河豚、鼠海豚和海豚，逆戟鲸（杀人鲸）是海豚家族的成员。所有齿鲸都是肉食性的，以乌贼、鱼、软体动物为食。逆戟鲸具有强有力的颌，长着成排向后的锋利牙齿。

▲须鲸

须鲸没有牙齿，以具有长的边缘盘的角质须而得名，角质须悬挂于上颌。这个鲸须活动起来就像是个巨大的梳子，可以从水中捕获很小的生物，如磷虾。当鲸鱼吞进满满一口富含食物的水时，水被鲸须过滤，留下食物。须鲸包括灰鲸、露脊鲸、温鲸（如蓝鲸）、座头鲸（上图）。

及

注

与所有哺乳动物一样，鲸和豹呼吸空气，并且有肺，它们呼吸的时候必须返回海面。鲸气孔（鼻孔）在它的头顶部。水之后，鲸显露并喷射出一个废气和废水组成的水柱，在高中形成水蒸气。当海洋结冰时，豹通过冰上的洞口呼吸。

类可带水中呼吸器潜水

鲸能够在它们的肌肉中储存气，因此可以待在水下很长时。绝大多数人类仅能屏住呼吸到两分钟。当人类探索深海时，须要佩戴空气供应装置。潜水就像海豹的皮毛，使贴近皮肤水层始终保持温暖。

▼海象

海象与所有的鳍足类动物不同，有其自己的类群。它仅在北极分布，一个主要区别特征是雌雄都有长长的尖牙，用来搅动海床，敲开贝类动物的壳，也有助于这些庞然大物在冰上活动，雄性在攻击时用它的尖牙作武器。雄海象是世界上最大的鳍足动物，重达1360千克，它们体重的一半是鲸脂。

口部长毛形成了刚硬的胡须

微红色的皮肤覆盖着粗糙的毛发

后肢在身后能够卷曲，帮助在地面上前行

坚韧的皮肤皱成深深的褶

前鳍状肢在游泳时用来划水

淡水哺乳动物

淡水栖息环境如湖泊、河流、小溪和沼泽，是各种哺乳动物的家园，包括野鼠类、鼩鼠类、海牛、河马、河豚。海牛和河豚这类唯一完全水栖的哺乳动物，它们缺少后肢，从不上岸，它们的身体与那些陆地哺乳动物完全不同。其他淡水物种部分时间在陆地，大多数时间在水中觅食和躲避敌害。不同物种在水中有不同的适应特征，如厚厚的皮毛、蹼状脚和肌肉质的尾。

桶状身体在水中阻力很小

在水底漫步▶

非洲河马一天 18 小时潜在河水或湖水中，它们可在水底走来走去。它们在水中放松沉重的身体、保持凉爽和躲避热带烈日。许多淡水哺乳动物都有浓密的毛发，但是河马的毛发稀疏，它们的皮肤能够在出水后强光照射下迅速晾干。夜间，这个庞然大物在岸边笨重前行寻觅河岸植物为食。

柱状腿在陆地支撑体重

水在河马潜水时能够支撑体重

潜水觅食

大多数鼩鼠生活在陆地上，但有些可以潜水来躲避敌害和寻找食物。它们反复潜水寻找小鱼和水下无脊椎动物，再暂时返回地面把自己晾干。这些小东西需要吃掉大量的食物才能在水中保持自己的体温，某些水中鼩鼠每天需要吃掉和自己体重差不多的食物。它们具有光滑防水的毛皮，沿着脚和尾巴边的硬毛有助于游泳和潜水，并且能通过表面张力，使体型最小的鼩鼠在水面短距离飞奔。

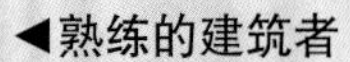

◀熟练的建筑者

水狸是相当大的水栖啮齿动物，栖息于欧洲和北美洲的河流和湖泊中。它们通过建造跨河的木棍堤坝，形成一个人造湖，来构建它们的家园。浓密的毛皮外衣由粗糙的外层毛和细腻的内层毛组成，使它们不论在水里还是水外都能保持体温。但是，在18、19世纪，水狸的毛皮被用来做保暖外套，具有非常高的经济价值，这使得无数水狸死在毛皮捕猎者手里。

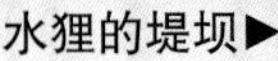

水狸的堤坝▶

水狸是能够大规模改变自己生活环境的为数不多的动物之一，大多数水狸能够用树棍构造跨河堤坝，使其后方形成一个平稳水池，它们将巢建在这里，成为"山林小屋"。水狸咬断树枝和小树，然后把它们堆积起来，就形成了河堤。

堤坝由水狸安放的树棍组成

宽大的嘴长有带触觉的刚毛

水中生活的适应特征

海牛

海牛是性情温和动物，分布于热带河流和沿海淡水中，这些大型哺乳动物具有圆胖的身体和像桨一样的有力前肢。宽而平的尾巴平行排列，和鲸的尾巴一样，上下摆动，把身体向前推进。

鸭嘴兽

鸭嘴兽分布于澳大利亚东部的溪流河水中，它们潜入水中，猎捕水生生物，包括昆虫、贝类动物、蛙、蠕虫。鸭嘴兽在陆地行动笨拙，水下灵活优美。它的脚有蹼，尾巴扁平，具有推动作用，柔软、光亮的毛皮能够防水。

水狸

带蹼的脚，圆滑呈流线型的身体以及扁平的尾巴都使水狸在水中行动灵活自如。宽大且带有鳞片的尾巴主要把握方向，后肢有力地划水，前肢紧紧贴近身体，保证身体呈流线型。当水狸潜水时，耳朵和鼻孔都会闭上，防止水进入。

◀水面呼吸

河马能够在水下停留大约5分钟，然后再回到水面呼吸。和许多淡水哺乳动物一样，河马的眼睛、耳朵、鼻孔都在头顶，这使河马仅需要头顶部抬至水面上就能呼吸了。

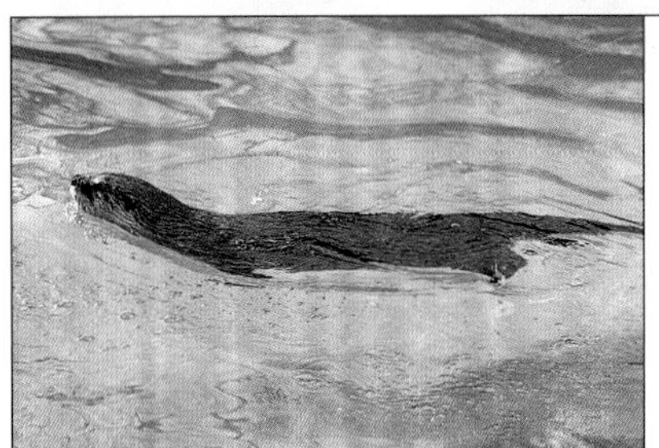

水獭

与鼬鼠家族的其他动物一样，水獭具有修长的身体和像狗一样的小头。它们是肉食动物，也是积极的猎手，可以在水下追逐猎物，如鱼、田鼠、螃蟹、蛙和蜗牛。带蹼的后肢用于游水，带爪的前肢可以抓捕光滑的猎物。

蝙蝠和滑翔者

蝙蝠是唯一具有飞翔能力的哺乳动物，这使它们能够将其他哺乳动物无法到达的偏远海岛（如新西兰）作为自己的栖息地。蝙蝠通常是夜行性动物，白天休息，夜间觅食。蝙蝠是唯一真正会飞行的哺乳动物，而其他很多哺乳动物仅能像降落伞那样展开皮肤性的翼在空中滑翔。

◀飞行中的蝙蝠

飞行使蝙蝠能够从一个地方到另一个地方，逃避敌害以及发现食物。多数蝙蝠可以抓住在它前面靠翅膀飞行的昆虫。蝙蝠在空中极其灵敏，能够盘旋、转弯以及穿过狭窄的缝隙。但飞翔也消耗大量的能量，蝙蝠为了节省能量，在温度降低后即挂起来休息。

鼻孔周围的皮呈马蹄形，这蝙蝠以此命名

小蝙蝠▲

蝙蝠的大小具有很大差异，大至翼宽 1.5 米的飞狐，小至形如黄蜂的猪鼻蝙蝠。蝙蝠的门类——翼手目分为两个主要类群：巨蝠或旧大陆果蝠和小蝙蝠。小蝙蝠类占所有蝙蝠的 80% 以上，如图所示的蹄鼻蝠。大多数小蝙蝠以飞虫为食。

神经和血管连成网络，穿行于翼间

◀愈合

蝙蝠的翼由双层皮肤在上肢和下肢骨上延伸而成，直至身体边缘，手骨和指骨形成一个支架，蝙蝠的门类——翼手目就是根据这个特点命名的。胸部和上肢的肌肉牵动翼向下和向前，后面的肌肉再推动其向上运动。

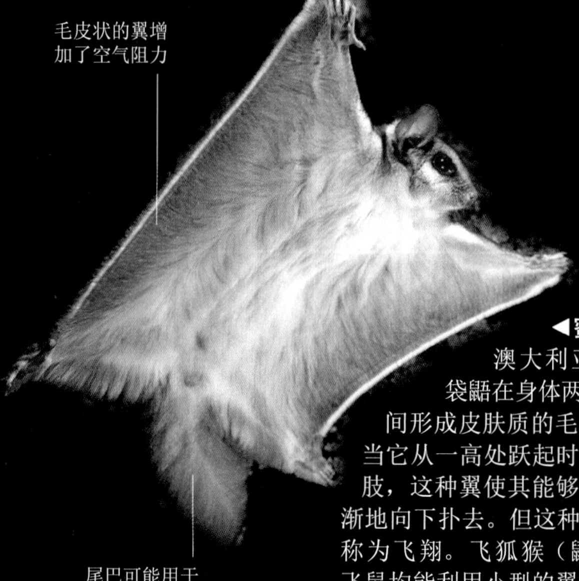

毛皮状的翼增加了空气阻力

尾巴可能用于减速和调控

◀蜜袋鼯

澳大利亚丛林中的蜜袋鼯在身体两侧、前后肢之间形成皮肤质的毛皮翼（FLAP），当它从一高处跃起时，即伸展开四肢，这种翼使其能够慢慢降落，逐渐地向下扑去。但这种降落滑翔不能称为飞翔。飞狐猴（鼯猴）、袋貂、飞鼠均能利用小型的翼滑翔。

的感觉

敏锐的听觉

各种各样的蝙蝠主要通过听觉、嗅觉和视觉定位食物，各个部位（眼睛、耳朵和鼻子）的大小反映了它们的重要性，蝙蝠利用非常敏锐的听觉和回声定位能力觅食，例如图中这只长耳蝙蝠就有很大的耳朵。

嗅觉

新热带果蝠用其敏锐的嗅觉和视觉发现它们喜欢吃的水果和花蜜。长矛形的鼻翼能够使传向耳朵的声音偏转方向。这个物种也有一个皮瓣，称为耳屏，在张开的耳郭的前面，也认为它能够使听觉更加敏锐。

大眼睛

“瞎如蝙蝠”这个词并不准确，所有的蝙蝠都有眼睛，并且某些蝙蝠视力很好。巨蝠（或飞狐）也以水果和花蜜为食，这种夜间活动的物种具有大大的眼睛，可以凭借微弱的光线寻觅食物，图中所示就是这种巨蝠，它的嗅觉也不错。

翅膀不用的时候折叠在两侧

毛皮可以保温

蝙蝠的栖息场所▲

蝙蝠的白天时光都在它的栖息场所（如岩洞、顶楼和树洞）中休息。在寒冷的冬季，蝙蝠为了节省能量，在栖息场所中冬眠，用它们带爪的前足抓住栖木，折叠其翅膀，倒挂着。非常适宜的栖息场所可能容纳成千上万的蝙蝠紧紧地挤靠在一起，夜晚来临时，它们外出觅食，空中布满飞翔的翅膀。

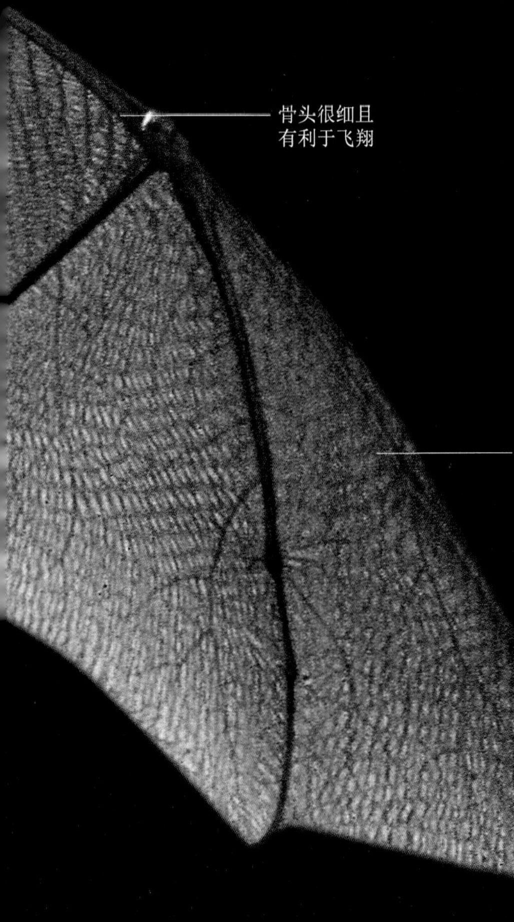

骨头很细且有利于飞翔

两层皮肤包住指骨，形成翼

食花蜜者▶

大多数蝙蝠都是昆虫性的（以昆虫为食），但有些吃鼠、蛙、蜥蜴等。食鱼蝙蝠从池塘中钩鱼来吃，吸血蝙蝠以血为食。巨蝠和某些小蝙蝠，如图所示的这种常见的长舌蝙蝠，则以植物为食，包括水果、花、花粉和花蜜，当吮吸花蜜的时候，蝙蝠将花粉从一朵花传到另一朵花，帮助植物传粉。

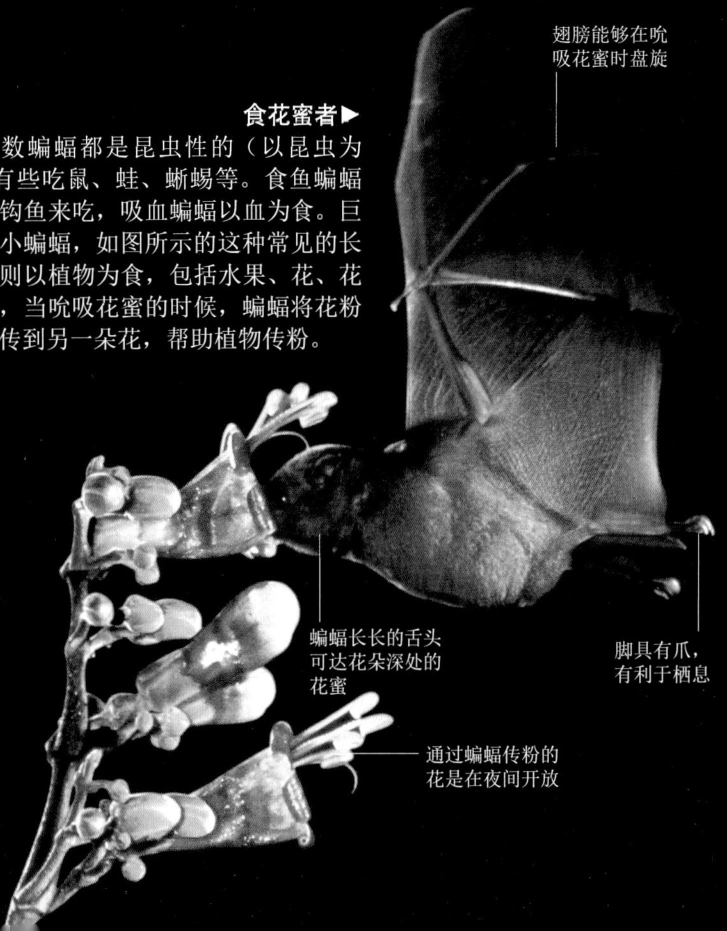

翅膀能够在吮吸花蜜时盘旋

蝙蝠长长的舌头可达花朵深处的花蜜

脚具有爪，有利于栖息

通过蝙蝠传粉的花是在夜间开放

视觉和听觉

对于所有哺乳动物，敏锐的感官对生存都非常重要。哺乳动物利用其感官追踪猎物和与同伴交流。感官还可以作为预警系统，在危险来临前就感知到，使其有机会逃走，这是非常重要的。哺乳动物有五种主要的感觉：视觉、听觉、嗅觉、味觉和触觉。对于某些种类，嗅觉是最重要的感觉，而对于另外一些，视觉和听觉又成为最重要的。数百年前，哺乳动物进化出特殊的眼睛和耳朵，来适应它们不同的生活方式。

◀全面的视觉

与人类的眼睛不同，兔子的眼睛长在它头的两侧，朝向相反的方向，这使兔子不活动头部就可看到周围所有地方。兔子经常在空旷的地方吃食，它全方位的视觉有利于在敌人有机会攻击前及早发现。兔子还有极好的听觉，能在黑夜觅食时保护它们。

广阔的视觉范围并不重叠

视觉重复区域使婴猴具有三维视觉

◀前视的眼睛

和其他哺乳动物一样，这种婴猴长有前视的大眼睛，无论看什么东西，它双眼总是看到相同的场景，但它们是来自两个有少许差别的视觉点。这称为双目视觉，它使婴猴能够看到很远的地方，并且准确判断距离，这个技能对生活在树丛中、靠天黑后捕食昆虫的动物非常重要。人类也具有双目视觉，我们做任何活动尤其是体育运动时会用到。

人眼的内部结构

人眼通过聚集光线工作，角膜的弯曲表面和晶状体聚集光线，在视网膜上产生一个倒立的像，并启动感光器或光敏神经。神经刺激通过视觉神经传递给大脑，在这里图像反转成正像，像大小、距离和颜色等信息被估定。对于其他的哺乳动物，图像质量取决于眼睛的位置、视网膜上感光器的数量以及它们是否能分辨颜色。

视网膜

角膜

从图像中发出的光线进入眼睛

有弹性的晶状体通过改变形状迅速聚焦

◀发光的眼睛

在黑暗中，美洲虎的眼睛能闪烁奇异的黄光，这种光称为点睛（EYESHINE），是由一个称为脉络膜层的发光层产生的，它位于眼睛的后方。脉络膜层能够反射任何通过眼睛的外来光线，使美洲虎在暗光的环境下依然能看清物体。点睛在夜行性肉食动物中是非常常见的，如猫和狐，它通常是黄色，但也有红色或绿色。

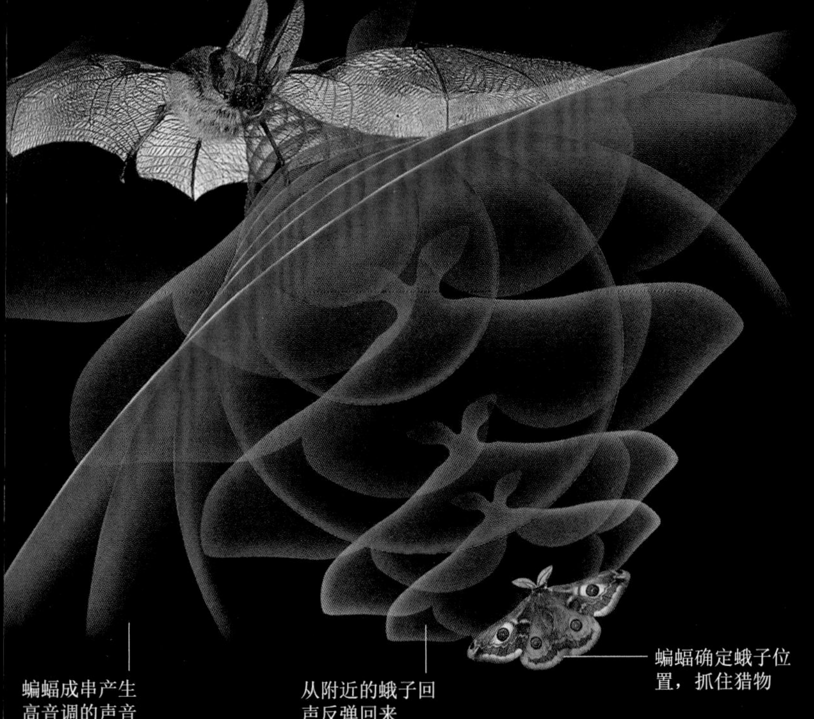
蝙蝠成串产生
高音调的声音
从附近的蛾子回
声反弹回来
蝙蝠确定蛾子位
置，抓住猎物

▲回声定位

食昆虫的蝙蝠能够在完全黑暗的环境中捕食，利用声音精确定位猎物。它们通过产生高音调声音的脉冲，试探周围任何东西，通过聆听回声，蝙蝠能够确定目标，并用爪子抓住它。这种用声音来“看”的方法称为回声定位法。蝙蝠用回声定位法探路，可以进入空旷的建筑物里和很深的洞穴中。它们的回声定位法准确度惊人，但不是完全可靠的，有时候蛾子产生的高音调的声音也能够混杂在蝙蝠的信号中。

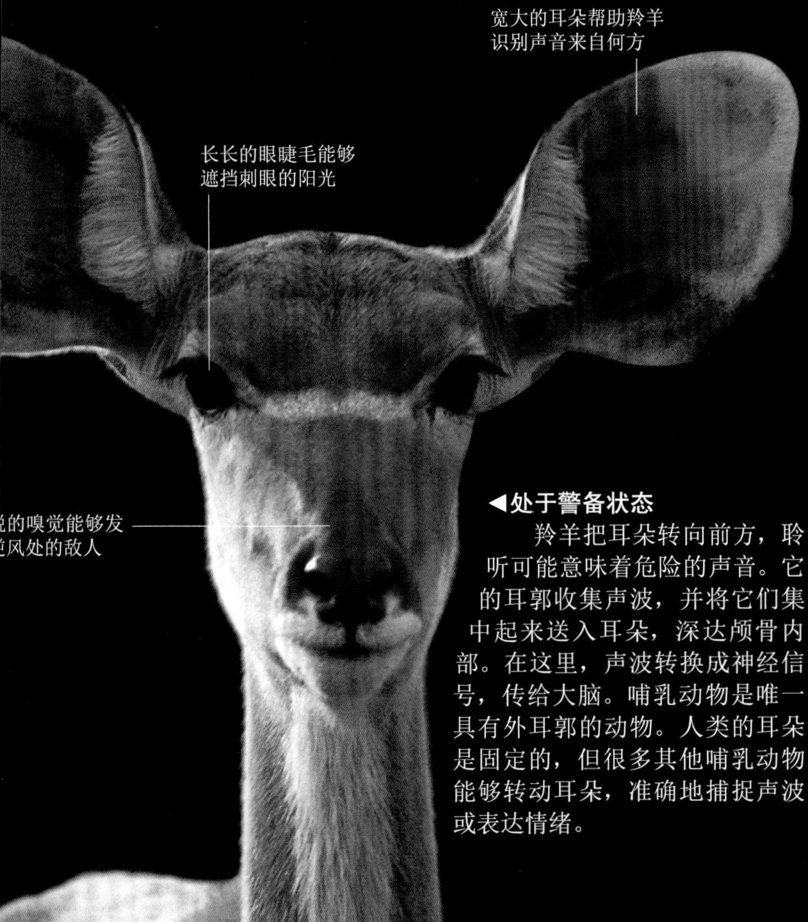
宽大的耳朵帮助羚羊
识别声音来自何方
长长的眼睫毛能够
遮挡刺眼的阳光
锐的嗅觉能够发
逆风处的敌人

◀处于警备状态

羚羊把耳朵转向前方，聆听可能意味着危险的声音。它的耳郭收集声波，并将它们集中起来送入耳朵，深达颅骨内部。在这里，声波转换成神经信号，传给大脑。哺乳动物是唯一具有外耳郭的动物。人类的耳朵是固定的，但很多其他哺乳动物能够转动耳朵，准确地捕捉声波或表达情绪。

听力范围

啮齿动物 1000 ~ 100 000 赫

不同的哺乳动物能够感受不同的声音音调和频率。啮齿动物能够听到声音的音调可高达 100 000 赫，这比我们能够听到的要高出很多，但它们的耳朵并不能捕捉太低的声音，对它们来讲，钢琴大多数按键的声音根本听不到。

海豹 200 ~ 55 000 赫

与啮齿动物不同，海豹的耳朵在水中或空气中都能同等地工作，声音在水中比在空气中传播得远。当海豹们觅食的时候，通过声音保持彼此联系，海豹擅长听高音调的声音。很多物种可能具有回声定位的能力，但目前还没有得到证实。

海豚类 70 ~ 150 000 赫

海豚具有非常好的听力，可以利用回声定位寻找食物。和蝙蝠一样，它们利用非常高音调的声音，得到最清楚的回音。海洋中的海豚具有相当好的视力，但是河豚几乎是个瞎子，只能依靠回声定位在污浊的河水中探路前行。

犬类 40 ~ 46 000 赫

与我们相比，犬类能够听到更高音调的声音，狼通过嚎叫进行交流，这是种非常奇异恐怖的声音，能够有助于在捕猎前聚集成群，并且可以促使它们进入非常激动兴奋的状态，以至于更加敏锐地追捕和杀死猎物。狐狸仅通过声音就可以准确定位它们的啮齿类食物。

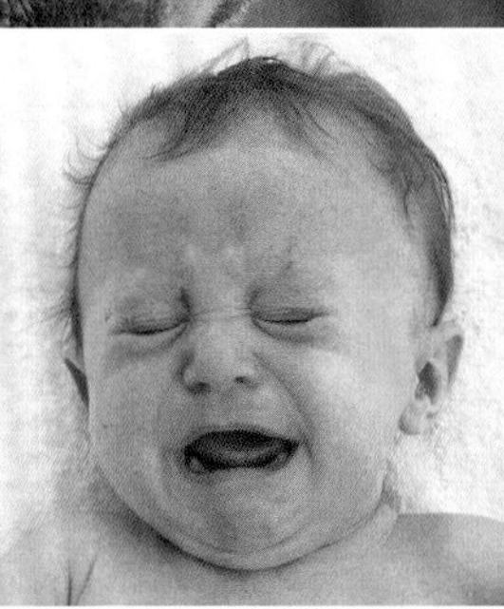

人类 20 ~ 20 000 赫

与许多哺乳动物相比，人类的听力范围比较狭窄。我们擅长听较低音调的声音，并不擅长听高音调的声音。和所有哺乳动物一样的是，我们的听力随着生长会发生变化，婴儿期和儿童期具有非常敏锐的听觉，但在生命后期，高音调的声音就更难听到了。

大象 16 ~ 12 000 赫

大象是通过号音相互沟通的，它们也能够发出很低的隆隆声，这些声音特别低，我们听不到，但 4 千米外的其他大象都能听到这些次声。大象听不到很高音调的声音，如鸟鸣声和昆虫的吱吱声。

嗅觉、味觉和触觉

对于人类，嗅觉的能力比视觉和听觉都次要一些，但对于狼和其他肉食动物，嗅觉是最重要的感官，它能够引领一匹狼穿过广阔的雪地找到它的猎物。它也可以作为确认身份的标志和动物觅偶的信号。与嗅觉不同，味觉和触觉的功能非常均等，哺乳动物用味觉确定食物是否食用安全，而用触觉去判断宽度、找到食物以及保持种群中的等级划分。

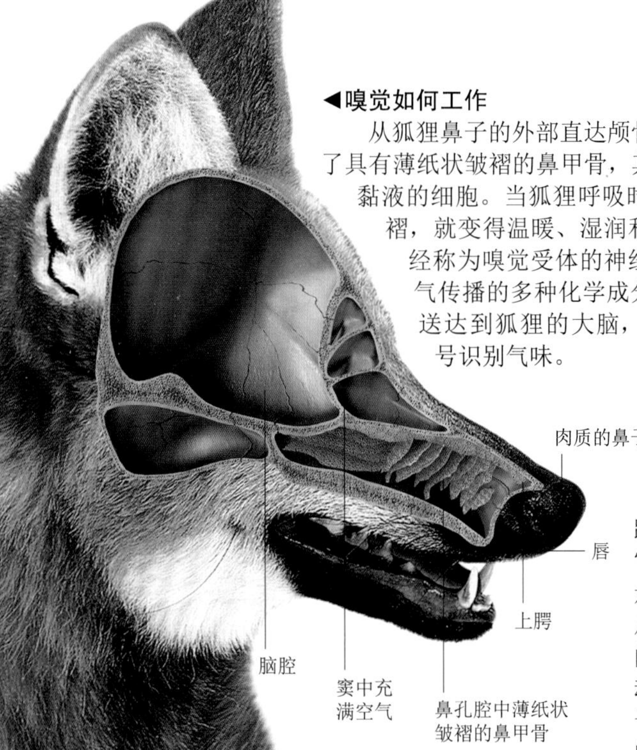

◀嗅觉如何工作

从狐狸鼻子的外部直达颅骨内腔，这个腔充满了具有薄纸状皱褶的鼻甲骨，其上覆盖着大量带有黏液的细胞。当狐狸呼吸时，空气流经这些皱褶，就变得温暖、湿润和清洁。然后空气流经称为嗅觉受体的神经，在这里探测到空气传播的多种化学成分，受体将这些信号送达到狐狸的大脑，狐狸就是用这些信号识别气味。

追踪▶

对于狼来讲，气味追踪可以提供丰富的信息，它告诉狼猎物去了哪里、行走速度有多快以及多久之前从这里经过。通过嗅一个动物的尿液，它们通常能确定这个动物的性别和身体健康状况。对于狼来说，健康状况不好是很好的信号，因为这意味着它们有更大的机会追赶上它们的猎物。

哺乳动物的鼻子

星状鼻子的鼹鼠

大多数鼹鼠都有尖尖的鼻子，但图中这只北美种却在它的鼻孔周围有一圈肉质的触手，共22只。它以蠕虫和昆虫为食。与其他的鼹鼠相比，它的嗅觉并不发达，但触觉却十分灵敏。

短鼻针鼹

这只卵生哺乳动物也属于针鼹。它有个像铅笔一样的鼻子，以白蚁、蚂蚁和蠕虫为食，主要靠嗅觉寻觅食物。针鼹也是用嗅觉探路和感知危险的。它们的眼睛很小，视力较差。

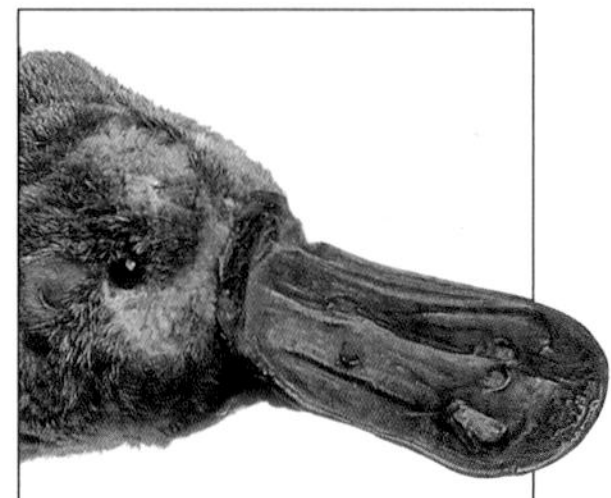

鸭嘴兽

鸭嘴兽的嘴是在泥潭中找食物的极好工具。它具有非常敏锐的触觉，但也可以感知周围活的动物发出的微弱的电场，这种电场感应使鸭嘴兽能够准确定位在池塘和溪流底部隐藏的动物。

舌头和味蕾

人类能够感知几十种不同的味道，但我们只有五种基础味：甜味、酸味、咸味、苦味和鲜味，我们在吃东西时，这些觉通过舌头表面的味蕾感知并将信号传递给大脑。科学家们前认为，舌头的不同部分专攻不同的味觉，但现在认为，舌、口腔、喉咙和肺部的味蕾都能感知五种味道。

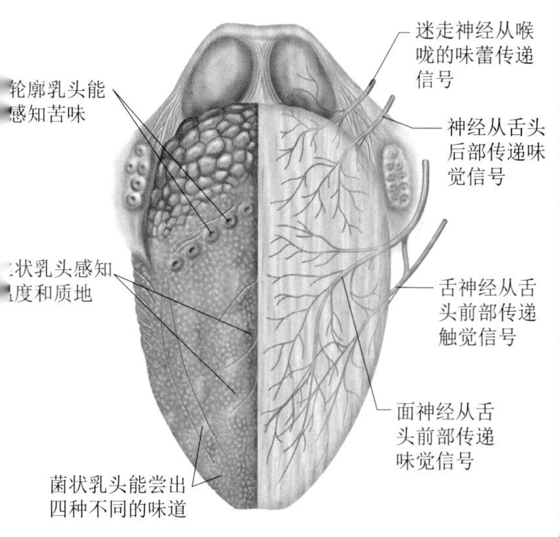
轮廓乳头能
感知苦味
状乳头感知
度和质地
菌状乳头能尝出
四种不同的味道
迷走神经从喉
咙的味蕾传递
信号
神经从舌头
后部传递味
觉信号
舌神经从舌
头前部传递
触觉信号
面神经从舌
头前部传递
味觉信号

清洁▶

肉食动物，如狮子，猎杀和吞食新鲜生肉，无须咀嚼，大块吞咽。因此，大家认为它们的味觉很差。有蹄动物（食草动物）有时需要长时间咀嚼它们的食物，大家都认为它们的味觉很好。驯养的马有一口可爱的牙齿——它们喜欢胡萝卜和薄荷，但它们在野生环境下就无法用餐了。

长舌用于进餐后清洗口鼻部

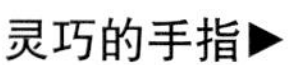

灵巧的手指▶

浣熊觅食时，经常用爪子捡食物，它的爪子和人类的手指一样，包裹着大量压力敏感神经，适合抓握。与嗅觉和味觉不同，触觉关系到哺乳动物的整个身体。某些身体部分，如胡须，具有高度敏感的触觉，有助于哺乳动物在狭窄的空间和天黑后活动。

尾巴用于爬行
时保持平衡
长而敏感的
胡须
鼻子有敏
锐的嗅觉
浣熊的爪子有高
度敏锐的触觉

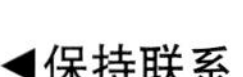

◀保持联系

图中这两头小象正头对头地玩耍消磨时间。当哺乳动物出生后，触觉通常成为它们最重要的感觉，并且在一生中都是非常重要的。小象经常用鼻子触摸彼此，而母亲会用鼻子将它们的孩子引领到种群的安全地带。成年的灵长类经常修饰彼此，这种触摸的形式有助于显示动物在社会群体中的等级关系。

进食

食物可以转化成能量，能够用来维持哺乳动物的身体功能。骆驼能不吃食物而走很多天，因为它可以在驼峰中储存脂肪，但最小的哺乳动物，如鼩鼠，不得不总是在吃东西来维持生存。许多哺乳动物已经成为饮食专家。植食动物吃植物，肉食哺乳动物以其他动物为食。最不挑剔的食者是杂食动物、伺机性动物和食腐动物，它们的食物范围很广，活的或死的都能吃。

以水果为食▶

这是一只日本短尾猿，正在吃某种水果。短尾猿主要以植物为食，它们通过传播种子来帮助繁衍树木，种子在它们的粪便中或是被夹杂在它们的毛皮中。但是，和大多数灵长类一样，它们也尝试其他的食物。所有的短尾猿在树丛间穿梭时吃昆虫和鸟蛋。在东南亚，短尾猿也在海岸活动，抓螃蟹和其他被潮汐搁浅的动物。

◀以叶子为食

考拉是哺乳动物中具有最特殊饮食的动物之一。它吃桉树坚韧的叶子，每天要用力咀嚼大约500克。很少再有其他植食者去碰这些叶子，因为桉树叶含有一种具有浓烈气味的油，但考拉的消化系统特别适合分解它们。这种食物含有的蛋白和能量都很低，为了弥补能量摄入不足，考拉行动缓慢并且一生中睡觉时间长达所有时间的4/5。

长舌和尖吻能够探进花深部

以花蜜为食▶

图中这只小蜜鼠以花朵中的花蜜和花粉为食，花蜜为它提供能量和水分，而花粉为它提供所需要的蛋白。蛋白质对雌性动物非常重要，因为它们需要给下一代喂奶。这种饮食方式仅可能存在于一年四季都有植物开花的地方。小蜜鼠的生活环境中有许多种灌木，每月任何时间都有许多花开放。

▲食物网

哺乳动物通过它们的食物和其他生物之间相互作用。在上图中的例子显示的是北极苔原地区的简单食物链（这里一种动物吃一种植物或另外一种动物），由于动物食物的多样性，食物链连接成了食物网。仅有称为初级生产者的植物能够利用太阳光制造食物。植物被草食动物（初级消费者）吃掉，草食动物转过来又被肉食动物猎杀和消费掉。每种生物机体最终都会死亡，然后被分解者分解。

▲寄生的哺乳动物

在黑暗的笼罩下，这只吸血蝙蝠已经叮咬进牛的皮肤里，正吮吸着它的血液。对于吸血蝙蝠，血液是非常好的食物，它含有众多营养物质以及充足的水分。吸血蝙蝠属于皮外寄生物，这意味着它们依靠另一种动物生活，通过损害宿主使自己受益。吸血蝙蝠是唯一寄生性哺乳动物。

◀滤食者

驼背鲸张开巨大的嘴巴，吃下了一群鲱鱼。与其他的须鲸一样，这个巨大的哺乳动物从海水中过滤食物，这种用餐方式非常有效，它使一头鲸鱼能够一次性捕捉大量的食物。

凿工匠和啮齿动物

啮齿动物占世界所有哺乳动物的 40%。它们广布于南极洲以外的每一个地方，并且适应城市的生活，数目大量增长，被认为是有害物种。小的啮齿类通常繁殖速度很快，并有很大的巢穴，所以它们的数目增长迅速。啮齿动物的门牙不断生长，弥补牙齿因挖凿和啃咬而受到的磨损。家兔和野兔也有门牙，它们不停地生长抵消草地硅土对牙齿的损耗。凿工匠和啮齿动物包括了许多非常出色的植食者和有害物种。

◀**兔类动物**

野兔、家兔和鼠兔组成哺乳动物的一个类群—— 兔类动物。兔类动物与啮齿动物非常相似，但它们的上颌有两对门牙，第二对门牙很小，钉子状，紧挨着较大的那对门牙后面。兔类动物是严格的食草动物，这点与许多啮齿动物不同，它们通常在天黑后空旷的地方饱餐一顿。

大门牙能够咬断树干

▲**砍伐树木**

经过一个小时或更久的艰苦劳动，图中这只河狸已经咬断了这棵树。河狸用树在溪流中修堤坝，建造人工湖，河狸生活在湖中央由树枝和木棍形成的中空的岛屿里，这很像个小木屋。进入小木屋的通道在水下，所以河狸来去都不容易被发现，并且在冬天湖水结冰时，它们也能获取在水中储存的食物。

自身磨尖的牙齿

兔类动物和啮齿类动物用它们的前牙齿或门牙咀嚼。与人类的门牙不同，它们的门牙弯曲且一直生长。门牙的前表面由坚硬的釉质组成，但其纵面是由一层软的称为齿质的材料组成。当它们啃咬时，门牙在一起摩擦，这样可以使其保持锋利。它们的咀嚼牙齿或磨牙位于颌的后方，为它们提供强有力的咬劲。

家兔颅骨
上颌具有两个大门牙和后面的两个小门牙
河狸颅骨
门牙长度可达3 厘米以上
在门牙和磨牙之间有大裂缝或牙间隙

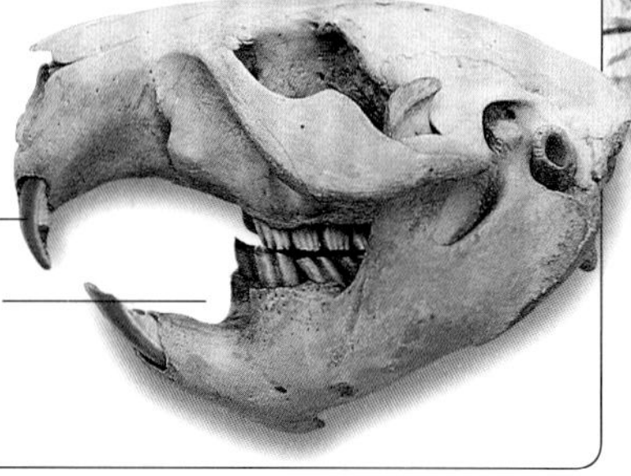

消化食物

叶子类食物很难消化，主要原因是它含有一种哺乳动物无法消化的粗糙物质——纤维素。啮齿动物和兔类动物的盲肠中含有特殊的微生物，当食进入盲肠后，这种微生物能够分解纤维素，将其转换成动物都能消化的纤素酶。家兔和野兔经常吃自己的排泄物，通过第二次消化吸收，获得更多量和营养。

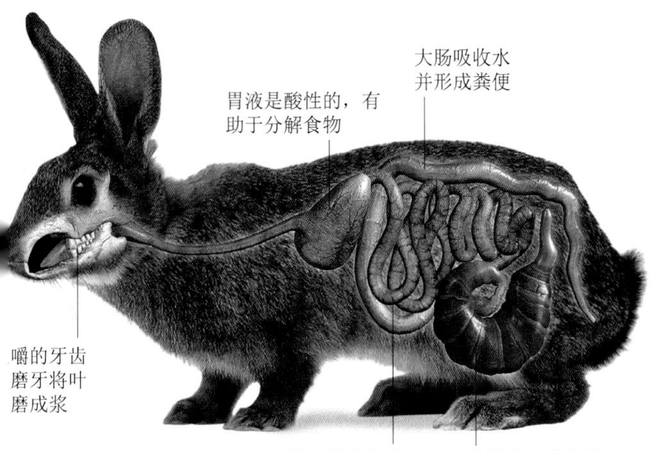
大肠吸收水
并形成粪便
胃液是酸性的，有
助于分解食物
嚼的牙齿
磨牙将叶
磨成浆

小肠吸收食物中
的一些营养物质
盲肠含有微生物
可以分解纤维素

巴用于在岩
地面跳跃时
持平衡

◀生存的艰苦时光

蒙古沙鼠来自亚洲中部的沙漠地带，那里夏天干旱炎热，冬天寒冷。为了在这种环境中存活，野生的沙鼠生活在洞穴中，通常在地下储存粮食。每只沙鼠家族需要 10 千克以上的种子作为它们几个月的食物。和许多沙漠啮齿动物一样，沙鼠可以从食物中获取水分，所以它们可以在干旱的环境下生活。

大眼睛在微弱
的光线下仍能
视物

利齿可以咬破坚
果坚硬的外壳

灵巧的爪子▶

这只灰色的松鼠正蹲坐着，用前爪握着一个坚果吃。在吃松球果时，松鼠的爪子甚至更加灵敏，它一边用爪子转动球果，一边用牙齿撕掉坚硬的外皮，吃到种子。许多其他啮齿动物也有灵巧的手指，从奔跑、攀爬到刷饰自己的皮毛，所有的事情都可以用爪子完成。挖洞时，它们通常也用牙齿。

爪子捡
起谷粒

适应性强的啮齿动物▶

无论在城市还是乡间，家鼠都能够适应和人类一起生活，这使它们成为最广泛分布的啮齿动物之一。老鼠能够在人类身边生活，偷吃粮食，有时传播疾病。它们也非常聪明，能够学会辨别、不吃有毒的食物，这使它们的数量多到很难控制。并不是所有啮齿动物都这么成功，某些物种，如南美洲的灰鼠，已经濒临灭绝，因为人们为了肉和皮毛大量地猎杀它们。

运输食物

装载

金仓鼠爪子很小但却是个搬运高手，它有一对弹性的可充填的颊囊，像个储物袋。图中，一只仓鼠发现了一堆坚果，它用牙齿和爪子开始收集食物，然后带回家。

回到洞穴

仓鼠的颊囊可以大至肩膀，因为它具有弹性，可以不断伸展，所以仓鼠可以携带很多坚果前行。尽管它的颊囊已经满了，但它的爪子仍然空闲着，所以它能够和没有食物时一样地活动，仓鼠装载着货物径直返回洞穴中。

卸载

为了卸下食物，仓鼠收紧它的颊囊并用爪子挤压它们。袋子空了之后，它就开始在储存室里安置食物，然后再转身去收集更多食物。搬运更大体积的食物，如根和茎时，仓鼠通常改用门牙。

食草动物和食叶动物

许多哺乳动物是植食性的，但有蹄哺乳动物才是这种生活方式的专家，在大小上，它们的范围从小鼠鹿（比兔子小）至坦克般的白犀牛（重达 3.5 吨以上）。这些食草动物和吃嫩叶的动物，如斑马和羚羊，在草原上形成壮观的种群；牛、绵羊、山羊和猪则属于农田动物。这些动物中的大多数都是奔跑强将，有着长长的腿和坚实的蹄。所有这些动物的牙齿和消化系统都比较特殊，这有利于它们处理食物。

▲食草动物

食草动物如斑马几乎完全以草为食，斑马两颊的牙齿能够不断生长，因为它们吃的老且干的草太过粗糙会磨损它们的牙齿。其他的食草动物如非洲大羚羊就在斑马周围生活，但它主要吃嫩草苗，这样它们就不会跟斑马竞争食物了。

▲食叶动物

食叶动物主要吃灌木和乔木的叶子，它们包括山羊、鹿、某些羚羊和最高的食叶动物——长颈鹿。长颈鹿站着有 5 米高，用能够防刺的唇和长长的舌头够叶子吃。其他的动物够食物的方法都不相同，黑犀牛具有活动的钩状唇，能够采集嫩叶；长颈羚是羚羊的一种，它能只靠后腿站立去够叶子吃。

棕色的外衣在干旱的草原可以提供保护

奔跑着的生命▲

图中的雄高角羚正在驱逐侵入它领地的竞争者，转弯时身体倾斜着。这些优美的羚羊生活在草原和开阔的树林里，它们在一年的不同时间食性在吃草和食叶之间转换。和大多数羚羊一样，高角羚群居生活，有着精细的社会行为。雄性在一年中的大多数时间都可随便混合生活，但在繁殖季节，它们彼此争斗（攻击）。

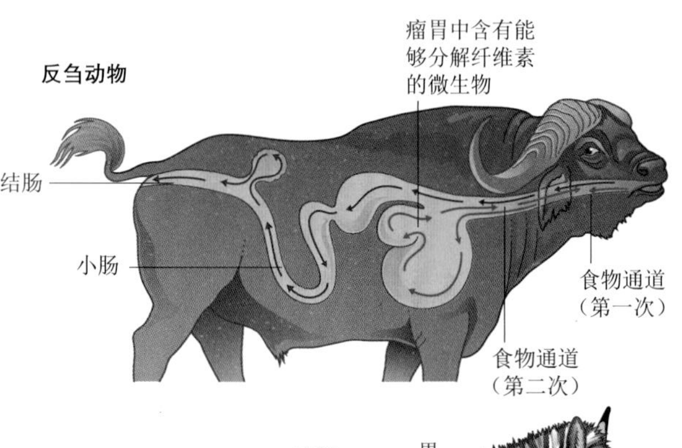

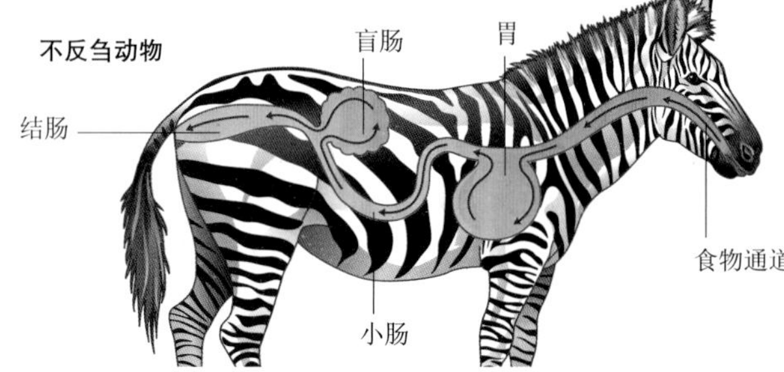

▲消化系统

有蹄类哺乳动物为了分解植物性食物，演化出两种不同的消化系统。反刍动物如野牛和鹿具有四个胃室，最大的一个室称为瘤胃，里面的微生物可以分解草。分解之后，这种动物可以将食物返回，重新咀嚼，然后再通过其他的消化系统。不反刍的动物具有相对简单且效率较低的消化系统，它们的微生物存在于盲肠中。

食物和进食

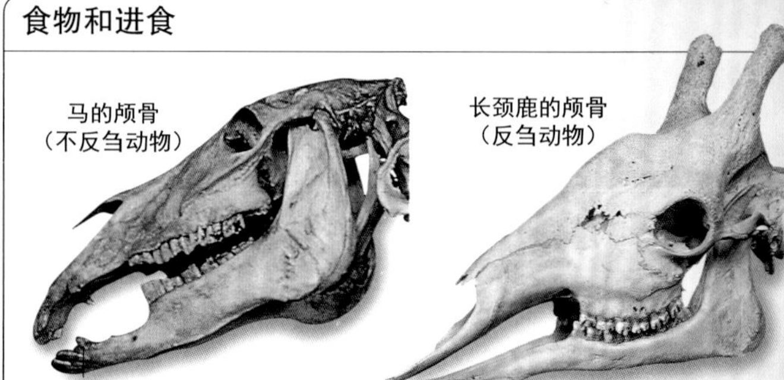

马和斑马用门牙咬断并收集青草，然后用舌头将食物移至口腔后部，这里的两排有皱褶的磨牙将其磨碎，反刍动物缺少上门牙，用它们的唇和舌头采集食物，然后将它们啃掉或扯断。当咬东西时，它们的下门牙按压上颌处的硬垫，以代替按压其他牙齿，这可以使它们剪断叶子。

只有雄性高角羚有角
蓬松的毛有助于保持身体热量
鹿角从颅骨顶部的骨质垫上长出
较老的鹿拥有较大的鹿角
长而细的腿的末端是窄窄的带趾的蹄

▲驼类家族

小羊驼具有厚重的皮毛，能够生活在夜间极其寒冷的安第斯山脉。它们属于驼类家族成员，驼类家族是有蹄哺乳动物的一个小分支，包括羊驼和骆驼本身。这些动物具有适应恶劣环境的特征，小羊驼生活在海拔 4800 米地区，这里空气稀薄，大多数哺乳动物都无法正常呼吸。骆驼可以生活在白天温度高达 50℃，夜间温度低至 -10℃的地区。

▼鹿角和牛羊角

在繁殖季节的高峰期，成年雄鹿具有引人注目的鹿角，用于向它们的竞争者展示。鹿角是由坚固的骨头组成，每年都会重新生长。在繁殖季节的末期，它们脱落，几乎是同时，一对新的鹿角开始出现。与鹿角不同，牛羊角持续整个生命，它们由骨作为中心核，外面覆盖角蛋白（和形成蹄子和毛相同的坚硬物质）鞘，具有这种角的动物比如牛和羚羊。

奇数和偶数趾

第四脚趾够不着地面
三个承重的脚趾
唯一的脚趾（第三个）
细长的腿骨
两个趾和窄窄的蹄
貘前腿
马前腿
羚羊的前腿

对于有蹄类动物，速度非常重要。这类动物用蹄子取代爪子，并具有坚硬防震的趾甲，使它们能够在地面上飞奔。

大多数有蹄类动物都具有偶数趾。例如，猪有四趾，而鹿、羚羊、牛有两趾，这些哺乳动物统称为偶蹄动物。称为奇蹄动物的种群数相对较少，它们有奇数个脚趾，如貘、犀牛和马。貘有三个有功能的趾，马仅有一趾。

食虫动物

对于很多哺乳动物，无脊椎动物是非常重要的食物来源。蝙蝠通过飞行捕捉昆虫，而称为食虫动物的哺乳类则在地表或地上捕捉它们。食虫动物包括刺猬、鼩鼠、鼹鼠、沟齿鼠和马岛猬，大多数善于用嗅觉和触觉寻找无脊椎动物。食虫动物通常都很小，最大的食虫哺乳动物是土豚和食蚁兽，它们可跟一个成人重量相当。它们喜欢挑战，每天要吞食数千只蚂蚁或白蚁。

▲夜晚巡逻

图中这只小刺猬正用它敏锐的鼻子追踪一个鼻涕虫。和许多食虫动物一样，刺猬对它的食物从不急躁。它们吃所有小动物，从鼻涕虫、蜗牛到蚯蚓、甲虫，它们还搜寻巢穴，偷吃卵。刺猬用覆盖在头部和背部的尖刺保护自己，遇到威胁时，它们就会将刺竖起，然后卷成一个紧紧的球，将腹部和腿保护起来。

食虫动物的牙齿

食虫动物来自哺乳动物世界的几个不同分支，它们的牙齿和颅骨的形状一部分源自其祖先，一部分依赖饮食习惯。真正的食虫动物如鼩鼠和刺猬，它们的牙齿小且尖锐，它们的猎物几乎和它们一样大，所以需要用牙齿将猎物撕开、切割。大型食虫动物如土豚经常有简单的钉状牙齿或没有牙齿，它们以小的白蚁或蚂蚁为食，通常将其整个吞下。长喙针鼹鼠是单孔目动物，食虫，没有牙齿，但可用嘴后部的硬板将食物磨碎。

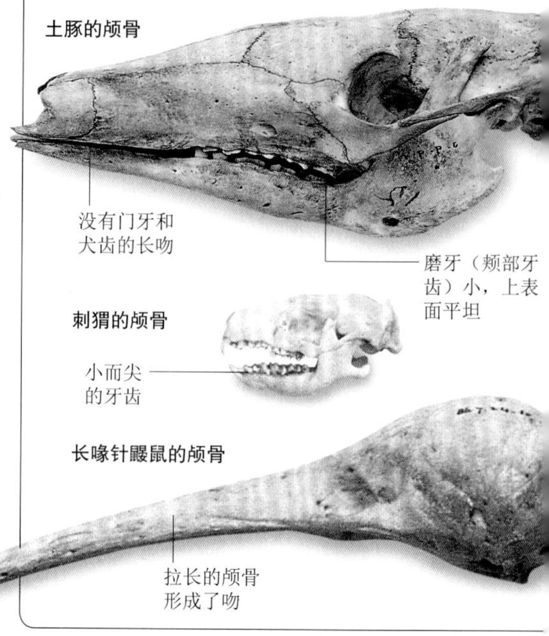

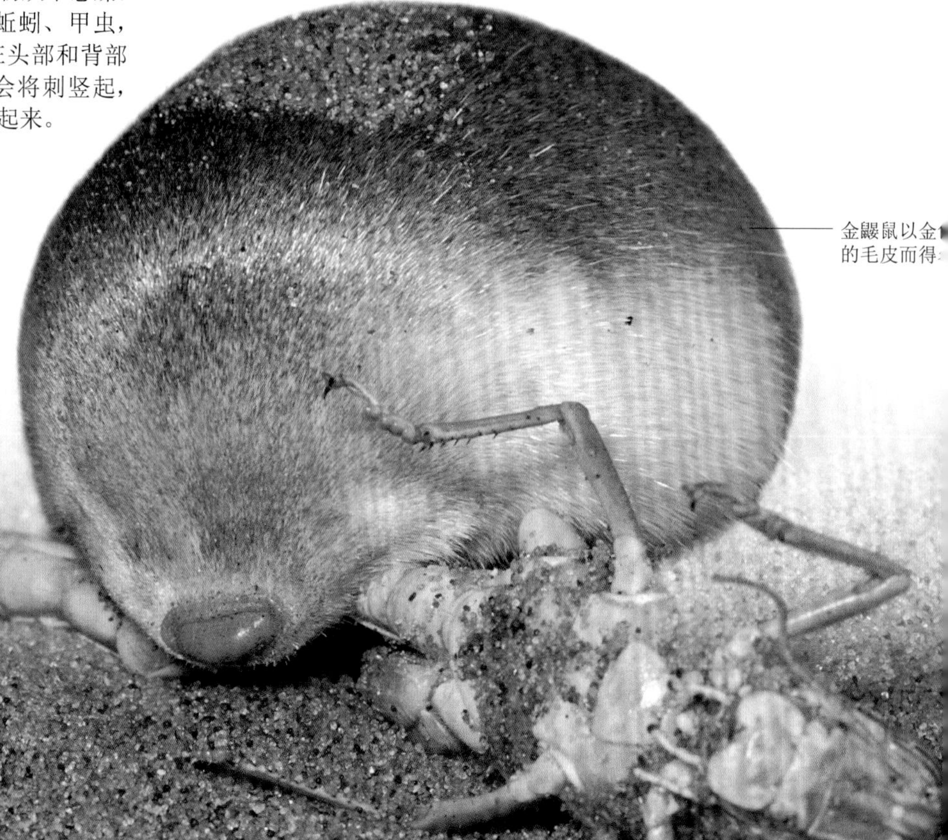

从下面袭击▶

图中这只格兰特氏金鼹鼠已经成功偷袭了一只蝗虫，正开始它的美餐。金鼹鼠生活在沙漠中，可以在沙土间“游动”。它们通常吃白蚁，但如果发现在地面活动的大型昆虫，就会从下面偷袭昆虫。金鼹鼠的眼睛很小，被皮肤覆盖着，其前腿很强壮，具有足状的爪。它们的毛皮有金属光泽，由此得名。

地食虫动物

沟齿鼠

沟齿鼠是很特殊的食虫动物，仅生活在古巴岛屿和伊斯帕尼奥拉岛。它们和猫大小相当，具有软且有弹性的吻，能够顺利探入缝隙中或在落叶间搜索。沟齿鼠具有很好的攀爬能力，唾液有毒，有助于它们捕杀猎物。

马岛猬

30 种马岛猬都分布在非洲和马达加斯加岛，和沟齿鼠一样，大多数生活在热带森林中，在地面觅食。马岛猬的身体紧凑，吻部较长，毛皮粗糙，有时还有尖刺散布其中。图示是有条纹的马岛猬，具有长达 3 厘米的刺。

土豚

非洲土豚重达 65 千克，是完全依靠昆虫生活的最重的哺乳动物，也是世界最快掘地兽之一，它有大大的耳朵和像猪一样的鼻子，强有力的前爪可破碎蚁丘，长舌每次可卷入数百只昆虫。

寻找食物▶

图中一个大食蚁兽用它的吻伸进一个空原木中，来回摇动舌头，舔起它的食物。这个魁梧的南美动物是最大的食虫哺乳动物之一，算上浓密的尾巴有 2 米长，它是白天活动的少数食虫动物之一。大食蚁兽很擅长于自身防御，遇到麻烦时会快速逃走，但如果陷入困境时，可以用后腿猛跳，用前爪抽打。

食蚁兽听力很好，但视力较差

厚厚的毛皮可保护食蚁兽免受咬刺之伤

长舌能够快速伸缩，频率为每分钟 150 次

前爪尖锐，因为食蚁兽靠指节行走

◀麝香鼠的游泳

大多数食虫动物生活在陆地。图中的俄罗斯麝香鼠是个特例，它们可以潜进池塘和溪流中觅食。俄罗斯麝香鼠是食虫动物，与鼹鼠亲缘关系最近，但它们的脚具有蹼，尾巴扁平，具有舵的作用。大多数物种以水栖昆虫、蠕虫和蜗牛为食，但俄罗斯麝香鼠也吃蛙和鱼，生活在水边洞穴里，在夜间出来觅食。

食肉动物

食肉动物是指吃肉的所有动物，哺乳动物世界里有广泛多样的猎手，如有袋动物、海豹和鲸。但是食肉目这一类群中包括了最有名的大约 250 种猎手，如鼬鼠、猫、狗、狐狸和最大的陆地食肉动物——熊。这些食肉动物捕猎方式各异，某些动物独自打猎，而另一些则群体作战。但所有动物都具有特化的像剪刀一样的颊部牙齿，可以把肉撕裂、把骨头咬断。

▲食肉动物的感觉

狸猫具有敏锐的听觉、敏感的鼻子和大大的眼睛，这些好装备使它在黑暗处仍能够发现小动物。它大多数时间待在树上，在这里猎捕其他哺乳动物或栖息的鸟类。和许多食肉动物一样，狸猫捕猎隐蔽，需要利用敏锐的感觉悄悄靠近猎物。一旦距离恰当，狸猫就能发动突然袭击。

带斑点的皮肤为美洲豹在树间生活提供很好的伪装

◀储存食物

图中的这只美洲豹杀死一只羚羊后，将尸体拖到树上。这是一个精彩的力量技艺，也是一种防止食腐动物偷吃的好方法。许多小型食肉动物如狐狸，一般采取埋藏的方法储存食物。这种储藏食物的行为保证它们在猎物缺乏时仍有东西食用。

海豹尖锐的犬齿可刺伤和抓捕它们的猎物

◀水下杀手

被豹形海豹抓住后，阿德利企鹅很难逃脱。豹形海豹是个可怕的猎手，具有可刺穿猎物的犬齿，并用此抓捕企鹅甚至其他的海豹，然后将它们的肉大块吞下。海豹与陆地食肉动物的亲缘关系很近，尽管它们的外形、生活习性与陆地捕猎的哺乳动物有很大差别，但许多科学家仍将它们归入食肉哺乳动物的范畴。

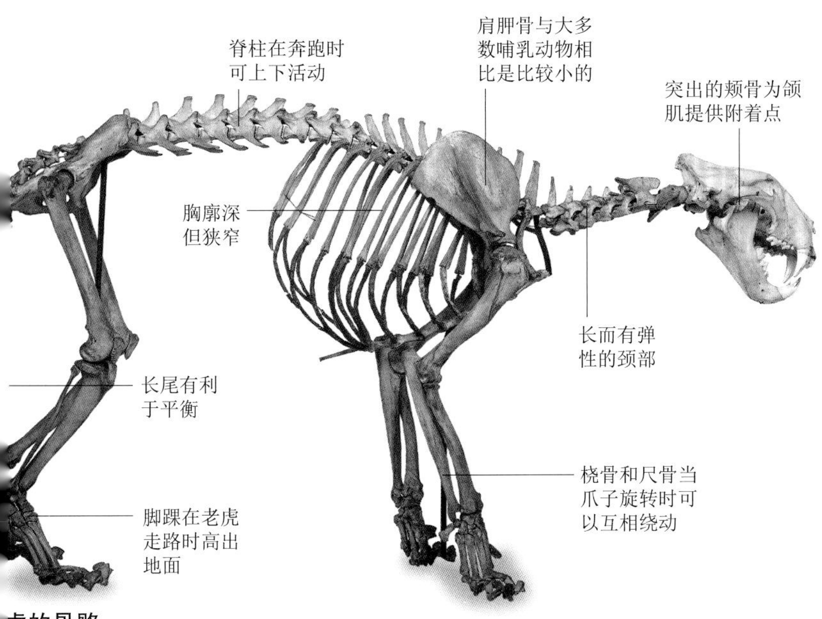

虎的骨骼

除了熊之外的大多数食肉动物都具有灵活性和能加速的骨骼。上图中是虎的骨骼，柔软的脊柱连接起长长的四肢，使其具有超大的步伐。老虎的肢肘下部能够旋转，这个旋转动作对在奔跑时（例如，当它正在追赶猎物）改变方向非常重要。熊用脚掌走路，但包括老虎在内的很多食肉动物都趾尖走路。

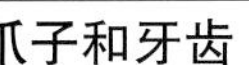

爪子和牙齿

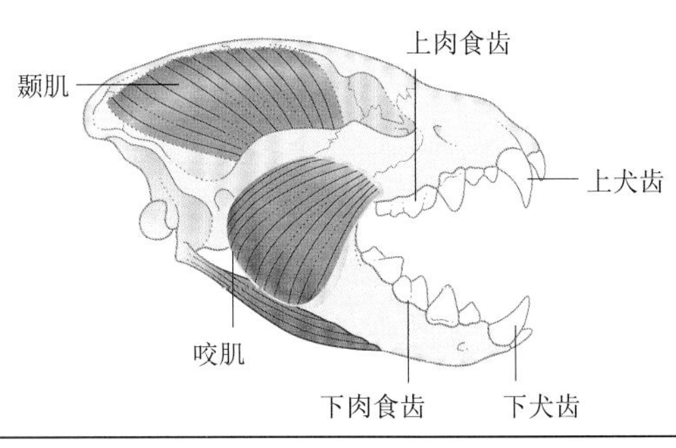

大多数食肉动物都可以张开宽大的嘴巴，给猎物致命的一击。犬齿位于颌前部，可以刺进猎物体内，抓住它或彻底杀死它。猎物死后，肉食齿开始发挥作用，上下肉食齿在颌关闭后彼此滑动，将肉撕成易处理的碎片。食肉动物后咬力来自两对肌肉——颞肌和咬肌，它们都附着在颌部。

捕猎技术

独自狙击者

老虎通常独自狩猎，依靠秘密伪装，趁猎物不注意时抓住它们。尽管老虎身材魁梧（较大的老虎可重达300千克），但这些特殊的强大捕食者都是近距离发起攻击的，而不是奔跑追赶它们的猎物。老虎捕杀猎物时能够跳起10米，依靠从上而下的冲击力扑撞猎物。

准确的猛扑

这只小狐狸正四脚腾空，扑杀躲在草丛中的啮齿动物。狐狸和生活在开阔环境或雪地里的小型动物习惯采用这种捕猎方法。在发起猛扑之前，猎手通常仔细聆听周围的声音，准确定位猎物的位置。狐狸能够捕杀的猎物多样，如鸟、小型哺乳动物和蠕虫。

水中捕猎

大型猫科动物通常都喜欢生活在水边，经常在水中和湿地觅食，捕抓水豚等啮齿动物、蛇、猴、鹿、鳄和鱼等。美洲虎也吃河里的龟，并用尖尖的犬齿刺破壳，然后用爪子撕开它们。

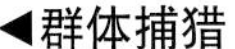

◀群体捕猎

最后再介绍一个很成功的捕猎方法，图中这些非洲野狗将一只非洲羚羊包围起来，即将把它拽倒。群体狩猎可以捕到比自己身体大许多倍的动物。非洲野狗是不知疲劳的奔跑者，它们追击猎物的速度可达50千米/时，直至感觉疲惫后才会减慢速度。狼也用同样的方法捕猎，但是狮群一般会悄悄靠近猎物，然后再发起猛攻。

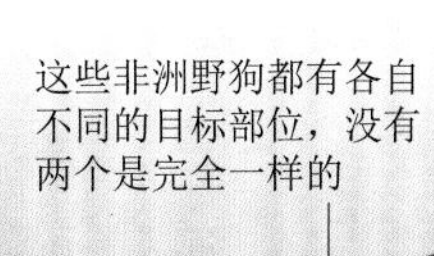

这些非洲野狗都有各自
不同的目标部位，没有
两个是完全一样的

防御

自然世界是一个危险的地方。捕食者遍地都是，可能在任何时间发起攻击。一旦发现危险，很多哺乳动物采取快速逃跑的方式，还有一些停留在那里，靠它们的伪装使其不容易被发现。但是有些哺乳动物的反应很特别，它们既不逃跑也不隐藏，而是靠特殊的防御机制保护自己，如盔甲、刺、臭液。这些防御措施并不总是很有效，因为捕食者也有很好的应对措施，但是这些防御措施依然为哺乳动物提供了一个很好的逃生机会。

▲盔甲外壳

图中这只三带犰狳有一层坚硬的外壳，它覆盖在背部和头、尾的表层。当遇到危险时，它就卷成一个球，将柔软的腹部隐藏起来，当危险过去之后再恢复。成年犰狳的这种方法运用较好，因为它们的外壳又厚又硬，但是，年幼的犰狳外壳较软，容易遭到攻击。

弓起的背部使猫看起来更大
猫露出牙齿并大声嘶叫

▲凶险的外表

当野猫被捕食者逼入绝境时，它就会使自己看起来尽可能又大又凶险。它朝攻击者站着，露出牙齿，弓起背，只要敌人活动，它就大声地嘶叫。这种做法没有错：如果它受到攻击，就尽可能凶狠地还击。家猫也使用同样的防御机制，这可以阻止狗的跟踪。

梢尖而中空的刺

带刺的外衣▶

豪猪一身尖锐的刺，能够防御大多数坚定的捕食者，如豹和狮子。如果遇到危险，豪猪就竖起刺，然后快速将自己武装起来，警告敌人不要靠近。如果这种方法失败了，豪猪就采取攻击的方式，将它的背转向袭击者，突然反转，将刺扎进敌人皮肤，这种刺是很容易脱落的，这使捕食者遍体是伤。

▲完全伪装

图中这只雌性大旋角羚羊身披条纹棕色外衣，完美地混杂在周围干燥的灌木丛林中。大旋角羚羊属于非洲最大的羚羊，但它们秘密的生活习性和伪装使它们很难被发现。和许多羚羊一样，雌性在浓密的丛林中繁殖后代，幼仔在母亲外出觅食时待在隐蔽处，甚至当捕食者就在附近时，小羚羊蜷起身子，仍然可以隐蔽得很好。

▲自由的跳跃

当遭到狮子追击时，黑斑羚几乎可以腾空跃起，跳跃可达 3 米高，10 米远。这种爆发式的行动经常可以迷惑狮子，使黑斑羚成功逃脱。某些草原羚羊（如瞪羚）在遇到危险时，好像要更加引人注意，因为它们跳入空中时腿仍然保持僵直着，这种行为称为宣告警戒，这是在给它的种群一个警戒的信号，提醒它们逃离危险。

▲化学武器

斑纹臭鼬会给捕食者大量可视的信号，警告其不要攻击。如果仍然受到威胁，这只臭鼬将前腿站立作为最后的警告，如果警告仍然被忽视，臭鼬就会从尾巴下面的腺体中射出一股肮脏难闻的液体，正对敌人面部和眼睛。这种液体可引发皮肤强烈反应，近距离可引起暂时性的眼盲。这种气味可以滞留许多天，而且味道很强，以至于人类可以在顺风处 1 千米外就能闻到。自然界中有十种臭鼬，都具有黑白相间的斑纹，警告其他的动物不要靠近。

◀保持警惕

对于群居动物（如图中的黑尾牛羚）时刻保持警惕非常重要。像其他的食草动物一样，黑尾牛羚并不是看到捕食者就逃跑，而是让这只印度豹在视线范围之内，监视着任何进攻的迹象。印度豹是短距离的赛跑选手，一旦开始奔跑很快就会疲劳。黑尾牛羚很清楚这点，它们始终与印度豹保持安全的距离，给自己留出逃跑的关键几秒钟。因此，印度豹需要依靠突然袭击来抓住那些没有时刻保持警惕的猎物。

迁徙的鲑鱼为熊提供了高蛋白的盛宴

杂食动物和投机取巧者

植食性的猴子可以吃昆虫，肉食性的狼有时也啃植物。但对于杂食动物，吃各种各样的食物是日常生活的一部分。在哺乳动物世界里，杂食动物包括熊、猪、浣熊和狐狸，还有大多数人类。杂食动物随着季节改变它们的食谱，在全年不同时间里，有什么它们就吃什么。伺机性动物饮食也很多样，并且总是在寻找一顿饭。在城市和乡镇，到处可以找到被丢弃的食物残渣，这种生活方式比较适宜。

熊用牙齿撕开浆果

▲捕鱼旅行

图中这只阿拉斯加棕熊正把胸部深深埋在冰水里，抓捕迁移岛上繁殖的鲑鱼。在阿拉斯加，捕捉鲑鱼是熊每年非常重要的一部分工作。在夏初时期，几十只熊聚集在岩石较多地带，抓正跳向上游的鱼。棕熊很强壮，足可以杀死一匹马，尽管它体型庞大，但是肉类占不到它们食物的四分之一。秋季时候，熊能够不停地连续进食，吃进大量的浆果以增加即将冬眠时的体重。

▼寻找垃圾

图中这只红色狐狸正用后腿立起身体，窥视一个垃圾桶。在世界很多地方，如英国，红狐狸很适应城市生活，它们在街上巡逻，从黄昏到黎明，寻找别人丢弃的食物。在北美，浣熊也有相似的生活方式，与红狐狸不同的是，它们具有敏捷的攀爬技巧并且经常用爪子挑拣垃圾。

盖子被狐狸的嘴巴撬开

作为杂食动物的人类

早期人类以打猎和在野外采集野果为生。为此，他们必须不停地迁移，当果实丰收，即将采集时，就要准备搬去新的地方。但是，大约在10 000年前，人们开始驯养动物和种植植物作为食物。这就是农业的开始——一种改变世界面貌的新的生活方式。如今，大约40%的地球表面积用于农业种植，在某些区域，很难发现有空地开辟新农田。图中这些狭窄的梯田位于印尼陡峭的山坡上，用于种植水稻。

陌生的联盟▼

许多哺乳动物，从熊到人类，都喜欢吃蜂蜜。在非洲，蜜獾有追踪食物的非凡技能，它可以跟随一种称为蜂蜜指路者的鸟，这种鸟从树枝间飞过，一直引领到野生蜜蜂的巢穴处。一旦蜜獾来到巢边，它就会用爪子将其打开，美美地喝蜂蜜吃蜂蛹，而这种蜂蜜指路者可以分享到蜂蜡作为奖励。

蜜獾厚厚的毛皮可以防止被蜜蜂叮咬
蜜獾强壮的爪子可以杀死大于它身体几倍的动物

▲疯狂地吃食

老鼠是最厉害的伺机性动物。它们聪明灵活，善于凿挖地洞，破坏建筑物。它们有敏锐的嗅觉，并以此发现食物。图中展示的是一群黑老鼠，这是些能够传播疾病的、声名狼藉的家伙。黑老鼠主要生活在地下，主要以植物性食物为食。棕老鼠个头较大，饮食种类多样。它们都是适应能力很强的动物，能够生活在各种环境中，包括城市。

打扫残羹剩饭▼

图中两只斑点土狼正在分食一只羚羊的残余部分，两只豺正在旁边盯着。土狼既是猎手也是食腐动物，它的爪子非常有力，能够剥开兽皮，敲开骨头。与土狼相比，豺身材较小也更加胆小，它们通常在土狼的猎物前聚集，偷点能弄到的食物。在非洲的乡村地区，土狼和豺经常在夜间蹿入村庄，从废弃的垃圾中找寻能吃的东西。

在毛皮上的斑点随着土狼年龄增长而变小

前腿比后腿长

求偶和交配

哺乳动物有着强烈的交配欲望。不同物种运用特殊的叫声、气味和视觉信号吸引伴侣。一些动物用精心设计的求爱仪式征服对方谨慎的本性。繁殖方式是多种多样的。在温度适宜的季节，成年的雌性动物进入繁殖期，称为发情。繁殖期一般在每年的特定时期出现，这保证幼儿在食物充足时出生。而那些条件基本保持恒定的地区，哺乳动物可能在一年的任何时期繁殖。

脸部明亮的颜色表明这个雄性动物很健康并且也更容易吸引伴侣

昂首阔步的步态和侵略性的姿态警告它的雄性竞争对手们离远点

◀吸引伴侣

可视的信号和身体语言是近距离吸引配偶的有效方法。哺乳动物的很多物种，雄性个头更大、更引人注目。雄性狒狒比雌性身体的两倍还要大，脸部和屁股的毛发具有明亮颜色。研究表明，具有最亮颜色毛发的雄性最容易吸引配偶。一只具有统治地位的雄性狒狒能够统领大约有 20 只狒狒的复杂群体，并且它是群体内所有小狒狒的父亲。

▲战胜竞争者

雄性哺乳动物经常要与另一个
争雌性配偶。一些物种通过可视信
展示击退对手，但另一些则需要进
实质性战斗，图中这两只雄性长颈
正用脖子对抗，来判定谁更加强壮
这两个竞争者并排站着，将它们的
缠压在对方的颈部。

▲持久的结合

图中的小羚羊称为犬羚，这种
物是为数不多的雌雄永久配对的
种。大多数哺乳动物是和伴侣短暂
对后就分开。啮齿动物和许多其他
种都是混杂交配的，它们和许多伴
交配，完成后独自离去。

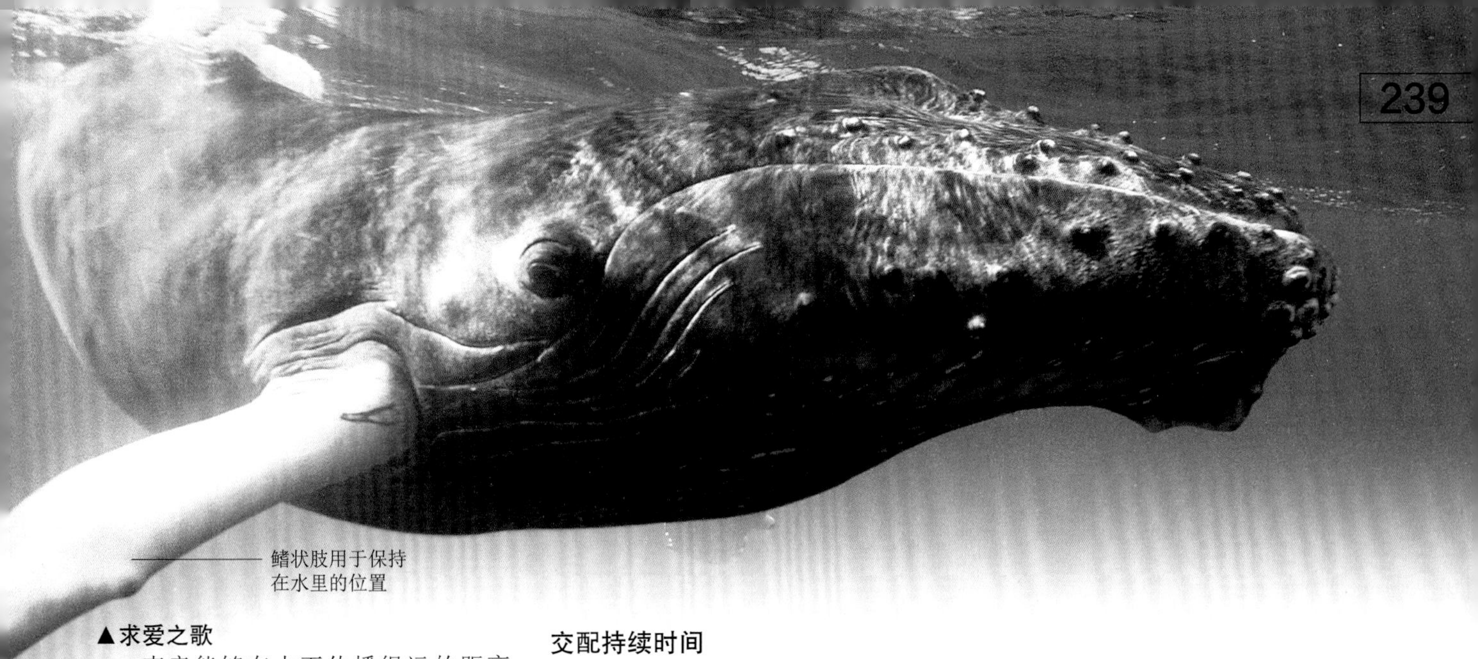

鳍状肢用于保持在水里的位置

▲求爱之歌

声音能够在水下传播很远的距离。海洋哺乳动物，如鲸，能够唱复杂的歌曲，在浩瀚的海洋中寻找配偶。驼背鲸就因为它美妙的歌声而扬名，它能够将许多不同的声音如尖叫声、叹息声和咆哮声汇合在一起。在繁殖季节（一般为冬天），驼背鲸从极地海洋至热带地区迁徙很长的旅程进行繁殖。

交配持续时间

短暂的相遇

哺乳动物受精是发生在雌性体内，在那里雄性精子和雌性卵子融合。然后受精卵发育成小哺乳动物。动物间用于交配的时间各不相同，持续仅仅几秒钟的物种有蹄兔（如图所示）和鲸。

长时间的交配

犀牛通常单独行动。每种动物都有其自己的小领地。雄性犀牛具有很强的领土占有意识，并且会驱赶其他的雄性犀牛。在繁殖季节，雄性犀牛会和进入它领地的雌性犀牛一起生活几周，它们一天交配几次，交配时间需要 30 分钟。

雌性的身体语言表明它愿意交配

◀某个季节的国王

雌狮群居生活，共同捕猎。这个群体也包括一两只雄狮，它们主要花费大多数时间巡逻和驱赶具有竞争性的雄狮。一个雄狮统治狮群的时间一般很难超过 2 年或 3 年，之后就会被更强壮的竞争者取代。当一个挑战者接管这个群体时，它会杀死所有前任狮王的幼仔，因为这样雌狮就不用再给原来的幼仔喂奶，而再次进入发情期。

雄性鼻子能够嗅出什么时候雌性进入发情期

胎盘哺乳动物

哺乳动物根据它产生下一代的方式可以分为三个类群。迄今为止，最大的类群是胎盘哺乳动物（或真兽亚纲动物），这类动物的幼仔可以在母亲的子宫内发育到基本成熟的时期。在子宫内，未出生的个体依靠一个称为胎盘的暂时器官获取养分。母亲为它的胎儿（未出生的幼仔）提供养料和氧气。出生前幼仔发育的时期称为妊娠。不同哺乳动物的妊娠期有很大的差别。

母亲的腹部随着胎儿长大而膨大

小猩猩在发育基本成熟后出生

脐带连接未出生的胎儿和胎盘

胎盘是一个暂时的、血液充足的器官，附着在子宫壁内

◀子宫内的发育

这个模式图展示了一个未出生的大猩猩在母亲子宫内的发育情况。受精之后，受精卵附着于子宫壁中，分裂多次后形成胎儿。胎儿的血液通过脐带传入胎盘组织，在这里和母亲的血液一起流动。营养物质和氧气从母亲传给胎儿，而二氧化碳和废物则沿着相反的途径传出。胎儿约 9 个月后出生。

出生时刻

用脚鼓励这只幼仔

第一次站起

▲生产

非洲象在哺乳动物中妊娠期最长，长达 22 个月。幼儿完全发育时，妈妈的子宫内强有力的肌肉开始有节律地收缩，将其从出生管中挤压下来。新出生的小幼仔躺在地面上，周围仍然被灰白的胎膜包裹着。

▲温和的轻推

雌性大象（母象）在一个群体的保护下安全地生产了，这个群体由许多雌象和它们的孩子组成。出生后不久，胎盘也从子宫内脱落并排出。其他有经验的雌象聚集过来，擦掉胎儿身上的胎膜（在子宫内用于包裹胎儿身体的保护性薄膜），它们也可能帮助母亲温和地把幼仔推到脚边。

▲发育很好的幼仔

新出生的非洲象重达 120 千克。出生后几分钟，它就能够站立起来，开始吮吸来自母亲前腿间奶头的乳汁。幼仔之后便和母亲待在一起，吮吸乳汁，直至将近两岁大、长出象牙。它将依赖母亲生活大约 10 年的时间。

子的数量

马（1）

产仔数（一次生产幼仔的数目）在胎盘哺乳动物间有很大的差异。通常情况，身材越大的物种妊娠时间越长，生产幼仔的数量越少。大多数马在妊娠11个半月后生产一个小马驹。

仓鼠（6～8）

小型哺乳动物，如啮齿类动物通常妊娠期较短，产仔数量较大型哺乳动物多。仓鼠是妊娠期最短的哺乳动物之一，只有15～16天。大多数仓鼠产子数在6～8个。

狗（3～8）

狗，如拉布拉多母犬每次交配后63天左右产仔3～10只。家狗由狼进化而来，在相同长度的妊娠期后产仔数量也相似。非洲猎犬具有高达16只的最大产仔量。

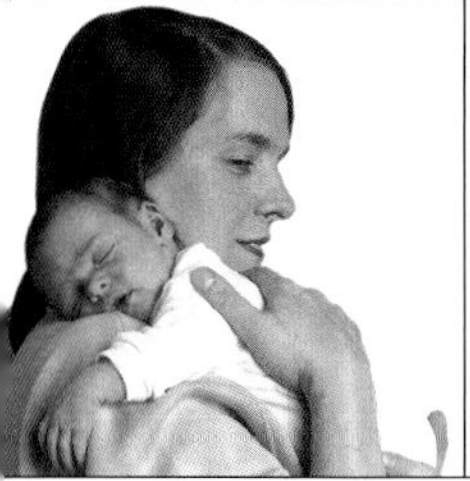

人类（1～4）

人类妊娠平均持续267天，之后母亲通常产出一个孩子，双胞胎、三胞胎甚至四胞胎都很稀少。人类花费比其他任何哺乳动物都多的时间养育下一代，并且人类的孩子长大的时间也是最长的。

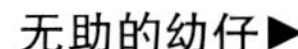

无助的幼仔▶

与有袋哺乳动物和单孔目动物相比，所有胎盘哺乳动物的幼仔都在发育成熟后出生。但是，不同新生儿的成熟程度不同。大鼠、小鼠和这些兔子的新生儿都缺少皮毛，并且相当无助，这些幼仔不能看、不能听或不能站，完全依赖母亲，母亲在它们吃奶时给它们温暖。小兔子长得很快，在3个月大时就可以吃草了。

◀独立的幼仔

大型有蹄类哺乳动物，如这些黑尾牛羚，在相当长的妊娠期（8个半月）后产仔。新生儿已经发育很成熟，眼睛和耳朵都打开了，并有一身保护性的毛发。在开阔的非洲草原，幼仔被捕食的危险很大，但它能够在出生后仅仅3～5分钟内挣扎着站起来。一个半小时后，它就可以跟上种群，安全地前行。

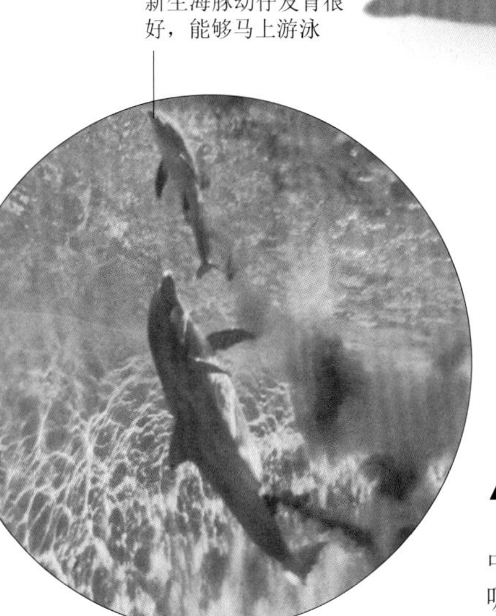
新生海豚幼仔发育很好，能够马上游泳
小海豚刚露出尾巴

▲海洋哺乳动物的生产

在海洋哺乳动物中，海豹在陆地或冰上养育子女，但是鲸、海豚、海牛和儒艮在水中生产。雌性海豚（如上图所示）在上层水面生产，可以使幼仔出生后快速到水面呼吸。和大象一样，母亲在一群雌性海豚间生产，这样提供了一个安全和互助的环境。母亲和其他的雌性海豚在新生儿的身下驱使并引导它游向水面，进行第一次呼吸。

有袋哺乳动物

有袋哺乳动物（称为后兽亚纲或有袋动物）是哺乳动物的第二大类群。在母亲子宫内仅发育几周，小幼仔还未完全成形就出生了。它们必须挂在母亲乳头上获得营养。这些乳头通常位于母亲胃部的育儿袋里，但这也有几种类型，如负鼠就没有真正的育儿袋。大多数有袋类动物生活在澳大利亚，但某些负鼠分布在美国中部和南部，弗吉尼亚负鼠生活在北美。

雌性生殖系统

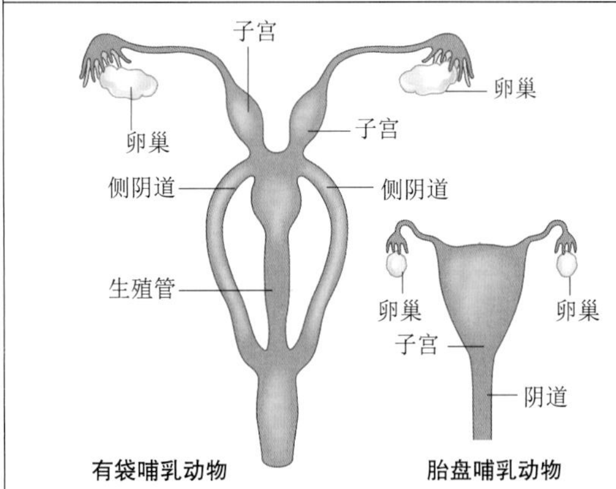

有袋哺乳动物和胎盘哺乳动物的雌性生殖系统有很大的不同。胎盘哺乳动物的胎儿在单个子宫内发育，最终从阴道产出，有袋哺乳动物有两个子宫、两个阴道和单独一个生殖管。一个受精卵仅仅在子宫内发育几周，然后就由生殖管产出，离开母体。某些有袋哺乳动物的生殖管每次生育后就重新发育一次。

红袋鼠和小幼仔▶

澳大利亚的有袋哺乳动物在大小、形态和习性上差别很大，这个群体中有植食性的，如袋鼠、袋熊和考拉，有肉食性的如袋獾，也有杂食性的。图中的红色袋鼠是世界上最大的有袋哺乳动物，育儿袋中的是小袋鼠，当母亲跳跃觅食或快速奔跑时，它待在袋子中都非常安全。这种行动模式能量利用率很高。

新出生的小袋鼠开始爬向育儿袋的旅程

▲爬向安全的育儿袋

和所有有袋哺乳动物一样，小袋鼠如图中这只塔马尔沙袋鼠还在胚胎期就出生了，眼睛看不见，全身裸露，这个小家伙看起来完全无助，但是它的前腿发育相对完好，就用这两条腿开始了从出生地到母亲育儿袋漫长的旅程。

新出生的小袋鼠进入育儿袋中

▲进入育儿袋

这个小家伙眼睛和耳朵都闭着，通过本能和运用触觉和嗅觉寻找育儿袋这个避难所。母亲仅在自己的皮毛上舔开一条路，帮助小袋鼠沿着此路爬。这个了不起的旅程对于刚出生的小家伙非常劳累，但它仅仅持续了几分钟。一旦爬进育儿袋，这个小袋鼠就抓住母亲的四个乳头中的一个，开始吸奶。

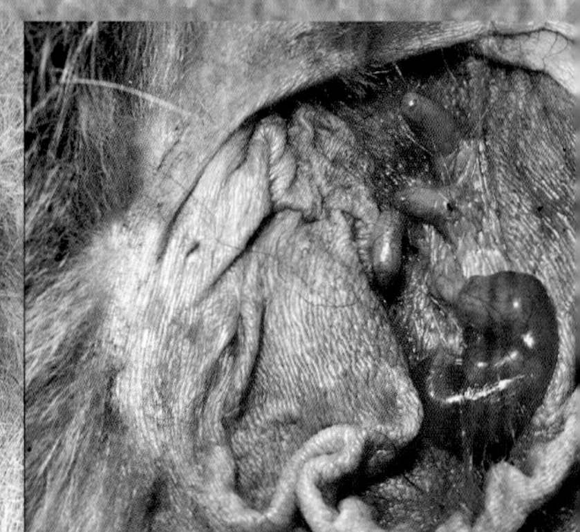

新生儿通过吃奶逐渐发育成长

▲贴近育儿袋的乳头

一旦小家伙抓住乳头，乳头就会膨大，以至于小家伙不会把它松掉，直到它完全成形。这也确保了在母亲弹跳时，它不会松开乳头。在母亲充足奶水的喂养下，小家伙快速成长。眼睛和耳朵都逐渐打开，身体开始长毛，长而强壮的后腿开始发育。

▲快速繁殖的动物

袋狸是具有长鼻子的有袋哺乳动物，生活在澳大利亚和新几内亚岛。它们大多数都是食虫者。图中这种东袋狸是哺乳动物王国中繁殖最快的动物之一。怀孕 11 天后就生产 4 ～ 5 只小袋狸，然后花费大约 60 天在育儿袋里长大。仅仅 3 个月后，这些小家伙就成年可以繁殖了。

▲食肉的捕食者

袋獾体长 80 厘米，是最大的肉食有袋哺乳动物。它捕猎范围很广，从昆虫到负鼠、小袋鼠，甚至是羊仔，也吃腐肉（已经死去的动物）。怀孕 30 ～ 31 天后产仔可达 4 只，幼仔接下来的 15 周待在母亲的育儿袋里，在大约 20 周后开始转向吃坚硬的食物。

幼仔靠发育很好的爪子贴在母亲的皮肤上

◀没有育儿袋的负鼠

南美负鼠是一类和老鼠一样大、在树上生活的哺乳动物。它们长而带鳞的尾巴在攀爬时卷住树干。几乎所有的后兽亚纲动物都用育儿袋携带自己的子女，但一些负鼠并没有育儿袋，而另一些则用腹部的两片皮肤携带着它们的孩子。首先，孩子牢牢地粘在母亲腹部的乳头上，但随着它们不断长大，母亲开始用背驼着它们。南美负鼠在怀孕两周半后生产，产仔数目可达 10 只。

◀健康成长的小袋鼠

几个月后，小袋鼠开始从育儿袋向外张望。在大约 6 个月的时候，母亲让它第一次适当尝试外面的世界，轻轻将它推到地面上。从那以后，它开始在育儿袋外的时间越来越多，感到有危险就马上跳回去。它的第一年都要不断地吸奶，在 18 个月的时候，它可以自己产仔了。

四个月大的小袋鼠

小眼睛藏在柔软、奶油色的毛皮中

▼有袋鼹鼠

有袋鼹鼠生活在澳大利亚多沙的沙漠和灌木丛林中。它们可以在疏松的沙子中游走，用它们强有力的前爪将沙粒铲到旁边。穴居型生活方式使这个物种进化成和其他鼹鼠体型相似，但鼹鼠是胎盘哺乳动物，与其亲缘关系较远。雌性有袋鼹鼠生育 1 ～ 2 个幼仔，装在育儿袋中携带，育儿袋面向后方，这样不会被沙子填满。

单孔类动物

单孔类动物是一类很小的群体，仅仅包括 5 种动物，4 种针鼹鼠和鸭嘴兽，它们都分布在澳大利亚。因为单孔目动物能够产卵，这点很像爬行动物，也使它们成为哺乳动物的特殊群体。必要的身体系统也与爬行动物相似，它们的消化系统、生殖系统以及泌尿系统都有一个共同的排出口，单孔目动物（意味着只有一个孔）以此得名。但是，单孔目动物是哺乳动物，并能产奶喂养后代。

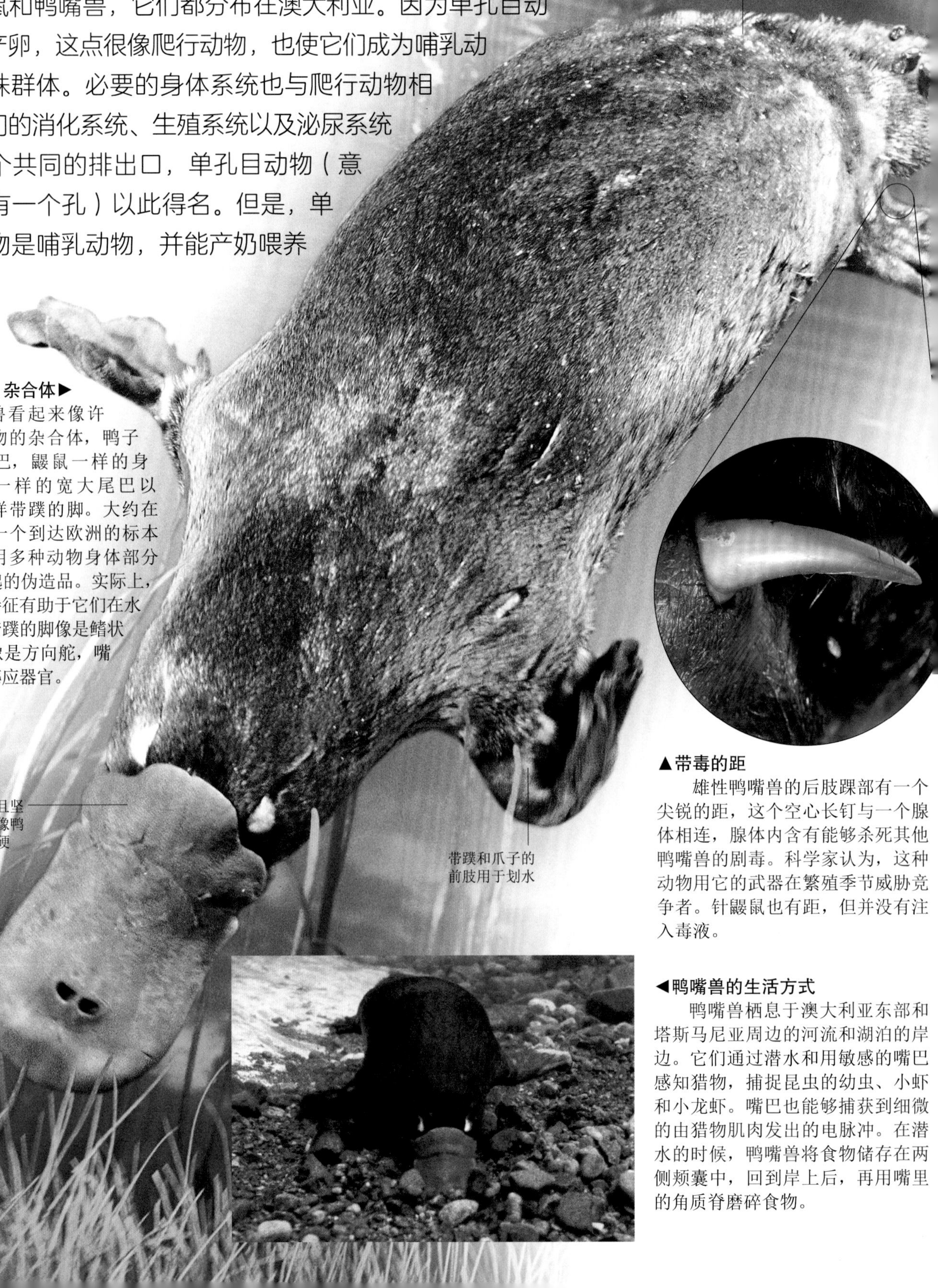

后肢部分具蹼，有助于在水中航行

杂合体▶

鸭嘴兽看起来像许多不同动物的杂合体，鸭子一样的嘴巴，鼹鼠一样的身体，海狸一样的宽大尾巴以及水獭一样带蹼的脚。大约在 1800 年第一个到达欧洲的标本被认为是用多种动物身体部分联合在一起的伪造品。实际上，鸭嘴兽的特征有助于它们在水中觅食，带蹼的脚像是鳍状肢，尾巴像是方向舵，嘴巴则是个感应器官。

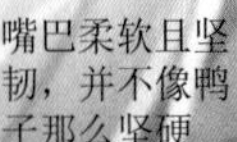

嘴巴柔软且坚韧，并不像鸭子那么坚硬

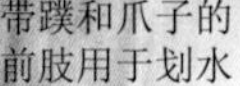

带蹼和爪子的前肢用于划水

▲带毒的距

雄性鸭嘴兽的后肢踝部有一个尖锐的距，这个空心长钉与一个腺体相连，腺体内含有能够杀死其他鸭嘴兽的剧毒。科学家认为，这种动物用它的武器在繁殖季节威胁竞争者。针鼹鼠也有距，但并没有注入毒液。

◀鸭嘴兽的生活方式

鸭嘴兽栖息于澳大利亚东部和塔斯马尼亚周边的河流和湖泊的岸边。它们通过潜水和用敏感的嘴巴感知猎物，捕捉昆虫的幼虫、小虾和小龙虾。嘴巴也能够捕获到细微的由猎物肌肉发出的电脉冲。在潜水的时候，鸭嘴兽将食物储存在两侧颊囊中，回到岸上后，再用嘴里的角质脊磨碎食物。

在育儿袋中的针鼹鼠卵

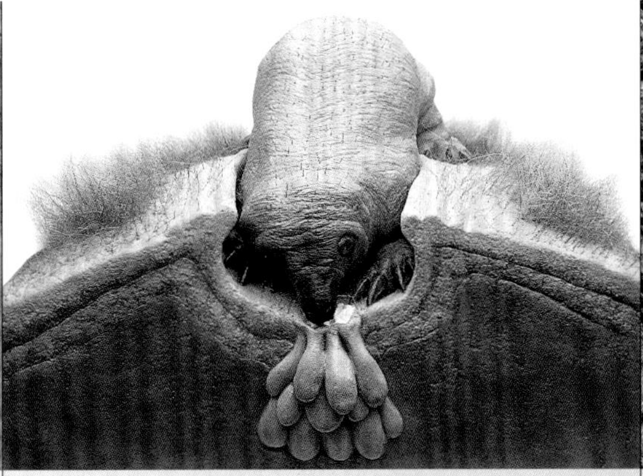

从育儿袋内的奶袋中吮吸乳汁

舒适的巢

▲带坚韧壳的卵

雌性针鼹鼠和鸭嘴兽都产卵，但它们有不同的饲养方式。在繁殖季节，短鼻针鼹鼠腹部长出一个育儿袋。交配三周后，它产下一卵，并将其移至它的育儿袋中，用身体的热量孵化它。鸭嘴兽通常是产1～3个卵于洞穴中，通过把它们包卷起来取暖进行孵化。

▲充足的奶水

孵化十天之后，小针鼹鼠从它坚韧的卵中孵化出来。母亲的奶水并不像其他哺乳动物一样从乳头中供应，而是未发育完全的小幼仔从母亲的育儿袋内的特殊奶袋中舔食乳汁。鸭嘴兽的卵也要孵化10天。这些小家伙舔食营养丰富的乳汁，这些乳汁是从母亲腹部乳头状的小袋中分泌出来的。

▲成长

小针鼹鼠生命开始的55天生活在母亲的育儿袋中，之后母亲在外出觅食的时候就将它留在洞中，这样会持续7个月。小鸭嘴兽在洞中待3～4个月。母亲在外出时将洞口封闭好。过了这些日子，小家伙就必须自己保护自己了。

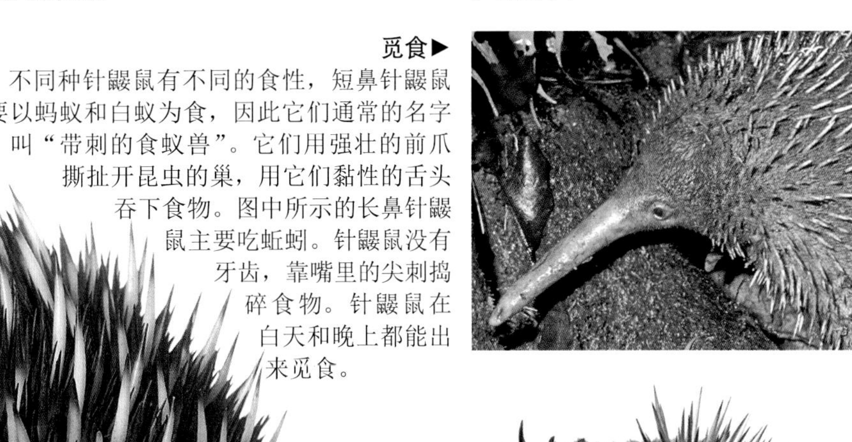

觅食▶

不同种针鼹鼠有不同的食性，短鼻针鼹鼠主要以蚂蚁和白蚁为食，因此它们通常的名字叫“带刺的食蚁兽”。它们用强壮的前爪撕扯开昆虫的巢，用它们黏性的舌头吞下食物。图中所示的长鼻针鼹鼠主要吃蚯蚓。针鼹鼠没有牙齿，靠嘴里的尖刺捣碎食物。针鼹鼠在白天和晚上都能出来觅食。

长而尖的刺是由毛发演变而来的

喙上卷

▲不寻常的针鼹鼠

针鼹鼠和鸭嘴兽一样，外表奇特，长长的喙状吻、带刺的身体和大大的带爪前脚。图中这只短鼻针鼹鼠要比它的长鼻亲戚更加常见，它们分布在澳大利亚和新几内亚岛。长鼻针鼹鼠仅在新几内亚的高原地区分布，它们个头较大，刺较少。近年来，发现了两种长鼻针鼹鼠的新种。

大的具爪的脚有助于挖洞

形成多刺的球体能够吓退大多数捕食者

多刺针鼹鼠的防御措施▲

针鼹鼠有几种防御措施抵挡狐狸和澳洲野犬等捕食者的进攻。当遇到危险时，它们可以卷成一个紧紧的球，敌人很难下手，或者它们可以快速钻入地下的洞穴中，仅留下它们的刺尖在上面。刺覆盖于它们的整个身体，包括尾巴和耳郭。针鼹鼠也可以在地下洞穴里躲避夏天的酷热和冬天高原地区的寒冷。这一段时间，它们的体温会下降，以此节省能量消耗。

幼年生活

哺乳动物与其他动物相比耗费更多的精力养育它们的后代。哺乳动物的第一样食物就是母亲的乳汁，乳汁中包含了幼儿时期需要的所有营养物质和抵御各种疾病的抗体。有些哺乳动物如野兔和老鼠，它们的抚育时期（幼仔吃奶期）仅为一周或两天。大象、犀牛和其他哺乳动物，雌性独自抚养后代，但有少数几种动物，如狨猴，雄性也帮助抚养后代。

◀长颈鹿的抚育时期

所有的胎盘哺乳动物和有袋哺乳动物，奶水都来自母亲的乳头。有蹄类哺乳动物如长颈鹿，乳头贴近后肢。所有哺乳动物都有与生俱来的吮吸能力。图中这只长颈鹿母亲将它的孩子轻轻推向乳头处，孩子的按压刺激它乳汁的分泌，小长颈鹿在几个月后开始吃固体食物，但直至1岁仍然吃奶。

小长颈鹿必须弯下去从母亲的乳头处吸奶

宽吻海豚怀孕12个月后生产

海豚妈妈和它的孩子▲

新出生的海豚在出生几分钟后就可以吃母亲的奶了。它沿着母亲的下身寻找乳头，乳头会喷出奶水进入小家伙的嘴里。小海豚持续吃奶至1岁大，逐渐开始成年的饮食，如鱼和贝类，这个时期称为断奶期。大多数哺乳动物的断奶期都是渐进的，幼仔同时吃奶和固体食物。

▲充足的奶水

图中这只小海狮正从母亲前鳍状肢附近的乳头处吸奶。海豹的乳汁中的脂肪含量是所有哺乳动物中最高的，这有利于小海豹快速成长。不同种海豹的抚育期存在差异：冠海豹抚养小海豹仅4天，而小海狮可以吃奶长达8个月。母亲仅在岸上和孩子生活8天后就返回海中几天，然后再定期回来抚养幼仔。

速成长者

出生当天

有些哺乳动物需要许多年生长，但小家鼠成熟速度惊人。雌性在交配20天后就可以生产多达19只的小幼仔。无助的小家伙出生在麦秆、稻草和苔藓的巢穴中，这样的巢有助于保温。

2天大

新出生的小鼠看不见、无毛并且很难辨认出是啮齿动物。它们完全依赖母亲，母亲为它们哺乳，在它们身体周围蜷缩着，为其取暖。在出生后仅2天，它们的眼睛、四肢和尾巴都开始发育了。

4天大

4天后，小幼仔看起来有点像成年的老鼠了，耳朵、四肢和其他特征逐渐发育。当它们感到寒冷或饥饿时，就会发出尖叫声吸引母亲的注意，并且开始在巢里不安地蠕动。

6天大

6天后，幼仔的毛皮开始生长。它们仍然花费大多数时间在睡觉和吃奶，但已开始增加活动。这个时候，它们较大声音的尖叫也引来捕食者，如果失去了这一窝小老鼠，母亲将再次繁殖，快速产出下一窝。

14天大

两周后，小老鼠开始花时间出巢活动，探索它们的周边环境，它们现在开始吃种子和谷物，并将很快断奶。接下来的几天，它们将离开巢穴，开始独自生活。

精细的照料▶

大多数灵长类的母亲在树间觅食的时候都携带着它们的幼仔。幼仔可能趴在母亲背上或吊在它的腹部，像图中所示的加纳长尾猴。猿和猴每胎出生幼仔数量远远少于啮齿类动物，但它们花费相当长的时间照料下一代。这只小加纳长尾猴将和母亲生活1年，然后再自己谋生。

手具有能够反转的拇指，可以牢牢地握住树干

小猴在母亲停下来吸奶

尾巴帮助保持小猴额外重量的平衡

◀抚养后代的父亲们

大多数哺乳动物照看幼仔都完全留给雌性。但每胎产4～7只的狼通常父母双方共同照看后代。狼群居生活，甚至其他的成年狼也会帮助照看小狼。每群狼都有严格的等级划分，只有年长的雄性和雌性狼（称为社群首领）有权利喂养和生产后代。通过帮助年长者，年少的动物可以学习生育后代的经验，这对它们以后自己组群生活非常有用。

成长和学习

许多哺乳动物在幼仔断奶后仍然继续照顾它们很久。而小型动物如啮齿类能够快速成长为具有自理能力的个体。小型灵长类、鲸类和雌象保持类似的群体生活。通过模仿父母或其他成年动物的行为，未成年的哺乳动物学习生存技巧，例如：觅食和避险。幼仔生长在哺乳动物群体中，还学会如何与其他成员相处。哺乳动物在玩耍中也能够学到知识。

猩猩的脚和手具有很好的抓握能力和灵活性

◀**学习之地**

小灵长类比其他哺乳动物花费更长的时间成长。雌性可能在具有繁殖能力的成年期仅生育3个或4个后代。图中这只小猩猩将会和它母亲生活大约8个年头，小家伙既要学习生存技能和协调能力，又要通过试验和犯错误了解周边的世界。小灵长类天生好奇，会捡起并研究它们发现的一切不熟悉的东西。

◀**群体喂养**

群体合作在犬科动物（犬家族成员）间异常强大。非洲猎狗群居生活，所有成年猎狗帮助喂养小猎狗。小猎狗吃母乳3个月后，开始吃其他猎狗带回来的固体食物。当小狗仔呜呜地叫或舔成年猎狗的脸部表明它们很饿的时候，猎狗就会反刍出一块半嚼烂的肉给它吃。

◀**捕猎技巧**

欧洲水獭在水坝洞穴中产下3只小幼仔，它们刚出生时眼睛看不见，非常无助，两个月后开始学习游泳。3个月时转吃固体食物，1岁前一直跟母亲生活。母亲向它的孩子们示范如何捉鱼，释放半死的猎物，以使它的孩子们能够练习这些捕猎技巧。小水獭很贪玩，喜欢彼此追逐，滑下泥泞的堤坝。

协作捕食

鲸类是具有智力的动物，几种鲸和海豚会群体捕猎，将鱼群包绕起来，或者将它们驱赶到浅水区，如图中所示。在研究中心，可以训练海豚对人类的各种要求做出反应。测试表明，它们可以通过声音彼此分享学到的信息。但是，我们很难测量鲸类动物的智力，因为它们的生活环境和人类太不相同了。

▲人类的智力

人类可以使用工具，如手斧，这能够追溯到240万年前。而且，数千年来，人类还会使用复杂的口语语言和书面交流符号。我们能够建造各种建筑物和发现种植食物的新方法来供给全世界的人。科技使我们能够在月球着陆（如图所示）、探索深海海底甚至通过现代医疗技术延长人类的寿命。

利用犬类动物的智力

狼、狐狸和其他野生犬类动物都很聪明且适应能力强，在条件允许的情况下它们能够开发新的食物资源，例如，它们会突袭鸡舍，偷吃小鸡。家养的狗是从狼进化而来的，在过去的几个世纪里，经过精心繁育产生了各种各样的狗，它们被训练后可以用来帮助人类，例如用于牧羊、为盲人引路、追踪罪犯和在倒塌的建筑物中寻找幸存者（如上图所示）。

解决问题▲

啮齿动物的学习速度在某些方面很快。老鼠能够学习用它们的方法通过迷宫。松鼠可以在具有复杂障碍物的线路中前行，最终找到食物，它们不仅能越过像钢丝之类的障碍物而且能够学习操纵控制杆和旋钮的顺序——这就是记忆。适应性使啮齿类占据了许多新的栖息地，包括乡村和城市。

灵长类动物

灵长目是一类主要在丛林生活的种类繁多的哺乳动物。这一类群包括猿、猴还有人类。灵长类具有可以抓握的脚、多毛的身体和近圆形的脸，眼睛位于脸的正前方，具有很好的视觉。灵长目分为两个类群：原猴类或“原始”灵长类，包括狐猴、懒猴、夜猴和树熊猴；真猴类或高等灵长类，包括猿、猴和眼镜猴（一类小型夜间活动的灵长类）。

手臂比腿长

浓密的毛茸茸的毛皮覆盖全身大多数地方

手臂依靠体重从一棵树摆到另一棵树上，像个钟摆

▲猿类

科学家将猿类分为大型猿类和小型猿类。大型猿类包括大猩猩、红毛猩猩、黑猩猩和人类。小型猿类由长臂猿组成，如图所示的合趾猴。猿类具有肌肉发达的长臂，可以用来在树间摆荡而行。这种运动形式称为臂行。合趾猴是丛林栖息的动物，以小家庭单位生活。

雌性短尾猿为宝宝梳理毛发，清除污垢和寄生虫

◀照料幼仔

大多数灵长类每次仅生育一个幼仔，极少数是双胞胎。母亲（如图中这只短尾猿）花费很多年时间来抚养它们的后代。例如，黑猩猩和大猩猩的幼仔吃母乳的时间长达4年。大多数灵长类群居生活，从小家庭单位到数百只个体的群体，群居规模不同。所有群体都有等级划分，年长的动物统治年幼的动物。

身体平面图

手臂很长，几乎可以够到地面

尾巴与多数猴子相比较短

骨盆

四肢几乎同样长

地面生活的猴子

猿类

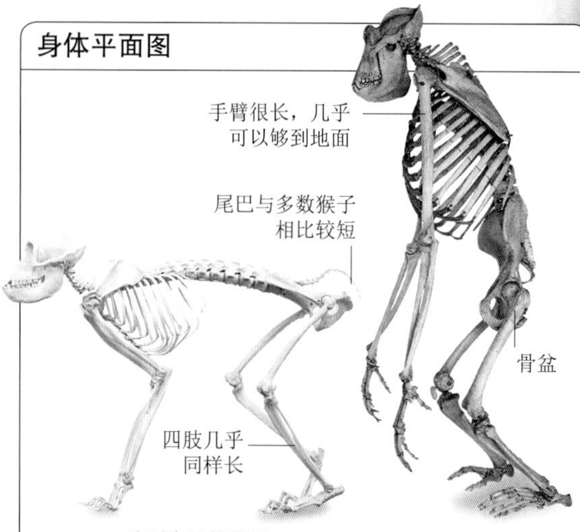

猴子和猿类的骨骼展示了很多明确的差异之处。猴子身体通常适应于四肢一起运动，后肢比前肢稍微长些。生活在树上的猴子尾巴较长，用来保持平衡，有时也用来抓握。但短尾猿的尾巴就较短。猿类，如大猩猩，没有尾巴，面部较平坦，胸部宽大，手臂灵活。骨盆的结构和角度使其更容易保持直立状态。

质地坚韧的手掌可以握牢，不会滑脱
单次摆荡可达3米远

运动

直立行走

大型猿类，如人、黑猩猩和大猩猩都是两足动物，能够直立身体，并用后腿行走。猿类也能够自如地爬行，有些种类夜间在树上筑巢休息。猿类动物，如红毛猩猩可以用它们长长的手臂在树枝间摆荡。大猩猩臂力强大且身体强壮。

四肢行走

大多数灵长类是四足动物，四肢一起行走。它们的手臂和腿几乎相同长度。图中显示的狒狒生活在开阔的区域，在那里它们大多数时间都生活在地面上，用四肢奔跑或行走。它们也有很好的攀爬能力，当遇到危险时可以快速爬到树上或较高的岩石上。

依附和跳跃

大狐猴是来自马达加斯加的一类丛林生活的灵长类。它们的身体可以保持直立，可利用强壮的四肢在树枝间跳跃或依附其上。许多物种有一条长长的尾巴。在地面上，图中显示的这只产自马达加斯加的大狐猴用有弹性的后肢沿着路边跳跃，手臂用来保持平衡。

延长的手指
反向的大脚趾
手指具有圆垫
修饰过的爪子
灵活的手指
大脚趾和其他脚趾之间的间隙较大

指狐猴的手　指狐猴的脚　眼镜猴的手　眼镜猴的脚　黑猩猩的手　黑猩猩的脚

▲手和脚

灵长类动物的每只手和脚都具有五个指（趾）。大多数物种，大拇指和大脚趾能够反向——可以对着其他的指（趾），形成有效的抓握姿势。手和脚适应不同的生活方式。指狐猴是狐猴的一种，具有带爪的手和脚，用以抓握。一个格外长的手指用来从树干下钩幼虫。眼镜猴脚和手上具有圆盘状的垫用于攀爬。黑猩猩具有灵活、敏捷的手和脚。

新大陆猴

人们根据猴子的分布将其划分为两个类群。新大陆猴分布于美洲的中部和南部，旧大陆猴分布于非洲和亚洲。新大陆猴包括绒猴、绢毛猴和图中的蜘蛛猴。它们具有宽大的鼻子和横向的鼻孔。这些主要在丛林生活的灵长类拇指不能反转，它们可以像松鼠一样在树间跳跃。蜘蛛猴有很长的四肢和一条适于抓握的尾巴。

长鼻子可能有助于雄性吸引配偶

旧大陆猴▶

狒狒、长尾猴、短尾猴、山魈、叶猴、疣猴和图中这只长鼻猴都是旧大陆猴。它们体型通常比新大陆猴大，生活环境也很多样，包括森林、沼泽和草地。许多旧大陆猴在白天活动。它们的臀部有适合坐的硬垫，窄窄的鼻子具有朝前或朝下的鼻孔。长鼻猴小群体生活，群体由一只雄性、6～10只雌性以及它们的孩子组成。

群居生活

某些种类的哺乳动物是独居生活，仅在交配和养育后代时才群居生活。另一些物种是群居性的——群体生活在一起，规模从小家庭单元到数百只动物的强大群体。群居生活可使哺乳动物觅食和躲避危险更加容易。捕食者如狮子、狼和海豚等群体协作捕猎，而被捕食的哺乳动物群体生活可以增强警备——能有更多双眼睛负责侦察。另外，在某些群体中，所有成年动物帮忙养育幼小动物。一种可能的不利因素是群体成员必须分享食物，这在食物匮乏时是很困难的。

蒙哥群体▶

在南非，蒙哥通常 30 ～ 50 只个体群居生活于地下网状分布的洞穴中。这些哺乳动物是猫鼬家族的成员，是具有较好组织的社会群体，群体成员共同照料幼小动物。成年蒙哥寻觅食物并轮流站岗放哨。当侦察到捕食者（如蛇和鹰）时，它就会发出警告声，整个群体就会快速隐藏起来。

朝前的眼睛具有很好的视觉

站岗的成员能够侦察到不同方位的危险

雌狮抓住一只羚羊，防止它逃脱

在其他伙伴将猎物压制住时雌狮咬断其喉咙将它杀死

◀捕猎组合

在猫科动物中，狮子几乎是唯一的社会性动物。许多狮群是由 6 ～ 12 个成员组成，大多数为雌狮和它们的孩子，还有1或2只雄狮（通常为兄弟）。雄狮保卫狮群免受其他雄性狮子的攻击。而雌狮负责多数捕猎工作，并为其他雌狮的幼仔喂奶。群体作战使狮群可以抓住大型猎物，如斑马和水牛，而在一只雌狮单独捕猎时，这些动物通常可以逃脱掉。

幼仔被大家
庭照顾着
后腿站立有利于
蒙哥发现敌情

在群体中小象
安全地成长

▲由雌性统领的群体

在非洲草原上，雌性草原象和它们的孩子共同生活在大约有 20 头个体的密切结合的群体中。这个群体由最有经验的雌性带领，称为女首领，它带领大家觅食和寻找水源。当有小象出生时，所有雌象将帮助抚养和保护它，在很小的时候，幼象不会离开母亲一个象鼻的长度。

雄性的特征是它的体
型和颈部环状毛发

▲由雄性统治的群体

阿拉伯狒狒生活在大的雌雄个体混合的群体中，一般大约由 50 只成员组成。这个群体由具有统治地位的雄性狒狒统领，它可以优先吃食物并具有交配的选择权。它首先通过打败对手建立它的统治地位，用犬齿恐吓，然后摆出攻击的架势。如上图所示，种群成员之间的联系和阶层划分可以通过梳理毛发得以体现。

▲变化的领袖

大多数鹿群居生活于开阔地区，种群在一年的多数时间里都是单一性别。紧密组织的雌性群体通常被具有统治地位的雌鹿领导，而雄性群体间的联系较松散。在生殖季节，雄鹿争夺雌性群体的统治权，胜利者随后开始繁殖。交配后，雄鹿再重新聚合为一群。

▲防御圈

在北极，麝香牛以 15 ～ 20 只个体的混合群居生活。群体生活还为幼仔们提供一个安全之地，可以躲避狼这样的捕食者。当狼群靠近时，牛群就会形成一个圈，将小牛围在里面。成年牛面朝外，长而卷曲的角时刻准备着应战。如果一只牛离开群体对付袭击者，其他牛会更加紧密排列，填补空隙。

交流

同种动物之间的交流使哺乳动物找到配偶并繁殖后代。群体生活的哺乳动物相互交流协作捕猎，传递危险的信号。社会性哺乳动物如狼、黑猩猩和海豚使用一系列复杂的信号与群体其他成员进行交流。各种哺乳动物的感觉器官能够精密地接收不同的信息，如视觉信号、身体语言、气味、触觉和声音。

◀危险信号

可视信号和声音能够保护种群免受危险。图中这些驴羚正在吃水生植物，如果受到惊吓，它们就会跑进更深的水中，尾巴向上竖起，露出它们白色的臀部作为警告群体其他成员的信号。其他的哺乳动物，如白尾鹿和兔子在遇到危险时都会使用相似的方法发出警报。

面部表情

恐惧

黑猩猩是群居生活，群中成员等级从年长至年幼划非常严格。它们用一系列面表情传达其在群体中的地位年幼的黑猩猩受到年长者的胁显示出恐惧的表情，嘴唇开，咬紧牙齿。

顺从

年幼的黑猩猩在与年长争吵后非常平静，用一种表表示屈服或顺从。其嘴角半开像一个噘嘴的微笑，这意味“请不要伤害我”。这个表情像人类的苦笑。

激动

有的黑猩猩在玩耍时会开大嘴露出牙齿，但看起来轻松，这是在显示激动和兴奋小家伙可以在放声大笑的同发出哼哼声，黑猩猩可以使面部表情和 30 多种声音与其同伴交流，包括尖叫、咆哮嘶吼。

身体语言▶

狼生活的种群一般有 8 ～ 20 只成员，具有年长和年幼动物之间的严格管理。等级制度通过身体语言和声音（如嚎叫和呜呜声）得以强化。等级高的狼通过抬高头和翘起尾巴展示它的地位。年幼的通过把耳朵缩起摆平和将尾巴夹在两腿之间表示顺从。它们通过咆哮和露出牙齿向对手展示它的攻击性。

颈部的毛发竖起，使自己看起来更令人恐怖

年幼的小狼将耳朵放后面发出咆哮声，这是发起攻击的信号

等级较高的狼耳朵竖起，尾巴翘高，宣布它的统治地位

雌性长尾猴斥责它的孩子，咆哮着显露出牙齿
小长尾猴卷缩并收起牙齿，表示顺从

◀接触交流

接触是近距离交流的一种好方法。在朋友之间经常相互梳理毛发，这是一种完全的社会行为，图中的斑马互相感到放松，它能增进成员间的联系。站着交头贴尾地放松的好处是它们可以环顾四周寻找捕食者。

海豚的交谈▶

海豚属于社会性哺乳动物，生活和捕食都是 20 只左右个体成群进行。群体成员利用一系列声音，包括口哨声、尖叫声、叹息声和嘀嗒声，通过回声定位的方法去发现和捕捉食物，并且用这些声音彼此交流。每只海豚都有它自己的信号哨声，它用这种信号向其他海豚证实自己及其行踪。由于海豚缺少声带，人们认为它在鼻腔内利用空气囊产生声音。

▲臭味信号

马达加斯加卷尾狐猴生活的群体是由 20 ～ 40 只个体组成。它们利用带斑纹的尾巴给群体成员发送各种信息，这些可视信号经常用气味补充。雄性狐猴从尾巴上部的皮肤腺中放出气味，警告敌人远离。然后挥动尾巴使气味飘向敌人。这些臭味可以持续一小时或更久。狐猴也会利用气味标记领地的分界线（见 258 页），图中这只动物就正在这样做。

▲复杂的交流

长尾猴是非洲丛林和草原的社会性灵长类动物。科学家发现这些哺乳动物不仅会用多种叫声表示它们的感觉和意图，而且会警告不同的威胁。如果一只长尾猴发现了一只美洲豹正在草丛中向它们靠近，它就会发出警示信号，使其他家庭成员都爬到树上。如果发现危险来自空中，如一只盘旋的鹰，它就给出另一种信号，使全体成员都躲到地面上。

领地

许多不同种类的哺乳动物都拥有自己的领地——私有地盘，它们保卫自己的领地防止同种其他个体侵入。这些区域为动物提供一块私有空间，用来觅食或交配、休息。哺乳动物的领地大小各异，有些是群体拥有，另一些是繁殖的双方共有，或者仅个体拥有。鹿、羚羊和其他物种，都是雄性在繁殖季节建立领地，用特殊的气味、声音和视觉信号驱逐其他雄性竞争者。

宽大张开的嘴巴展示它的进攻性
犬齿可达50厘米长，能够造成很深的伤口

领地之争▶

雄性河马具有很强烈的领地占有性，每只成为父亲的河马都会保卫一块河岸的领地，这块领地中有一群雌性河马和它们的孩子。当两只雄性河马相遇时，每只都试图威胁对方，通过张开嘴巴，展示它的巨大犬齿。如果两只河马都不退缩的话，战争就要发生了。两只彼此刺杀、嚎叫和撕咬。这些激烈的对峙可能最后导致受伤甚至死亡。

▲对外叫喊

在南美洲的热带雨林里，吼猴以小群体生活，由1个雄性和几个雌性组成。每个群体宣布占有森林的一块区域，在这里动物可以采集食物。猴子们用大声叫喊驱赶竞争群体，声音可穿过森林远达3千米。雄性吼猴的叫声是所有陆地动物声音最大的，声音通过它的大喉咙得到扩大。

▲展示领地

非洲水羚属于在繁殖季节建立领地的哺乳动物。每一只雄性水羚都会宣布一块特殊的领地，称为“择偶场”，在这里它将向雌性水羚示爱。非洲水羚的择偶场仅有 15 米宽。雄性之间为最好的领地搏斗，它们把角紧扣在一起，用力推，这些搏斗很少会造成严重伤害。雌性水羚漫步经过择偶区域，选择胜利者作为配偶。

◀气味标记

印度豹和许多其他肉食动物用气味标记它们领地的界线，这些气味会在它们走之后保留很长时间。印度豹背靠着一棵树，喷出带有臭味的尿液。其他的印度豹能够从它的气味信号中分辨出动物的性别、年龄和生殖条件。印度豹有时也通过将脸颊和下巴在树和岩石之间摩擦，留下唾液作为气味信号。

◀繁殖时期的海滩

在繁殖季节，海狮、海熊和海象寻找偏僻的海滩繁殖。雄性竞争同一块海滩，一群雌性动物会在此生活，任何雄性的靠近都会被驱逐。在赢得领地之后，雌性产出它们小幼仔，几天之后再次交配。图中这只雄性海狮正在吼叫，喘着气试图迫使雌性与它交配。

◀捕食领地

在印度森林中，每只雌性老虎都有一片足够大的领地用于捕猎。这些捕食领地根据其间包含的食物多少和猎物的类型，范围有所不同。每一只雌虎都坚决保护它们的地盘不受其他雌虎的入侵，但是允许雄虎进入。和其他猫科动物一样，老虎用气味很浓的尿液标记它们领地的界线。

家园

很多哺乳动物都有它们各式各样的隐蔽的居所。有的结构简单，有的是用植物材料编织的复杂球体，有的是深埋在地底下相互交错的洞穴。哺乳动物的家园为其提供防御捕食者和其他成员入侵的保护之所。有些种类建造特殊的“保育室”供它的孩子出生和抚养时期用。森林和林地哺乳动物经常将巢建在树上，而半数水生物种（如水獭和鸭嘴兽）将它们的家建在河坝上。在开阔的区域，没有植物可供遮挡，这里的哺乳动物如獾和兔子就会将地下洞穴作为它们的保护所。

猩猩的巢穴▶

一些哺乳动物建造持久的家园，而另一些则会修筑暂庇所。由于猩猩在东南亚的丛林中不断穿梭，它们晚上睡在用树枝条编织的巢中，如图所示。在非洲丛林中，黑猩猩和大猩猩白天在地面寻找食物，但在黄昏后就爬进树上的巢穴中躲避地面的捕食者。黑猩猩几乎每天晚上都建一个新巢。

▲筑帐蝠的树叶帐篷

筑帐蝠进化出一种躲避敌害的独创性方法。它们一点一点地咬穿长棕榈或香蕉的叶子，叶子枯萎或折叠后形成一个小帐篷。每个这样的建筑可以容纳50多只蝙蝠，它同样可以为居住其中者遮挡雨水和阳光，为蝙蝠休息提供稳定的条件。有些帐篷形状类似管子、圆锥或花瓶，还有些看起来像雨伞，正如图中所示。

粗糙植物材料建造的外层可以防雨

睡觉的平台是由树枝编织而成的

▲松鼠的巢

灰松鼠建造一个球形的巢，通常嵌在大树的树杈间，这样风不能够动摇它。巢的外层由嫩枝和树皮组成，而内部排列着树叶、稻草和绒毛。松鼠一圈一圈地在中心围成一个洞，这很像鸟建巢的方法。夏天松鼠的巢一般很薄，而冬天的巢就会非常结实。春天，这种建筑就成为松鼠的育儿巢。

獾的洞穴

獾是在地下躲避敌害和恶劣天气的哺乳动物。獾的家是宽敞的地下网络状洞穴，能够深至地下3米。獾用它们有力的带爪的前肢挖掘地道。挖掘的过程中，它们的耳朵和鼻孔可以闭合，防止泥土进入。连续的几代獾可以生活在相同的洞穴中。

▲北极熊的洞穴

在冰天雪地的北极，大多数北极熊整个冬天都在活动。但是怀孕的雌性北极熊在漫长的极夜临近时，就会在雪堆或地面挖一个洞穴。在11月至1月，1～4只小熊会出生。当春天到来的时候，这个家庭就会离开洞穴，饥饿的雌熊开始捕猎，小熊崽还要再继续跟着妈妈两年时间。

▼兔子的洞穴

兔子生活在网络状洞穴中，由雌性兔子挖掘而成。领袖级别的雌兔和高级别的雌兔生活在主要的洞穴中，低级别的雌兔可以建筑短的洞穴，在这里它们生产后代。在黄昏和黎明，兔子都会离开洞穴去吃草，但并不会远离洞口，可以在发现敌害后迅速钻回洞中。

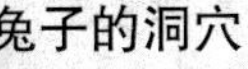

兔子的洞穴

① 洞穴入口对兔子来讲很宽敞，但是对像狐狸那样的捕食者来说就很狭窄
② 起居室通过向下或向两边延伸的狭窄通道连接起来
③ 兔子的洞穴可通向任何方向，在地下可延伸数十米
④ 在松软的泥土中，树根和石头可以支撑洞穴的墙壁，防止它们坍塌
⑤ 育儿室的洞穴中铺满苔藓、稻草和从母亲胸口脱落的毛发

雄兔在其他兔子觅食时扮演哨兵的角色

迁徙

各种动物都有迁徙的习惯——有规则并且通常是距离较远又很辛苦的旅程，这都是为了避免恶劣的条件，如寒冷、酷暑或缺少食物或水。有些动物的迁徙是为了到达一个舒适的地方生产并抚养后代。和鸟类、爬行类、鱼、两栖类一样，许多哺乳动物也要迁徙，如北美驯鹿、横跨非洲平原的大群斑马和牛羚。蝙蝠利用它们飞行的能力长距离迁徙，许多种类的鲸、海豚和海豹在海洋中可以游走很远的距离。

旅鼠的爆发式迁徙

大多数迁徙发生在每年固定的时间，与季节变化相适应的改变。但是西伯利亚旅鼠迁徙并不规律，称为爆发式迁徙。它是由过度拥挤引起的。一年中，当食物充足时，这些啮齿动物繁殖非常快，致使种群数量过多，食物相对缺乏。然后大量的小旅鼠从山上过度拥挤的地方一涌而出。由于对迁徙的追切要求，它们将游过宽广的河流去觅食。

▲南北迁徙

许多温带和极地地区的哺乳动物定期进行长距离的南北迁徙，用以逃避恶劣的季节性条件。例如，多达 50 万只北美驯鹿一起迁徙。这些鹿度过漫长的夏季，在很北边的苔原草场吃草，然后在秋天向南方迁徙，在北美针叶森林庇护下过冬。

迁移的牛羚▶

大多数哺乳动物不迁徙，迁徙的哺乳动物仅花费生命的一部分时间用于定期的迁徙。但是大型牛科动物——牛羚花费生命中的大多数时间在迁移。这些食草兽类在一个巨大的横跨非洲草原的环圈中迁移，寻找雨后新生的嫩草。它们可以聚集成千上万只个体的种群一起越过崎岖的山地，跨过蜿蜒的河流。

▲高山中的迁徙

高山上具有非常恶劣的气候——短暂的夏天和漫长寒冷的冬天。高山哺乳动物如山羊和岩羚羊在山上垂直迁徙来躲避最糟糕的气候。夏天，它们在接近顶峰的甘山牧场中吃草和花，这里几乎没有什么捕食者。秋天，它们下山，吃底层山谷中的嫩芽、苔藓和地衣。

海洋中的旅行▶

许多种类的鲸和海豹进行长距离迁徙，在春天到达极地海水中，享受那里季节性丰富的食物。图中展示的独角鲸是小齿鲸，它们一生中大多数时间生活在北极冰层的边缘区域。它们迁移到南方，在格陵兰岛和斯堪的纳维亚半岛的小港的庇护下繁殖后代。雄性独角鲸因它们矛状长牙而闻名。

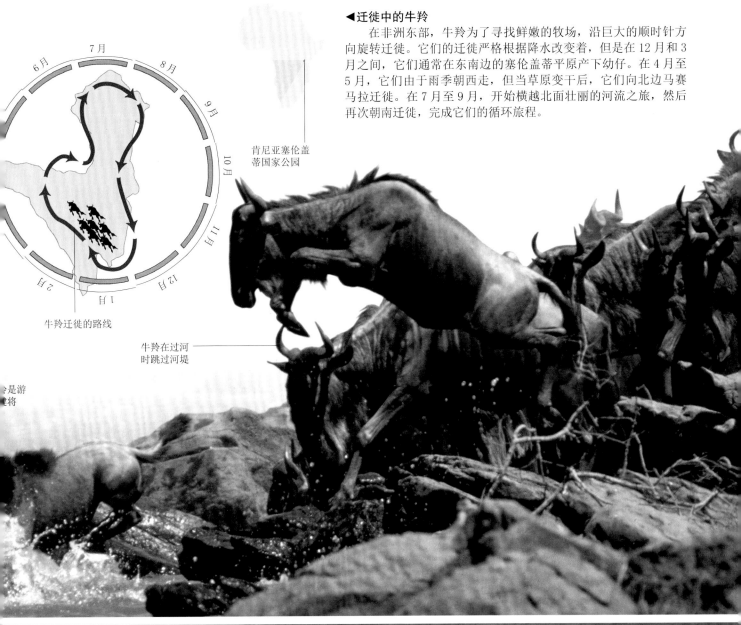

◀迁徙中的牛羚

在非洲东部，牛羚为了寻找鲜嫩的牧场，沿巨大的顺时针方向旋转迁徙。它们的迁徙严格根据降水改变着，但是在12月和3月之间，它们通常在东南边的塞伦盖蒂平原产下幼仔。在4月至5月，它们由于雨季朝西走，但当草原变干后，它们向北边马赛马拉迁徙。在7月至9月，开始横越北面壮丽的河流之旅，然后再次朝南迁徙，完成它们的循环旅程。

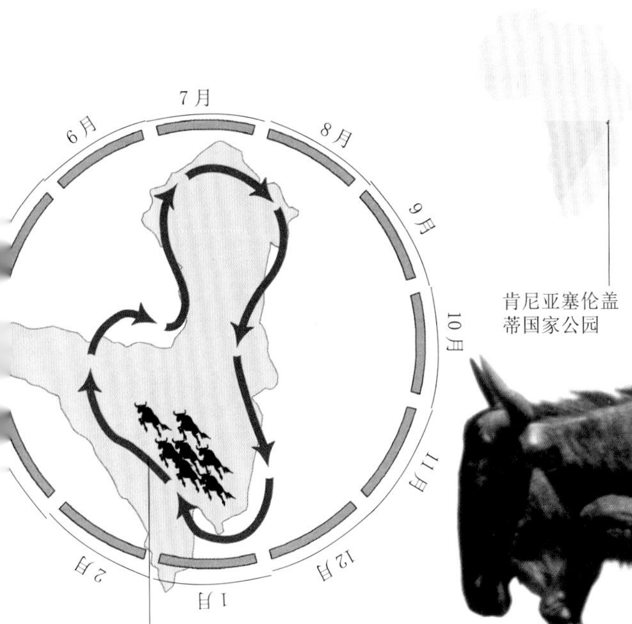

6月
7月
8月
9月
10月
11月
12月
1月
2月

肯尼亚塞伦盖蒂国家公园

牛羚迁徙的路线

牛羚在过河时跳过河堤

睡眠循环

一些哺乳动物为了在冬天恶劣的条件下生存而迁徙，睡鼠、地鼠和许多蝙蝠则有不同的策略。它们待在原处，但是进入深度睡眠状态，称为冬眠。它们会在安全的巢或洞穴中，在完全无意识的状态下度过数月时间，它们很难从这种状态中被唤醒。在寒冷、阴凉的环境中，哺乳动物必须吃大量食物才能存活并保持体温。当很难发现食物时，通过睡眠保持能量的方法就变得非常有效。其他哺乳动物，如熊，在轻度睡眠的状态下度过冬天。

冬眠中的睡鼠
触摸起来冰凉
储存的坚果为
春天睡鼠醒来
时提供能量

▲冬眠的睡鼠

如图中所示的睡鼠每年花费7个月的时间冬眠。整个冬天，它们都保持不动，也不吃食。但是可以依靠储存在身体的脂肪生存。真正的冬眠者除了睡鼠，还包括鼯鼠、旱獭和许多蝙蝠。所有这些都是相对较小的哺乳动物，表面积相对于整个身体较大，这意味着它们比大型哺乳动物散失热量的速度更快，因此需要更多的能量来保温。

冬眠的处所▶

在温带地区，蝙蝠通过冬眠度过冬季，它们将翅膀折叠覆在身体上，用来保暖和保湿。在隐蔽的栖息地如山洞或树洞中，这些小动物聚集在一起保暖。虽然如此，它们的体温还会下降至周围环境的温度。一些物种可以在0℃以下的环境中生存，而其他的则需要迁徙很长的距离到达一个适宜的地方冬眠。

地鼠在秋天
猛吃浆果

◀真正的冬眠者

真正的冬眠者，如图中这只北极地鼠，在秋天增加体重为冬眠做准备。像浆果这样的食物非常丰富，它们不需要走很远去寻找食物，所以这样可以很好地增加体重。外层的脂肪形成绝缘层，这是一种特殊类型，称为褐色脂肪，如果温度过低，可用来维持体温。

一个真正的冬眠者——睡鼠的身体机能

	冬眠期	活动期
心率	1～10次/分	100～200次/分
体温	2～10℃	35～40℃
无意识	连续的	半天睡觉时
水流失	几乎没有	随排泄物和尿液排出
每分钟呼吸频率	少于1次	50～150次

在冬眠期间，睡鼠的代谢过程放慢来节省能量。脉搏和呼吸都显著下降，产生代谢物的量也显著下降。这个小动物的体温下降到几乎和周围环境一样，所以它摸起来感到冰凉。表面看起来它已经死了，但是它的身体机能还没有完全停止。部分大脑仍然处于警觉状态，如果睡鼠进入冰冻的危险中，一个生存机制将被激发，令其身体脂肪燃烧产生热量。

每次几分钟

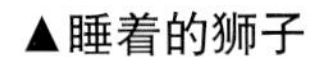

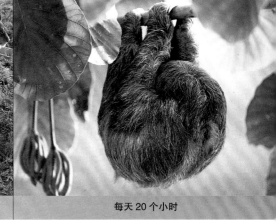

每天 16 个小时

每天 20 个小时

▲长颈鹿的睡眠需求

和冬眠的深度睡眠一样，每天的睡觉也可以节省能量。不同的哺乳动物要求的睡眠量不同，这部分取决于它们的饮食。植物含有的营养成分相对较低，所以，大型植食动物如长颈鹿，必须用大量时间进食。长颈鹿每次睡觉仅用几分钟时间。

▲睡着的狮子

食肉动物（如狮子）的食物含有丰富的蛋白质，这些食肉动物每周仅需要进食 1 次或 2 次就可以维持生活。它们用进食以外的大量时间休息，以放松的姿势在地面舒展身体。除人类以外，这些动物的天敌很少，所以它们可以享受比精神紧张的被捕食者更加深度的睡眠。但是，一旦被打扰，它们仍然会迅速苏醒。

▲睡着的树懒

在南美洲的热带雨林中，树懒在它觅食的树上倒置悬挂着。与一些草食动物不同，它们消耗很少能量觅食。但是它们的食物营养成分低，并且很难消化。树懒仅靠缓慢活动来节省能量，野生环境下树懒每天睡觉时间长达 20 个小时。

◀漫长的冬季睡眠

在寒冷的北方，棕熊整个冬天的时间都在洞穴中打盹。它们每年有长达 6 个月的时间在睡觉，但是大多数科学家并不认为它们是真正的冬眠者。这是因为它们的身体活动并没有降低到那些小型动物如蝙蝠和睡鼠那样。尽管棕熊的心率降到 10 次 / 分，但是体温仅小幅下降，而且很容易被惊醒。这种称为轻度睡眠。

苏醒▶

在春天，那些秋天发生在冬眠动物体内的改变被逆转。呼吸、心率和其他身体活动加快，动物苏醒过来。在很多冬眠动物中，不管非季节性的气候和“温暖的符咒”如何变化，这种改变都发生在每年非常固定的时间。北美花白旱獭（如图所示）就是非常典型的苏醒日期相同（每年 2 月）的动物。

保持活动▶

在北美洲的高山上，鼠兔生活在陡峭的山脚下的碎石堆中。旱獭在其他山上的生活环境与这里非常相似，但是鼠兔全年都保持清醒的活动状态。它们在夏天采集大量食物储存起来度过荒芜的冬天。在冬天其他食物稀缺时，这些储存物已晒干成为有营养的干草。

人类和哺乳动物

2 万年前，所有的哺乳动物都是野生的。人类猎捕哺乳动物，有时候哺乳动物也捕杀人类。但是大约 1 万年前，事情发生了改变。人类发现了如何驯服哺乳动物，如犬、羊和马，人们将它们变成容易管理的动物。通过控制动物间的交配，选择最有利的特征，逐渐形成驯养的品种。今天，驯养的哺乳动物在人类的生活中占据非常重要的地位。我们从饲养的哺乳动物中得到奶、肉和皮毛，并且，世界某些地方还在利用强壮的哺乳动物代替人类做工。另外，哺乳动物也被用于体育运动，某些成为人类的宠物。

▲用狗打猎

这些来自中东的远古雕刻品展示了一群亚述人带着一群狗出发打猎。捕猎开始时人们将狗全部放出去，令它们追捕鹿和其他猎物。狗是狼的后裔，它们可能是最早被驯化的哺乳动物，大约在 1 万年前。和狼一样，狗有成群生活的本能。它们把主人当作群体的领袖，所以它们相对容易控制。尽管如此，当陌生人靠近它们的领地时，它们还是会表现得很有进攻性，这点和狼一样。

▲拉犁

曾经，全世界的大多数农民都用哺乳动物来拉犁耕地。这张图展示的是 11 世纪的欧洲，一组牛拉着一个木制的犁。牛强壮有力但行动缓慢，不如马有效，马可以长时间工作而不休息。在南亚，水牛是主要的犁地动物。今天，大多数地方，拖拉机已经代替了哺乳动物。

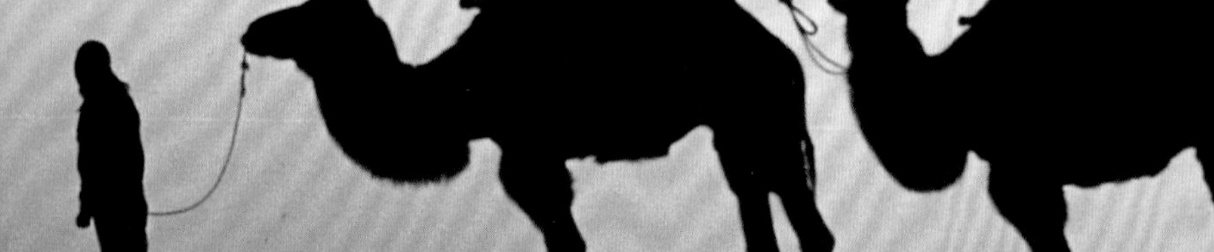

▲沙漠之舟

大夏人的骆驼被系在一起连成一条线，沿着古代贸易的丝绸之路横穿亚洲。骆驼用于载人和货物，还有它们的肉、奶和毛皮。尽管它们没有马跑得快，但是它们能够在没有水和食物的情况下行走多日。有两种骆驼：双峰驼来自中东，有两个驼峰；单峰骆驼来自非洲和中东，它仅有一个驼峰。双峰驼是目前唯一有野生种的骆驼。

◀参加体育运动的哺乳动物

在得克萨斯州的赛场上，骑手驱使着赛马朝终点线奔驰。人类赛马已经有几个世纪的历史了，今天这项运动具有很大的商业性，吸引着全世界的观众。赛马具有特殊的品种要求，需要兼顾耐力和速度。速度上它们需要经过特殊的训练和照料。参加比赛的哺乳动物还包括骆驼和几种狗，如灰猎犬。马和大象也被训练参加群体运动，如马球。

▲繁育的问题

爱尔兰猎狼犬和德国硬毛猎犬并排站着，看起来它们属于完全不同的种，其实和所有狗一样，它们来自相同的祖先——灰狼。几个世纪以前，人们根据不同的特征选育狗，创造出400多个不同的品种。猎狼犬最初是根据它们的体型和速度进行繁育的。腊肠犬则是为了捕猎獾和便于在地下追逐它们而繁育的。

沉重的运输工作▶

大象是被驯化哺乳动物中最大也是最聪明的。在南亚，几个世纪以来它们被当作运载人和沉重货物的工具。森林居民使用亚洲象，有很多是用于仪式，穿着精美的长袍。非洲象也能够被驯化。在古罗马时期，它们被用在战场上，这样的攻击对在步行作战的士兵带来威胁。但是与亚洲象不同，没有用于工作的非洲象。

科学研究中的哺乳动物

1996年科学家宣布多莉羊的诞生。与通常从受精卵发育的方法不同，多莉是从单一体细胞中克隆而来的。克隆可以创造出生物的精确复制体，所以，克隆不会彻底改变农业，但是它正在通过干细胞技术彻底改变医学。哺乳动物也用于其他的科学目的，尤其是测试新药。许多人反对这种研究，因为它给动物带来了伤害。但是一旦成功，它可以拯救无数人类的生命。

保护

如今繁忙的世界中，许多野生哺乳动物在生存斗争中面临巨大挑战。一些成为非法捕猎的牺牲品，一些受到森林砍伐和其他类型的栖息地改变的影响。四分之一的哺乳动物已经濒临灭绝，随着时间推移，全球变暖和人口不断增长意味着更多的动物将加入濒危的名单中。一些物种已经从濒危的边缘被拯救过来。

▲动物孤儿

在东南亚，猩猩面对双重威胁。它们的森林家园被砍伐，还被抓到当宠物出售。在加里曼丹岛的猩猩孤儿院里，被救出的猩猩孤儿逐渐得到恢复，这使它们很快可以重返自然。这项工作很困难，因为猩猩孤儿们必须学会自己觅食，而不是依靠人类。

生态旅游▶

新英格兰海岸，游客正在观察自然中令人肃然起敬的景象之一——一头成年座头鲸。20 世纪 80 年代早期之前，在全世界海洋中都可以猎捕鲸鱼。但是今天，商业捕猎已经被禁止了。某些地方，观看鲸鱼成为吸引游客的主要观光项目。在将来，以自然为基础的旅游（也称生态旅游）可以帮助其他的濒危哺乳动物。

回归自然

普氏野马

20 世纪 60 年代以前，这些野马生活在草原上，然而，数量逐渐减少，渐渐地，这种野生种群灭绝了。在这之前，人们圈养繁育了一些个体。目前，它的数量已经超过 2000 匹。截至 2019 年，中国新疆和甘肃两地普氏野马总量达 593 匹。

麋鹿

这些麋鹿来自中国。1939 年，野生环境中的麋鹿灭绝了。在这之前，法国传教士阿尔芒·大卫将一些麋鹿带到了欧洲。20 世纪 80 年代后期，麋鹿再次被运送到中国，现已将它们在野生环境中重新培育起来，野生种群共 600 头。

阿拉伯羚羊

这种沙漠羚羊具有优美的角和鲜美的肉，在野生环境中已经被捕杀灭绝了。在 20 世纪 50 年代，圈养群体已经在中东、美国和欧洲建立起来。如今，已经有 5280 只的圈养个体和 1220 多只生活在阿曼和约旦野外的阿拉伯羚羊。

游客现在能够有幸看到自然生活状态下的鲸鱼

▲反偷猎措施

1989 年 7 月，肯尼亚野生动物主席理查德·利基（Richard Leakey）组织了一次大规模销毁象牙的运动。这些象牙都是从偷猎者手中缴获的。如果它们通过非法交易售出，至少价值 300 万美元。这次的销毁活动成为全世界的头号新闻，引起人们对非洲象受到伤害的重视，而这些伤害则来自象牙贸易。如今，象牙贸易已经被禁止，遗憾的是，在一些地方，偷猎仍在继续。

濒临灭绝的物种

金狮猴

这种跟松鼠一样大的猴子具有火焰般颜色的毛皮，是南美最濒危的灵长类之一。它的家在巴西的大西洋森林中，这片栖息地已经缩减了 90% 以上，森林变成了农田和城市。现在，金狮猴仅剩 1000 只左右，有一半是被圈养的，繁育它们是为了将来放归自然中。

西印度海牛

海牛看起来像漂浮着的带鳍的水桶。它们沿着海岸和河流生存，以水下植物为食。海牛反应迟钝，船只会给它们带来危险。许多成年海牛都有很深的伤疤，这些伤疤是被螺旋桨叶击伤后留下的。西印度海牛被划为易危物种，这意味着它在野生环境中灭绝的危险非常大。

追溯过去

随着现代科技和繁育技术的发展，重新创造灭绝的动物已经成为可能。尽管这一可能还未实现，但是科学家已经开始对一种叫斑驴的动物进行研究。斑驴是生活在南非平原的斑马的亚种。被捕猎多年后，最后一头斑驴在 1883 年死去了。现在，繁育者正试图通过选择平原斑马的斑驴样特征（尤其是斑驴黑棕斑纹的特征），重新创造斑驴。在不久的将来，从死亡很久的动物中提取的 DNA 可能让已灭绝的哺乳动物复活。但是，想要恢复一个物种，科学家也必须要恢复它的栖息环境和生活方式——这在现今的世界中是非常困难的。

哺乳动物分类

原兽亚纲　卵生哺乳动物

分类	常见名	科	种	分布	主要特点
单孔目	单孔类动物	2	5	澳大利亚和巴布亚新几内亚	世界上唯一的卵生哺乳动物。其中4种针鼹鼠生活在陆地上，具有短的四肢和长长的吻，身体覆尖刺。第5种称为鸭嘴兽，属于半水生动物。它具流线型的身体、带蹼的脚和坚韧的鸭状喙。

后兽亚纲　有袋哺乳动物

负鼠目	美洲负鼠	1	78	美洲	美洲负鼠分布最为广泛，北至加拿大北部。美负鼠主要生活在森林和树丛中。其中一种——蹼足鼠是唯一生活在水中的有袋哺乳动物。
鼩负鼠目	鼩负鼠	1	6	南美洲	鼩负鼠分布在安第斯山脉的草原和灌木丛中。真正的鼩鼹一样，它们吃昆虫和其他小动物，视力好，但是具有触觉灵敏的胡须和敏锐的嗅觉。
智鲁负鼠目	智鲁负鼠	1	1	智利	老鼠一样的有袋哺乳动物。具有短的吻部、大睛和粗壮的卷尾。它是此目中唯一现存的物种，没它整个目就灭绝了。
袋鼬目	袋鼬和其近缘种	3	88	澳大利亚和巴布亚新几内亚	各种食肉性有袋类包括袋鼬、袋鼩、袋食蚁兽袋獾。它们的栖息地多样，都在夜间觅食。
袋鼹目	袋鼹	1	2	澳大利亚	穴居有袋哺乳动物和鼹鼠有显著的相似之处，们都生活在沙质土地中，以昆虫和小的爬行动物为食。
袋狸目	袋狸	2	22	澳大利亚和巴布亚新几内亚	这种有袋类动物很像老鼠，具有修长的身体、尖的吻和长长的尾巴。袋狸生活环境广阔，从沙漠森林，以动物和植物为食。
袋鼠目	袋鼠和其近缘种	8	136	澳大利亚和巴布亚新几内亚以及周边岛屿	这是有袋类动物中种群最大，分布最广的一类包括袋鼠、沙袋鼠、树袋熊、袋熊、袋鼯和袋貂等大多数以植物为食，将它们的幼仔装在发育完好的儿袋中。

真兽亚纲　胎盘哺乳动物

食肉目	食肉动物	11	283	除南极以外的广大地区，引入澳大利亚	具有牙齿的哺乳动物是为了抓捕猎物、切割肉块渐进化而来。大多数是捕食者，但是这里也包括熊和熊，它们属于杂食动物或者具有植食性的生活方式。
鳍脚目	海豹、海狮和海象	3	35	世界各地	这类哺乳动物具有流线型的身体和鳍状足，它与陆地肉食动物的亲缘关系很近。海豹和海狮在水捕食，但是在陆地休息和繁育后代。
鲸目	鲸、海豚和鼠海豚	11	84	世界各地	这类哺乳动物无下肢，完全适应水中的生活。海豹不同，鲸和海豚的头顶有鼻孔，并且具有单独一对上肢。齿鲸独自猎捕食物，须鲸则是从海水中取食物。
海牛目	儒艮和海牛	2	4	热带海岸和河流	这类哺乳动物成桶状，所有时间都生活在水里以水下植物为食。它们具有一个巨大的鼻子、一对立的鳍和一条水平的尾巴。
灵长目	灵长类动物	10	375	除澳大利亚以外的热带和亚热带各地	这类哺乳动物四肢修长，眼朝前方，具有指(趾)，这个特征最开始是由爬树逐渐进化而来的。它们包括杂食动物和植食性动物，还有一些主要以昆为食的动物。
树鼩目	树鼩	1	19	亚洲南部和东南部	这类哺乳动物身材像小松鼠，具有尖尖的吻和密的尾巴。树鼩生活在树上或地面的巢穴中，主要以昆虫为食，用手抓握它们的食物。

分类	常见名	科	种	分布	主要特点
皮翼目	猫猴	1	2	东南亚	植食性的哺乳动物，可以用弹性皮肤形成的翼在树间滑翔。猫猴可以滑行50米以上，当它们在树上着陆后，用来滑行的皮肤膜就折叠于身体两侧。
长鼻目	大象	1	3	非洲和南亚	世界上最大的陆生哺乳动物，具有柱状的腿、宽大的耳朵和能够卷曲的鼻子。大象是植食性动物，用它们的鼻子（有时也用长牙）收集食物。近年来，非洲热带草原和森林里的大象已经成为分散生活的物种。
蹄兔目	蹄兔	1	6	非洲和中东	类似于啮齿动物的一种小型哺乳类，具有短而粗硬的脚趾和很小的耳朵。蹄兔是个攀登高手，它们生活在森林里或岩石较多的地方。它们具有较高的社会化，过家庭群居生活。
管齿目	土豚	1	1	非洲撒哈拉沙漠南部	大型草原哺乳动物，体形似猪，耳朵长，吻部前突呈长方形。土豚是夜行性动物，用利爪抓破蚁丘，以蚂蚁和白蚁为食。
奇蹄目	奇蹄类哺乳动物	3	20	非洲、亚洲、热带美洲	食草类哺乳动物，通常每蹄具有一个或三个趾。这类动物包括马、斑马、驴、貘、犀牛等。
偶蹄目	偶蹄类哺乳动物	10	228	除南极以外的广大地区，引入澳大利亚	食草类哺乳动物，通常每蹄具有两个或四个趾。这类动物包括野猪、河马、骆驼和鹿，以及牛科动物（包括牛、羚羊、山羊和绵羊等）。此类动物中很多是群居生活，依赖于敏锐的感觉器官和快速逃生的能力。很多动物都具有角。
啮齿目	啮齿动物	24	2105	除南极以外的广大地区，引入澳大利亚	哺乳动物最大的一个类群，包括松鼠、大鼠、小鼠、豪猪以及许多其他物种。啮齿动物通常体型较小，门牙尖锐，能够咬断食物和其他的材料。
兔形目	野兔、家兔和鼠兔	2	83	除南极以外的广大地区，引入澳大利亚	植食性哺乳动物，与啮齿类相似，通常具有宽大的耳朵和全方位的视觉能力，这有助于它们发现敌情。具有代表性的野兔和家兔生活在开阔的地方，如苔原、草原和沙漠。
象鼩目	象鼩	1	15	非洲	外形似鼩鼠，腿长，跳跃式行走，吻尖，形似缩小的象鼻。象鼩生活在宽阔地区和林地。
食虫目	食虫类动物	6	451	除南极和澳大利亚以外的广大地区	小型哺乳动物，吻窄小，以昆虫、蚯蚓和其他小动物为食。包括猬、鼩鼠、鼹鼠、沟齿鼠等。
翼手目	蝙蝠	18	1033	除南极以外的地区	飞行类哺乳动物，具有皮肤形成的坚韧的翼。大蝙蝠——飞狐的视力很好，主要以水果为食。其余的主要靠回声定位的方法捕食昆虫。蝙蝠通常是群居性的，在岩洞和树洞里栖息、繁殖。
贫齿目	食蚁动物、树懒和犰狳	5	31	美洲北部和南部、非洲、南亚	此类哺乳动物具有特殊的脊柱，这是原始时期为了适应挖掘而进化而来的。现代的贫齿目动物犰狳具有覆盖在身体上的骨板，树懒以树叶为食，生活在树上。
鳞甲目	穿山甲	1	7	非洲撒哈拉沙漠南部、南亚	这类哺乳动物躯体覆鳞片，尾部具缠绕性，吻长，舌有黏性。穿山甲可用利爪抓破蚁丘，主要以蚂蚁和白蚁为食。

词汇表

爆发式迁徙

指旅鼠等哺乳动物由于严酷的环境或过度拥挤的原因，而采取的不规则的旅程。

臂力摆荡

是树栖灵长类的一种运动方式，就是用手臂从一个树枝荡到另一个树枝。

表皮

哺乳动物皮肤的外层。

捕食者

指猎捕其他动物作为食物的动物。

超声波

指那些音调太高，超出人类听觉范围的声音。

次声

指低于人耳能听到音调的声音。

伺机性动物

能够改变饮食习惯，食用能够找到的各种食物。

大腿骨

哺乳动物大腿部位的骨头。

单孔类动物

是后兽亚纲哺乳动物的分支之一，产卵。这一类群包括针鼹和鸭嘴兽。

冬眠

指睡鼠这样的哺乳动物为了在寒冷的季节里存活而进入深度睡眠的状态。进入真正冬眠后，哺乳动物的体温、心率和呼吸都显著减慢，很难被唤醒。

反刍

指把消化一半的食物又调出来，加快消化的过程，或将未消化的食物喂给幼仔。

反刍动物

偶蹄哺乳动物的胃具有很多室，胃内含有微生物，能够消化坚韧的植物性物质。

分类系统

一种鉴别和划分生物群体的方法。

孵卵

单孔类动物和鸟类在这期间，母亲用体温温暖卵。

浮游生物

指微小的植物或动物，它们漂浮在海洋或湖泊的表面，是包括某些海洋哺乳动物在内的很多动物的食物。

腐肉

死亡动物的残余尸体，是食腐哺乳动物的部分食物。

纲

在科学的分类系统中，一个大的动物群体包括一个或几个纲。

共生关系

指两个不同物种间彼此从对方获利的关系。

骨盆

指多块融合在一起的骨头组合体，与后腿大腿骨结合的脊柱相连。

海牛目

哺乳动物的一个目，包括儒艮和海牛。

海生

指动物生活在海水里。

恒温

动物能够控制自己的体温，并保持其在高于周围环境的水平。哺乳动物和鸟类都是恒温的或温血的。

化石

是指超过1万年前的过去生命的印记。化石包括动物和植物残骸、足迹，甚至是粪便。

怀孕

指交配和出生之间的时期，哺乳动物的幼儿在母亲的子宫内发育。

回声定位法

蝙蝠、海豚等哺乳动物探路、定位猎物时运用的一种技术。哺乳动物发射一束高音调的声波，然后收听被弹回的回声。

激素

指循环在哺乳动物血液中的一种化学物质，用于调节某个身体进程。激素由腺体分泌。

脊髓

是脊椎动物体内的主要神经，在脊椎内走行，连接大脑和遍布全身的小型神经。

脊椎动物

指具有包括脊柱在内的内部骨骼的动物。哺乳类、鸟类、鱼类、爬行类、两栖类都属于脊椎动物。

寄生动物

指一种动物生活在另一种动物（宿主）的体表或体内。寄生动物从中获利，而宿主无利可图。

角蛋白

指在哺乳动物的头发、指甲、角中存在的一种坚韧的蛋白质。

界

是生物分类学中生物划分的第一级也是最大一级。所有地球上的生命分为五界：动物界、植物界、真菌界、原生生物界和原核生物界。

经脉

神经纤维束，能够从大脑中传递信息。能够协调运动并从感觉器官收集信息。

鲸类动物

此类哺乳动物由须鲸和齿鲸组成，包括海豚和鼠海豚。

鲸须

悬在鲸嘴里的须状角质板，如蓝鲸和座头鲸的鲸须用来从海水中过滤食物。

鲸脂

许多生活在寒冷气候下的哺乳动物的皮肤之下都有一层脂肪，具有隔冷的作用。水栖哺乳动物，如鲸、海豹和北极熊，有一厚层鲸脂。

科

在科学的分类系统中，科是亲缘关系较近的种群集合体。

滥交的

指在繁殖季节，某些哺乳动物与很多配偶交配。

两栖动物

指一部分时间生活在水中而另一部分时间生活在陆地的哺乳动物或其他动物。

两足动物

依靠两条腿走路的哺乳动物。

猎物

指被其他动物猎捕作为食物的动物。

裂齿

与臼齿相对，位于食肉动物的上下颌，作用类似于剪刀，可以切断肉和骨头。

林层

指森林中的垂直生长层。

林下层

指森林或树林中的草木层，位于树冠层以下、地面层以上。

灵长类动物

哺乳动物一个目的成员，包括猿、猴子和人类。

领地

指某只或某群哺乳动物用来喂养或繁殖后代的区域，这里严格防护，禁止同种类的其他成员进入。

鹿角

鹿头部生长的骨质结构。

卵巢

雌性哺乳动物繁殖器官的一部分，能够产生卵子。

脉络膜层

指位于许多夜行性动物眼睛后方的一个反射层，有助于在昏暗的光线下看清物体。

门

在科学的分类系统中，门是一个主要的动物集群，是界的一部分，包含一个或几个纲。

门牙

位于口前方的牙齿，用于咬、啃和装饰。

灭绝

指一个物种的所有个体都死亡了，也就是说没有此物种存活。

目

在科学的分类系统中，目是一个较大的动物集群，包含一个或几个科，形成纲的一部分。

内骨骼

哺乳动物等脊椎动物的内在的骨骼，哺乳动物的内骨骼由多数的骨和少数软骨组成。

啮齿动物

是哺乳动物最大一个目的成员，包括小鼠和大鼠等。

偶蹄

如猪、山羊、牛或鹿的分离的蹄是由两个中间趾组成。

栖息地

指哺乳动物或其他动物生活的一类特殊环境。沙漠和丛林都是典型的栖息地。

栖息所

指飞行动物休息的场所。

脐带

指子宫内连接未出生的胎盘哺乳动物和血液丰富的胎盘之间的结构。

鳍状肢

桨状肢，具有推进作用。

鳍足目

哺乳动物的一个目，包括真海豹、突耳海豹和海狮。

气孔

鲸的鼻孔开放成气孔，位于头顶部。有的物种具有单一鼻孔，另一些则有一对。

器官

是主要身体部件，具有不同的功能，如心脏、肝或脑。

迁徙

驯鹿、非洲大羚和许多鲸类进行的有规律的季节性旅程。哺乳动物和其他的动物迁徙以躲避严酷的条件、觅食或到达良好的位置繁殖和抚养后代。

犬齿

许多哺乳动物颌部前侧的尖牙，用于戳入或抓住猎物，犬科动物也有此类牙。

群居

指哺乳动物或其他动物与本种类的其他成员共同生活。

热带草原

指热带地区的草原。

乳腺

指雌性动物乳汁分泌器官，位于胸部或腹部，用来养育幼仔。

软骨组织

坚韧、有弹性的组织，位于哺乳动物的关节部位（气管、鼻子和正在生长中的骨头）。

肾

身体中的器官，用于过滤血液中产生的废物。

生物群落

由相同物种生活在一起的动物组成的种群，可以共同承担如觅食、喂养后代等工作。

生物有机体

指所有有生命的物质，如一株植物或一只动物。

食草动物

主要以草为食的植食性动物。

食虫动物

食虫的一类哺乳动物，也包括其他吃昆虫的动物。

食腐动物

指以死亡动物的残骸为食的哺乳动物或其他动物。

食叶动物

以树和灌木的枝叶为食的植食动物，与食草动物相对。

食肉动物

食肉类哺乳动物，也包括任何主要吃肉的动物。

适应

帮助动物在环境中生存的特性。

适于抓握的

是用来描述某些动物（如猴子）的尾巴或大象的鼻子等，它们能够抓住树干，就像是另一只手臂一样。

树栖

指动物生活在树上。

双目视觉

视觉的一种类型，两只眼睛朝向前方，有一个重叠的视觉区域。这有助于哺乳动物如灵长类很好地判断深度和距离。

水栖

指动物生活在水中。

四足动物

指靠四肢行走的动物。

胎儿

在子宫中发育的未出生的哺乳动物的幼儿。

胎盘

指在许多怀孕的雌性哺乳动物的子宫内发育形成的临时器官，用以孕育未出生的胎儿。

苔原

指位于北半球高纬度地区的贫瘠无树的低地。

兔形目动物

哺乳动物的一个类群，包括家兔、野兔和鼠兔。

脱落性

指树在秋天脱落叶子保持能量，并会在来年春天萌发新叶。另外，也指哺乳动物的第一批牙齿，然后长出持久的齿系。

伪装

哺乳动物皮肤上的颜色和图案为它们提供保护，帮助它们混杂在周围环境中很好地躲避敌害。

窝产

指一只雌性哺乳动物一次同时产下一窝幼仔。

细胞

组成生命体的微小单元之一，某些简单的有机体仅仅由一个细胞组成，不如动物的机体是由无数细胞组成的。

夏蛰

一种深度睡眠的状态，使某些哺乳动物能够在干旱或炎热的气候条件下生存。针鼹和花金鼠是夏蛰动物的代表。

腺体

指身体中能够产生激素等物质的

器官，具有特殊作用。

胸腔

指哺乳动物躯体的胸部区域，位于腹部以上，胸腔受到胸廓保护。

休眠

指一段静止休息时期。

夜行性

白天休息，夜间活动的哺乳动物或其他动物。

一雄多雌

指一个哺乳动物的社会群体是由一只雄性和至少两只雌性组成。某些哺乳动物仅在繁殖季节才形成这种一雄多雌现象。

有袋类动物

哺乳动物一个类群——后兽亚纲的俗称。有袋哺乳动物在一个短暂的怀孕期后产下幼仔，然后幼仔在母亲的育儿袋中吮吸乳头，逐渐发育。

杂食动物

能够吃各种食物（包括植物性和动物性食物）的动物。

择偶场

指雄性哺乳动物（如羚羊）在繁育季节展示自己的公共区域，它们在这里努力打败竞争对手，赢得交配。

蛰伏

指一种不活动的类似于睡觉的状态，某些动物在恶劣条件下身体机能减慢，用以保存能量。许多蝙蝠白天的时候就进入蛰伏状态。

针毛

指位于许多哺乳动物毛皮中的长而粗糙的毛发，具有防御作用。

针叶林带

指松类森林的宽阔地带，位于北半球高纬度地区的。

真哺乳亚纲

胎盘哺乳动物的一个大型亚纲，绝大多数哺乳动物都属于其中。

植食性动物

指以植物为食的动物。

趾行

一种靠趾走路的运动方式，脚后跟并不着地。

昼行

指动物在白天活动，夜间睡觉。

子宫

指雌性哺乳动物体内，后代未出生前发育的地方。胎盘哺乳动物的幼仔就在子宫发育至完全后出生。

自然选择

指进化中的一个过程。动物适应环境的能力越强，越容易生存和繁衍后代。随着时间流逝，很多优秀的特征逐渐保留下来并得到普及。

组织

指动物体中某些细胞的集合体，能够执行相同的功能。

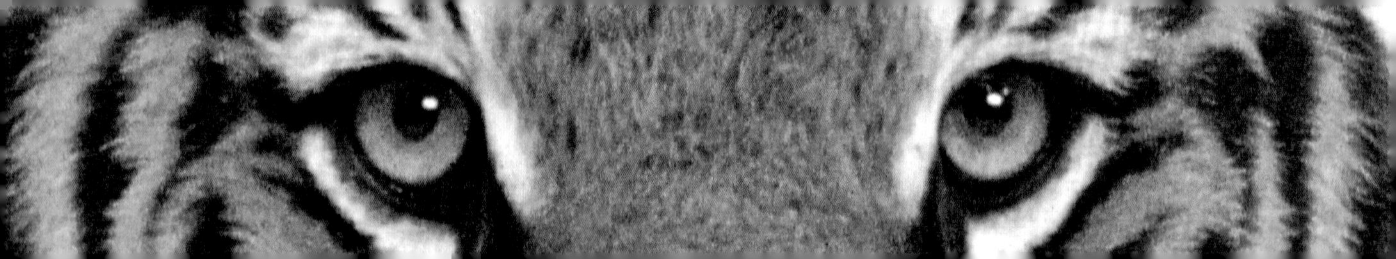

人体秘密

▲埃及人的工具

像现在的我们一样，远古时代的人们也同样对人体结构和人为什么会生病充满了好奇。古埃及有一些伟大的医生，他们对人体进行解剖，并做一些简单的外科手术，了解我们的机体如何运转。他们将所发现的记录下来，古埃及时期对这些医生甚为推崇。在埃及的阿斯旺神庙中保存着距今2000多年的浮雕，上面雕刻着古代医生使用的一些手术器具。

人体探索

我们对人体的了解是数百年探索研究的结果。在欧洲，16世纪以后，随着人体解剖被允许，医学取得了一系列重大的进步。19世纪，随着麻醉药的首次应用，外科手术变得日趋复杂，同时X射线的发明提供了第一个不使用外科解剖即可观察人体内部结构的方法。从20世纪后半叶开始，更多的先进成像技术使得医生和科学家能够从动态的角度观察人体，从而更容易诊断疾病。

《占星术》书中的女性解剖图

神话毕竟不是现实▶

十五六世纪文艺复兴之前，有关人体的知识绝大部分源自希腊医生盖仑，他对人体的一些错误概念和认识长期以来从未引起过争议。像这幅来自15世纪的女性解剖图既单调又不准确，而且更像是神话，而非现实。

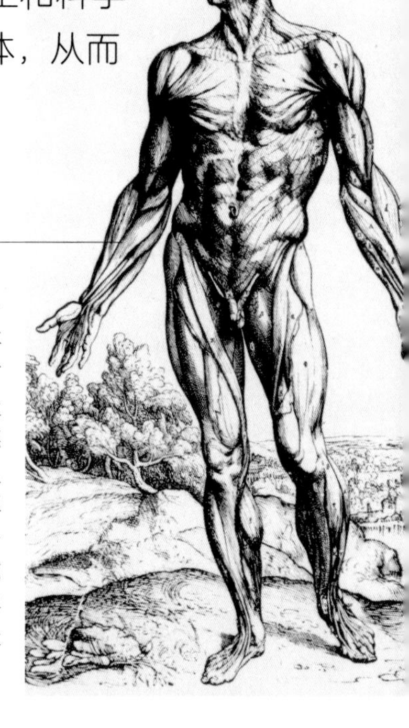

前臂肌肉描绘得准确、详细

精确的解剖▶

以前，欧洲禁止对人体进行解剖，直到16世纪才被允许。1543年，在一位天才美术家的帮助下，佛兰德斯医生安德烈亚斯·维萨里(Andreas Vesalius)将其解剖发现整理成书——《关于人体结构》。他对人体解剖部位的精确描述（如这张骨骼肌肉图），向早期人们对人体结构的认识发出了挑战。

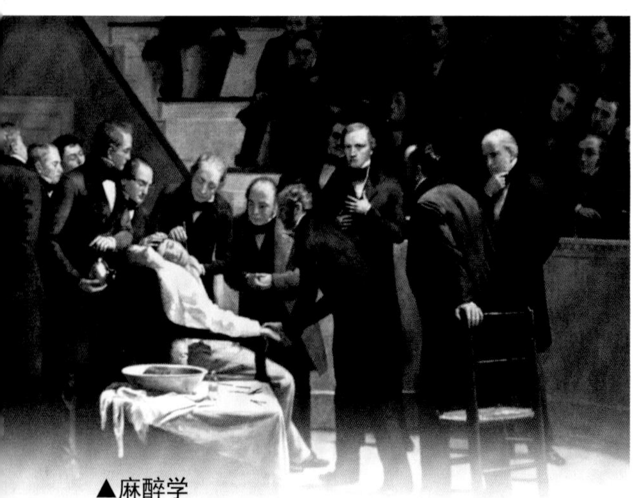

▲麻醉学

麻醉剂的应用使病人在做外科手术时能够免于疼痛的困扰。1846年在波士顿，麻醉剂第一次被应用于一例颈部肿瘤切除的手术中（上图）。在此之前，由于手术带来的剧烈疼痛，外科医生必须尽可能快地完成手术。麻醉剂可以使医生能够尝试更为复杂的手术，并且可以更充分地了解我们的身体。

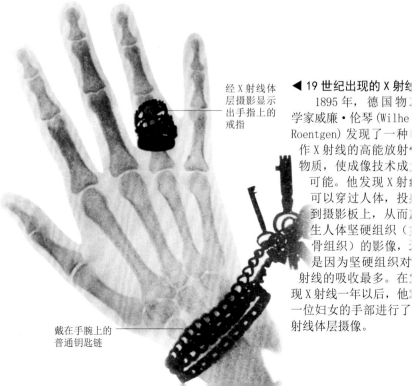

经X射线体层摄影显示出手指上的戒指

戴在手腕上的普通钥匙链

◀19世纪出现的X射线

1895年，德国物理学家威廉·伦琴(Wilhelm Roentgen)发现了一种叫作X射线的高能放射性物质，使成像技术成为可能。他发现X射线可以穿过人体，投射到摄影板上，从而产生人体坚硬组织（如骨组织）的影像，这是因为坚硬组织对X射线的吸收最多。在发现X射线一年以后，他对一位妇女的手部进行了X射线体层摄像。

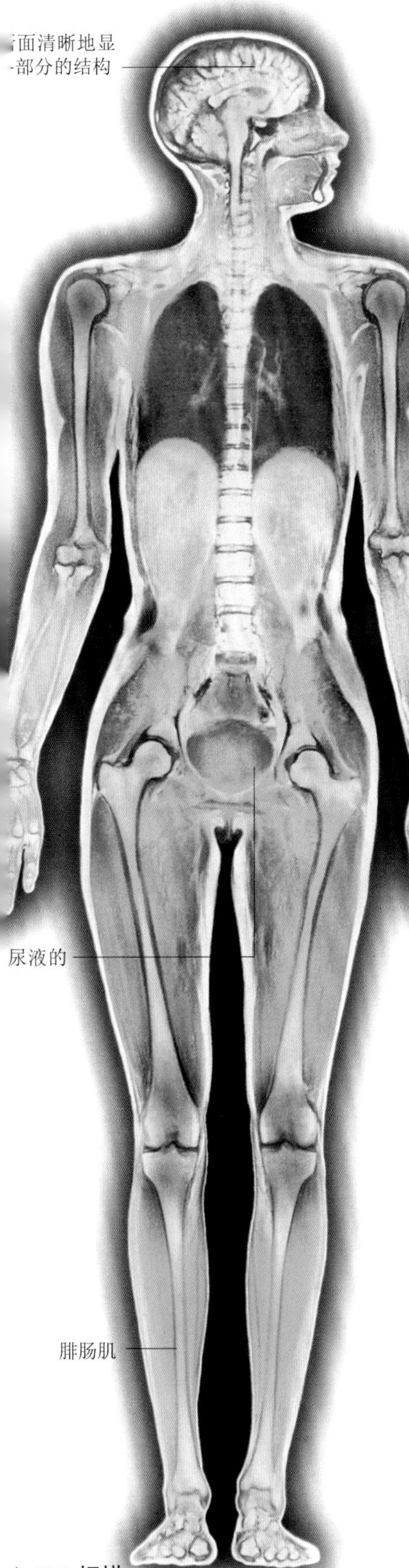

▲ MRI 扫描

MRI（磁共振成像）是一项现代成像技术，可以对脑等软组织进行高分辨率的成像。进行 MRI 扫描时，患者需要平躺在一筒状扫描装置中，置身于强电磁场和密集电磁波内（并无痛苦与不适的感觉），引起体内分子释放能量。当这些能量被计算机识别分析后，便可成像，如该女性冠状面扫描图。

现代影像技术

PET 扫描

PET（正电子发射计算机断层显像）用以显示组织活性。当人在讲话时，这种 PET 扫描显示左侧大脑在活动（彩色斑点）。当人吃了有放射性核素标记的葡萄糖以后，它们被活跃的大脑细胞吞噬。PET 扫描仪可以检测到这些释放出放射性正电子的物质。

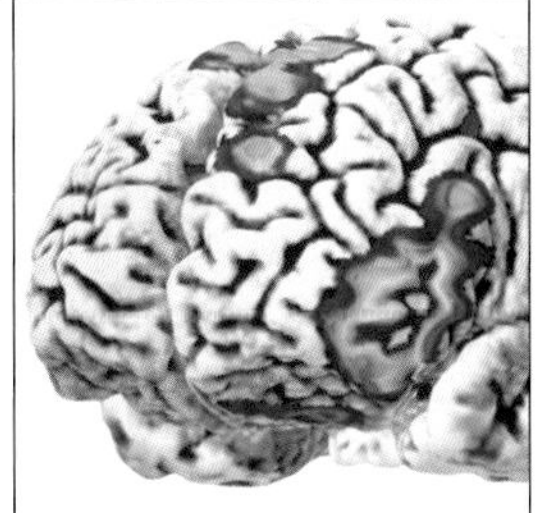

CT 扫描

CT（计算机断层扫描）是用一个绕身体旋转的扫描装置发出 X 射线。这些 X 射线通过身体组织被一检测装置收集，检测装置与计算机相连，由计算机呈现出人体的"切片"样断层图像。这些图像可以进行三维重建，如右图中的肋骨、脊柱等。

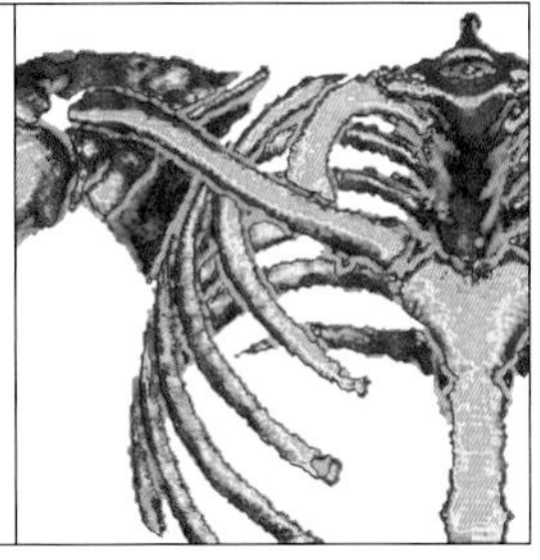

超声

通过超声扫描，高频脉冲声波射入人体内部。当这些声波被组织反射时，可产生回声，经计算机识别并转换为图像。超声扫描是检测子宫内胎儿（右图）的一种安全检查；还可以进行动态显示，如心脏的搏动。

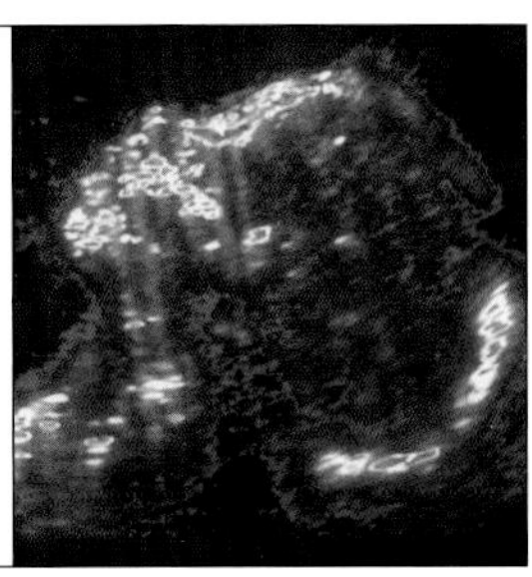

对比成像技术

传统的 X 射线体层摄影能够清晰地显示骨骼等坚硬组织，但是对软组织的敏感度较低。对比成像技术通过一种强吸收 X 射线的物质来增强对软组织和空腔组织的显影，硫酸钡已经用于辅助显示结肠的结构。图像被人工着色。

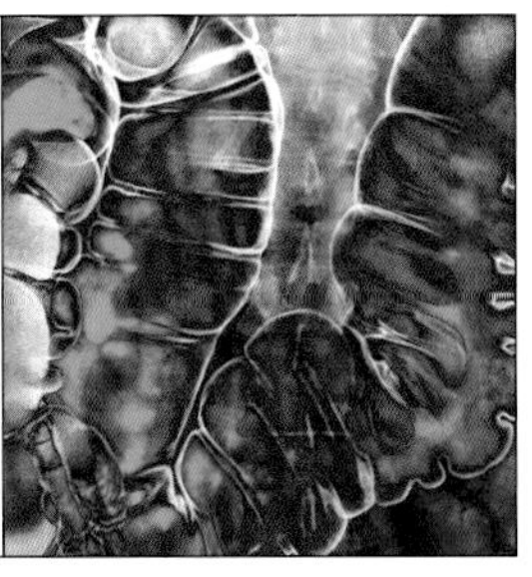

磁共振血管成像

磁共振血管成像（MRA）是 MRI 的一种形式（右图），用来显示清晰的血管图像。扫描前，有时需向血管内注射一种物质，以使血管更加清晰可见。下腹部主动脉（顶部）分支形成左、右髂总动脉。经扫描后，呈现出正常颜色（红色）。

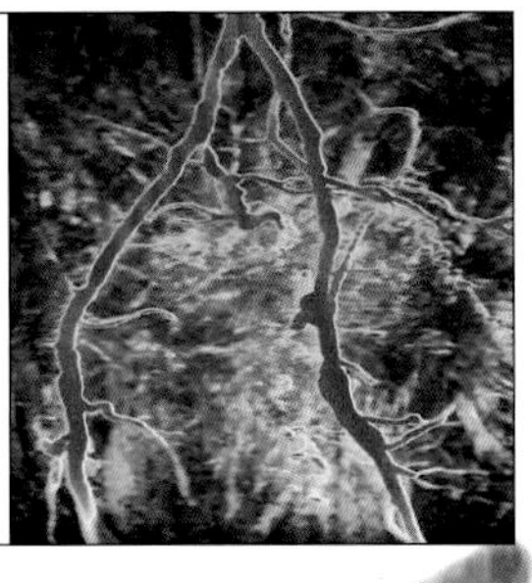

X 射线体层摄影

X 射线使用电磁辐射，可以穿过体内更柔软、密度更低的组织。如今，X 射线已数字化，射线由探测器接收，图像数据由计算机处理成图像。有专门针对机体不同部位的 X 射线体层摄影，如牙齿、乳腺（见右图）。

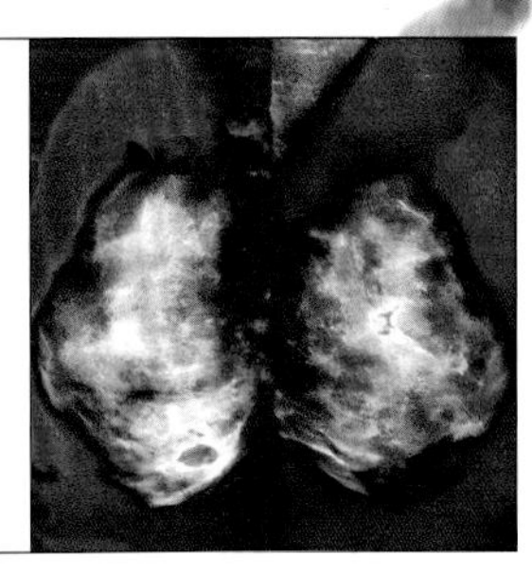

▲微观技术

未来的某一天，微观技术可能会用一种叫作微型机器人的很小的自动装置对人体进行巡查。如上描绘的微小自动装置需要用先进的微观技术制造，并从血液里的葡萄糖和氧气中获得能量，通过发现、消灭致病菌从而增强机体体质。它的用途还可能包括修复受损的血管。

结构单位

数百万亿微小的生命单位——细胞，是人体的基本组成部分。通过应用光学显微镜和功能强大的电子显微镜，我们知道了细胞的外观以及它们是如何进行工作的。人体内存在有大约 200 种不同类型的细胞，包括上皮细胞、脂肪细胞、神经细胞、卵细胞和精细胞。不同的细胞有不同的形状、大小及功能，但大多数细胞都具有共同的特征：具有一个细胞膜、一个细胞核和包含细胞器的果冻样细胞质，它们可以支持细胞，完成各种各样的功能。身体通过细胞分裂的方式产生新的细胞，使身体里衰老的、死亡的细胞及时得到补充，从而促进身体的生长发育。

▲光学显微镜下面颊部的细胞

就像给道路铺石板一样，为数众多的上皮组紧凑排列，覆盖在面颊内面。该图片是用光学显镜获得的。从图片上可以看到细胞核（橘黄色）细胞质（绿色），但是放大倍数还不足以展现悬浮细胞质中的各个结构（如下面的模型图所示）。面部细胞属于上皮细胞，该类细胞覆盖着人体内外个器官和皮肤表面。

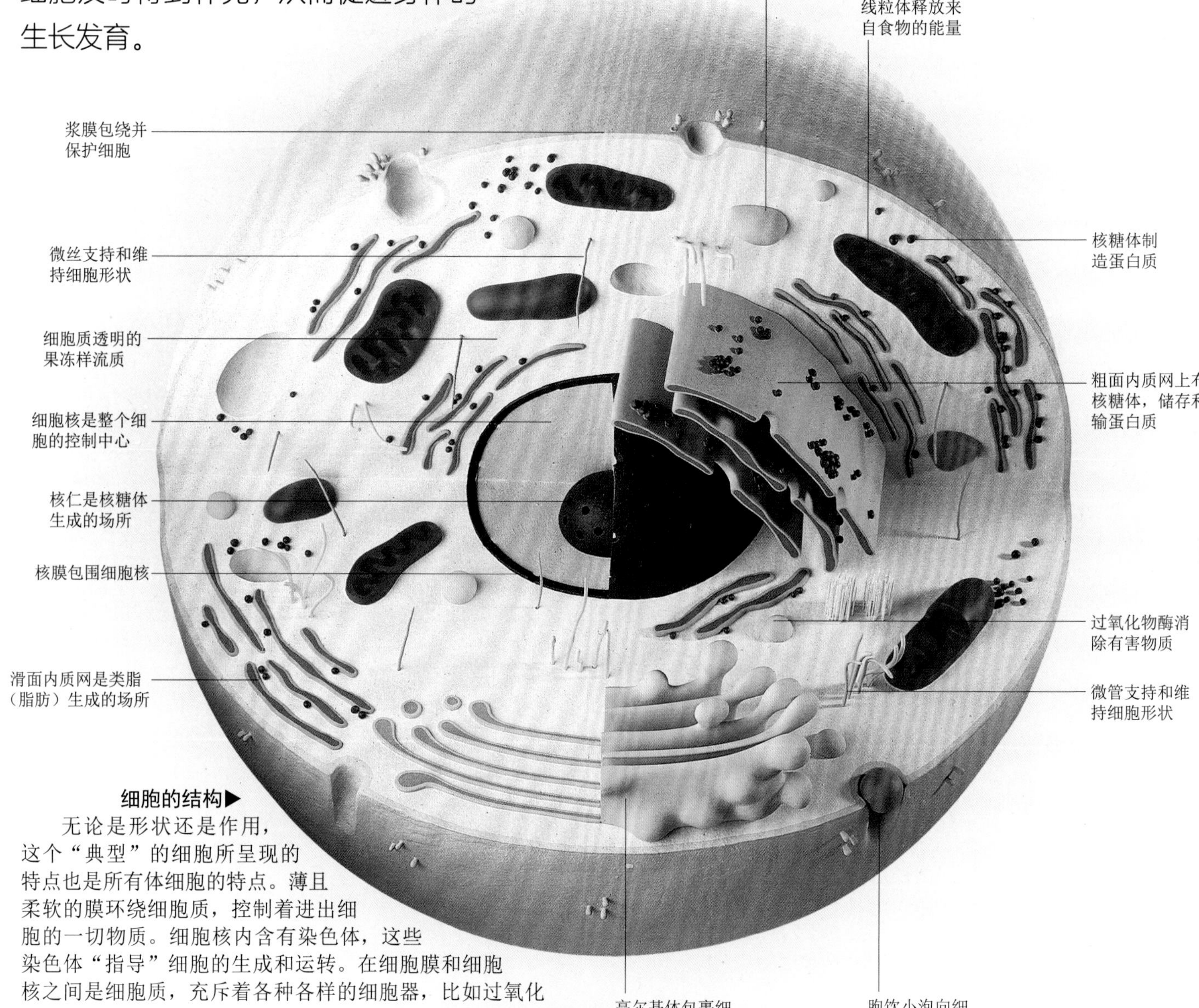
溶酶体溶解衰老细胞器
线粒体释放来自食物的能量
浆膜包绕并保护细胞
核糖体制造蛋白质
微丝支持和维持细胞形状
细胞质透明的果冻样流质
粗面内质网上有核糖体，储存和输送蛋白质
细胞核是整个细胞的控制中心
核仁是核糖体生成的场所
核膜包围细胞核
过氧化物酶消除有害物质
滑面内质网是类脂（脂肪）生成的场所
微管支持和维持细胞形状
高尔基体包裹细胞生成的物质
胞饮小泡向细胞内吞噬液体

细胞的结构▶

无论是形状还是作用，这个“典型”的细胞所呈现的特点也是所有体细胞的特点。薄且柔软的膜环绕细胞质，控制着进出细胞的一切物质。细胞核内含有染色体，这些染色体“指导”细胞的生成和运转。在细胞膜和细胞核之间是细胞质，充斥着各种各样的细胞器，比如过氧化物酶（消除细胞内有害物质）和核糖体（产生蛋白质）。每一种细胞器都为保持细胞活性贡献着自己的力量。

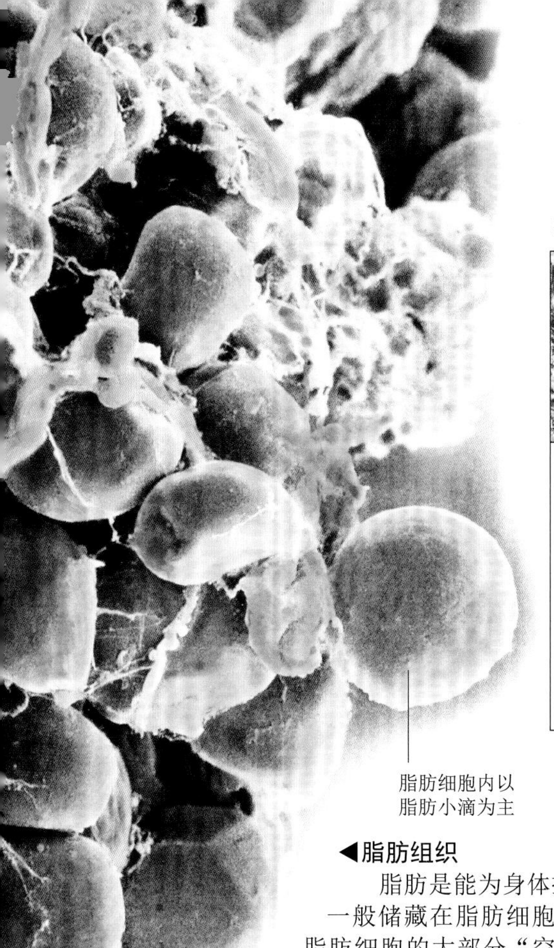

◀**脂肪组织**

脂肪是能为身体提供能量的一种物质，一般储藏在脂肪细胞内。脂肪小滴充填于脂肪细胞的大部分“空间”内，以致细胞核等细胞器被挤向细胞的边缘处，大量脂肪细胞形成脂肪组织。脂肪组织分布在皮肤下层就像一个能量仓库，以阻挡身体热量的丧失。此外，脂肪组织还可以支持和保护器官（如肾脏和眼球）。

细胞怎样分裂

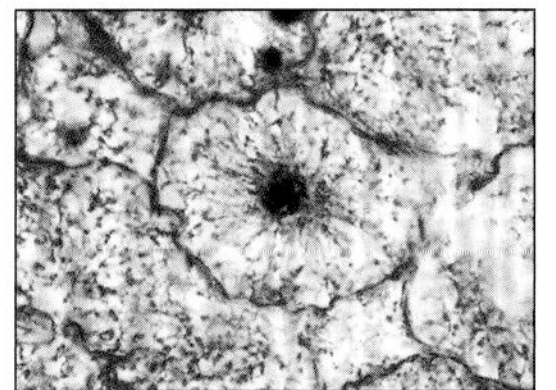

准备分裂

细胞分裂时产生两个“子细胞”，它们与“母细胞”一模一样。人体的细胞核包含 46 条染色体，它们“指导”细胞形成和运转。在细胞准备开始分裂前，线样染色体蜷缩并进行自身复制，以至形成两个一样的相连的染色体棒。

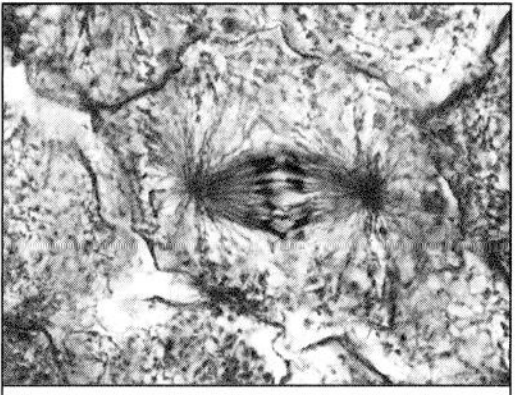

有丝分裂

下一阶段，叫作有丝分裂，此时，一对染色体相互分离，形成两组独立的染色体。新生成的染色体（黑色）被微管以相反的方向分别拉向细胞的两端，这样，细胞的每一端都有一组相同的染色体，即 46 条染色体。

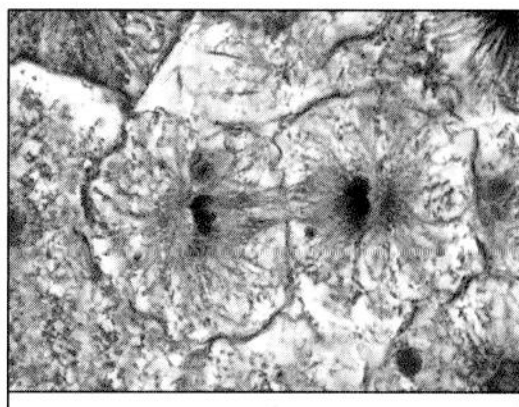

新细胞分裂成形

在有丝分裂的终末阶段，每一组新形成的染色体被包绕在它自己的细胞核内。核膜生成，同时细胞质分裂成两个独立的细胞，它们拥有相同的染色体和细胞器。无论生长或是复制，细胞分裂的整个过程确保了新生细胞应有的功能。

神经元中也
含有细胞核

树突如线一样
在细胞间交织

轴突是神经元
胞体的延伸

神经元（神经细胞）▶

这张显微照片显示的是神经系统上亿神经元中的两个。神经元高速地传递电信号（神经冲动），以控制肢体的活动。每个神经元都有一个长满线样树突的胞体，这些树突传入来自其他神经元的神经冲动。轴突或者称为神经纤维，则负责传出胞体的神经冲动，其传递距离甚至可以达到 1 米以上。

细胞能存活多长时间?

细胞类型	功能	寿命
小肠细胞	吸收食物	36 小时
白细胞	消灭入侵的异物	13 天
红细胞	运输氧	120 天
肝脏细胞	人体“化工厂”的一部分	500 天
神经元	传递信息	＞100 天

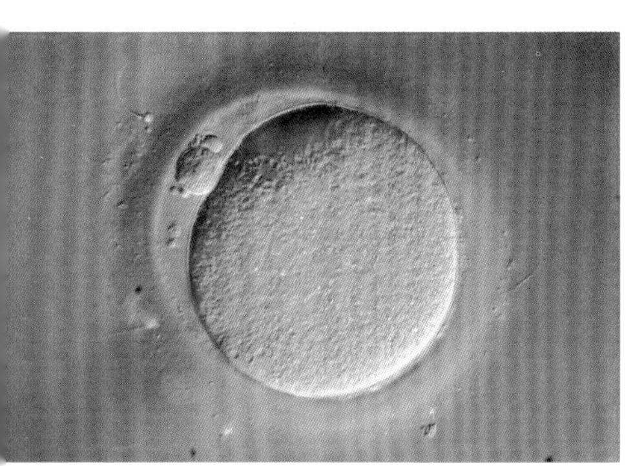

卵细胞

卵细胞是人体内“个头”最大的细胞，球形结构，直约 0.1 毫米。成千上万的卵细胞仅存在于女性体内，在出生前就由卵巢产生。它们绝大部分留在原处，直到青期才从卵巢释放出来，通常一个月释放一枚卵子。像精一样，卵子也含有一半创造生命的遗传信息。而与精子同的是，卵子不具有精子那般流线型的“身体”和娇小积，并且不能自由移动。

精子头内含
有染色体

◀**精细胞**

精细胞也叫作精子，仅存在于男性体内，男性睾丸每天都可以产生上百万个精子。精子头部负载着一半可创造生命的遗传信息。当人进行生育活动时，精子依靠尾巴的运动让自己接近卵子（含有另一半创造生命的遗传信息）。如果精子和卵子相遇，那么一个新生命就诞生了。

身体构造

人体是构建在五种不同水平层次上的，从简单的人体细胞开始，逐步经过组织、器官、系统，最后达到最复杂的水平层次——人体。相似的细胞聚合形成人体组织，两种或两种以上的组织共同形成器官，比如胃或者心脏。器官和组织共同作用来产生机体的功能（如消化功能），这些器官和组织组成了机体的 12 个独立的系统。这些系统并非各自孤立运行，而是彼此依赖，共同维持人体的运转。

主要的人体器官

身体系统	器官	大小（成年人）
神经系统	脑重量	1.45 ～ 1.6 千克
骨骼	股骨长度	40 ～ 45 厘米
循环系统	心脏重量	250 ～ 350 克
消化系统	肝重量	1.4 千克
内分泌系统	脑垂体直径	1 ～ 1.5 厘米
呼吸系统	肺重量	0.5 千克
泌尿系统	膀胱容积（充满时）	700 ～ 800 毫升
皮肤系统	皮肤重量	4 ～ 5 千克

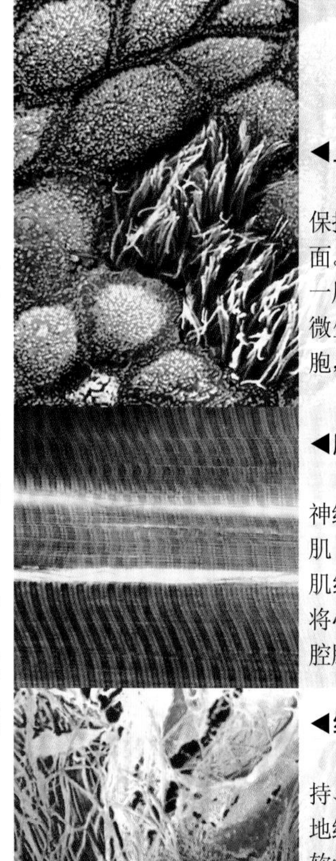

◀上皮组织
上皮组织也叫上皮，覆盖在身体表面起保护作用，同时，还能排列形成空腔脏器的内表面。这张放大图片所显示的是气管上皮，它由一层紧密排列的上皮细胞构成，可以隔离有害微生物。上皮细胞总是不断地分裂出新的细胞，以取代衰老和脱落的细胞。

◀肌肉组织
构成肌肉组织的细胞叫作肌纤维。当有神经信号刺激时，肌纤维会收缩和变短。骨骼肌（左图）可以使肢体运动，它含有条纹状的肌纤维，附着于骨骼上。心肌仅存在于心脏，将心脏内血液泵入全身。平滑肌纤维可见于空腔脏器，可使这些器官改变形状。

◀结缔组织
结缔组织种类最多，可以对人体起到支持、保护和隔离作用，同时将人体各结构有机地组织在一起。形成骨骼的这类结缔组织包括软骨和骨，肌腱和韧带也属于结缔组织。胶原纤维（左图）使结缔组织富于强度和韧性。其他类型的结缔组织还有脂肪组织和血液。

◀神经组织
神经组织构成人体最主要的沟通和控制网络——大脑、脊髓和神经。神经组织的组成包括神经细胞（也叫神经元）和胶质细胞，前者传递电信号，后者支持神经细胞。该图（左图）是小脑断面，显示小脑中的神经组织的排列组成，部分大脑的作用是控制人体的活动。

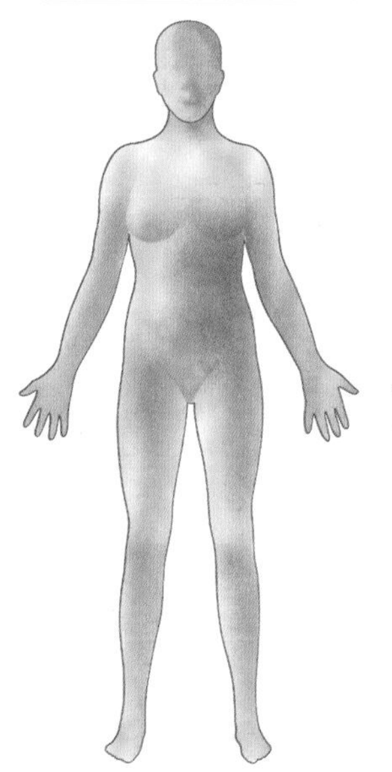

▲皮肤系统
该系统覆盖身体的外表面，包括皮肤、毛发和指甲。皮肤是隔水屏障，防止人体脱水，并且能够调节身体温度。它可以有效地防止阳光中紫外线和致病微生物对人体的伤害。

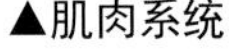

▲肌肉系统
肌肉系统包括大约 640 块骨骼肌，它们通过收缩和变短，通过关节带动骨骼，进而使身体运动。人体肌肉的分布规律是，每一块肌肉都与其相邻的一块或多块肌肉有部分重叠。肌肉通过肌腱附着于骨头上。

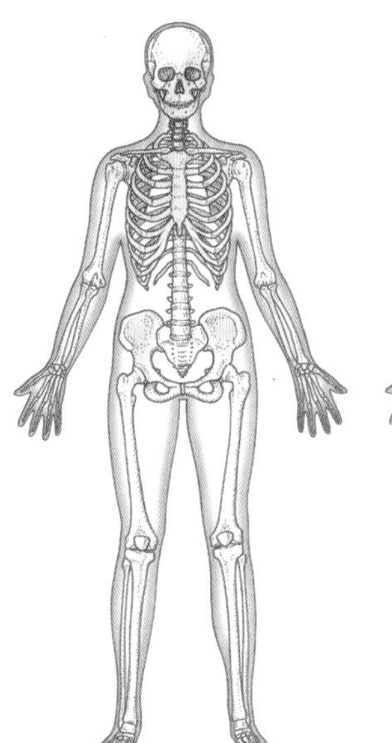

▲骨骼系统
骨骼系统坚硬、灵活，由骨、软骨和韧带组成。它支持着人的整个身体，维持人的外部形态，包绕和保护人体内的各种器官（如脑），使人可以运动自如。此外，骨骼中储存着很多矿物质（如钙），骨髓还有造血能力。

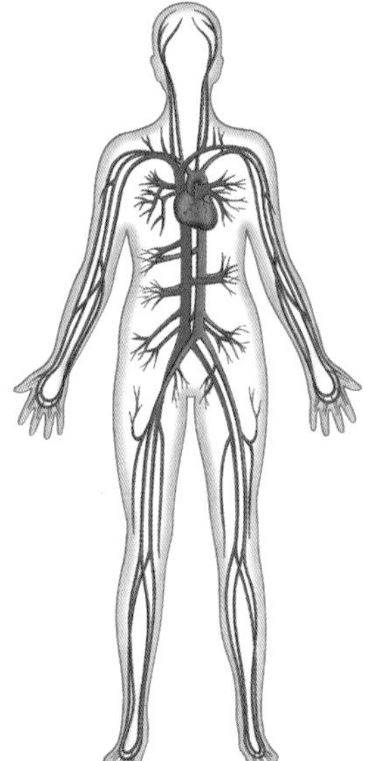

▲循环系统
循环系统包括心脏、全身的血管网和流经血管的血液。它们把食物、氧气和其他人体必需物质运送到全身各个细胞，同时带走这些细胞排泄的废物。此外，循环系统还有维持体温和抗炎症的作用。

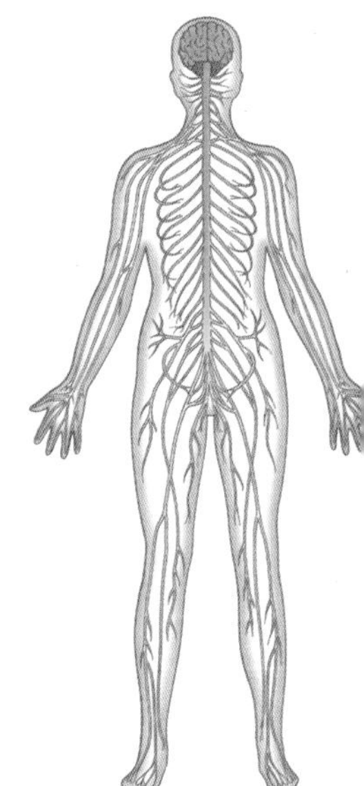

▲神经系统
神经系统是人体的主控制中枢。脑和脊髓构成枢神经系统，负责处理和存外来信息，然后向外周经发出“指令”。神经系统传递作用简单来讲，就是递中枢神经系统和其他人结构之间的信号。

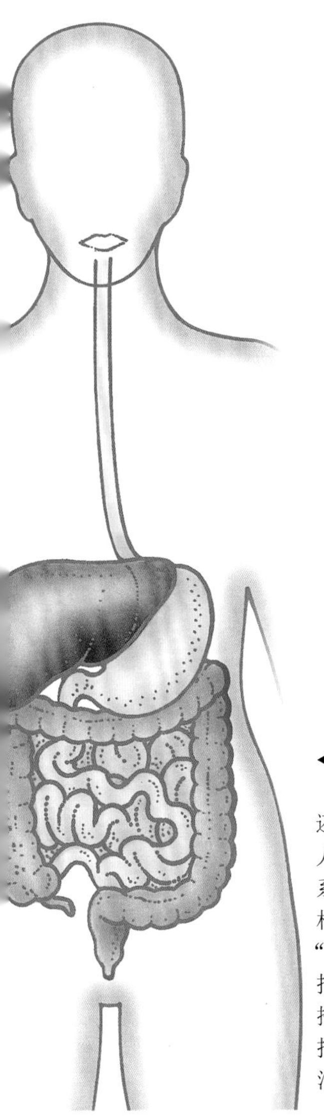

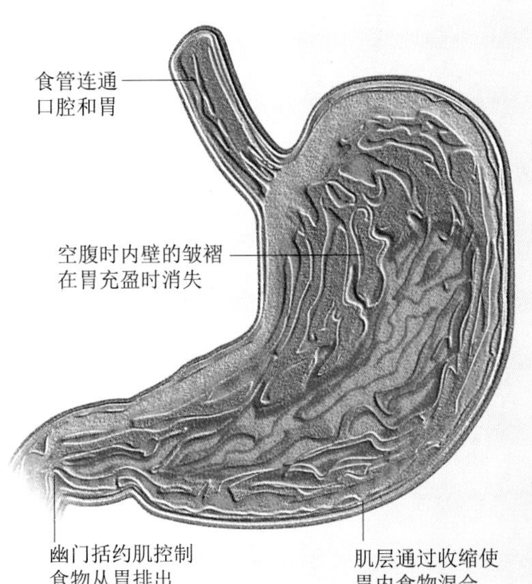
食管连通
口腔和胃
空腹时内壁的皱褶
在胃充盈时消失
幽门括约肌控制
食物从胃排出
肌层通过收缩使
胃内食物混合

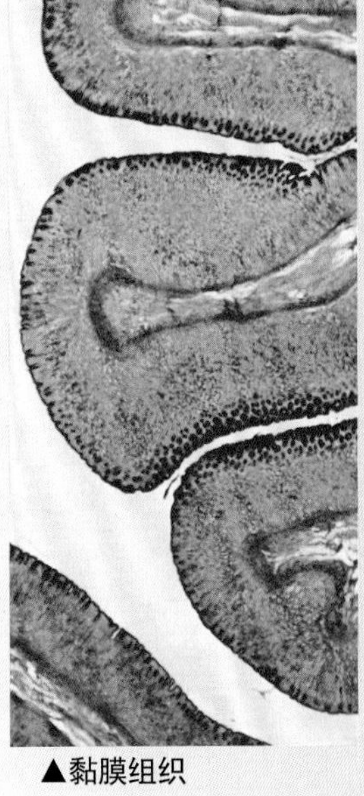

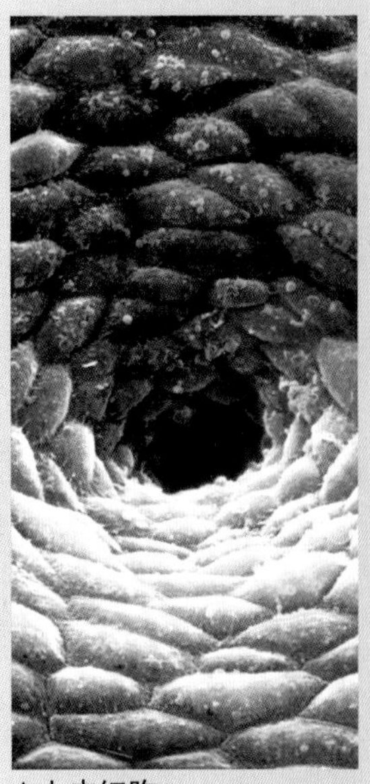

◀消化系统

消化系统容纳食物，还负责把食物“加工”成人体需要的形式。同其他系统一样，消化系统包括相连接的若干器官，共同“完成工作”。例如，食管把经过咀嚼、吞咽的食物推至胃内，胃再通过运动把食物搅拌成糊状，便于消化吸收。

▲胃（器官）

作为消化系统的一部分，胃的作用是容纳咀嚼过的食物，并且对其进行部分地消化。像其他器官（如泌尿系统的肾脏）一样，胃有一个很容易辨认的外形，包括各种不同的组织。其中某些组织可以使胃具有收缩的功能；另外一些组织则形成胃的血管、神经和内壁。

▲黏膜组织

该图片是显微镜下看到的胃皱褶内壁切片，也叫胃黏膜切片，包括3类组织：表面薄薄的一层是上皮组织；上皮组织下面是比较厚的结缔组织；最靠下的是黏膜平滑肌层。

▲上皮细胞

从这张微观图片可以看到胃内壁表面的上皮细胞。细胞间紧密连接有效地阻止了腐蚀性胃液对其下层结缔组织的侵蚀。上皮细胞还能分泌黏液，覆盖在细胞表面，起保护作用。在分泌消化液的胃腺体入口处，亦有上皮细胞环绕。

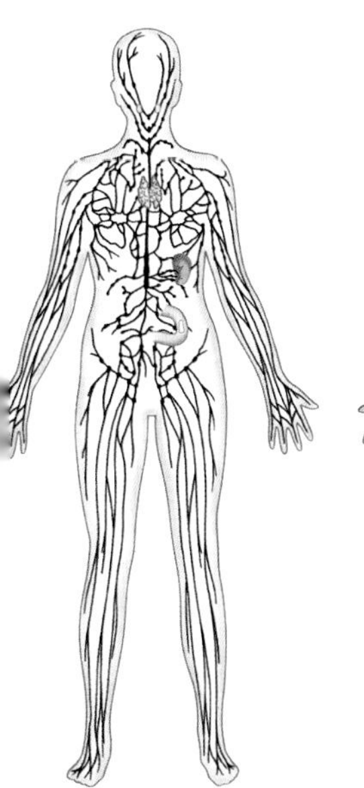

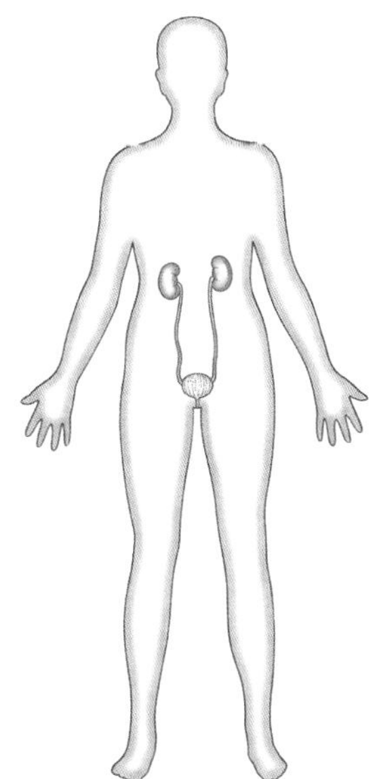

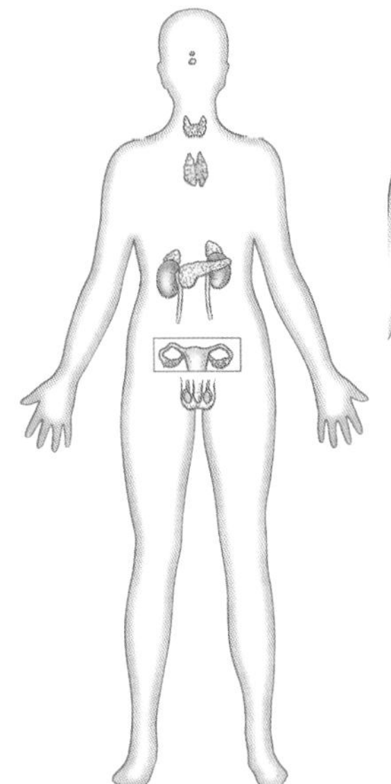

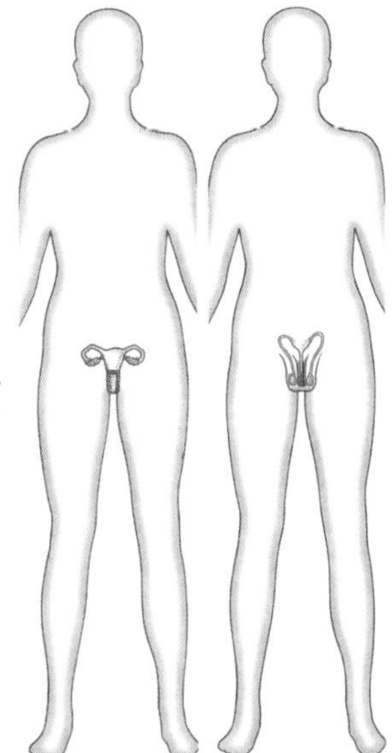

▲淋巴和免疫系统

淋巴系统负责从组织吸收过多的淋巴液，通过对淋巴液的过滤，去除病原体（致病微生物）和细胞碎屑，再把淋巴液回输到血液。免疫系统包括淋巴细胞，它们保护人体免于病菌的感染。

▲呼吸系统

呼吸系统由呼吸管道和肺组成，提供人体内所有细胞供能所必需的氧气。空气通过呼吸进出肺部，在一呼一吸间氧气进入血液，二氧化碳被排出体外。

▲泌尿系统

泌尿系统包括肾脏、输尿管、膀胱和尿道。肾脏过滤血液，排出过多的水分和潜在的有害废物，如尿素。这些物质最终以尿的形式通过尿道排出体外。

▲内分泌系统

内分泌系统掌控人体多种机能，包括生长、繁殖和新陈代谢。内分泌系统由人体内各个腺体构成，它们向血液分泌各种被称为“激素”的化学物质。这些激素随血流在体内“旅游”，改变由其控制的具体腺体的活性。

▲生殖系统

生殖系统可以通过男女精卵结合，孕育出新生命。虽然男性和女性的生殖系统不同，但是却都在十几岁的时候开始具备生殖功能。女性排出卵子，如果恰与男性的精子相遇，进行受精过程，受精卵就会在女性子宫内发育成胎儿。

骨骼框架

由骨、软骨、韧带构建而成的人体骨架，提供了一个强壮的、富有柔韧性的骨骼框架来支撑整个人体，保护内脏器官，并且经肌肉牵拉产生运动。占据了人体大约 20% 重量的骨骼，同时也产生血细胞并储存钙质 (钙是使牙齿坚韧所必需的)。强健柔韧的软骨附着在骨头末端的关节，继而形成了鼻子和耳朵的组织构架。韧带则是将所有骨骼牢牢固定成一个整体骨架的强有力的索带。

颅骨包绕脑和面部
颌骨（下颌）
肩胛骨（肩峰）与肱骨连接
锁骨
胸骨为板状，保护心脏
肱骨属于上肢骨
肋骨环绕胸腔，保护心脏和肺
桡骨位于前臂
脊柱是由脊椎组成的灵活柱样结构
尺骨在前臂内侧
脊突提供肌肉的附着点
掌骨是手掌部的骨骼
骨盆（髋部骨骼）支持腹部脏器
股骨是体内最大的骨骼
指骨是手指内的骨骼
腕骨（手腕处骨骼）
跟骨（脚后跟部骨骼）
脊髓在脊柱内从脑向下延伸
一个个椎体构成脊柱
椎间盘是椎体之间的盘状软骨

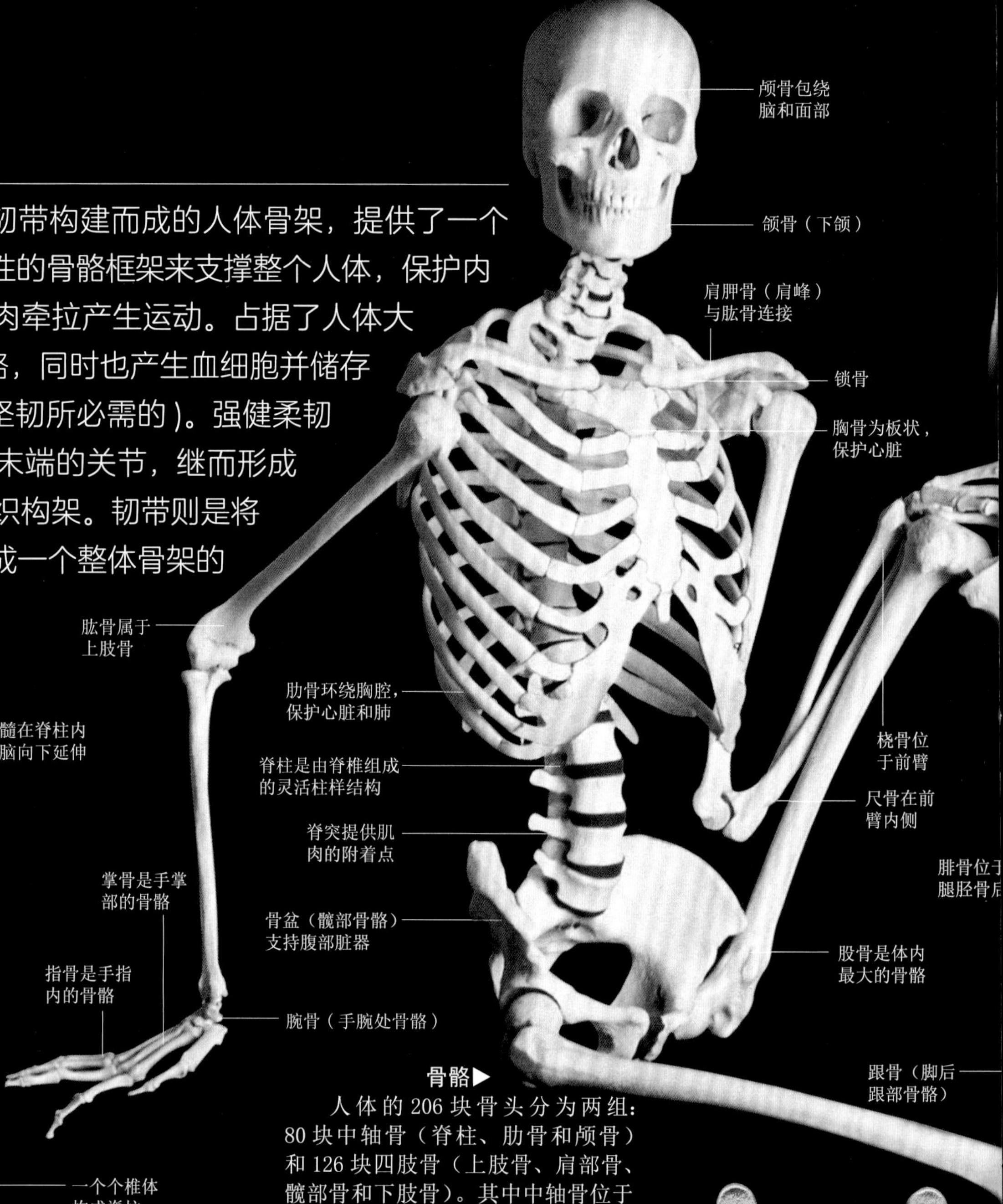

骨骼▶

人体的 206 块骨头分为两组：80 块中轴骨（脊柱、肋骨和颅骨）和 126 块四肢骨（上肢骨、肩部骨、髋部骨和下肢骨）。其中中轴骨位于人体中部，是骨骼系统的核心部分；四肢骨“悬挂”于中轴骨上，使人体可以做较大幅度的运动。上肢和手部骨骼便于操控物体；下肢和足部骨骼支撑整个身体重量，并能让我们到处活动。

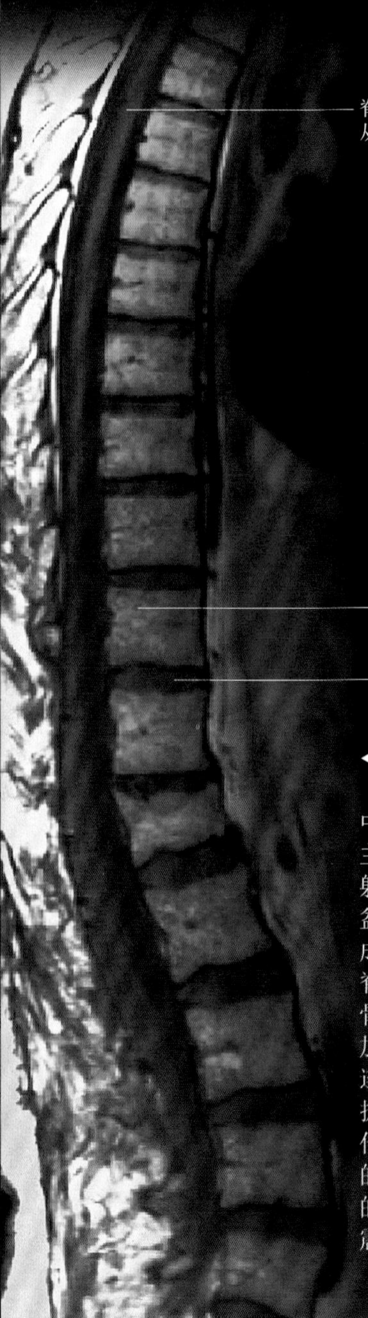

◀脊柱

从这张人体 MRI 侧面图中可以看到，脊柱是人体最主要的中轴骨，支撑头部和躯干。脊柱从颅骨延伸至骨盆，由 24 块椎骨上下相接而成，另外则有 9 块融合构成脊柱基部的骶骨和尾骨。椎骨间的软骨盘使椎骨活动更加灵活，椎骨环绕并上下相连形成一条通道，容纳且保护脊髓——脊髓负责传入和传出大脑的神经冲动。脊柱的“S”形结构能够增加身体的承重强度，缓冲运动时的震动，促进上半身的平衡。

放射性核素扫描

放射性核素扫描显示出健康区域的骨组织比其他区域更有活性。放射性核素是一种能够发射 γ 射线的化学物质，当少量的放射性核素射入人体时，可以被骨细胞吸收。骨细胞活性越高，能吸收的放射性核素量越多，相应地，其发射的 γ 射线也越多。计算机上连接的 γ 摄像机检测 γ 射线，产生如右图所示的图像。一些高活性区域（“热点”）表现为红色；而一些低活性区域（“冷点”）表现为蓝色。放射性核素扫描也能检测出一些反常的高活性区域，其可能由癌症、感染或外伤引起。

高
骨活性
低
前面
后面

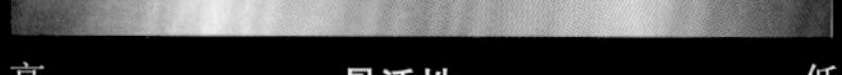

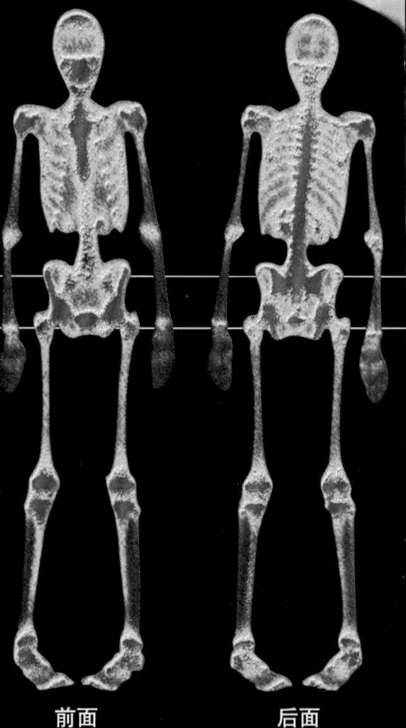

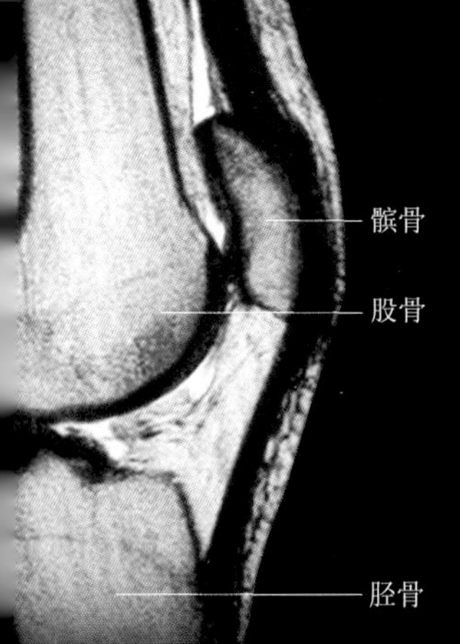

▲膝关节

这张 MRI 扫描影像图片显示的是纵向通过膝关节的断面，从中可以看到骨、软骨、肌肉和韧带。任何两块骨相接处即为关节，股骨、胫骨相接便形成膝关节。骨骼系统的大部分关节运动非常灵活，可以让我们做较大幅度的运动。膝关节的作用是在我们走、跑、跳和踢腿时，让腿部弯曲和伸直。

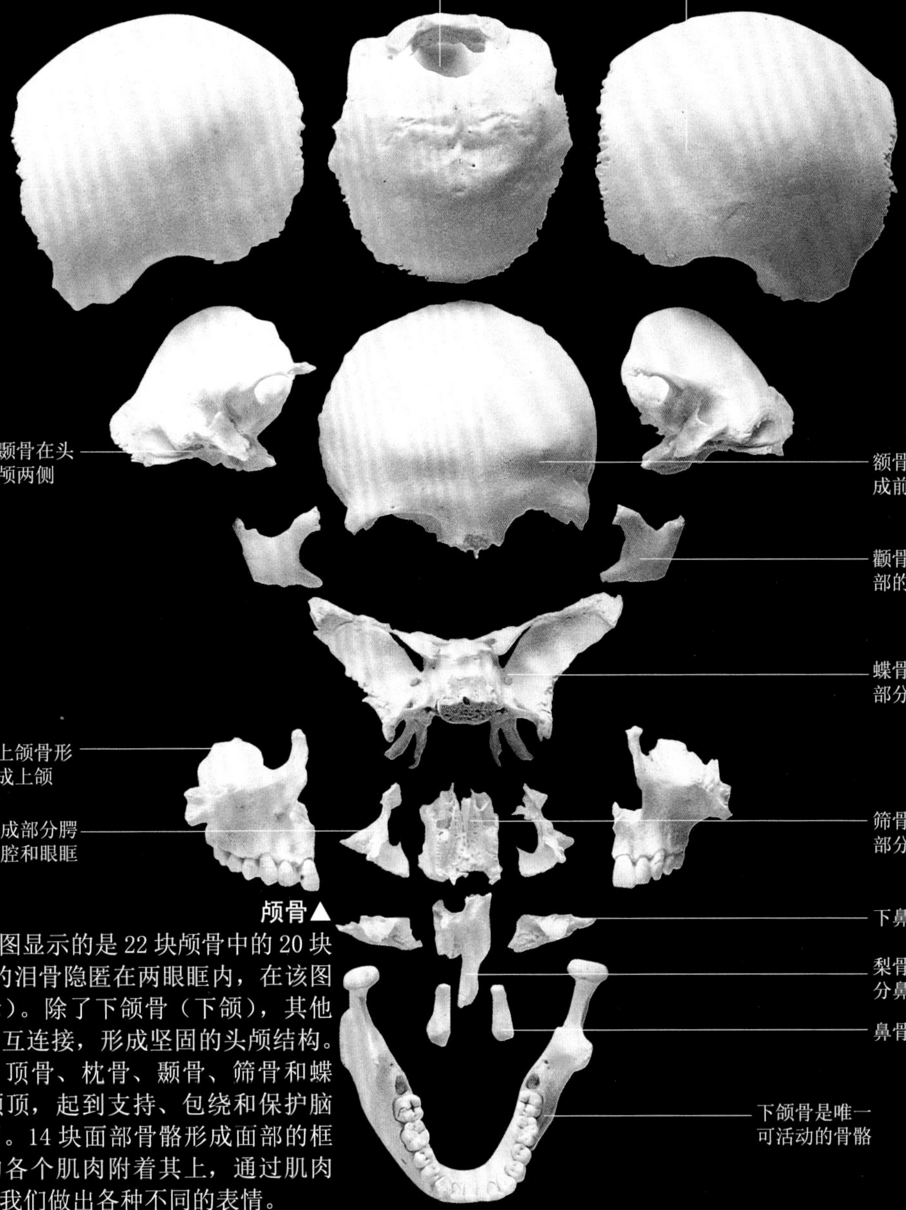

枕骨构成颅骨后部和基部

顶骨构成颅骨顶部和侧面

颞骨在头颅两侧

额骨形成前额

颧骨是脸颊部的骨骼

蝶骨构成颅骨部分的基部

上颌骨形成上颌

腭骨形成部分腭突、鼻腔和眼眶

筛骨形成部分鼻腔

下鼻甲

梨骨构成部分鼻中隔

鼻骨构成鼻梁

下颌骨是唯一可活动的骨骼

颅骨▲

该拆分图显示的是 22 块颅骨中的 20 块（两块很小的泪骨隐匿在两眼眶内，在该图中没有展示）。除了下颌骨（下颌），其他骨紧密地相互连接，形成坚固的头颅结构。其中额骨、顶骨、枕骨、颞骨、筛骨和蝶骨构成头颅顶，起到支持、包绕和保护脑组织的作用。14 块面部骨骼形成面部的框架，面部的各个肌肉附着其上，通过肌肉的运动，使我们做出各种不同的表情。

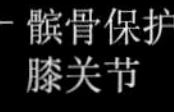

髌骨保护膝关节

胫骨承载下肢的大部分重量

跗骨（踝关节骨骼）包括跟骨

跖骨是脚踝和脚趾之间的五根长骨

趾骨

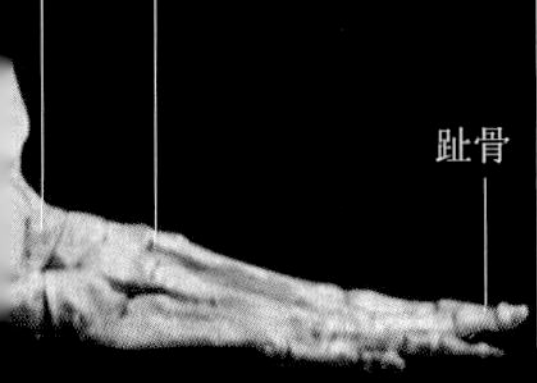

面容重塑

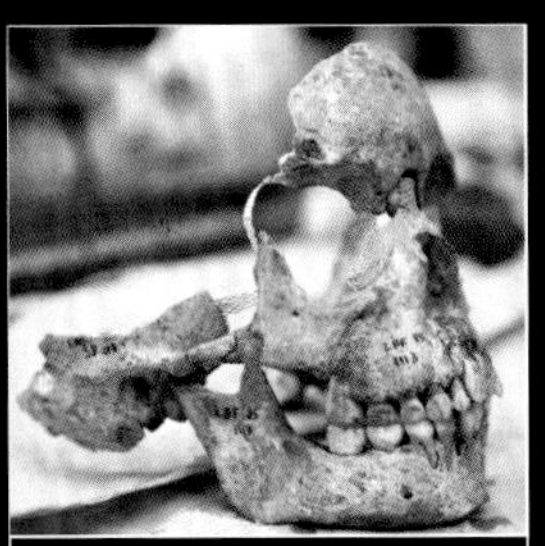

考古学发现

在人死亡很长时间以后，只有骨骼和牙齿可以长久保留。这张图片上的颅骨框架是在一次考古活动中，从古代遗址中发掘出土的。古人的骨骼能够很好地揭示其生前的饮食习惯、生活方式和曾患疾病。颅骨则可用以重建其主人的面部特征。

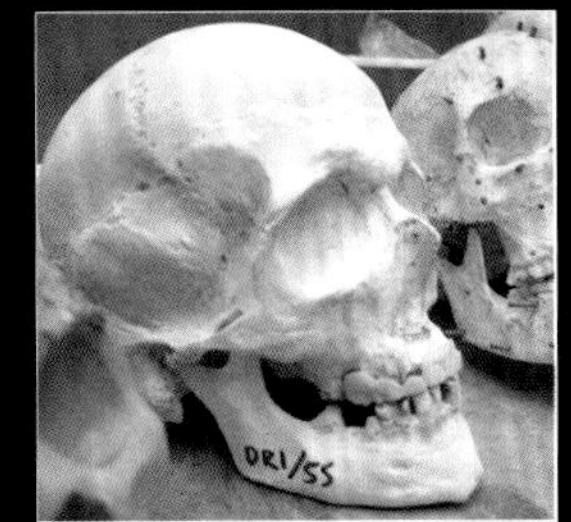

颅骨的石膏模型

面容重建的第一步工序就是清洁颅骨，并且再造一个该颅骨的石膏模型，如此这般，原颅骨中缺损的地方就可以进行加工修补。面容重建是法医塑形人员的一项工作，他们通过颅骨遗留下来的线索，兼用科学和艺术的技巧来重建头部。

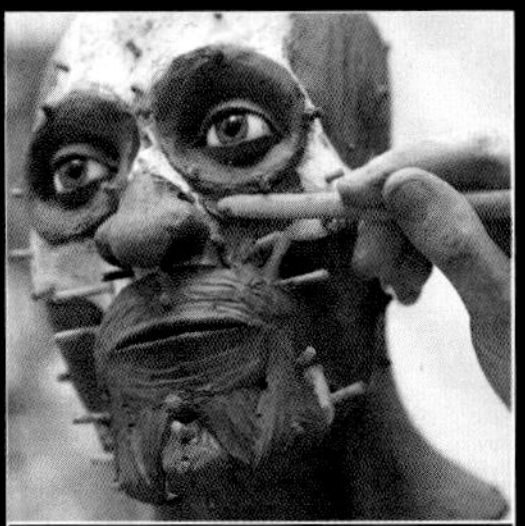

重建肌肉

人们头部的外观和面容是什么样的取决于颅骨形状和附着其上的肌肉。法医塑形人员用他们的解剖学知识作指导，用黏土做肌肉，覆盖于用石膏模型做成的“颅骨”，面部和头颅部肌肉深度决定用什么样的木栓，如上图所见。

最后工序

一旦颅骨表面重新“生出”肌肉，其最后一道工序就是把用黏土做成的“皮肤”涂于肌肉上，进而形成我们可辨认出的面容。面容重建不仅仅被考古学家用来展示远古人类的模样，法医塑形人员也用这项技术来帮助刑侦人员鉴定受害人身份。

骨与骨折

骨骼是由坚硬的骨组织、血管以及神经组成的器官。构成骨组织的骨基质中有大量的钙盐沉着，以维持骨骼的硬度；胶原纤维则保证骨骼的强度和韧性，并构成骨基质。骨组织的外部密度大于内部密度，这种结构使得骨组织同时具有坚硬和轻便的双重特点。在同等重量的条件下，骨组织硬度是一块钢板硬度的 6 倍。尽管它们有着惊人的强度，但有时也会发生骨折或骨裂，同时它们又具有自我修复的功能。除了起到人体支架的作用，骨骼也是血细胞的发生部位和机体钙的储存库。

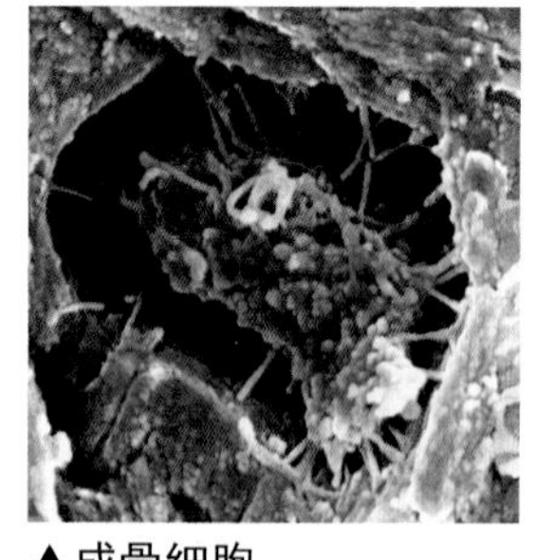

▲成骨细胞

骨骼由大量成骨细胞构成。当成骨细胞浸没在骨基质中，它们一个个分离开来，并渐渐发育成成熟的细胞，医学上称之为骨细胞，如上图所示。骨细胞呈线样，位于专属于它们自己的"地盘"里。骨细胞起着维系骨组织的作用。

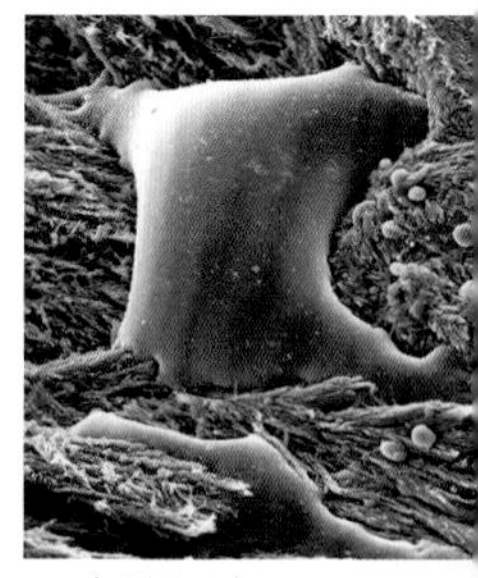

▲破骨细胞

当有重压的时候，骼总是反应性的发生塑。破骨细胞（上图，色）损坏骨骼，而成骨胞则可以重建骨骼。这细胞通过向血液里释放或把钙储存于骨骼中，调节血液中钙的水平。

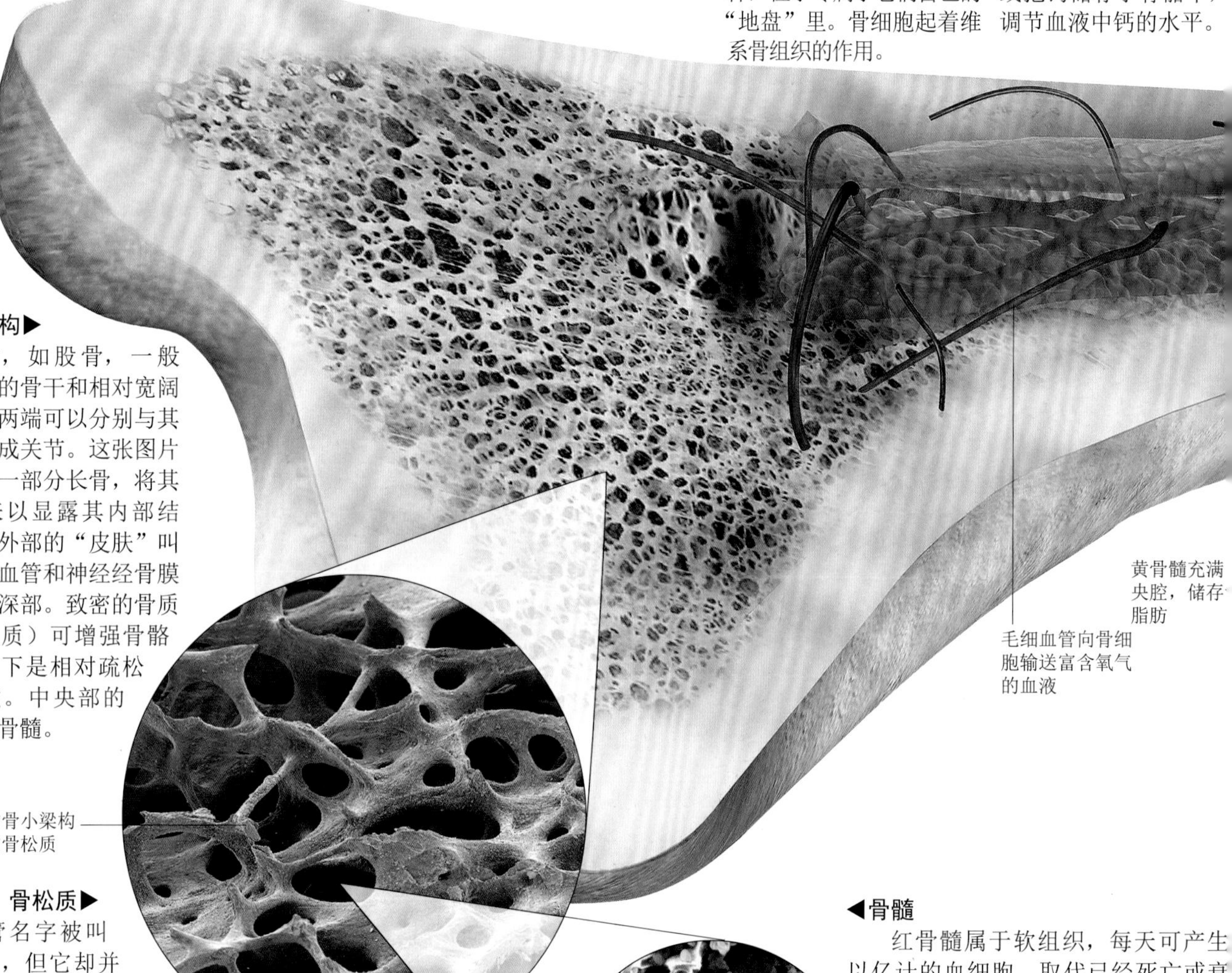

长骨的结构▶

长骨，如股骨，一般都有中央的骨干和相对宽阔的两端，两端可以分别与其他骨骼形成关节。这张图片显示的是一部分长骨，将其解剖开来以显露其内部结构。骨骼外部的"皮肤"叫作骨膜，血管和神经经骨膜进入骨骼深部。致密的骨质层（骨密质）可增强骨骼强度，其下是相对疏松的骨松质。中央部的骨干充满骨髓。

黄骨髓充满央腔，储存脂肪

毛细血管向骨细胞输送富含氧气的血液

交叉相连的骨小梁构成海绵状的骨松质

骨松质▶

尽管名字被叫作骨松质，但它却并不容易被压碎。骨松质由骨小梁（质硬小柱）构成，后者呈蜂窝样网状组织，且骨小梁之间并不紧密相接，都留有一定间隙。骨小梁的这种排列方式让骨松质虽轻却坚固。如果整块骨骼都由骨密质组成，那么骨骼在运动时则负重太大。密度较大的骨密质和密度较小的骨松质相结合，可以使骨骼在自身总重量减少的同时，依然保持较强的承重能力。

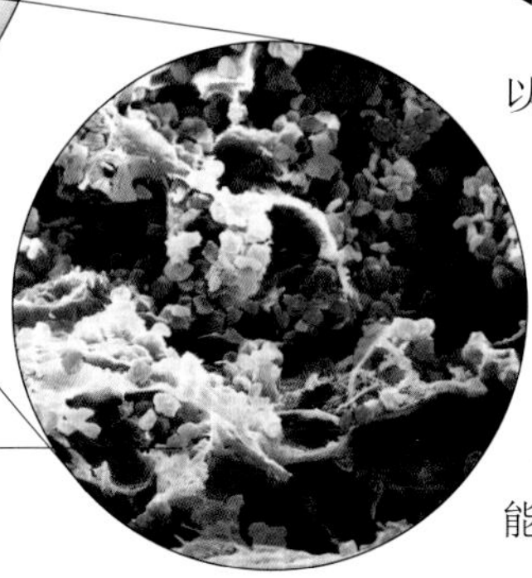

红骨髓可以产生新的红细胞

◀骨髓

红骨髓属于软组织，每天可产生以亿计的血细胞，取代已经死亡或衰的血细胞，维持血细胞在人体内的态平衡。婴儿时期，红骨髓位于长骨腔的骨松质内。到了青春期，部分红骨髓被黄骨髓所取代，变脂肪组织的储存地。成年以后，有位于股骨和肱骨头端，以及一些骨（如肩胛骨）的骨松质处的红骨能够产生新的血细胞。

空腔内承载着血管和神经

陷窝内容纳维持骨组织的骨细胞

◀骨密质中的骨单位

左图所示的是骨单位的横切面，骨单位也叫哈弗斯系统，骨密质就是由许许多多这样的圆筒状骨单位组合而成。在左图中，由骨基质形成的同心圆管腔清晰可见；这些呈同心圆排列的薄“板”样结构形成了一个个骨单位。薄间点状小窝叫作陷窝，其中包含维系骨组织的骨细胞。在骨单位的中央是一空管——哈弗斯管，血管和神经由此（图中都用红色标记）进出骨组织。骨单位沿骨干平行排列，像一根根承重的柱子，使每块骨骼外部都坚固、结实。

失重

航天员之所以能够在宇宙中飘浮，是因为他们身体处于失重状态，不受地球引力的作用。地球引力让我们的身体有了重量，当人们走、跑、跳跃的时候，我们的骨骼需要抵抗身体的重力，并且不断地塑形以确保有足够的强度支撑我们的身体。

但是在远离地球表面的宇宙中，就没有重力的作用了。因为不再需要支撑身体重量，骨骼质量每一个月便减少1%。在宇宙中经历了长时间的“游弋”，回到地球时，宇航员很容易发生骨折，这一问题使宇航员们无法进行更长时间的太空任务，比如火星之旅。

砧骨是耳朵里的微型骨骼

永离开骨细胞，带很少的氧气

骨密质由许许多多圆筒样的骨单位组合而成

骨膜是覆盖骨骼表面的一层薄纤维组织

骨密质是骨骼外层坚实、致密的组织

▲最小的骨

上图显示的砧骨，是相连的三块听小骨之一，也是人体内“个头”最小的骨骼。其余两块听小骨是锤骨和镫骨，其中镫骨比锤骨体积略小，只有5毫米长。三块听小骨都位于头颅的颞骨腔隙内，双侧对称。它们协同将声音传递到耳道最深处。

骨折固定

左上图为一前臂严重骨折的X射线体层摄影，入图中可以看到尺骨和桡骨的骨折断端相互分离。骨折的治疗原则是先将断端对齐，然后用石膏或塑料模具将骨折肢体固定，以保证骨折断端能够稳定地对接生长而不发生错位。右上图显示的是治疗骨折时，也可以用钢钉和钢板精确地固定断端。

骨骼如何实现自我愈合

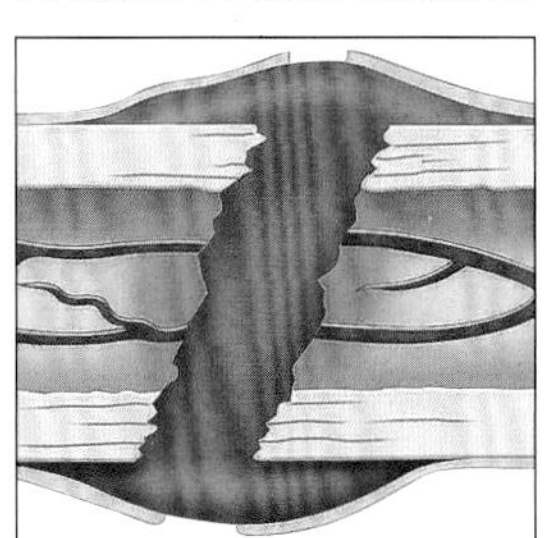

血凝块形成

在骨折发生后的几小时内，破损的骨骼已经开始进行自我修复了。首先在骨折断端有血凝块形成，如上图所示（通过长骨骨折处的纵断面），血凝块起到封堵骨和骨膜内破损血管的作用，并且可有效阻止血液向伤口继续渗透。骨折部位会出现肿胀和疼痛。

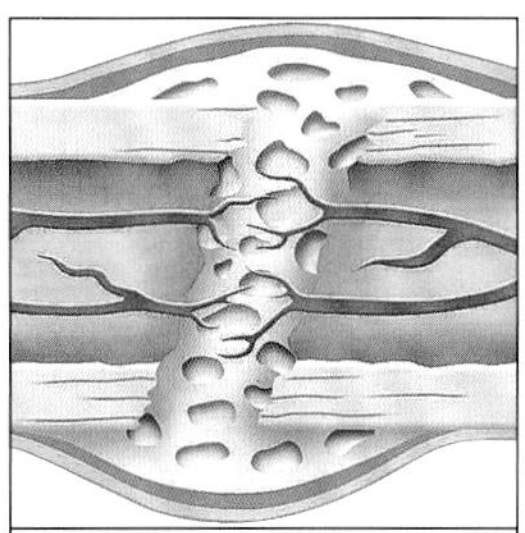

骨痂形成

骨折后的几天之内，骨膜再生，同时血凝块被软纤维组织的骨痂所取代。3～4周以后，当血管长入骨痂时，成骨细胞（形成骨骼的细胞）将纤维组织转化为松质骨骨痂，该结构连接骨折断端。

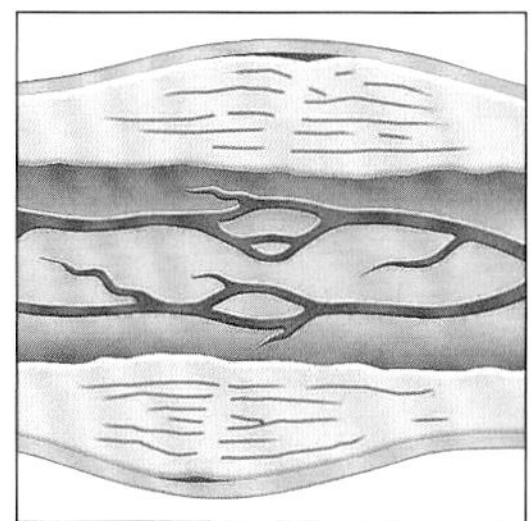

新骨形成

骨折后的几个月以内，修复过程几近完成。骨细胞使骨痂中央形成一个新的骨髓腔，“修剪”骨痂的凸起部分，还能促使坚韧的骨密质来巩固骨折处外壁的强度，这样骨骼就能保留其原有的外形。

运动部位

骨骼框架并非是一个僵硬的刚性机构，构成它的骨骼通过关节相互吻合，关节使骨骼联结成一体，并且可以自如活动，从而保证了骨骼框架的稳定性和灵活性。人体的关节分为三种类型，即不动关节、微动关节和滑膜关节。不动关节无法活动，微动关节可有一定的活动范围。人体的 400 个关节大多有滑膜关节参与，可以自由活动，例如膝关节和指关节。软骨也参与关节形成。在滑膜关节中各个骨端的表面被透明软骨所覆盖，同时纤维软骨也参与了不动关节和微动关节的形成。

两骨骼在关节处衔接

骨膜覆盖于骨干表面

滑膜可产生滑膜液

滑膜液充盈于关节间隙

透明软骨覆盖于骨端

纤维关节囊包裹整个关节

◀滑膜

在这些可以自由活动的关节中，骨骼末端均覆盖一层透明软骨。透明软骨与骨骼末端还间隔有一间隙，其中填充着黏稠的滑膜液。这种结合方式使关节在运动时产生的摩擦力，比冰块在冰上滑动时产生的摩擦力还小。纤维关节囊包绕关节处两骨的骨端，一些位于关节囊周围的条带样韧带可起到加强作用。滑膜居于关节囊内，分泌滑膜液

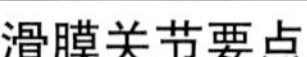

滑膜关节要点

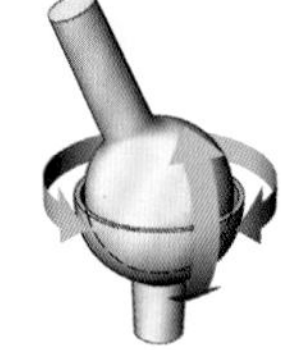

球窝关节

球窝关节可见于肩关节（肱骨和肩胛骨之间）和髋关节（股骨和骨盆之间），该类关节的运动幅度最大。其中一骨的球状骨端嵌入另一骨的杯状陷窝内，从而可以做任一方向的旋转运动。

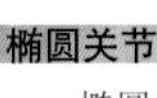

椭圆关节

椭圆关节是一骨的椭圆状骨端嵌入另一骨的椭圆状陷窝内，可进行侧向运动或从后向前运动。这类关节见于腕关节（桡骨和腕骨之间）和掌指关节（掌骨和指骨之间）。

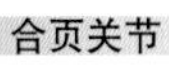

合页关节

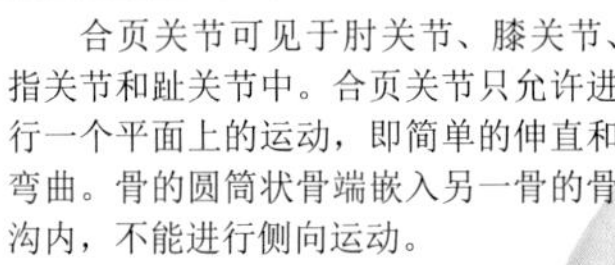

合页关节可见于肘关节、膝关节、指关节和趾关节中。合页关节只允许进行一个平面上的运动，即简单的伸直和弯曲。骨的圆筒状骨端嵌入另一骨的骨沟内，不能进行侧向运动。

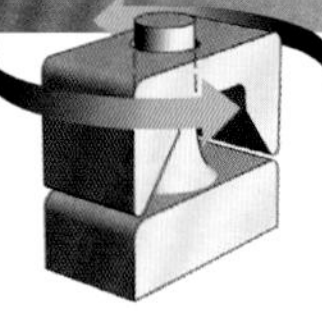

旋转关节

旋转关节是一股骨端绕另一骨做旋转，比如颈部，第二颈椎的突起与第一颈椎的凹陷接合，从而能使头颅从一边转动到另一边。

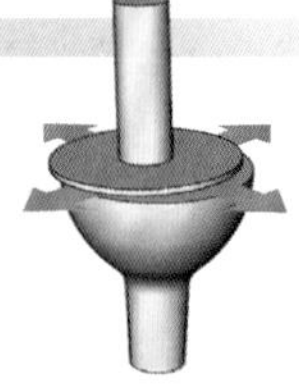

平面关节

只要是属于平面关节的骨骼，其两骨骨端必定平坦，且紧密相接。该类关节只能做轻微的侧向滑动。手腕各个腕骨之间皆属于平面关节。

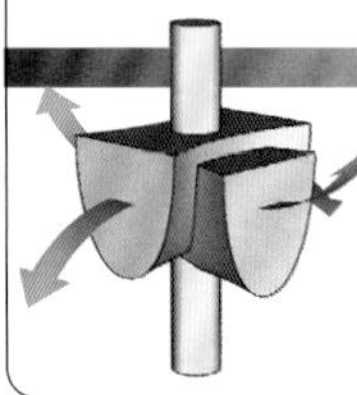

马鞍样关节

马鞍样关节包括两“U”形骨端，相互以恰当的角度嵌合，就像骑在马鞍上一样。拇指根部关节属于这一类型，可以让拇指进行各个方向的旋转运动。

颅骨只有一个滑膜关节，即下颌骨附着颅骨处

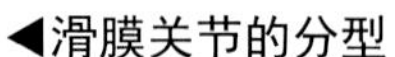

◀滑膜关节的分型

人体的滑膜关节大致分为六型：球窝关节、椭圆关节、合页关节、旋转关节、平面关节、马鞍样关节。分型依据为骨端形状和两骨在关节处相接合的方式。各类型关节还决定了关节运动的幅度，比如属于球窝关节的肩关节可以在不同的方向上进行运动，而属于合页关节的肘关节就只能进行一个方向上的前后运动。最左边表格用简单的示意图说明了每一类型关节如何进行运动；下面这张图则用不同的颜色对关键关节进行了标记。

不动关节▶

如果构成头颅的各块骨能够活动，就可能损伤脑组织，因此头颅内的各块颅稳定地接合在一起，这种能活动的关节称为骨缝。颅骨参差不齐的边缘紧结合在一起，像一根细。骨缝处有一薄层纤维组织来加强其稳定性，中时期该薄层纤维组织被骨组织所取代，相邻两骨融合一起。

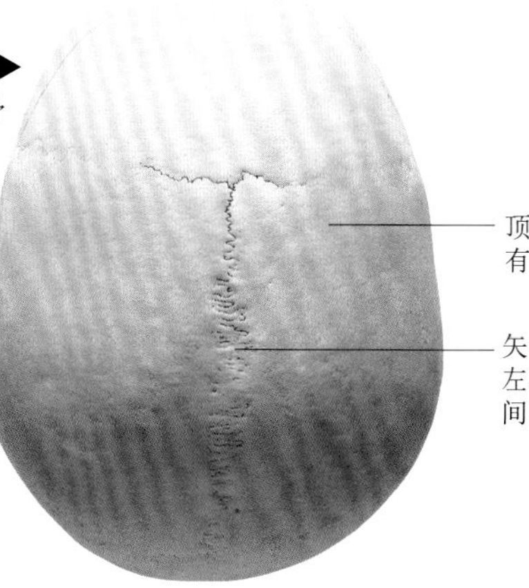
顶骨——颅顶有两块
矢状缝，位于左右两顶骨之间

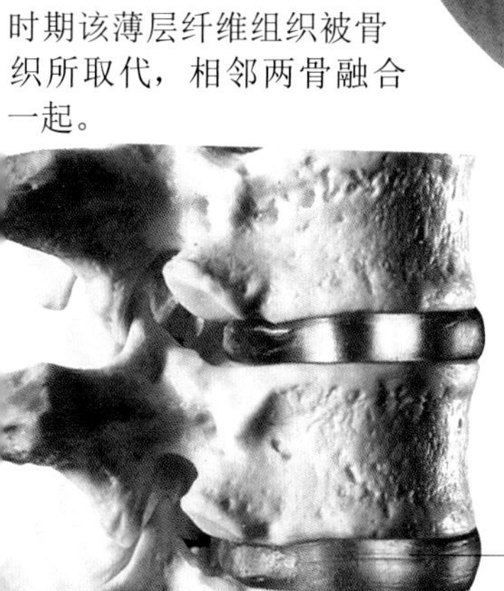
椎间盘连接上下椎体，椎体间关节属于半活动关节
椎体构成脊柱的一部分

◀半活动关节

正如标题所示，该类关节只能进行有限的运动，典型的例子就是脊柱椎体间的椎间盘（左图）。但是，当所有椎体的运动结合起来，就能使椎体灵活地向前、向后和侧向运动。椎间盘中心较柔软，由纤维软骨组织构成，当我们行走和跑动时，它可以起到减震的作用。

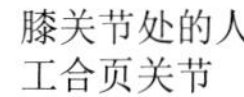

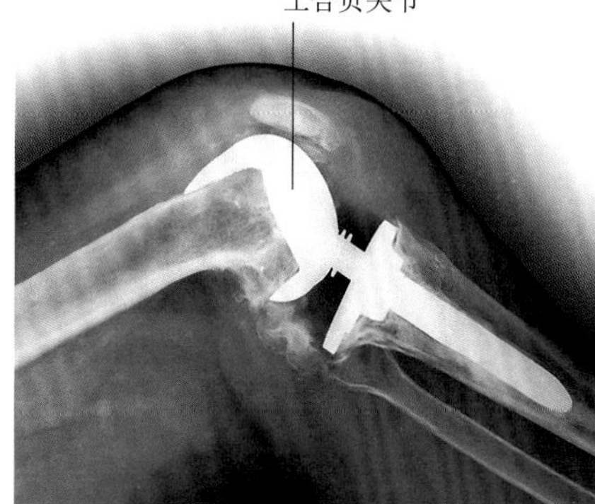
膝关节处的人工合页关节

手部包括许多关节，使手部能灵活地运动

打造人工软骨

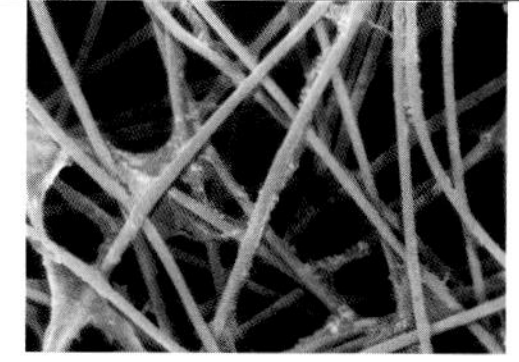
正在生长的软骨

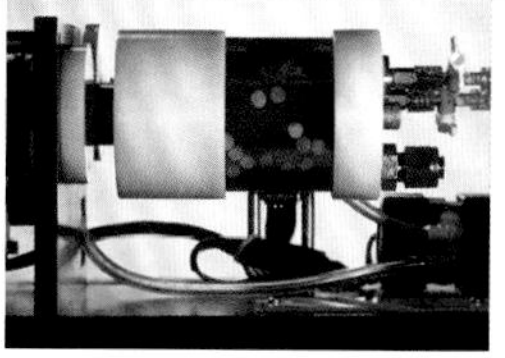
工作着的生物反应器

科学家现在已经可以制造出人工软骨，以取代由于磨损、疾病和损伤导致的骨端软骨缺失。取患者的软骨细胞在合成纤维网（左上图）上进行培养，该过程需在一生物发生器内完成。生物发生器通过转动，确保所有的软骨细胞都能吸收到足够的营养物质，这样，就能够保证软骨细胞平衡地生长。然后，将人工软骨移植到受损关节的骨端，合成纤维渐渐分解，最后仅剩下人体需要的软骨组织。

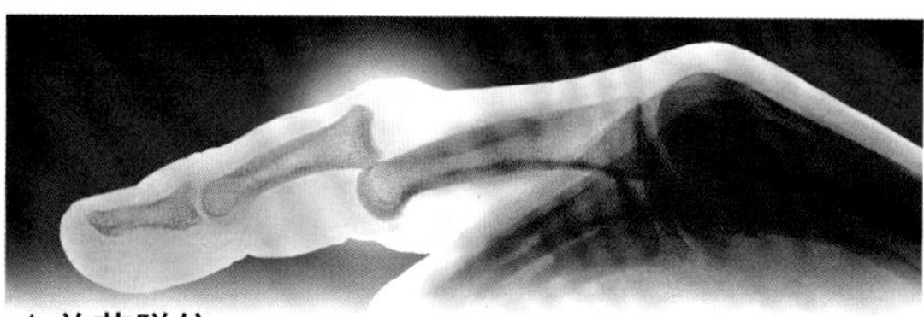

▲关节脱位

当人体受到外部巨大的冲击，比如运动损伤和跌倒时，就会发生关节脱位。上图X射线体层摄影显示的是指关节，它与肩关节一样，很容易发生脱位。关节发生脱位时，会撕裂包绕关节的韧带，破坏关节周围的关节囊，以致关节疼痛、肿胀和淤血。关节脱位的治疗方法是医生对脱位骨骼进行手法复位，使其回到原来的位置。

◀关节置换

关节处的骨端都有保护性软骨覆盖，但是患病或受伤会磨损这种保护性软骨。由于软骨可以减少关节摩擦力，因此当它减少时就会产生关节疼痛和无法活动。这类受损关节可被人造假体替换，如左图X射线平片所示，替换后的“关节”固定于股骨或胫骨。

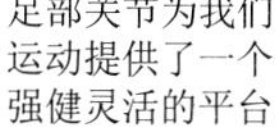

足部关节为我们运动提供了一个强健灵活的平台
脚踝处的合页关节，使足部可以进行上下运动
膝关节是人体内最大和最复杂的关节

肌肉

人体的 640 块骨骼肌构成了人体将近一半的重量。它们附着在骨骼框架上塑造了人体的外在形状，并且使人体可以完成诸如奔跑、跳跃、书写等一系列动作。同时，在它们的作用下人体可以保持直立和维持某一姿势。肌肉通过收缩带动机体运动。大部分骨骼肌通过肌腱穿过关节附着在骨骼上。另外两种肌肉是平滑肌和心肌，平滑肌存在于中空器官如肠道，而心肌则仅存在于心脏。

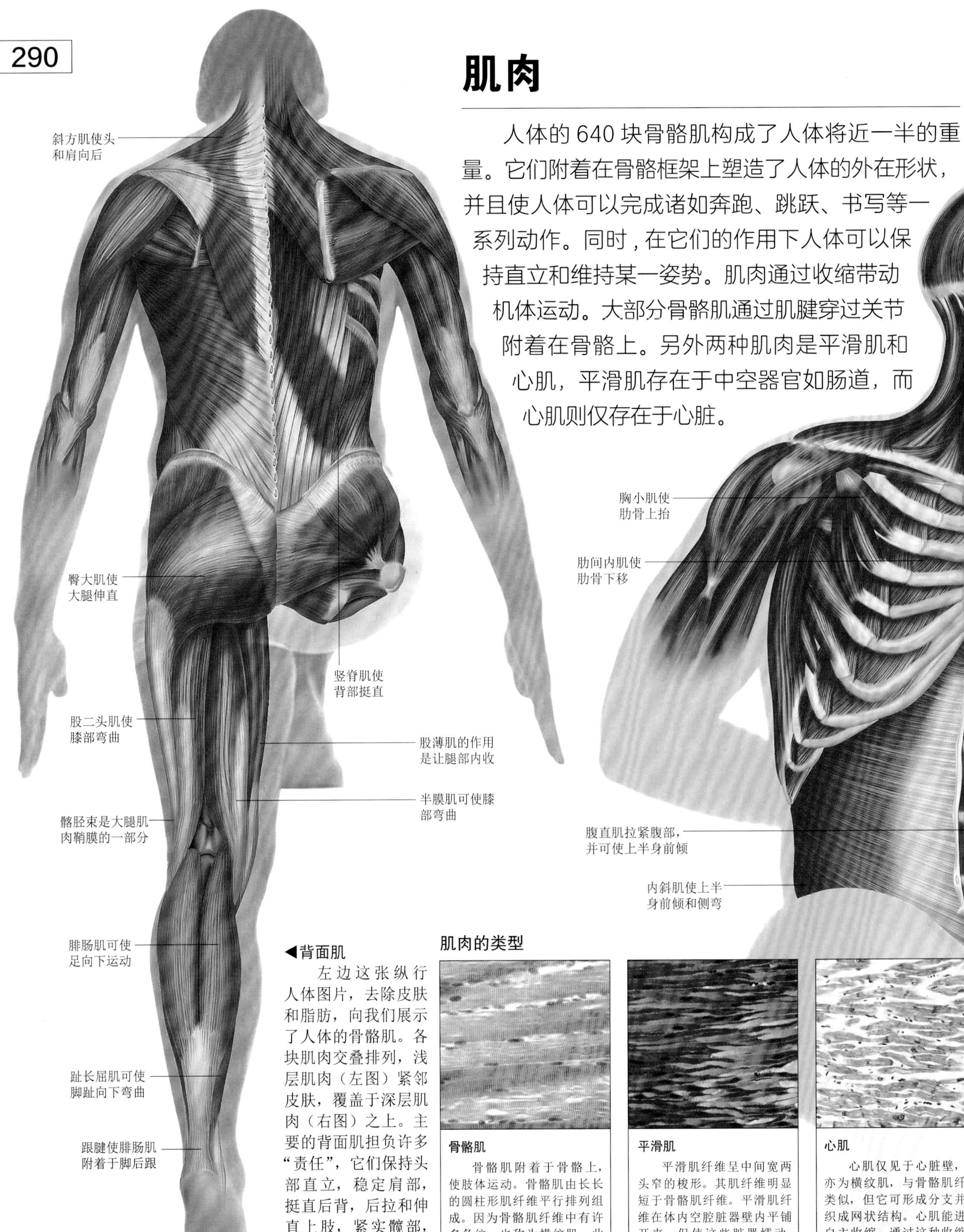
斜方肌使头和肩向后
臀大肌使大腿伸直
竖脊肌使背部挺直
股二头肌使膝部弯曲
股薄肌的作用是让腿部内收
半膜肌可使膝部弯曲
髂胫束是大腿肌肉鞘膜的一部分
腓肠肌可使足向下运动
趾长屈肌可使脚趾向下弯曲
跟腱使腓肠肌附着于脚后跟
胸小肌使肋骨上抬
肋间内肌使肋骨下移
腹直肌拉紧腹部，并可使上半身前倾
内斜肌使上半身前倾和侧弯

◀背面肌

左边这张纵行人体图片，去除皮肤和脂肪，向我们展示了人体的骨骼肌。各块肌肉交叠排列，浅层肌肉（左图）紧邻皮肤，覆盖于深层肌肉（右图）之上。主要的背面肌担负许多“责任”，它们保持头部直立，稳定肩部，挺直后背，后拉和伸直上肢，紧实髋部，弯曲膝盖。此外，在我们行走时还能使脚趾“抓地”。

肌肉的类型

骨骼肌

骨骼肌附着于骨骼上，使肢体运动。骨骼肌由长长的圆柱形肌纤维平行排列组成。因为骨骼肌纤维中有许多条纹，也称为横纹肌，此外，由于大脑的随意性命令可使骨骼肌收缩，又可将其称为随意肌。

平滑肌

平滑肌纤维呈中间宽两头窄的梭形。其肌纤维明显短于骨骼肌纤维。平滑肌纤维在体内空腔脏器壁内平铺开来，促使这些脏器蠕动。其收缩所做的蠕动较为缓慢，并且不受人的意识支配，如小肠壁内的平滑肌可以将食物沿肠道输送。

心肌

心肌仅见于心脏壁，亦为横纹肌，与骨骼肌纤类似，但它可形成分支并织成网状结构。心肌能进自主收缩，通过这种收缩血液泵入周身。当有神经动刺激或运动达到了的一强度时，心率可增快或减慢

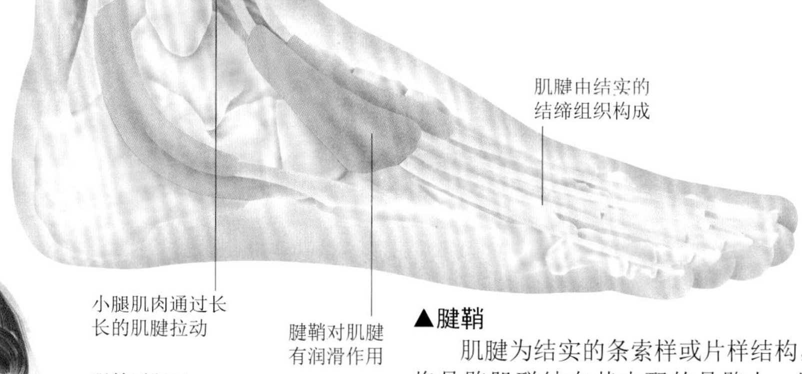
肌腱由结实的
结缔组织构成
小腿肌肉通过长
长的肌腱拉动
腱鞘对肌腱
有润滑作用

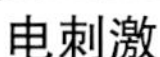

▲腱鞘

肌腱为结实的条索样或片样结构，可将骨骼肌联结在其支配的骨骼上。肌腱内为平行排列的、质硬的胶原纤维束，赋予肌腱强大的拉力。每一肌腱都是环绕肌肉的结缔组织的延续，嵌入骨骼外部，牢牢固定住肌肉。许多支配手指和脚趾的肌肉，分别位于前臂和小腿内，它们都有延展至指骨和趾骨的长长的肌腱。腱鞘包绕肌腱，可起到润滑肌腱的作用，使肌腱的运动更加顺滑。

电刺激

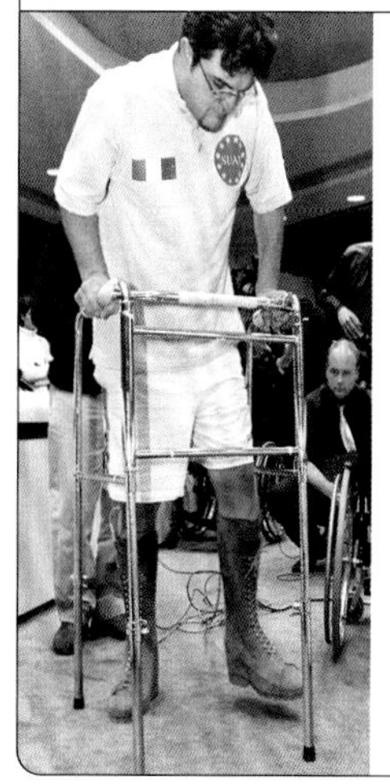

行走是一个复杂的过程，当腿部不同肌肉收到由脊髓传导的大脑信号时，需要以精确的“程序”进行收缩。

脊髓损伤时，则阻断了这些信号向肌肉的传导。但是研究者调查发现，应用人造电刺激可以帮助脊髓损伤患者康复，如左图。将电极装在患者腿部，通过发放电刺激使其腿部肌肉收缩，通过这种方法，患者可以简单行走。

该项技术还需要进一步完善，最大的困难是模拟大脑功能，以确保电极能发放肌肉收缩所需的正确信号。

眼轮匝肌可
使眼睛闭合

当人们咀嚼时，
咬肌使上颌上抬

口轮匝肌
包绕嘴唇

角肌牵
角向下

▼姿势的保持

下图中的男子并非用他的骨骼肌进行运动，而是以此保持身体稳稳地处于瑜伽姿势。这张图想要阐明的事实就是，肌肉不仅用于运动，还可以保持姿势（如当我们坐或站立时）。保持一定的姿势时，肌肉仅有轻度的收缩，但仍然产生了强大的拉力。这种部分收缩可使身体肌肉稳定（称肌张力）、使肌肉不致在地球重力的作用下出现肌肉萎缩塌陷。仅当我们睡眠时，肌肉块才有所放松，这很好地解释了为什么当一个人打盹时，他的头总是往一边歪。

三角肌使上肢从
前、后侧方上抬
胸大肌使上肢
向前和回收
肱三头肌
伸直肘部
肱二头肌
弯曲肘部
指深屈肌可
使指弯曲
外斜肌使上半
身前倾和侧弯
缝匠肌使大腿
弯曲和旋转
股四头肌使
膝部伸直
三角肌紧张，使上
肢保持于身体下面
肱三头肌紧张，可使
上肢保持于平半伸位
比目鱼肌使
足部向下弯曲
结缔组织带起固
定肌腱的作用

要点

肌肉	部位	特征	大小／重量
缝匠肌	大腿	最长	50 厘米
镫骨肌	耳朵	最短	0.5 厘米
外斜肌	腹部	最宽	45 厘米
咬肌	下颌骨	最有力	550 牛
臀肌	臀部	最松散	1 千克
竖脊肌	背部	最长的肌群	90 厘米

▲前方肌肉

上图显示的是人体前面的主要肌肉，左边为深层肌，右边为浅层肌。前方肌肉的作用有：产生面部表情，点头，歪头，向外、向前打开上肢，屈肘，使身体前倾和侧弯，弯曲大腿，行走、跑跳时伸直膝盖以及提足。前方肌肉和后方肌肉都有拉丁学名，用以描述其特征，如部位、形状和功能等。

肌肉收缩

肌肉由肌纤维组成，它们在大脑的电信号刺激下产生收缩。肌肉将化学能以葡萄糖的形式转换为动能（运动）以完成这一过程。每个骨骼肌纤维内部都由平行的肌原纤维井然有序地排列构成，其中包含的蛋白丝相互作用使肌纤维缩短产生肌肉收缩。肌肉只能做主动的牵拉但不能外推，为了使人体部位产生不同方向的运动，则需要两组方向相反的肌肉。

骨骼肌纤维的特性条纹
神经纤维（轴突）传递神经冲动，刺激肌纤维引起收缩
毛细血管向肌纤维输送氧气和高能葡萄糖
肌动蛋白和肌球蛋白中的肌丝部分重叠，形成条带样外形
该肌束是五个肌纤维中的一个
肌束是由肌束膜包裹起来的一束肌纤维
肌肉由肌外膜包绕
肌原纤维是肌纤维中的一束

◀**肌纤维**

每一块肌肉都由成千上万的肌纤维组成，肌纤维的数量决定了肌肉块的大小。肌纤维沿肌肉走行平行排列，长可以达30厘米。当有神经冲动刺激时，肌纤维收缩至原来长度的70%；当刺激消失时，收缩也停止。显微镜下，在正常的肌纤维中可见到条带状的结构。

◀**肌肉**

肌肉的主要组成成分是肌纤维，此外，还有血管、神经纤维和结缔组织。从这张连锁图片可以看出肌纤维由肌原纤维组成，肌原纤维的肌丝可产生收缩。若干肌纤维外周包绕有结缔组织鞘，起保护性作用；若干类似的鞘将许多肌纤维呈束状“组装”在一起，叫作肌束。所有的鞘以及肌纤维可以一直延续至肌腱处，肌腱又将肌肉固定于骨骼上，所以当鞘内包绕的这些肌纤维收缩时，它们产生的力就可以牵动骨骼。

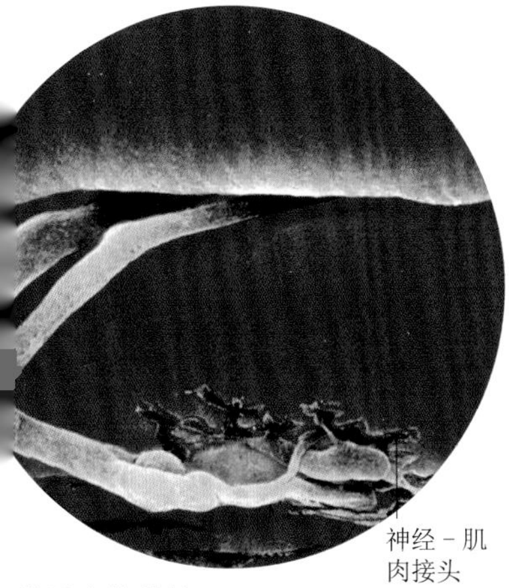

发肌肉的收缩

被称为神经冲动的电信号可以触发肌缩。来自大脑的神经冲动通过神经纤到达其分支的末端（绿色），支配它特定的肌肉纤维（红色）。当神经冲导入肌肉纤维，便会促发肌动蛋白/蛋白相互作用，最终产生肌肉收缩。

神经－肌肉接头

成对的拮抗肌

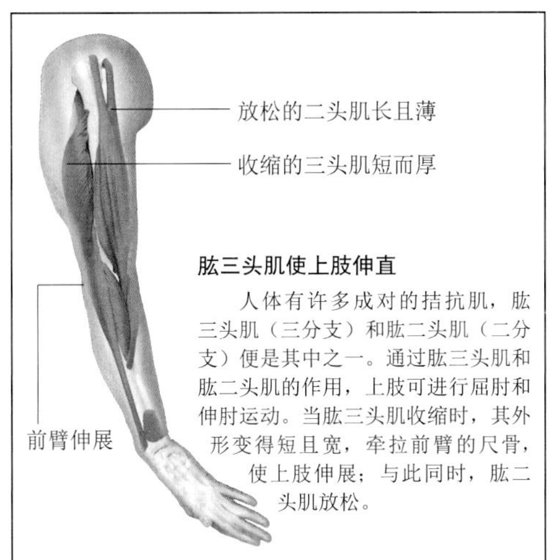

肱三头肌使上肢伸直

人体有许多成对的拮抗肌，肱三头肌（三分支）和肱二头肌（二分支）便是其中之一。通过肱三头肌和肱二头肌的作用，上肢可进行屈肘和伸肘运动。当肱三头肌收缩时，其外形变得短且宽，牵拉前臂的尺骨，使上肢伸展；与此同时，肱二头肌放松。

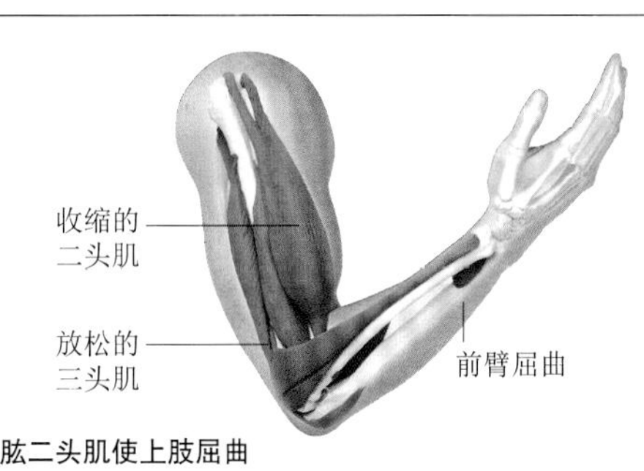

肱二头肌使上肢屈曲

肱二头肌的作用与肱三头肌相反。肱二头肌的一端（起点）连接固定的肩部骨骼，另一端（止点）连接可活动的前臂的桡骨。像所有的肌肉一样，肱二头肌收缩时，也将止点向其固定的起点牵拉。当上肢屈曲时，肱二头肌变得短且粗，与此同时放松的肱三头肌则变得长且细。

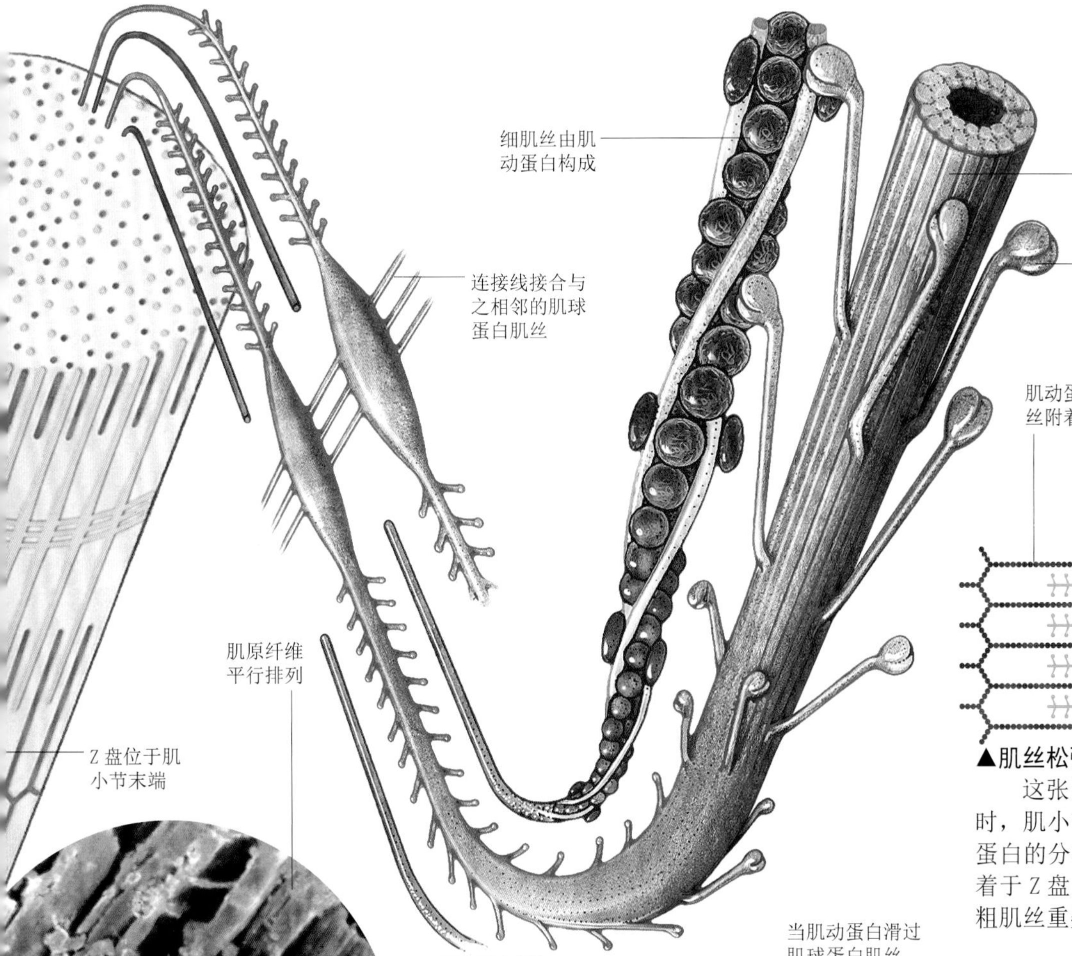

细肌丝由肌动蛋白构成

粗肌丝由肌球蛋白分子构成

连接线接合与之相邻的肌球蛋白肌丝

肌球蛋白头部与肌动蛋白相互作用，使肌小节收缩

肌动蛋白的肌丝附着于Z盘

Z盘是肌小节内的单层球形蛋白

肌球蛋白的肌丝位于肌小节中央

肌原纤维平行排列

Z盘位于肌小节末端

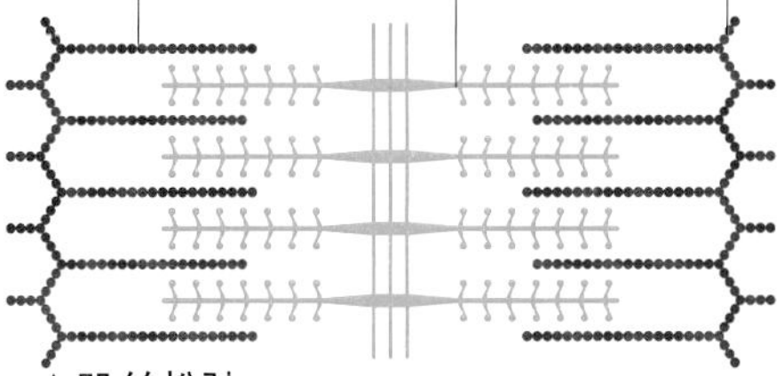

▲肌丝松弛

这张图显示的是，当肌原纤维放松时，肌小节内肌丝上的肌动蛋白和肌球蛋白的分布形式。肌动蛋白的细肌丝附着于Z盘上，环绕并部分与肌球蛋白的粗肌丝重叠。

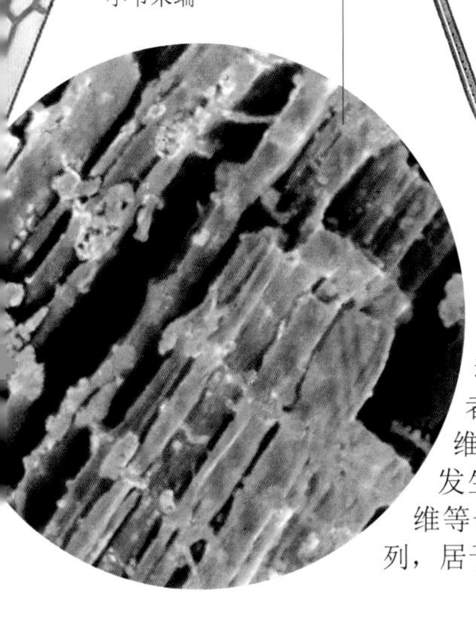

◀肌原纤维

肌纤维由许多杆状肌原纤维组成。每一肌原纤维包括两种蛋白肌丝——肌动蛋白和肌球蛋白。通过两者的相互滑动，可使肌原纤维以及该肌原纤维所属的肌肉发生收缩。肌丝并不与肌原纤维等长，它们在肌小节内重复排列，居于两个硬币样Z盘之间。

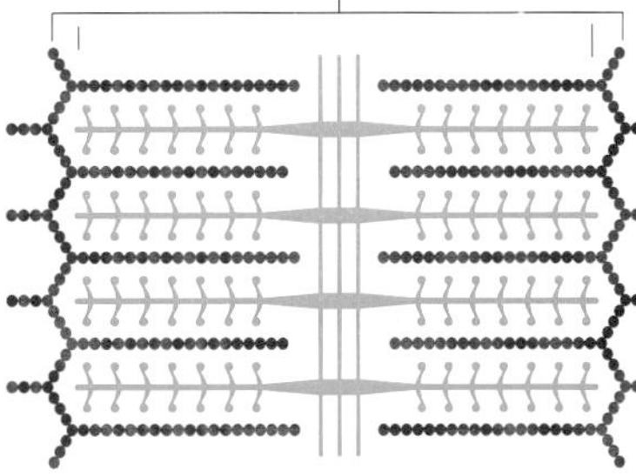

当肌动蛋白滑过肌球蛋白肌丝时，肌小节收缩

◀肌丝收缩

当神经冲动达到肌肉纤维时，肌球蛋白肌丝的头便结合在肌动蛋白的肌丝上，通过一定能量的供应，两种肌丝反复旋转，向肌小节中央移行，并拉紧肌动蛋白肌丝，肌小节变短，进而产生肌肉收缩。这种收缩状态一直持续到神经冲动停止。

运动与锻炼

不同肌肉、骨骼和滑膜关节相互配合使得人体可以进行较大幅度的运动。当我们进行运动锻炼时，肌肉需要更多的氧和葡萄糖释放额外的能量，反应在机体上则表现为心率和呼吸频率的加快。人体能够做出有效反应依赖于它的适应性。适应性包括耐力、强度及灵活性，所有这些都可以通过定期规律的锻炼得到增强和提高，但不同的锻炼方式受益不同。

▲有氧运动

在进行各种形式的有氧运动（如游泳、快走和跑步）时，肌肉需要更多的氧气释放能量来保证有氧呼吸，机体随之加快心率和呼吸频率。每周进行有氧运动 3 次，每次坚持 20 分钟，可以显著提高人的耐力，使心脏功能更加强健，可以输送更多高效能的营养和氧气；使肌肉增加了血供和更多的线粒体，变得更有效率。

身体运动▶

右图的舞蹈演员在表演时采用了一系列不同的动作。弯曲和打开上肢涉及屈曲和伸直运动：屈曲是使关节处骨骼并拢；外展是使关节处骨骼分开。侧向抬高或还原的反复交替涉及内收和外展运动：外展是使肢体远离躯干；内收是使肢体还原。其他运动还包括旋转运动、环形运动和跖屈运动。

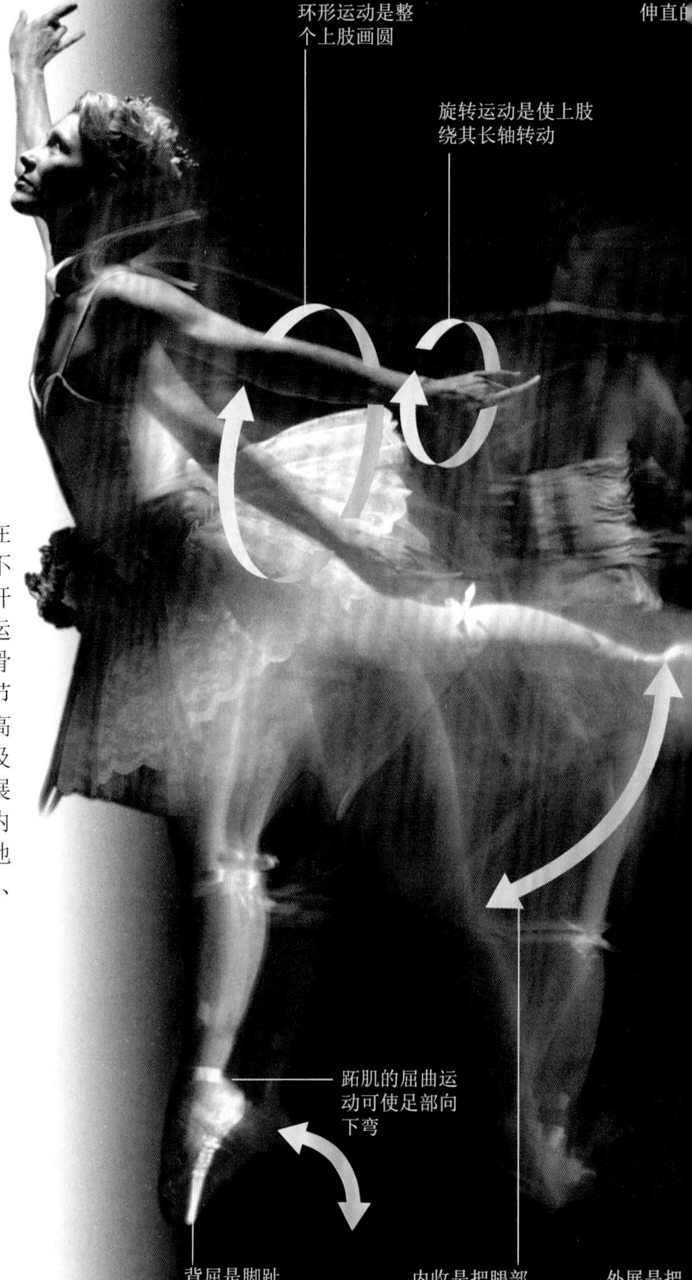

环形运动是整个上肢画圆

旋转运动是使上肢绕其长轴转动

跖肌的屈曲运动可使足部向下弯

背屈是脚趾向后弯曲

内收是把腿部向躯干牵拉

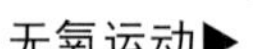

无氧运动▶

单手倒立保持身体平衡，或者短距离全速奔跑，都是无氧运动的典型例子。在这种高强度、短时间内的运动迅速地耗完体内氧气，所以需要启动无氧呼吸来释放能量。无氧呼吸对于短时间提供能量非常有效，但是会在机体内欠下“氧债”，这种氧气缺口必须通过运动终止后额外的呼吸来补偿。

在这项运动中，上肢和肩部肌肉需要费力地支撑起身体，以保持身体处于固定的姿势

各种运动的好处

活动	强度	耐力	灵活性
游泳	★★★★	★★★★★	★★★★
快走	★	★★	★
跑步	★★	★★★★	★★
快骑自行车	★★★	★★★★	★★
跳舞	★	★★★	★★★★
瑜伽	★	★	★★★★
打篮球	★★	★★★★	★★★
打网球	★★	★★	★★★
爬楼梯	★★★	★★★	★
看电视			

由运动是做弯
的动作

运动监测

热身

当跑步者在跑步机上慢跑使其肌肉进行"热身运动"时，一名技术员开始对其进行监测。监测项目为跑步者的呼吸频率和耗氧量，此外跑步者还与监测器相连，以记录其心率快慢。下图显示跑步者的心率（左侧坐标一绿线）和耗氧量（右侧坐标一蓝线）。

持续运动

当跑步机的速度提高，跑步者全速运动时，她的心率和耗氧量都增加。跑步者的心脏在每次跳动时泵出更多的血液；心脏输出量达到5倍以上，以提供足够的氧气来满足腿部肌肉的超额需求。

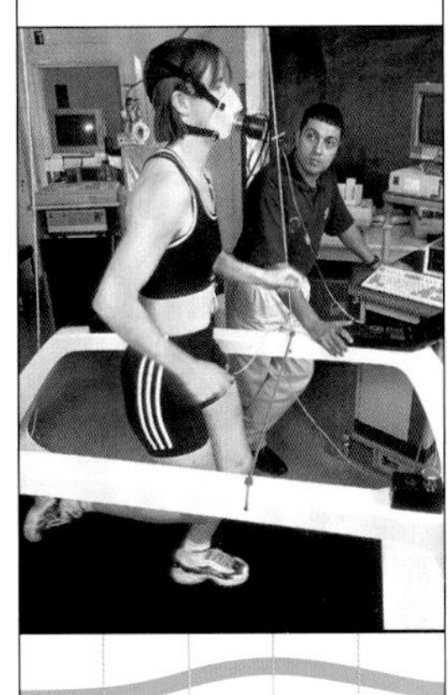

恢复阶段

当跑步者停止运动时，其心率和耗氧量并不能马上恢复到正常水平。因为一部分肌肉要释放能量维持无氧呼吸，所以该跑步者仍然需要额外的氧气进行补偿。该过程中产生的废物——乳酸，要通过有氧呼吸进行处理。

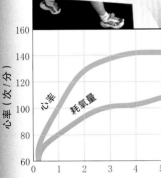

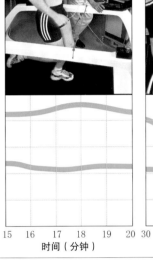

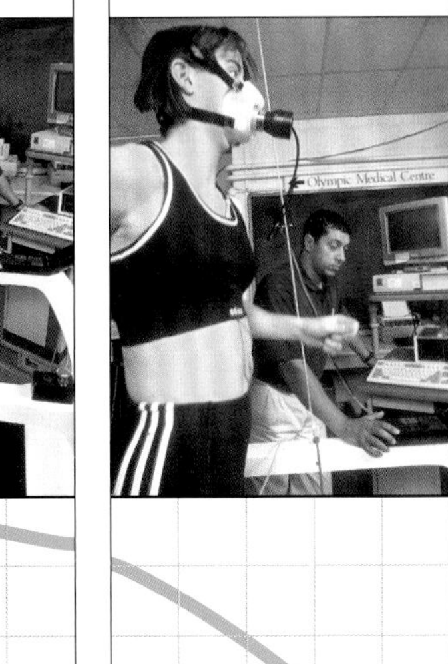

心率（次/分）
160
140
120
100
80
60
心率
耗氧量
耗氧量（升/分）
6
5
4
3
2
1
0 1 2 3 4 5 15 16 17 18 19 20 30 31 32 33 34 35
时间（分钟）

身体各组织的血流量

组织	休息时血流量	活动时血流量
心肌	0.25升/分	0.75升/分
肌肉	1.0升/分	12升/分
皮肤	0.5升/分	2.0升/分
消化系统	1.5升/分	0.5升/分

当运动时，心脏比休息时多泵出4～5倍血液，但是身体各组织并不是平均分配多出的血量（上图）。为了能向骨骼肌提供较多的额外能量，它分得的血量剧增；心肌需要更多的血液来加速工作；皮肤需要更多的血液来释放热量。与此同时，流向消化器官的血量却减少。

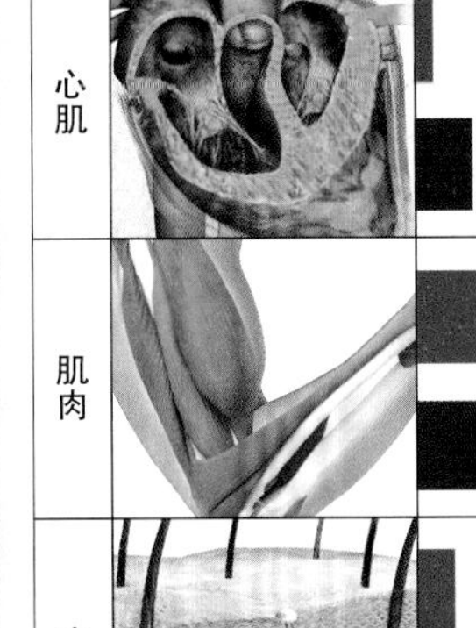

◀足部压力

测压器可以测量人们行走时，足部向其施加的压力，数据传入计算机，生成一张压力分布图（左图），这些彩色的点显示：压力最大的区域（深蓝色），压力中等的区域（浅蓝色），压力较小的区域（白色）。这些信息可用来裁剪、制作鞋垫，以矫正鞋子，当人们进行运动时，它们可以使脚和腿保持正确的姿势，减少膝盖和后背疼痛的风险。

外罩

皮肤包裹着整个人体，提供了一个耐水、防菌的外罩，在娇嫩的身体内部组织与糙乱的外界环境之间形成一道保护屏障。皮肤可以过滤阳光中有害的紫外线照射，帮助人体维持恒定的体温，由感受器探测接触和压力。皮肤分为两层，位于外层的是表皮，毛发和指甲从中生长出来，位于内层的是真皮。此外有一定数量的微生物生活在皮肤的表面。

指纹

表皮上的脊有助于抓握物体

腿部皮肤

表皮表面的凹凸不平

◀皮肤

尽管皮肤表面看起来非常平滑，但通过显微镜和放大镜，可以看到皮肤表面实际上凹凸不平。皮肤的鳞状上皮层以每分钟上万个细胞的速度持续进行代谢。手指和脚趾皮肤表面覆盖有微微突起的脊，有利于抓握物体和形成指纹。每一个人的指纹都是唯一的。

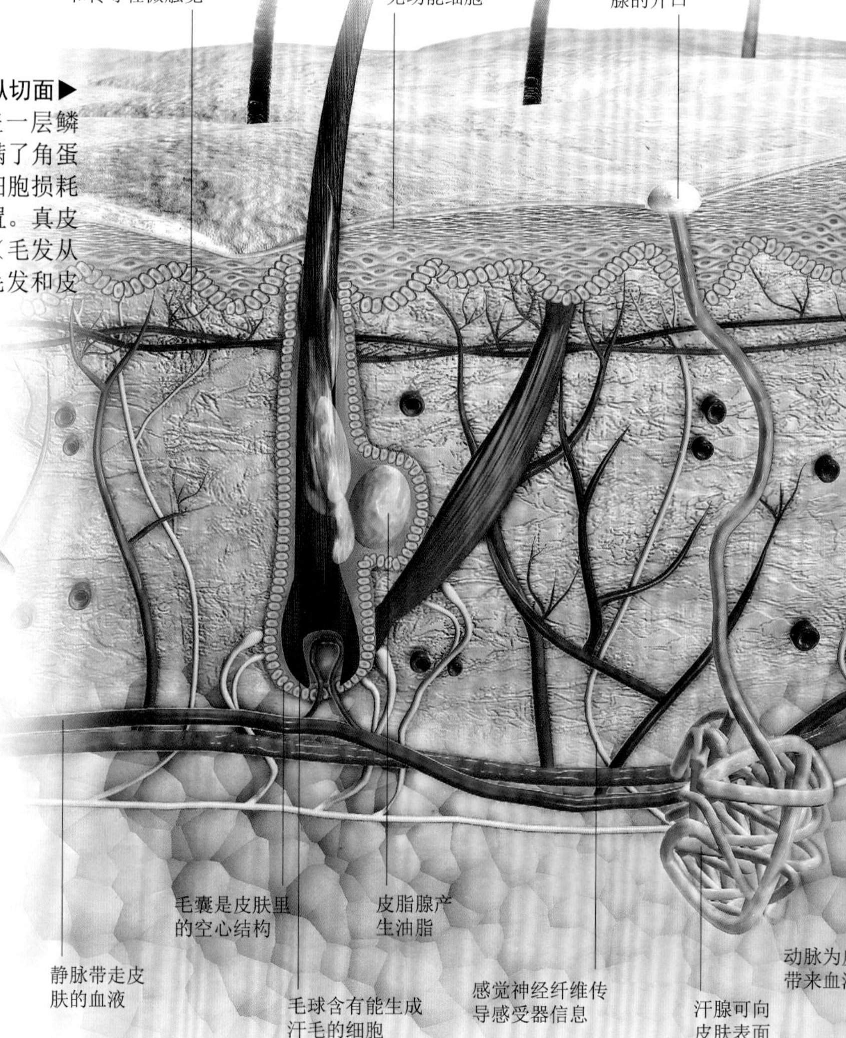
神经末梢负责感知和传导轻微触觉
鳞状上皮层包括扁平的无功能细胞
毛孔是汗腺的开口
毛囊是皮肤里的空心结构
皮脂腺产生油脂
静脉带走皮肤的血液
毛球含有能生成汗毛的细胞
感觉神经纤维传导感受器信息
汗腺可向皮肤表面排汗
动脉为皮带来血液

皮肤的纵切面▶

薄的表皮层形成皮肤表面，表皮层表面又覆盖一层鳞状上皮，由扁平的无功能细胞组成，这种细胞内充满了角蛋白——一种质硬、不透水的蛋白。当这些无功能的细胞损耗掉时，基底层新持续分裂的功能细胞取代它们的位置。真皮下结构更加复杂，有血管、神经纤维、汗腺和毛囊（毛发从这个深的小窝中长出）。皮脂腺附着于毛囊，可向毛发和皮肤分泌油脂，使毛发柔顺、皮肤不透水。

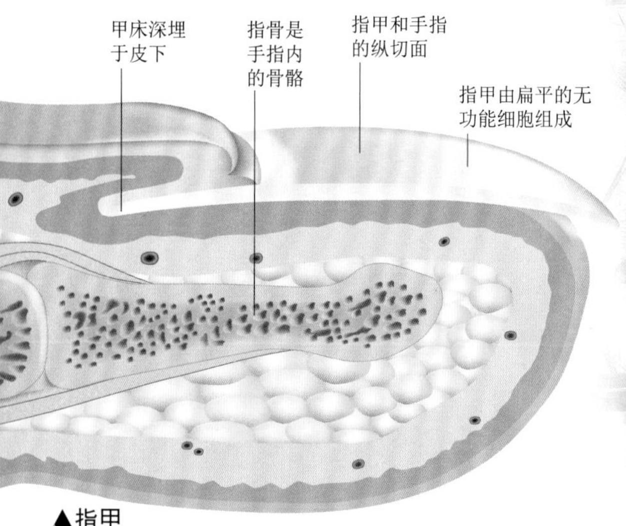
甲床深埋于皮下
指骨是手指内的骨骼
指甲和手指的纵切面
指甲由扁平的无功能细胞组成

▲指甲

指甲覆盖于指（趾）端，起保护作用，并能抓、挠和拾起细小的物体。指甲是坚硬、透明的表皮的延伸，由扁平的无功能细胞构成，细胞内充满坚硬的角蛋白。指甲的生长源自不停分裂的甲床细胞，夏季生长较快，并且指甲的生长速度快于趾甲。

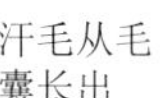
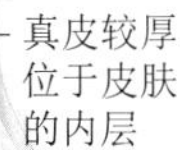
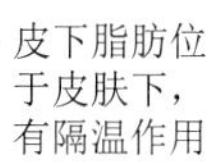

◀毛发

人的周身覆盖成千上万的毛发，所有毛发都生长在它们自己的毛囊里。毛囊基部的细胞不断分裂，形成毛发。由于被基部新生的细胞不断向上推，细胞内逐渐被角蛋白填充，并丧失活性。从毛囊分裂出的无功能细胞堆砌成柱状，即为我们肉眼可见的毛发。毛发可分为两种类型：细软、短小的汗毛，覆盖身体的大部分；较粗的头发，使头皮免受阳光照射和防止热量散失。此外，还有睫毛，睫毛（左图）对眼睛有保护作用。

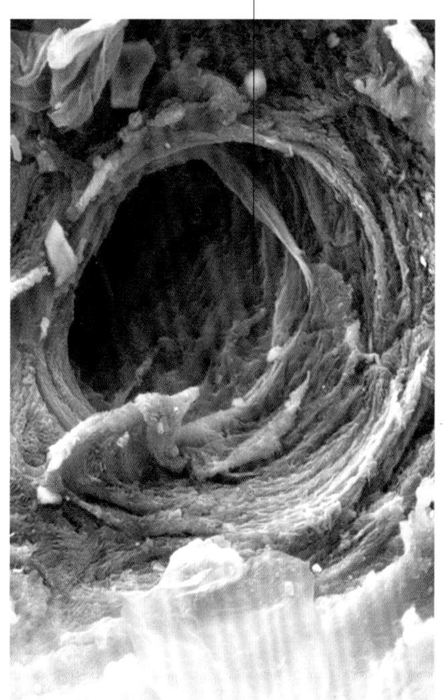

▲汗液

环形的汗腺分泌汗液，通过毛孔排泄出来，如上图所示。汗液由99%的水分、盐和一些排泄物混合组成，经血液过滤，由汗腺排出。汗液的排泄受神经系统控制，当热的时候，向皮肤表面排出的汗液就会有所增加，汗液的蒸发可带走身体的热量，降低体温，从而有助于维持体温恒定。

皮肤、毛发和指甲的特征

皮肤重量	5千克
皮肤表面积	2平方米
皮肤厚度（眼睑）	0.5毫米
皮肤厚度（足底）	4毫米
表皮细胞每分钟脱落数量	5万个
头发数量	10万根
每天脱发的数量	75～100根
头发每月生长长度	10毫米
指甲夏季时每月生长长度	5毫米
趾甲夏季时每月生长长度	1.5毫米
人的汗毛孔数量	250万个

人造皮肤

右图可见两只镊子夹起的一层人造皮肤（表皮），它将用于治疗皮肤烧伤的患者。人造皮肤的制造过程大致为：细胞分裂阶段需要取得患者自己的一些表皮细胞，然后在富含营养物质的培养液中，使其在蛋白凝胶上生长。像图中这样的一层表皮，需要生长几周，而后即可移植到患者受损的皮肤处。

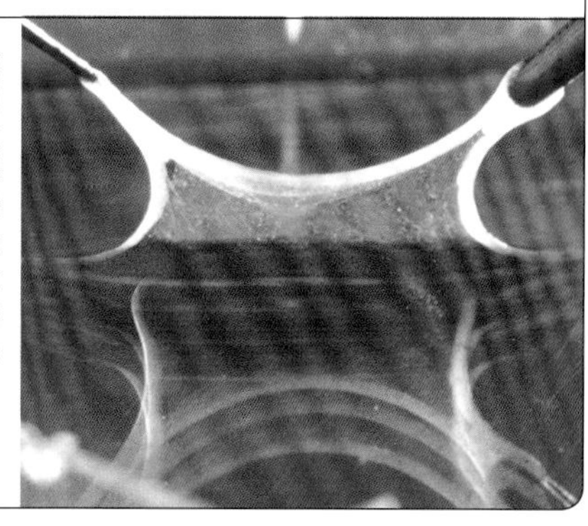

痤疮▶

右图所示的炎症通常发生于面部、颈部、肩部和背部。由于青春期处于发育阶段，激素水平发生改变，一些毛囊的油脂分泌增多，以致这个年龄段痤疮多发。当皮脂堵塞毛囊，变硬，发黑，就形成了黑头。白头的形成则是由于皮脂包被了大量溢出毛囊的角蛋白，在这两种情况下，细菌可侵袭堵塞的皮脂，产生炎症和红肿。

皮肤上的生物

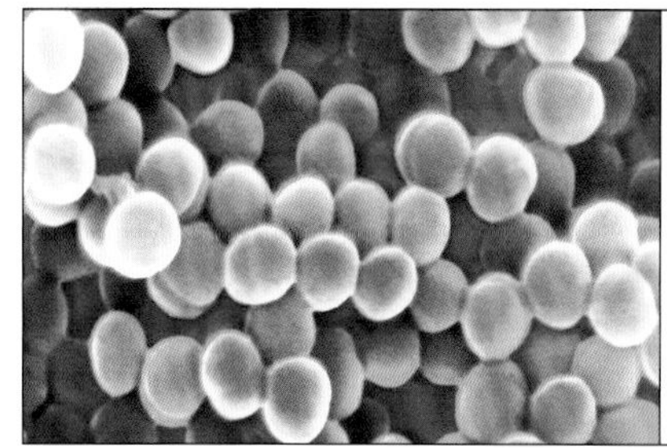

细菌

皮肤表面每平方厘米有1万～10万个微生物，主要是细菌（左图）。这些微生物适宜在温暖、潮湿的环境下生活。大部分寄生于皮肤的细菌对人体是无害的，它们通过形成团队有效地阻止有害病原体的入侵，以此来保持皮肤健康。

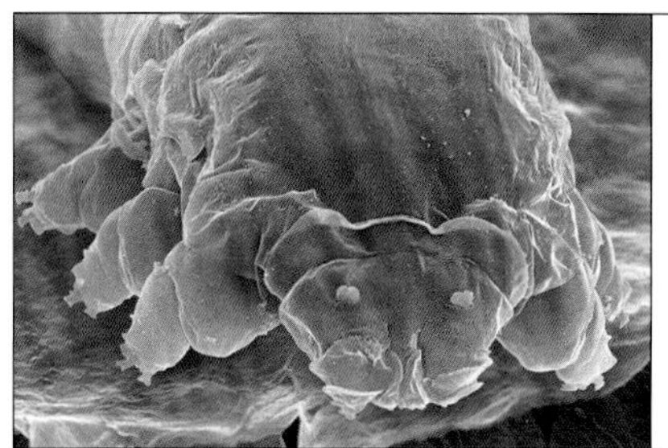

螨虫

左图所示为睫毛上螨虫的前端（腊肠样），它们“友好地”生活在大部分人睫毛的毛囊中，但是令人烦恼的是它们有时会带来疥螨病，当雌螨在皮下产卵时，疥螨病会相当严重。此时可用专杀螨虫的药剂治疗疥螨病。

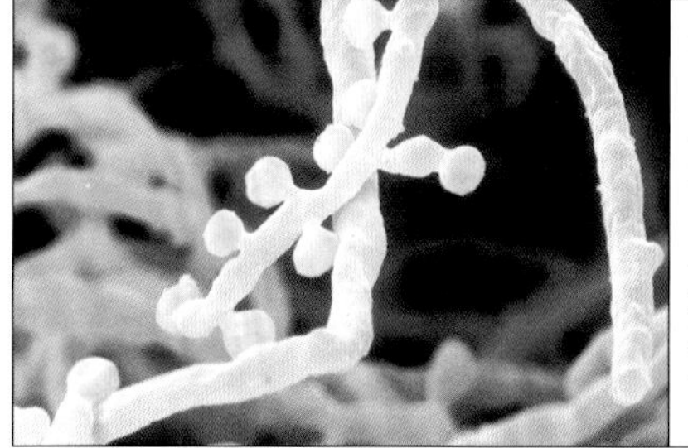

真菌

显微镜下可以看到皮肤上的真菌，它们是无害的，但是当其大量繁殖时，就会带来疾病。左图所示为真菌的菌丝，它可引起脚气——脚趾间痛、痒、裂口。进行长期训练的运动员易患此病，但是应用抗真菌药、保持脚部卫生，便可治愈。

敏感的皮肤

皮肤是一个重要的感觉器官。它有一系列的传感器，可以检测触摸、压力、振动、温度以及疼痛的变化。皮肤的敏感性因身体部位的不同而不同。传感器较多的部位如指尖，则敏感性强；传感器较少的部位如背部，则敏感性低。皮肤的表皮细胞产生一种叫黑色素的棕色色素，它能够过滤掉阳光中的有害紫外线。晒太阳可以增加黑色素的产生并增强皮肤的保护作用。同时，在大脑下丘脑的控制下，皮肤还具有维持恒定体温的作用。

调节体温

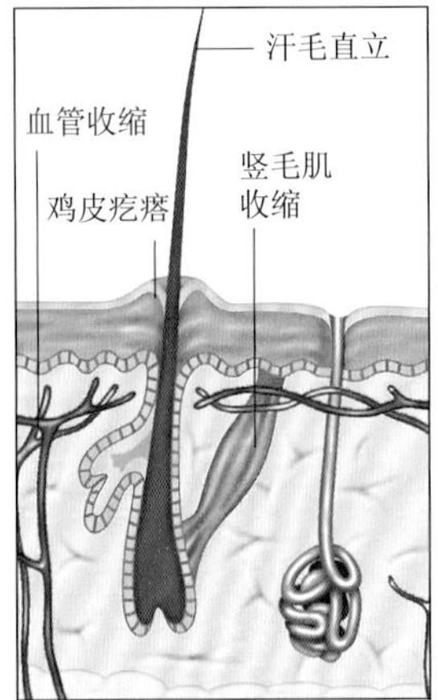

感到寒冷时

在寒冷的条件下，皮肤表面的血管收缩（变窄）以减少热量的散失。汗毛直立，出现鸡皮疙瘩。此外，还有寒战，使肌肉能够释放一定的热量。

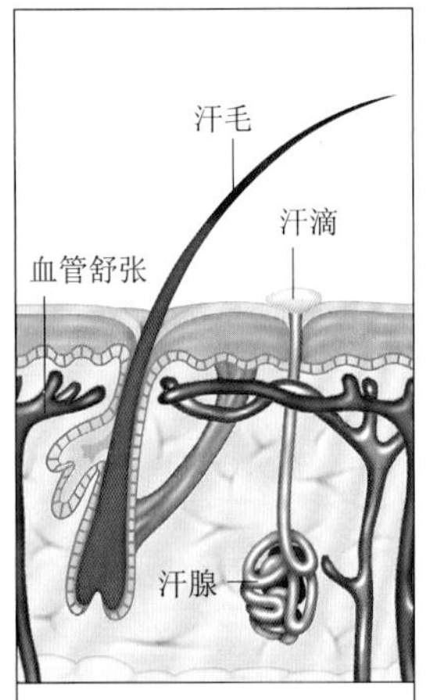

感到炎热时

在炎热的条件下，皮肤接收“指令”进行散热。皮肤表面血管舒张（变宽），以辐射的形式散发热量。另外，皮肤表面出汗，蒸发作用也可以带走一部分热量。

皮肤感受器▶

皮肤包括多种感受器，大部分（默克尔盘、触觉小体、环层小体和鲁菲尼小体）为机械性刺激感受器，当它们受到挤压或牵拉时，即可向大脑或者脊髓发放神经冲动。触觉小体和默克尔盘位于真皮浅层，感知轻触；位于深层的环层小体感知压力和振动；鲁菲尼小体则对持续压力做出反应。游离神经末梢是伤害性感受器（痛觉感受器）或热敏感受器（温度感受器）。

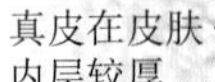

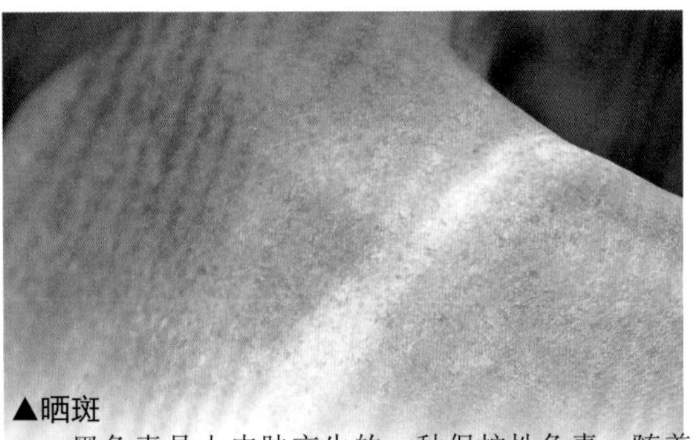

▲晒斑

黑色素是由皮肤产生的一种保护性色素。随着阳光照射的增多，黑色素生成增加，同时，皮肤颜色变深。但是如果浅（白）色皮肤突然暴露于阳光，尤其是夏季正午的强光，则可能产生晒斑，如上图所示。紫外线可使皮肤表面受到伤害，使皮肤发红和疼痛。反复出现的晒斑不仅会使皮肤迅速老化，而且增加患皮肤癌的危险。

恶性黑色素瘤

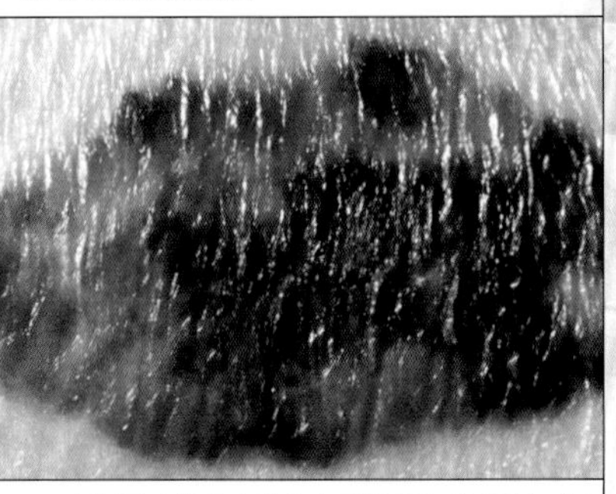

上图显示的是皮肤上由恶性黑色素瘤引起的深色不规则斑块，恶性黑色素瘤是一种虽然罕见但是恶性程度很高的皮肤癌。黑色素瘤作用于皮肤上皮的黑色素细胞，使后者产生黑色素，因此黑色素瘤呈现黑色。主要病因是过度暴露于强烈光线下，尤其是肤色较浅的人群。早期，可以通过外科手术切除。然而，如果未及时治疗，它可以迅速扩散到其他区域，其后果是致命性的。

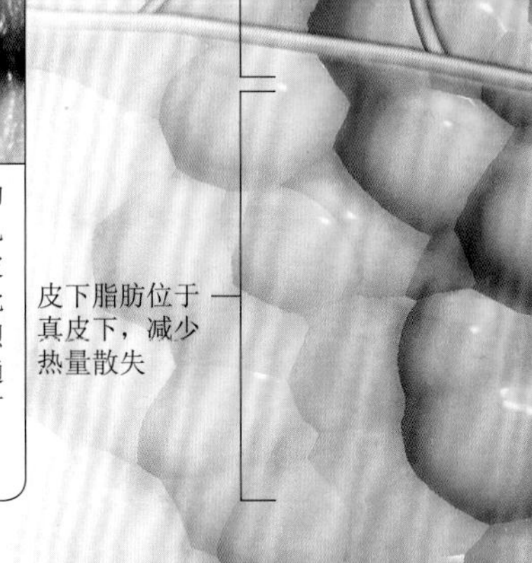

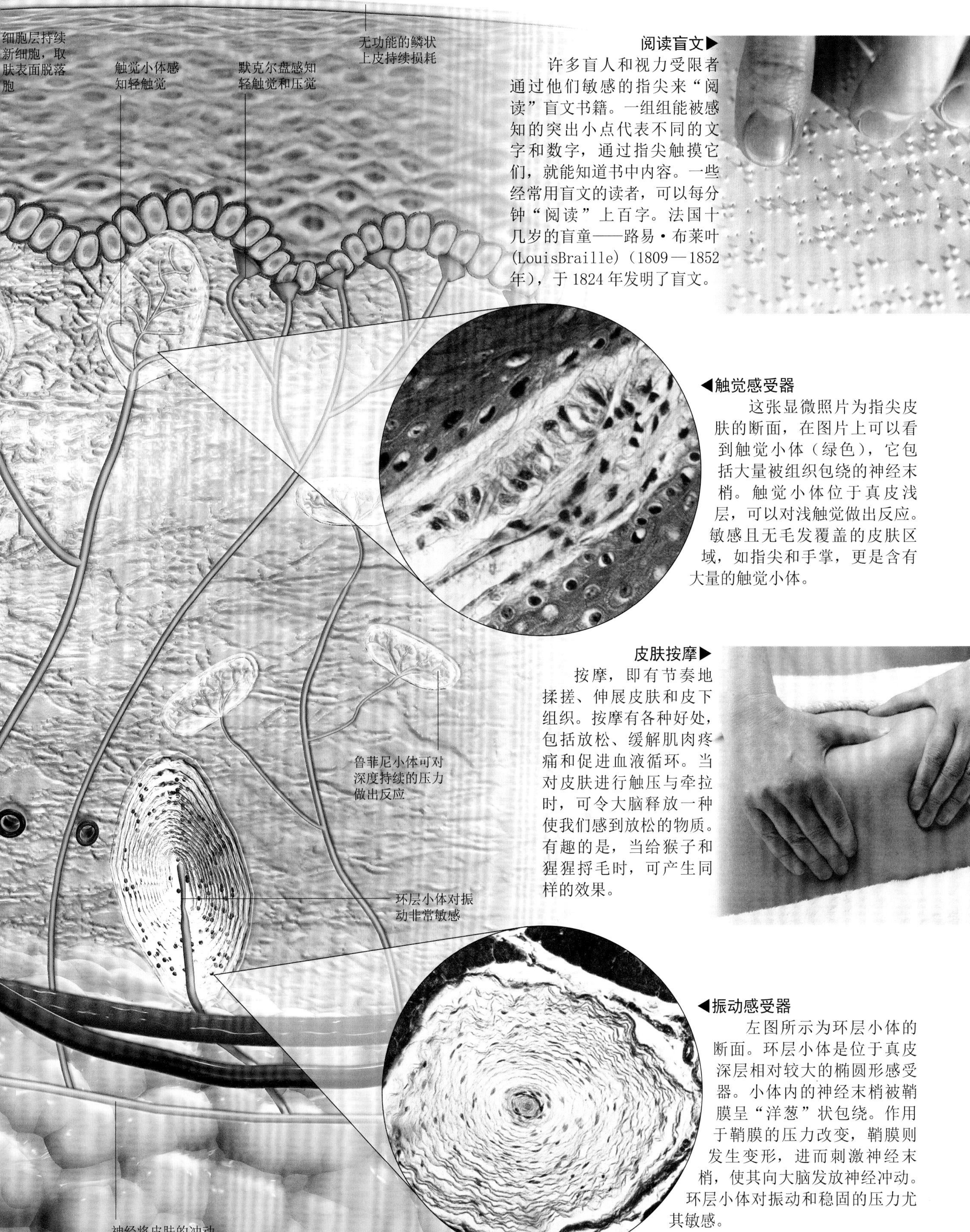

细胞层持续
新细胞，取
肤表面脱落
胞
触觉小体感
知轻触觉
默克尔盘感知
轻触觉和压觉
无功能的鳞状
上皮持续损耗
鲁菲尼小体可对
深度持续的压力
做出反应
环层小体对振
动非常敏感
神经将皮肤的冲动
传递至大脑

阅读盲文▶

许多盲人和视力受限者通过他们敏感的指尖来“阅读”盲文书籍。一组组能被感知的突出小点代表不同的文字和数字，通过指尖触摸它们，就能知道书中内容。一些经常用盲文的读者，可以每分钟“阅读”上百字。法国十几岁的盲童——路易·布莱叶(LouisBraille)(1809—1852年)，于1824年发明了盲文。

◀触觉感受器

这张显微照片为指尖皮肤的断面，在图片上可以看到触觉小体（绿色），它包括大量被组织包绕的神经末梢。触觉小体位于真皮浅层，可以对浅触觉做出反应。敏感且无毛发覆盖的皮肤区域，如指尖和手掌，更是含有大量的触觉小体。

皮肤按摩▶

按摩，即有节奏地揉搓、伸展皮肤和皮下组织。按摩有各种好处，包括放松、缓解肌肉疼痛和促进血液循环。当对皮肤进行触压与牵拉时，可令大脑释放一种使我们感到放松的物质。有趣的是，当给猴子和猩猩捋毛时，可产生同样的效果。

◀振动感受器

左图所示为环层小体的断面。环层小体是位于真皮深层相对较大的椭圆形感受器。小体内的神经末梢被鞘膜呈“洋葱”状包绕。作用于鞘膜的压力改变，鞘膜则发生变形，进而刺激神经末梢，使其向大脑发放神经冲动。环层小体对振动和稳固的压力尤其敏感。

眼睛与视力

视力是具有主导性的感觉，它把我们所处环境中无数的信息提供给大脑。眼睛则是视觉感受器，它包含了数百万个感光细胞，后者将神经冲动传递给大脑，大脑对外界的光线做出反应，将神经冲动重建为“可见”的三维图像。眼睛有一个内部系统可以控制射进眼睛的光线的数量，无论来自多远物体的光线都可被聚焦在视网膜上。

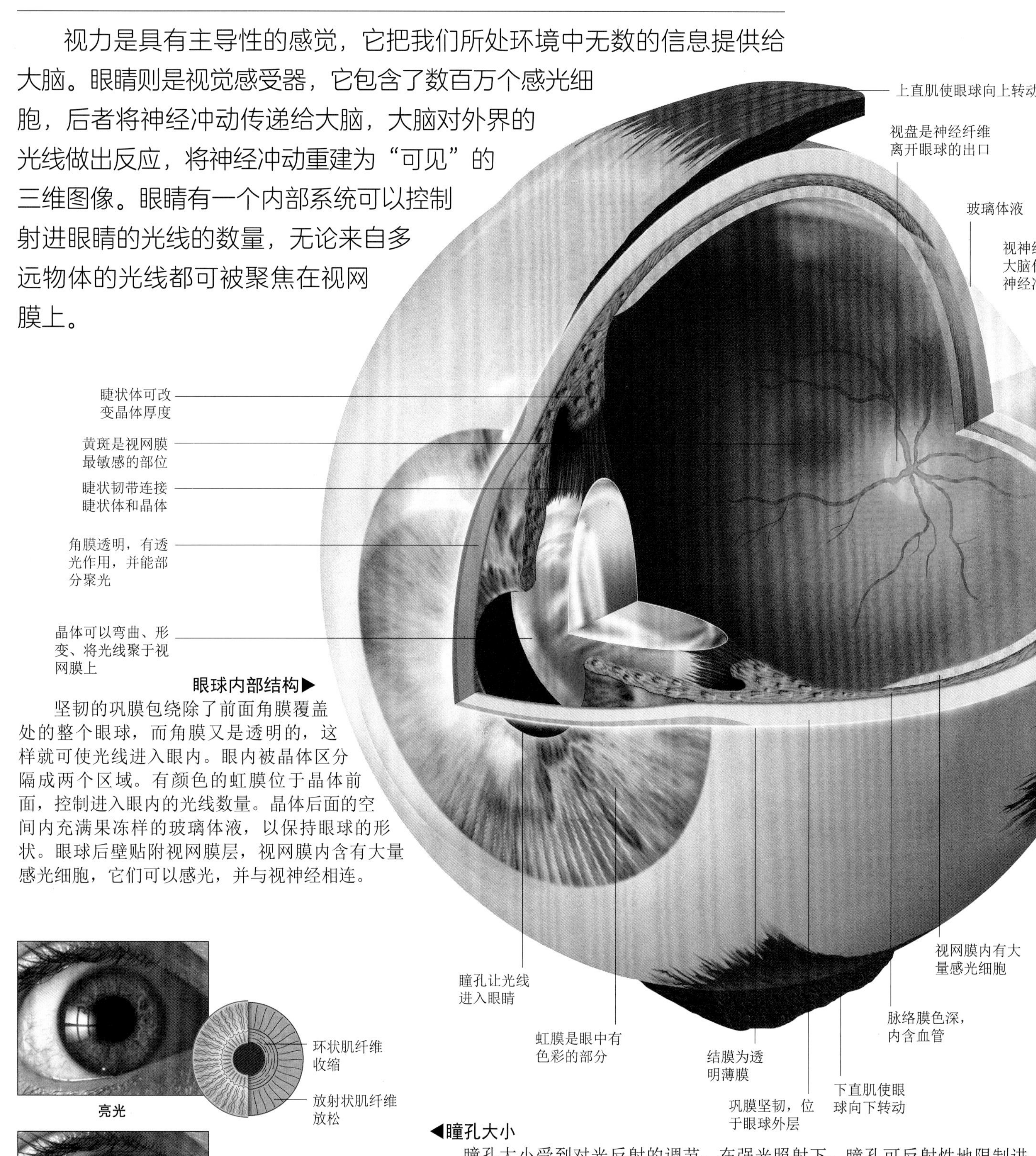

上直肌使眼球向上转动
视盘是神经纤维离开眼球的出口
玻璃体液
睫状体可改变晶体厚度
黄斑是视网膜最敏感的部位
睫状韧带连接睫状体和晶体
角膜透明，有透光作用，并能部分聚光
晶体可以弯曲、形变、将光线聚于视网膜上
瞳孔让光线进入眼睛
虹膜是眼中有色彩的部分
结膜为透明薄膜
巩膜坚韧，位于眼球外层
下直肌使眼球向下转动
脉络膜色深，内含血管
视网膜内有大量感光细胞

眼球内部结构▶

坚韧的巩膜包绕除了前面角膜覆盖处的整个眼球，而角膜又是透明的，这样就可使光线进入眼内。眼内被晶体区分隔成两个区域。有颜色的虹膜位于晶体前面，控制进入眼内的光线数量。晶体后面的空间内充满果冻样的玻璃体液，以保持眼球的形状。眼球后壁贴附视网膜层，视网膜内含有大量感光细胞，它们可以感光，并与视神经相连。

环状肌纤维收缩

放射状肌纤维放松

亮光

环状肌纤维放松

放射状肌纤维收缩

弱光

◀瞳孔大小

瞳孔大小受到对光反射的调节。在强光照射下，瞳孔可反射性地限制进入眼内的光线，使我们在看东西时不会觉得太耀眼；在弱光照射下，瞳孔亦可反射性地增加进入眼内的光线，使我们可以看清楚物体。虹膜有两套平滑肌纤维：放射状肌纤维的排列方式如车轮辐条，环状肌纤维的排列方式如同心圆。当遇强光时，环状肌纤维收缩，瞳孔缩小，进入眼中光线减少；当遇弱光时，放射状肌纤维收缩，瞳孔变大，进入眼中光线增多。

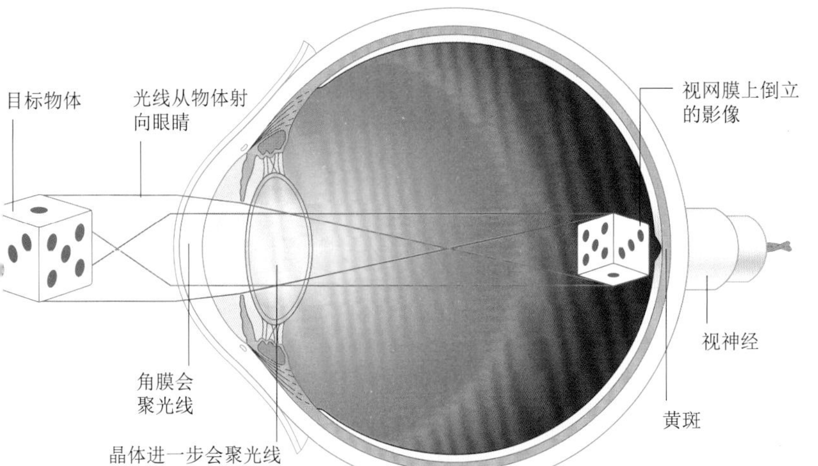

▲视网膜上的聚焦成像

光线从物体进入眼中（上图为示意图），先被角膜折射，再被晶体折射，最终形成倒立影像，成像聚焦在视网膜上。当我们直接观察物体时，来自物体的光线会聚于黄斑（视网膜上最敏感的部分，由视锥细胞构成）。通过这一过程，可以使大脑对该物体产生一个清晰、具体的影像。

将影像传入大脑▶

我们将视网膜上的视锥细胞和视杆细胞（光敏感细胞）称为图像接收器。当光线聚焦于这些图像接收器时，便能产生神经冲动，由神经元收集后，经视神经纤维向大脑传递。在强光情况下，色彩的检测由三种视锥细胞完成，它们分别收集红、绿、蓝三种光线。大脑把输入的这些信息结合起来，产生完整的影像。

视觉的特征

视觉的特征	
眼球重量	7 克
眼球直径	2.5 厘米
全身感受器分布于眼球的比例	70%
单眼视杆细胞数量	1.2 亿个
单眼视锥细胞数量	650 万个
眼睛能分辨出的色彩种类	1 万
眼睛能看到烛光的最远距离	1.6 千米

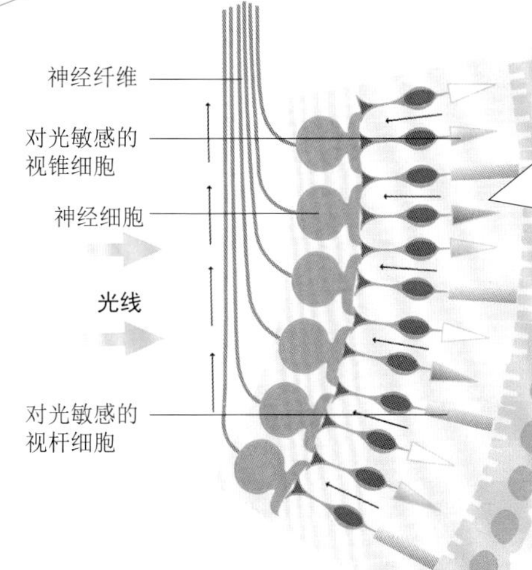

视网膜断面

视杆细胞和视锥细胞▲

这张视网膜横断面的模式图显示的是视杆细胞和视锥细胞，两种细胞都能将光信号转化为电信号，向大脑传导。视杆细胞大约有 1.2 亿个，主要在弱光下起作用，对色彩不敏感，它们遍布整个视网膜层。视锥细胞大约有 700 万个，位于黄斑区，这些视锥细胞主要负责在强光下收集详尽的色彩信息。

▲大脑成像

神经冲动沿视神经传入双侧大脑半球的视区，在这里重建我们“看到”的物体影像。视神经内的神经纤维在视交叉处汇合，由于一部分神经纤维穿越到对侧，因此来自双眼右半侧的信号都经过右侧视区，来自双眼左半侧的信号都经过左侧视区。通过对比双侧视区信号的不同，大脑能判断出我们所视物体的远近距离和空间三维。

变焦

调焦看远物

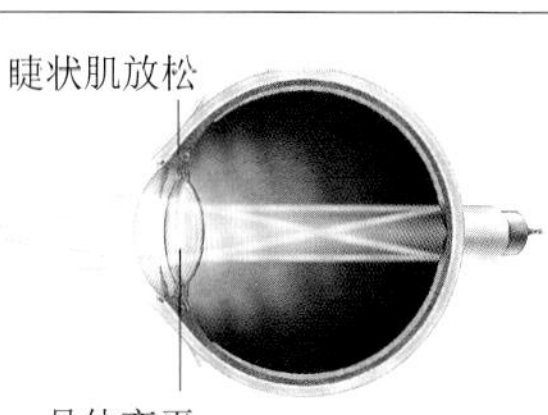

远处视物

晶体对光线焦距的调节（晶体变形），取决于物体的远近。当物体较远，其光线则接近平行，晶体对光线只做轻度折射即可聚焦于视网膜上。此时，晶体周围的睫状肌放松，眼球内液压拉紧睫状肌环，晶体变扁平。

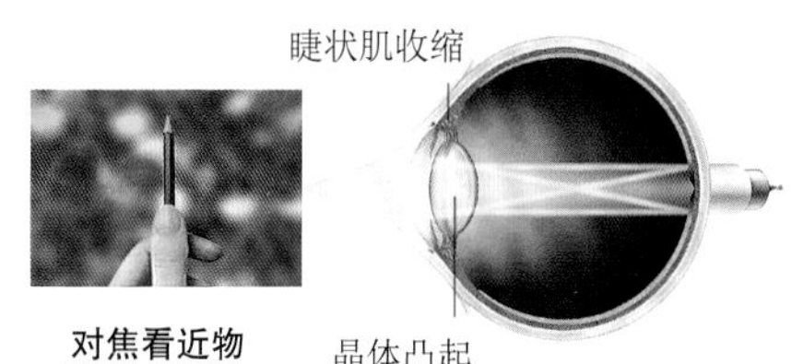

对焦看近物

近处视物

来自近处物体的光线在进入眼球时发生偏离（散开）。此时，晶体变得凸起，使光线发生一定程度的弯曲，以聚焦于视网膜上。睫状肌环收缩，不再牵拉晶体，晶体即恢复原有的凸起形态。

听觉与平衡

耳朵是主要隐藏在颅骨内部的感觉器官。它们探测声音并帮助身体保持姿势平衡。每只耳朵均可分为外耳、中耳、内耳三部分。声音进入耳朵后由位于内耳的声音感受器所探测，它们传递神经信号给大脑，大脑再将这些信号重建为声音。位于内耳的平衡感受器负责探测位置和身体运动。平衡器所感受到的信息加上分布于肌肉、关节和眼睛的感受器所采集的信息，它们组合在一起确保人体处于直立和平衡状态。

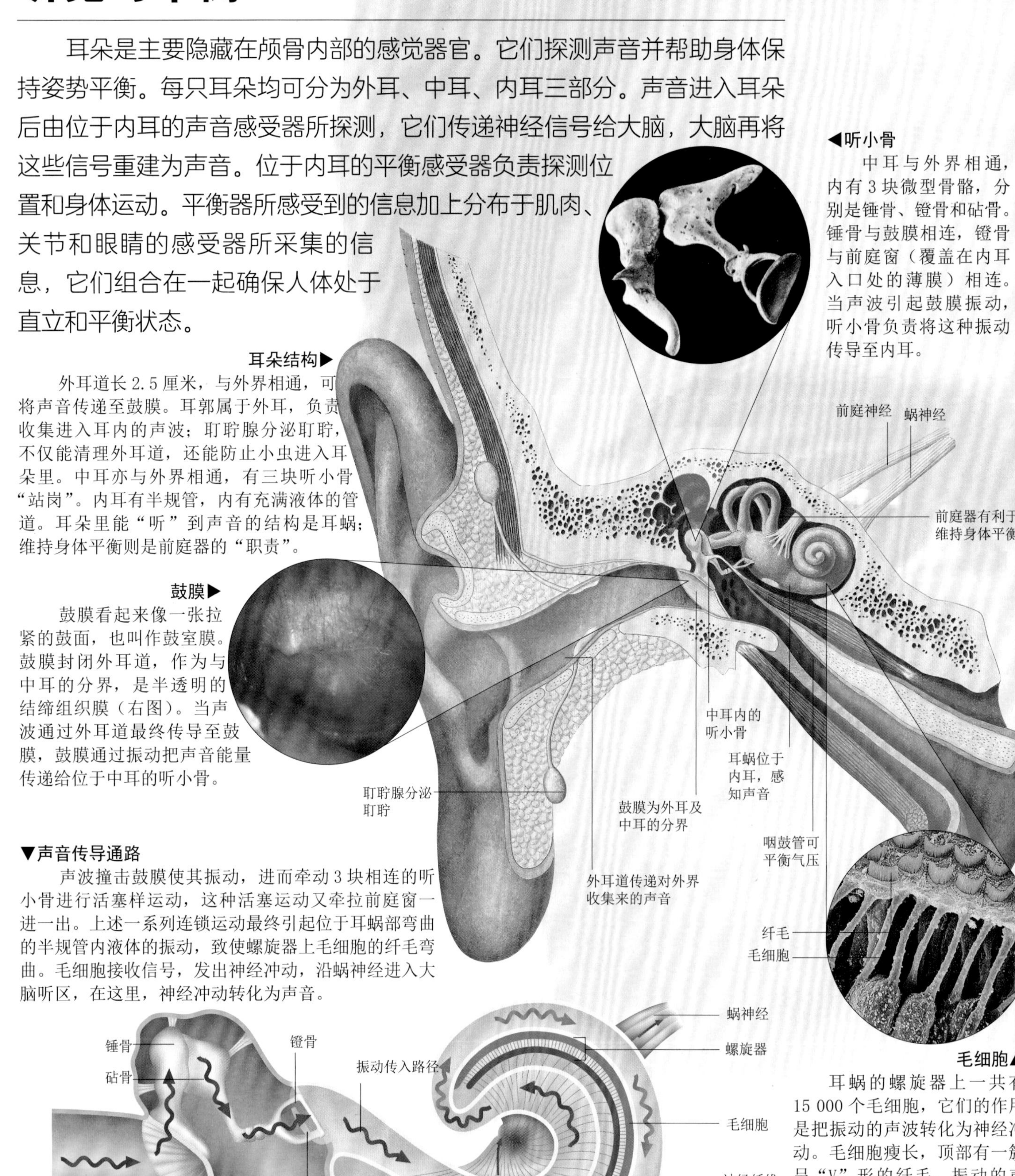

◀听小骨

中耳与外界相通，内有3块微型骨骼，分别是锤骨、镫骨和砧骨。锤骨与鼓膜相连，镫骨与前庭窗（覆盖在内耳入口处的薄膜）相连。当声波引起鼓膜振动，听小骨负责将这种振动传导至内耳。

耳朵结构▶

外耳道长2.5厘米，与外界相通，可将声音传递至鼓膜。耳郭属于外耳，负责收集进入耳内的声波；耵聍腺分泌耵聍，不仅能清理外耳道，还能防止小虫进入耳朵里。中耳亦与外界相通，有三块听小骨“站岗”。内耳有半规管，内有充满液体的管道。耳朵里能“听”到声音的结构是耳蜗；维持身体平衡则是前庭器的“职责”。

鼓膜▶

鼓膜看起来像一张拉紧的鼓面，也叫作鼓室膜。鼓膜封闭外耳道，作为与中耳的分界，是半透明的结缔组织膜（右图）。当声波通过外耳道最终传导至鼓膜，鼓膜通过振动把声音能量传递给位于中耳的听小骨。

▼声音传导通路

声波撞击鼓膜使其振动，进而牵动3块相连的听小骨进行活塞样运动，这种活塞运动又牵拉前庭窗一进一出。上述一系列连锁运动最终引起位于耳蜗部弯曲的半规管内液体的振动，致使螺旋器上毛细胞的纤毛弯曲。毛细胞接收信号，发出神经冲动，沿蜗神经进入大脑听区，在这里，神经冲动转化为声音。

毛细胞▲

耳蜗的螺旋器上一共有15 000个毛细胞，它们的作用是把振动的声波转化为神经冲动。毛细胞瘦长，顶部有一簇呈“V”形的纤毛。振动的声波通过引起半规管内液体缓缓流动，使毛细胞的纤毛弯曲。毛细胞感受到这种信号，进而产生神经冲动，传入大脑。

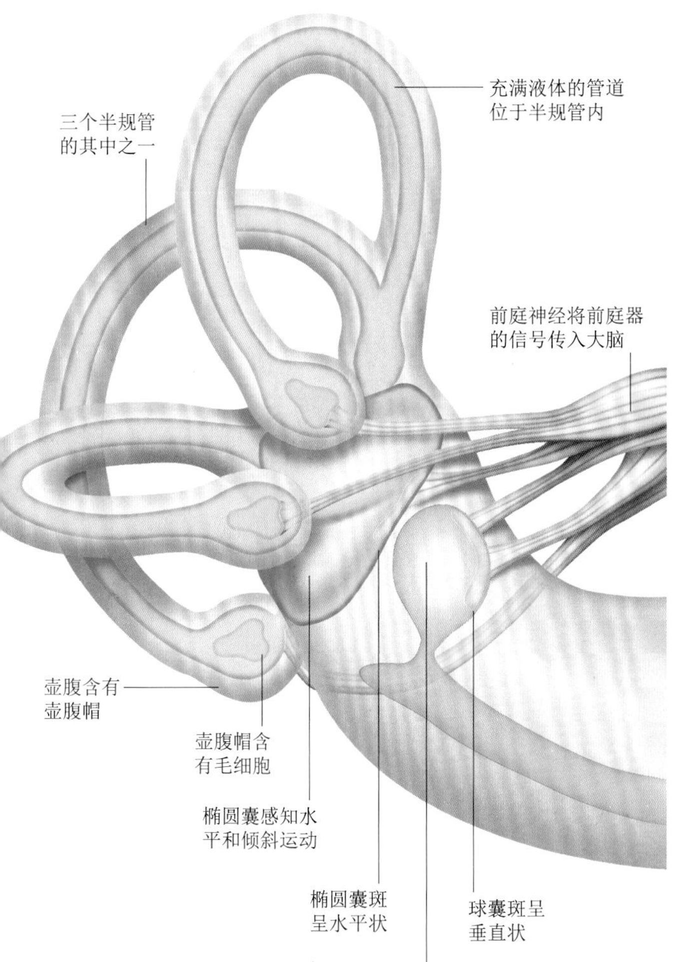

平衡器▲

在内耳有两套充满液体的平衡器。它们向大脑发送最新的有关身体运动和位置的神经冲动，以帮助维持身体平衡和姿势。椭圆囊和听小骨内的毛细胞感知直线加速和减速运动以及头部运动时的方位。三个半规管相互间处于合适的角度时，可以感知头部旋转的方位。

传感重力和加速度

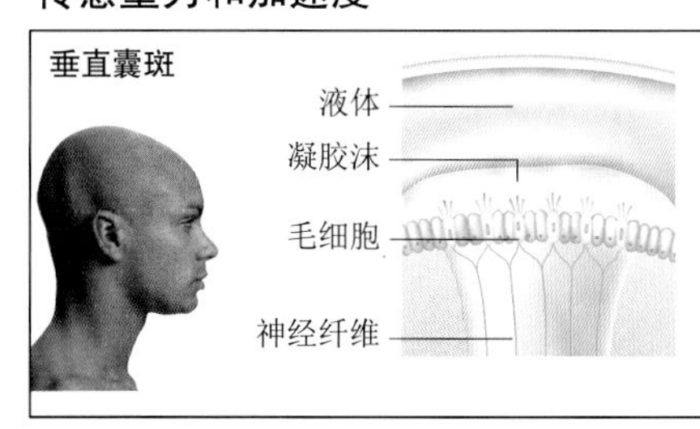

水平运动

当头部水平位时，椭圆囊斑呈直立状（左图）。囊斑的凝胶块内含有敏感的毛细胞，且携带耳石——碳酸钙的结晶（白色粉末）。神经纤维从毛细胞发出，进入前庭神经。

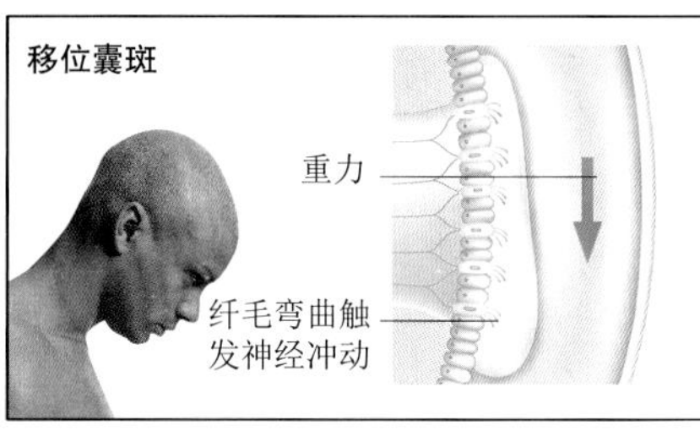

倾斜或加速

当头向前倾斜时，耳石的重力作用可使囊斑向下滑动，进而引起毛细胞向大脑发送信号；水平运动可产生同样的效果。听小骨受垂直运动的作用，比如在乘坐电梯时。

传感旋转运动

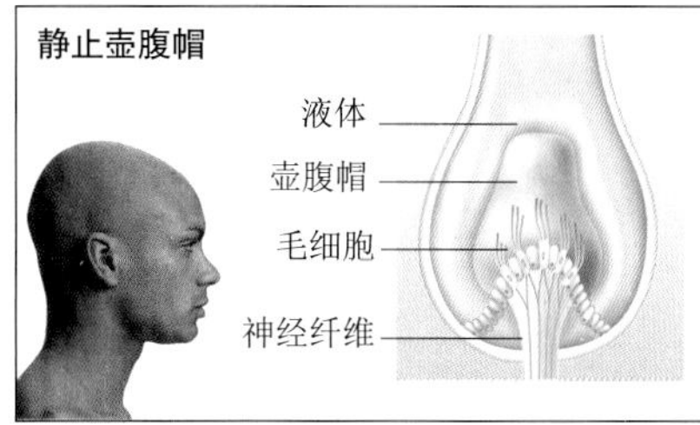

静止

三个半规管一起作用，以感知速度和头部旋转时的方位。每一个半规管的基部都有膨大，叫作壶腹。壶腹内含有胶冻样壶腹帽（左图所示为静止壶腹帽），毛细胞就位于壶腹帽中。

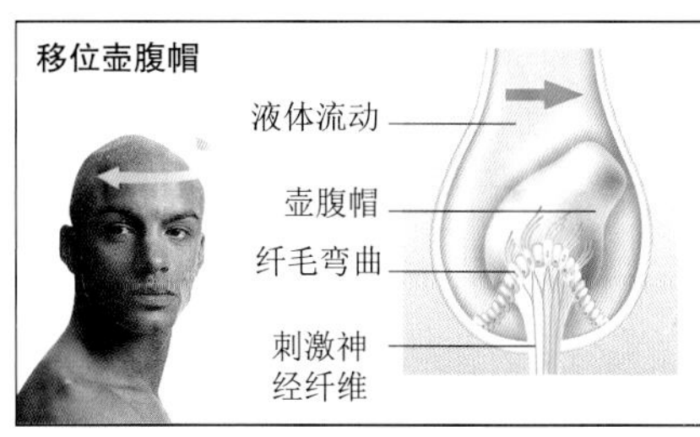

旋转

当头部旋转时，半规管内液体向相反的方向流动，使壶腹帽倾斜。这一变化刺激毛细胞向大脑发放神经冲动。当三个半规管相互间处于合适的角度时，可以感知头部旋转的方位。

频率

声音的频率是声音引起空气振动的速度。高频率的声音音调较高；低频率的声音音调较低。年轻人可以听到频率在 20～20 000 赫兹范围内的声音，但是这个范围的上限会随着年龄的增加而有所降低。其他动物能听到各种不同频率范围的声音如下。

动物	最小频率（赫）	最大频率（赫）
人（10 岁）	20	20 000
人（60 岁）	20	12 000
金鱼	20	3000
狗	60	45 000
青蛙	100	3000
猫	60	65 000
海豚	75	150 000
蝙蝠	1000	120 000

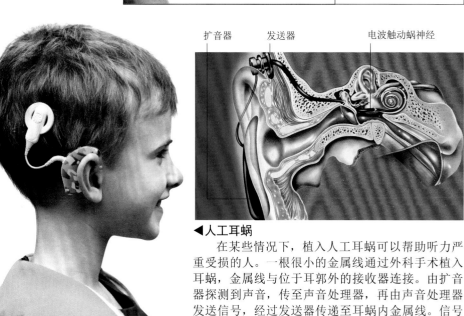

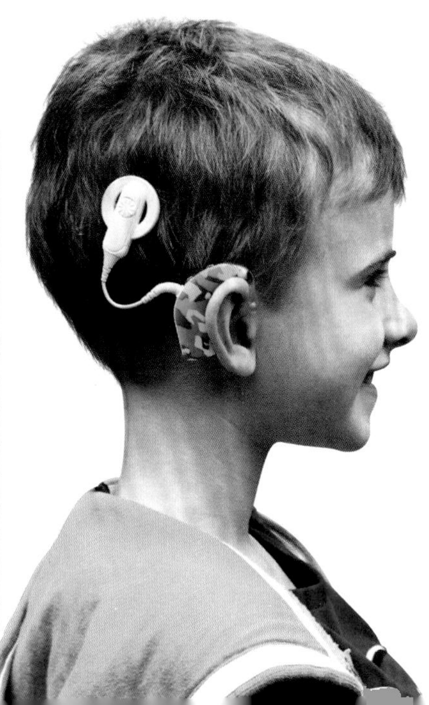

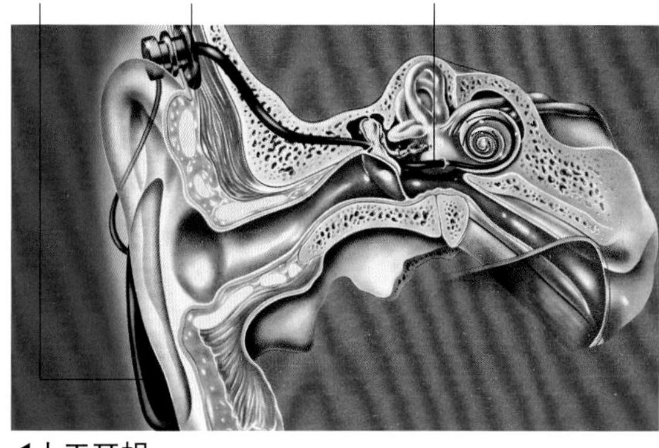

◀人工耳蜗

在某些情况下，植入人工耳蜗可以帮助听力严重受损的人。一根很小的金属线通过外科手术植入耳蜗，金属线与位于耳郭外的接收器连接。由扩音器探测到声音，传至声音处理器，再由声音处理器发送信号，经过发送器传递至耳蜗内金属线。信号刺激蜗神经，向大脑发放神经冲动，进而感知我们听到了什么样的声音。

味觉与嗅觉

味觉与嗅觉是相互关联的感官，因为二者都依赖于化学感受器，它们可以探测溶解于水中的化学物质。嗅觉的敏感度是味觉的 1 万倍。味觉与嗅觉可以使我们探测和鉴别味道与气味，比如感知烟雾或者苦味毒药等，从而躲避危险。这两种感官在不同的人身上有很大的差异，这就是为什么品酒师和品菜师可以依靠其特别敏感的味觉与嗅觉来获得职业的原因。

鼻和口▶

嗅觉感受器位于鼻腔内。当它们感应到气味时，便首先向边缘系统发放神经冲动——边缘系统是大脑内掌管情感和记忆的区域，这就很好地解释了为什么有些气味能引起人们强烈的情绪反映。味觉感受器位于舌头表面，并通过两条脑神经向大脑味觉区发送神经信号。

左侧大脑半球

嗅觉通路通向边缘系统

嗅球向大脑发出神经冲动

嗅神经纤维传递来自嗅觉感受器的信号

嗅上皮

鼻腔

鼻

口

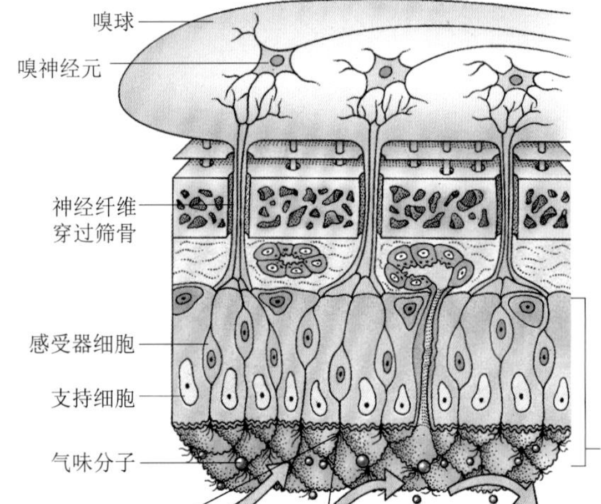

▲感知嗅觉

嗅觉感受器集中位于鼻腔内的嗅上皮组织。当嗅上皮内的感受器细胞感受到空气中的气味分子时，它们就发出神经信号，沿着神经纤维穿越颅骨筛孔进行传递——筛孔构成鼻腔的顶部。这些信号由嗅球接收，再继续向大脑传递。

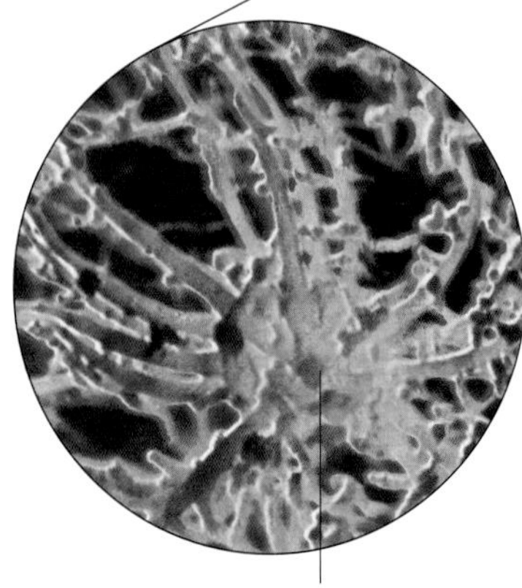

嗅觉感受器

◀嗅纤毛

每一个嗅觉感受器细胞的顶端都发出 10 ～ 20 根毛发样纤毛。当鼻腔吸进空气，其中的气味分子溶解于稀薄黏液中，覆盖在嗅上皮和纤毛之上。嗅纤毛上有接收气味分子的多种位点，每一种位点对应相应的气味，当气味分子结合在对应的位点时，感受器细胞便发出神经冲动至大脑。这样一来，我们就可以感知并辨别气味究竟是来自玫瑰还是篝火。

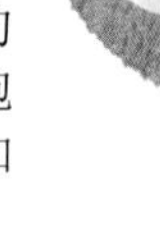

舌头表面分布味觉感受器

脑神经传递来自舌头的信号

职业品尝师

有些人天生对气味和味道极为敏感，也许会以此为生，比如品茶师、品酒师或香薰师。他们这种天赋经过后天的培训、锻炼，可以精准到能够区别不同气味间的细微差别。

这位品酒师正在根据气味、口味以及其滋味，鉴定红酒的优劣。通常形容红酒的词汇，如“橡木味”或“柠檬味”，则是用来反映红酒的综合口味。此外，品酒师还通过观察红酒的颜色和透明度来进行鉴定。

迷走神经从喉咙的味蕾传递信号
神经从舌头后部传递味觉信号
轮廓乳头能感知苦味
丝状乳头感知温度和质地
舌神经从舌头前部传递触觉信号
面神经从舌头前部传递味觉信号
菌状乳头能尝出四种不同的味道
神经信号从舌头到左侧大脑半球的传导路径

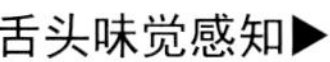

舌头味觉感知▶

我们可将体验过的味觉分成五种基本类型——甜、咸、酸、苦和鲜。

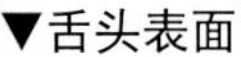

▼舌头表面

舌头表面覆盖有许多突出物，称为乳头，下图为放大许多倍的舌头表面。舌头表面的乳头可分为两种类型：蘑菇样的菌状乳头边缘有味蕾存在；钉样的丝状乳头缺乏味蕾，但是可以在咀嚼时黏住食物。舌头也有感受器，有利于我们感知食物的质地和温度，比如，它们可以让我们区别滚烫的土豆或冰凉的冰激凌。此外，乳头还能让我们感知到痛觉。

味觉和嗅觉要点汇总

味蕾数量	10 000 个
嗅觉感受器的数量	上百万个
舌头感知的味道种类	4 种
人类能闻到的气味种类	10 000 种
嗅上皮面积	5 平方厘米
能闻到的气味分子密度最小值 (加入天然气中使其有气味的甲基硫醇)	1/25 亿
嗅觉的基因数目	1000 个

舌头上的感受器感知食物的质地和温度
菌状乳头上有味蕾
味蕾上开有味孔
舌表面细胞
纤毛感知由唾液溶解的物质
当感受到味觉时，感受器细胞发放神经信号
支持细胞支撑味觉细胞
神经纤维向大脑传递神经信号

味蕾▶

每个味蕾由感觉细胞和支持细胞组成，它们相互交织，像图中的橙子样分组位于味孔下。咀嚼时，食物和饮料中的化学物质溶解于唾液，进入味孔，被突出于感觉细胞顶端的味觉纤毛感知，刺激感觉细胞产生神经冲动，传递至大脑味觉中枢，进而产生味道的体验。

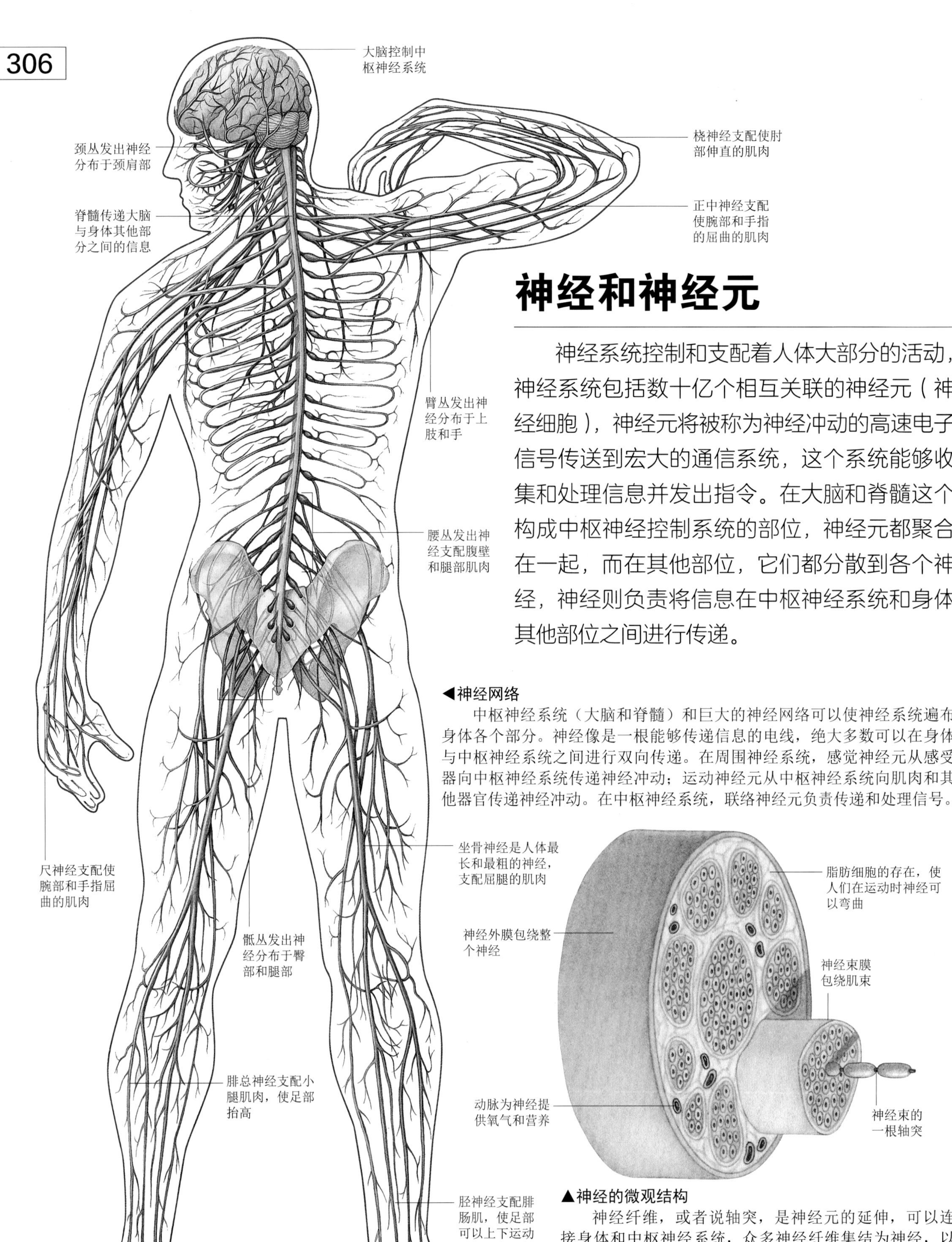

大脑控制中枢神经系统
颈丛发出神经分布于颈肩部
桡神经支配使肘部伸直的肌肉
脊髓传递大脑与身体其他部分之间的信息
正中神经支配使腕部和手指的屈曲的肌肉
臂从发出神经分布于上肢和手
腰丛发出神经支配腹壁和腿部肌肉
坐骨神经是人体最长和最粗的神经，支配屈腿的肌肉
尺神经支配使腕部和手指屈曲的肌肉
骶丛发出神经分布于臀部和腿部
腓总神经支配小腿肌肉，使足部抬高
胫神经支配腓肠肌，使足部可以上下运动
脂肪细胞的存在，使人们在运动时神经可以弯曲
神经外膜包绕整个神经
神经束膜包绕肌束
动脉为神经提供氧气和营养
神经束的一根轴突

神经和神经元

神经系统控制和支配着人体大部分的活动，神经系统包括数十亿个相互关联的神经元（神经细胞），神经元将被称为神经冲动的高速电子信号传送到宏大的通信系统，这个系统能够收集和处理信息并发出指令。在大脑和脊髓这个构成中枢神经控制系统的部位，神经元都聚合在一起，而在其他部位，它们都分散到各个神经，神经则负责将信息在中枢神经系统和身体其他部位之间进行传递。

◀神经网络

中枢神经系统（大脑和脊髓）和巨大的神经网络可以使神经系统遍布身体各个部分。神经像是一根能够传递信息的电线，绝大多数可以在身体与中枢神经系统之间进行双向传递。在周围神经系统，感觉神经元从感受器向中枢神经系统传递神经冲动；运动神经元从中枢神经系统向肌肉和其他器官传递神经冲动。在中枢神经系统，联络神经元负责传递和处理信号。

▲神经的微观结构

神经纤维，或者说轴突，是神经元的延伸，可以连接身体和中枢神经系统，众多神经纤维集结为神经，以电线样的形式从脊髓或者大脑发出。在神经内部，纤维结缔组织（神经束膜）包绕大量平行的轴突，形成神经束。若干神经束与血管和保护性脂肪相结合，被构成神经外鞘膜的上皮所包绕。

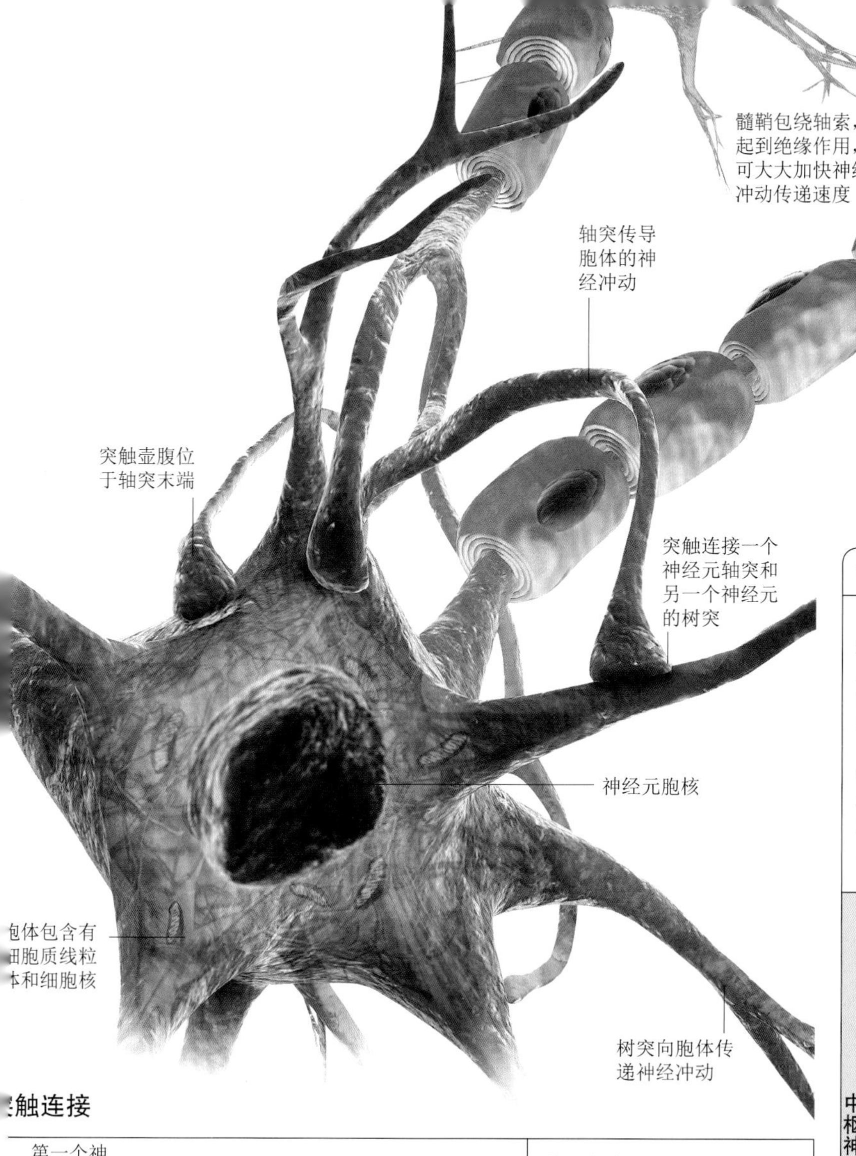
髓鞘包绕轴索，
起到绝缘作用，
可大大加快神经
冲动传递速度
轴突传导
胞体的神
经冲动
髓鞘间沟可使
神经冲动沿轴
突呈现跳跃式
传递
突触壶腹位
于轴突末端
突触连接一个
神经元轴突和
另一个神经元
的树突
神经元胞核
体包含有
胞质线粒
和细胞核
树突向胞体传
递神经冲动

◀**神经元**

每个神经元胞体内都含有细胞核、树突（短的线样结构）和轴突（长的线样结构）。其中树突将神经冲动传递至胞体；轴突将神经冲动传递给相邻的神经元。许多神经元的轴突都有脂质髓鞘包被，使轴突“绝缘”，进而可使神经冲动以100米/秒的速度沿轴突呈“跳跃式”传导。每一个神经元都与其他许多神经元相联系。

触连接

第一个神经元胞体
轴突
突触指两个神经元间的连接
神经冲动从第一个神经元的轴突向邻近神经元传递
髓鞘
树突

第一个神经元的神经冲动

神经元相接处称为突触，突触间有一个小小的间隙。神经冲动沿神经元轴突高速传递，在神经元的末端，轴突末梢与相邻神经元的树突于突触处相遇。神经冲动以化学形式而非电形式进行传递。

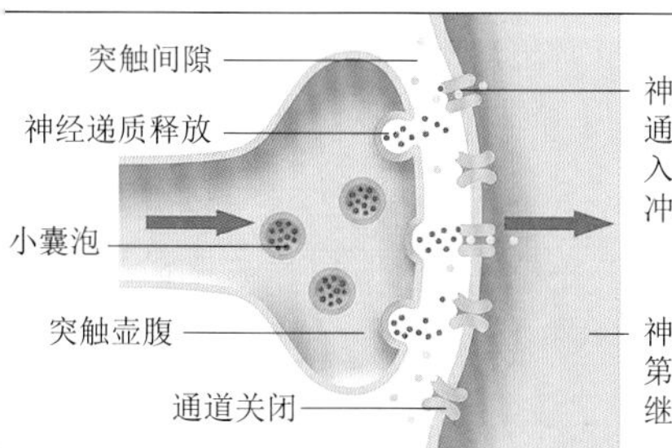
突触间隙
神经递质释放
小囊泡
突触壶腹
通道关闭
神经递质打开通道，离子进入，触发神经冲动
神经冲动通过第二个神经元继续传递

化学传递

轴突终末为突触壶腹，内有含神经递质的小囊泡（红色），神经递质使神经冲动通过突触间隙。当神经冲动到达壶腹，小囊泡释放神经递质分子，进入突触间隙，触发下一个神经元产生神经冲动。

第一个神经元胞体
第二个神经元胞体
神经冲动沿第二级神经元轴突传递

第二个神经元的神经冲动

新产生的神经冲动沿第二个神经元的轴突继续传递。所有残留在突触间隙的神经递质都被酶分解，因此，第二个神经元在无外界刺激的情况下，不会反复被激发出神经冲动。突触间的冲动不能沿相反方向传递。

神经系统

神经系统分可为中枢神经系统和周围神经系统。中枢神经系统（大脑和脊髓）共同协作，通过加工处理由感受器收集到的信息，向肌肉和其他器官发送指令来控制身体的各种活动。周围神经系统包括全部由大脑和脊髓发出的神经，接受来自中枢神经系统的神经冲动，并继续将冲动传递至身体其他部分。

周围神经系统分为感觉神经、运动神经和自主神经。感觉神经对身体内外发生变化的各种信息进行采集，将信息沿感觉神经元传输至中枢神经系统。运动神经接受意识性支配，由运动神经元执行大脑向骨骼肌发出的“指令”。自主神经传递由中枢神经系统发出的“指令”，控制内脏器官的自主活动。

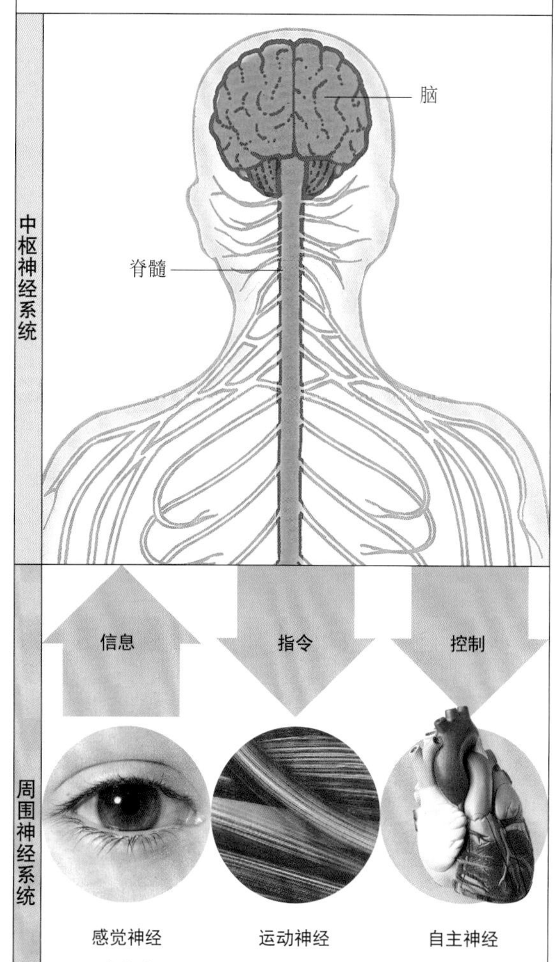
中枢神经系统
脑
脊髓
周围神经系统
信息
指令
控制

感觉神经

感觉神经通过感受器及内环境变化（如膀胱充盈）来“告知”机体外环境的情况

运动神经

运动神经向四肢发放信息，使得全身各块肌肉可以进行有意识的活动（如招手或踢球）

自主神经

内脏器官的工作（如呼吸和心跳）是由自主神经来自动调控的

脊髓

脊髓是一个从大脑基底部一直延伸到背部的圆柱形神经组织。它作为脑与人体之间的信息传递通道，在控制身体和处理信息方面起到非常重要的作用。脊髓同样控制人体的很多反射性动作，这些反射性动作是在没有意识介入时即迅速产生的反应，它们常常能够保护人体避免某些危险。

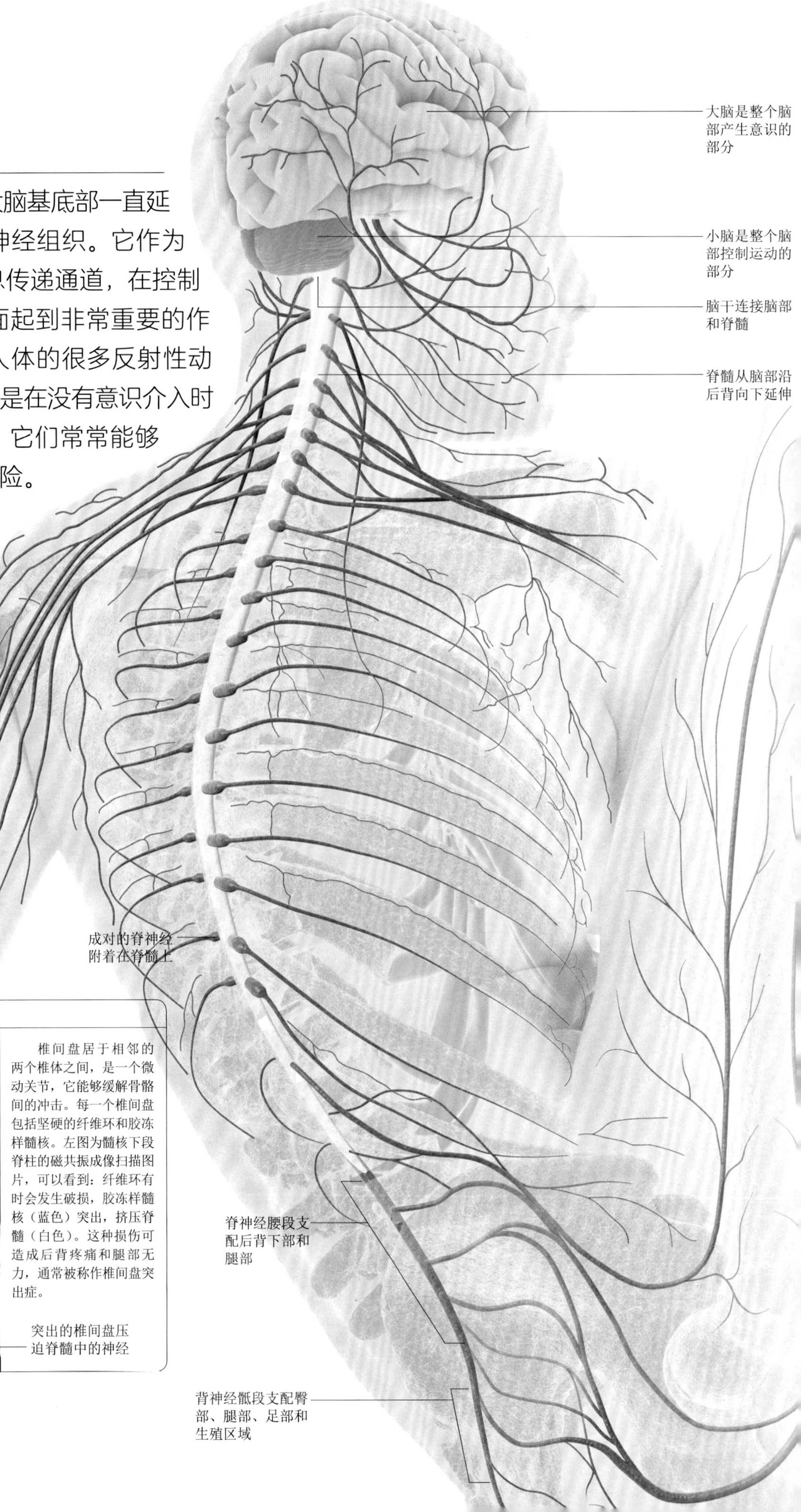

脊髓和神经▶

脊髓顺着后背从大脑基底部一直向下延伸至腰椎，其直径还不及一根手指粗。31 对脊神经分布广泛，控制人体大部分的骨骼肌，并且承载和传递来自周身（包括皮肤）感受器的传入信息。

大脑是整个脑部产生意识的部分

小脑是整个脑部控制运动的部分

脑干连接脑部和脊髓

脊髓从脑部沿后背向下延伸

成对的脊神经附着在脊髓上

脊神经腰段支配后背下部和腿部

背神经骶段支配臀部、腿部、足部和生殖区域

对损伤的扫描

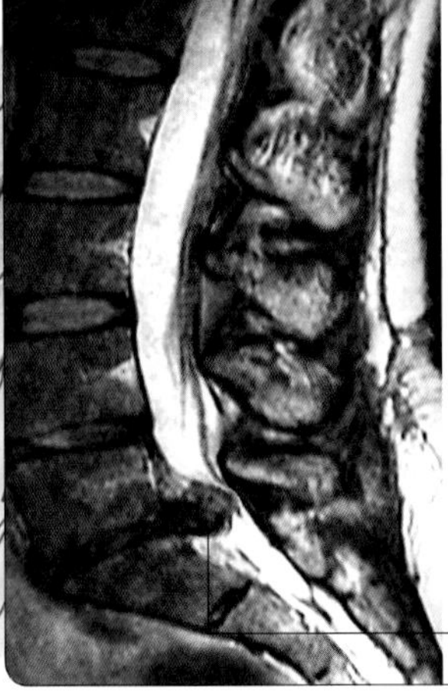

椎间盘居于相邻的两个椎体之间，是一个微动关节，它能够缓解骨骼间的冲击。每一个椎间盘包括坚硬的纤维环和胶冻样髓核。左图为髓核下段脊柱的磁共振成像扫描图片，可以看到：纤维环有时会发生破损，胶冻样髓核（蓝色）突出，挤压脊髓（白色）。这种损伤可造成后背疼痛和腿部无力，通常被称作椎间盘突出症。

突出的椎间盘压迫脊髓中的神经

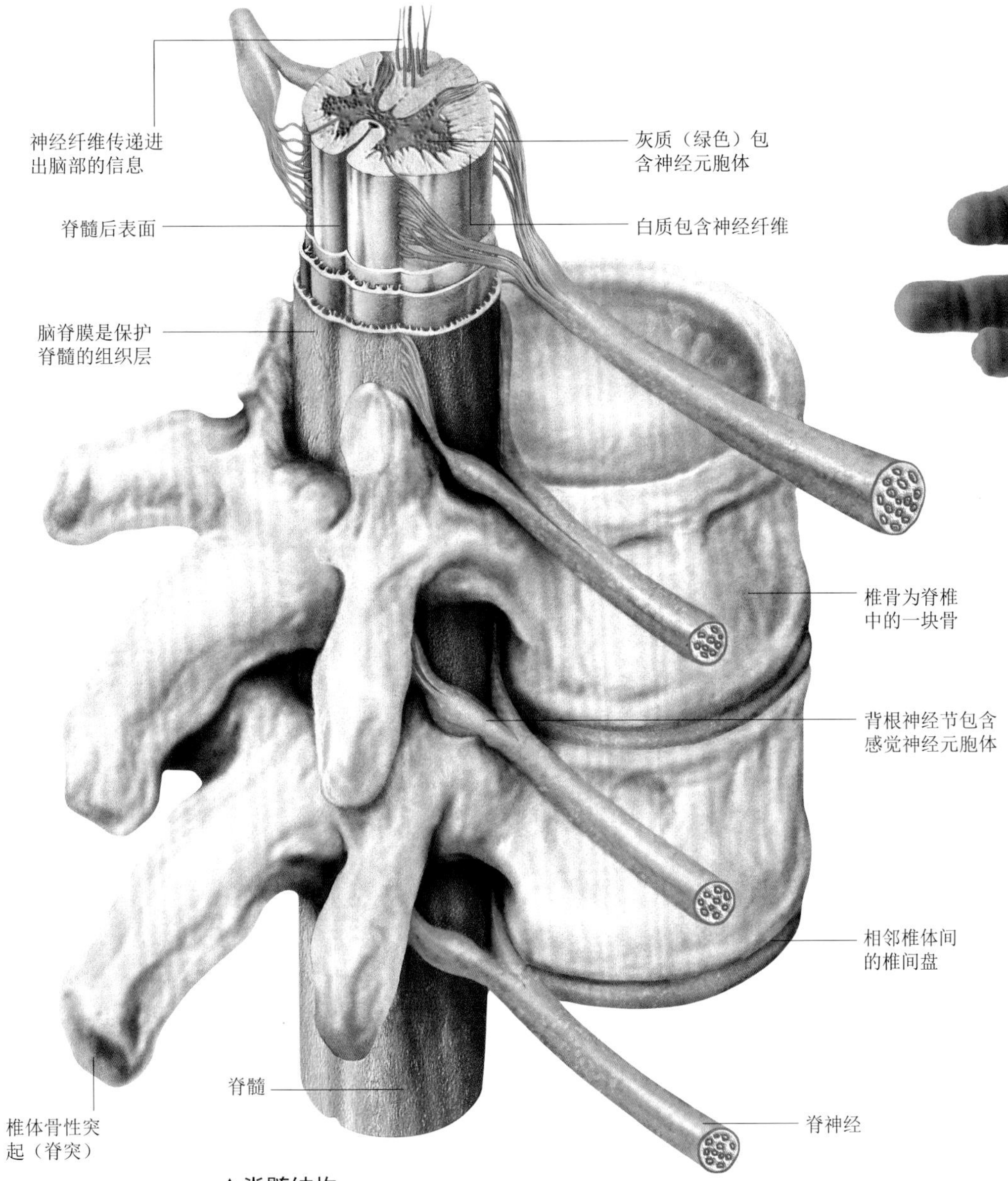

神经纤维传递进出脑部的信息

脊髓后表面

脑脊膜是保护脊髓的组织层

灰质（绿色）包含神经元胞体

白质包含神经纤维

椎骨为脊椎中的一块骨

背根神经节包含感觉神经元胞体

相邻椎体间的椎间盘

脊髓

椎体骨性突起（脊突）

脊神经

▲脊髓结构

椎弓形成的管道，以及被称作脑脊膜的三层结缔组织，可以对脊髓起到保护作用。脊髓中央为灰质，外周为白质。灰质传输感受器和运动神经元间的信号；白质包含神经纤维，传递进出大脑的信号。脊神经从相邻椎体间发出。

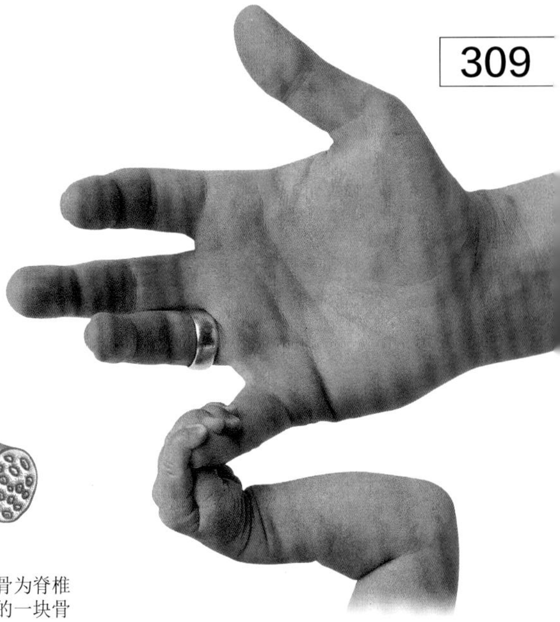

▲新生儿反射活动

对生存来说至关重要的一些原始的反射活动，小宝宝一出生就有。当有东西放入小宝宝手心时，便可激发抓握反射（上图）。另外一种固有的反射是，当轻轻触摸小宝宝一边脸蛋时，他转头寻找妈妈的乳头，并张嘴吮吸。这些反射在婴儿出生后一年内渐渐消失。

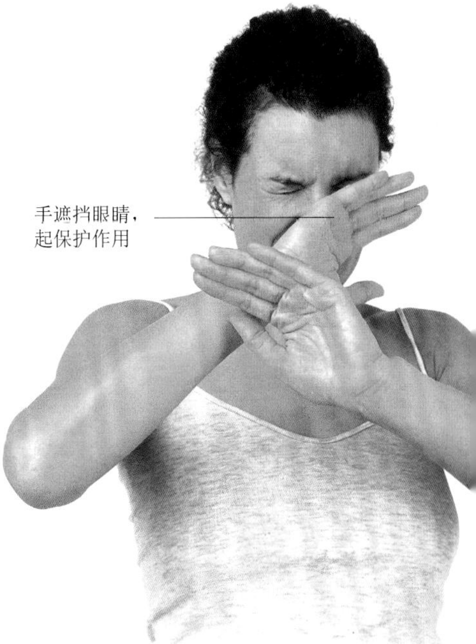

痛觉反应

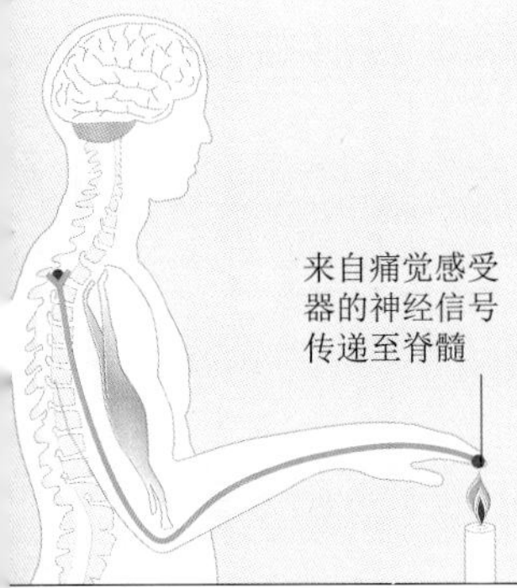
来自痛觉感受器的神经信号传递至脊髓

伤害刺激

当有一些尖或热的物体接触身体时，回避反射是一种自动的自我保护反应。皮肤和指尖的疼痛感受器感知蜡烛火焰的灼烧刺激，从感觉性神经元向脊髓发放神经冲动。冲动穿越脊髓，到达相关神经元。

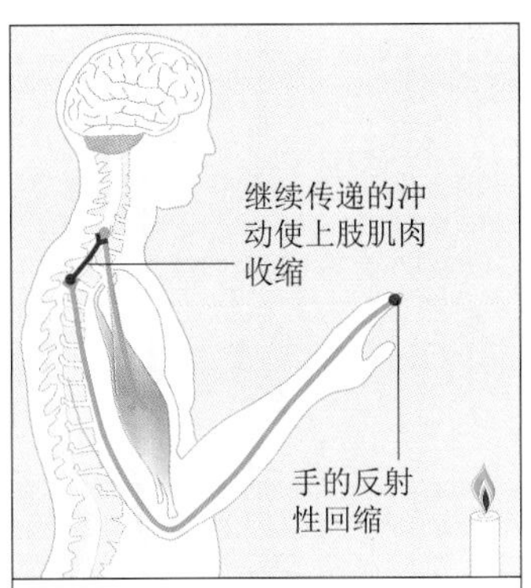
继续传递的冲动使上肢肌肉收缩
手的反射性回缩

自动退缩

在疼痛刺激被发觉的几毫秒（1秒的1‰）内，神经冲动已经传递至运动神经元。这些神经元接收到冲动，“指挥”前臂屈曲。当接收到冲动，前臂的肌肉纤维收缩，令前臂弯曲，并使手指在受到更大伤害之前移开蜡烛火焰。

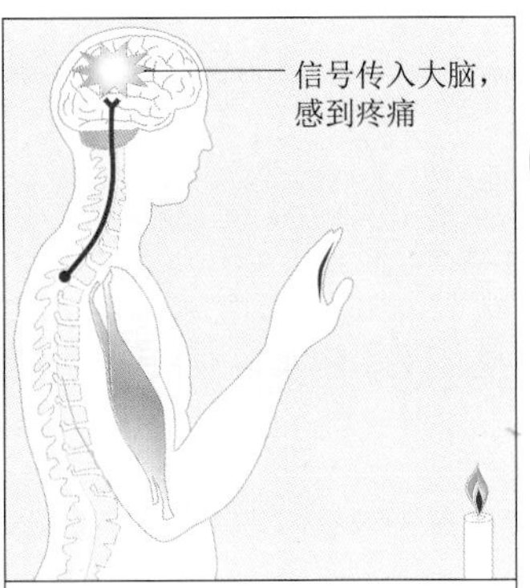
信号传入大脑，感到疼痛

感到疼痛

脊髓的神经纤维向大脑的感觉区传递神经冲动，从而产生疼痛感。这种现象仅发生在回避反射之后，这是因为冲动通过反射弧的时间远远少于冲动抵达大脑的时间。

手遮挡眼睛，起保护作用

自我保护▲

一些反射不是由脊髓，而是由大脑来操作。比如，反射通过三个层次来达到保护眼睛的目的：当遭遇很小的威胁（如昆虫），我们可通过眨眼来保护眼睛；当遭遇一些潜在的危险（快速飞行物），我们则会自动向后扭头；当遭遇最大的危险（化学试剂喷向脸部），我们则会举起手挡住面部。

控制中心

脑是整个神经系统的控制中心，它包括成千上万个相互关联的神经元。人脑的主要部分——大脑，产生和发出神经信号，使我们能够感知周围的环境，达到一个协调的状态，去想象、创造、学习并认识自我。大脑的两半——左大脑半球和右大脑半球，各自控制对侧的身体。其他大脑区域则负责身体功能的自主控制，例如呼吸、眨眼、力量和心率。

脑部的神经元

上图所示仅为数亿个神经元中的几个，它们成脑部巨大的交通网络和信息处理系统。每一个经元都可通过一亿个以上的突触（神经元之间的隙）与上百个，甚至上千个其他神经元形成联系构成强大的通路网络。

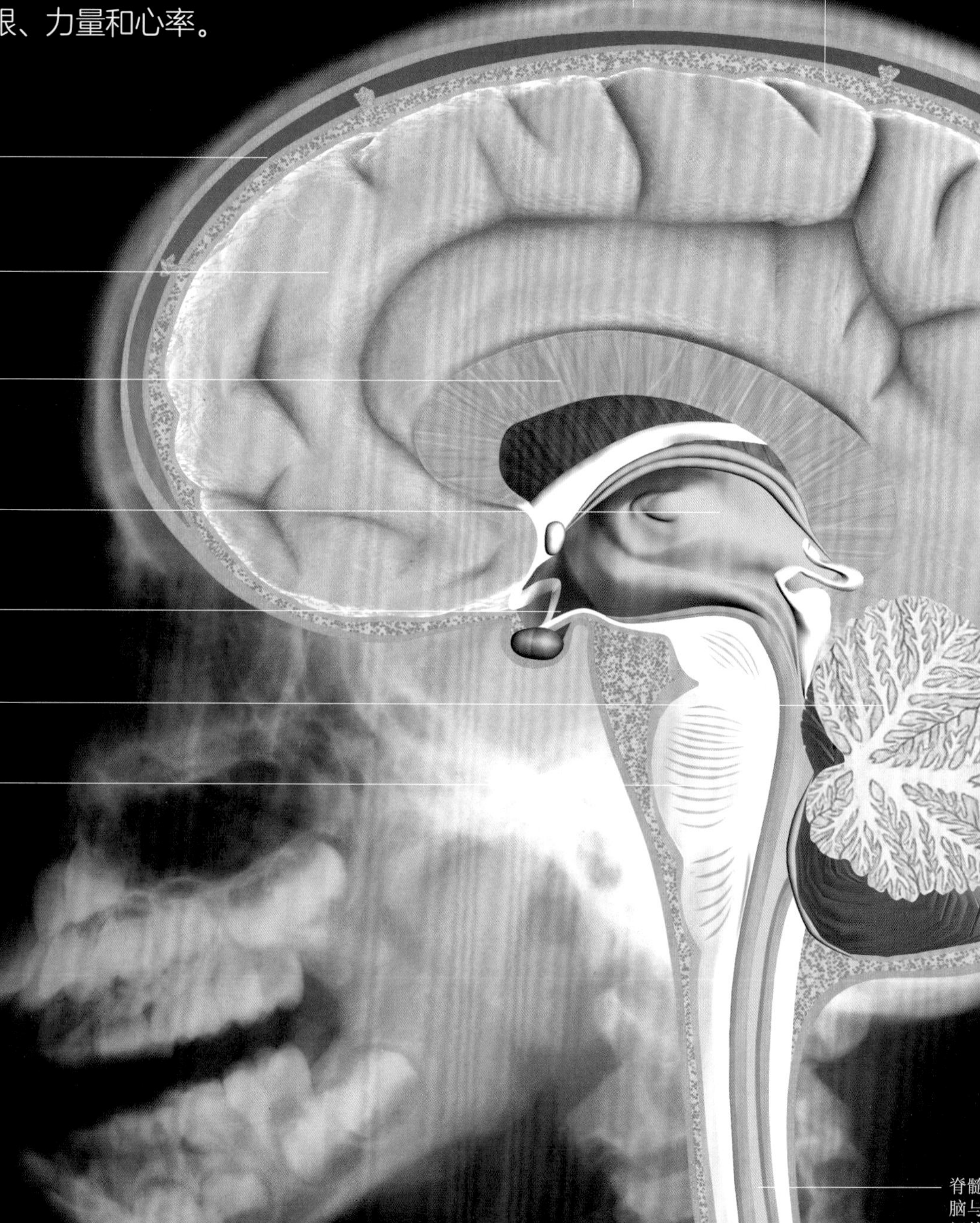
颅骨形成坚硬
的保护性外壳
蛛网膜下腔位于两
层脑膜之间，含有
大量可吸收的液体
矢状静脉走行在大
脑顶部带走缺氧的
血液
右侧大脑半球
掌管左侧躯体
胼胝体连接左
右大脑半球
丘脑向大脑传
递躯体的感觉
性信号
下丘脑调节睡眠、
饥饿感和体温
小脑控制运动
脑干掌管如呼吸、
心率等重要功能

脑的内部结构▶

右图所示为脑的纵切面，主要包括三个区域：大脑、小脑与脑干。左、右大脑半球占脑部重量的85%，丘脑和下丘脑位于其下部。小脑协调运动和平衡。脑干连接大脑和小脑，控制一些生命活动（如呼吸）。颅骨和三层脑膜共同保护脑部。

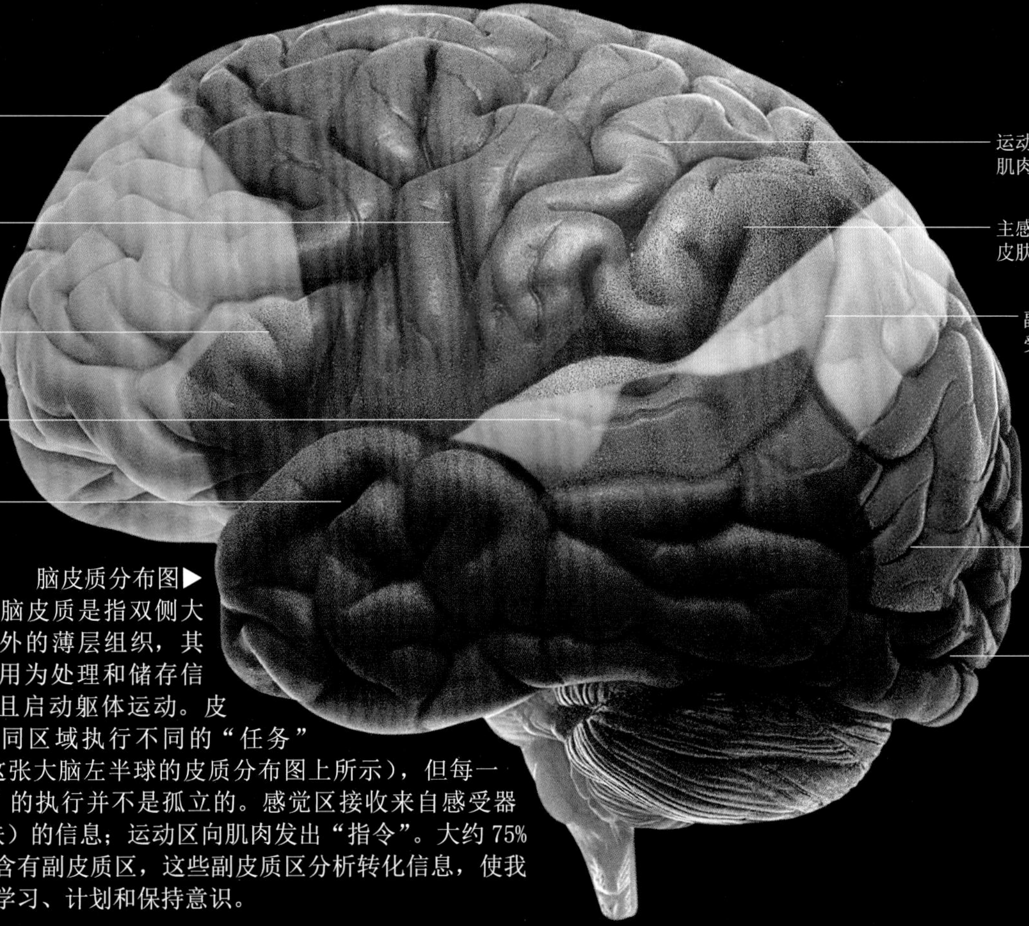

前额皮质与理性、计划性有关

运动前区协调复杂运动

布罗卡区控制语言

主听区接受耳朵传来的信息

听区将信息转化为声音

运动区指导肌肉收缩

主感觉区接收来自皮肤感受器的信号

副感觉区将皮肤感受器信号进行转化

副视区形成“影像”

主视区接收来自眼睛的信息

脑皮质分布图▶

大脑皮质是指双侧大脑半球外的薄层组织，其重要作用为处理和储存信息，并且启动躯体运动。皮质的不同区域执行不同的“任务”（正如这张大脑左半球的皮质分布图上所示），但每一“任务”的执行并不是孤立的。感觉区接收来自感受器（如皮肤）的信息；运动区向肌肉发出“指令”。大约75%的皮质含有副皮质区，这些副皮质区分析转化信息，使我们能够学习、计划和保持意识。

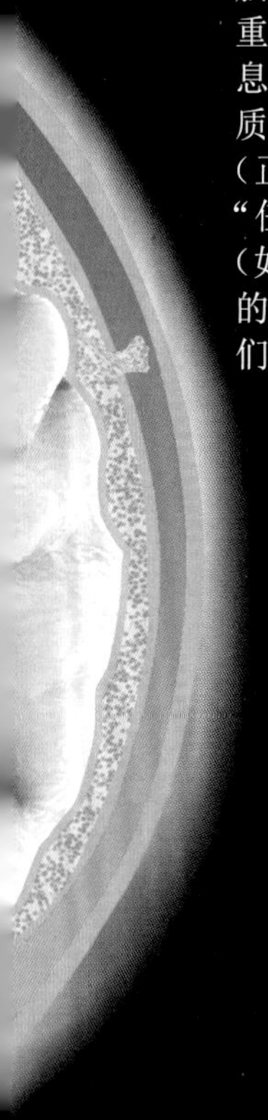

脑卒中（又称中风）患者的脑部受到怎样的损伤

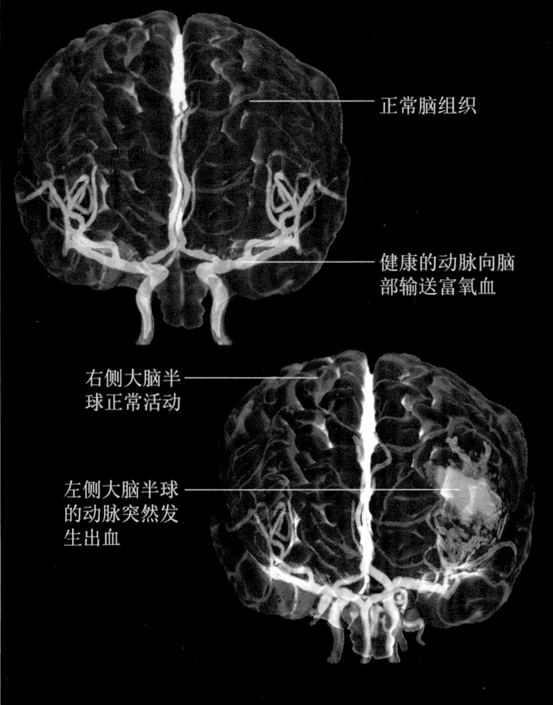
正常脑组织
健康的动脉向脑部输送富氧血
右侧大脑半球正常活动
左侧大脑半球的动脉突然发生出血

这些磁共振血管成像扫描图显示的是，脑的前面观和供应脑的动脉。脑的各项活动需要消耗人体1/5的富氧血，而且，如果血液的供应中断，脑神经元就会迅速死亡。左上的扫描图显示健康动脉向左、右半球供应富氧血；右下的扫描图显示脑卒中患者的脑——供应左侧大脑半球的动脉破裂出血，该区域神经元随之缺血死亡，进而导致患者右侧躯体瘫痪。脑卒中也可以由动脉内的血栓引起。

大脑和手指间的信息传递

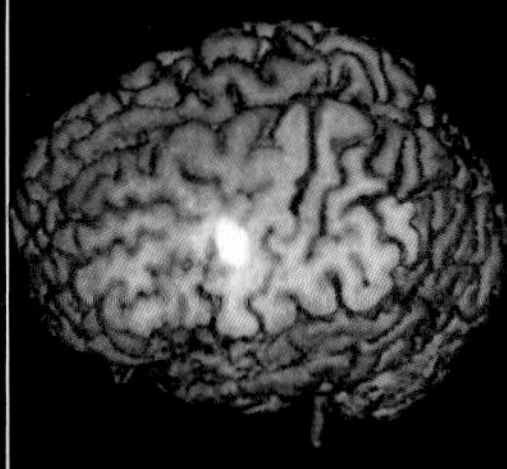

运动前

脑磁图记录脑活动时的表现。这两张脑磁图记录的是掌管右手食指活动的一组神经元的活动情况。其中从第一张图上可以看到，在手指运动之前的几毫秒内，左侧皮质运动区的神经元在向手指肌肉发出“指令”，正表现出活性（粉红）。

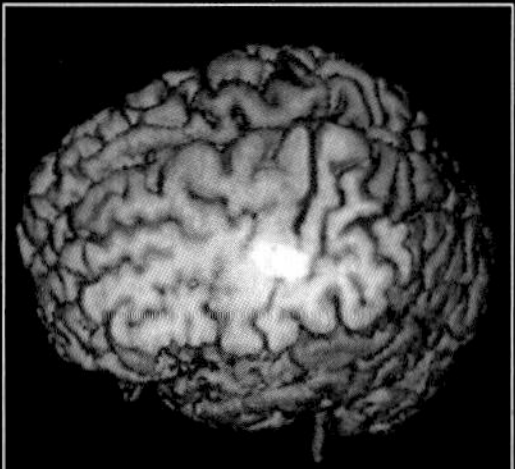

运动中

第二张脑磁图上显示，感觉区神经元在发出运动“指令”后40毫秒出现亮光。这一现象发生的大致过程为，运动神经元接收来自手指肌肉的信息，手指肌肉正在收缩，食指正在运动。

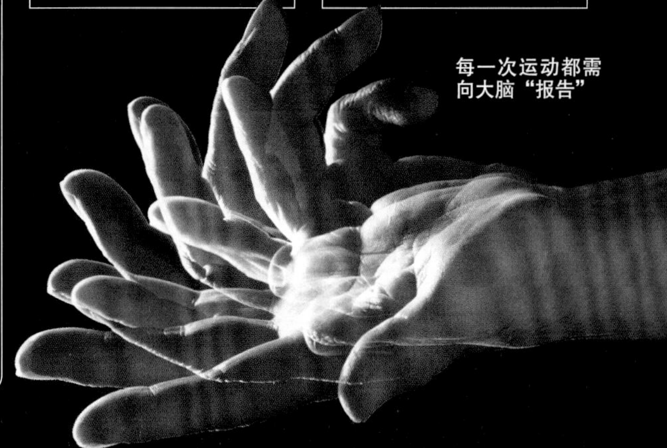

每一次运动都需向大脑“报告”

大脑力量

大脑使我们能够思考、学习和进行创造性活动，而如果我们不具有记忆能力的话，这些都是不可能做到的。我们会忘记自己所经历的绝大多数事情，但重要的，给人印象深刻的事件、事实和技能却会被作为长期记忆终生存储下来。大脑边缘系统作为大脑的一部分，在记忆形成和使我们能够体验情感方面具有一定的作用。睡眠是一个意识发生改变的状态，它使人体得到休息，大脑得以处理白天所接收到的信息，包括形成记忆。

壳核存储有关技能的记忆

扣带回修正行为和情感

前额皮质操控短期记忆

嗅球将信息传至边缘系统

杏仁核存储有关害怕和恐怖的记忆

颞叶存储语言记忆

边缘系统▶

边缘系统（蓝色）位于脑的深部，是一个复合结构，环绕在脑干上部。边缘系统掌控如生气、高兴等情绪反应，并且保护我们远离危害，它对记忆形成也有一定作用。比如，杏仁核能对危害进行估评，让我们产生害怕的感觉；海马能使我们存储和回顾记忆。

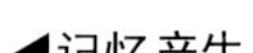

◀记忆产生

记忆的产生包括几个阶段。感觉性记忆可以记住一闪而过的印象，如画面、声音和气味。其中一些感觉性记忆为短期记忆，即记住即时出现在人们脑中的各种印象，这些记忆大部分随后被遗忘。但是在遇到大事件（如见到火灾现场）的情况下，我们可产生深刻的印象，此时神经元表现出强烈的活性，随着时间的过去，就会演变成一种长期记忆。

记忆如何形成

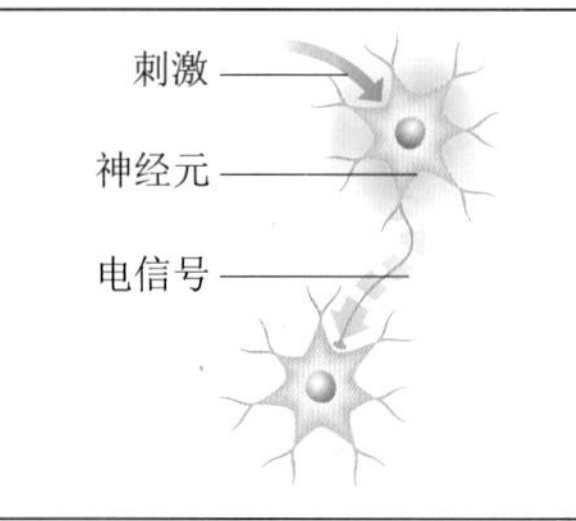

联系

我们对以往每一种经历的记忆，都是通过脑神经元以一定的形式发放而形成。如果短期记忆时神经元的发放形式不断重复，就可形成长期记忆。当神经元接受了强烈的刺激，就会向相邻的神经元发送神经冲动。

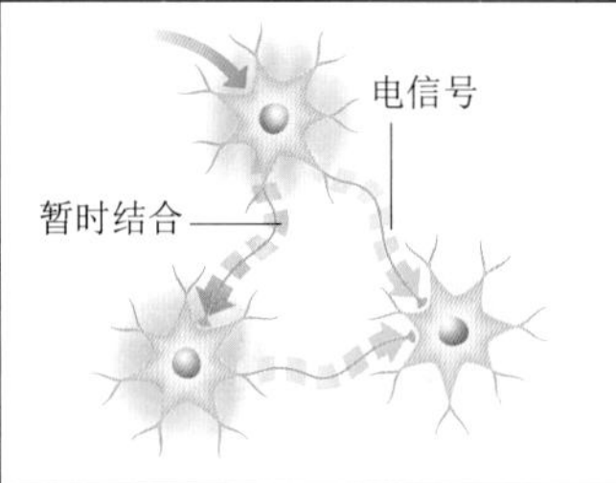

形成联系

当神经冲动从一个神经元传递至临近神经元时，可以使后者的反应更加敏感，神经元间进行暂时结合，使它们能够共同发出神经冲动。后者的神经冲动进一步发送到与它们相邻的其他神经元，并加以诱导。这样一来，涉及若干神经元的发放形式就建立起来了。

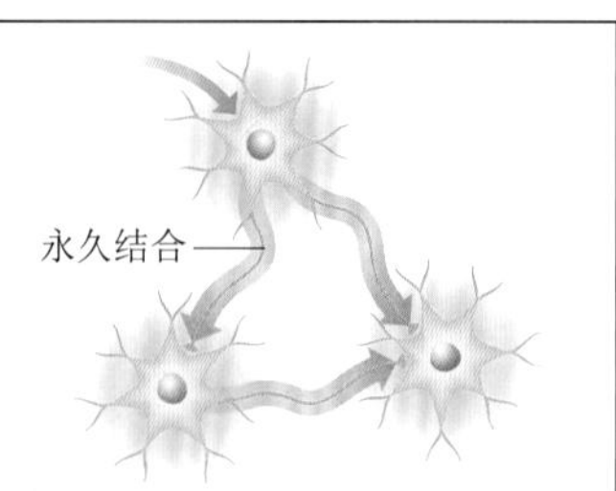

牢固连接

当我们回忆一项事件时，某组相关神经元反复发放冲动，相互间形成牢固的结合。此后，该组神经元将长期保持这种共同的发放形式，与第一次共同发放的形式一模一样。这种结合在我们遇到印象深刻的事件时更容易建立，比如博览会上见到的高个子小丑。

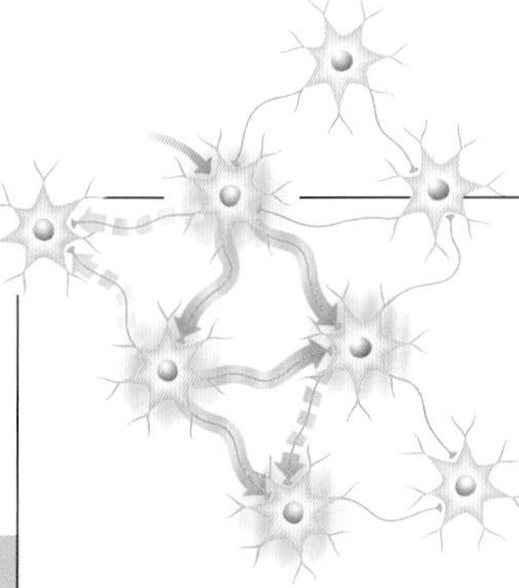

扩大的神经发放网络

随着重复次数的增多，另外一些神经元链也被纳入，构成一个扩大的神经发放网络，引起长期记忆。神经发放网络越复杂，短期记忆就越容易变为长期记忆，而且越持久。每一个神经元链负责记忆不同的方面，以便完整地回忆事件。

高个子的小丑▶

在博览会的各个景象中，戴礼帽的高个子小丑给一个兴高采烈的孩子留下了最为深刻的印象。她一有机会便回头看看小丑，引起一组神经元的迅速活动。随后，她向朋友和家人反复讲述这个小丑，还画了小丑的样子，这样一来，每个细节就都进入了她的长期记忆。无论什么时候该组神经元发放冲动，有关小丑的经历都会重现。

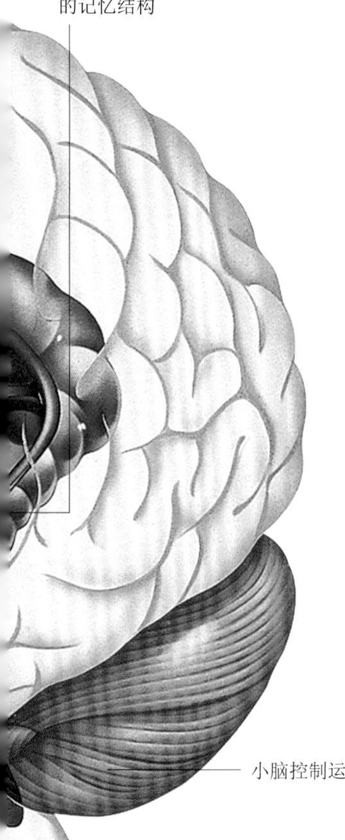

长期记忆

程序性记忆

程序性记忆是对技能的记忆，比如骑自行车和弹钢琴，需要从实践中获得记忆。这些记忆存储在壳核（脑的一部分）中，壳核是用来处理复杂运动的部分。如果没有程序性记忆，蹒跚学步的孩子会忘了如何行走，年轻人会忘了如何使用手机。

语言记忆

语言记忆存储于双侧大脑半球的颞叶，用来学习词汇、语言、要点、句子意思以及理解我们周围的世界。为了能够读书和写字，我们必须弄懂语言记忆中词语的意思。

片段式记忆

片段式记忆存储于贯通大脑皮质的区域，负责记录具体的事件，如来到新学校的第一天、家人结婚或者让人激动不已的节日。浏览照片是进行片段式记忆的好办法，通过浏览照片可以回忆起特殊日子里的主要事件。

工作记忆▶

有效记忆或者说短期记忆，使我们能够记住一闪而过的所见、所听以及其他感觉，并存储足够的供我们执行各种操作的时间。如果告知我们一个电话号码，我们便可启动短期记忆，顺利拨打该号码。短期记忆就像是一张便笺，提供解决问题的部分方法，同时在我们阅读时记录下句子的思想。大部分短期记忆只能保留几秒钟，然后就消失了。但是比较重要的短期记忆会通过海马转化为长期记忆。

害怕和恐惧

害怕是人体的一种固有感觉，这种感觉对于我们的日常生活非常有用，因为它可以提醒我们远离危险的事物。然而，有些人对于某一事物的害怕超出了其对所有事物的害怕程度。我们把这种超乎寻常的害怕称为恐惧，比如对老鼠（下图）、蜘蛛、苍蝇或者身处旷野的害怕。某些情况下，恐惧可干扰我们正常的生活，但是人们可以采取有效措施来减少这种干扰的影响。

睡眠状态：觉醒；快速动眼相；慢速动眼相（第 1 阶段）；慢速动眼相（第 2 阶段）；慢速动眼相（第 3 阶段）；慢速动眼相（第 4 阶段）

0 1 2 3 4 5 6 7 8 9

睡眠时间

◀睡眠形式

大部分成年人每天需要 7 ～ 8 小时的睡眠时间，学龄儿童需要 10 小时的睡眠时间。睡眠由慢速动眼相和快速动眼相反复交替组成。快速动眼相占较大比例。慢速动眼相按睡眠深度，划分为 4 个阶段。脑波形是指脑细胞电活动的形式。脑电图可追踪记录脑波形，并揭示睡眠中脑波形会发生怎样的改变。

慢速动眼相：第 1 阶段

浅睡眠期，脑电图上出α 波，这种波形也出现人们清醒和放松时。

▲慢速动眼相：第 2 阶段

随着睡眠的加深，睡眠者更加不易醒来。脑电图的波形变得更加不规则。睡眠者仍然可有动作。

▲慢速动眼相：第 3 阶段

虽然睡眠者还有动作，但是他的呼吸、心跳和体温都渐渐下降。表示深度睡眠的 δ 波出现。

▲慢速动眼相：第 4 阶段

深睡眠阶段，脑电图中主要是 δ 波。脑活性减低，呼吸与心率降到最低。

▲快速动眼相

α 波出现，表示脑处于活跃状态。睡眠者身体不再出现动作，但是当其做梦时眼睛快速转动。

化学信息

与神经系统相似，内分泌系统同样控制着人体的大部分功能。它由分散于人体上身的腺体组成，这些腺体释放出来的化学性激素在血液中播散并参与规律性活动，例如发育和生殖。垂体是控制其他腺体的“主管”腺体，它所释放的激素可以触发其他腺体分泌它们各自的激素。

内分泌腺▶

人体的内分泌腺分布于头部、颈部和躯干。有一些腺体，如甲状腺，本身又是器官；另外一些腺体，如胰腺、卵巢和睾丸，还有其他的功能。箭头所示（要点见下表）为垂体激素的作用。

垂体激素

生长激素

人体生长激素，也叫生长素，能使我们的身体长高并进行自我修复。生长素可刺激大多数体细胞分裂和增大，但它的主要“目标”是骨骼肌和骨骼。在孩童时期，生长激素还能促进骨代替软骨。

卵泡刺激素和黄体生成素

卵泡刺激素（FSH）和黄体生成素（LH）刺激生殖系统。对于女性，它们可以刺激卵子发育促使从卵巢中释放以及分泌性激素（雌二醇）；对于男性，它们可刺激精子的产生以及睾酮的释放。

抗利尿激素

抗利尿激素（ADH）可促进肾脏内的肾单位重吸收血液里更多的水分。这样一来，尿液就会相应减少，有利于维持体内水含量的平衡。当下丘脑感应到血液内水分较少时，垂体就会释放 ADH。

促肾上腺皮质激素

促肾上腺皮质激素（ACTH）作用于肾上腺外部（皮质），刺激肾上腺分泌调节新陈代谢的类固醇激素。该类激素有助于控制血液里的水、盐含量，更重要的是有助于机体应对压力。

促甲状腺素

促甲状腺素（TSH）刺激甲状腺释放两种激素——甲状腺素和三碘甲状腺原氨酸，共同调节新陈代谢率和机体的生长。就像其他前叶激素一样，下丘脑刺激 TSH 的释放。

催产素

催产素由下丘脑分泌，垂体前叶释放，用两种方式作用于女性机体：当生产时，催产素使子宫壁收缩；当生产后宝宝吮吸乳头时，刺激乳房分泌乳汁。

泌乳素

在女性生产前后，垂体腺前叶释放的泌乳素刺激乳腺产生乳汁。下丘脑的泌乳素释放素（PRH）控制泌乳素的释放，当母乳喂养时，可以刺激释放 PRH。

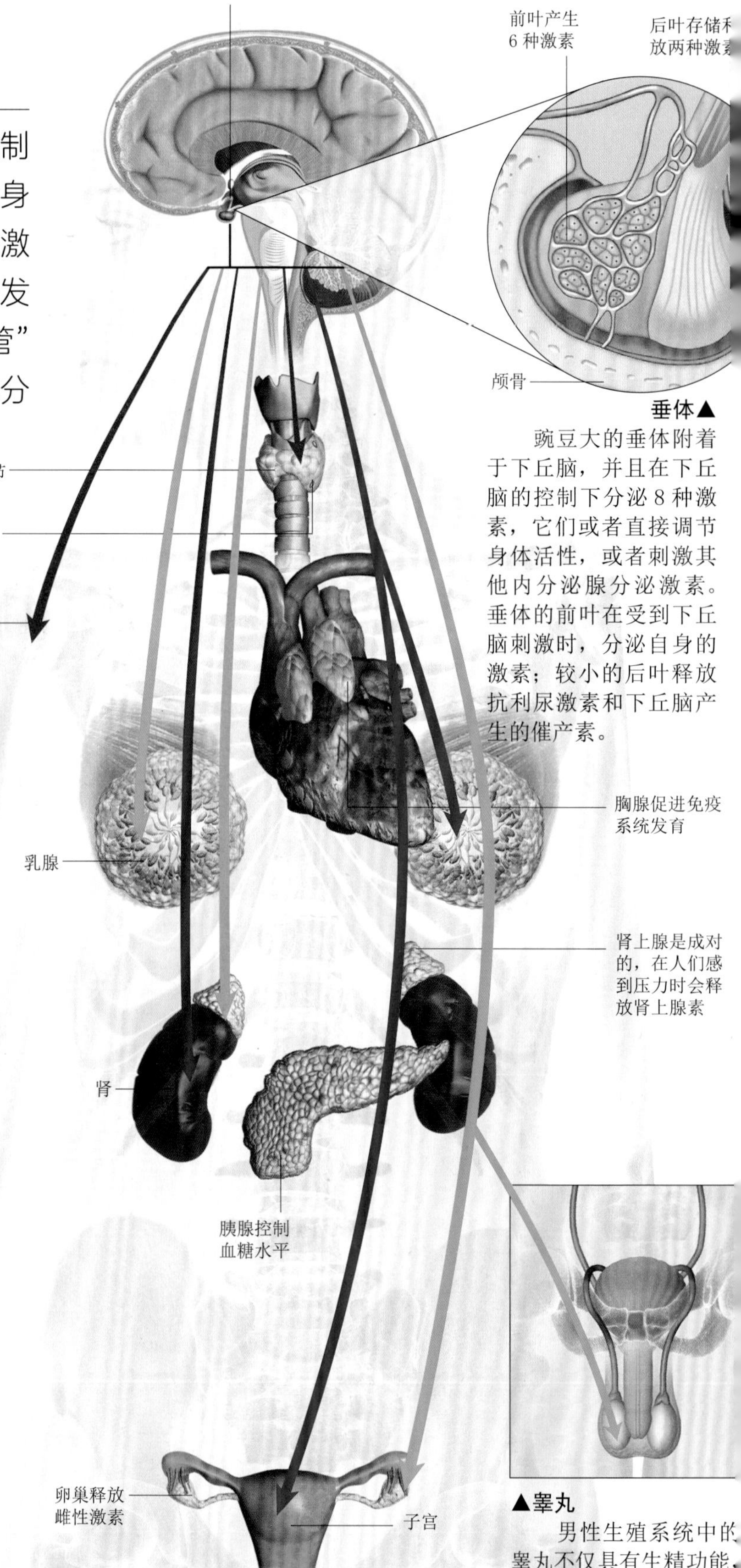
下丘脑联系神经系统与内分泌系统
前叶产生6种激素
后叶存储和放两种激素
颅骨
甲状腺调节代谢速度
甲状旁腺有助于控制人体血钙水平
生长激素刺激体细胞生长与分裂
胸腺促进免疫系统发育
乳腺
肾上腺是成对的，在人们感到压力时会释放肾上腺素
肾
胰腺控制血糖水平
卵巢释放雌性激素
子宫

垂体▲

豌豆大的垂体附着于下丘脑，并且在下丘脑的控制下分泌 8 种激素，它们或者直接调节身体活性，或者刺激其他内分泌腺分泌激素。垂体的前叶在受到下丘脑刺激时，分泌自身的激素；较小的后叶释放抗利尿激素和下丘脑产生的催产素。

▲睾丸

男性生殖系统中的睾丸不仅具有生精功能，还具有内分泌功能，它能分泌雄激素（睾酮）。睾酮是精子生成及维持男性性征（如胡子和体型）所必需的。

负反馈

激素通过改变特定靶细胞的活性来起作用。当靶细胞内或表面受体与激素结合，便会触发细胞内的变化。

血液里每一种激素的水平都受到精确的调控，以使靶细胞不至于做出过大或过小的改变。这一目标可通过负反馈系统得以实现，它能自动地调节激素释放。以甲状腺素为例：甲状腺素可作用于大多数体细胞，提高它们的代谢率，其释放受到由垂体释放的促甲状腺素的调控。

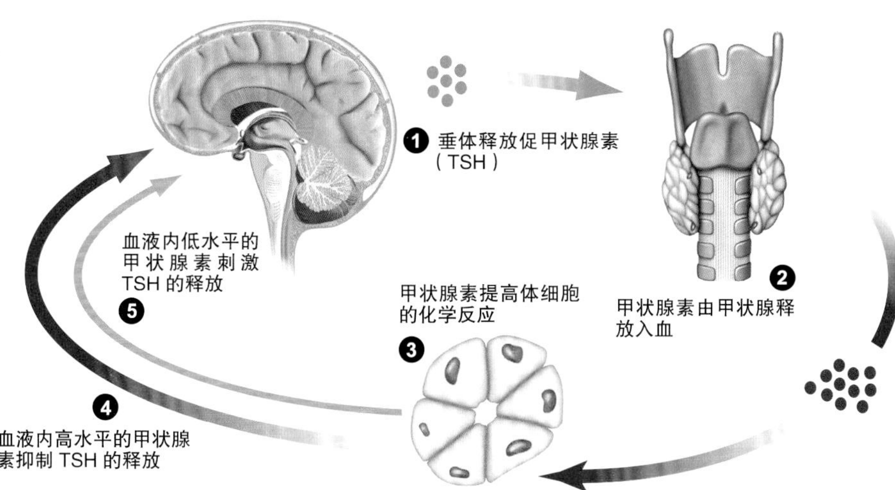

❶ 垂体释放促甲状腺素（TSH）
❷ 甲状腺素由甲状腺释放入血
❸ 甲状腺素提高体细胞的化学反应
❹ 血液内高水平的甲状腺素抑制 TSH 的释放
❺ 血液内低水平的甲状腺素刺激 TSH 的释放

❶ **垂体腺**

下丘脑分泌促甲状腺素释放素（TRH），后者刺激垂体腺释放促甲状腺素（TSH）。

❷ **甲状腺**

TSH 激活甲状腺，并刺激甲状腺分泌甲状腺素，随血液注入全身各部。

❸ **体细胞**

甲状腺素结合在靶细胞表面，加快细胞内化学反应的速率，进而提高机体的新陈代谢速度。

❹ **高水平甲状腺素**

当血液内甲状腺素水平升高时，下丘脑减少 TRH 的释放。随着垂体腺分泌 TRH 的减少，甲状腺生成的甲状腺素也随之减少。

❺ **低水平甲状腺素**

如果血液内甲状腺素水平降低，TRH 的产生和释放则增加，甲状腺生成的甲状腺素也随之增加。

瞳孔放大，以使更多的光线进入眼睛

心率增加，向肌肉输出更多血液

注入肌肉的血量增加

呼吸增快以获取更多的氧供应血液

血糖水平升高

勇敢面对或仓惶逃跑

当一个人遇到威胁或压力时，如上图看到的这个人一样，机会迅速做出反应——神经冲动刺激肾上腺分泌肾上腺素。与其激素不同，肾上腺素加快呼吸和心跳，提高血糖水平，使富余血液流向肌肉。这些变化保证了肌肉获取充足的能量，无论他准备面对还是准备逃脱。这一反应我们称之为防御反应。

胰腺的激素▶

胰腺有两种作用：腺泡细胞释放消化酶；称作胰岛的一簇细胞释放胰岛素和胰高血糖素。胰岛素降低血糖，胰高血糖素升高血糖。通过两者的作用，使血糖维持在一个稳定的水平，从而保证细胞可以得到持续的能量供应。

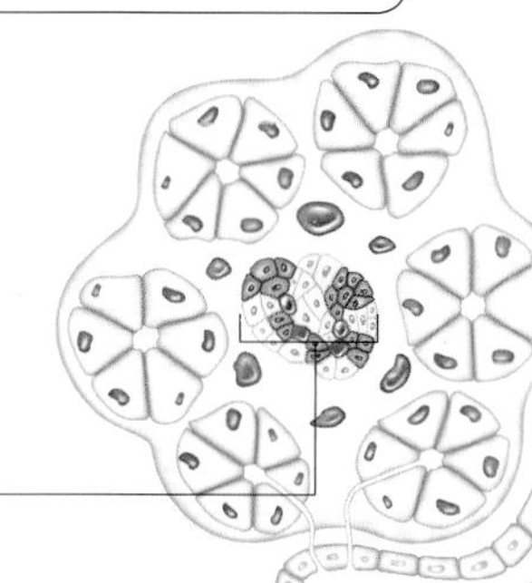

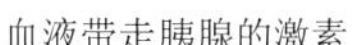

胰岛分泌激素入血

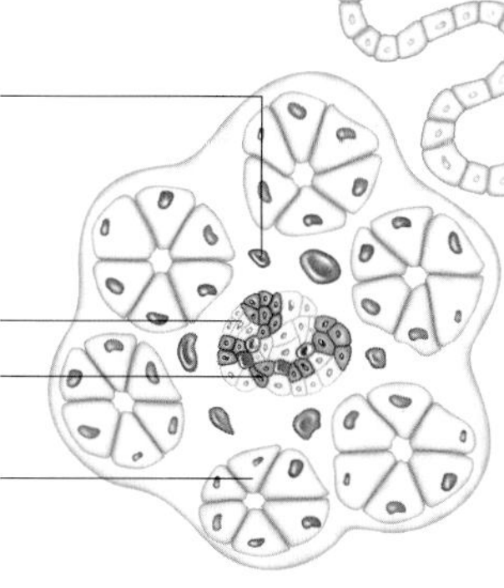

血液带走胰腺的激素
β 细胞分泌胰岛素
α 细胞分泌胰高血糖素
腺泡细胞向导管内分泌消化酶

胰岛素的应用▶

有些人的胰腺分泌很少或者不分泌胰岛素，由此而引起的疾病叫作糖尿病。如果离开了胰岛素，血糖的水平就不能控制，细胞就不能得到所需的能量。糖尿病患者可通过注射胰岛素来维持血糖水平，还有一些患者用胰岛素笔（右图）为机体提供一定的胰岛素。

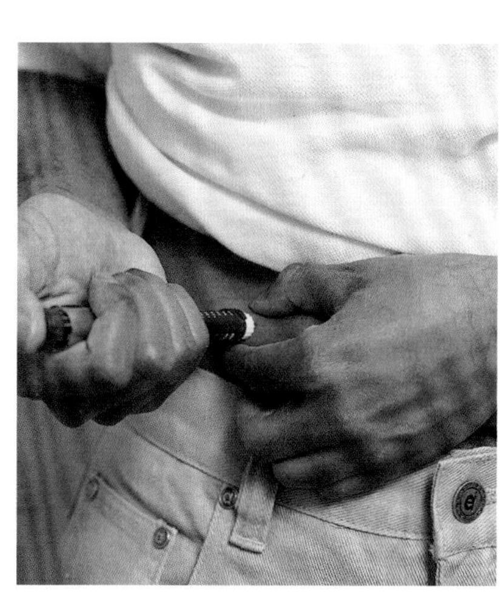

血液循环

在心脏的泵血功能作用下，血液携带着氧、能量和激素循环遍布人体全身各细胞，同时带走代谢产物。心脏、血管与血液一起构成了人体的循环系统。动脉携带富氧血从心脏流向人体各组织，静脉则携带着乏氧血返回心脏（这种作用上的转换发生在心肺循环之间）。人体的主要循环通道像一个“8”字形，携带着氧从肺经由毛细血管网输送到身体各个组织。

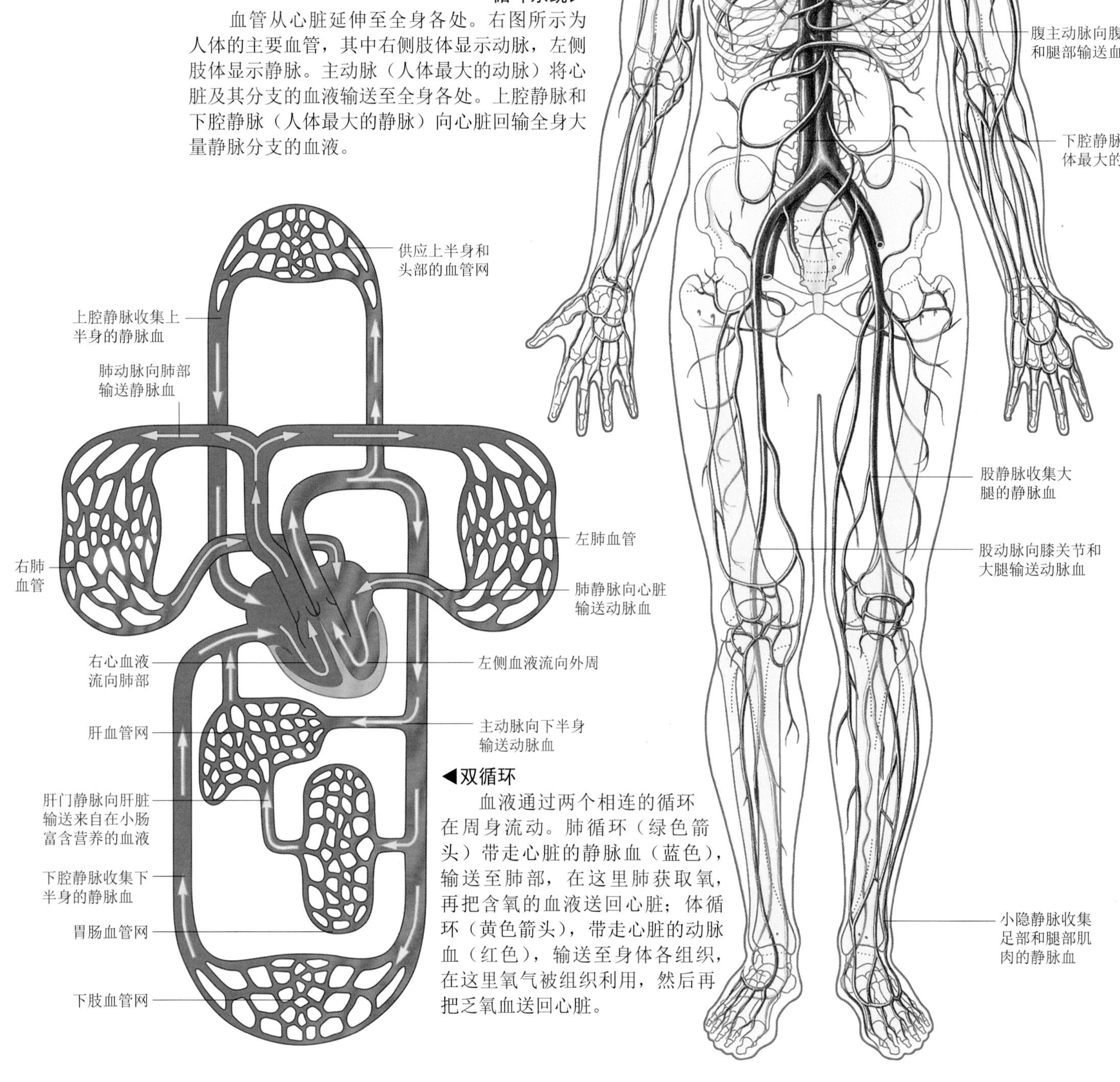
颈动脉向头部
和脑组织供血
锁骨动脉向胸部
和上肢输送血液
肺动脉向肺循
环输送静脉血
心脏向血管泵血
腹主动脉向腹部
和腿部输送血液
下腔静脉是
体最大的静
股静脉收集大
腿的静脉血
股动脉向膝关节和
大腿输送动脉血
小隐静脉收集
足部和腿部肌
肉的静脉血
供应上半身和
头部的血管网
上腔静脉收集上
半身的静脉血
肺动脉向肺部
输送静脉血
左肺血管
右肺
血管
肺静脉向心脏
输送动脉血
右心血液
流向肺部
左侧血液流向外周
肝血管网
主动脉向下半身
输送动脉血
肝门静脉向肝脏
输送来自在小肠
富含营养的血液
下腔静脉收集下
半身的静脉血
胃肠血管网
下肢血管网

循环系统▶

血管从心脏延伸至全身各处。右图所示为人体的主要血管，其中右侧肢体显示动脉，左侧肢体显示静脉。主动脉（人体最大的动脉）将心脏及其分支的血液输送至全身各处。上腔静脉和下腔静脉（人体最大的静脉）向心脏回输全身大量静脉分支的血液。

◀双循环

血液通过两个相连的循环在周身流动。肺循环（绿色箭头）带走心脏的静脉血（蓝色），输送至肺部，在这里肺获取氧，再把含氧的血液送回心脏；体循环（黄色箭头），带走心脏的动脉血（红色），输送至身体各组织，在这里氧气被组织利用，然后再把乏氧血送回心脏。

管类型

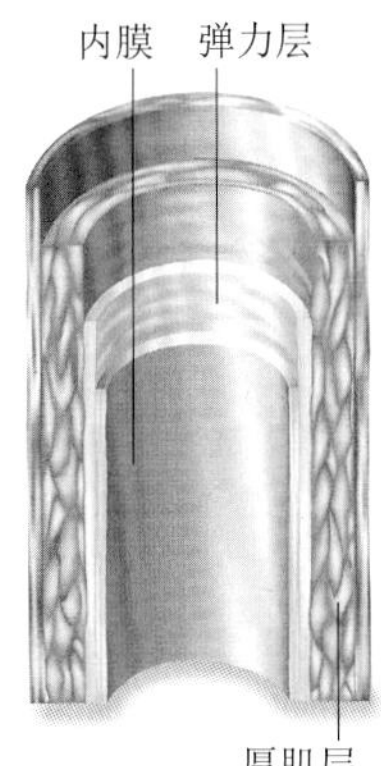
内膜
弹力层
厚肌层

动脉

动脉向组织输送来自心脏的血液。血管壁坚韧、有弹性，相对较厚，可以抵抗心脏射出的高压血流的冲击。当心脏收缩时，动脉扩张，容纳从心脏射出的血液；当心脏舒张时，动脉回缩，将血液继续推入各个组织。我们可以通过脉搏感知这一活动所产生的压力波。

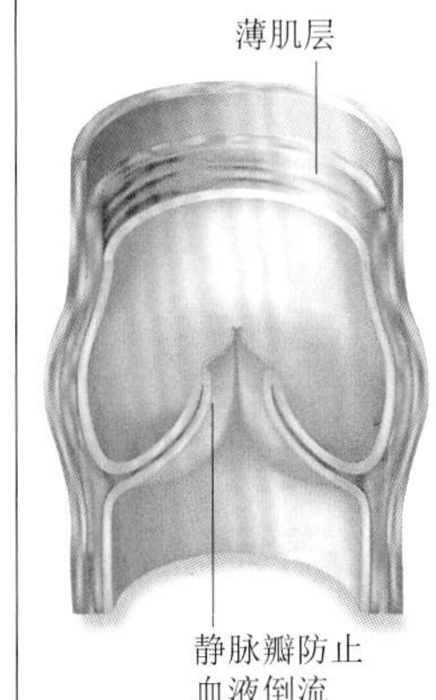
薄肌层
静脉瓣防止
血液倒流

静脉

静脉将各组织的血液回输至心脏。静脉壁薄，与同一等级的动脉相比，它的肌层要薄很多，这是因为静脉不需要缓冲高压血流。虽然静脉内的低压血流意味着它们难以回流到心脏，但是静脉内的瓣膜在血液向心流动时打开，倒回时关闭，可以有效地阻止这一结果的发生。

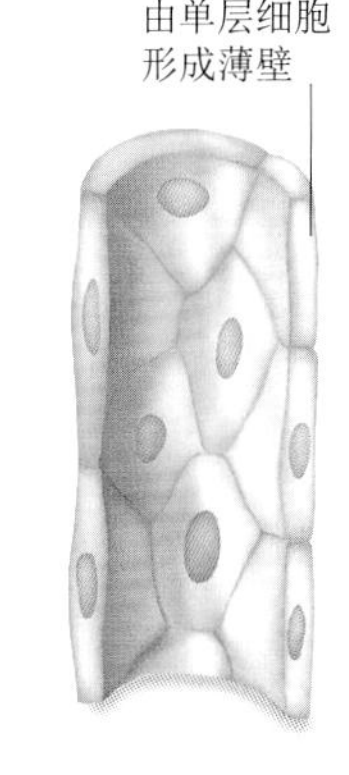
由单层细胞
形成薄壁

毛细血管

血管中数量最多的就是毛细血管，它们连接动脉和静脉。毛细血管壁由单层平滑的内皮细胞组成，只有一个细胞的厚度。毛细血管壁是“渗漏的”，可以允许液体自由进出血液。白细胞能够通过压缩变形，从上皮细胞间挤入组织，抵抗感染。

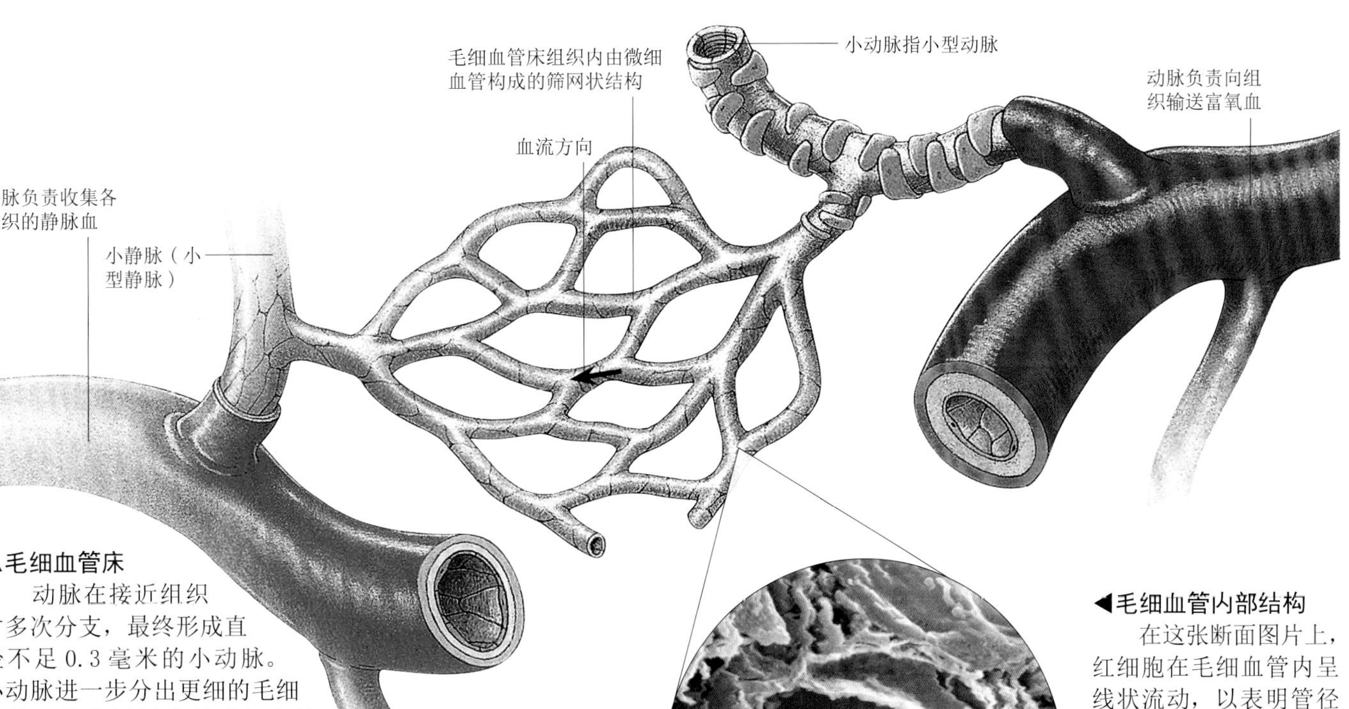
毛细血管床组织内由微细
血管构成的筛网状结构
小动脉指小型动脉
动脉负责向组
织输送富氧血
血流方向
静脉负责收集各
组织的静脉血
小静脉（小
型静脉）

▲毛细血管床

动脉在接近组织时多次分支，最终形成直径不足0.3毫米的小动脉。小动脉进一步分出更细的毛细血管，构成组织内的毛细血管床。毛细血管穿出组织后汇入小静脉，再与更大的静脉相连，一级一级将静脉血带回心脏。

◀毛细血管内部结构

在这张断面图片上，红细胞在毛细血管内呈线状流动，以表明管径是多么的狭窄。该图片还显示了毛细血管的薄壁和“渗透性”，这些特性允许氧气、养分和其他物质渗出毛细血管，进入组织液内的细胞。同时，废物及某些物质也可以再逆向进入毛细血管。

◀血管成像

作为磁共振成像的一种类型，磁共振血管成像提供了清晰的血管影像，可以更加容易地显示动、静脉阻塞及撕裂等问题。在这种技术出现以前，人们只能通过将一种物质注入血液内，达到血管的清晰显影。而磁共振血管成像则能够显示包括主动脉弓在内的胸腔主要血管的三维影像（上，中）。

血管要点

人体血管的全长	50 000千米
血管全长可以环绕地球几周	4周
毛细血管占血管全长的比例	98%
最大动脉（主动脉）的外径	25毫米
最大静脉（腔静脉）的外径	25毫米
毛细血管的平均直径	0.008毫米
毛细血管的平均长度	1毫米

跳动的心脏

拳头大小的心脏位于胸腔的中间，部分与两叶肺脏相重叠。它处于整个循环系统的中央位置，在我们的一生当中一刻不停地、不知疲倦地向全身泵送着血液。心脏由左、右两个紧靠着的肌性的泵室组成。右侧房室接收来自人体组织的静脉血并输送到肺部携带血氧。左侧房室接收来自肺脏的富氧血并输送到人体组织传送血氧。左、右两侧的收缩发生在一个心动周期的三个阶段，由心脏起搏点控制。

主动脉向外周输送动脉血

上腔静脉收集上半身静脉血，注入右心房

心脏内部结构▶

该图为心脏内部结构示意图，可以看到肌肉间隔将整个心脏分为左、右两边，每一边都有两个腔：位于上部，较小、壁薄的为心房；位于下部，较大、壁厚的为心室。血液通过心房注入心脏，从心房流向心室，然后从心室泵出。心脏收缩由心脏壁内的心肌纤维收缩产生。

右心室接受来自上、下腔静脉的静脉血

心脏瓣膜▶

四个瓣膜保证了每一边心脏内的血液都向一个方向流动，而不会出现倒流。二尖瓣和三尖瓣位于心房、心室交界处；半月瓣（右）位于心室出口处。当瓣膜关闭时，用听诊器可听到它们发出的“啪嗒”声。二尖瓣和三尖瓣产生长而响亮的“啪”声；半月瓣产生短而尖的“嗒”声。

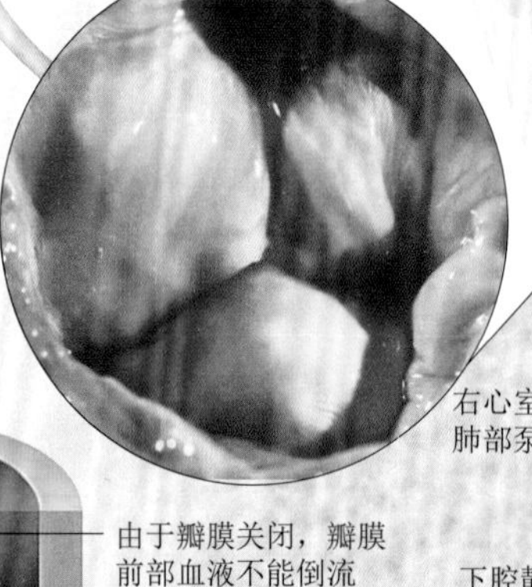

右心室向肺部泵血

下腔静脉

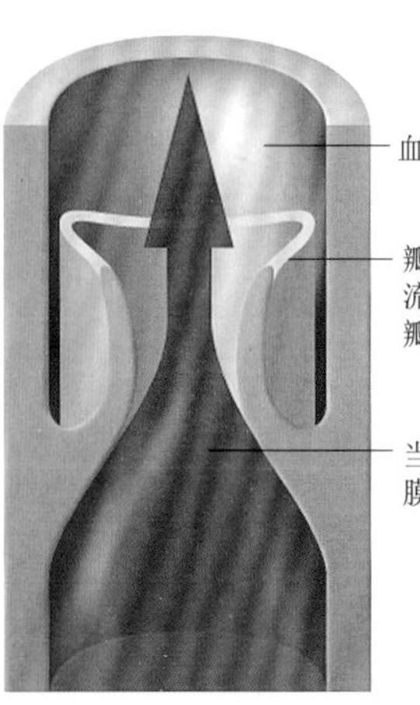
血流顺利通过
瓣膜后部血流压力冲开瓣膜尖
当心脏泵血时，瓣膜后部血压升高
当心脏舒张时，血压降低
由于瓣膜关闭，瓣膜前部血液不能倒流
瓣膜前部血压致瓣膜尖关闭

▲对血流的控制

这些图片显示了半月瓣的功能——保证血液从左、右心室流出。每一个瓣膜尖都呈口袋状。当心室收缩时，瓣膜打开，高压血流顺利通过；当心室舒张时，预备倒流的血液充满口袋状的瓣膜尖，使瓣膜关闭。

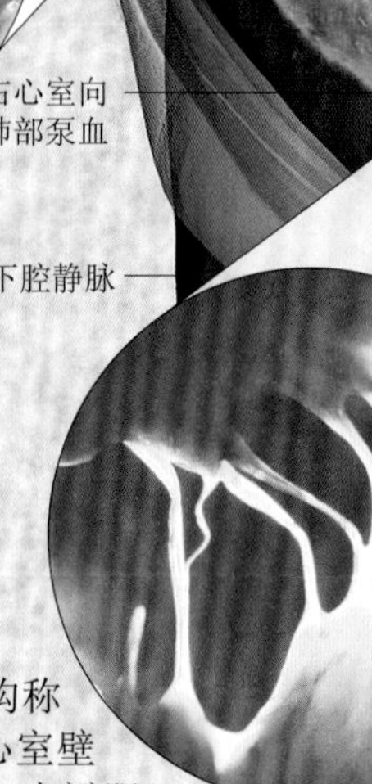

腱索▶

这些纤维柱状结构称为腱索，它们附着于心室壁的瓣膜片上。右心的三尖瓣阻止血液从心室倒流至心房，左心的二尖瓣拥有同样的功能。当心室收缩，血压促使瓣膜关闭，腱索紧张，防止瓣膜内侧外翻（就像雨伞在大风中的样子）。

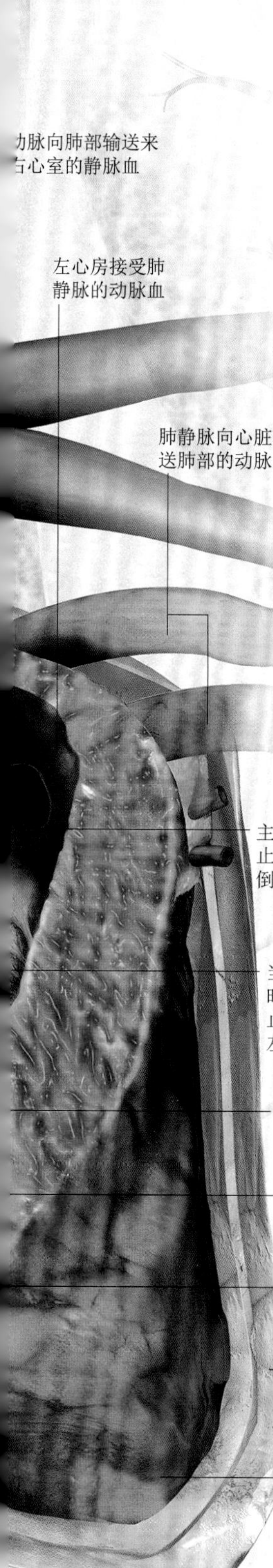

动脉向肺部输送来
右心室的静脉血

左心房接受肺
静脉的动脉血

肺静脉向心脏输
送肺部的动脉血

主动脉半月瓣阻
止血液从主动脉
倒流至心脏

当左心室收缩
时，二尖瓣阻
止血液倒流至
左心房

由于左心室需要将血液泵入更
远的区域，所以左心室壁较右
心室壁肥厚

间隔将心脏分
为左右两半边

心肌层为心壁上
的一层厚厚心肌

心包是包绕心
脏的坚韧的膜

心尖为心脏顶部

心动周期

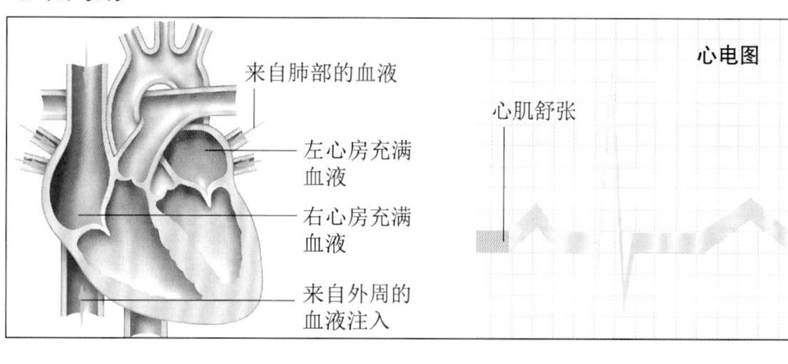

来自肺部的血液
左心房充满
血液
右心房充满
血液
来自外周的
血液注入
心电图
心肌舒张

心脏舒张

这张图揭示了心动周期过程中每一个节段的状况。心脏的电活动表现为心电图上轨迹的变化，由起搏点发出电信号，传至心房，而后心室。心动周期的第一阶段称作舒张期，主动脉和心室放松，血流进入主动脉。

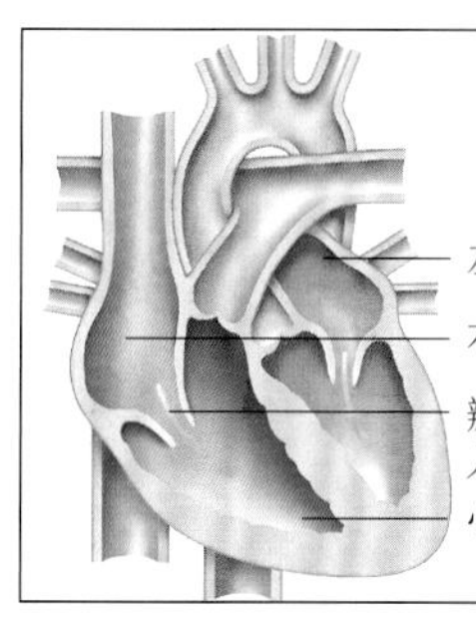

左心房收缩
右心房收缩
瓣膜开放，血液流
入心室
心室内充满血液

心电图

心房收缩

心房泵血

心动周期的第二个节段称为主动脉收缩期。主动脉收缩时，血流从心房进入心室，冲开二尖瓣和三尖瓣。与此同时，半月瓣继续保持关闭状态，防止血液倒流。心电图上的小波峰表示心房收缩时通过心房的电信号。

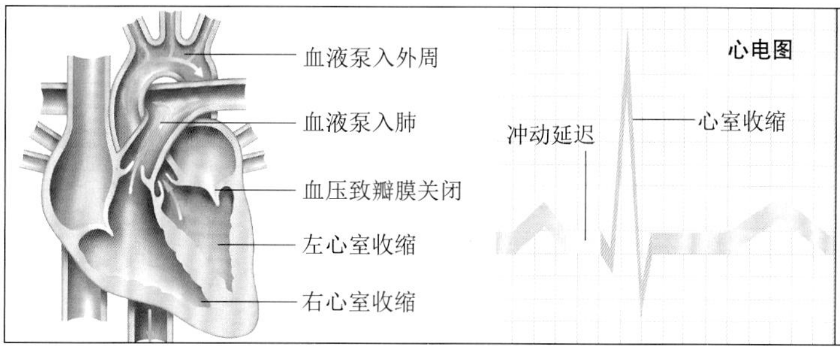

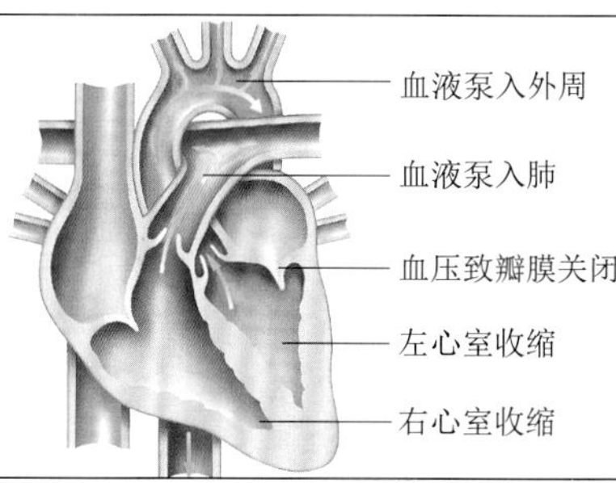

血液泵入外周
血液泵入肺
血压致瓣膜关闭
左心室收缩
右心室收缩

心电图

冲动延迟

心室收缩

心室泵血

在短时间的平静之后，心动周期迎来第三阶段——心室收缩期。两个心房几乎同时将血液泵出心脏，半月瓣开放。与此同时，二尖瓣和三尖瓣保持关闭状态，防止血液倒流。心电图上的大波峰表示心室马上要收缩时，通过心室壁的电信号。

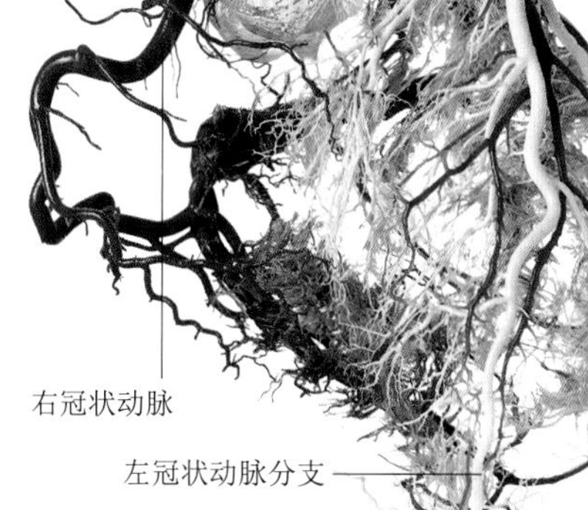

右冠状动脉
左冠状动脉分支

◀心脏自身的血液供应

心脏的心肌需要氧气和养分的持续供应，以提供心脏收缩所需要的能量。因为通过心房心室的血液不能满足这些需要，所以心脏还需要它自身的血液供应——血管提供（左图）。左、右冠状动脉起自主动脉，发出分支形成毛细血管穿入心脏肌肉内。从心脏肌肉内穿出的血管再形成各级静脉，最终汇入右心房。

血管成形术的球囊
撑开狭窄的动脉

支架是优质金属线形成
的筛网状结构，用以维
持动脉的通畅状态

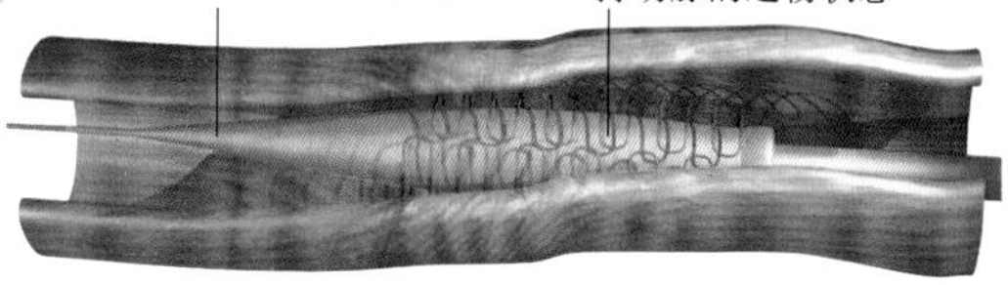

心脏病的治疗▲

血管内脂肪沉积的积聚减少了流入心脏的血液，从而导致心脏病的发作。冠状动脉疾病可通过球囊血管成形术进行治疗，手术过程中将不充气的球囊导管导入血管狭窄处之后，向球囊内打气，将血管撑开。术后留置金属支架，保持血管通畅。

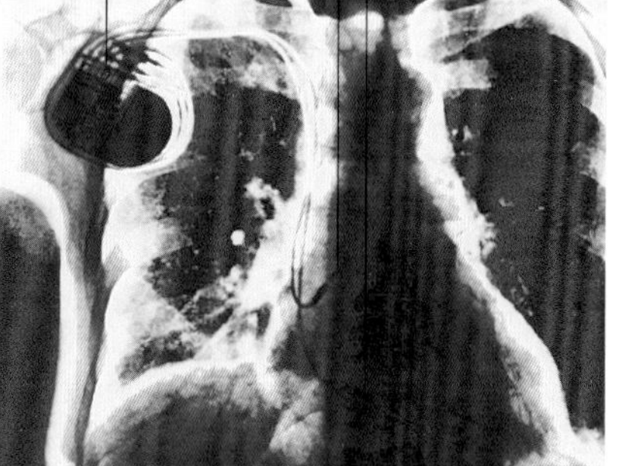

在肩部植入
双腔起搏器
刺激心
房的线
刺激心
室的线

心率的形成▶

右心房含有心脏自己的“起搏装置”，可以向心脏的肌肉纤维发出规则的电信号，形成心率，并根据机体活动状态自行调节。如果该“装置”不能正常工作，可以植入一电力人工起搏器（右图）。它需要通过一根金属线将电信号传导至心房和心室，以建立心脏的收缩节律。

血液

血液是由心脏泵出，流动于全身的红色的液体组织，用于供养身体内的亿万细胞。它的主要功能是运输、防御和分配热量。血液运输氧气、食物和其他一些细胞所必需的营养物质，并且带走它们所产生的废物。它通过破坏会引起人体疾病的病原体来保护机体，并通过分配热量使机体维持在恒定的 37℃。当血管受损破裂时，血液可以通过凝固来阻止可能威胁生命的出血。

血液要点	
成年人平均的血容量	5 升
50 立方毫米的一滴血中含有红细胞的数量	250 000 000 个
50 立方毫米的一滴血中含有白细胞的数量	375 000 个
50 立方毫米的一滴血中含有血小板的数量	16 000 000 个
骨髓的红细胞生成率	2 000 000 个 / 秒
红细胞的寿命	120 天
一个红细胞中有血红蛋白分子的数量	250 000 000 个
一个血红蛋白分子携带氧分子的数量	4 个
红细胞携带氧分子的最大数量	1 000 000 000 个

红细胞为双凹盘状，没有细胞核

中性粒细胞追踪并吞噬病原体

淋巴细胞释放抗体化学物质，有针对性地破坏病原体

血小板不是细胞而是细胞碎片

▲血液成分

血液由液态的血浆及大量悬浮其中的血细胞构成。血浆 90% 为水分，剩下 10% 由葡萄糖、激素类、盐、纤维蛋白原以及代谢产物如二氧化碳组成。红细胞从肺向组织运送氧气。白细胞，如中性粒细胞及淋巴细胞，负责杀灭细菌等微生物。

血液成分▶

如果将血液倒入玻璃试管中经离心机离心，那么其主要成分就会分出三层。每一层的薄厚代表该层物质占血液体积的多少。黄色的血浆占血液的55%；白细胞和血小板占不到1%；红细胞所占比例为44%以上。

血浆

白细胞和血小板

红细胞

中性粒细胞核分许多叶，叶间紧密相接

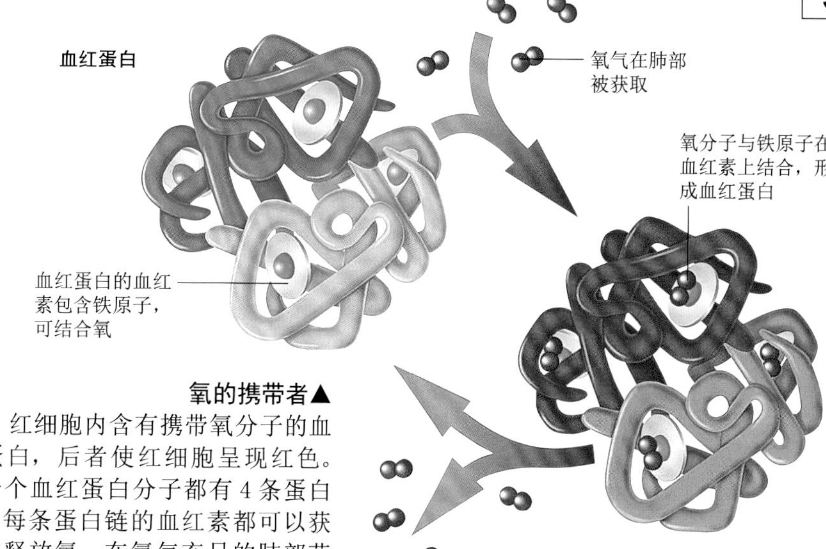
血红蛋白
氧气在肺部被获取
氧分子与铁原子在血红素上结合，形成血红蛋白
血红蛋白的血红素包含铁原子，可结合氧
氧化血红蛋白
氧气从氧化血红蛋白中释放出来，进入组织

氧的携带者▲

红细胞内含有携带氧分子的血红蛋白，后者使红细胞呈现红色。每一个血红蛋白分子都有4条蛋白链，每条蛋白链的血红素都可以获取和释放氧。在氧气充足的肺部获取氧，形成鲜红色的血红蛋白；在组织内，血红蛋白释放氧，形成暗红色的血红蛋白。

血液化验

血液化验在医生进行诊断疾病或健康检查时经常用到。通过分析血液样本，来判断血浆中一种或多种化学物质的水平是否正常。下图所示的检查为测定血糖（机体主要的能源供应）将一滴血滴在测试条上的葡萄糖敏感垫上，测试条随着葡萄糖含量的多少呈现出不同的颜色。血糖含量高说明检测者患有糖尿病，患者的身体不能正常地利用葡萄糖。

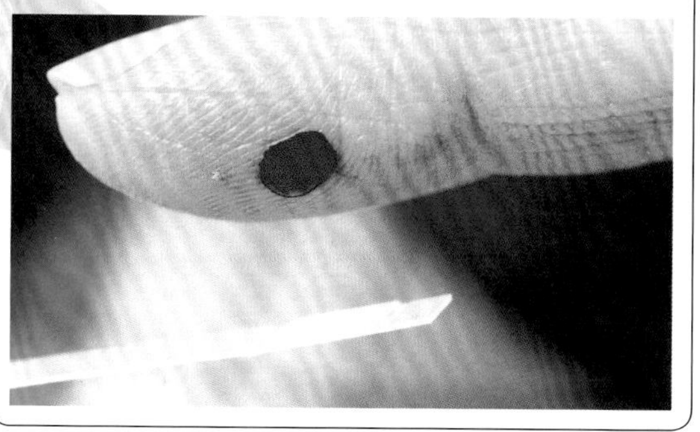

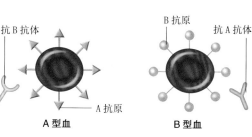

损伤愈合

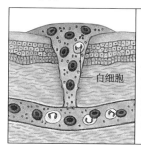

白细胞

损伤

从这张通过皮肤和皮肤上血管的断面图可以看出，血液从皮肤表面的伤口流出。白细胞搜出所有入侵微生物，血液的修复系统——血栓形成，以阻止血液继续流失。机体深部的血管，采用相同的血液修复系统使损伤血管愈合。

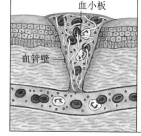

血小板

血管壁

血小板栓子

正常的情况下，血小板在血管内顺畅流动。当血管和周围组织损伤时，修复的第一步是血小板伸出钉样突起并相互黏附，固定于破损血管壁上。而后钉样血小板吸附更多的血小板，最终形成血小板栓子，暂时控制出血。

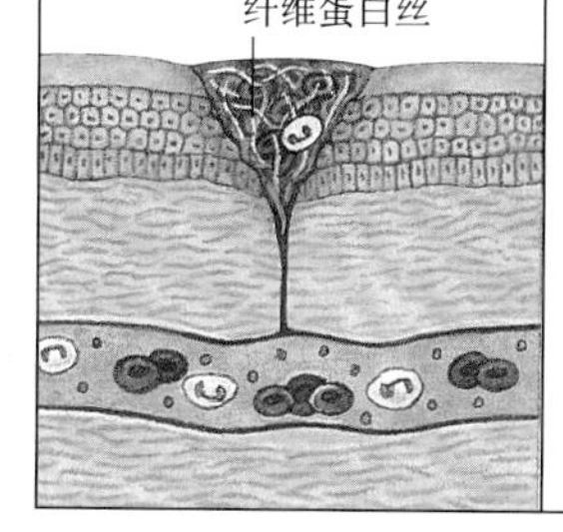
纤维蛋白丝

血栓

血小板和受损的组织释放化学物质使血液变成胶冻样血栓。这些化学物质在几分钟内使血液内纤维蛋白原转变为可溶性纤维蛋白。网状的纤维蛋白网罗红细胞形成血栓，进一步加强血小板栓子。随着血栓变得更为紧致，它可将血管破损的边缘聚拢在一起。

瘢痕

瘢痕

在愈合的最后阶段，受损血管壁和周围组织可进行自我修复。当血栓的任务完成之后，一些化学物质将血栓清除。血栓外部——皮肤表面发生破损的地方（左图），形成保护性的瘢痕。在损伤完全愈合后，瘢痕干燥、消退。

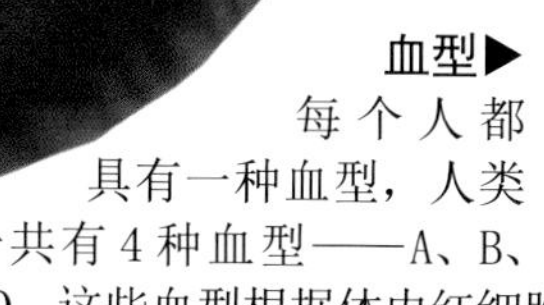

血型▶

每个人都具有一种血型，人类-共有4种血型——A、B、)，这些血型根据体内红细胞抗原进行命名。例如，AB型和B两种抗原，而O型没有。在其中三种血型的血浆中有两种抗体，抗体刚好不与型的抗原配对。如果别人的进入自己身体，别人的抗体身抗原一旦结合，将会导致血液里的红细胞发生凝集，血管。这就是为什么在输血候，一定要求血型相符。

抗B抗体

A抗原

A型血

B抗原

抗A抗体

B型血

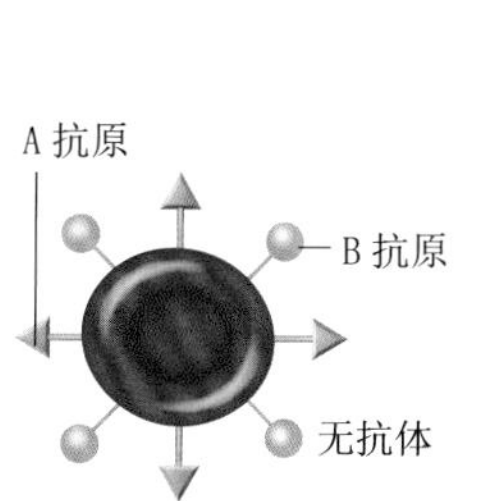
A抗原
B抗原
无抗体

AB型血

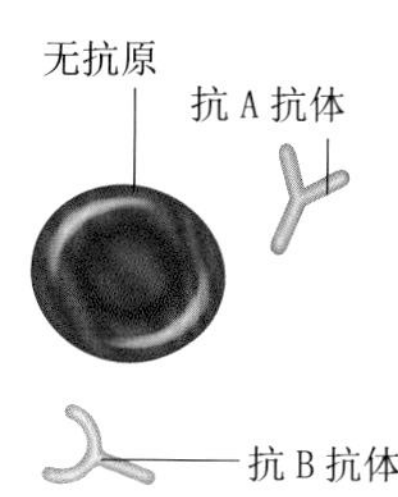
无抗原
抗A抗体
抗B抗体

O型血

疾病和防御

当身体的一个或多个部分不能正常工作时疾病就发生了。感冒或麻疹等传染性疾病是由病原微生物（简称病原体）入侵人体引起的。病原体包括细菌、病毒、原生生物，人体有许多预防病原体入侵及繁殖的机制。外层的防御包括物理屏障（皮肤）以及泪液、唾液中的化学物质，那些成功地穿过了这些屏障的病原体通常被白细胞追踪并消灭。非传染性疾病，如肺癌，有许多病因。

身体入侵者

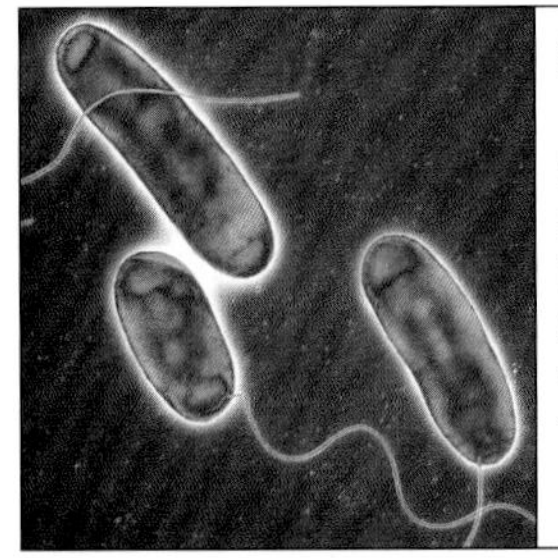

细菌

细菌是结构简单的单细胞
生物，在所有生物中数量最为
大。大部分细菌对人体无害。
而，军团菌（左图）可引起
炎，军团菌是许多致病细菌中
一种。此外，食物中毒和脑膜
也都是由细菌引起的。

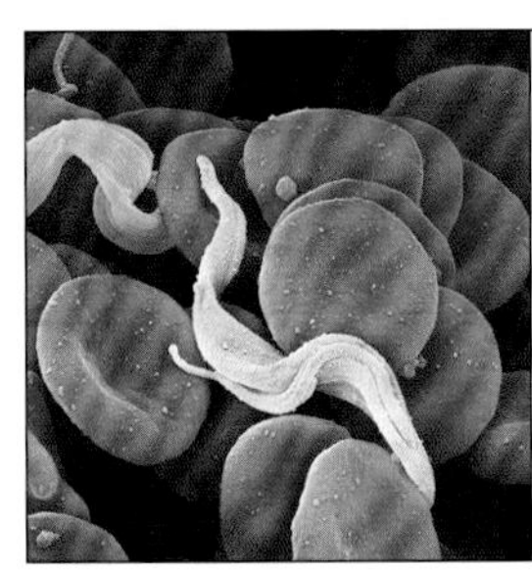

原生生物

左图中锥虫（黄色）在
液样本的红细胞中蠕动。锥虫
于原生生物——一组单细胞微
物。大部分原生生物自由地生
在海洋或淡水中，但是有一些
以致病。其中锥虫所引起的疾
叫作睡眠病。另一种称为疟原
的原生生物可以引起疟疾。

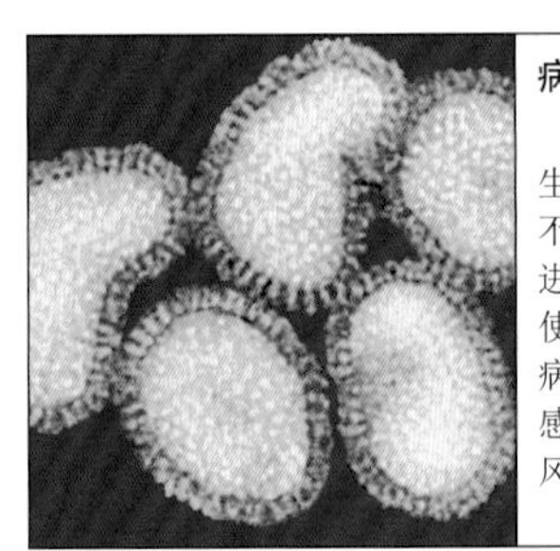

病毒

病毒是最小的微生物，由
生命的化学物质包裹而成。病
不需要喂养，也不会长大，必
进入活细胞内才能进行繁殖。
使人们致病的少数病毒包括流
病毒（左图），它能够引起流行
感冒。其他病毒性疾病还有麻疹
风疹、水痘、腮腺炎和狂犬病。

▼阻止进入

下图显示的是人体最重要的一些外部防御。眼泪、唾液、汗水和皮脂中都含有可杀死细菌的化学物质。胃酸能够破坏食物和饮料中的病原体，与外界相通的呼吸道黏液网罗吸入的微生物，吞咽至胃部，并在胃中被破坏。寄生于阴道内和皮肤上的无害细菌，能够阻止寄生区域病原微生物的入侵。

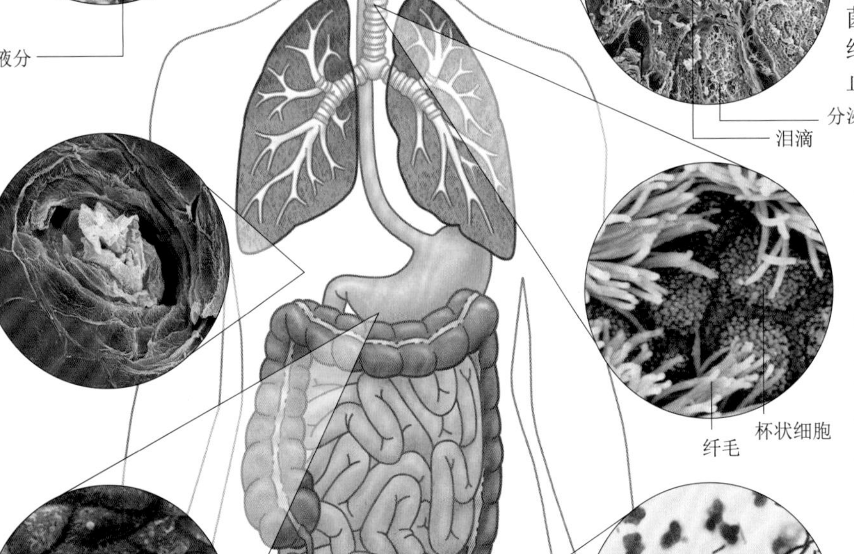

唾液▶

唾液由唾液腺分泌，流向口中——尤其是在我们准备吃饭或正在吃饭时，唾液的分泌更加旺盛。当咀嚼时，唾液可以润滑食物，清理口腔，并且有利于杀死腐蚀牙齿和牙龈的细菌。

唾液腺导管由唾液分泌细胞环绕而成

◀眼泪

泪腺断面上可以看
分泌眼泪的细胞。眼泪
以湿润和清洗眼球前的
物，此外，眼泪中含有
菌酶，它是一种可以杀
细菌的化学物质，能够
止眼球感染。

分泌细胞

泪滴

汗水和皮脂▶

汗水通过皮肤表面的毛孔释放出来，如右图所示。皮脂通过位于毛囊部的皮脂腺分泌到皮肤表面。汗水和皮脂都能够阻止皮肤表面有害细菌的生长。

◀黏液

从这张气管内壁
图片上可以看到分泌黏
的杯状细胞。这种黏稠
液体网罗吸入空气中的
原体，阻止它们进入
部。毛发样的纤毛可通
摆动，将污浊的黏液送
用以吞咽的咽喉部。

纤毛

杯状细胞

胃酸▶

位于胃内膜上的开口引导胃腺分泌盐酸、黏液和酶。酸性很强的盐酸可以杀死大部分已经随食物和饮料进入胃中的微生物。

◀有用的细菌

乳酸杆菌是无害
菌中的一种，它“友
地寄生在女性阴道中，
阴道内呈弱酸性，阻止
害细菌的生长。

乳酸杆菌

◀细胞吞噬

从这张模式图上可以看到巨噬细胞（乳白色）正准备消灭螺旋体（蓝色）——引起莱姆病的病原体。巨噬细胞可“搜索”到出现在组织内的白细胞，通过吞噬作用消灭入侵的微生物。当巨噬细胞发现了它们的猎物，便伸出突起（叫作伪足）黏住并包绕病原体，将细菌拉入自己“体内”，而后消化并杀死病原体。

巨噬细胞胞体伸出许多突触包绕细菌

将被包裹的细菌

非传染性疾病

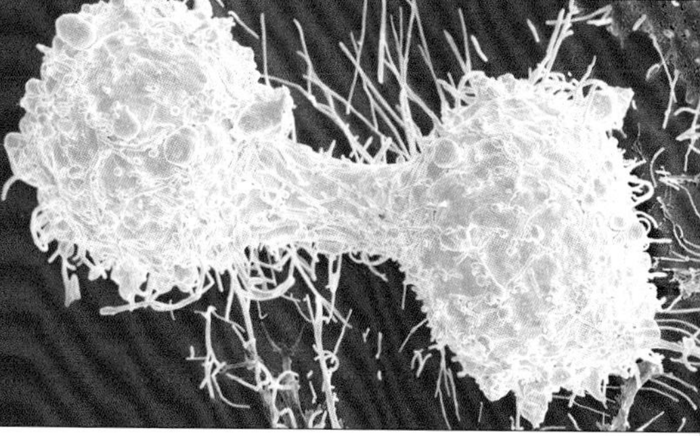

心脏病、糖尿病、支气管炎和癌症等非传染性疾病的病因，或者是由于基因支配引起，或者是由于生活方式引起（如抽烟），或者是由于患者免疫系统的缺陷引起。尽管机体的防御体系不能抵抗非传染性疾病，但是它可以发现和消灭大部分癌细胞。癌症是在细胞（如上图所示的乳腺癌细胞）发生异常增殖的情况下，产生干扰机体正常功能的肿物。

染

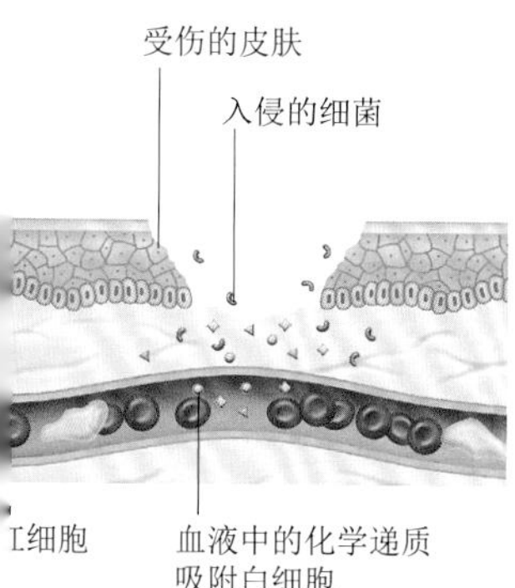
受伤的皮肤
入侵的细菌
工细胞
血液中的化学递质
吸附白细胞

损伤

红、肿、热、痛是炎症的四大症状，也是机体对损伤和感染做出的反应。在损伤发生的几分钟内，感染细胞释放组胺和其他化学物质，作用于血管，使血管变宽，使受损区域的血流增加。此外，血管的通透性也增大，这样一来，防御和修复物质就可以更容易地进入组织。

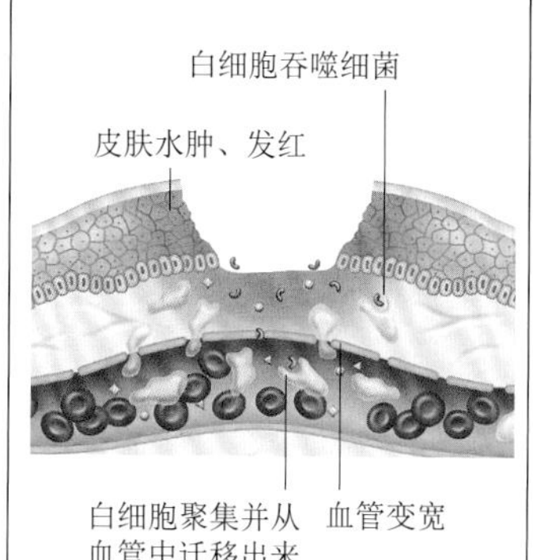
白细胞吞噬细菌
皮肤水肿、发红
白细胞聚集并从
血管中迁移出来
血管变宽

反应

随着更多的血液流向受损区域，该区域表面的皮肤变得更红、更热；随着更多的液体渗出血管，组织开始水肿。损伤发生后的1小时，巨噬细胞迅速进入损伤区，吞噬病原体，阻止其入侵。与此同时，修复“工程”开始启动。

发热▶

发热症状是伴随出汗和寒战的体温升高，最常见的发热是由细菌和病毒感染引起的。当体温超过正常值37℃时，可以减缓细菌和病毒的繁殖速度，同时增加吞噬细胞的活性。白细胞释放叫作致热原的化学物质，重新设定人体位于下丘脑的“恒温器”，引起发热。

数码温度计显示体温超过正常的37℃

淋巴和免疫

与循环系统平行，淋巴系统在人体免疫体系中起着主要作用。它帮助机体防御有害的病原菌入侵。淋巴网络收集组织中多余的液体（淋巴液）并将它们返回血液，当淋巴液流经淋巴结时，病原菌将被滤过。淋巴结内包含有巨噬细胞（它们可以吞噬病原体）以及淋巴细胞（它们可以特异性地直接杀死目标或释放抗体）。疫苗可以刺激人的免疫系统，所以当再次被此病原体侵犯时可快速做出应答。

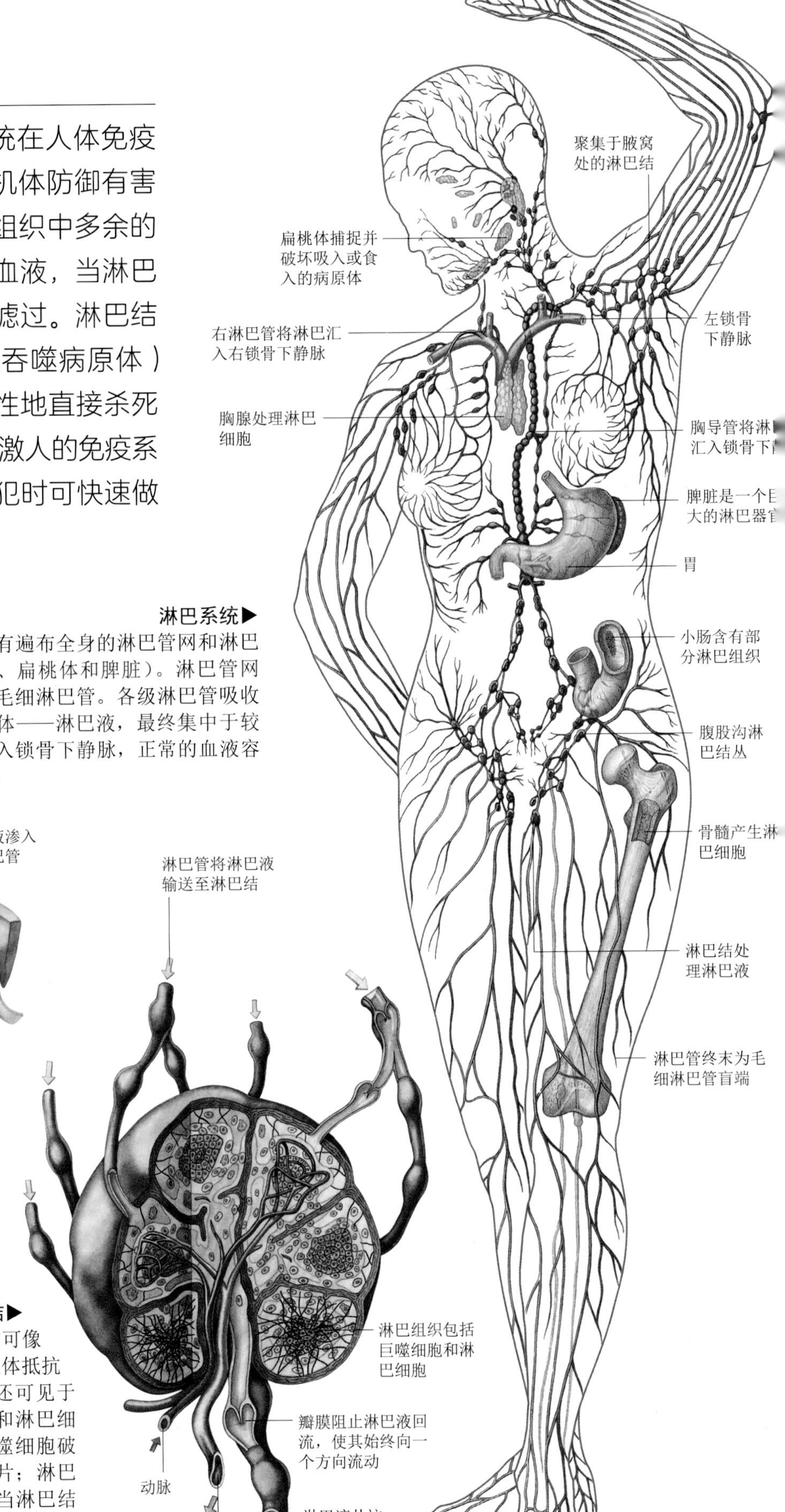
聚集于腋窝处的淋巴结
扁桃体捕捉并破坏吸入或食入的病原体
左锁骨下静脉
右淋巴管将淋巴汇入右锁骨下静脉
胸腺处理淋巴细胞
胸导管将淋
汇入锁骨下
脾脏是一个
大的淋巴器
胃
小肠含有部分淋巴组织
腹股沟淋巴结丛
骨髓产生淋巴细胞
淋巴结处理淋巴液
淋巴管终末为毛细淋巴管盲端
淋巴管将淋巴液输送至淋巴结
淋巴组织包括巨噬细胞和淋巴细胞
瓣膜阻止淋巴液回流，使其始终向一个方向流动
动脉
血液从这条静脉流出
淋巴液从这条管道离开淋巴结

淋巴系统▶

淋巴系统含有遍布全身的淋巴管网和淋巴器官（如淋巴结、扁桃体和脾脏）。淋巴管网最小的分支叫作毛细淋巴管。各级淋巴管吸收组织里多余的液体——淋巴液，最终集中于较大的淋巴管，汇入锁骨下静脉，正常的血液容量因此得以维持。

瓣膜阻止淋巴液倒流

组织液渗入细淋巴管

▲毛细淋巴管

毛细淋巴管是最小的淋巴管，也是淋巴系统的盲端。组织细胞间多余的水分渗入薄壁的毛细淋巴管内，经过类似单向门的小瓣膜，进行流动。这时的液体改称为淋巴液，继续流向更大的淋巴管。在淋巴管外周的肌肉收缩时，淋巴管内的淋巴液被推动。瓣膜阻止淋巴液倒流。

淋巴结▶

淋巴组织聚成的小块叫作淋巴结，它可像过滤网一样筛检流经的淋巴液，有利于机体抵抗感染。这些淋巴结可见于整条淋巴管，还可见于扁桃体和腋窝。淋巴结内含有巨噬细胞和淋巴细胞，它们都能对机体起到防御作用。巨噬细胞破坏感染机体的微生物、癌细胞和细胞碎片；淋巴细胞启动针对入侵病原体的免疫应答。当淋巴结与感染“抗争”时，有时会肿大，像一个个肿胀的“腺体”。

免疫应答

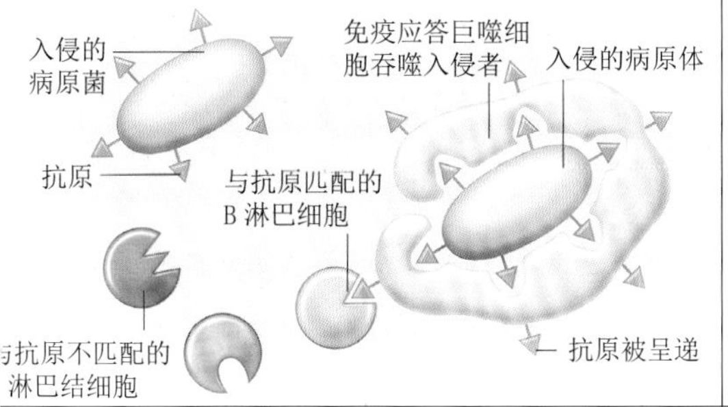
入侵的
病原菌
免疫应答巨噬细
胞吞噬入侵者
入侵的病原体
抗原
与抗原匹配的
B 淋巴细胞
与抗原不匹配的
淋巴结细胞
抗原被呈递

第一阶段

左图显示的是当病原体入侵人体时，B 淋巴细胞产生的免疫应答。当细菌侵袭，一部分被巨噬细胞吞噬。此外，巨噬细胞还可将细菌表面的抗原呈递给 B 淋巴细胞。在一些 B 淋巴细胞的表面含有与抗原匹配的受体。如钥匙和锁一样，抗原与受体结合。

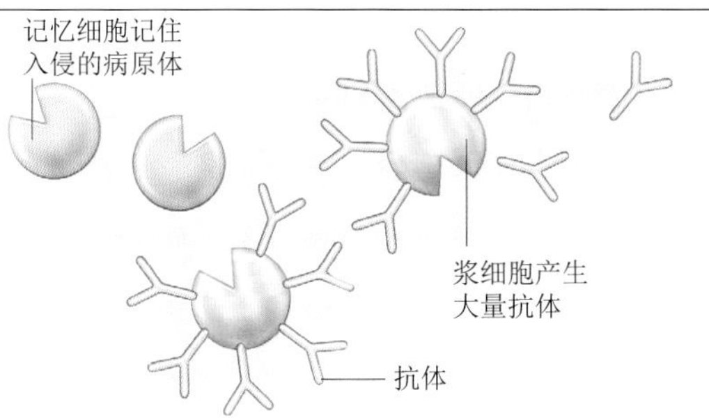
记忆细胞记住
入侵的病原体
浆细胞产生
大量抗体
抗体

第二阶段

此阶段 B 淋巴细胞已被激活，它们分化成浆细胞和记忆细胞。浆细胞每秒钟分泌上千个抗体分子，经血液输送至受感染部位；记忆细胞可保留对抗原的记忆，如果病原体再次入侵，记忆细胞可迅速分化为浆细胞，释放抗体，消灭炎症。

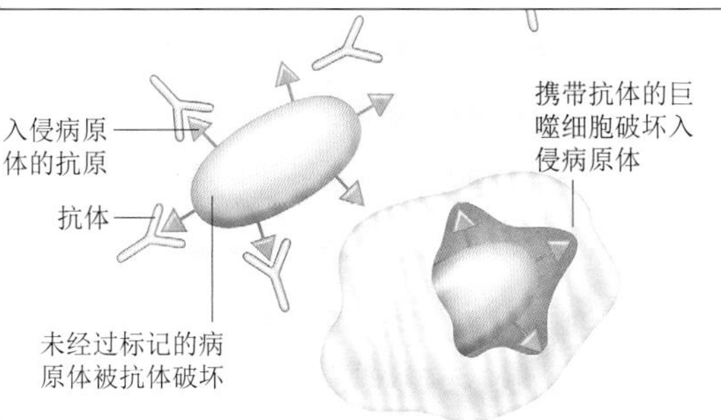
入侵病原
体的抗原
携带抗体的巨
噬细胞破坏入
侵病原体
抗体
未经过标记的病
原体被抗体破坏

第三阶段

抗体为 Y 形分子，每一种抗体具有特定的"手臂"结构。当病原体入侵时，"手臂"可使抗体结合在特定的抗原上。抗体并不直接破坏病原体，而是对病原体进行标记，通过巨噬细胞将其消灭。另一种淋巴细胞叫作 T 淋巴细胞，可以直接破坏病原体，尤其当引起感染的病原体是病毒或癌细胞时。

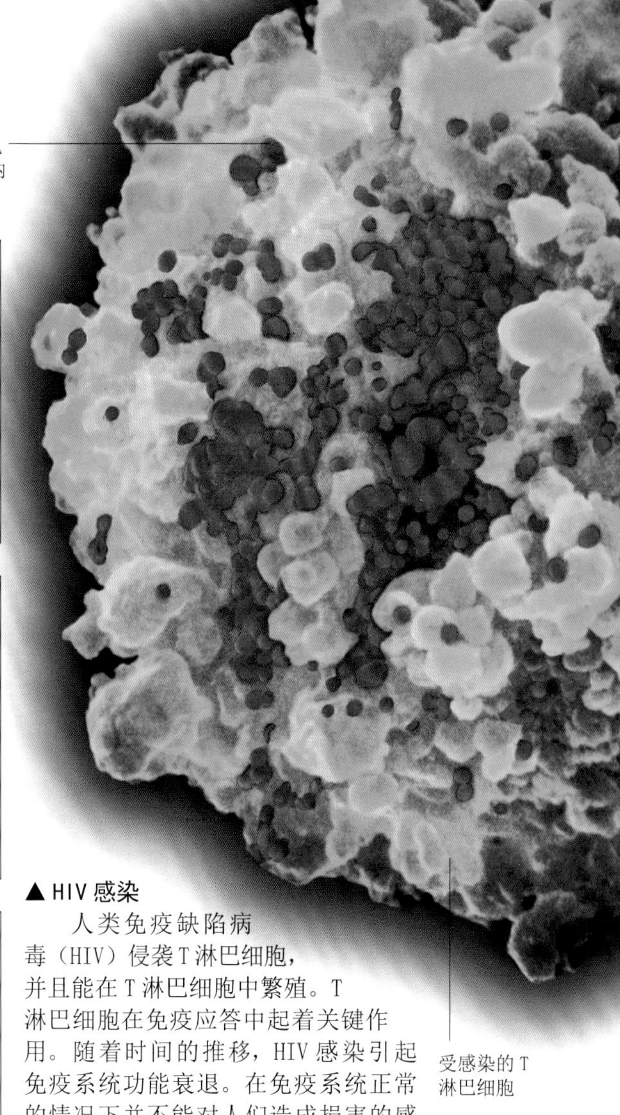
HIV 颗粒出现
在淋巴细胞内
受感染的 T
淋巴细胞

▲ **HIV 感染**

人类免疫缺陷病毒（HIV）侵袭 T 淋巴细胞，并且能在 T 淋巴细胞中繁殖。T 淋巴细胞在免疫应答中起着关键作用。随着时间的推移，HIV 感染引起免疫系统功能衰退。在免疫系统正常的情况下并不能对人们造成损害的感染，在免疫功能衰竭时则会对机体形成侵袭。这种对人体多处进行侵袭的疾病叫作艾滋病（获得性免疫缺陷综合征），如果不治疗，通常可致死。目前已有可以延缓 HIV 感染的药物。

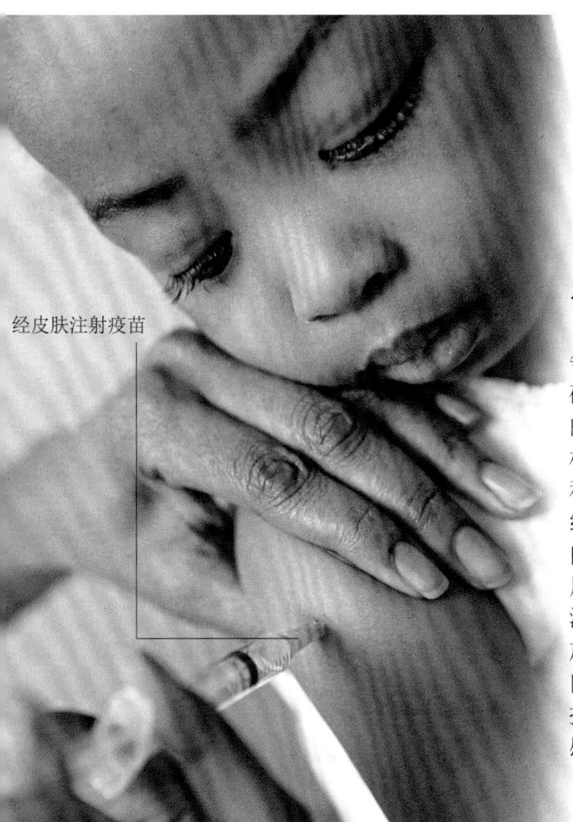
经皮肤注射疫苗

◀**免疫接种**

当机体与感染"斗争"时，免疫系统只能破坏大部分而不是全部的病原体，有一些可对机体产生损害。免疫接种可以通过激发免疫系统保护机体。接种时，向机体注射弱毒性的病原体（如麻疹病毒），刺激针对病原体的抗体释放。被动免疫包括直接向机体注射针对抗原的抗体，限制未经免疫者感染程度的进一步发展。

机体如何进行有效的免疫

通过注射接种疫苗，可使病原体以无害形式（低毒性或无毒性）进入人体。在进行有效免疫或接种疫苗后，B 淋巴细胞启动机体的免疫应答，它们通过分泌针对病原体抗原的抗体，对病原体作出反应，并"记住"该抗原。

病原体入侵机体以后，免疫系统迅速启动，释放大量抗体，将病原体消灭在机体被其感染之前。由于每一种病原体刺激产生特定的抗体，因此每一种疾病需要接种不同种类的疫苗。疫苗大大降低了全球（尤其是儿童）传染性疾病的发生率。

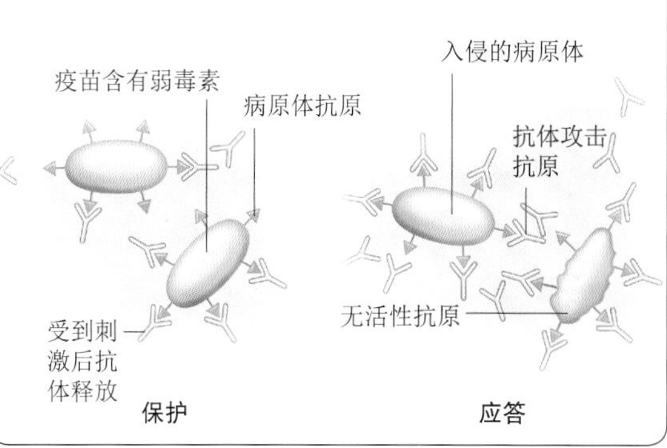
疫苗含有弱毒素
病原体抗原
入侵的病原体
抗体攻击
抗原
受到刺
激后抗
体释放
无活性抗原
保护
应答

治疗疾病

疾病破坏了人体的正常运转。医学科学的进步使医生和其他医务人员可以治疗很多感染我们的疾病。诊断可以发现患者身体出了什么毛病。诊断涉及一些高科技方法的使用，比如 CT（计算机断层扫描术）、磁共振成像。治疗时，可以运用药物、手术或放射治疗。并不是所有的疾病都是可以预防的，但是我们可以通过采取健康的生活方式和定期的身体检查来尽可能地减少生病的危险。

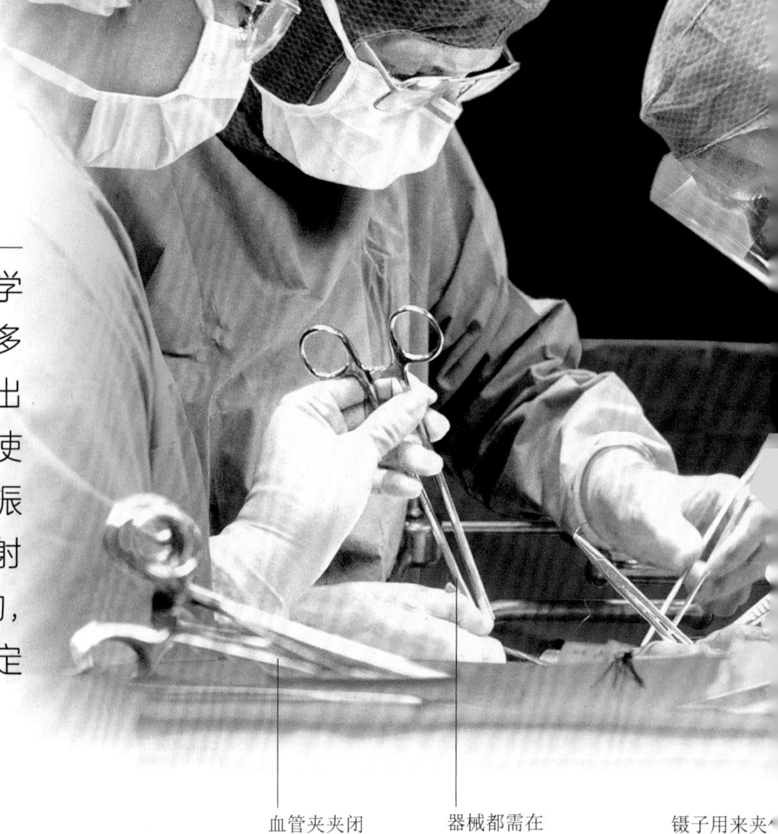

血管夹夹闭血管以止血
器械都需在手术前消毒
镊子用来夹并提起组织

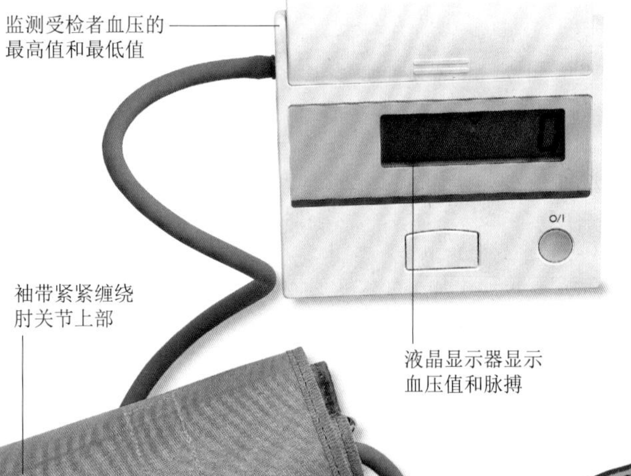

监测受检者血压的最高值和最低值
袖带紧紧缠绕肘关节上部
液晶显示器显示血压值和脉搏

◀预防

我们每一个人都在用各种方法预防疾病，健康的饮食、足够的运动以及避免抽烟和过量饮酒只是这些方法中的一小部分。但是尽管如此，还需要定期请医生对我们进行健康检查。血压（动脉压）是健康检查中的一项指标，可以用左图所示的血压计进行测量。高血压患者患严重心脏病的风险增加，因此需要通过治疗使血压控制在正常范围内。

左脑的肿瘤

诊断▶

医生通过诊断找到患者何处发生了异常情况。首先，医生询问患者感到哪些地方不舒服，接着询问患者的既往病史——患者或者其家属以前曾经患过的疾病。然后，医生通过进一步检查寻找患者身上各种患病的征象，包括血常规检查、尿常规检查以及X线、磁共振成像和CT等影像学检查。一名女性发觉自己肢体行动异常后进行检查，结果磁共振成像显示（右图）其脑部有肿瘤。

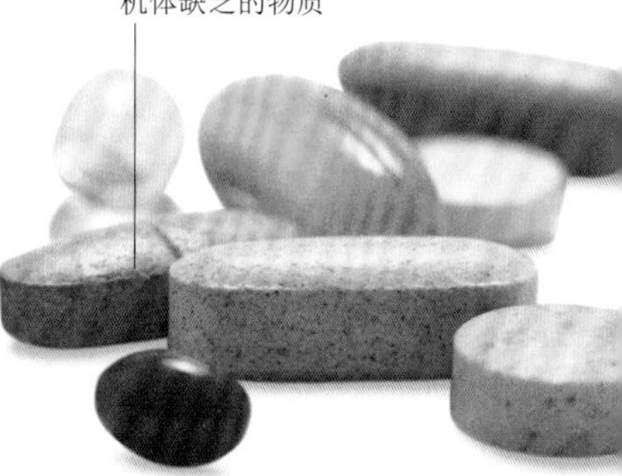

药物可以缓解症状，治疗严重疾病，或者提供机体缺乏的物质

药物治疗

药物是一种化学物质，可影响机体功能并能帮助我们战胜疾病。一些药物初是从植物或其他自然物质中提取出的，如治疗心脏病的洋地黄。但是就目情况，绝大多数药物都是化学合成的。物的种类有镇痛药、抗抑郁药、杀死细的抗生素类药和预防感染的疫苗。大部药物都有副作用，必须按照推荐剂量或医嘱服用。

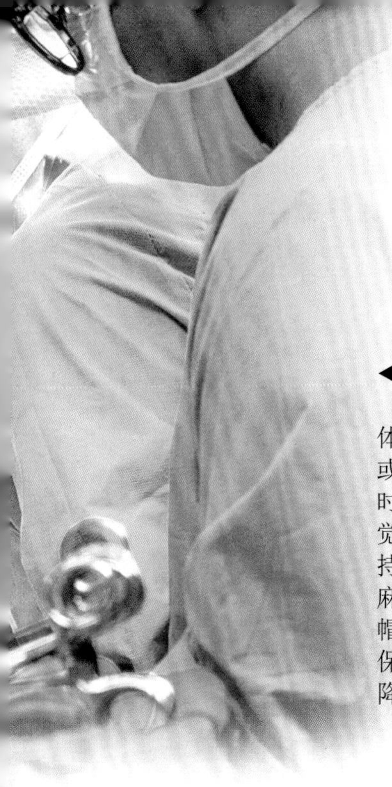

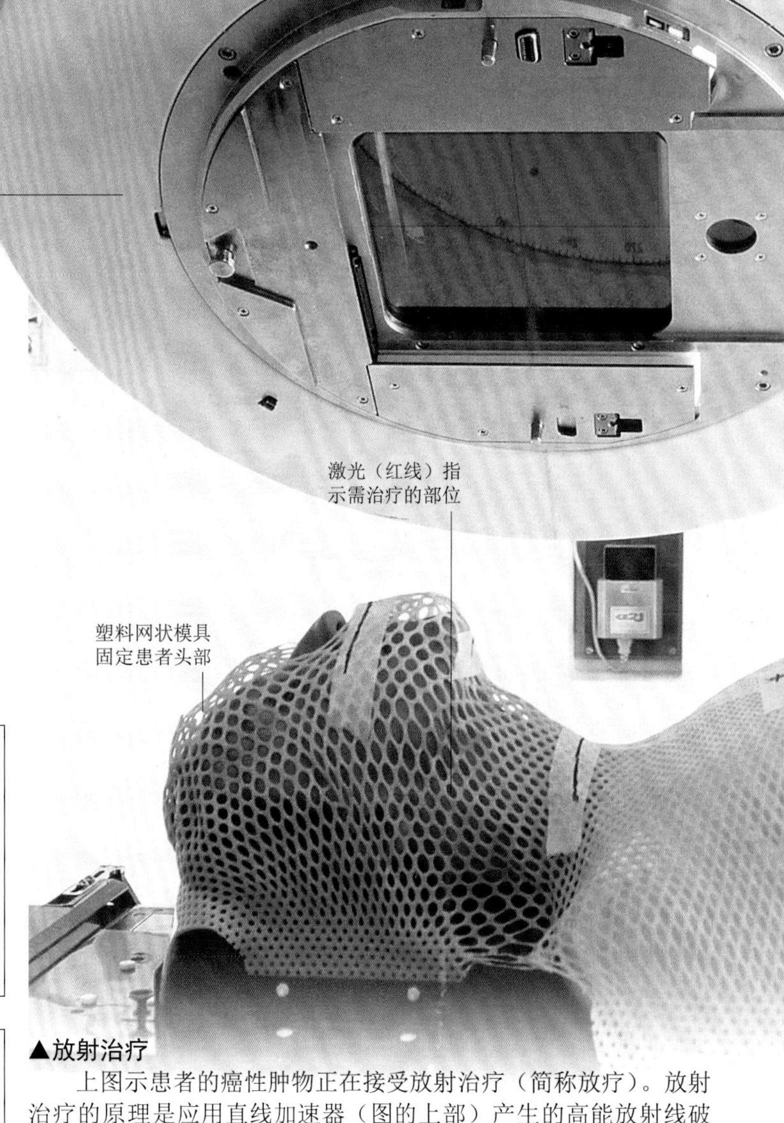
X 射线发射器绕患者头部旋转
激光（红线）指示需治疗的部位
塑料网状模具固定患者头部

◀开放性手术

开放性手术是指打开身体，切除、修补或替换受损或者异常的组织。实施手术时，患者需麻醉以使他们感觉不到疼痛。手术室必须保持清洁与无菌。外科医生、麻醉师和护士必须穿戴手套、帽子、口罩和手术衣，以确保无菌，将患者感染的风险降到最低。

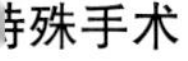

特殊手术

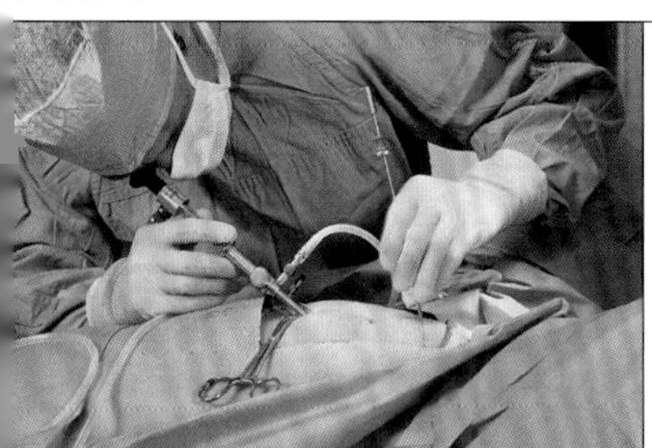

内镜手术

微创手术通常也被称为内镜手术，外科医师通过制造一个或多个非常小的切口，修复或切除组织。如左图所示，外科医师用一根叫作内镜的可视导管探查身体内部，并通过小切口伸入精巧的手术器械进行手术操作。

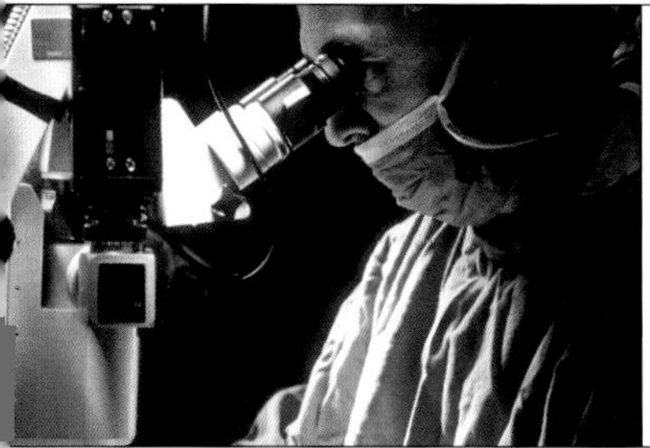

显微手术

左图中这名外科医师正在通过双筒显微镜放大细微的身体结构，以便实施手术。显微手术多用来缝接细小的神经和血管，例如重新接上切断的手指；也可用来在眼、耳和生殖系统等微小结构上实施手术。

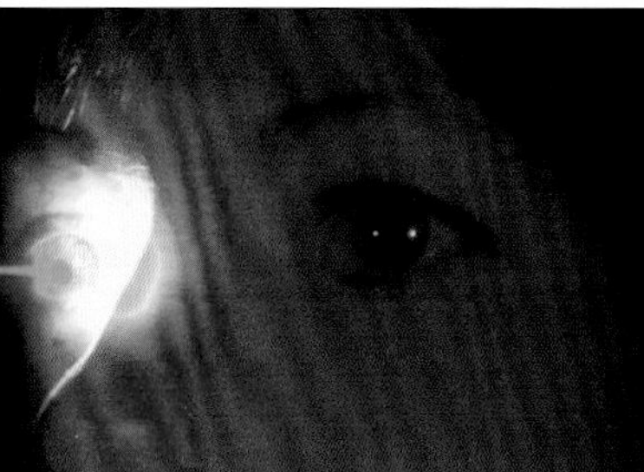

激光手术

激光通过高强度光束产生的高热修复受损组织，使破裂的边缘重新接合；或者破坏受损或异常的组织。图片为正在用激光恢复脱落的视网膜——眼球内部的光敏感层。激光也用于角膜成形或治疗近视眼。

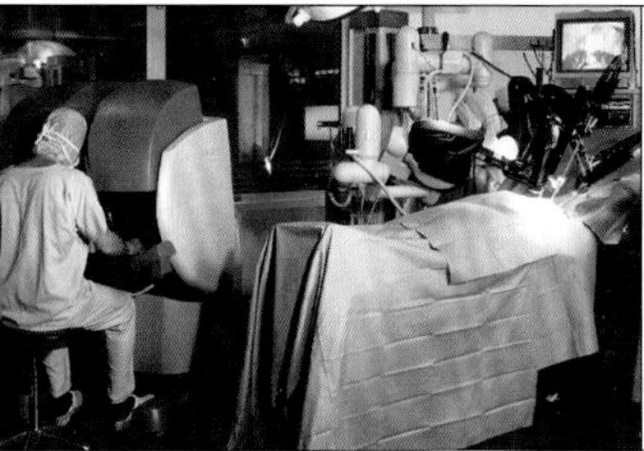

机器人手术

外科医师（左图）远程控制机器人通过患者胸腔上的小切口实施微创手术。外科医师坐在控制台前，通过内镜观察胸腔内部情况，进而操作控制杆指挥机器人手臂执行手术任务。

▲放射治疗

上图示患者的癌性肿物正在接受放射治疗（简称放疗）。放射治疗的原理是应用直线加速器（图的上部）产生的高能放射线破坏癌细胞，而对正常细胞仅产生最低程度的损害。现代的机器设备可以使射线穿入组织内部，以精准的放射剂量照射肿块。放射治疗通常与化学治疗（应用抗癌药物）、手术切除异常组织相结合，来治疗一系列肿瘤。

康复治疗

康复治疗是应用物理技术恢复患者身体正常情况下的功能，或者提高病后、术后或伤后身体的灵活性、肌肉强度和躯体运动能力。此外，康复治疗还可以有效防止患者在长期患病情况下导致的不能运动。康复治疗技术有手法治疗、运动练习、推拿按摩、超声波、电刺激和水疗——患者在热水池中明显失重的条件下进行治疗。这里看到的是一名康复医师正在对患者的大腿和后背进行手法治疗，帮助其缓解后背下方的疼痛。

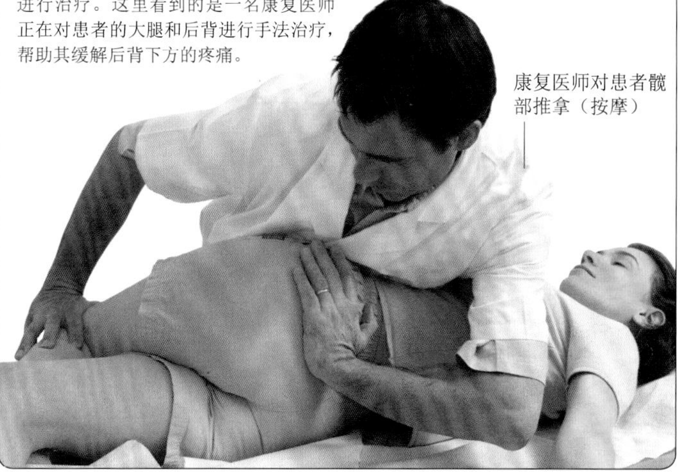
康复医师对患者髋部推拿（按摩）

食物加工

人体需要一些营养物质来生长、修复和提供能量。但是我们吃的由大分子构成的食物，在消化分解之前被锁定的，身体无法利用。消化系统将营养物质加工后分解成简单的营养分子，被人体吸收后，通过血液系统的运输，运送到身体的各个细胞，然后再处理产生的废物。口腔和胃利用肌肉的力量进行机械消化，碾碎食物，而化学消化是通过称作酶的消化剂来实现的。

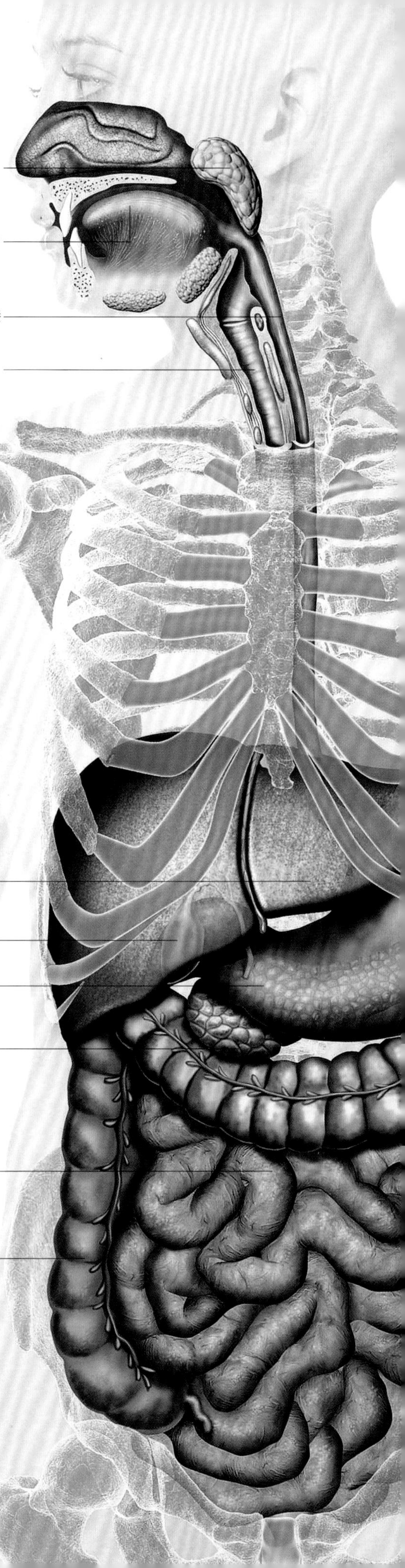

唾液腺向口中分泌唾液
舌头搅动牙齿间的食物
食管连接口与胃
支气管向肺部输氧
肝脏分泌胆汁，并处理吸收后的食物
胆囊储存并释放胆汁
胃将食物搅拌成奶油样液体食糜
胰腺分泌许多消化酶
小肠是消化食物的主要部位
大肠吸收未被消化的残渣中的水分

消化系统▶

消化系统的主要部分是长达 9 米的消化道，消化道可分为不同的区域：食管、胃、小肠和大肠。食管将食物推入胃部，用以储存和部分地消化食物；小肠将食物彻底消化，并吸收消化产物；大肠处理未被消化的食物残渣。附着于消化道的辅助器官能够帮助消化食物，它们是舌头、牙齿、唾液腺、胆囊和肝脏。

酶的活性

长链食物分子
酶

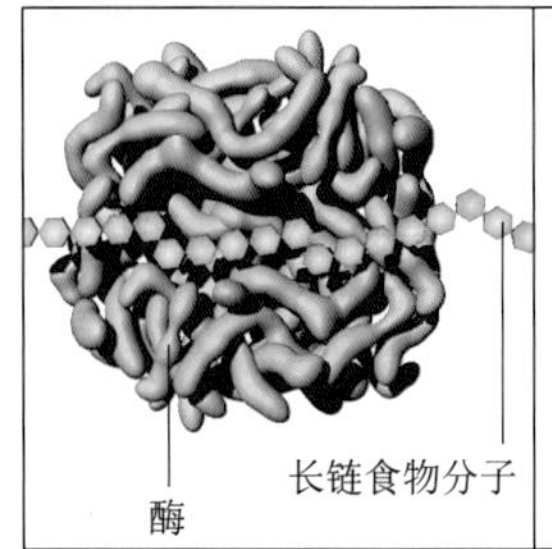

活性位点

酶是蛋白质的催化剂——它们加速分解复杂食物分子，有时甚至可以加速上百万倍。每一种酶作用于特定的食物分子；在左图所示的例子中，酶是淀粉酶（蓝色），食物分子是淀粉（橘红色）。淀粉附着在酶的活性位点。

长链食物分子片段
酶活性位点

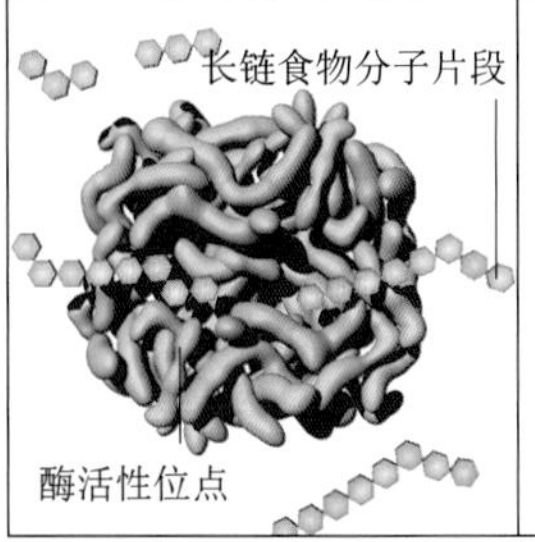

切割分子

食物分子一旦结合在酶上，酶的活性位点就会发生变形。通过加入水分子，淀粉分子的长链分解成一个个小单元——糖原。小肠内壁的酶进一步将糖原分解成能够被吸收入血的更小的单元——葡萄糖单体。

酶的循环利用

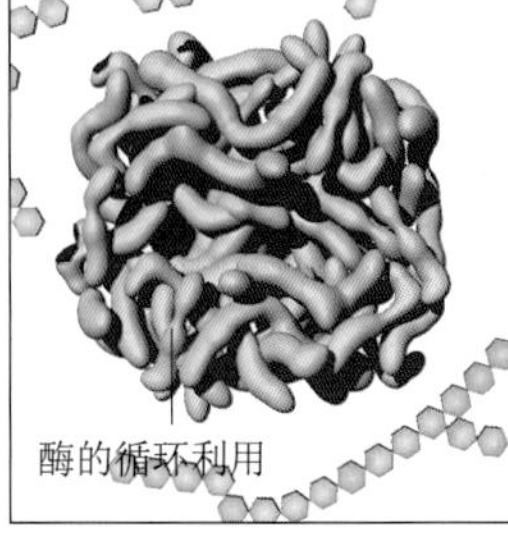

酶的循环利用

一旦反应完成，淀粉分解后的产物便得以释放，酶则可以再次吸附淀粉分子。消化酶由唾液腺、胃、胰腺和小肠产生。如果没有消化酶的作用，食物的分解过程就会大大减慢，生命也将无法继续维持。

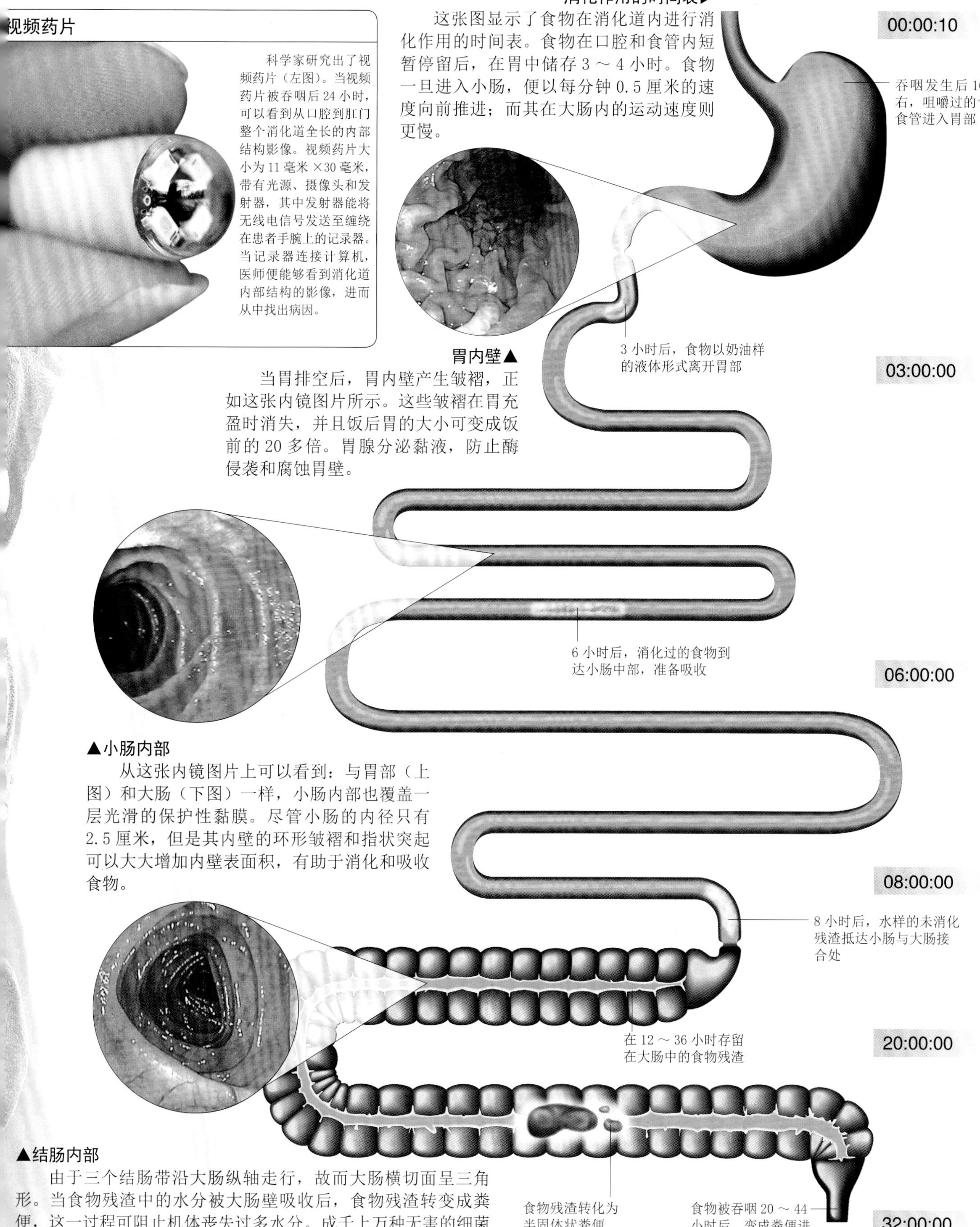
00:00:10
吞咽发生后 10 秒左右，咀嚼过的食物经食管进入胃部
3 小时后，食物以奶油样的液体形式离开胃部
03:00:00
6 小时后，消化过的食物到达小肠中部，准备吸收
06:00:00
08:00:00
8 小时后，水样的未消化残渣抵达小肠与大肠接合处
在 12 ～ 36 小时存留在大肠中的食物残渣
20:00:00
食物残渣转化为半固体状粪便
食物被吞咽 20 ～ 44 小时后，变成粪便进入直肠
32:00:00

视频药片

科学家研究出了视频药片（左图）。当视频药片被吞咽后 24 小时，可以看到从口腔到肛门整个消化道全长的内部结构影像。视频药片大小为 11 毫米 ×30 毫米，带有光源、摄像头和发射器，其中发射器能将无线电信号发送至缠绕在患者手腕上的记录器。当记录器连接计算机，医师便能够看到消化道内部结构的影像，进而从中找出病因。

消化作用的时间表▶

这张图显示了食物在消化道内进行消化作用的时间表。食物在口腔和食管内短暂停留后，在胃中储存 3 ～ 4 小时。食物一旦进入小肠，便以每分钟 0.5 厘米的速度向前推进；而其在大肠内的运动速度则更慢。

胃内壁▲

当胃排空后，胃内壁产生皱褶，正如这张内镜图片所示。这些皱褶在胃充盈时消失，并且饭后胃的大小可变成饭前的 20 多倍。胃腺分泌黏液，防止酶侵袭和腐蚀胃壁。

▲小肠内部

从这张内镜图片上可以看到：与胃部（上图）和大肠（下图）一样，小肠内部也覆盖一层光滑的保护性黏膜。尽管小肠的内径只有 2.5 厘米，但是其内壁的环形皱褶和指状突起可以大大增加内壁表面积，有助于消化和吸收食物。

▲结肠内部

由于三个结肠带沿大肠纵轴走行，故而大肠横切面呈三角形。当食物残渣中的水分被大肠壁吸收后，食物残渣转变成粪便，这一过程可阻止机体丧失过多水分。成千上万种无害的细菌寄生于大肠，帮助消化食物残渣和提供维生素。

牙齿和吞咽

人体内最坚硬的器官是我们的牙齿，它们埋藏于我们的上下颌中。牙齿把我们所吃的食物切断、咀嚼和碾碎成小碎片，使吞咽更容易，吸收更高效。人的一生中有两副牙齿，第一副是 20 颗乳牙，它们在孩童和青少年时期被 32 颗永久的成人恒牙所代替。吞咽食物包括三个独立的阶段，第一个阶段是，在口腔中受意识控制的，而通过咽喉和食管的吞咽是自动的无意识的反射活动。

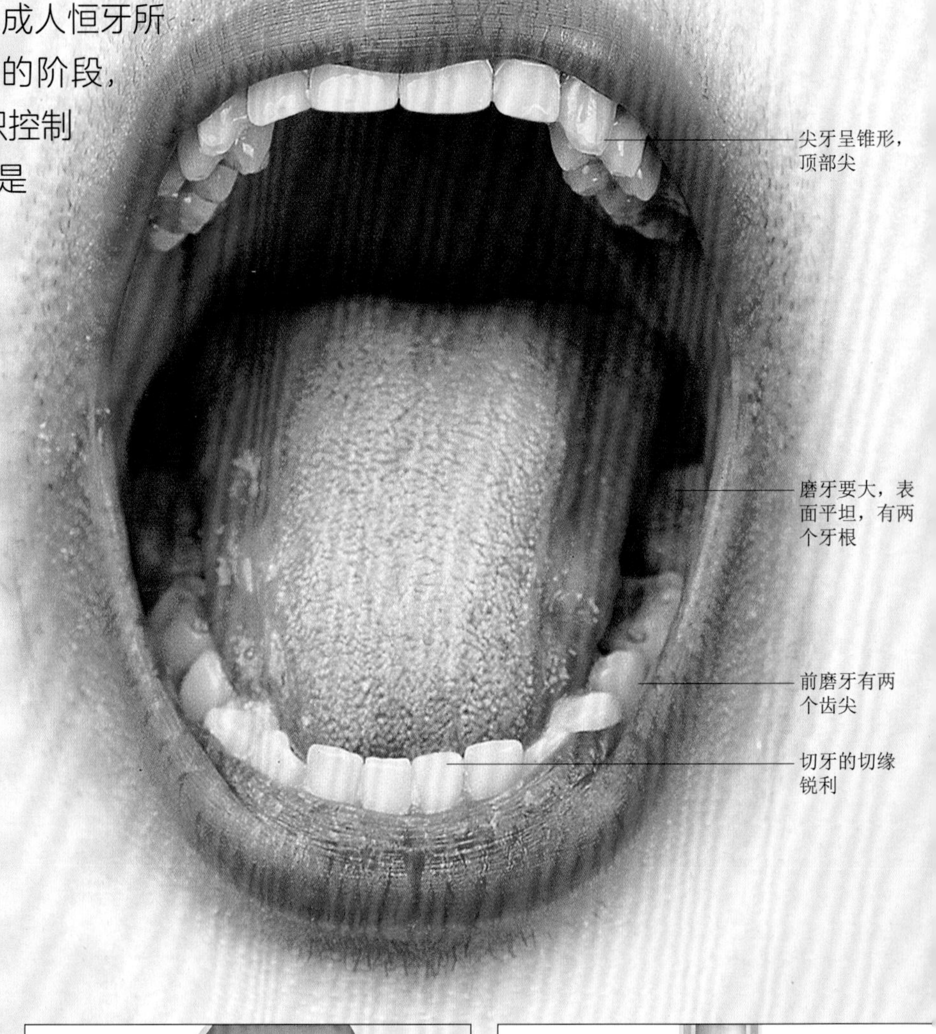

尖牙呈锥形，顶部尖
磨牙要大，表面平坦，有两个牙根
前磨牙有两个齿尖
切牙的切缘锐利

全套牙齿▶

成年人的全套牙齿有 32 颗，上、下颌分别有 16 颗，每一颗牙齿都有自己独特的外观和功能。上、下颌分别有 4 颗切牙，2 颗尖牙，4 颗前磨牙和 6 颗磨牙（后磨牙也叫作智齿，这里没有提及）。切牙扁平，呈凿样，可将食物切割成便于吞咽的碎片；尖牙刺穿并粉碎食物；前磨牙牙冠较宽，有两个齿尖，可以磨碎食物；磨牙的牙冠更宽，有 4 个齿尖，咬力较大，可将食物磨成糊状。

咀嚼和哽咽

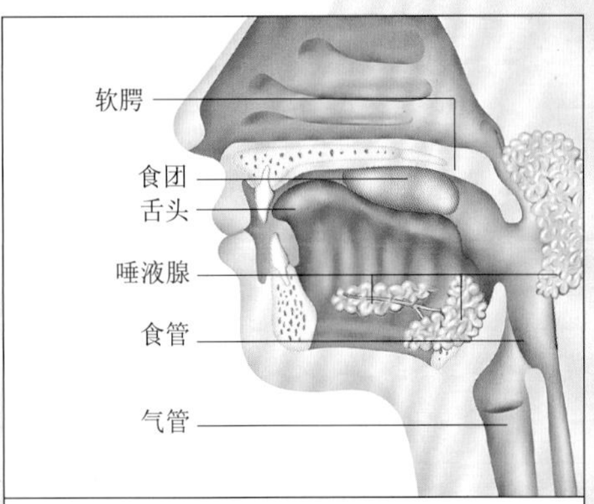

软腭
食团
舌头
唾液腺
食管
气管

口腔

食物经咀嚼形成小块，由黏稠的唾液将其黏合在一起，形成润滑的小球，称为食团。当我们准备吞咽时，舌肌将食团推向口底和咽后；软腭上抬，阻止食物进入鼻腔。

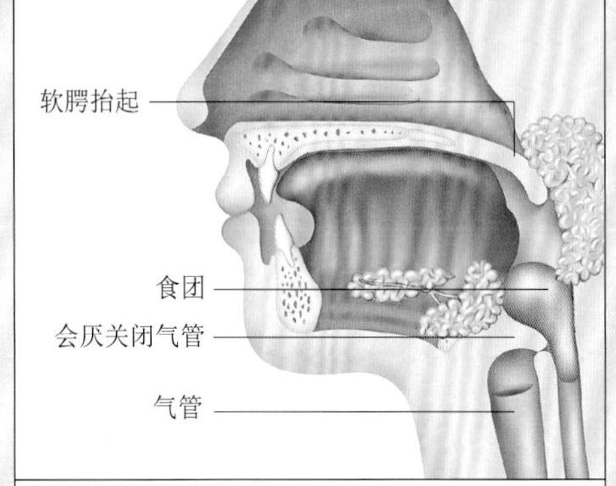

软腭抬起
食团
会厌关闭气管
气管

咽喉

接下来的两个过程自动发生。当食团进入咽后部时，触发反射性活动。肌肉收缩，将食团沿咽喉推入食管。与此同时，呼吸暂时停止，会厌关闭气管，阻止食物“走错路”。

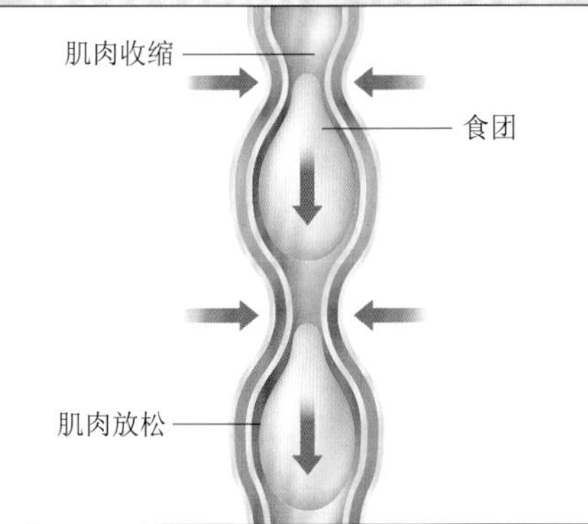

肌肉收缩
食团
肌肉放松

食管

这是吞咽的最后一个过程，食物通过食管的蠕动——食管壁平滑肌的收缩波，从咽喉进入胃内。蠕动是通过食团后部的肌肉收缩形成的；食团周围和前部的肌肉放松。食团正是通过食管的这种蠕动向下推进，好像我们用手指挤牙膏的样子。

牙齿的内部结构▶

每颗牙齿在外部都可看到牙冠；在内部有牙本质的坚硬骨架，骨架向下延伸形成牙根。牙髓位于牙本质内，牙髓中的血管和神经可以使牙齿感觉到温度和疼痛。牙骨质将牙齿附着在薄薄的牙周韧带上，后者使牙齿固定在牙槽内。牙龈形成紧致的环，以阻止细菌侵入牙冠下部。

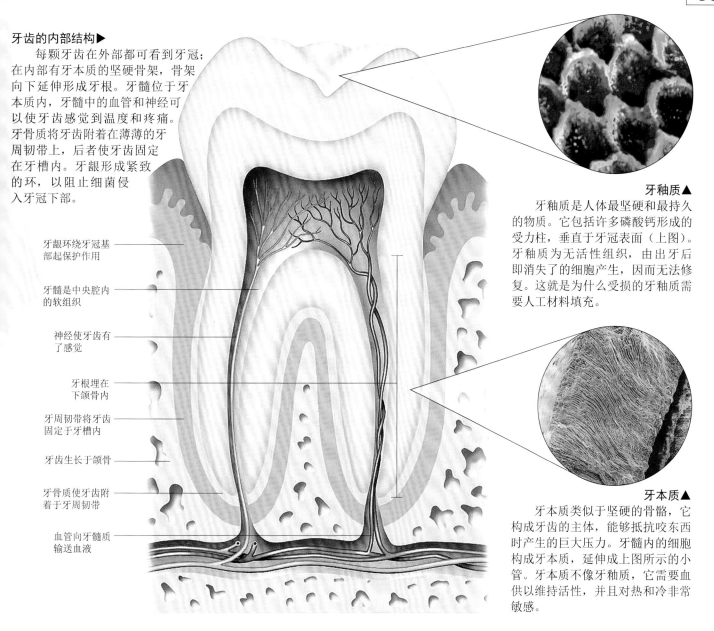

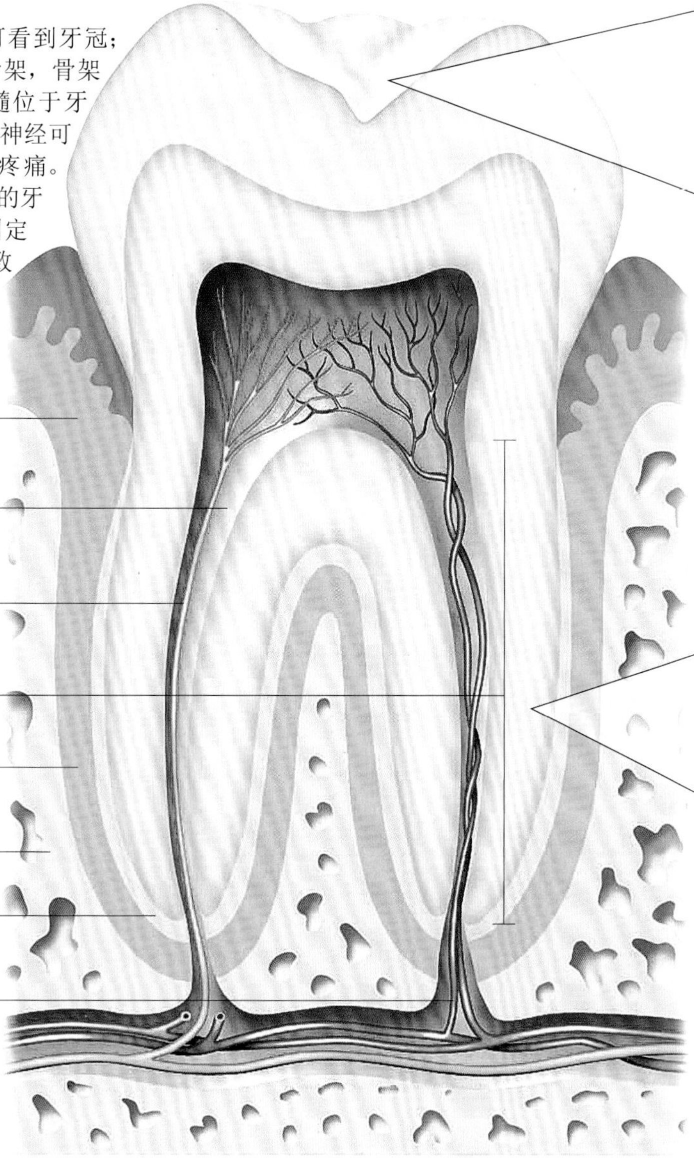

牙龈环绕牙冠基部起保护作用

牙髓是中央腔内的软组织

神经使牙齿有了感觉

牙根埋在下颌骨内

牙周韧带将牙齿固定于牙槽内

牙齿生长于颌骨

牙骨质使牙齿附着于牙周韧带

血管向牙髓质输送血液

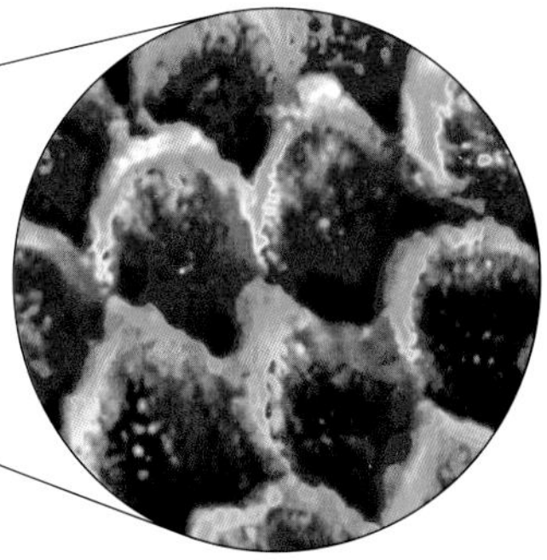

牙釉质▲

牙釉质是人体最坚硬和最持久的物质。它包括许多磷酸钙形成的受力柱，垂直于牙冠表面（上图）。牙釉质为无活性组织，由出牙后即消失了的细胞产生，因而无法修复。这就是为什么受损的牙釉质需要人工材料填充。

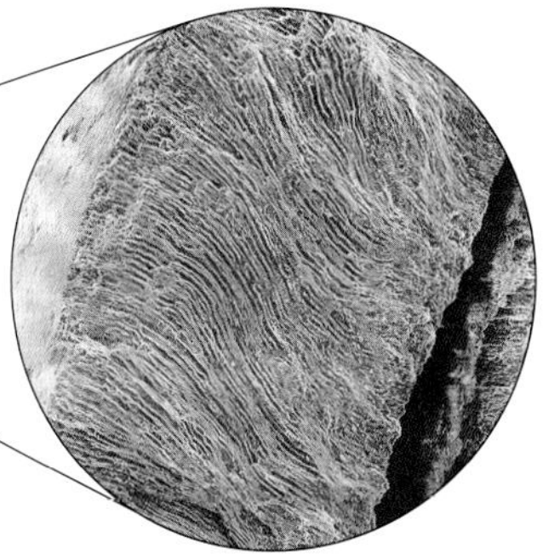

牙本质▲

牙本质类似于坚硬的骨骼，它构成牙齿的主体，能够抵抗咬东西时产生的巨大压力。牙髓内的细胞构成牙本质，延伸成上图所示的小管。牙本质不像牙釉质，它需要血供以维持活性，并且对热和冷非常敏感。

牙齿如何遭腐蚀

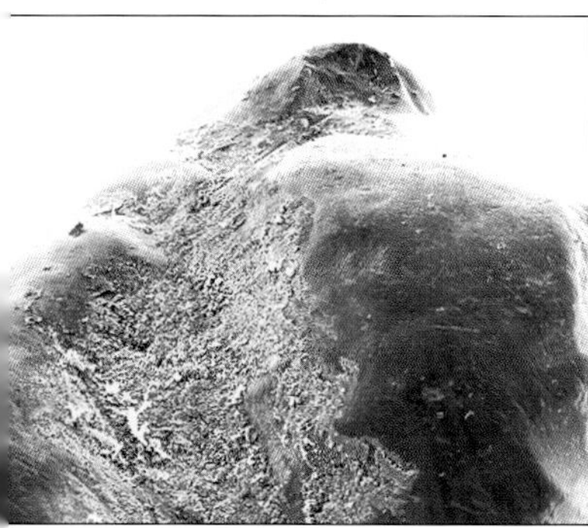

牙菌斑

黏附在这个被放大了的牙齿表面的是牙菌斑（黄色），它是由食物残渣和细菌构成的混合物。如果牙菌斑不被定期清理，就会长在牙齿表面。一旦牙菌斑不断累积，很难再将其清除，因为牙菌斑内的细菌可产生一种“胶”，将其牢牢固定。如果不被清除，牙菌斑将会导致牙齿腐蚀。

细菌

牙菌斑内的细菌需要牙菌斑内糖分的滋养，它们能释放酸性废物，时间一长可溶解牙釉质并导致牙齿腐蚀。当腐蚀侵及牙本质和敏感的牙髓时，能够引起疼痛，最终杀死牙髓细胞，导致牙齿损毁。经常刷牙和漱口可以预防牙菌斑的形成和牙齿的腐蚀。

改善外观

下图所示的情况经常见于青年人，牙套可以改变和改善不整齐的恒牙，使它们看起来更加好看。安装牙套的专家称为牙齿矫正医师。牙套有陶瓷牙托或金属牙托，每一个牙托对应一颗牙齿。弓形金属线穿过一个个牙托，并且提供压力，逐渐将牙齿校正至新的位置。当牙齿发生移动时，下颌骨也将适当改变，继续包绕牙根，从而使它与牙齿的位置相对固定。

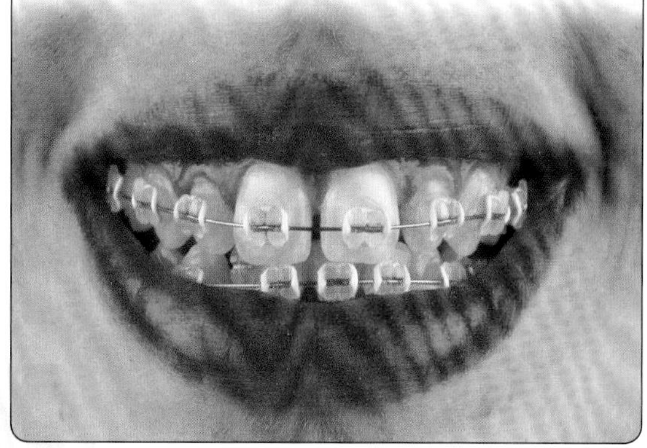

消化和吸收

为了把食物转变成可以使机体利用的简单的小分子物质，食团在经过胃和肠道时通过肌肉的收缩、蠕动，并进行机械搅拌后再通过酶的作用进行消化。消化主要发生在胃和小肠，而吸收主要在小肠，未被吸收的废物在大肠被处理。在消化过程中被释放到肠道里的水，绝大多数被重新吸收，以防止脱水。

从胃到结肠▶

胃壁的肌肉和胃液一起作用，将食物搅拌成奶油状，排至小肠。在这里，胆汁和酶将食物分解成葡萄糖、氨基酸、脂肪酸和其他营养素，通过小肠壁吸收入血。未消化的食物残渣进入结肠，水分被吸收后，转化为粪便，从直肠排出。

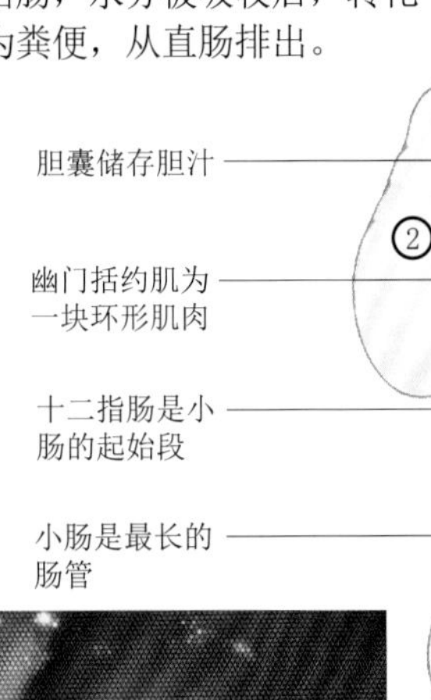
胆囊储存胆汁
幽门括约肌为一块环形肌肉
十二指肠是小肠的起始段
小肠是最长的肠管

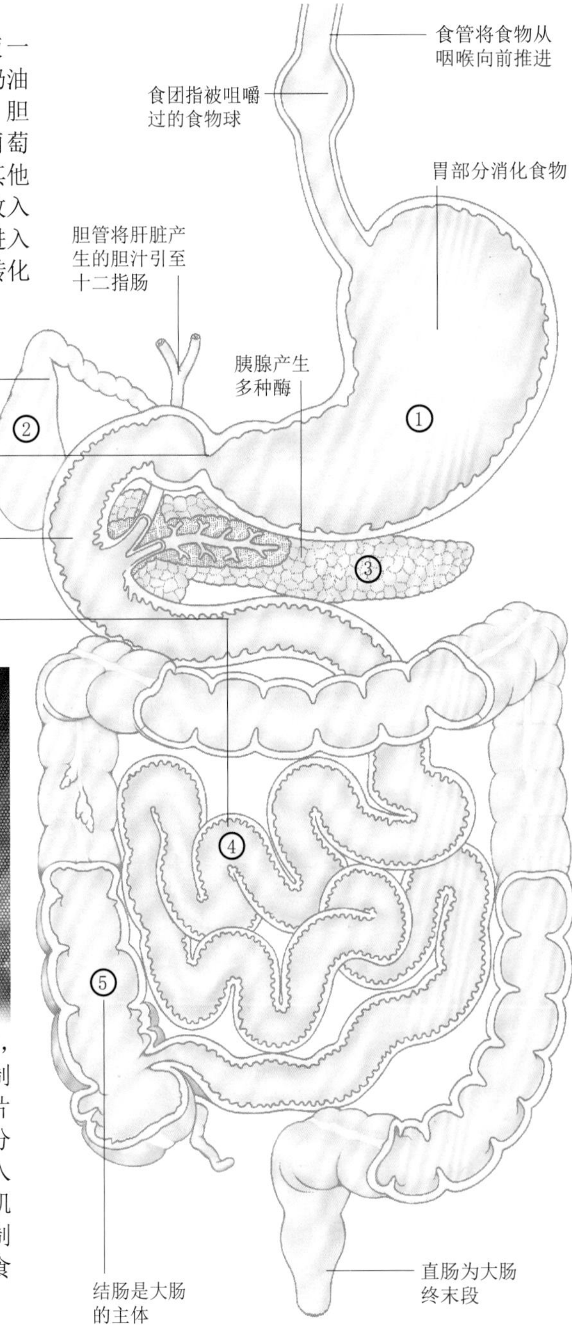
食管将食物从咽喉向前推进
食团指被咀嚼过的食物球
胃部分消化食物
胆管将肝脏产生的胆汁引至十二指肠
胰腺产生多种酶
①
②
③
④
⑤
结肠是大肠的主体
直肠为大肠终末段

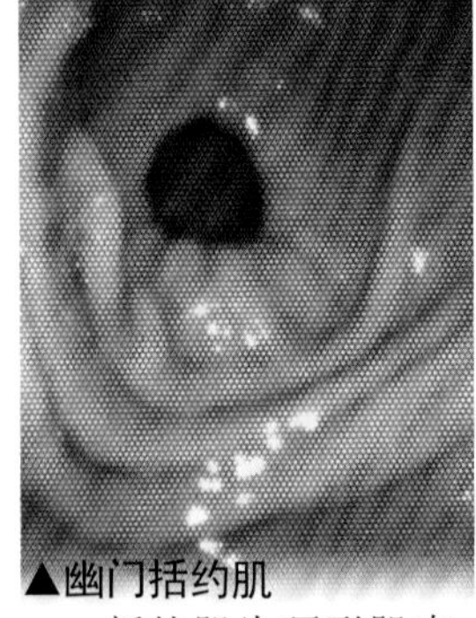

▲幽门括约肌

括约肌为环形肌肉，通过收缩或舒张来控制食物的流动。这张图片显示内镜探头通过部分收缩的幽门括约肌进入十二指肠内。括约肌“把守”胃部出口，控制食糜（经部分消化的食物）向十二指肠流动。

① 胃

从这张上皮组织的放大图片中，能够看到胃小凹开口。这些胃小凹中可有胃腺，分泌酸性程度很高的胃液，其主要成分为盐酸和胃蛋白酶（消化蛋白质）。此外，胃腺还产生保护性黏液，覆盖于胃内壁上，阻止胃液对自身的消化。

② 胆囊

胆囊隐蔽在肝脏后面，是一个体积很小的肌组织，用以储存、浓缩和释放胆汁。胆汁是绿色液体，由肝脏产生，经胆囊内壁上皮细胞（右图）的作用加以浓缩。当食物抵达胃，刺激胆囊壁肌肉收缩，向十二指肠释放胆汁，在这里分解脂肪，使其更易于消化。

③ 胰腺

图片所示细胞簇为胰腺的腺泡细胞，每天能够分泌大约 2 升消化液，经胰管输送至十二指肠。小肠中的胰酶消化淀粉、蛋白质，还能在胆汁的帮助下消化脂肪。胰腺的其他细胞向血液释放胰岛素和胰高血糖素。

④ 小肠

小肠大约 6 米长，肠腔内的微绒毛（右图）大大增加肠壁的表面积。微绒毛表面的消化酶来自胰腺，可将消化过的食物分解成最简单的结构：葡萄糖和氨基酸，它们经微绒毛吸收后释放入血。

⑤ 结肠

大肠全长约 1.5 米，因其比小肠宽而得名。大肠的主体结构是结肠，在右图所示的横断面上可以看到肠壁内的肠腺（黄色）。肠腺分泌黏液，同时也吸收结肠内液态残渣中的水分，将残渣转化为半固体的粪便。

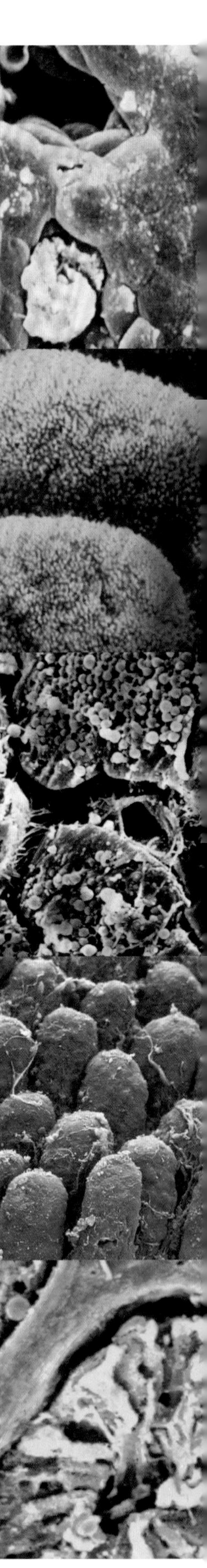

胃如何填满和排空

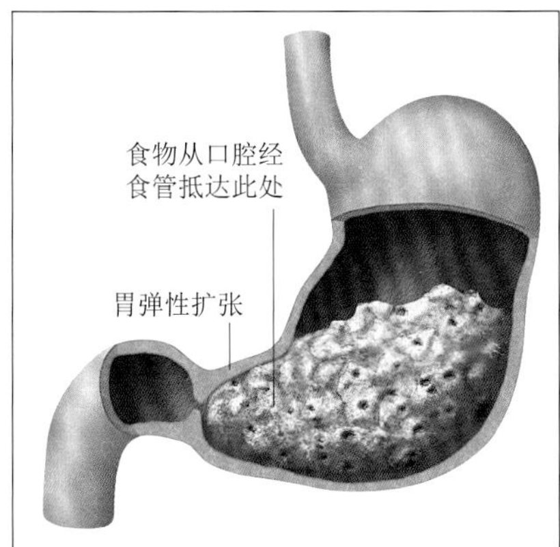
食物从口腔经
食管抵达此处
胃弹性扩张

充盈

有关食物的意识、气味、画面和口味，都能刺激我们胃壁内的腺体释放胃酸，以备接受食管输送来的咀嚼过的食物。当食物抵达时，胃部可以扩张至原先的 20 多倍。肌肉收缩波使食物与胃液混合在一起。

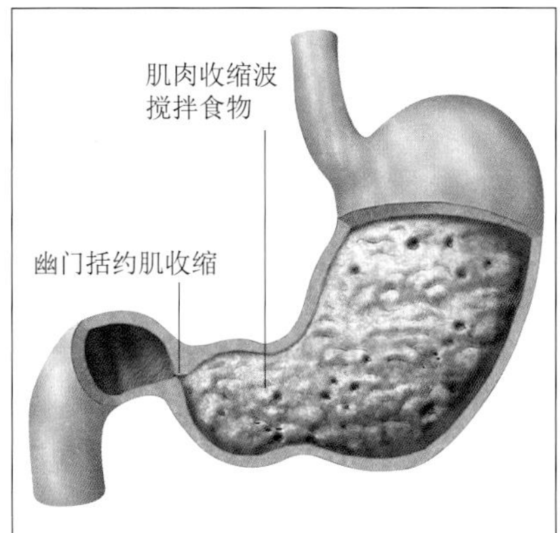
肌肉收缩波
搅拌食物
幽门括约肌收缩

消化

当幽门括约肌关闭时，蠕动波活动加剧，将食物搅拌成液态的奶油状，称之为食糜。胃液持续分泌，其中胃蛋白酶消化食糜中的蛋白质。神经系统和内分泌系统控制着上述功能。

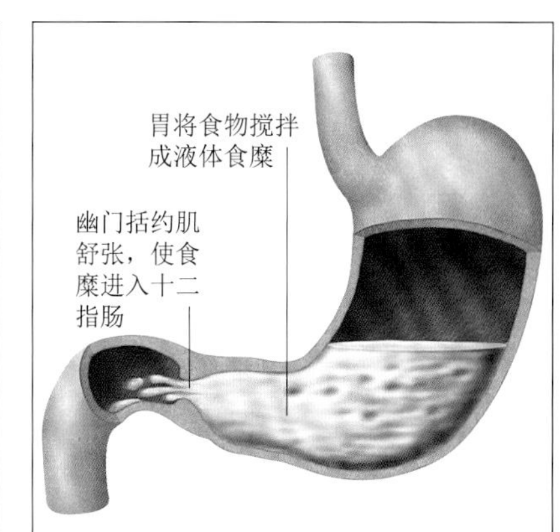
胃将食物搅拌
成液体食糜
幽门括约肌
舒张，使食
糜进入十二
指肠

排空

为了给小肠足够的时间进行消化，食物需在胃中停留 3～4 小时，然后逐渐释放至十二指肠。胃壁肌肉收缩，将食糜推至幽门括约肌。括约肌舒张，仅允许少量食糜进入十二指肠。

消化过程中水分的释放

这张表格显示了在消化过程中，消化液和胆汁中所含的大量水分。几乎所有水分都将被重吸收入血，用以维持机体水分的平衡（亦可参见 345 页的水平衡表）。

进入消化道的水分		流失的水分	
唾液	1 升	粪便	0.1 升
胆汁	1 升		
胃液	2 升		
胰液	2 升		
肠液	1 升		
合计	7 升		

98.5% 的水分在小肠和大肠将重新吸收入血。

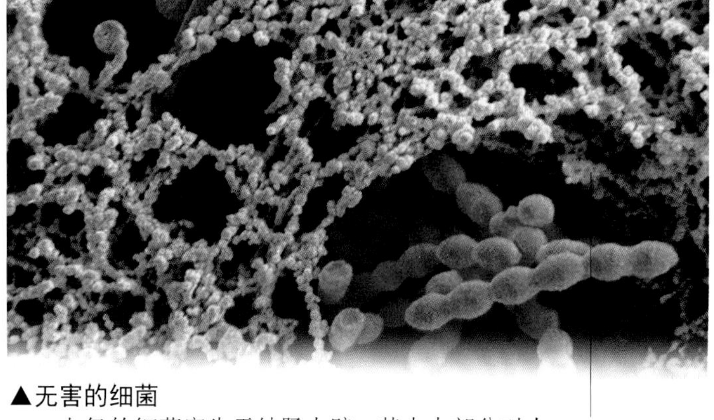

▲无害的细菌

上亿的细菌寄生于结肠内壁，其中大部分对人体无害，甚至有很多好处。像乳酸杆菌（黄色）和链球菌（蓝色）就是这种细菌，它们以小肠内未经消化的食物残渣“为生”，除了产气（放屁时的气体）外，还生成 B 族维生素和维生素 K。这些维生素通过结肠壁被吸收，并作用于机体。由于粪便的 50% 由这些细菌构成，所以它们不停地流失。

乳酸杆菌是寄生于结肠的一种细菌

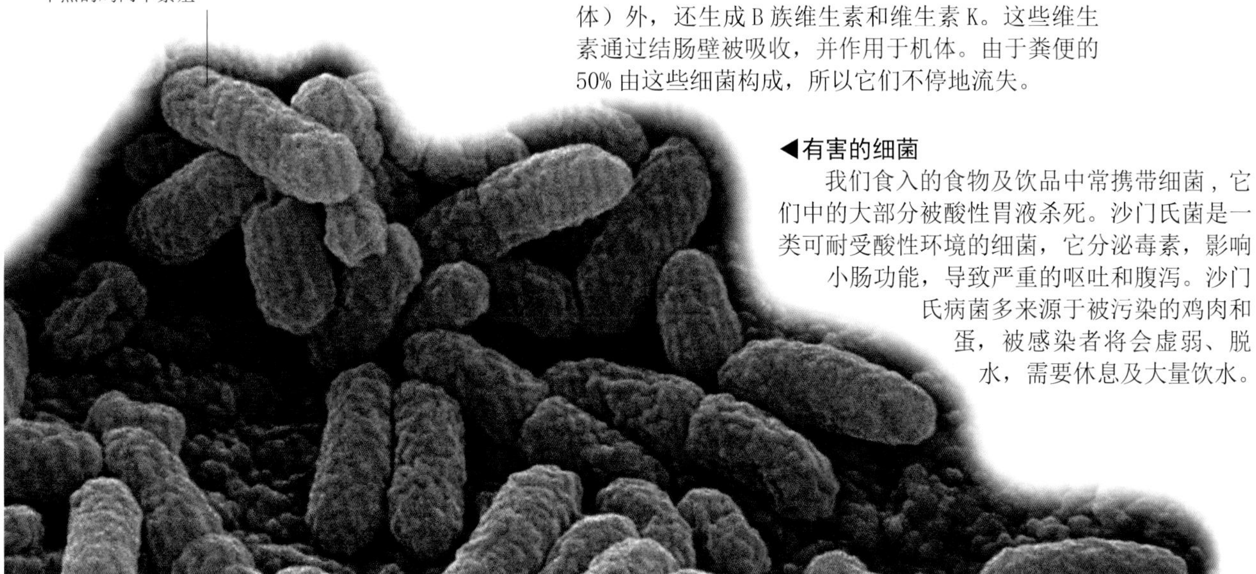

杆状的沙门氏菌在煮得不熟的鸡肉中繁殖

◀有害的细菌

我们食入的食物及饮品中常携带细菌，它们中的大部分被酸性胃液杀死。沙门氏菌是一类可耐受酸性环境的细菌，它分泌毒素，影响小肠功能，导致严重的呕吐和腹泻。沙门氏病菌多来源于被污染的鸡肉和蛋，被感染者将会虚弱、脱水，需要休息及大量饮水。

营养和能量

食物可以提供构成和维持我们身体的营养物质与能量。碳水化合物、蛋白质和脂肪构成了我们饮食的主要成分，我们还需要小剂量的维生素和矿物质。为了保持健康和均衡的身高体重比，我们需要适量的混合食谱。平衡的饮食应包含 55%的碳水化合物、15%的蛋白质和 30%的脂肪，可提供人体正常活动所需的能量。那些经常吃得超过正常需要的人会变得超重甚至肥胖。

胡萝卜富含
维生素 A
西葫芦含有
大量的水分
纯天然大米缓
慢释放能量
谷物富含纤维

水果和果汁

水果含有一系列维生素和矿物质，如橘子、苹果等，它们的甜味都来自单糖——一种能量来源。水果富含水分和可食纤维，这些不可消化的植物纤维能够增加食物体积，并且有利于食糜通过肠道。

蔬菜

蔬菜不仅含有大量复杂和简单的碳水化合物，还含有水分和可食纤维。像新鲜胡萝卜和黄辣椒等蔬菜是维生素和矿物质的主要来源。另外一些蔬菜，如西蓝花，含有大量抗氧化物质，可以降低患癌症和心脏病的危险。每天我们应当摄入 5 份水果或蔬菜。

复杂碳水化合物

谷类、大米、马铃薯、面食都是复杂碳水化合物——淀粉的来源。当我们消化时，淀粉缓慢释放葡萄糖（一种主要能量来源），这些食物含有纤维素和矿物质，如铁、钙和 B 族维生素。均衡的饮食，其主要成分应该是这些包含复杂碳水化合物的食物。

从食物中寻找身体燃料

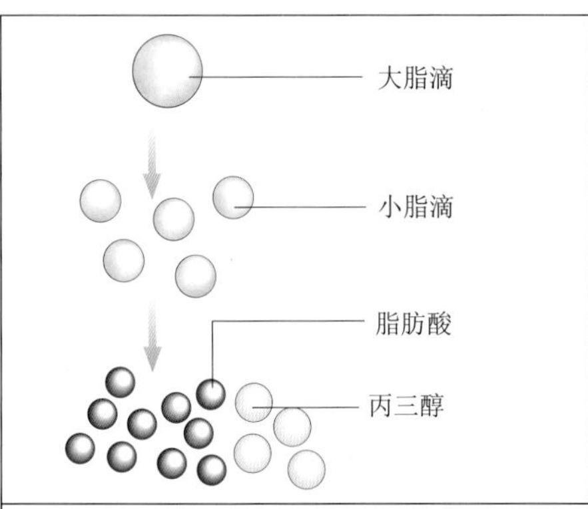
大脂滴
小脂滴
脂肪酸
丙三醇

富含脂肪的食物

动植物脂肪在小肠内被胆汁乳化成小脂滴，各种酶可将小脂滴进一步分解成丙三醇和脂肪酸。脂肪酸同葡萄糖一样，也是人体的能量来源，可作为细胞成分，或者以脂肪的形式独立地储存于细胞内。

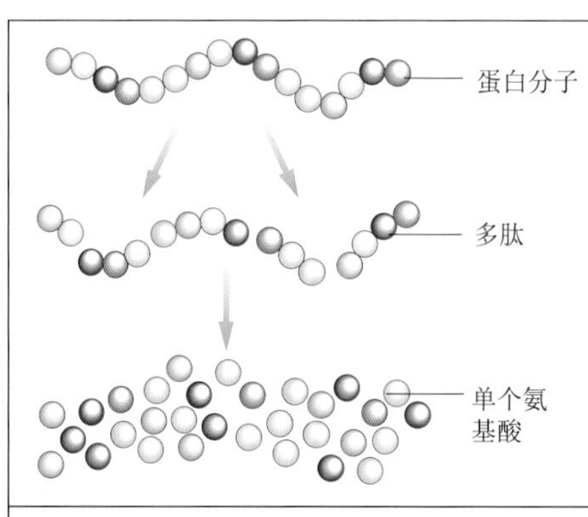
蛋白分子
多肽
单个氨
基酸

蛋白质

来自肉类、鱼类及其他食物的长链蛋白质分子，在胃部和小肠首先分解成较短的多肽链，然后再进一步分解成单个的氨基酸。我们体内有 20 种氨基酸，经过组合构成许多不同种类的蛋白质，包括结构蛋白、抗体和酶。

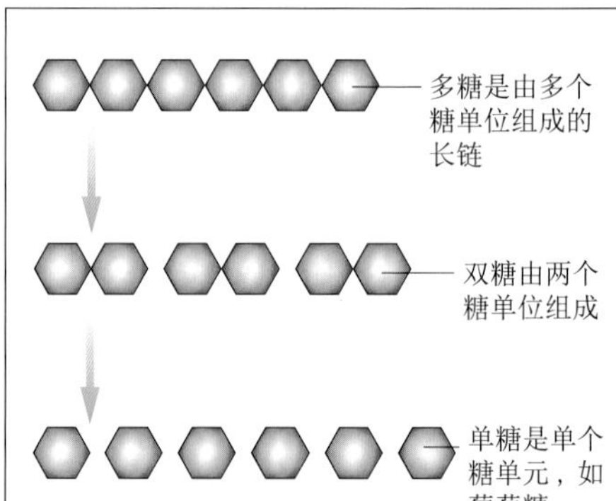
多糖是由多个
糖单位组成的
长链
双糖由两个
糖单位组成
单糖是单个
糖单元，如
葡萄糖

碳水化合物

饮食中最主要的复杂型碳水化合物就是植物中的淀粉，它是由多个糖单位组成的长链。这些长链主要在小肠分解成双糖（两个糖单位）和单糖（一个糖单位，如葡萄糖），为人体提供能量。

3000
2500
2000
1500
1000
500
0
婴儿 9～12 个月
儿童 8 岁
男孩 15 岁
女孩 15 岁
男性 30 岁 - 活动
女性 30 岁 - 活动
男性 30 岁 - 不活动
女性 30 岁 - 不活动
女性 30 岁 - 哺乳期

◀每天需要的卡路里

我们每人每天从食物摄取的能量，主要以千卡作为衡量单位，而科学家经常用千焦作为衡量单位——1 千卡＝4.187 千焦。左侧图表显示，由于男性的体格较女性魁伟，因此平均而言，男性比女性需要更多的能量；哺乳期和孕期的女性需要额外的能量满足小宝宝的需要；在青少年成长发育阶段，需要较多的能量。

必需脂肪酸

人体产生的大部分脂肪酸，主要用于表皮修复等活动和维持正常的免疫系统。不能从食物中获得的脂肪酸叫作必需脂肪酸（EFAs），在人体内起着非常重要的作用。必需脂肪酸见于植物油、鱼油和一些坚果。鱼肝油（右图中的胶囊）中含有的必需氨基酸不仅可提高神经功能，而且对脑的发育有重要作用。

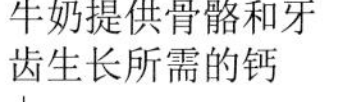

牛奶提供骨骼和牙齿生长所需的钙

蛋糕富含脂肪和糖

高蛋白食物

肉类、蛋类、鱼类和豆类等高蛋白食物，提供人体生长和修复需要的初级原材料。尽管高蛋白食物是我们日常饮食的重要组成部分，但是由于它们当中大部分含有脂肪，因此必须有节制地摄入。值得一提的是，鱼油中所含的脂肪酸是对人体有益的。

日常饮食

牛奶和奶制品（奶酪、黄油和酸奶等）是矿物质钙的良好来源。虽然它们含有多种蛋白质，但是也含有脂肪。以黄油为例，其中 70％为脂肪，所以应该少吃。要想将体内脂肪含量控制在合理水平，就必须摄取低脂食品，如半脱脂的牛奶。

脂肪和糖

蛋糕、饼干和甜点等食品富含脂肪和糖，此外，薯片中含有大量的脂肪和盐，这些食品统统应该少次和少量食用。它们虽然提供了充足的能量，但是却含有过多的脂肪（有些还有盐），并且缺乏维生素和矿物质等营养物质。

◀肥胖在流行

肥胖症患者越来越多。在西方，超出自己体重正常值 20％的儿童和成人的数量不断增长。当人们经常性地进食超过机体可消耗的热量时，多余的脂肪就会在体内不断累积。肥胖症变得如此之普遍，主要是因为人们比以前运动的少了，并且偏爱吃高热量的油炸食品。肥胖症大大增加了心脏病、高血压、糖尿病和一些癌症的患病风险。针对肥胖症的补救措施有增加每天的运动量，多吃新鲜的蔬菜、水果和鱼油。

一天五份

世界健康组织推荐我们每天吃五份水果和蔬菜，以降低患癌症和冠心病的风险（60％死亡因为癌症和冠心病）。一份可以是半串葡萄、一个苹果或一碗沙拉，也可以是一杯纯果汁，但是后者仅提供了维生素而缺乏水果所含的植物纤维。

呼吸系统

呼吸系统的主要作用是吸入氧气，排出二氧化碳。机体内亿万个细胞需要氧气，用以释放它们生存所需的能量。细胞不能贮存氧气，所以需要氧气持续的供应。二氧化碳是机体能量代谢的废物，如果不能持续地将之被清除，会对机体造成危害。肺是呼吸系统的主要组成部分，空气通过气道进出肺部。氧气在肺内进入血液。

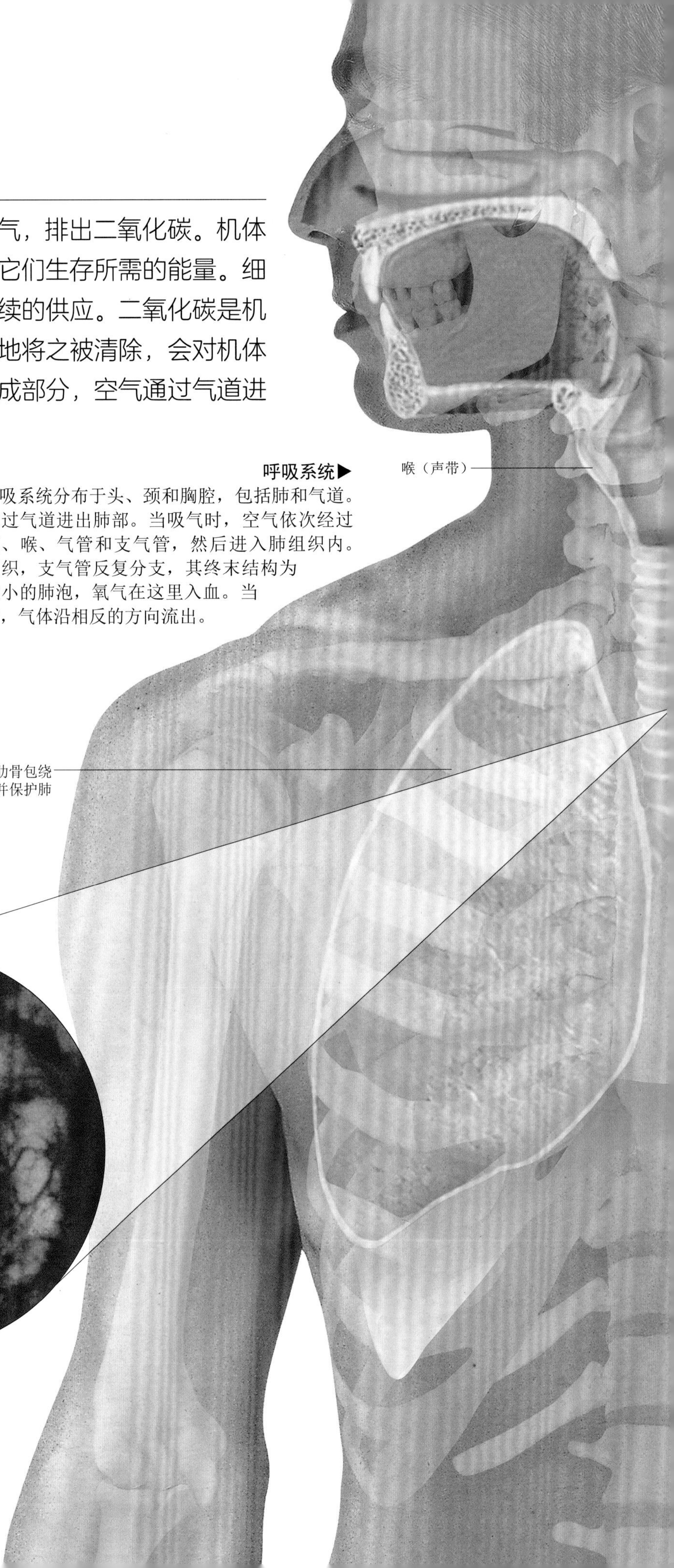

呼吸系统▶

呼吸系统分布于头、颈和胸腔，包括肺和气道。空气通过气道进出肺部。当吸气时，空气依次经过鼻、咽、喉、气管和支气管，然后进入肺组织内。在肺组织，支气管反复分支，其终末结构为体积微小的肺泡，氧气在这里入血。当呼气时，气体沿相反的方向流出。

喉（声带）

肋骨包绕并保护肺

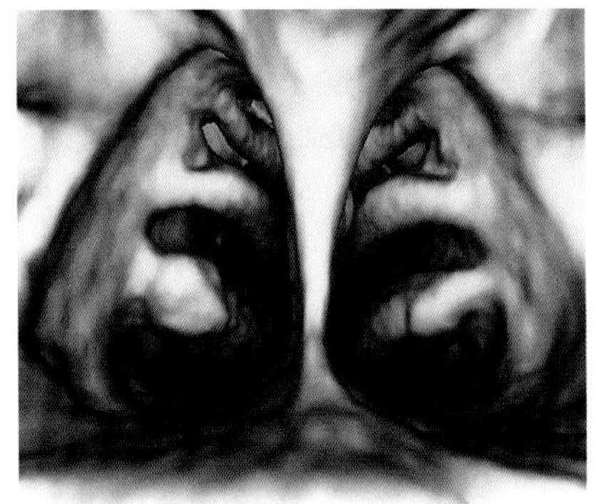

▲鼻子

这张 CT 扫描图显示的是双侧的鼻腔，每侧各有三个骨性鼻甲，当吸入有损于肺部的寒冷、干燥和污浊的空气时，覆盖于鼻甲上的黏膜可以温暖和湿润气体。黏膜上的黏液捕捉粉尘颗粒和致病微生物。

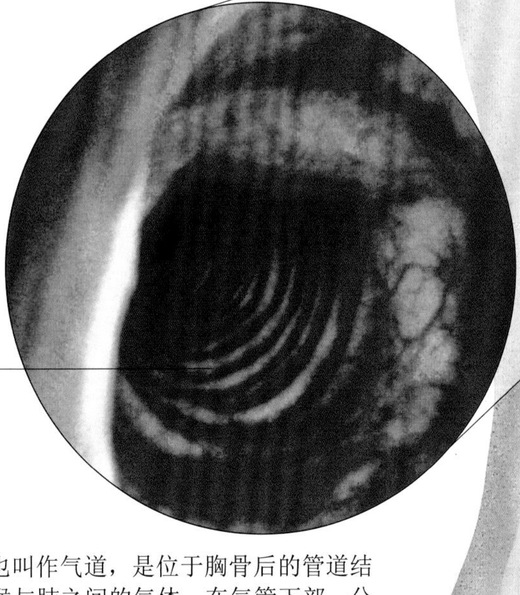

软骨环

气管▶

气管也叫作气道，是位于胸骨后的管道结构，输送喉与肺之间的气体。在气管下部，分出两支气管，进入肺组织。气管由 20 块 C 形软骨支撑，如这张气管镜图所示。当吸气时这些软骨环可以防止气道塌陷。气管内壁产生的黏液可以黏附粉尘和病原体。

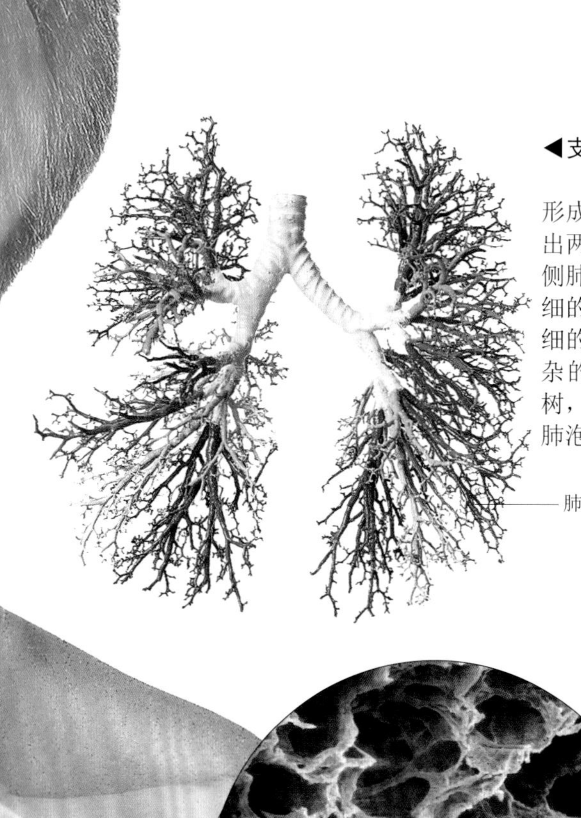

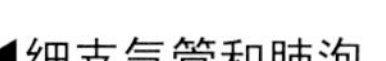

◀支气管树

从这个模型可以看到双肺呼吸管道形成的网状结构。气管沿胸腔下行，分出两个主支气管，分别进入左侧肺和右侧肺。每侧的主支气管再进一步分出较细的支气管，后者再反复分支，形成更细的支气管——细支气管。由于这种复杂的结构发出的分支广泛，很像一棵树，其中气管是主干，支气管是分枝，肺泡是叶子，因而被称作支气管树。

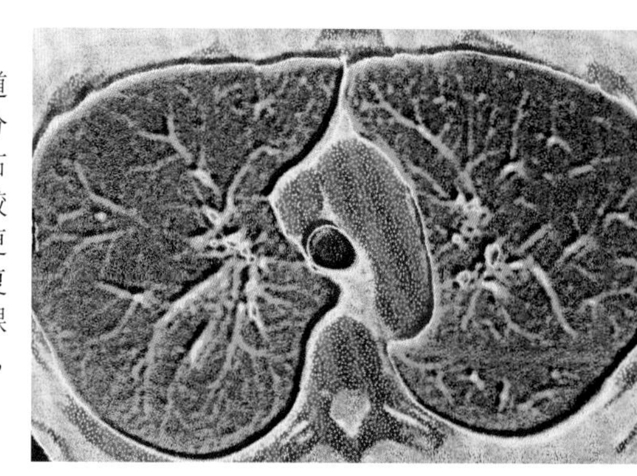

▲胸腔内部结构

通过对胸腔横切面的 CT 扫描，可以看出肺组织（深蓝色）在胸腔内占据了多大的空间。肺内的浅蓝色线为支气管。图片上面表示身体前部；图片的下面可见脊柱。此外，还能看到环绕肺部的肋骨。中央的蓝圈表示气管，旁边是主动脉弓（深橘红色，椭圆形）和上腔静脉（深橘红色环）。

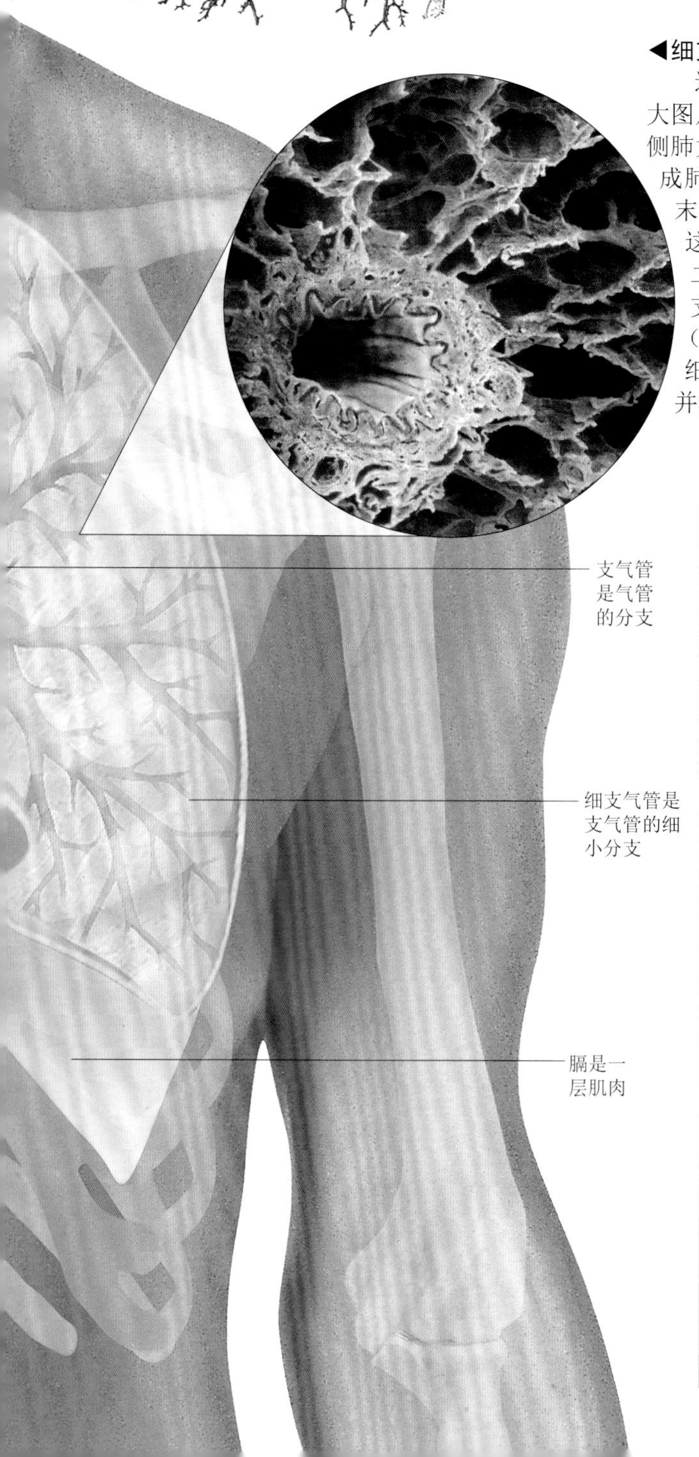

◀细支气管和肺泡

这张通过肺组织断面的放大图片显示的是部分肺泡。每侧肺大约有 1.5 亿个肺泡，形成肺部的海绵结构。作为终末端的肺泡是小型气囊，在这里，氧气进入血液，而二氧化碳被排出。每一细支气管的末端为一组肺泡（左图所示，波形边缘）。细支气管是最小的气道，并深布于肺中。

支气管是气管的分支

细支气管是支气管的细小分支

膈是一层肌肉

保护我们的肺

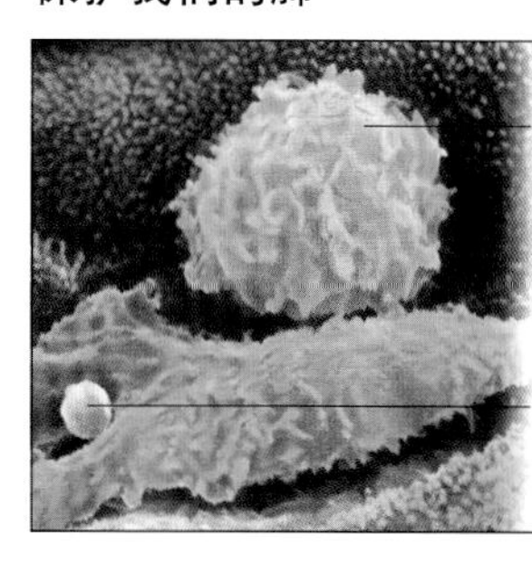

尘细胞

从这张显示肺泡内结构的放大图片中，可以看到两个尘细胞，或称作肺巨噬细胞。尘细胞的工作是包绕并吞噬肺泡的噬感染性微生物或粉尘颗粒，使它们不至于影响气体交换。图片上可见其中一个变长的尘细胞正在包绕粉尘颗粒。

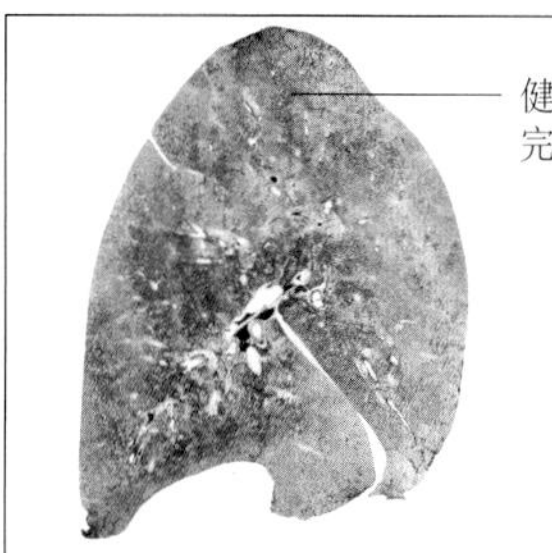

健康的肺

由于肺部含有大量血管，因此健康的肺部呈现出粉红色。尽管空气中大部分粉尘和其他污染物在进入肺部之前，被鼻子、气管和支气管内的黏液过滤掉，但是城市居民与乡村居民相比，仍旧吸入较多的粉尘颗粒。

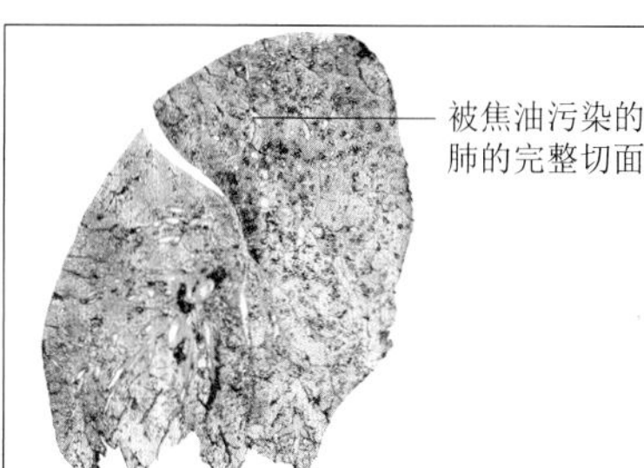

受污染的肺

左图所示的肺组织来自一名经常吸烟者。香烟中的焦油凝结于肺部，经过多年的累积后就呈现出左图所示的颜色。焦油含有大量致癌物质，诱发癌症。此外，焦油和香烟中的物质还会破坏尘细胞，致使粉尘颗粒聚集，损害肺泡。

获取氧气

当细胞呼吸并从葡萄糖获取能量时，会不断地消耗氧气并产生二氧化碳。通过呼吸运动，氧气进入肺并经血流运送到组织细胞。二氧化碳通过血流从组织细胞中运送到肺，然后被呼出去。在肺和组织中，氧气和二氧化碳的交换称为气体交换。呼吸运动是由膈肌和胸廓上的肋间肌运动形成的。

气体在组织交换▶

血液在肺部获取氧，沿动脉从心脏泵入人体各个组织。当血液通过分布于组织的毛细血管网时，氧气与二氧化碳在这里进行交换。血液中的氧气和葡萄糖进入细胞，全部用来产生能量；细胞产能的废物是二氧化碳和水，它们离开细胞进入血液。

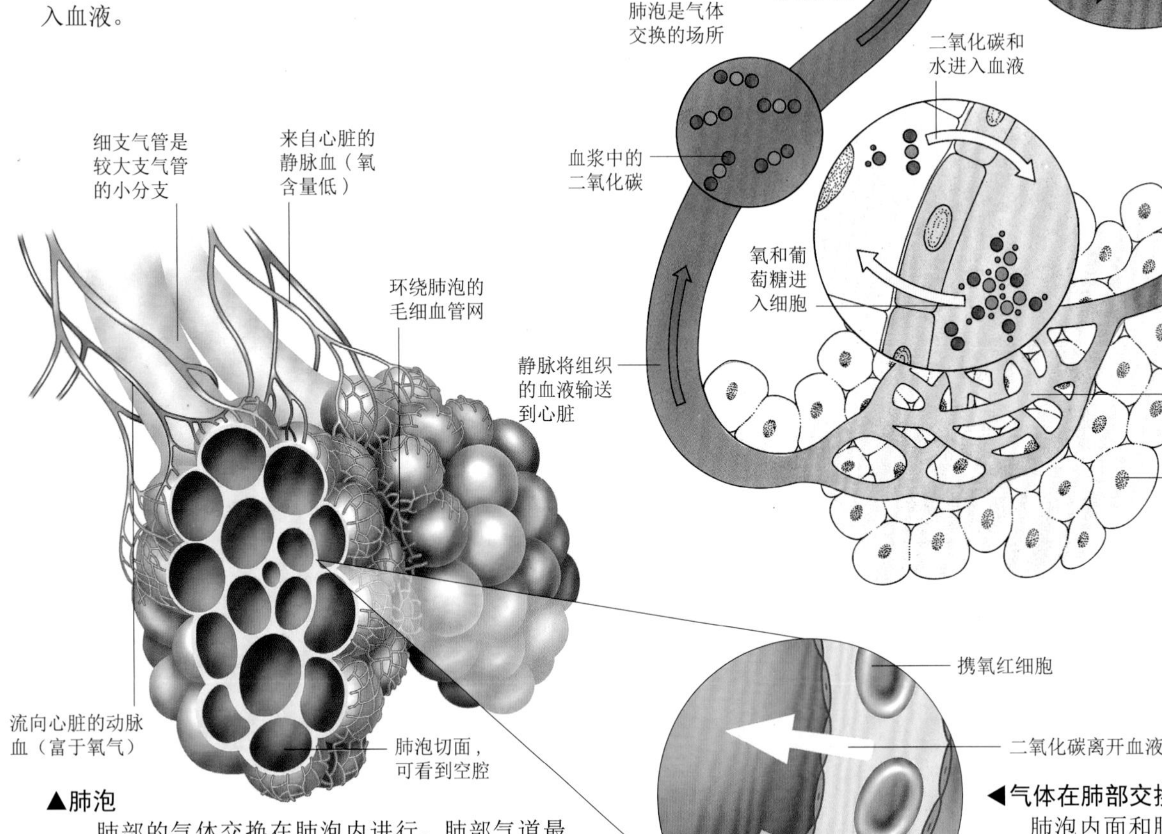

氧气进入
二氧化碳呼出
空气通过气管进出肺部
心脏向肺和外周供血
红细胞携带氧
动脉将心
的血液输
至组织
支气管是气管的分支
肺泡是气体交换的场所
二氧化碳和水进入血液
血浆中的二氧化碳
氧和葡萄糖进入细胞
静脉将组织的血液输送到心脏
组织中的毛细血管网
人体组织细胞消耗氧
细支气管是较大支气管的小分支
来自心脏的静脉血（氧含量低）
环绕肺泡的毛细血管网
流向心脏的动脉血（富于氧气）
肺泡切面，可看到空腔
携氧红细胞
二氧化碳离开血液
肺泡内的空腔
氧进入血液

▲肺泡

肺部的气体交换在肺泡内进行。肺部气道最细的分支为呼吸性细支气管，在它的终末就是呈葡萄状分支的肺泡。肺泡外覆盖有一层毛细血管网，血液获取氧后离开肺部，同时二氧化碳进入肺部。双肺一共有约 3 亿个肺泡，用以获氧的表面积大约为 70 平方米，约为体表总面积的 35 倍。

◀气体在肺部交换

肺泡内面和肺泡周围毛细血管内面间的距离非常短，可以实现气体间的高效交换。肺泡气中的氧气迅速进入毛细血管中的血液内，与红细胞上的血红蛋白结合，输送至组织。与此同时，从组织进入血液的二氧化碳快速进入肺泡，随气体呼出。

吸气－呼气

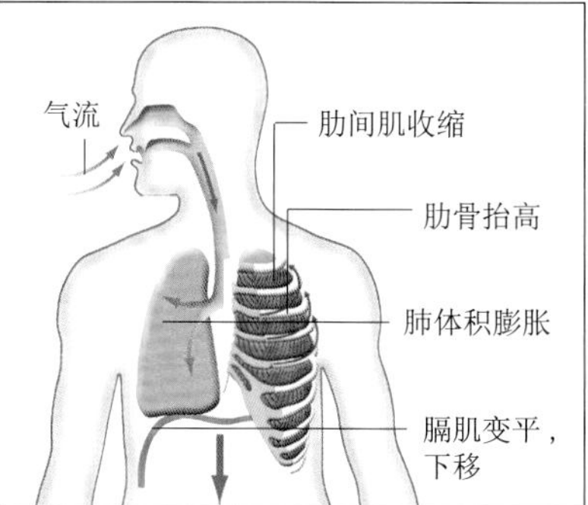

吸气

当我们吸气时，膈肌收缩、变平；肋间外肌收缩，将肋骨向外上方牵拉。这样一来，胸腔内空间加大，进而使富有弹性的肺部扩张，肺部气压低于体外气压，空气被吸入。

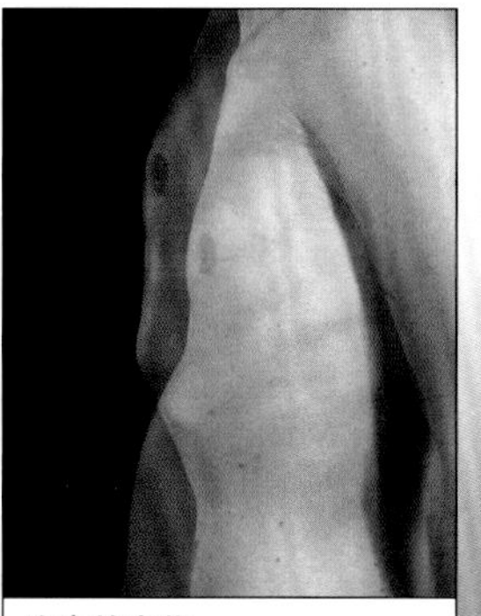

胸廓的变化

这张双重影像图片显示了一名男子的胸廓随着他的呼吸而上升或下降。在平静呼吸时，膈肌起着主要作用，因此可以看到我们的腹部随呼吸一起一伏。

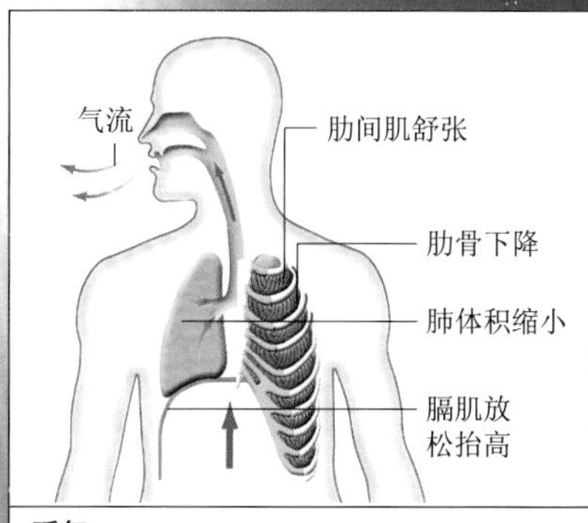

呼气

当我们呼气时，膈肌放松，变成圆顶状；肋间外肌放松，肋骨移向内下方。这样一来，胸腔内空间减少，进而使肺部回缩，此时肺部的气压高于外部，气体被排出。

吸气与呼气的比较

从各种气体分别在吸入和呼出气中所占的比例，可以看出机体消耗氧的量

气体成分	在吸入气中所占比例（%）	在呼出气中所占比例（%）
氮气	78.6	78.6
氧气	20.8	15.6
二氧化碳	0.04	4.0
水蒸气	0.56	1.8
总计	100	100

自由潜水▶

虽然人们不能在水中呼吸，但是潜水员们却可以借助背上的氧气筒克服这一障碍，进行水下呼吸。有一些自由潜水员能在没有氧气筒的情况下，潜入相当深的水下。他们通过练习憋气从而可以在水下停留尽可能长的时间。潜入的越深，水压就越大，潜水员们的肺部也会随之变得越小。此外，他们的心率也在减慢，有时甚至达到每分钟 50 次或更少。

哮喘的影响

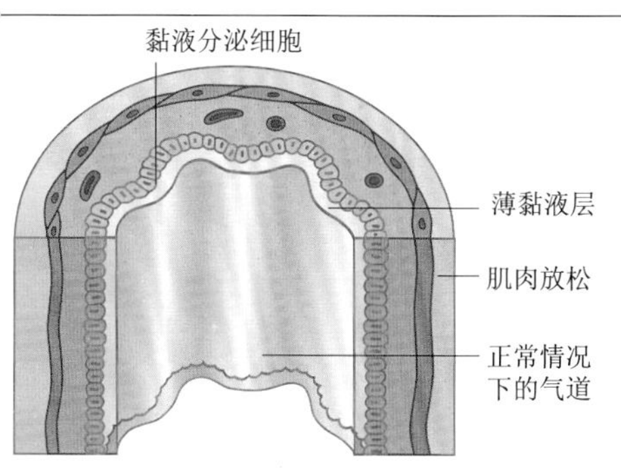

发作间歇期

哮喘是一种影响肺部支气管和细支气管的疾病。患有哮喘的患者有喘息和呼吸困难的间歇性发作。上图所示就是哮喘发作间歇期的细支气管断面的样子。细支气管上皮层分泌黏液，其下的肌层通过收缩或舒张来改变细支气管的直径。

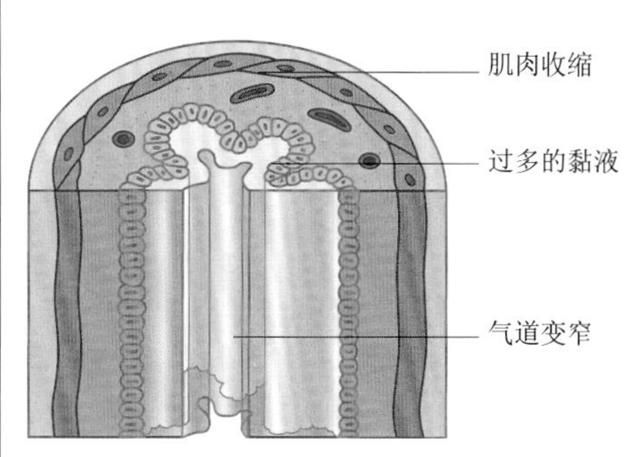

哮喘发作时

当哮喘发作时，细支气管壁内的肌肉收缩，气道变得异常狭窄，从而减少了进入肺部的气体量。此外，细支气管的内层炎症水肿并且分泌大量黏液，使气道进一步狭窄。哮喘可由过敏引起，例如花粉、灰尘，或者其他致敏原。

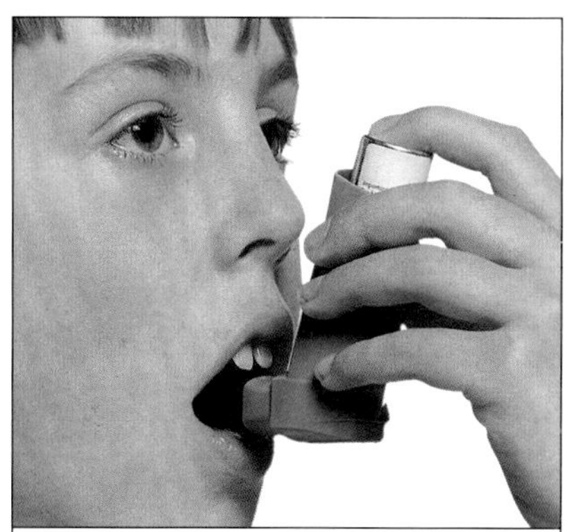

吸入器

这个小男孩正在用吸入器来缓解当哮喘发作时呼吸困难的症状。吸入器可以释放少量支气管扩张药。当药物被吸入肺部，就可以舒张那些使气道狭窄的肌肉，从而令更多的气体进入肺部，让呼吸变得相对容易。

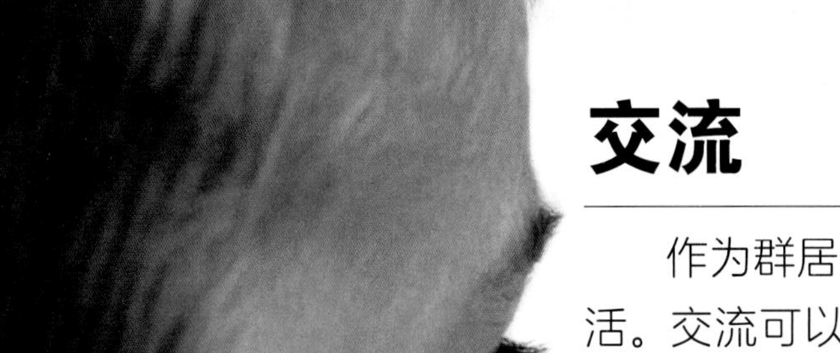

交流

作为群居动物，我们必须不断地交流，才能和平相处，共同生活。交流可以传递我们的思想感情、回忆往事，记录现在发生的，预见将来可能发生的，并且将知识代代相传。虽然我们生活在一个复杂的电信时代，但是我们仍像远古祖先一样使用相同的面对面的交流方法。人类所特有的语言，可以使我们传递无限的思想范围。我们的面部表情和身体语言，不知不觉地，表达了我们的感觉。所有的交流都受脑的控制。

语言是人类特有的能力

◀群居性动物

大部分与人类亲缘关系密切的哺乳动物，如猩猩和猿，都是群居性动物，它们能够通过一定方式进行交流，以维持它们之间的群体关系。但是它们中却没有一种动物拥有同人类一样的能够进行相互交流的智慧与能力。我们人类能够运用、记录语言与文字，这种能力使我们在过去的1万多年里拥有了辉煌的文化和先进的技术。

发声▶

声带水平伸展于喉部。发声时，声带紧张，肺部呼吸的气流经过声带，使声带振动，产生声音。声音接受大脑的控制，在嘴唇和舌头的校正下产生语言。

声带放松

◀无声

不发声时，肺部呼吸恢复正常。声带放松，呈打开状，使通过咽喉的气流自由进出于肺部。男性说话时，音调比女性低，这是因为男性的声带与女性相比，长而厚，并且振动的频率较慢。

声带拉紧

声带位于咽部

空气通过喉进出肺部

食管向胃输送食物

手语

虽然许多听力受损的人，部分或完全不能听到别人说话的声音，但是他们可以通过手语进行相互间的交流，并且可以用手语与听力正常的朋友和家人进行交流。手语不是用声音，而是利用指、手、上肢、身体的运动，手摆出的形状，口型和面部表情来表达意思和想法。手语像口语一样，不是国际通用的，各个地区的手语各不相同。如左图所示的手势，就是英语字母中“r”的意思。

手语也运用在一些听力正常的人群中。由于水下不能出声，携带呼吸器的潜水者就用手语相互交流；由于在录音室进行电视录音时需要安静的环境，因此技师们也通过手语沟通。

两手抱头、萎靡不振说明其非常失望

◀肢体语言

这名足球运动员射球失利后非常失望，而他身后球队支持者们的肢体语言表明，他们也同样非常失望。肢体语言这种交流形式需要运用手势、姿势和面部表情，其中每一部分都如语言中的一个单词一样，揭示整体意思中的一部分意思。一个人更加细微的肢体语言可以揭露他所处的状态，例如厌倦或兴致勃勃，焦虑或自信，甚至能观察出他是否在撒谎。一部分人对肢体语言的观察能力尤为敏感。

脑与交流

这意味着什么?

说话和倾听与其他肢体活动一样，受到大脑的控制。正电子发射计算机体层扫描术这种现代技术，使科学家可以观察到在人们说话和倾听的不同阶段，分别是大脑的哪一部位“发亮”。从该张图片中可以看出，当一个人在努力思考某个不熟悉的字的意思时，大脑颞叶表现出活性。

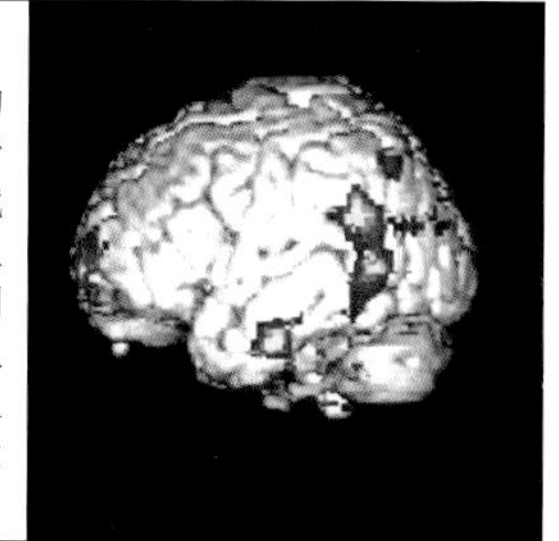

重复的词汇

当一个人大声重复阅读时，大脑的布罗卡区（大脑左下部）和运动区（大脑上中部）表现出活性，这两个区都可产生语言，还能支配喉与舌的协调运动。此外，另一个“发亮”的活性区域是韦尼克区（大脑右下部），该区域负责监听并解读出来。

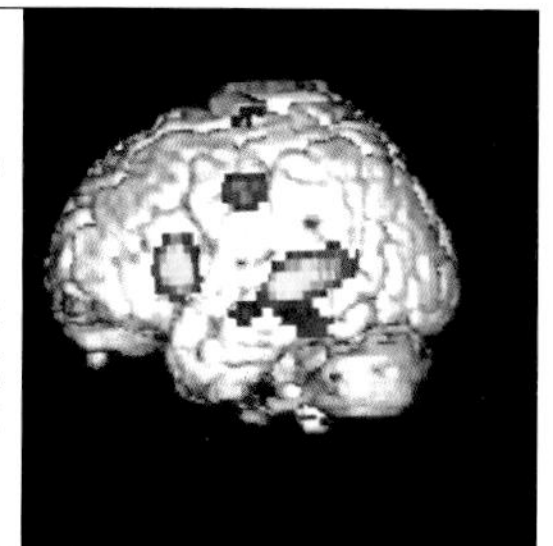

倾听

最后一张扫描图片显示的是，一名女子正在倾听他人讲话，而自己并未开口。大脑听区“发亮”，将耳朵收集到的神经冲动转化过来。虽然语言的产生仅发生在大脑左侧，但是倾听活动却发生在大脑双侧。

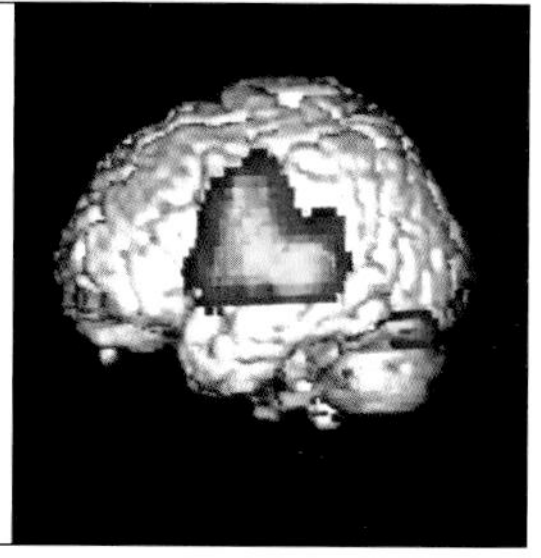

微笑需动用眼周和口周的肌肉

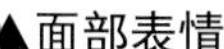

▲面部表情

人类能做出大量反映自我心情和感受的面部表情。面部表情可以是明显的，比如灿烂的微笑；也可以是微妙的，比如轻轻抬起的眉毛。面部表情的产生需要牵动30多块肌肉。这些肌肉的一端附着于颅骨，另一端则终止于面部的一小块皮肤，当肌肉收缩时，便可以牵动面部皮肤。大部分面肌成对出现，但是有一些，比如负责闭眼的肌肉，就能独自“开工”，让我们产生眨眼的动作。

化学工厂

细胞就好像化学工厂一样，因为成千上万个化学反应在其中发生。新陈代谢描述了这个释放能量、构造和修复细胞的化学过程。通过消化吸收的营养物质被肝脏加工，然后被机体细胞代谢。新陈代谢释放的能量帮助机体将体温维持在 37℃，这是细胞活动的最适宜温度。

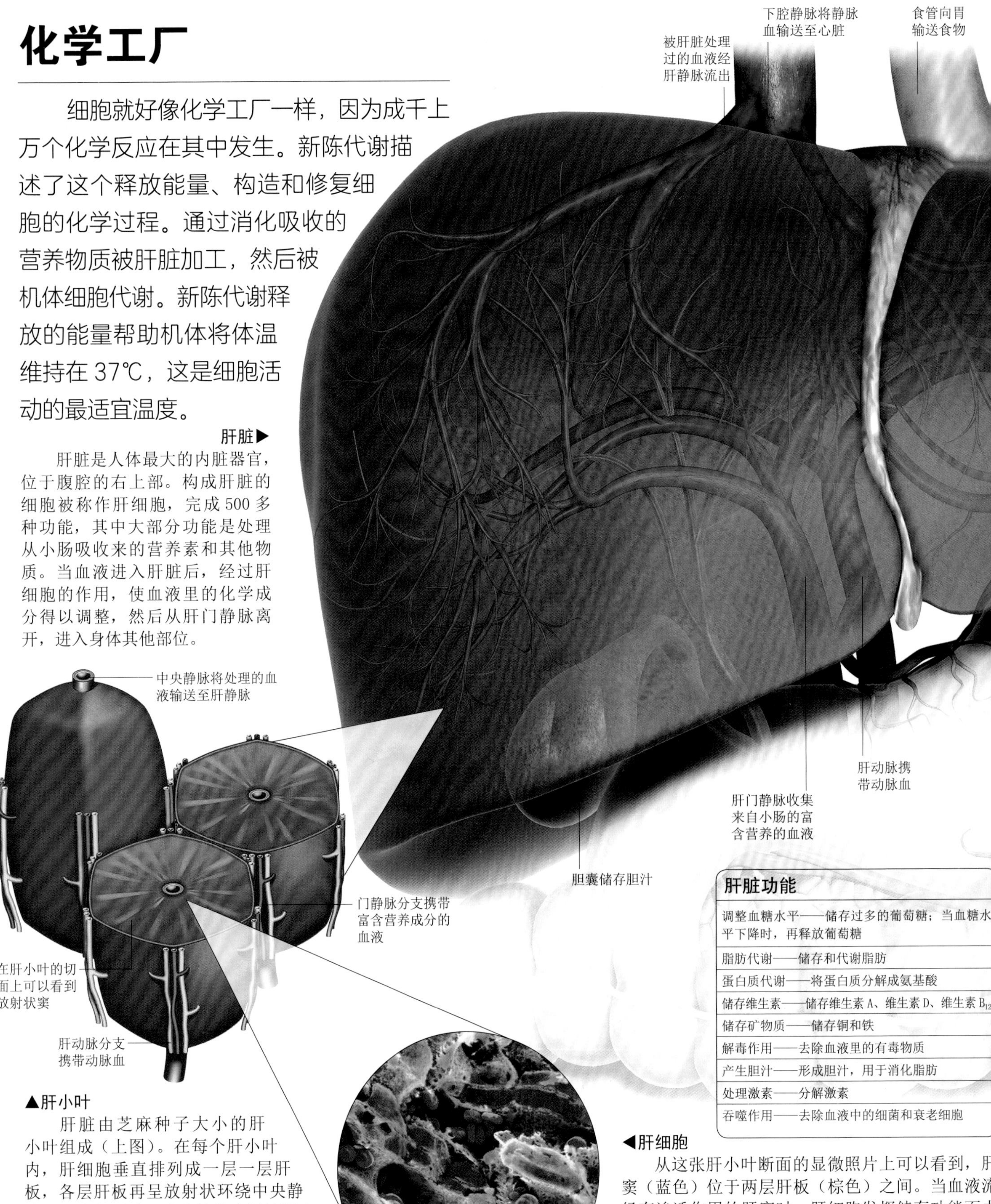

被肝脏处理过的血液经肝静脉流出
下腔静脉将静脉血输送至心脏
食管向胃输送食物
肝动脉携带动脉血
肝门静脉收集来自小肠的富含营养的血液
胆囊储存胆汁
中央静脉将处理的血液输送至肝静脉
门静脉分支携带富含营养成分的血液
在肝小叶的切面上可以看到放射状窦
肝动脉分支携带动脉血

肝脏▶

肝脏是人体最大的内脏器官，位于腹腔的右上部。构成肝脏的细胞被称作肝细胞，完成 500 多种功能，其中大部分功能是处理从小肠吸收来的营养素和其他物质。当血液进入肝脏后，经过肝细胞的作用，使血液里的化学成分得以调整，然后从肝门静脉离开，进入身体其他部位。

▲肝小叶

肝脏由芝麻种子大小的肝小叶组成（上图）。在每个肝小叶内，肝细胞垂直排列成一层一层肝板，各层肝板再呈放射状环绕中央静脉。动脉血通过肝动脉的分支抵达肝小叶内的每个角落；在小肠吸收的富含营养物质的血液则经过肝门静脉抵达肝小叶内的每个角落。这种双重来源的血液首先在肝窦内混合，然后进入中央静脉。

肝脏功能

肝脏功能
调整血糖水平——储存过多的葡萄糖；当血糖水平下降时，再释放葡萄糖
脂肪代谢——储存和代谢脂肪
蛋白质代谢——将蛋白质分解成氨基酸
储存维生素——储存维生素 A、维生素 D、维生素 B_{12}
储存矿物质——储存铜和铁
解毒作用——去除血液里的有毒物质
产生胆汁——形成胆汁，用于消化脂肪
处理激素——分解激素
吞噬作用——去除血液中的细菌和衰老细胞

◀肝细胞

从这张肝小叶断面的显微照片上可以看到，肝窦（蓝色）位于两层肝板（棕色）之间。当血液流经有渗透作用的肝窦时，肝细胞发挥储存功能而去除或清理一些物质，向血液释放一些物质以及去除血液中的细菌和死亡细胞。胆小管（黄色）将肝脏分泌的胆汁输送至胆管，后者进一步将胆汁输送至十二指肠，消化脂肪。

食物利用▶

为了维持机体正常的功能，每一个体细胞都需要简单营养物质的供应，这些简单物质都来自消化后的食物。复杂的碳水化合物、脂肪和蛋白质都在小肠内分别消化成葡萄糖、脂肪酸和氨基酸。这些结构简单的营养物质通过小肠吸收入血，被携带至肝脏，在这里，它们经过处理或储存后被体细胞利用。

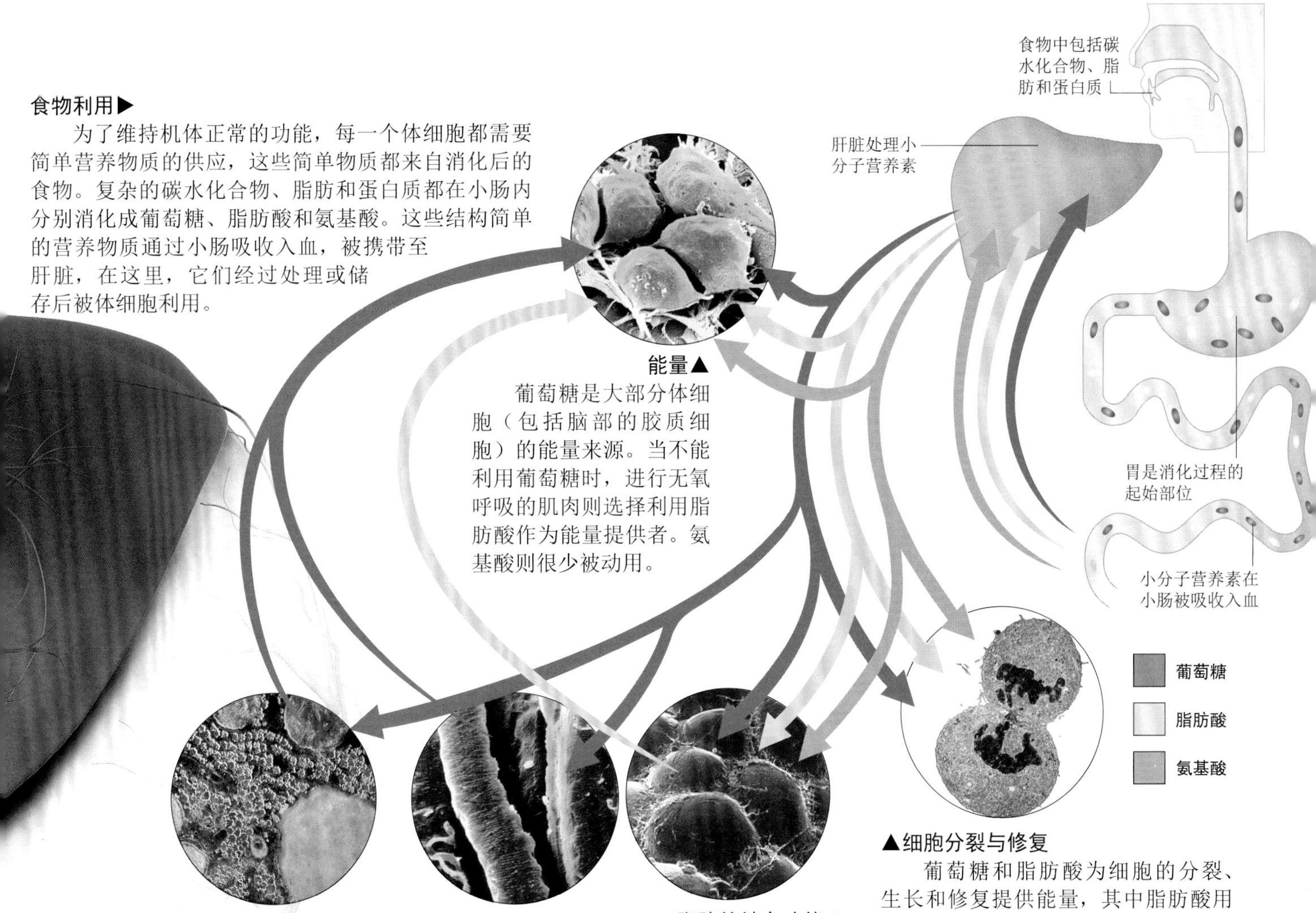

食物中包括碳水化合物、脂肪和蛋白质

肝脏处理小分子营养素

胃是消化过程的起始部位

小分子营养素在小肠被吸收入血

葡萄糖

脂肪酸

氨基酸

能量▲

葡萄糖是大部分体细胞（包括脑部的胶质细胞）的能量来源。当不能利用葡萄糖时，进行无氧呼吸的肌肉则选择利用脂肪酸作为能量提供者。氨基酸则很少被动用。

▲细胞分裂与修复

葡萄糖和脂肪酸为细胞的分裂、生长和修复提供能量，其中脂肪酸用以构成包绕细胞的细胞膜以及细胞内的细胞器。氨基酸通过组装（蓝色）构成蛋白质。蛋白质用以构成细胞，维持细胞的分裂和修复以及形成酶。

肝脏的储存功能▲

当餐后血糖水平升高时，多余的葡萄糖就会以糖原的形式储存在肝细胞内；当血糖水平降低时，存储的糖原就会再恢复至葡萄糖。

肌肉的储存功能▲

当肌纤维处于休息状态时，血液中多余的葡萄糖被吸纳，转化为糖原，作为肌纤维收缩时能量来源的储备。当机体需要能量时，糖原就恢复至葡萄糖形式，向机体提供能量。

脂肪的储存功能▲

血液中多余的脂肪酸以脂肪的形式储存于脂肪细胞（上图）。如果糖原的储存达到极限，过多的葡萄糖就会转化为脂肪储存起来。过多的氨基酸或者用来释放能量，或者以脂肪的形式储存起来。

!储存食物，
=对食物进行
部分消化

控制体温

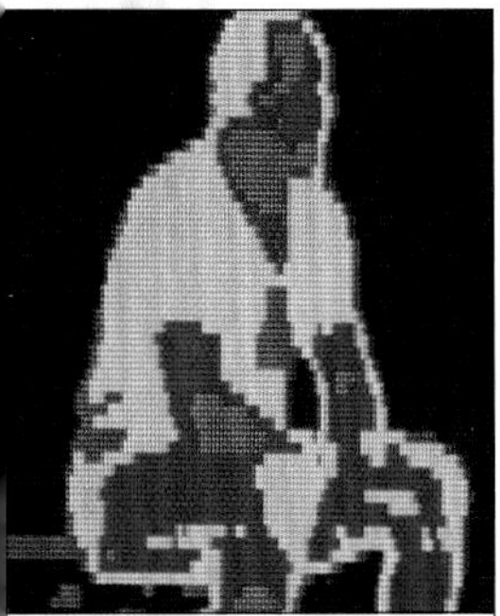

运动前

热相图是影像学的一种，用来显示机体丧失的热量（由代谢活动和肌肉收缩消耗）。其色彩种类从白色（热）到黄色、红色、蓝色、绿色、浅蓝色、紫色和黑色（凉）。在运动前，这名运动员的热相图上主要为浅蓝色和紫色（介于凉的温度范围内）。

运动后

运动之后，训练中产生的大量热量散失（在下丘脑的控制下），以维持机体处于恒温状态。增加的热量通过运动员的皮肤辐射到外界，尤其是通过脸部。由于热量从他的身体散发出去，其周围的环境因此变得温暖。

细胞的新陈代谢

新陈代谢这一术语用来形容体细胞内持续发生的上千种化学反应，以保持机体的活性并产生能量。细胞的新陈代谢为一道封闭环，可分为两部分——分解代谢和合成代谢，两者都需要利用营养物质经消化后吸收入血，输送至细胞。

分解反应可将高能物质分解成相对简单的物质，在分解过程中释放能量。比如，在细胞呼吸时，葡萄糖分解成二氧化碳和水。合成代谢则需要耗能，将简单的小分子组装为复杂的大分子。比如，氨基酸转化为蛋白质，以构建细胞以及使细胞产生功能。

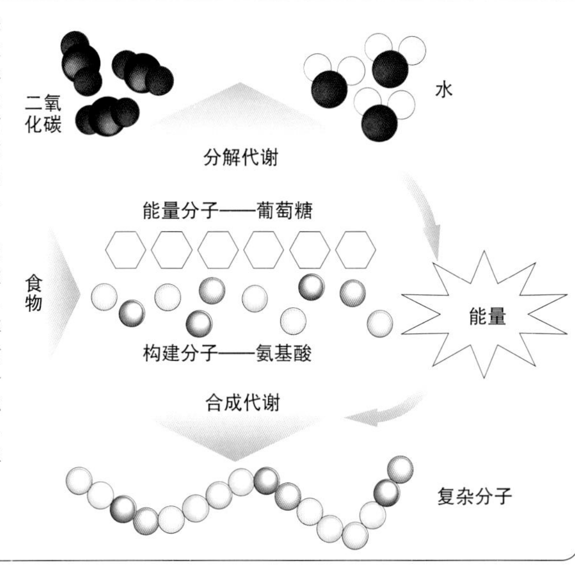

废物处理

机体细胞不断产生废物释放到血液中，在它们累积并毒害机体之前机体必须把这些废物排泄掉。肾脏是泌尿系统的一对器官，它在滤过血液，排除废物（比如尿素）方面起着重要的作用。肾脏也向血液中排泄多余的水分，以保持容量和组成成分的恒定。废物和多余的水分形成尿液，尿液贮存在膀胱里，一天排尿数次。当膀胱充盈时，信号就会被传送到大脑，提示需要排尿了。

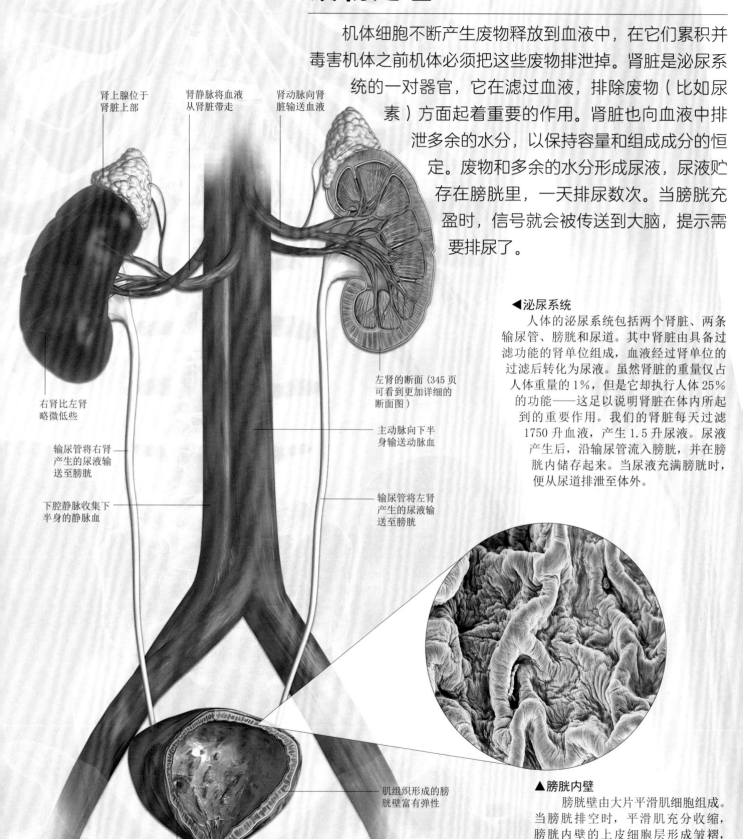

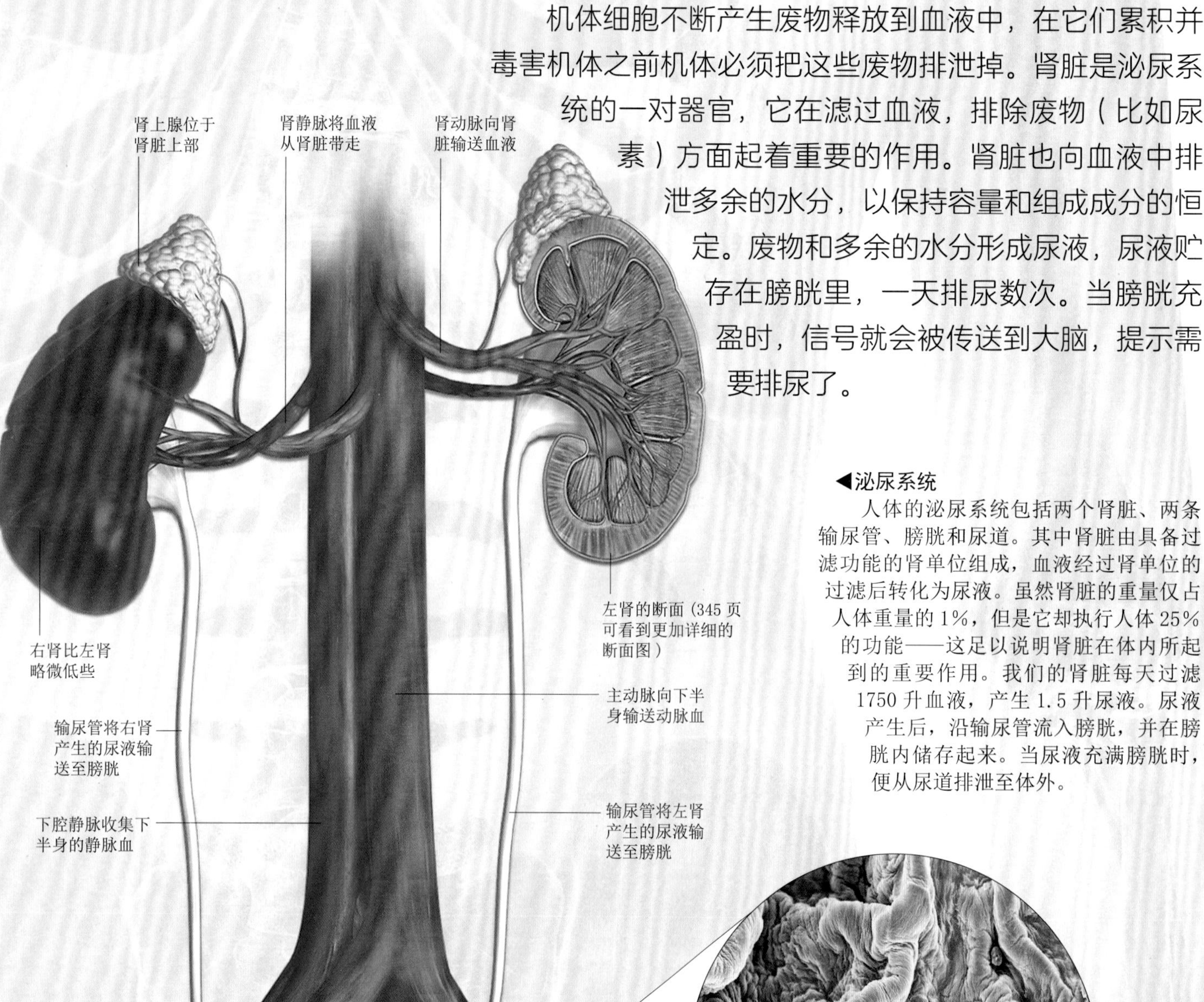

肾上腺位于
肾脏上部
肾静脉将血液
从肾脏带走
肾动脉向肾
脏输送血液
右肾比左肾
略微低些
左肾的断面（345页
可看到更加详细的
断面图）
主动脉向下半
身输送动脉血
输尿管将右肾
产生的尿液输
送至膀胱
下腔静脉收集下
半身的静脉血
输尿管将左肾
产生的尿液输
送至膀胱
肌组织形成的膀
胱壁富有弹性
右侧输尿管在
膀胱的开口
内括约肌控制
尿液的排放
膀胱中的尿液从尿道
（男性）排出体外

◀**泌尿系统**

人体的泌尿系统包括两个肾脏、两条输尿管、膀胱和尿道。其中肾脏由具备过滤功能的肾单位组成，血液经过肾单位的过滤后转化为尿液。虽然肾脏的重量仅占人体重量的1%，但是它却执行人体25%的功能——这足以说明肾脏在体内所起到的重要作用。我们的肾脏每天过滤1750升血液，产生1.5升尿液。尿液产生后，沿输尿管流入膀胱，并在膀胱内储存起来。当尿液充满膀胱时，便从尿道排泄至体外。

▲**膀胱内壁**

膀胱壁由大片平滑肌细胞组成。当膀胱排空时，平滑肌充分收缩，膀胱内壁的上皮细胞层形成皱褶，如这张模式图所示；当膀胱内充满大约600毫升尿液时，平滑肌放松，皱褶消失，膀胱壁舒展且变得平滑。

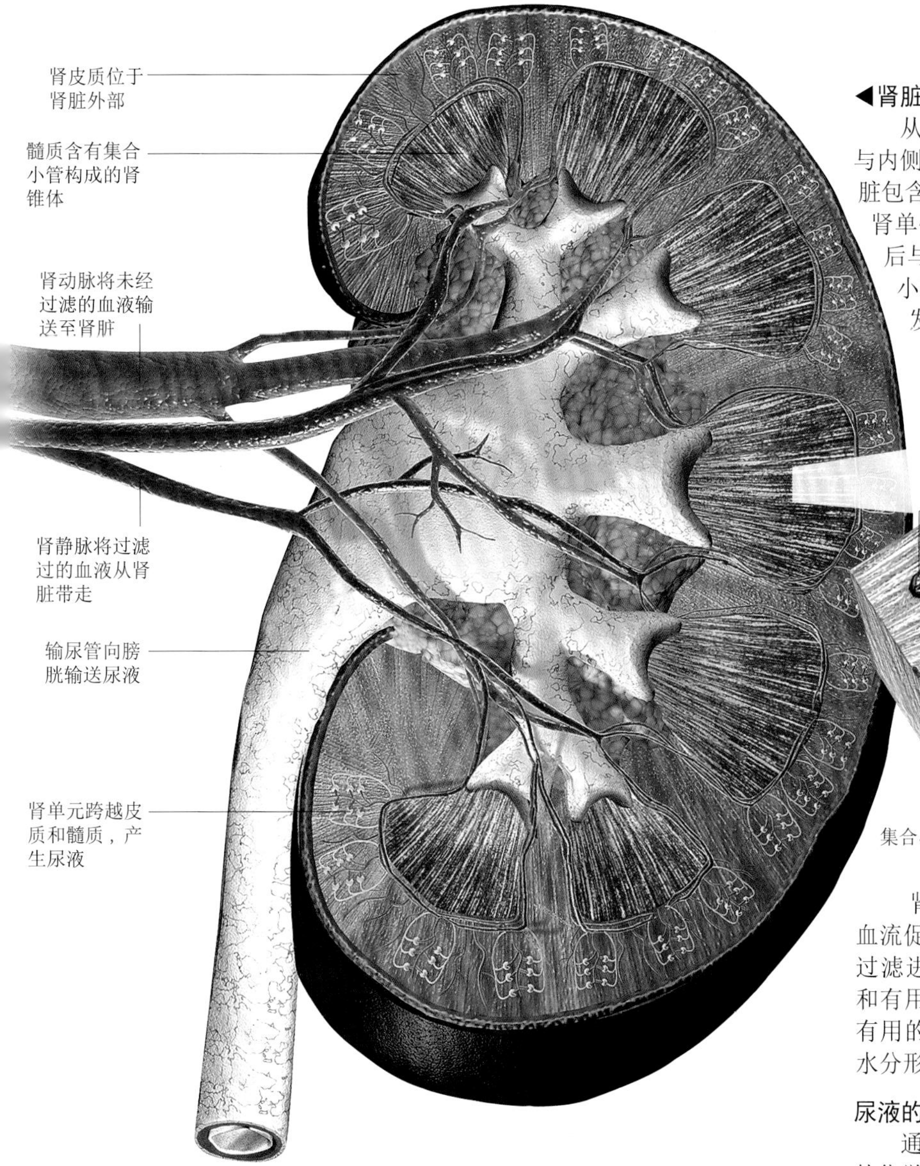

肾皮质位于肾脏外部

髓质含有集合小管构成的肾锥体

肾动脉将未经过滤的血液输送至肾脏

肾静脉将过滤过的血液从肾脏带走

输尿管向膀胱输送尿液

肾单元跨越皮质和髓质，产生尿液

◀肾脏的内部结构

从这张肾脏的断面图片中可以看到肾脏的外侧区与内侧区（皮质与髓质）以及放大的肾单位。每侧肾脏包含有上百万个肾单位，显微镜下可以观察到每个肾单位都有长长的小管来回穿行于皮质和髓质，最后与集合小管相接。小管的起始部分呈杯状环绕肾小球——毛细血管团块，这些毛细血管是肾动脉发出的微细分支。

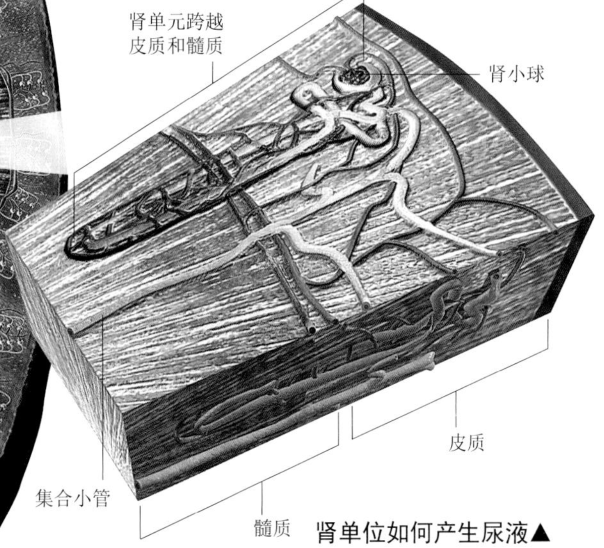

肾单元跨越皮质和髓质

肾小球

皮质

集合小管

髓质

肾单位如何产生尿液▲

肾小球内的毛细血管壁就像一个过滤器，高压血流促使血液（血细胞和蛋白质除外）通过肾小球，过滤进入肾小管。这种过滤液包括废物（如尿素）和有用的物质（如葡萄糖）。当滤液经过肾小管时，有用的物质和水分被重新吸收入血。废物和多余的水分形成尿液，通过输尿管离开肾脏。

尿液的化验▼

通过化验尿液，可以监测尿液中某些含量异常的化学物质（或者监测到在尿液中不常见到的化学物质），从而帮助医生们诊断疾病。将带有棉垫的试纸浸入尿液样本时，试纸能对尿液中某种特异的化学物质作出反应，产生颜色。当我们将试纸的颜色与标准比色图对比时，就可以判断该化学物质在尿液中含量的高低。

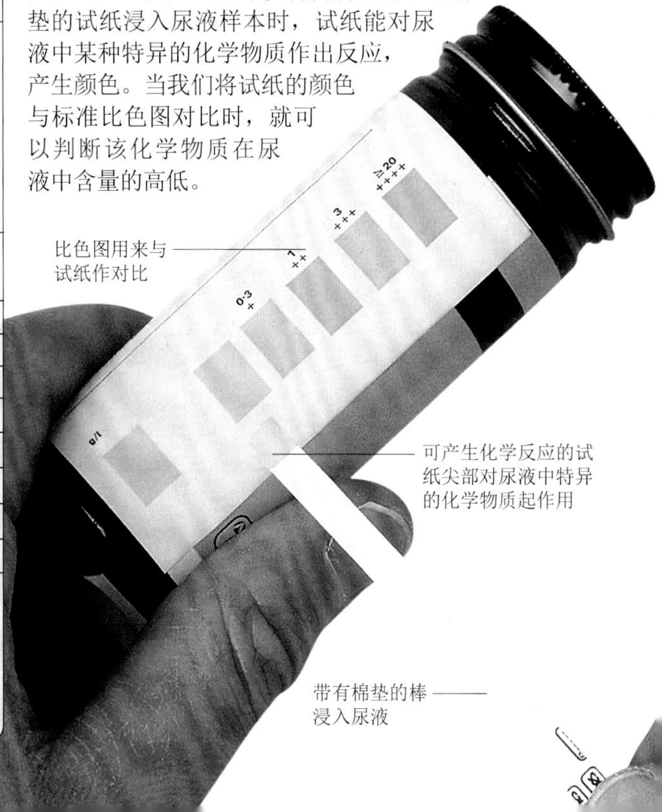

比色图用来与试纸作对比

可产生化学反应的试纸尖部对尿液中特异的化学物质起作用

带有棉垫的棒浸入尿液

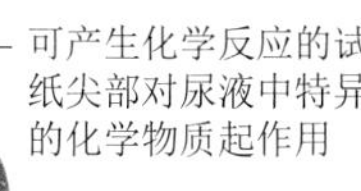

膀胱排空和充盈

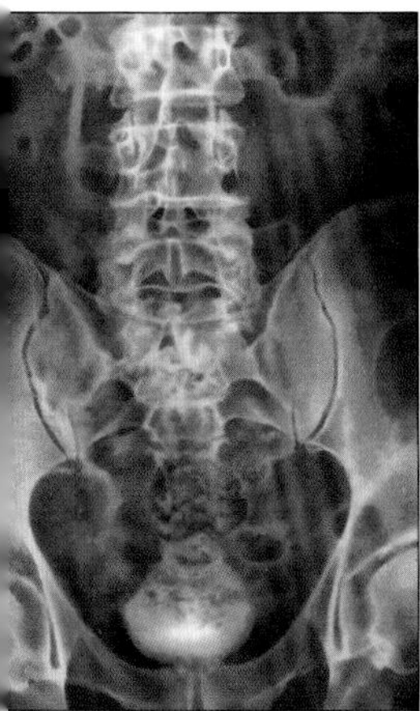

排空的膀胱

这张尿路平片显示的是刚刚被排空的小膀胱（绿色）。内括约肌（膀胱和尿道间的肌肉环）的作用可使尿液储存在膀胱内，其下部的外括约肌由盆底肌肉包绕尿道而成。肾脏生成的尿液经输尿管进入膀胱，使其充盈。

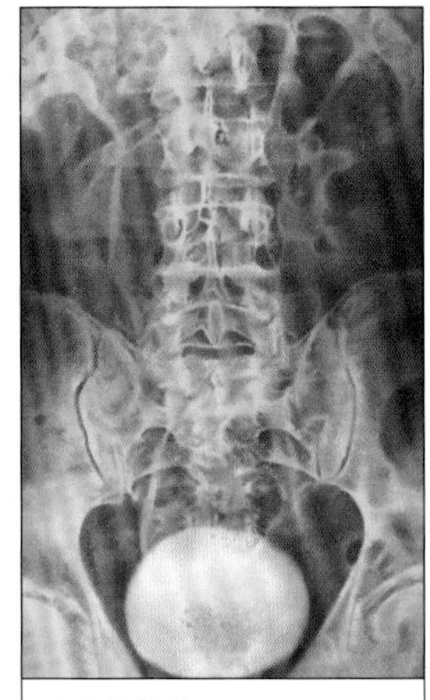

充盈的膀胱

当膀胱充盈时，膀胱壁上的张力感受器向脊髓发送信号，再由脊髓发出命令使内括约肌放松。与此同时，信号还发送至脑部，使我们产生尿意。在方便的时候，就可放松外括约肌，收缩膀胱，通过尿道将尿液排出体外。

水平衡

为了避免水肿或脱水的发生，进入机体的水分与从机体排出的水分要相当。下列数据为一个成年人每天需要摄入和丧失的水分量。

水分来源	摄入的水分
新陈代谢产生的水 *	250 毫升
食物	750 毫升
饮料	1500 毫升
总计	2500 毫升
水分来源	丧失的水分
粪便	100 毫升
汗水	200 毫升
肺和皮肤 **	700 毫升
尿液	1500 毫升
总计	2500 毫升

* 新陈代谢产生的水＝细胞呼吸产生的废物

** 指从皮肤而不是从汗液中丧失的水

人类生殖

男性和女性的生殖器官产生性细胞，这使得成年人能够孕育小宝宝。它发生在性交后男性和女性生殖细胞相遇的时候。在阴囊内，一对椭圆形的腺体叫睾丸，它能够持续产生男性生殖细胞，即精子。女性生殖细胞——卵子是由卵巢产生的，在一个女人的生育年龄内，月经周期中间每次释放一个卵子，月经周期是一个按月周而复始的过程，它能够为子宫提供孕育的条件。

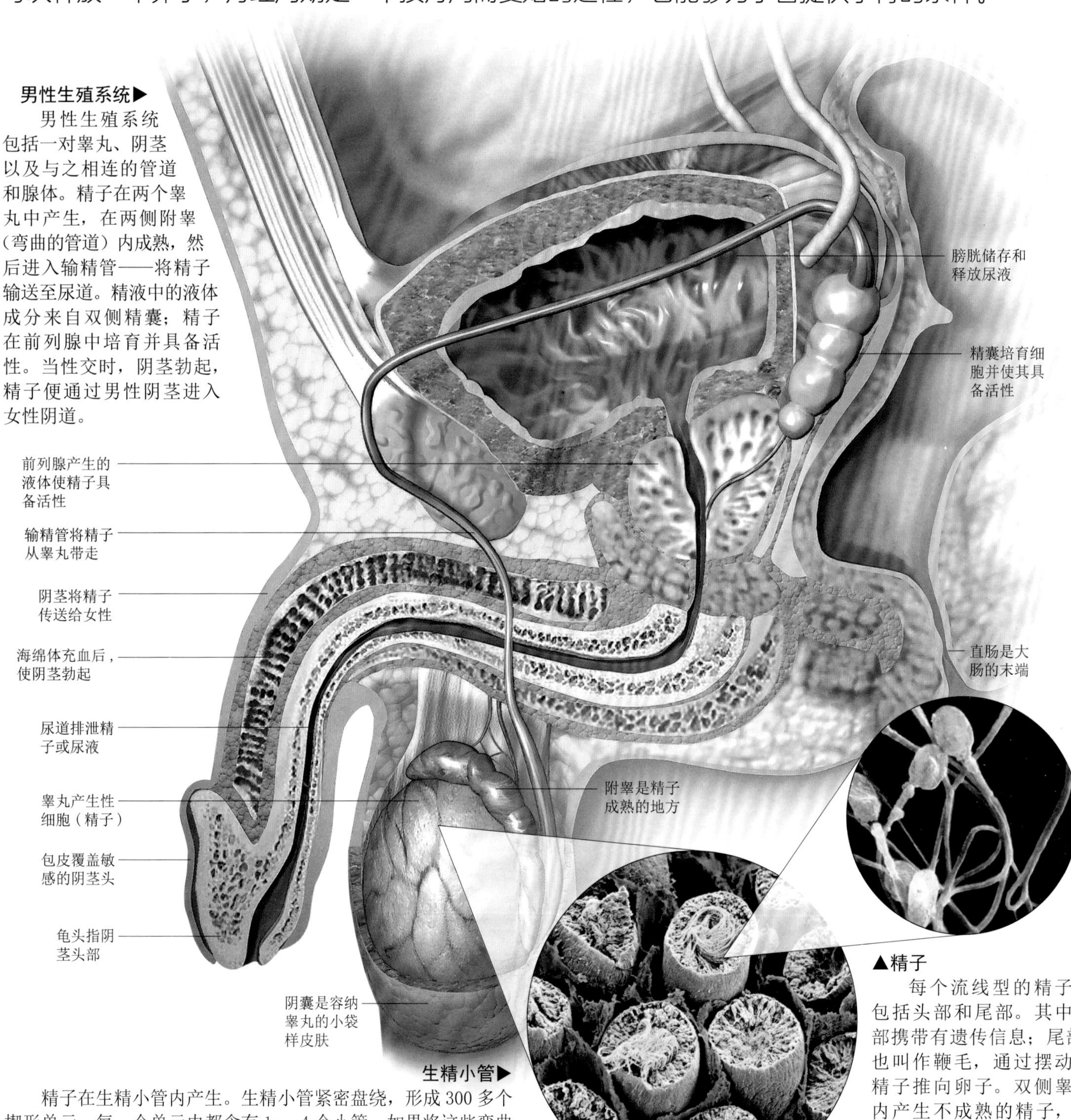
膀胱储存和
释放尿液
精囊培育细
胞并使其具
备活性
前列腺产生的
液体使精子具
备活性
输精管将精子
从睾丸带走
阴茎将精子
传送给女性
海绵体充血后，
使阴茎勃起
直肠是大
肠的末端
尿道排泄精
子或尿液
睾丸产生性
细胞（精子）
附睾是精子
成熟的地方
包皮覆盖敏
感的阴茎头
龟头指阴
茎头部
阴囊是容纳
睾丸的小袋
样皮肤

男性生殖系统▶

男性生殖系统包括一对睾丸、阴茎以及与之相连的管道和腺体。精子在两个睾丸中产生，在两侧附睾（弯曲的管道）内成熟，然后进入输精管——将精子输送至尿道。精液中的液体成分来自双侧精囊；精子在前列腺中培育并具备活性。当性交时，阴茎勃起，精子便通过男性阴茎进入女性阴道。

生精小管▶

精子在生精小管内产生。生精小管紧密盘绕，形成300多个楔形单元，每一个单元内都含有1～4个小管。如果将这些弯曲的小管拉平，其长度可超过500米。这张切面图，可见每一个小管内都有盘旋的精子（蓝色）形成。青春期之前，睾丸每天共产生约2.5亿个精子。

▲精子

每个流线型的精子包括头部和尾部。其中部携带有遗传信息；尾部也叫作鞭毛，通过摆动精子推向卵子。双侧睾内产生不成熟的精子，些精子被推入附睾后，这里发育成熟并获得运的能力。

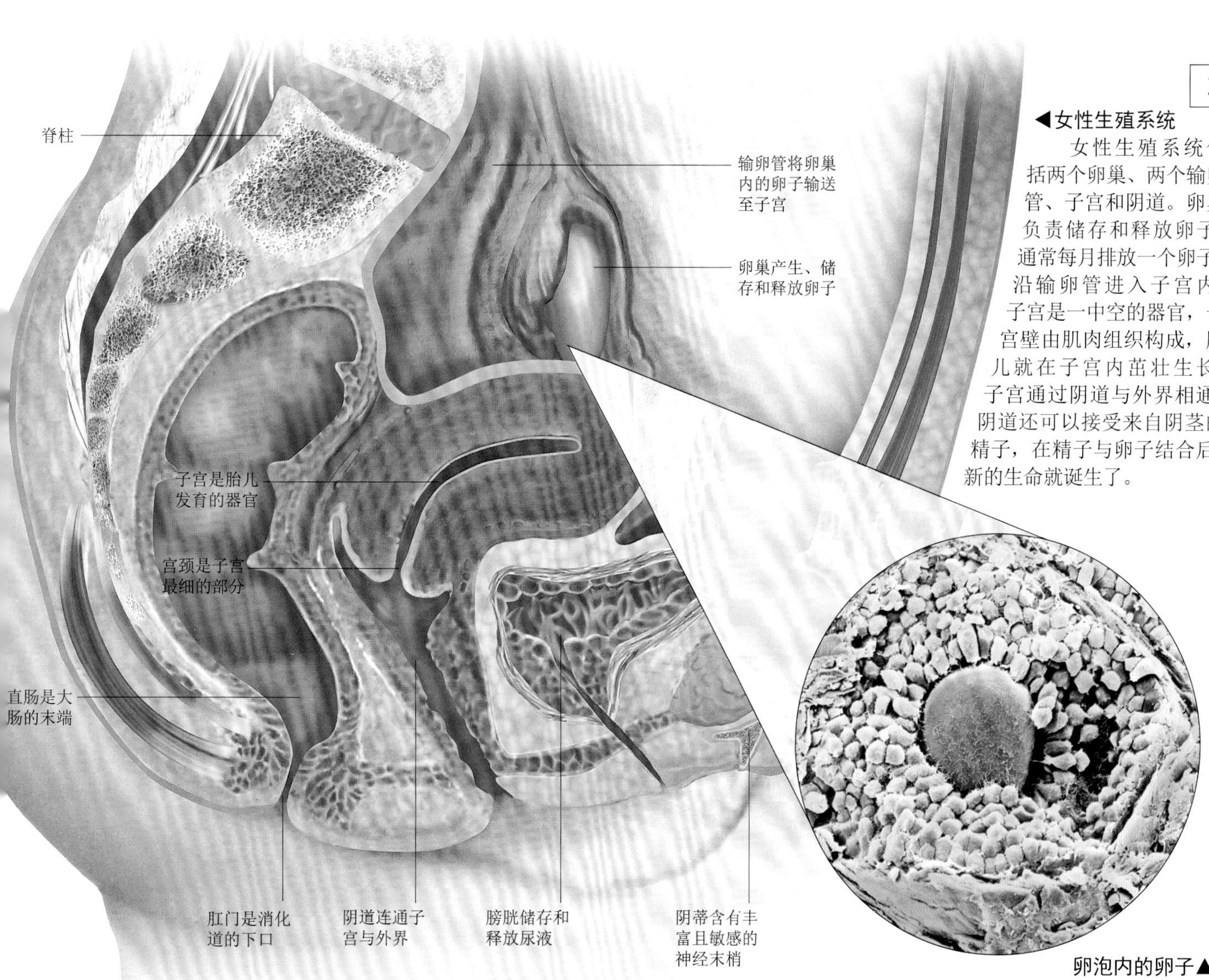

脊柱

输卵管将卵巢内的卵子输送至子宫

卵巢产生、储存和释放卵子

子宫是胎儿发育的器官

宫颈是子宫最细的部分

直肠是大肠的末端

肛门是消化道的下口

阴道连通子宫与外界

膀胱储存和释放尿液

阴蒂含有丰富且敏感的神经末梢

◀女性生殖系统

女性生殖系统包括两个卵巢、两个输卵管、子宫和阴道。卵巢负责储存和释放卵子，通常每月排放一个卵子，沿输卵管进入子宫内。子宫是一中空的器官，子宫壁由肌肉组织构成，胎儿就在子宫内茁壮生长。子宫通过阴道与外界相通，阴道还可以接受来自阴茎的精子，在精子与卵子结合后，新的生命就诞生了。

卵泡内的卵子▲

女孩一出生，她的卵巢就带有终生可用的大量未成熟卵子，每个卵子都由卵泡包绕，像袋子装东西一样。在青春期后，每个月都有一些卵泡生长并发育成熟。这张模式图中描绘的是卵子（粉红色）位于成熟的卵泡（绿色）内，周围有许多细胞（蓝色）为其提供养分。每个月只有一个卵泡充分发育成熟，然后卵泡破裂，释放出卵子。

▼月经周期与排卵

月经周期一般为28天，在周期中段时间内，子宫内膜增厚，为胚胎植入做准备。大约在周期的第14天左右，会发生排卵现象——卵子从成熟的卵泡内释放出来。如果卵子受精，则形成胚胎，植入子宫内膜；如果卵子没有受精，子宫内膜会崩解脱落，并在月经期出血（一个周期）。

◀子宫内壁

从这张模式图中可以看到，处于月经周期中段的子宫壁内表面（子宫内膜）。如果卵子受精后形成胚胎，胚胎将被植入血液丰富的子宫内膜里，继续发育，直至胎儿形成。当有胚胎植入内膜时，腺体会分泌富含营养物质的小球（黄色），为胚胎发育提供能量。

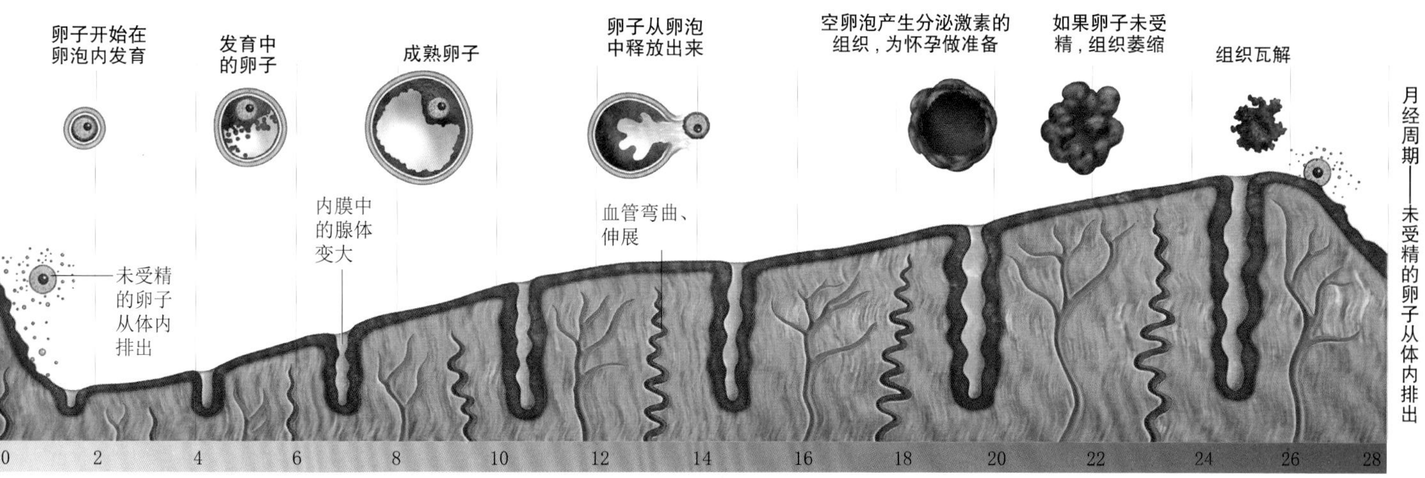

卵子开始在卵泡内发育
发育中的卵子
成熟卵子
卵子从卵泡中释放出来
空卵泡产生分泌激素的组织，为怀孕做准备
如果卵子未受精，组织萎缩
组织瓦解
月经周期——未受精的卵子从体内排出
未受精的卵子从体内排出
内膜中的腺体变大
血管弯曲、伸展
0
2
4
6
8
10
12
14
16
18
20
22
24
26
28
天

怀孕和分娩

如果一个男性的精子和女性的卵子相遇，受精卵就形成了。受精卵埋植在子宫壁中，它继续生长，发育成胚胎。8 周后它发育成一个胎儿，在过后的几个月它就变成一个完全发育好的婴儿。怀孕后经过 40 周，小婴儿被排出子宫，来到外面这个世界上。

排卵▶

这张模式图显示的是，卵子从卵泡内释放出来以后，出现在卵巢表面的下部。女性在青春期和更年期（大约 50 岁）之间，每月都发生一次这样的排卵过程。卵子移向输卵管，在输卵管纤毛的作用下，漂至子宫。

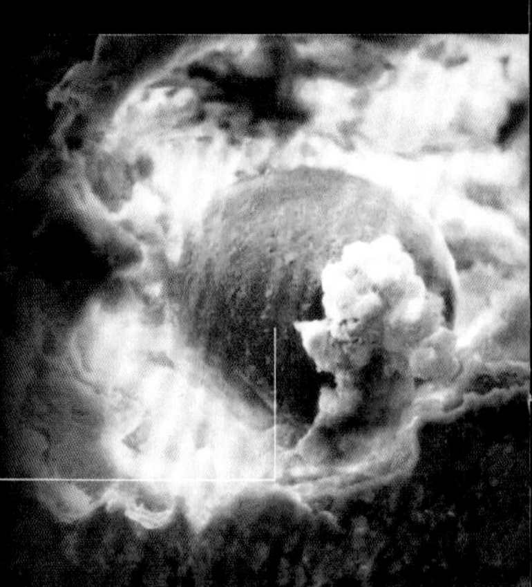

卵子从卵泡中释放

子宫内的精子▶

当性交后，阴道内可聚集 2 亿～3 亿个精子。但是仅有一小部分精子能够通过宫颈进入子宫，如右图所示。进入子宫的精子需要 12～24 小时的时间到达输卵管，寻求与卵子的结合。

精子在子宫内游动

◀受精

如果在排卵后 24 小时之内，精子与卵子结合，那么卵子就可能受精。精子们位于卵子周围，并试图穿破卵子外层，最终会有一个精子获得成功。携带遗传物质的精子头部，一旦与卵子细胞核融合，那么此时卵子就受精了。

卵子有一层厚实的外膜

4 个细胞的受精卵▶

卵子受精后的大约第 36 个小时，受精卵分裂成两个细胞；48 小时，受精卵再次分裂，变成 4 个细胞，如右图所示。受精卵沿着输卵管下行，进入子宫。在它下行的过程中，受精卵的细胞继续每 12 小时分裂一次。

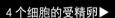

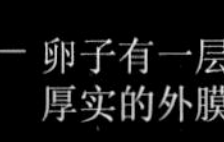

4 个细胞的受精卵

胚泡植入子宫内膜

◀植入

大约 6 天的时候，不断分裂的受精卵形成一个中空的细胞簇，此时叫作胚泡。胚泡埋入子宫内膜，借此实现与子宫壁的联结。这一过程叫作植入。胚泡的内层细胞形成胚胎，将来发育成胎儿；外层细胞形成胎盘。

胎儿的生长和发育

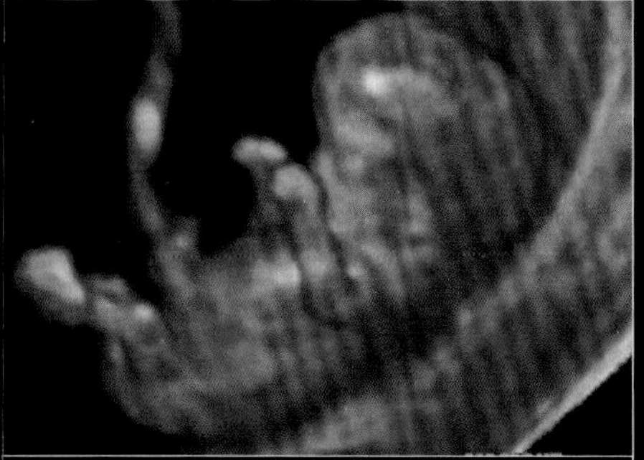

10 周的胎儿

超声是一项安全技术，用来监测胎儿生长和发育状况。这张三维图像是用最先进的超声技术拍摄的。10 周时，胎儿大约 5 厘米长，尽管头部占身体很大的比例，但是也可辨别出人形，所有内脏器官和肢体都已形成。

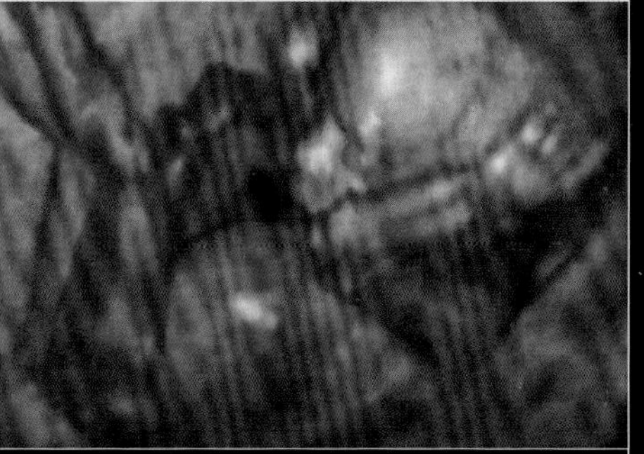

16 周的胎儿

16 周时，胎儿大约 15 厘米长，这一时期由于身体各系统的发育，胎儿生长迅速，并且运动频繁。从超声中可以清楚地看到胎儿的上肢、腿、手指、脚趾以及面部特征。此外，还能监测到胎儿的心跳与性别。胎儿面部的肌肉能使其开口和闭口。

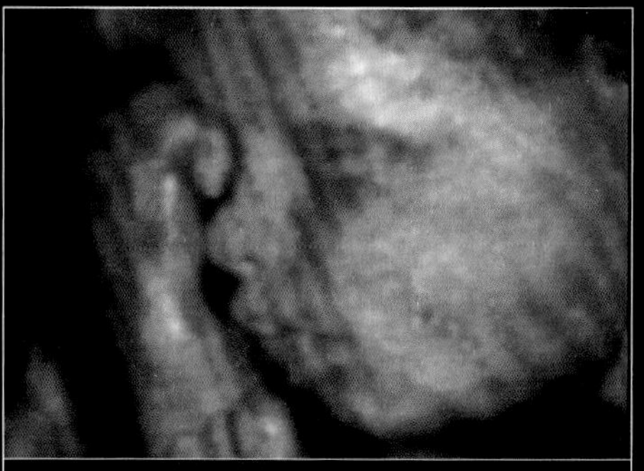

30 周的胎儿

到了第 30 周时，胎儿大约 35 厘米长，并且已经得到了充分的发育。在孕期的最后几周，皮下脂肪产生。胎儿能够听到母亲体内和体外的声音。当胎儿在子宫内踢腿和转动时，母亲能够感觉到胎动。

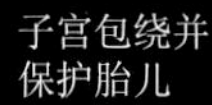

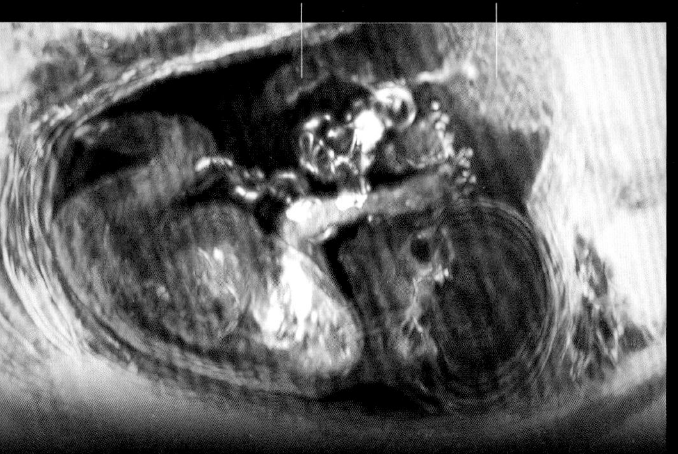
子宫包绕并保护胎儿
脐带向胎儿输送血液
胎盘附着于子宫内壁

▲胎盘和脐带

从这张胎儿的磁共振成像图中可以看到胎盘和脐带，它们提供能量以满足胎儿的需要。胎儿与母体的血管并不相通，但是在胎盘内（子宫内表面的盘状组织）两者的血管可以密切相接。氧和食物从母体的血液进入胎儿的血液内，废物则以相反的方向从胎儿的血液进入母体的血液内。脐带负责运输胎儿与胎盘之间的血液。

怀孕时的身体变化

当女性怀孕时，她们的身体会发生一系列变化，以适应胎儿生长的需要。当母亲通过胎盘向胎儿输送氧和食物以及排出废物时，她的呼吸和心率都会有所增加。

当母亲的子宫和腹部隆起，以容纳长大的胎儿时，她的体重会有所增加；此外由于新的腺体的形成，母亲的乳房胀大，当胎儿出生后，她可向胎儿提供充足的乳汁。

胎儿在女性体内生长

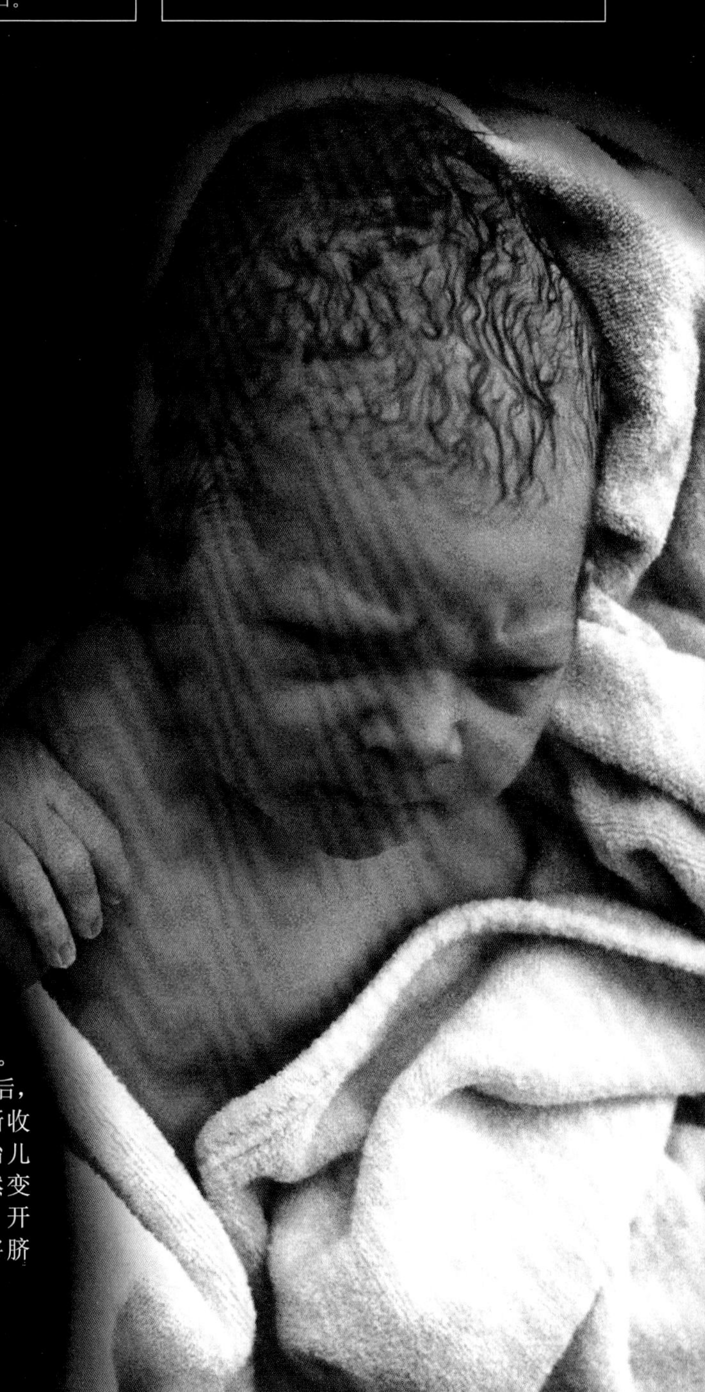

分娩▶

受精后 38～40 周，胎儿充分发育后，就可以出生了。母亲进入分娩状态后，子宫壁上的肌肉不断收缩，将胎儿推出。胎儿一旦出生，便对突然变化的环境作出反应，开始有了呼吸。医生将脐带夹闭，剪断。

儿童的成长

在开始的五年内，孩子的大脑在尺寸和复杂性上迅速发育，这使得孩子可以练习和掌握越来越复杂的技巧，这些对以后生存都是非常必要的。随着骨骼和肌肉的发育，儿童逐渐从爬到走，并且通过抓玩具和其他一些物体来发展手的灵巧度。从 1 岁开始，儿童开始用语言交流，并且逐渐形成一些社会技能，比如用刀和叉吃饭。

◀新生儿

新生儿每天睡眠超过 18 小时，定时的喂养需要打断他们的睡眠。新生儿除了受到噪声的惊吓外，还可以有一些原始的反射活动，比如吮吸反射，人们可以通过这些反射活动来确定他是否在发育。新生儿会注视他们的母亲，在 4 ～ 6 周大时，他们学会了微笑。

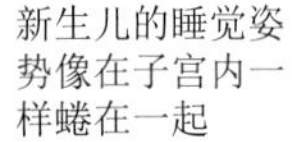

新生儿的睡觉姿势像在子宫内一样蜷在一起

爬行▶

通常在婴儿 8 ～ 9 个月，可以用四肢爬行；在支撑物的帮助下，可以站立。他们可以用拇指和其余四指抓握物体，用食指刺小的物体，握住杯子，抓住和咀嚼固体食物。他们还能通过呼喊来吸引大人们的注意。

当爬行时，婴儿的上肢起支撑作用

里程碑

在婴儿渐渐长大的过程中，他们会按照既定的顺序先后经历一些重要的成长事件。这些事件的发生顺序受婴儿逐渐成熟的神经系统控制。神经系统成熟的快慢支配婴儿学习技能的快慢，这就是为什么每一个婴儿有其自身的发育速度。

技能	第一次出现
第一次微笑	4 ～ 6 周
第一次说话	12 ～ 14 个月
小便习惯形成	18 ～ 30 个月
群体性游戏	3 ～ 4 岁
复杂的语言能力	4 ～ 5 岁
阅读能力	5 ～ 6 岁
复杂的推理能力	10 ～ 12 岁

婴儿牙齿

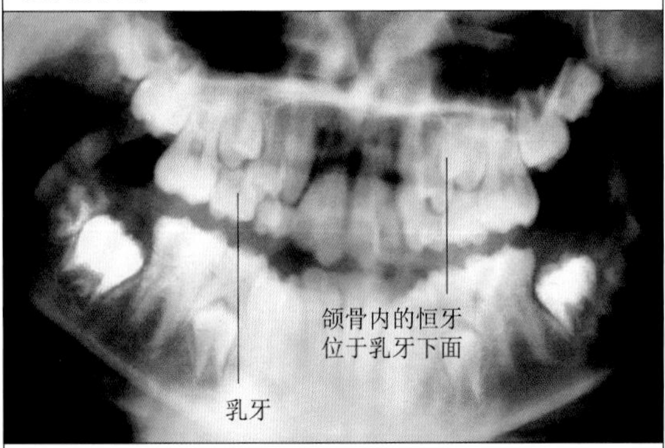

在我们的一生中一共拥有两套牙齿。婴儿大约 6 个月时，长出乳牙；到 3 岁左右，20 颗乳牙出齐。恒牙在颌骨下发育，大约 6 岁的时候开始出现，挤掉乳牙，致使乳牙脱落。成年人的恒牙一共有 32 颗牙齿，在十几岁的时候全部出齐。从这张婴儿口腔的 X 线平片中，可以看到生长在乳牙下的恒牙。成年人位于下颌的磨牙看起来微黄。

大脑与技能

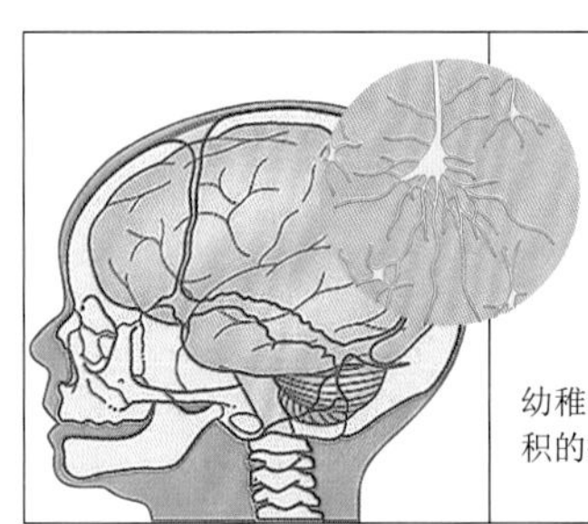

出生时

当婴儿出生时，大脑就带有大约 1000 亿个神经元（神经细胞），并且相互联系形成神经交通网络（左图圆圈内）。刚出生时，这个神经交通网络还比较幼稚，颅骨间的缝隙允许颅骨体积的扩大与脑的生长发育。

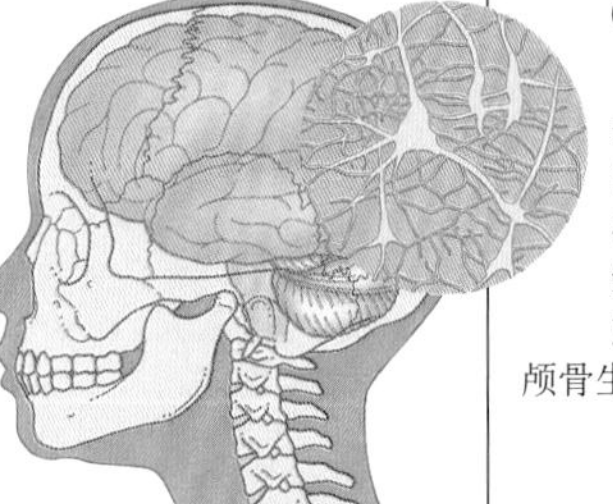

6 岁时

6 岁时，脑迅速发育，并且体积已经接近成年人的大小。脑的生长是由于在孩子学习的过程中，神经网络的突触数量大大增加。颅骨之间的缝隙关闭，颅骨生长变得缓慢。

18 岁时

十几岁的时候，神经网络的发育速度与之前相比，明显放缓。到了 18 岁，脑的体积已经达到成年人的大小，并且神经网络也得到了充分的发育，但其在以后的岁月里还需要不断完善。此时，颅骨生长完成，面部表现出成年人的特点。

通过练习可提高平衡能力

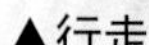

▲行走

在孩子 12 ～ 14 个月大
如果扶着她的小手，她就
蹒跚行走，并且能够从侧
过障碍。这一时期，她开
会说话，并且能听懂一些
的语句；她可以抬起双臂
脚，让我们为她穿上衣服
能轻轻地抓握物体，但是
就会又掉在地上。

骨骼如何发育

新生儿的骨骼

新生儿的长骨（如指骨）骨干由骨组织构成，骨端由软骨构成。在骨干与两个骨端之间，有另一软骨组织，叫作生长板。在这里，细胞不断分裂产生更多的软骨，并且使骨骼生长。

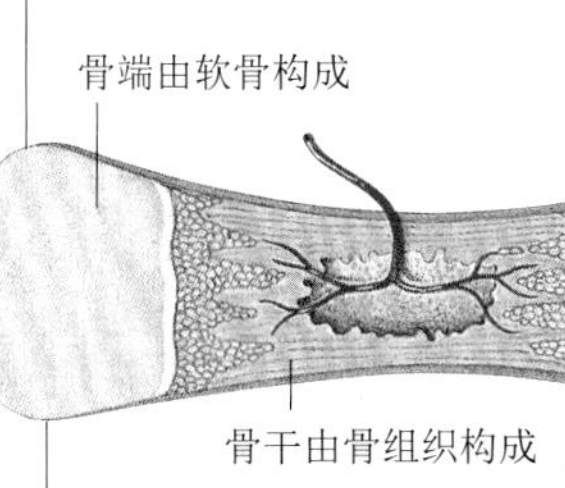
骨端由软骨构成
骨干由骨组织构成

孩子的骨骼

孩子的骨端有一生骨区域。在这一区域，软骨逐渐被坚硬的骨组织取代。在骨干与两个骨端之间的生长板内，细胞不断分裂形成更多的软骨，将骨端向外推移。这一过程使骨骼得以生长。

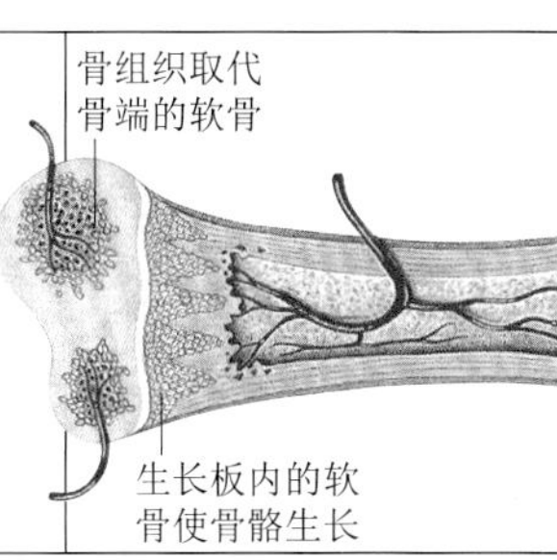
骨组织取代
骨端的软骨
生长板内的软
骨使骨骼生长

成年人的骨骼

当孩子到了18岁，身体的生长发育几乎完成。长骨的骨干、骨端和生长板骨化并融合。如短骨等其他类型的骨骼，也在这一时期骨化。然而，在我们的一生中，骨骼都在不断地塑形。

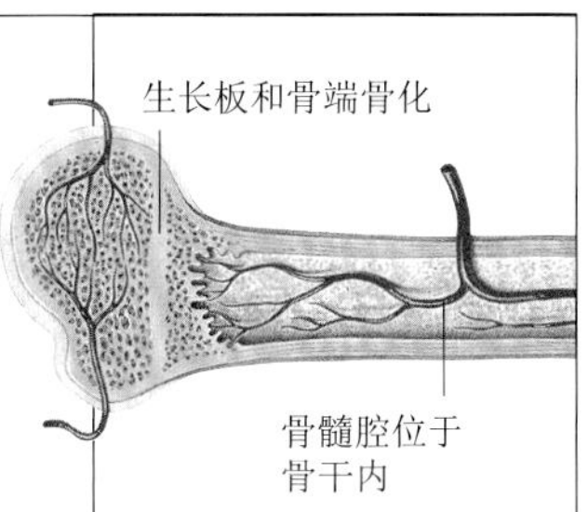
生长板和骨端骨化
骨髓腔位于
骨干内

手的生长

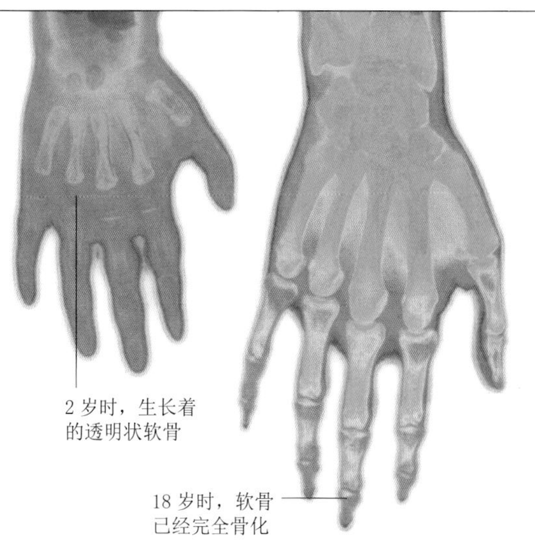
2岁时，生长着
的透明状软骨
18岁时，软骨
已经完全骨化

从这两张X射线体层摄影中可以看到，2（左上）～18（右上）岁手部骨骼上发生的变化。胎儿时期，手部是软骨状的“骨骼”。随着胎儿的成长，这些骨骼的骨干（中央段）通过骨化作用被骨组织取代（“造骨”）。

2岁小孩的这张X射线体层摄影显示了其手部部分骨化的骨骼轮廓。其中界限清晰的地方表示骨干；透光区则表示该区域有软骨正在生长，这些软骨最终将被坚硬的骨组织取代。

从18岁时的手部X射线体层摄影上可以清晰地看到软骨骨化的结果。这时，骨骼的长度得到了充分地生长，骨骼完全骨化。根据不同年龄骨化程度的不同，X射线体层摄影可以准确地推测生长期孩子的年龄。

◀**踏板车**

在2～3岁，随着孩子协调能力的提高，他们可以掌握一些新的技能。他们可以转圈跑、骑三轮车、踢球、开门以及穿鞋；会讲简单的句子，索要东西；玩耍时，会与其他小朋友分享。

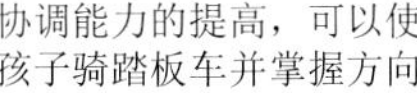
协调能力的提高，可以使孩子骑踏板车并掌握方向

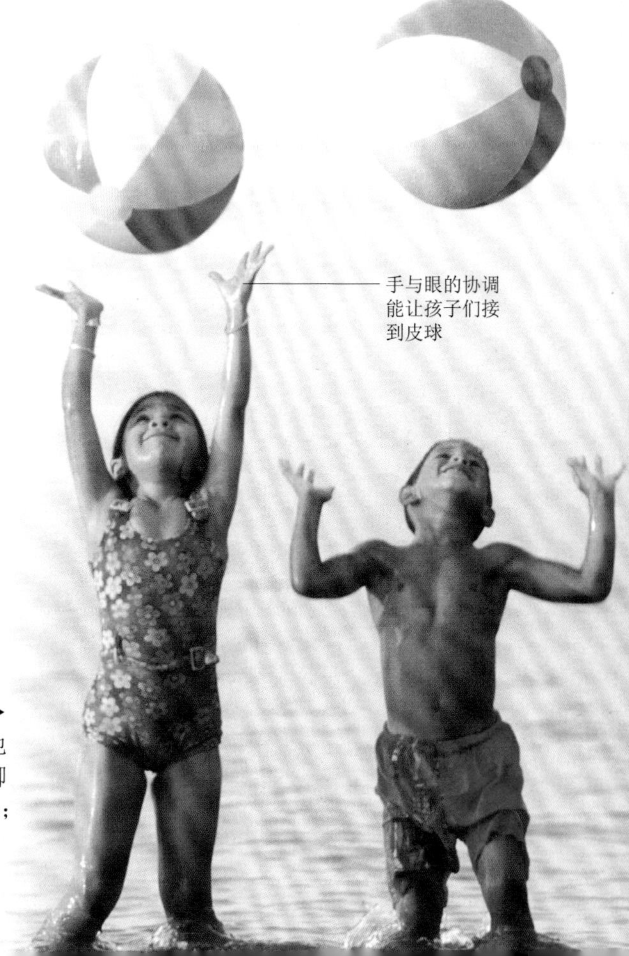
手与眼的协调能让孩子们接到皮球

扔球与接球▶

当孩子5岁时，手眼协调能力大大提高，他们完全有能力接住皮球。他们能踮起脚，竖起脚尖，随音乐翩翩起舞；说话句子完整，易于理解；可以写字和阅读，画画和临摹，穿衣和脱衣。

生命故事

每个人在一生中都经历相同的、可以预见的阶段性变化，即婴儿期、儿童期、青春期、成人期和老年期。随着孩子的成长，他们学习和获得生活技巧。在青少年时期，他们经历了一个迅速的身体上的变化，称为青春期，同时在行为和对世界的认识上也发生了变化。成人期带来了新的挑战和责任，比如很多男人和女人拥有了他们自己的孩子。随着人们变老，机体开始变得不那么高效了。

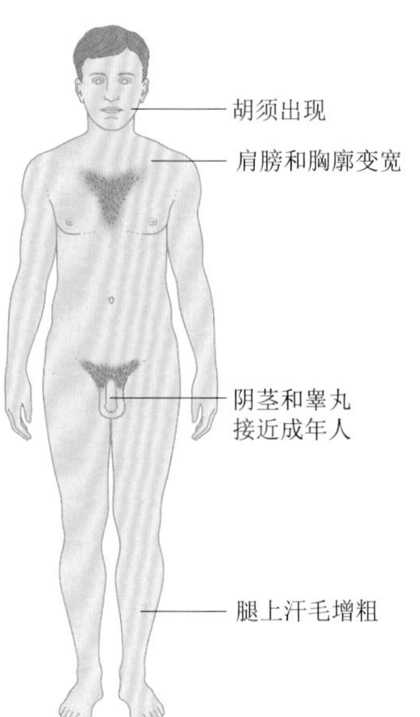
胡须出现
肩膀和胸廓变宽
阴茎和睾丸
接近成年人
腿上汗毛增粗

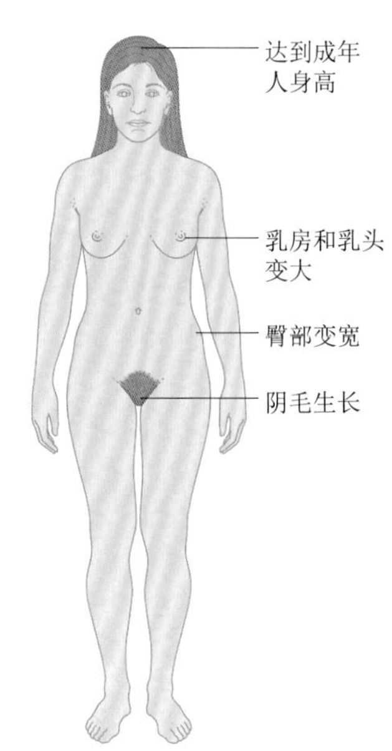
达到成年
人身高
乳房和乳头
变大
臀部变宽
阴毛生长

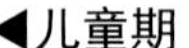

◀儿童期

儿童期开始于刚刚学会走路和说话的孩子，终止于青春期。在这一时期，孩子们迅速地掌握各项技能。他们可以在读写的过程中增加对知识的积累；发展社交技巧，并且一旦能够理解其他人的意思后，他们在自律、游戏与交友方面就会做得更好。虽然所有的孩子都按照相同的顺序发展身体和思想技能，但是他们却有各自的强项与弱点。

▲青春期——男性

男性的青春期通常开始于12～14岁。首先，睾丸变大，释放睾酮，并开始产生精子；阴茎生长，两年后达到成年人的大小；身体生长迅速，肩膀宽厚，具备男性外形特点；腋窝与耻骨处长出毛发，随后出现胡须；出现喉结，音调变低。青春期后，十几岁的男性还会继续长高，这就是为什么男性往往比女性个头高的原因。

▲青春期——女性

女性的青春期通常开始于10～12岁，两年后发生第一次月经。最初，乳房、乳头以及卵巢开始发育；经过一段时间的快速生长后，身体的脂肪分布会有所改变，臀部变宽，具备典型的成熟女性外形；耻骨和腋窝处开始生长毛发，出现月经，随后释放卵子。十几岁的女性往往高于同龄男性，但是很快就不再长高。

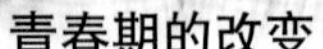

青春期的改变

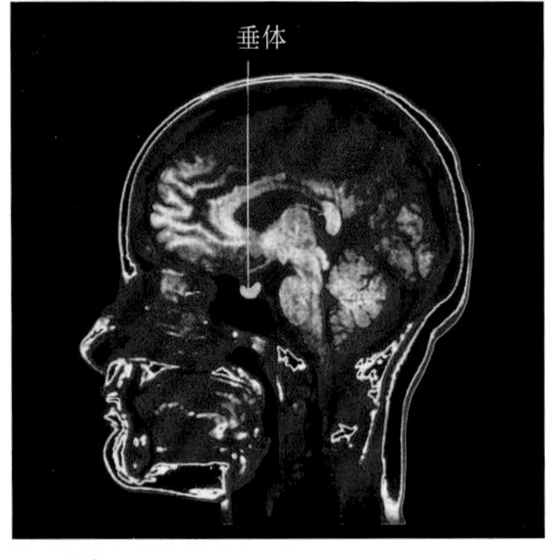
垂体

▲垂体

青春期受脑部的下丘脑（见314页）影响，下丘脑向垂体（上图）发出信号，使其释放两种激素——眼泡刺激素和黄体生成素。女性眼泡刺激素和黄体生成素“命令”卵巢释放卵子，并且分泌可产生女性性征的性激素——雌二醇和孕酮；男性的眼泡刺激素和黄体生成素促进睾丸分泌睾酮，用以产生男性性征和刺激精子形成。

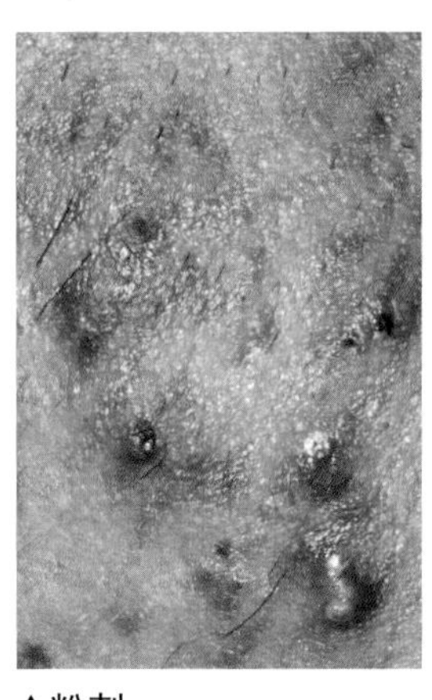

▲粉刺

很多青少年会受到粉刺的困扰——脸上和后背持续出现又红又痛的痤疮和红斑。男孩和女孩体内激素水平的改变，增加了皮肤上皮脂腺对油脂的分泌。如果这些皮脂腺的导管被堵塞以及皮脂受到细菌的感染，就会形成斑点。

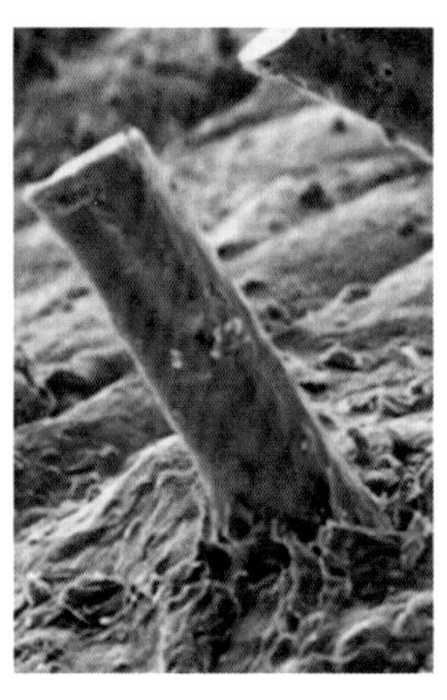

▲胡须的生长

男性体内性睾酮激素水平的升高，可刺激面部、胸和腿上的毛发生长、变粗。脸上的毛发（胡须）能够被刮除。从这张模式图中可以看到，被刮过的胡子又长了出来。

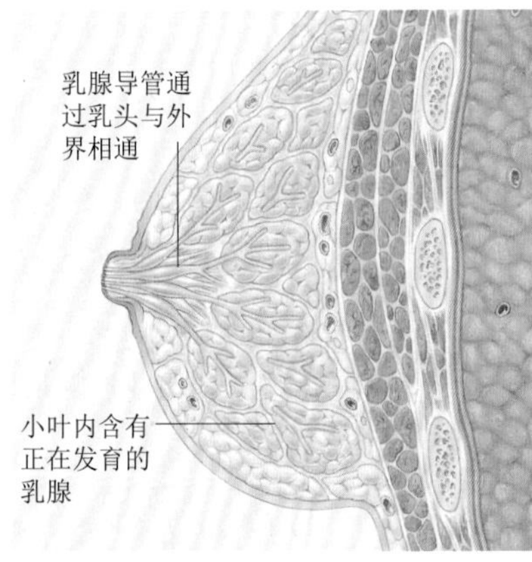
乳腺导管通
过乳头与外
界相通
小叶内含有
正在发育的
乳腺

▲乳房的发育

乳房发育往往是青春期女性第一个出现的变化。当乳腺组织开始发育时，乳房随之变大。如这张乳房的切面图所示，乳腺组织内含有围绕乳头呈放射状排列的小叶。在小叶内可见乳腺腺体，在胎儿出生后能分泌乳汁，乳汁沿乳腺导管流动，通过乳头排出体外。青春期乳头也会变大。

人生的最佳时期

学习的最佳年龄	儿童期和青少年
身体状况最好的年龄	25 ～ 40 岁
最佳生育年龄	25 ～ 35 岁
智力的高峰期和平台期	35 ～ 60 岁
欧洲男性的期望寿命	74 岁
欧洲女性的期望寿命	80 岁

皮肤弹性丧失，出现皱纹

当人们上了年纪，眼镜成了大部分人的必需品

◀人生最美好的阶段

在人的一生当中，20 ～ 30 多岁是最为美好的一段时间。男性和女性处于最健康和强壮的阶段，拥有事业发展最好的机会；可以旅行、交友、建立人际关系以及组建家庭。但是在女性超过 35 岁的时候，她们的生育能力已经开始走下坡路了，而且随着年龄的增长，怀孕的概率越低。健康的饮食、规律的生活方式和定期的运动，都可以提高后半生的健康水平。

老年▶

过了 50 岁，人们就会出现明显的衰老迹象。出现皱纹，皮肤松弛；视力和听力下降；头发变细、变灰；肌肉强度降低；骨骼脆性增加，关节活动性下降。健康的生活方式可以将衰老的表现降到最低。由于生活水平的提高和医疗条件的改善，人类的平均寿命比以前有了很大提高。

衰老带来的问题

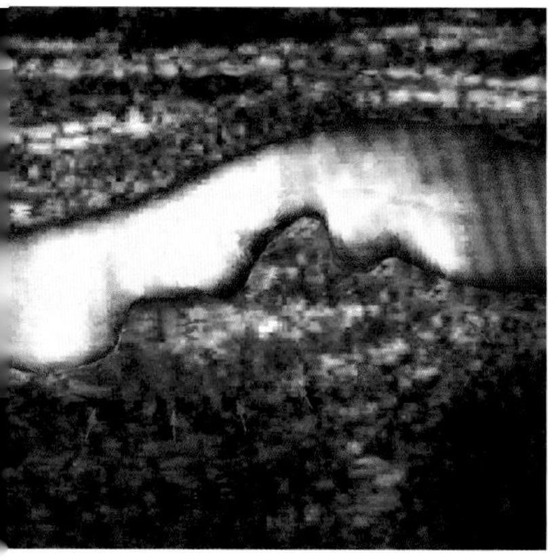

▲狭窄的动脉

人们一旦上了年纪，就会有脂肪沉积在动脉壁上，致使他们的血管狭窄。这一现象可由高脂饮食或抽烟等因素引起。脂肪沉积（上图粉红色箭头所示）可引起它周围的血流（橘红色）打转儿，如这张动脉的多普勒超声扫描所示。血液发生湍流的地方，就会形成血栓。如果血栓堵塞了向心脏供血的动脉，便会导致心脏病的发作。

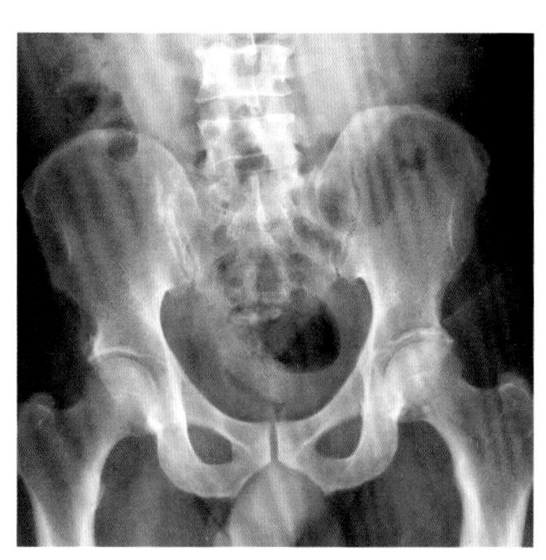

▲骨关节炎

这张男性骨盆的 X 射线体层摄影显示的是患有骨关节炎的区域（橘红色）。当人们上了年纪，骨关节炎是一种影响承重关节（比如膝关节或髋关节）的退行性改变。覆盖于关节处骨端的软骨本身有减少摩擦的作用，当软骨磨损后，会引起骨关节炎的发生，症状是关节僵直和疼痛。通常情况下，两股骨（腿的上部骨骼）与骨盆的髋臼由软骨隔离，但这张图片上的关节间隙是变窄的。

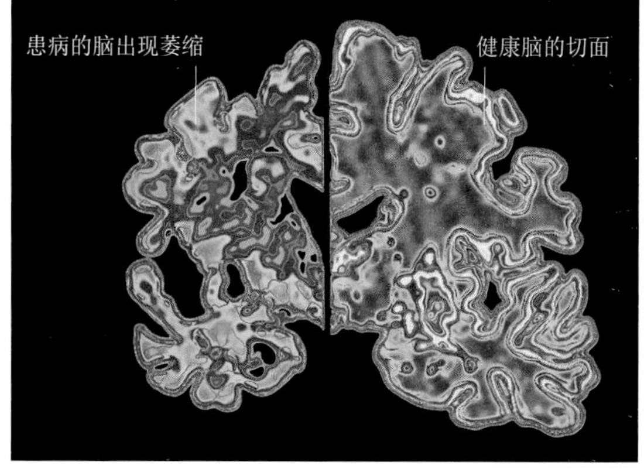

▲阿尔茨海默病

尽管脑在晚年开始退化，但是它对人们生活的影响却并不显著——大部分人可以找到代偿记忆力下降的方法。然而，阿尔茨海默病却可以引起严重的后果。这种影响智力的进展性疾病的患病率在 65 岁之前为 7%；85 岁之前为 30%。这两张脑扫描图显示的是，由于脑细胞的丢失和异常蛋白质的沉积，阿尔茨海默病患者的脑组织发生了萎缩。这种退化可引起思绪混乱、记忆丧失和人格改变，患者往往丧失独立生活的能力。

染色体和 DNA

在每一个机体亿万个细胞内都含有建造和运行机体的指令。这些信息储存在 DNA（脱氧核糖核酸）中，DNA 是一条长的螺旋分子，紧密折叠后形成染色体，每个细胞的细胞核中都会有染色体。除女性的卵子和男性的精子外，细胞都包含 23 对染色体。基因是一小段 DNA 序列，含有制造细胞活动所需蛋白质的"秘诀"，储存在我们基因上的信息，决定我们的特征，并可代代相传。

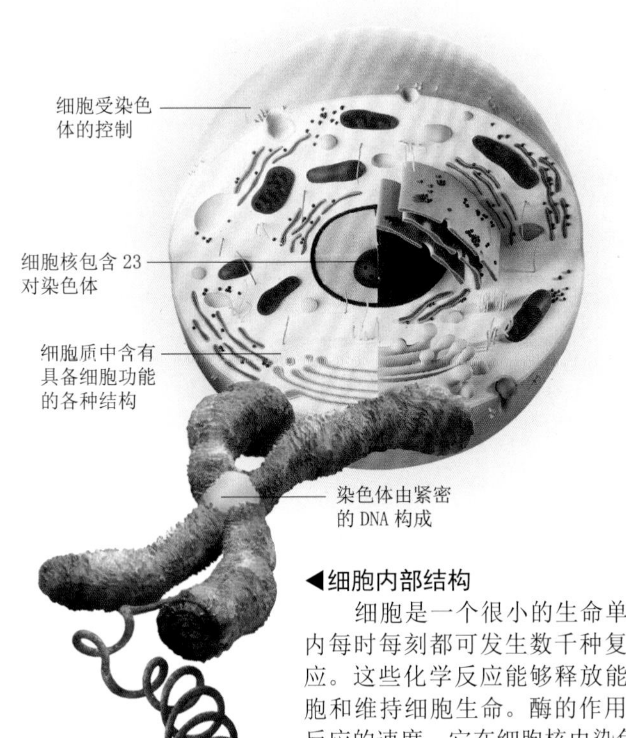
细胞受染色体的控制
细胞核包含 23 对染色体
细胞质中含有具备细胞功能的各种结构
染色体由紧密的 DNA 构成

◀细胞内部结构

细胞是一个很小的生命单元。在细胞内每时每刻都可发生数千种复杂的化学反应。这些化学反应能够释放能量，构建细胞和维持细胞生命。酶的作用能加快化学反应的速度，它在细胞核内染色体上的 DNA 的指导下完成。图中一条染色体被拆开后，可见一条长约 2 米的 DNA 分子螺旋盘绕其中。

◀染色体

除了红细胞，所有的体细胞都含有携带染色体的细胞核。染色体通常长而细，但是在细胞分裂时，染色体会变短，并且通过自我复制形成两条一模一样平行排列的单体。染色体附着于着丝粒上，其"腰部"结构如这张模式图所示。每一条单体内的 DNA 呈"超螺旋"状，以确保所有的遗传信息都包含在染色体内。

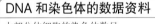

DNA 和染色体的数据资料	
大部分体细胞的染色体数目	46 条（23 对）
精子和卵子内的染色体数目	23 条
单个细胞内染色体上 DNA 的长度	2 米
所有体细胞的 DNA 总长度（当展开时）	2000 亿千米
单个体细胞内的碱基对数目	3000 亿个
其他含有 DNA 的细胞结构	细胞质的线粒体

染色体被拆开为 DNA 超螺旋

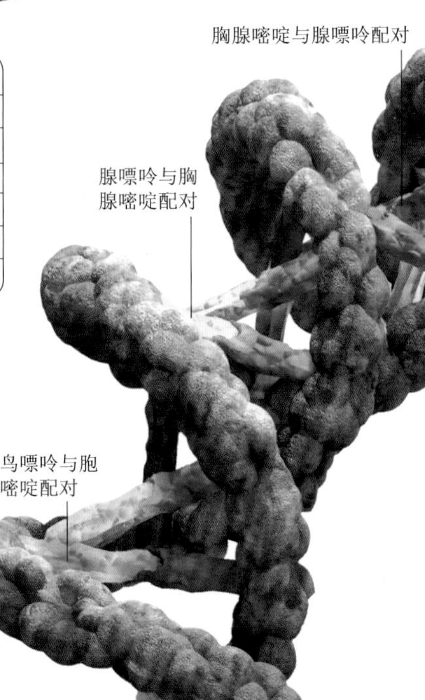
胸腺嘧啶与腺嘌呤配对
腺嘌呤与胸腺嘧啶配对
鸟嘌呤与胞嘧啶配对
胞嘧啶与鸟嘌呤配对

DNA 的结构▶

长长的 DNA 分子包括两条链，它们像旋转楼梯一样相互缠绕。"梯子"两边的"扶手"主要是糖和磷酸盐；"台阶"则由四对碱基构成。腺嘌呤（A）与胸腺嘧啶（T）配对；鸟嘌呤（G）与胞嘧啶（C）配对。这些碱基对沿 DNA 排列，形成密码信息，细胞则利用这些密码信息指导蛋白质的合成。

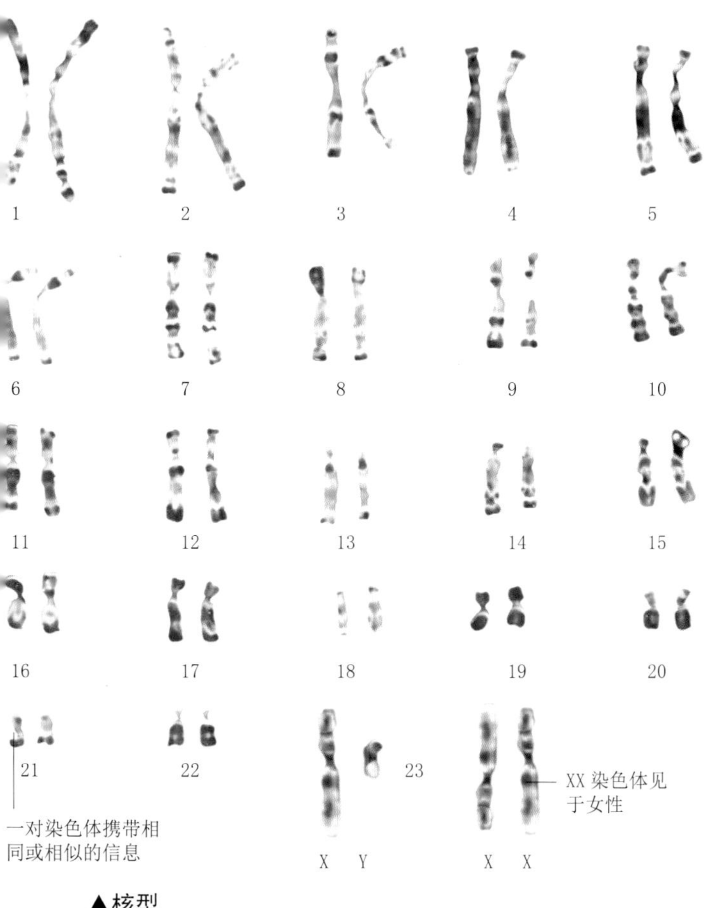
1
2
3
4
5
6
7
8
9
10
11
12
13
14
15
16
17
18
19
20
21
22
23
一对染色体携带相同或相似的信息
XX 染色体见于女性
X Y
X X

唐氏综合征

唐氏综合征是以 19 世纪第一位发现该疾病的医生的名字来命名的，它是由于染色体数目的异常而导致患儿多种功能的先天缺失。患有唐氏综合征的孩子有轻微的斜视、手指短粗、舌头肥大、面部特征扁平，此外，还有一定程度上的听力丧失。但是这些孩子们往往友好且富有爱心，而且大部分具备生活能力。

由于父亲或母亲（通常是母亲）遗传给子女的第 21 对染色体多出一条，所以这种综合征又叫作 21 三体综合征，这样一来，患儿的体细胞中一共有 47 条染色体，正是这条多出的染色体促发了患儿的各种症状。高龄产妇生出唐氏综合征患儿的概率较高。

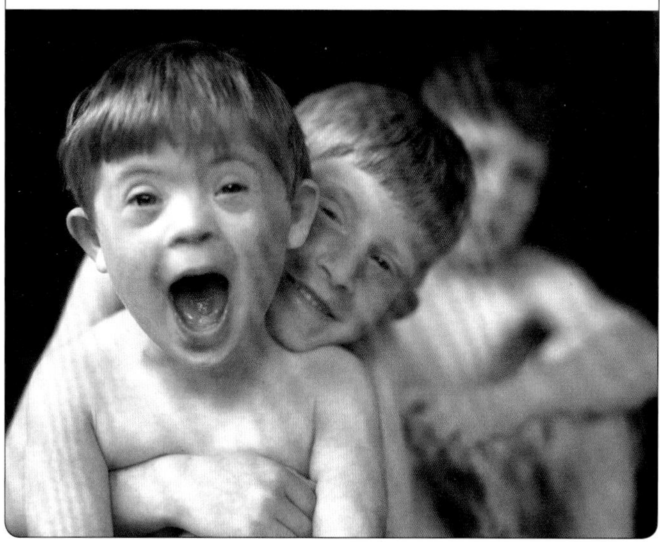

▲核型

上边的核型图完整地显示了人类的 23 对染色体。当细胞处于分裂期，染色体变得又粗又短时，我们对其进行摄像，并按照大小将第 1 对至第 22 对染色体进行排列。每对染色体中的一条来自母亲，另一条来自父亲。第 23 对染色体为性染色体——其中 XY 为男性，XX 为女性，两种染色体都能从上图中看到。

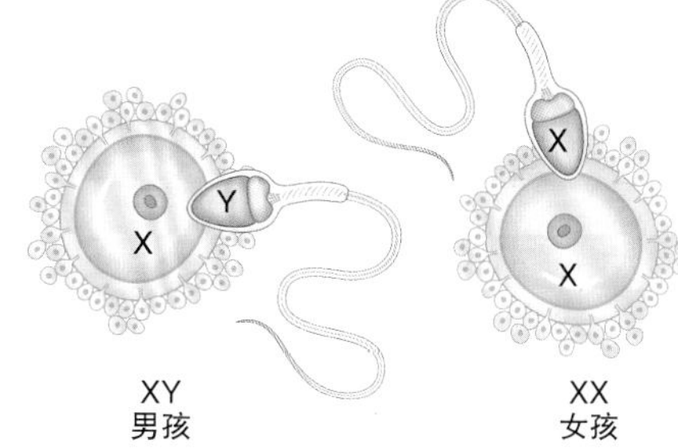
Y
X
X
X
XY
男孩
XX
女孩

◀性别决定

每一个性细胞——精子和卵子，包含 23 条（1 套）染色体。当精子与卵子结合后，两者的染色体结合，形成完整的 46 条（2 套）染色体。每套染色体中都含有一个性染色体。卵子中通常是 X 染色体；精子中既可以是 X 染色体，也可以是 Y 染色体。精子决定了受精卵将来发育成男孩还是女孩：携带 Y 染色体的精子所形成的受精卵将来发育成男孩；携带 X 染色体的精子所形成的受精卵将来发育成女孩。

蛋白质形成

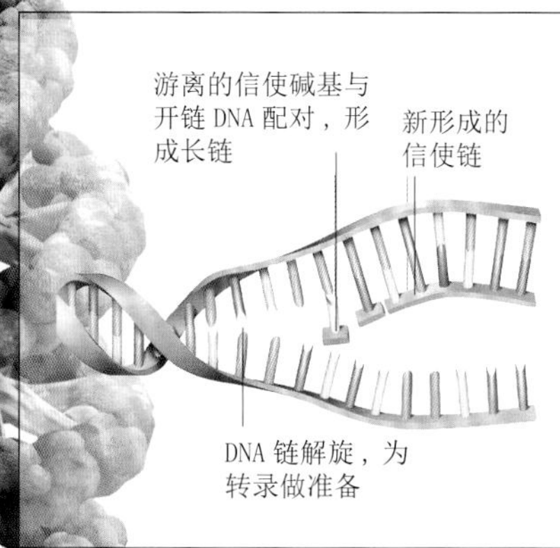
游离的信使碱基与开链 DNA 配对，形成长链
新形成的信使链
DNA 链解旋，为转录做准备

转录

DNA 的一项主要功能是指导蛋白质的合成，这些蛋白质组成人体的皮肤、激素或酶。DNA 片段（基因）上的碱基序列可作为模板。DNA 链解旋，游离的信使碱基（mRNA）与开链 DNA 碱基相匹配，形成与 DNA 片段的长链配对的一条新链。新链从 DNA 上解离，进入细胞质，指导蛋白质的合成。

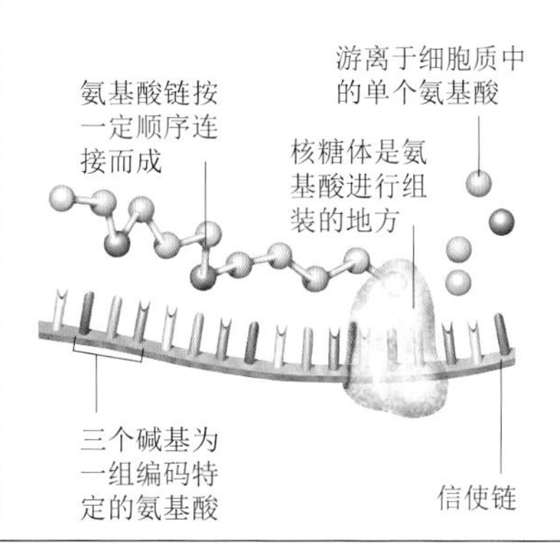
氨基酸链按一定顺序连接而成
游离于细胞质中的单个氨基酸
核糖体是氨基酸进行组装的地方
三个碱基为一组编码特定的氨基酸
信使链

翻译

细胞质中，核糖体根据遗传密码，提供新的信使链合成蛋白质的起始位点。信使新链上每三个碱基构成一个密码子，指导形成特定的氨基酸。当信使链通过核糖体时，游离于细胞质中的氨基酸按照“正确”的顺序排列，形成蛋白质长链。

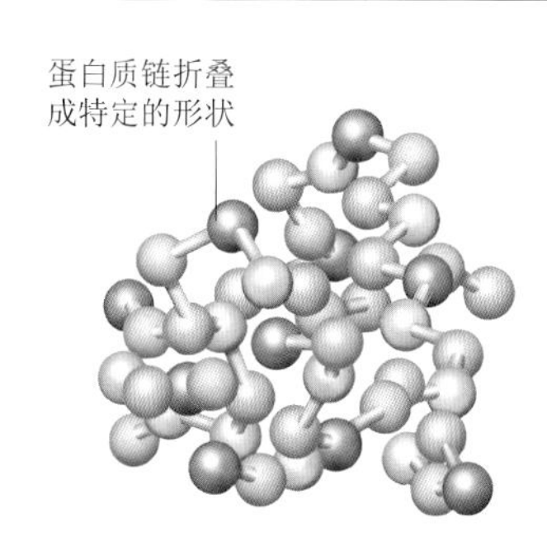
蛋白质链折叠成特定的形状

成熟蛋白质

当完整的蛋白质长链组装好以后，它便折叠形成新的成熟蛋白质。氨基酸的准确排列决定了不同蛋白质特有的构型。氨基酸是构成蛋白质的“原料”，并且对蛋白质通过什么方式发挥功能起着关键作用。DNA 通过控制生成这些重要的化学物质，来控制所有体细胞的功能和用途，从而进一步控制所有的人体器官和组织。

计算机模拟的染色体模型，基因呈带状

基因和遗传

在每一个细胞的细胞核中有一套构建细胞的指令。这些指令称为基因，存在于 23 对染色体上。我们从父母那儿遗传到两套基因，每一套都由男性精子和女性卵子的 23 条染色体携带。虽然每一对染色体都含有相同的基因，但是每对染色体上的某些基因具有不同“版本”的等位基因。这使我们既像本家族的其他成员，又有自己独有的特征。研究人类的特征（比如眼睛的颜色）是如何遗传的学科称为遗传学。

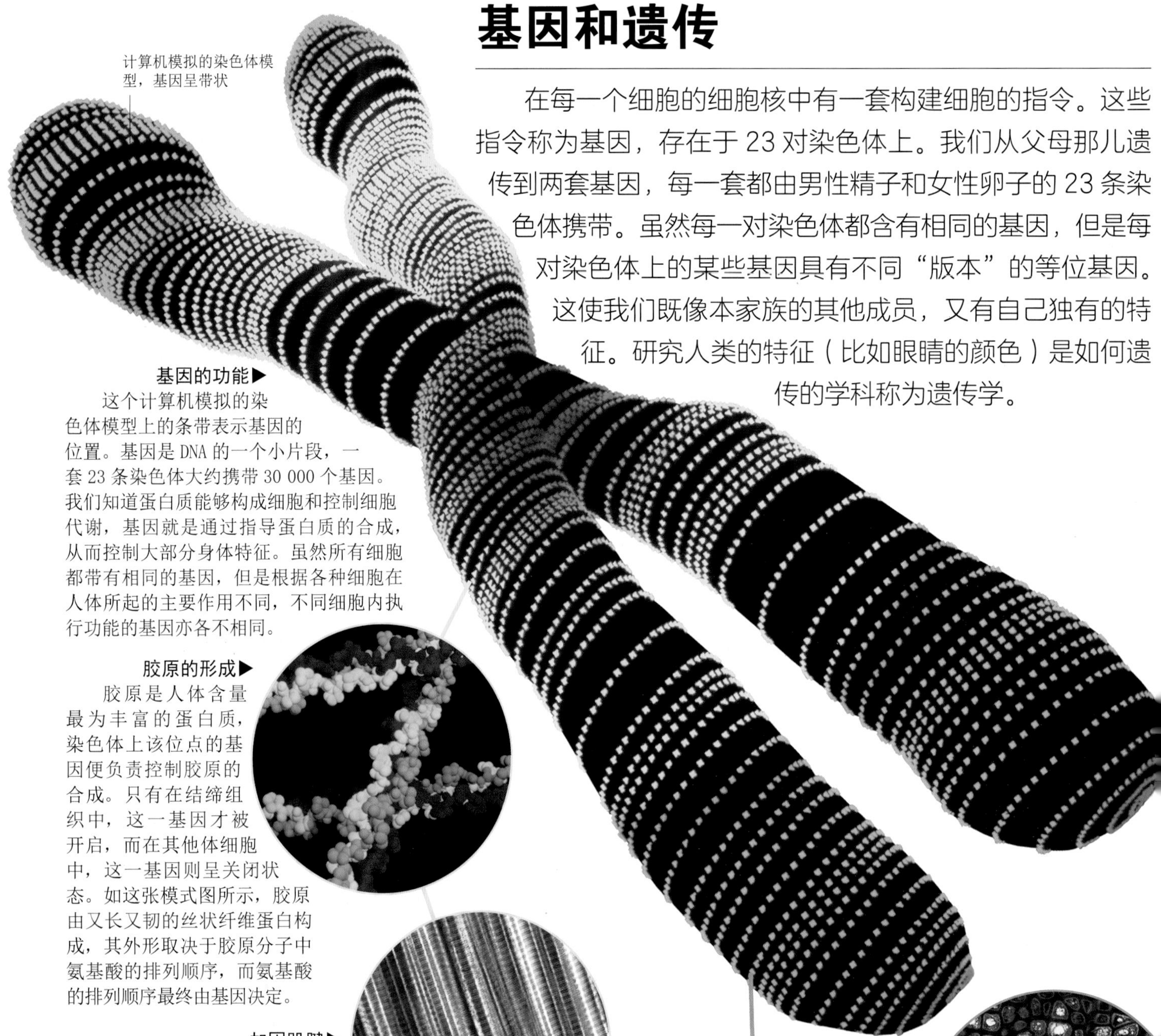

基因的功能▶

这个计算机模拟的染色体模型上的条带表示基因的位置。基因是 DNA 的一个小片段，一套 23 条染色体大约携带 30 000 个基因。我们知道蛋白质能够构成细胞和控制细胞代谢，基因就是通过指导蛋白质的合成，从而控制大部分身体特征。虽然所有细胞都带有相同的基因，但是根据各种细胞在人体所起的主要作用不同，不同细胞内执行功能的基因亦各不相同。

胶原的形成▶

胶原是人体含量最为丰富的蛋白质，染色体上该位点的基因便负责控制胶原的合成。只有在结缔组织中，这一基因才被开启，而在其他体细胞中，这一基因则呈关闭状态。如这张模式图所示，胶原由又长又韧的丝状纤维蛋白构成，其外形取决于胶原分子中氨基酸的排列顺序，而氨基酸的排列顺序最终由基因决定。

加固肌腱▶

肌腱是附着于肌肉和骨骼上的坚韧的条索状结构，可使肌肉在施加很大力量的情况下不致撕裂。肌腱由致密、规则，充满胶原纤维的结缔组织组成，其中胶原纤维使肌腱拥有足够的强度。这些纤维由成纤维细胞持续生成，成纤维细胞的细胞核中含有能够启动胶原合成的基因。

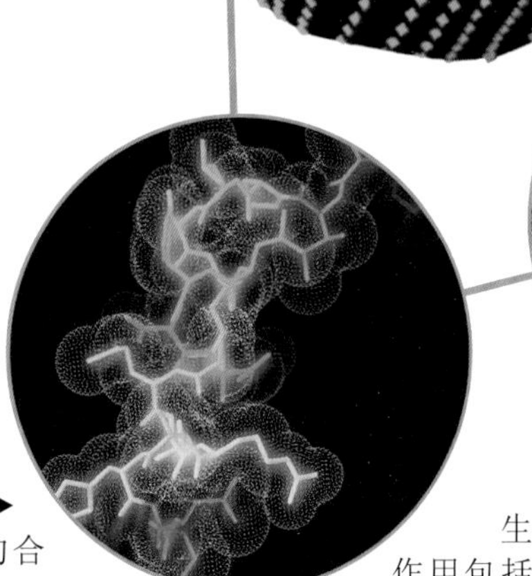

生长激素▶

这一位点的基因控制着生长激素（右图）的合成。生长激素由脑底的垂体（豌豆大小的激素分泌腺体）前部的细胞产生。控制生长激素合成的基因在垂体细胞内启动，而在其他细胞内则关闭。

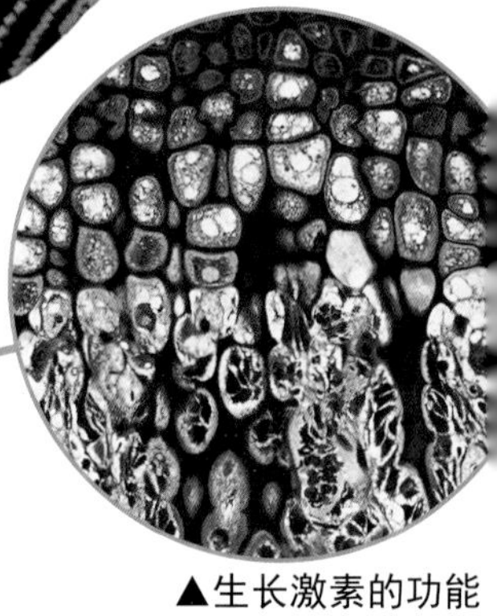

▲生长激素的功能

生长激素随血液遍布全身。其作用包括通过促进细胞的生长和分裂，促使儿童长高和人们的新陈代谢；此外，生长激素还能通过促进脂肪燃烧向机体提供能量。在儿童时期，生长激素主要的作用对象是骨骼和肌肉。从这张断面上可以看到骨化现象，这一过程直接受生长激素的调控。

▲基因和遗传

这张图上显示的是一家四代人——曾祖母、祖母、母亲和女儿。我们能清楚地看到四人的相似之处，但是每个人又都有自己的独特之处。每个人都是受精卵内基因的产物。每个人只有一半基因来自母亲，另一半来自父亲。受精过程产生了独一无二的组合基因，这就保证了下一代的女儿看起来既不与母亲完全一样，也不与父亲完全一样。

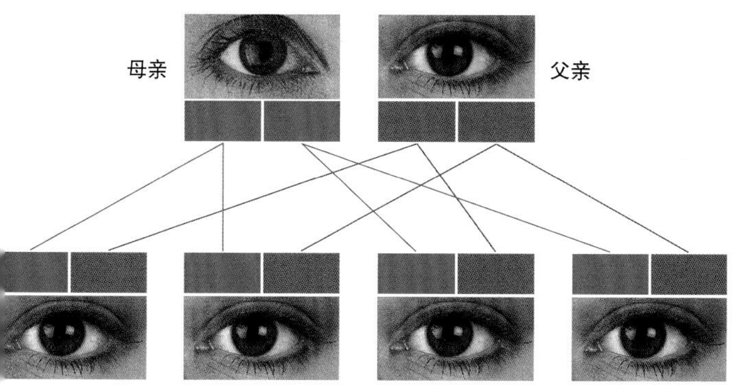

▲基因和等位基因

基因以不同"散体"出现，称为等位基因。等位基因产生了人与人之间的差异，它可以决定眼睛的颜色，比如蓝色或棕色。如果蓝色和棕色的等位基因都能遗传，则下一代只表现出棕色的眼睛。根据当前的主流学说，这称为隐性遗传，因为蓝色的等位基因不"允许"表达。从上图和下图可以看到我们眼睛的颜色是怎样遗传的。

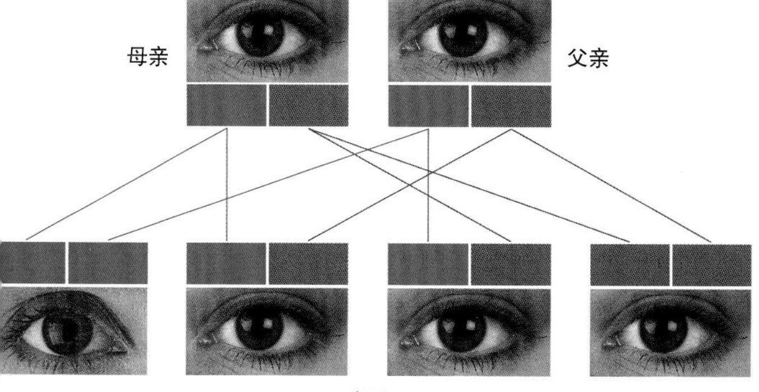

▲决定眼睛颜色的基因

假如妈妈的眼睛是蓝色的（携带两个蓝色的等位基因），爸爸的颜色是棕色的（携带两个棕色的等位基因），那么尽管他们生下来的孩子同时遗传蓝色和棕色的等位基因，但是表现出来的却会是棕色眼睛，这是因为棕色是显性的。如果爸爸妈妈都是棕色眼睛，但是两人都携带棕色和蓝色两种等位基因，那么他们将来的孩子会有1/4的可能携带两个蓝色等位基因，并表现出蓝色眼睛；会有3/4的可能是棕色眼睛。

蓝色眼睛的等位基因 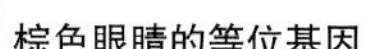 棕色眼睛的等位基因

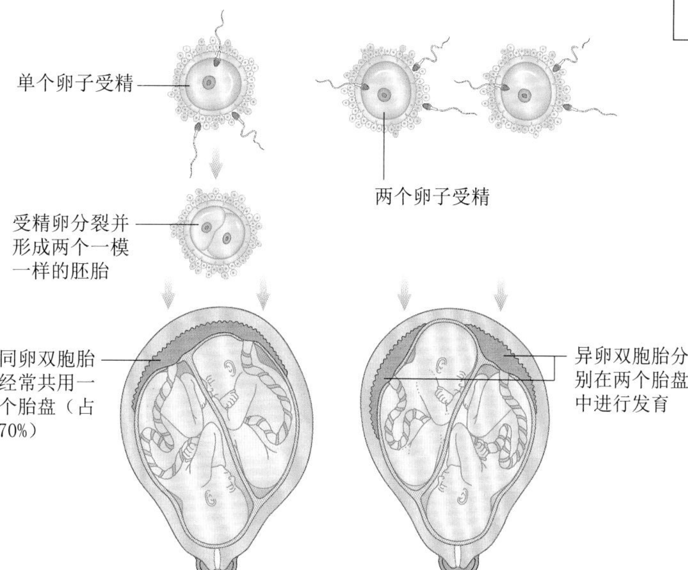

▲双胞胎

每66次分娩就会出现一对双胞胎。由一个受精卵裂成两个独立的具有相同基因的细胞，叫作同卵双胞胎，双胞胎的相似程度很高。异卵双胞胎的产生是由于同时有两个卵子释放，而且每个卵子都受精了。异卵双胞胎尽管年龄一样，但是看起来更像是姐妹或者兄弟，而且异卵双胞胎既可能是同一性别，亦可能是不同性别。

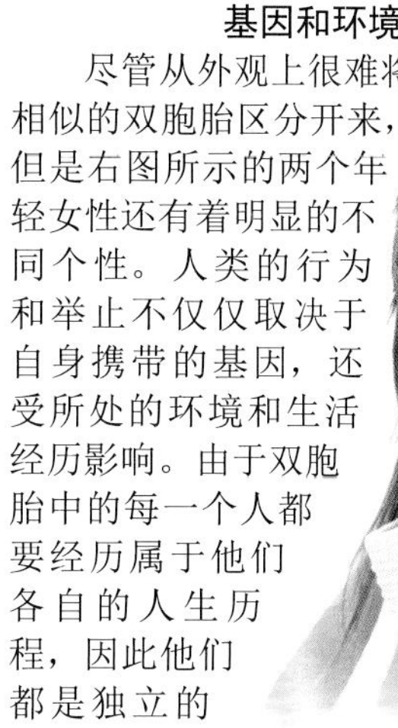

基因和环境▶

尽管从外观上很难将相似的双胞胎区分开来，但是右图所示的两个年轻女性还有着明显的不同个性。人类的行为和举止不仅仅取决于自身携带的基因，还受所处的环境和生活经历影响。由于双胞胎中的每一个人都要经历属于他们各自的人生历程，因此他们都是独立的个体。

基因异常

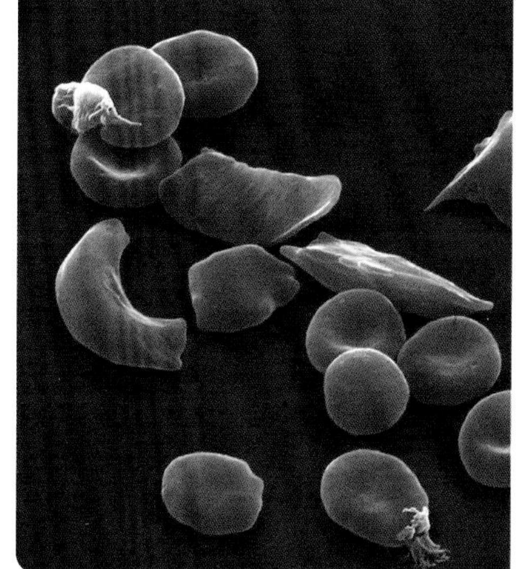

基因异常的原因是，有一个或多个有缺陷的基因遗传自父母一方或双方。比如，镰状细胞贫血就是由基因缺陷引起的，该基因恰恰控制红细胞内携氧的血红蛋白，当这一基因出现异常，就会引起红细胞外形的改变。

镰状细胞贫血患者携带有两组致病基因——分别遗传自他的爸爸和妈妈。当血液流经富氧组织，红细胞便弯曲成镰刀状（左图），堵塞血管，引起疼痛。当某人遗传了一组正常基因和一组致病基因时，就会患上镰状细胞贫血，这种疾病较轻，通常不带有任何症状。

人类基因组

人类基因组是 23 对染色体上所有的 DNA 序列，包含构成人的所有基因。研究人类基因组的科学家已经发现了四种碱基：腺嘌呤（A）、胞嘧啶（C）、鸟嘌呤（G）、胸腺嘧啶 (T) 在个体 DNA 中成对排列。在 32 亿个碱基对中，任意两个人的基因组，只有 0.1% 是不同的。这些不同使我们成为不同的个体。研究者也在不断探索哪些片段代表基因。总共约有 2 万个基因，被一些没有功能的 DNA 所分开。

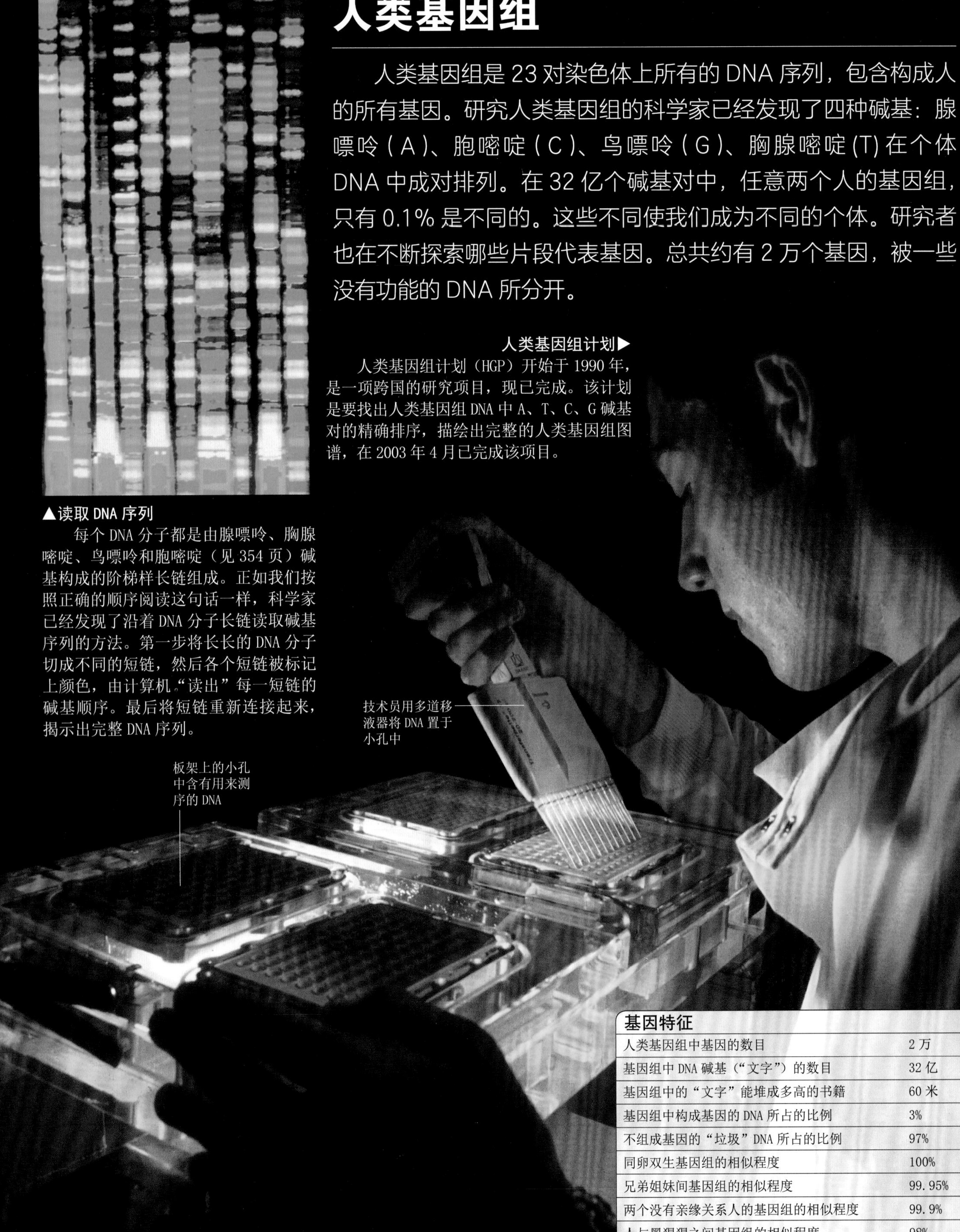

▲读取 DNA 序列

每个 DNA 分子都是由腺嘌呤、胸腺嘧啶、鸟嘌呤和胞嘧啶（见 354 页）碱基构成的阶梯样长链组成。正如我们按照正确的顺序阅读这句话一样，科学家已经发现了沿着 DNA 分子长链读取碱基序列的方法。第一步将长长的 DNA 分子切成不同的短链，然后各个短链被标记上颜色，由计算机“读出”每一短链的碱基顺序。最后将短链重新连接起来，揭示出完整 DNA 序列。

人类基因组计划▶

人类基因组计划（HGP）开始于 1990 年，是一项跨国的研究项目，现已完成。该计划是要找出人类基因组 DNA 中 A、T、C、G 碱基对的精确排序，描绘出完整的人类基因组图谱，在 2003 年 4 月已完成该项目。

技术员用多道移液器将 DNA 置于小孔中

板架上的小孔中含有用来测序的 DNA

基因特征	
人类基因组中基因的数目	2 万
基因组中 DNA 碱基（“文字”）的数目	32 亿
基因组中的“文字”能堆成多高的书籍	60 米
基因组中构成基因的 DNA 所占的比例	3%
不组成基因的“垃圾”DNA 所占的比例	97%
同卵双生基因组的相似程度	100%
兄弟姐妹间基因组的相似程度	99.95%
两个没有亲缘关系人的基因组的相似程度	99.9%
人与黑猩猩之间基因组的相似程度	98%

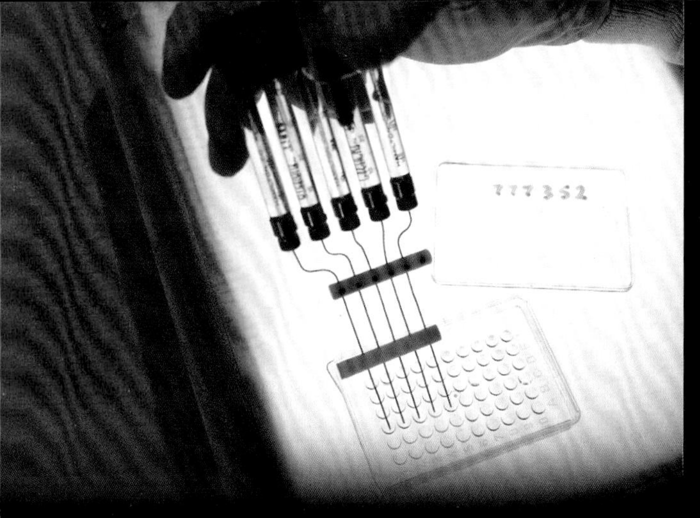

▲干细胞

体细胞一旦分化成既定的类型，如神经元或者血细胞，就不能再转化成其他类型。但是，由于干细胞并未分化，因此只需通过开启或者关闭恰当的基因，干细胞便具备转化为体细胞中任何一种细胞类型的潜能。干细胞的一个来源是婴儿的脐带血（上图）。科学家认为干细胞可用来治疗各种疾病，因为干细胞可以转化成特定的细胞类型，以取代受损的组织。

用 DNA 调查案件

在犯罪现场采集样本

法医们用 DNA 指纹技术来协助警察破案。血液、唾液、头发或皮肤等组织可提供 DNA 样本。当法医在犯罪现场找到这些组织，为避免污染，他们会小心地采集这些组织，并在法医实验室内对这些组织进行分析，与疑犯的 DNA 进行比对。

DNA 样本

从留在犯罪现场的组织细胞中提取 DNA。再抽取所有疑犯的血液样本，从中提取 DNA，与犯罪现场的 DNA 比对。该检验只需要一点点的样本就足以进行，只要其中极微量的 DNA 可用，这些 DNA 就可以被特异的酶无限次复制，从而便于分析（左图所示）。

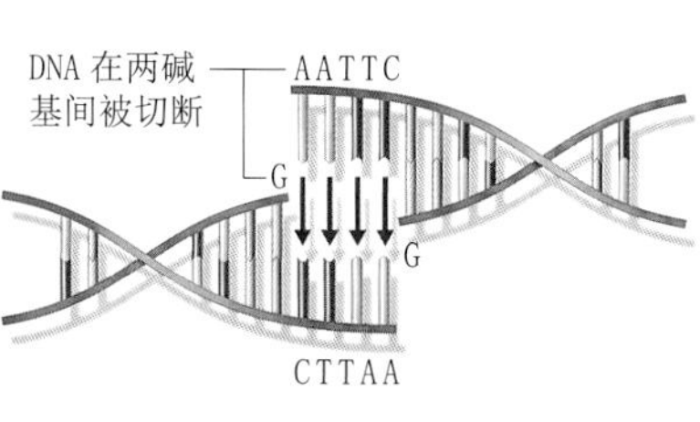

酶切断 DNA

每个人的基因组内都有“垃圾”DNA 片段，携带反复重复的碱基序列。但是，这些重复片段的长度和数量对每个人都是特异的。这一信息可以像指纹一样被用来准确地辨别个体。酶在特异的位点切断“垃圾”DNA，产生长度不同的片段。

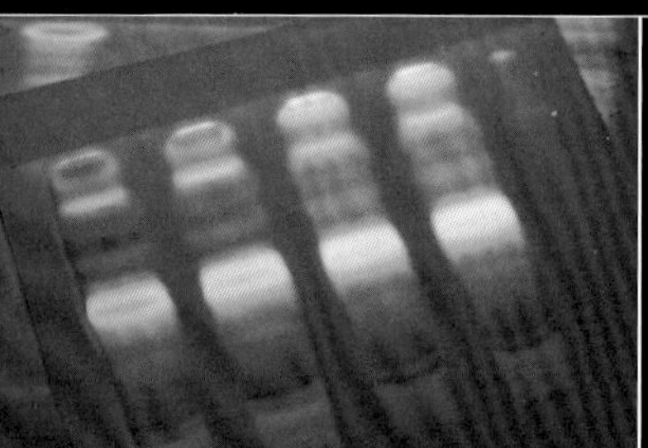

DNA 比对

DNA 可被凝胶电泳分离成不同的大小，在凝胶板上形成一定样式的条带，叫作 DNA 指纹。将犯罪现场、几名疑犯与受害人三方的 DNA 指纹放在一起进行比对，就可以判断出谁是罪犯，谁的嫌疑可被排除。

人类神经元经培养后可以生长

生长的神经元▶

神经元（神经细胞）不能再生，因此如果遭到破坏或者损伤，神经元将不能被其他细胞替代，但是在不远的将来，神经细胞可能会被干细胞所取代。阿尔茨海默病的症状正是由于神经元缺失引起的。干细胞可分化成新的神经元，以补充缺失的神经元。此外，干细胞还能用来修复可以引起瘫痪的脊髓损伤。

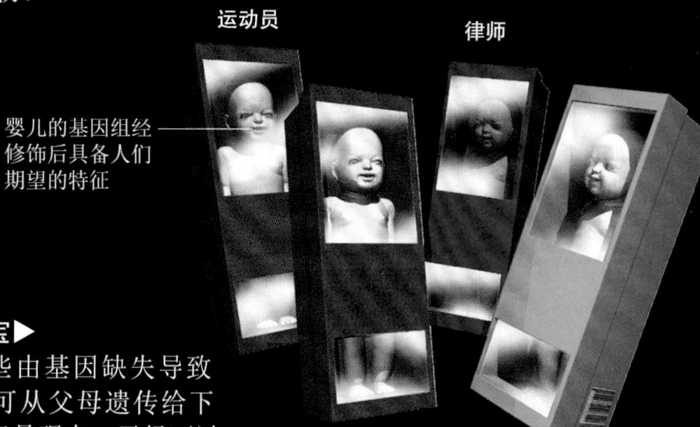

婴儿的基因组经修饰后具备人们期望的特征

理想宝宝▶

一些由基因缺失导致的疾病可从父母遗传给下一代。但是现在，已经可以运用 DNA 技术选择那些没有携带致病基因的受精卵，将它们移植入子宫内，分娩出一个健康的宝宝。将来还可以进行进一步的选择，比如，科学家也许能加入“智能”基因，制造出一个完全满足父母期望的理想宝宝。

未来身份证

某一天，我们可能拥有一张下图所示的身份证，该身份证包括指纹、虹膜样式以及暗含个人信息的条码，用来验证身份。这种身份证的与众不同之处是它包含一个携带人们基因组详细信息的芯片。今后，检测人类基因组的序列将会变得便宜和快捷。当婴儿一出生，检测马上完成，从而建立他的基因档案，添加在婴儿的病例和身份证中。医生通过读取 DNA 信息可以推断婴儿将来会患哪种疾病，婴儿长大后就可以根据医生的推断来纠正和避免一些生活方式，以达到预防疾病的目的。

医学大事记

约公元前 2600 年 中国的黄帝曾阐述过中药的基本用法，这些后来于公元前 4 世纪被记载于《黄帝内经》上。

约公元前 500 年 希腊的内科医生阿尔克迈翁（Alcmaeon）认为，心脏是感觉和思考的器官，而不是大脑。

约公元前 420 年 希腊内科医生希波克拉底（Hippocrates）说明观察和诊断在医学中的重要性，而非魔力和神话。

约公元 200 年 具有影响力的希腊医生克劳迪厄·盖伦（Claudiu Galen）描述了人体的运行机制。虽然他的很多观点并不完全正确，但在此后 1500 年间始终未被动摇。

约 1000 年 阿拉伯医生伊本·西纳（Ibn Sina）的医学著作影响了之后 500 年欧洲和中东的医学。

约 1280 年 阿拉伯医生伊本·安·纳菲斯（Ibn An-Nafis）阐明血液流经肺。

1543 年 佛兰德斯医生安德烈亚斯·维萨里（Andreas Vesalius）出版了第一部正确描述人体解剖的书，在他的书里纠正了很多克劳迪斯·盖仑的错误。

1545 年 法国外科医生安布罗斯·佩尔（Ambroise Paré）出版了《处理伤口的方法》一书，他有很多处理伤口的改进方法，包括用动脉结扎的方法来阻止出血。

1628年 英国医生威廉·哈维（William Harvey）出版了《心和血液的运动》一书，在书中他描述了他的实验，即血液是如何通过心脏的泵的作用在机体内沿一个方向循环。

1663 年 意大利生理学家和显微镜学家马尔切洛·马尔比基（Marcello Malpighi）发现了最小的血管——毛细血管，证实了哈维的血液循环于机体的理论。

1674—1677 年 荷兰微生物学家和显微镜学家安东尼·范·莱文胡克（Antony van Leeuwenhoek）通过他的单透镜显微镜观察和描述了红细胞、精子和细菌。

1761 年 意大利内科医生乔瓦尼·巴蒂什·莫尔加尼（Giovanni Battista Morgagni）出版了《疾病原因》一书，第一次阐述了器官变化和疾病症状的联系。

1775 年 法国化学家安托万·拉瓦锡（Antoine Lavoisier）发现了氧气，并且后来阐述细胞呼吸像燃烧一样，是一个消耗氧气释放能量的化学过程。

1796 年 英国医生爱德华·琴纳（Edward Jenner）第一次运用接种疫苗的方法来对抗当时广泛引起恐慌的疾病——牛痘，他向一个小孩接种低微量的牛痘病毒。

1816 年 法国医生拉埃奈克（René Théophile Hyacinthe Laënnec）发明了第一个听诊器，一个木制的气缸，当压紧胸壁的时候它可以放大心脏和呼吸的声音。

1818 年 英国医生詹姆斯·布伦德尔（James Blundell）第一次成功地将一个人的血液输送到另一个患者体内。

1833 年 美国军医威廉·鲍艺（William Beaumont）出版了《对胃液和消化生理学的实验和观察》，书的内容为关于消化机制的实验结果。

1846 年 美国口腔科医生威廉·莫顿（William Morton）用麻醉乙醚和一种通用的麻醉剂使一个患者在外科医生约翰·沃伦（John Warren）对他进行手术时无意识并无痛。

1848 年 法国科学家克罗德·贝尔纳（Claude Bernard）阐述了肝脏的功能，后来又证明了机体细胞需要在一个稳定的环境中生存。

1851 年 德国物理学家赫尔曼·冯·亥姆霍兹（Hermann von Helmholtz）发明了眼底镜，是一种可以使医生通过瞳孔观察眼睛内部的仪器。

1854 年 英国医生约翰·斯诺（John Snow）发现伦敦的痢疾大暴发广泛传播的原因是由于水源被污染了。

1858 年 德国生物学家鲁道夫·魏尔啸（Rudolf Virchow）在他的书《细胞病理》中阐述细胞只能由已存在的细胞通过细胞分裂产生，当细胞停止正常工作时疾病就发生了。

19 世纪 60 年代 法国科学家路易斯·巴斯德（Louis Pasteur）开始了微生物导致感染性疾病的研究。

1861 年 法国医生皮埃尔·保尔·布洛卡（Pierre Paul Broca）鉴定了左脑的部分区域控制讲话，这部分后来被命名为布洛卡区。

1865 年 英国外科医生约瑟夫·李斯特（Joseph Lister）第一次应用碳酸作为手术中的抗菌剂，明显降低了感染死亡率。

1866 年　英国内科医生托马斯·艾尔伯特（Thomas Albutt）发明了临床温度计，这使医生更容易和迅速地测得患者的体温。

1867 年　德国内科医生威廉·哥特弗雷德·哈茨（Wilhelm Waldeyer-Hartz）第一次描述了癌症的本质和原因，描述了细胞如何不受控制地分裂，导致肿瘤的发生。

1871 年　德国生理学家威廉·屈内（Wilhelm Kühne）介绍了酶这个术语，它是一种启动和加快机体内化学反应的物质。

1881 年　路易斯·巴斯德（Louis Pasteur）首先使用含有微弱致病力的微生物的疫苗，而不是类似的产生更弱疾病的微生物，产生免疫力。

1882 年　德国医生罗伯特·科赫（Robert Koch）鉴定了细菌（结核杆菌）是结核病的致病菌。

1895 年　德国物理学家威廉·伦琴（Wilhelm Roentgen）发现 X 线，当一束高压电流通过玻璃管时，会产生 X 线。

1897 年　英国医生罗纳德·罗斯（Ronald Ross）说明引起疟疾的微生物疟原虫是通过蚊子进行人与人之间的传播。

1898 年　法国物理学家玛丽·居里（Marie Curie）和皮埃尔·居里（Pierre Curie）发现了放射性元素镭，后来应用于癌症的治疗。

1901 年　澳大利亚－美国医生卡尔·兰斯坦纳（Karl Landsteiner）阐述了血液的分型，后来分为 A 型、B 型、AB 型、O 型，一些血液样本混合在一起的时候会发生凝固。

1903 年　荷兰生理学家威廉·埃因托芬（Willem Einthoven）发明了一种早期的心电图，通过测定每一次心跳时流经心脏的电流脉冲来追踪心脏的活动。

1905 年　英国生理学家欧内斯特·斯塔林（Ernest Starling）应用“激素”这个术语来描述一种新发现的用来协调机体的整个过程的化学信号在血液中运行，影响特定细胞的活动。

1905 年　德国医生爱德华·席姆（Eduard Zirm）进行了首次角膜移植，使导致失明的沙眼变得可以治疗。

1906 年　英国生理学家查尔斯·谢灵顿（Charles Sherrington）出版了《神经系统的整合运动》，描述了神经系统是怎么工作的。

1906—1912 年　英国生物学家弗里德里克·哥兰·霍普金斯（Frederick Gowland Hopkins）阐述了食物中“附属食物因子”的作用，这后来被称为维生素。

1910 年　德国科学家保罗·埃利希（Paul Ehrlich）发现了一种合成药物洒尔佛散（Salvarsan），可以治疗特定的病原体，且对身体组织没有明显的副作用，建立了一个药物治疗的基础。

1912 年　美国医生哈维·库欣（Harvey Cushing）出版了《垂体及其失调》，描述了垂体的重要功能以及它控制其他激素产生腺体的重要作用。

1914 年　美国医生约瑟夫·高德柏格（Joseph Goldberger）阐明糙皮病并不是一种传染性疾病，是由于饮食不良造成的，后来被确定为是缺乏维生素烟酸。

1921 年　加拿大生理学家弗雷德尔克·班廷（Frederick Banting）和查尔斯·贝斯特（Charles Best）分离出了胰岛素，它是由胰腺产生的，控制血液中的葡萄糖水平，他们的发现使得糖尿病得以治疗。

1921 年　德裔美国科学家奥托·吕维（Otto Loewi）检测到了被称为神经递质的化学物质，它能够在突触上神经元之间传递冲动。

1924 年　德裔科学家约翰尼斯·贝格尔（Johannes Berger）发现了脑电波，是一种由脑内的神经活动产生的电信号。

1927 年　美国的生物工程学家飞利浦·德林克（Philip Drinker）和路易斯·肖（Louis Shaw）发明了“铁肺”帮助因脊髓灰质炎而瘫痪的患者，这个金属桶围绕着身体（并不是头部），一个泵推动气体在肺中进进出出，使得患者得以呼吸。

1928 年　英国医生亚历山大·弗莱明（Alexander Fleming）发现了青霉素，一种由霉菌释放的物质，可以杀死细菌。后来成为第一个抗菌药，用于治疗人体内的细菌性感染。

1933 年　德国电机工程师恩斯特·鲁斯卡（Ernst Ruska）发明电子显微镜，与光学显微镜相比，它是一种利用电子束来产生更多放大倍数的设备。

1938 年　英国的外科医生约翰·维尔斯（John Wiles）改进了髋关节置换物，即采用不锈钢假体。

1940 年　英国外科医生阿奇博尔德·麦金杜（Archibald Mclndoe）在第二次世界大战时对遭受烧伤的飞行员第一次实施了皮肤移植手术，脸上烧伤区域的皮肤被身体其他部位的皮肤所代替。

1943 年 荷兰医生威廉·科尔夫（Willem Kolff）发明了肾脏透析仪器，先去除血液中的垃圾废物，再将血液回输到体内，用于治疗肾衰的患者。

1943 年 乌克兰裔美国生化学家塞尔曼·瓦克斯曼（Selman Waksman）从腐败微生物中分离出了链霉素，链霉素是第一个用于治疗结核病的药物。

1944 年 第一例针对小儿心脏疾病的手术是由美国的一位外科医生阿尔弗雷德·布莱洛克（Alfred Blalock）和儿科医生海伦·道希葛（Helen Taussig）联合做的，由此建立了心脏外科学领域。

1949 年 澳大利亚精神病专家约翰·凯德（John Cade）阐述了锂盐，如碳酸锂，治疗精神疾病（如精神分裂症）是有效的。

1953 年 利用英国物理学家罗莎琳德·富兰克林（Rosalind Franklin）的研究，美国生物学家詹姆斯·沃森（James Watson）和英国物理学家弗朗西丝·克里克（Frances Crick）发现了脱氧核糖核酸（DNA）的双螺旋结构。

1953 年 美国外科医生约翰·吉本（John Gibbon）发明了心肺机，代替手术过程心和肺功能。

1954 年 美国医生乔纳斯·索尔克（Jonas Salk）首次开发并使用脊髓灰质炎疫苗。

1954 年 首例肾移植手术成功，从同卵双胞胎一个移植到另一个身上。这例手术是由约翰·梅里尔（John Merrill）和其他外科医生在美国波士顿完成的，从此肾移植成为常规手术。

1955 年 格雷戈里·平卡斯（Gregory Pincus）发明了第一种口服避孕药。

1957 年 美国外科医生克拉伦斯·里列海（Clarence Lillehei）设计发明了第一个心脏起搏器。

1958 年 英国的产科医生兰·唐纳德（Ian Donald）首次使用超声检查孕妇子宫内的胎儿健康状况。

1961 年 波兰裔美国微生物学家阿尔伯特·萨宾（Albert Sabin）发明包含活病毒的改良脊髓灰质炎病疫苗。

1965 年 英国科学家哈罗德·霍普金斯（Harold Hopkins）发明了一种复杂的内窥镜，通过杆状透镜让医生能够清楚地看到患者身体内的组织。它通过开口插入，比如从口可以观察胃或肠道。

1967 年 英国工程师戈弗雷·亨斯菲尔德（Godfrey Hounsfield）发明 CAT（又称计算机 X 射线轴向分层造影）扫描仪（现在称为 CT 扫描仪）。CT 扫描仪利用狭窄的 X 射线束投射到人体上，然后通过计算机进行分析，得出详细的机体组织的图像。

1967 年 南非外科医生克里斯蒂安·巴纳德（Christiaan Barnard）首次成功进行了心脏移植手术，他把一个刚死亡的 24 岁妇女的健康心脏移植到一个有心脏疾病的 54 岁老妇人体内。

1967 年 X 射线乳腺造影技术被应用于乳腺癌的检查。

1977 年 在长期的牛痘接种计划后最后一例天花发病记录。这种疾病在 1979 年被世界卫生组织宣布消失。

1978 年 第一例试管婴儿路易斯·布朗（Louise Brown）在成功的体外受精后出生，这运用了英国医生帕特里克·斯特普托（Patrick Steptoe）和罗伯特·爱德华（Robert Edwards）发明的技术，从母亲的卵巢中取出的卵子与父亲的精子受精后，把受精卵返回到母体子宫中发育成一个小孩。

1980 年 微型切口手术即是通过小的切割口，利用内窥镜观察机体内部。

1980 年 PET（正电子发射计算机断层显像）技术首先被应用于形成反映大脑活动的图像。

1984 年 法国科学家卢克·蒙塔尼耶（Luc Montagnier）发现了一种病毒，后来被称为人类免疫缺陷病毒（HIV），它能够导致获得性免疫缺陷综合征（AIDS），即艾滋病。艾滋病在 1981 年首次被鉴定。

2000 年 人类基因组计划是全球性研究人类染色体上基因定位的工程，第一张人类基因组计划蓝图完成。

2002 年 基因治疗用于治疗患有遗传性免疫缺陷病的儿童，这种疾病使他们对感染缺乏防御措施。

2003 年 在用猴子做实验所取得的令人振奋的实验结果之后，比利时医生开始测定 HIV/AIDS 疫苗在人体上防止 HIV 病毒感染的有效性。

2006 年 第一种针对癌症病因的疫苗问世。人类乳头状瘤病毒（HPV）疫苗现已在许多国家常规使用以预防宫颈癌。

2010 年 西班牙巴塞罗那瓦尔德希布伦大学医院为一名 31 岁男子进行了首例全脸移植手术。

2013 年 美国密歇根大学的外科医生通过外科手术将一个 3D 打印（三维打印）的人工气管植入一个 3 个月大的男婴体内。这是第一次使用 3D 打印拯救了一个孩子的生命。

2016 年 美国食品和药物管理局批准首个用于糖尿病的人工胰腺。可监测患者的血糖水平，并在需要时自动输送胰岛素。

词汇表

CT 扫描

利用 X 射线和电脑对活组织产生断层扫指及三维重建的一种成像技术。

DNA（脱氧核糖核酸）

身体中细胞内的分子，由两条携带着构建细胞和启动细胞所需的遗传信息的核糖核酸链组成。

X 射线

高能射线的一种透射身体可将骨头显影在感光片上。

癌症

几种不同的疾病中的一种，例如肺癌和乳腺癌，由细胞分裂失控并生长产生肿块所致。

氨基酸

蛋白质的构造成分，共有 20 种氨基酸。

病毒

非活体媒介，会导致人类疾病，如麻疹和感冒。

病原体

细菌、病毒、原生生物、真菌或其他能导致机体疾病的微生物。

肠道

食物通道的另外一个名称。

超声

通过高频声波对成长的胎儿或其他身体组织生成影像的成像技术。

磁共振成像（MRI）

运用磁学、电波和电脑对身体内的软硬组织生成影像的成像技术。

磁共振血管成像（MRA）

用 MRI 产生血管的影像。

蛋白质

体内的一种物质，在构建细胞、携带氧气和制造酶类等很多方面起作用。

等位基因

相同基因的两种或两种以上形式中的一种，例如控制眼睛颜色的基因。

电子显微镜

利用磁铁聚焦电子束，产生高磁性化的身体组织影像的显微镜。

二氧化碳

细胞呼出的无用产物，为一种气体，通过呼吸从身体排出。

反射活动

对刺激产生自动的、不变的、无意识的快速反应，从而保护机体远离危险。

放疗

一种用高能量的放射线杀死癌细胞的方法。

放射性的

形容能释放可能对人体有害的原子颗粒的某种成分。

放射性核素扫描

通过放射性物质，发现骨或者其他组织的活性的一种成像技术。

负反馈

在体内逆转不想要的变化的控制系统，比如体温升高或过多增加血液中的激素数量。

腹部

在胸腔和腿的顶部之间，躯干的下部（身体的中部）。

肝的

描述某些和肝相关的物质。

感染

导致疾病的微生物，如细菌，它们可以在身体表面或者里面生长。

膈

屋顶样的片状肌肉，分隔胸腔和腹腔并在呼吸中起重要作用。

骨化作用

骨形成的过程。

冠心病

供给心脏壁的冠状血管狭窄，导致心肌的损害。

光感受器

眼睛中的能感受光的受体。

光学显微镜

通过玻璃镜头聚焦，从而生成放大的影像的装置。

含氮碱基

脱氧核糖核酸携带的产生信息的四个碱基（腺嘌呤、鸟嘌呤、胞嘧啶、胸腺嘧啶）。

毫秒

一秒的千分之一。

黑色素

一种能够使皮肤、头发和眼睛表现出颜色的色素。

化学感受器

感觉器，如舌头上的感受器，检测溶于水的化学成分。

怀孕

胚胎植入子宫后到婴儿充分发育出生的一段时期，通常是 38 ～ 40 周。

机械性感受器

能够探测触摸和声波形成的压力的感觉受体，比如在皮肤和耳中发现的那些感觉受体。

基因密码

将 DNA 的碱基对序列携带的信息转化成蛋白质中的氨基酸序列。

基因组

一组染色体中的所有 DNA，人类有 23 对染色体。

激素

化学信息，由内分泌腺生成和释放，可以影响靶细胞的活动。

疾病

身体中一个或多个控制系统的异常，通常是短期存在，机体可以自我修复。

结缔组织

一种组织（如软骨），可将其他组织连接在一起，支持身体。

抗体

某些免疫系统的细胞释放的物质，可以使病原体失活或者将其标记为待破坏的。

酶

蛋白催化剂，可以在很大程度上加速细胞内外化学反应的速率，在消化中起着重要作用。

纳米技术

是用单个原子、分子制造物质的科学技术。

脑磁技术（MEG）

一种用图像反映大脑活动的技术。

脑电图（EEG）

脑电图机记录的由大脑内的电变化引起的脑波。

内窥镜

可弯曲的可视装置，用于观察体内的空腔脏器和空腔。

能量

开展工作的能力，对于保持细胞功能是必需的。

黏液

呼吸系统和消化系统产生的黏稠的、光滑的用以保护和润滑的液体。

尿路片

通过将对照介质引入泌尿系统的 X 射线体层摄影。

凝胶电泳

使用电流通过装载分子的胶柱，分离不同大小分子的技术。

胚胎

对受精后的前 8 周的发育期的命名。

器官

身体的一部分，比如胃，有一种或多种特定的作用，并且由两种或两种以上的组织构成。

青春期

开始于十二三岁，童年和成年之间的一段时期。

染色体核型

按照大小排列的一套完整的染色体的图片。

韧带

一种带状或片状的坚韧的结缔组织，主要作用是在关节处连接骨骼。

软骨

关节内覆盖在骨头末端的坚韧的结缔组织，起到支持身体的作用。

伤害性感受器

一种能够对可能的伤害性刺激产生反应并产生疼痛感觉的感受器。

神经冲动

以电信号形式在神经纤维上运行的一种高速度信息。

神经递质

当一个神经冲动传到神经纤维末梢突触时产生的化学物质，它可以使相邻的神经元发生电冲动。

手术

对疾病或损伤的直接治疗，通常是运用手术器械打开身体。

受精卵

精子和卵子结合产生的细胞。

受体

对一个刺激，如光或者触碰产生反应的，可形成神经冲动到达神经元。

胎儿

受精后 9 周到出生前，在子宫内发育的幼儿。

胎盘

怀孕过程中，在子宫内形成的器官，它能够给胎儿提供食物和氧气，并且带走废物。

透明软骨

软骨的一种，看起来有光泽，覆

盖在关节骨头的末端。

突触

相邻神经元之间的连接。

吞噬细胞

白细胞的通称，包括中性粒细胞和巨噬细胞，它们能够吞噬和毁灭入侵的病原体。

微生物

对微小有机体的通称。

微小有机体

活的生物，比如细菌，只能用显微镜观察。

胃的

形容和胃相关的物质。

温度显像

运用身体散发出来的热量产生颜色编码图像的成像技术。

文艺复兴

14—16世纪，欧洲的国家在艺术和科学方面迅猛发展。

无氧呼吸

不需要氧气从糖类中释放能量的一种细胞呼吸方式。

细胞呼吸

发生在细胞中的细胞质和线粒体上，从糖类和其他燃料中释放能量的过程。

细胞器

细胞内的结构，比如线粒体，有一种或多种特定的功能。

细菌

一群单细胞的微生物，其中的一些会在人类中导致疾病，如结核分枝杆菌。

下丘脑

大脑的一部分，通过神经系统、垂体或内分泌系统控制身体的温度、饥渴和其他身体活动。

纤毛

来自身体中某些细胞的微细的、类似头发的突出成分，可以移动它们表面的物质，如黏液。

纤维软骨

软骨的一种类型，富含胶原，如椎间盘。

显微照相

利用光学显微镜或电子显微镜进行的拍照。

线粒体

一种细胞器，有氧呼吸在此发生，并释放能量。

腺体

能分泌一种化学成分进入或在身体表面的细胞的集合。

心电图（ECG）

心电图机记录的由心跳引起的电变化。

心脏的

形容和心脏有关的物质。

新陈代谢

在机体细胞内发生的所有的化学反应。

信使核糖核酸（mRNA）

能够复制DNA片段，并且把片段中的信息从细胞核转运到细胞质中形成蛋白质。

胸腔

身体的上部（身体的中央），位于颈部和腹部之间。

氧气

在呼吸过程中被机体吸入的气体，在细胞呼吸过程中被细胞利用通过葡萄糖释放能量。

意识

由大脑皮质区域产生的对自我和环境的知觉。

营养素

食物的成分，比如碳水化合物，是机体正常运行所需的物质。

有丝分裂

当细胞从母细胞一分为二，成为两个完全相同的细胞时，染色体发生的分裂。

有氧呼吸

利用氧气从糖类中释放能量的一种细胞呼吸方式。

原生生物

单细胞微生物中的一员，其中一些会导致疾病，如疟疾。

诊断

通过病人描述的症状体征，医生对一种异常或者疾病的鉴定。

正电子发射计算机断层显像（PET）

通过把放射性物质注入体内形成图像来显示脑内和一些器官的活动。

肿瘤

细胞快速分裂，导致组织异常生长。

紫外辐射

阳光中正常存在的辐射，过分暴露会对皮肤产生损害。

组织

同种类型或相似类型的细胞一起工作，执行特定的功能。

致 谢

Dorling Kindersley would like to thank Lynn Bresler for proof-reading and the index; Christine Heilman for Americanization; and Dr. Olle Pellmyr for her yucca moth expertise.

Picture Credits

The publisher would like to thank the following for their kind permission to reproduce their photographs:

Abbreviations key:
t-top, b-bottom, r-right, l-left, c-centre, a-above, f-far

1 Science Photo Library: John Kaprielian (clb). 8 Getty Images: Kathy Collins (crb); Robert Harding World Imagery (l). N.H.P.A.: NASA/ T&T Stack (cla). 9 N.H.P.A.: Guy Edwards (tl); Eric Soder (cra). 10 Science Photo Library: J.C Revy (c). 11 Getty Images: Panoramic Images (tr). N.H.P.A.: Roger Tidman (br). 12 Getty Images: Shoichi Itoga (br). Science Photo Library: Pascal Goetcheluck (crb). 13 Science Photo Library: Andrew Syred (tc); M I Walker (tl). Still Pictures: Ed Reschke (cr). 14 Science Photo Library: Dr. Jeremy Burgess (c); Dr. Morley Read (bl); J.C Revy (bc). 15 Alamy Images: Rubens Abboud (cr). N.H.P.A.: Steve Dalton (br). Science Photo Library: Mike Boyatt / Agstock (tc); Scott Camazine (bc); Eye of Science (tr). 17 Scotty Kyle, Conservation Officer, Greater St Lucia Wetland Park (www.zulu.org.za): (tl). N.H.P.A.: Andrew Gagg ARPS (br). Science Photo Library: John Kaprielian (cl); John Kaprielian (clb). 18 Science Photo Library: Dr. Jeremy Burgess (cb); Dr Tim Evans (bl); Eye of Science (cl). 19 Science Photo Library: Dr. Jeremy Burgess (br); Susumo Nishinaga (bc); Andrew Syred (fbr). 20 Alamy Images: Christine Webb (br). Holt Studios International: Nigel Cattlin (cl). Nature Picture Library: Chris O'Reilly (bl). Science Photo Library: M I Walker (tl). 20-21 Science Photo Library: Colin Cuthbert (t). 21 Ardea.com: P Morris (br); Kenneth W Fink (bl). 22 Getty Images: Andy Rouse (br). 23 Ardea.com: Francois Gohier (cra, crb); Francois Gohier (br). Getty Images: Jeri Gleiter (bl). Photolibrary.com: Oxford Scientific Films (tr); Oxford Scientific Films (clb). 24 Corbis: David Spears (cr). Science Photo Library: NASA/Goodard Space Flight Centre (bl). 25 Ardea.com: Francois Gohier (br). Corbis: Stephen Frink (bc). N.H.P.A.: Norbert Wu (bl). Science Photo Library: Mandred Kage (tr); Dr Ann Smith (tl). 26 Science Photo Library: David Scharf (cra). 27 Alamy Images: Blickwinkel (tr); Roger Phillips (tl). Ardea.com: Thomas Dressler (br); J L Mason (clb). Science Photo Library: Jan M Downer (ftl); Microfield Scientific Ltd (c); Andrew McClenaghan (crb); Duncan Shaw (tc); K Wise (cla); John Wright (ftr). Still Pictures: Darlyne A Murawski (bl). 28 Corbis: Hal Horwitz (clb). 28-29 Ardea.com: Bob Gibbons (c). 29 Alamy Images: Brian Harris (cra). Nature Picture Library: Tony Evans (tr). Science Photo Library: Susumo Nishinaga (bl). 30 Getty Images: Panoramic Images (bc). Natural Visions: Heather Angel (br). Science Photo Library: Simon Fraser (l). 31 Alamy Images: David Wall (bc). Corbis: Tony Wharton; Frank Lane Picture Agency (br). Nature Picture Library: Niall Benvie (bl). 32 N.H.P.A.: Alberto Mardi (b). 33 Alamy Images: Ian Evans (tr). Nature Picture Library: Adam White (br). Science Photo Library: Claude Nuridsany & Marie Perrenou (cb). 34 Nature Picture Library: Brian Lightfoot (br). Science Photo Library: Duncan Shaw (tl). 35 Bryan and Cherry Alexander Photography: B & C Alexander (tl). Ardea.com: Ingrid van den Berg (b). 36 Science Photo Library: Dr. John Brackenbury (b). 37 Alamy Images: Andre Seale (br). N.H.P.A.: Otto Rogge (bl). 39 N.H.P.A.: Simon Colmer (tc); Simon Colmer (tr). 40 Science Photo Library: Dr. Jeremy Burgess (cr); Susumo Nishinaga (cl). 41 Alamy Images: M P L Fogden (cr). N.H.P.A.: N A Callow (cl); Ken Griffiths (bl); Martin Harvey (tr). Science Photo Library: Leonard Lessin (tl); Leonard Lessin (tc); Anthony Mercieca (br). 42 Ardea.com: Ake Lindau (cr). Science Photo Library: Dr. Jeremy Burgess (tl). 43 Photolibrary.com: Oxford Scientific Films (br). Science Photo Library: Claude Nuridsany & Marie Perrenou (tr); Derrick Ditchburn (bl). 44 N.H.P.A.: Harold Palo Jr. (l). 45 Alamy Images: Steve Bloom (cl). N.H.P.A.: Stephen Krasemann (bl). Nature Picture Library: Jurgen Freund (fcr). Photolibrary.com: Oxford Scientific Films/Patti Murray (cr). 46 Science Photo Library: Eye of Science (bl). 47 Alamy Images: Imagebroker/Christian Handl (cl). Nature Picture Library: Jason Smalley (tr). Photolibrary.com: Oxford Scientific Films/ Terry Heathcote (bl). Rex Features: BEI/O Pimpare (c). 48 Alamy Images: Caroline Woodley (t). Getty Images: Robert Harding World Imagery/Oliviero Olivieri (bl). 49 FLPA - Images of Nature: David Hosking (cl). 50 Getty Images: Skip Brown (r). 51 Alamy Images: David Moore (bc). Corbis: Paul A. Souders (br). Getty Images: Michael Edwards (tl). 52 Science Photo Library: Claude Nuridsany & Marie Perrenou (bl, br); Ken Everden (tl). 53 Corbis: Richard A. Cooke (bl); Clay Perry (tr). Nature Picture Library: Tony Evans (tc). Science Photo Library: Peter Menzel (bc). 54 Alamy Images: blickwinkel (br). DK/Weald and Downland Open Air Museum, Chichester: (bl). FLPA - Images of Nature: Larry West (fbr). 54-55 Getty Images: Rich Iwasaki (t). 55 Getty Images: Siefgried Layda (b). Science Photo Library: Colin Cuthbert (c). 56 Alamy Images: Kevin Lang (clb). Ecoscene: Christine Osborne (bl). FLPA - Images of Nature: Minden Pictures/Frans Lanting (bc). Getty Images: Chris Cheadle (tl). N.H.P.A.: George Bernard (br). Nature Picture Library: John Downer (fbr). 57 Alamy Images: Fabrice Bettex (br); Peter Bowater (tl). FLPA - Images of Nature: Minden Pictures/Mark Moffett (c). 58 Getty Images: Joseph Van Os (c). 59 N.H.P.A.: George Bernard (br); Laurie Campbell (tr). Nature Picture Library: Juan Manuel Borrero (cra); Neil Lucas (crb). 60 Ardea.com: Kenneth W Fink (bl). N.H.P.A.: James Carmichael Jnr (c). 60-61 Corbis: Wolfgang Kaehler. 61 Alamy Images: Danita Delimont (bc). Corbis: Staffan Widstrand (tr). FLPA - Images of Nature: Minden Pictures/Mark Moffett (bl). Science Photo Library: Vaughan Fleming (cr); Sincair Stammers (tc). 62 Alamy Images: Jacques Jangoux (l). Garden and Wildlife Matters: (cr). Still Pictures: Jean-Leo Dugast (bc). 63 Alamy Images: Roger Phillips (br). FLPA - Images of Nature: B Borell Casals (bl). Holt Studios International: Nigel Cattlin (tc); Nigel Cattlin (ftr). Still Pictures: JP Delobelle (tr). 64 Alamy Images: Chris Fredriksson (c). Richard Markham INIBAP, Montpellier: (cra). Natural Visions: Heather Angel (b). Nature Picture Library: Mark Payne-Gill (t). 65 Ardea.com: John Daniels (clb). FLPA - Images of Nature: Ian Rose (cla). Natural Visions: Heather Angel (cl). Nature Picture Library: Tony Heald (tl). Photolibrary.com: Bert & Babs Wells (r). 66 Alamy Images: Nigel Cattlin/Holt Studios International Ltd (br). Science Photo Library: Eye of Science (clb). 67 Holt Studios International: Nigel Cattlin (bc). N.H.P.A.: N A Callow (c); Sephen Dalton (tr). Cornell University (www.cimc.cornell.edu): (fclb). 68 N.H.P.A.: Pete Atkinson (bc). Science Photo Library: Ron Bass (tr). 68-69 Science Photo Library: Sally McCrae Kuyper (b). 69 FLPA - Images of Nature: Martin B Withers (tc). Holt Studios International: Nigel Cattlin (fcrb). Still Pictures: Ed Reschke (c). 70 Alamy Images: Worldwide Picture Library (tc). 70-71 Getty Images: Tom Bean (b). 71 Alamy Images: Robert Harding Picture Library Ltd (tc). FLPA - Images of Nature: Minden Pictures/Carr Clifton (cra). Gary James: (tr). Lonely Planet Images: Woods Wheatcroft (ftr). Photolibrary.com: Michael Leach (br); Oxford Scientific Films (bl). 72 Alamy Images: Pavel Filatov (tl). Getty Images: Photonica (r). 73 Alamy Images: Douglas Peebles (cra); David Sanger (br). Lonely Planet Images: Grant Dixon (crb). Natural Visions: Heather Angel (tr). 74 FLPA - Images of Nature: Michael Rose (cl). Holt Studios International: Nigel Cattlin (clb). 74-75 Alamy Images: David Sanger (c). 75 Alamy Images: Sue Cunningham (bc). Nature Picture Library: Christophe Courteau (cra); Jeff Foott (crb). 76 Alamy Images: Stephen Bond (cl); David Sanger (br). Getty Images: Theo Allofs (bc); Bruno De Hogues (bl). 76-77 Getty Images: Photonica (c). 77 Alamy Images: Aflo Foto Agency (bl). Corbis: Roger Tidman (crb). FLPA - Images of Nature: Ian Rose (cra); Tony Wharton (tr). Getty Images: Neale Clarke (tl). Science Photo Library: Alexis Rosenfeld (br). 78 Science Photo Library: Tommaso Guicciardini (cl). 80 Ardea.com: B McDairmanti (l). South American Pictures: Tony Morrision (cr). 81 Alamy Images: Mark Bolton Photography (tc); David Hoffman Photo Library (bl); Edward Parker (tl). Science Photo Library: Prof. David Hall (tr). 82 Corbis: Robert Essel NYC (b). Photolibrary.com: Lon E Lauber (c). 83 Alamy Images: Lise Dumont (cra); the Garden Picture Library (cr). Getty Images: Jon Bradley (bl). Science Photo Library: Agstock/Harris Barnes Jr (cla). Still Pictures: Ron Giling (bc). 84 Alamy Images: Nigel Cattlin/Holt Studios International Ltd (tr); Photo3 (br). Getty Images: Heather Roth (bl). 85 Alamy Images: blickwinkel (tl); Phototake Inc (br). Corbis: Sygma/Tore Bergsaker (cra); Bettmann (fcr); Kevin Schafer (clb). Lonely Planet Images: Lee Foster (cla). 86 Corbis: Tiziana and Gianni Baldizzone (bl). Getty Images: Jenifer Harrington (bc). Jeff Moore (jeff@jmal.co.uk): (c). 87 WWF-Canon: Martin Harvey (tl). Corbis: Buddy Mays (cr); Richard Hamilton Smith (bc). FLPA - Images of Nature: Minden Pictures/Frans Lanting (bl). Getty Images: Nigel J Dennis (tc). N.H.P.A.: ANT Photo Library (clb). 88 Ardea.com: Jean-Paul Ferrero (r). Corbis: Annebicque Bernard/ Sygma (l). 89 Alamy Images: Stock Connection (tl). Ardea.com: Richard Porter (fbl). Rebecca Cairns-Wicks: (bc). Corbis: Jim Richardson (cla, clb); Leonard de Selva (cra). Getty Images: Angelo Cavalli (crb). Craig Hilton-Taylor: (br). Jeff Moore (jeff@jmal.co.uk): (tr). Wendy Strahm, PhD: (fbr).

Dorling Kindersley would like to thank Lynn Bresler for proof-reading and the index; Margaret Parrish for Americanization; and Niki Foreman for editorial assistance.

David Burnie would like to express his warm thanks to Dr. George McGavin for his help and advice during the preparation of this book, and also to Clare Lister of Dorling Kindersley, for her enthusiasm and expertise in bringing the book to completion.

Picture Credits

The publisher would like to thank the following for their kind permission to reproduce their photographs:

Abbreviations key:
t-top, b-bottom, r-right, l-left, c-centre, a-above, f-far

1 DK Images: Frank Greenaway c. 2 Science Photo Library: Claude Nuridsany & Marie Perennou c. 3 FLPA: Mark Moffett/Minden Pictures c. 4 Corbis: Lynda Richardson c. 7 DK Images: Dave King crb. 98 DK Images: Dave King cl; Jane Burton crb. 98 Warren Photographic: car. 98-99 Corbis: W. Cody. DK Images: Frank Greenaway. 98 Ardea.com: Pascal Goetgheluck cbr. 99 Corbis: Hyungwon Kang/Reuters cra. DK Images: Colin Keates bcl. Nature Picture Library Ltd: Duncan McEwan bcr; Nick Garbutt cr. 100 DK Images: Frank Greenaway cb; Geoff Dann clb; Kim Taylor cbr. Warren Photographic: bcl. 100-101 DK Images: Colin Keates. 101 Alamy Images: Nigel Cattlin/ Agency Holt Studios International Ltd bcr. Corbis: Gary W. Carter br; George D.Lepp cr; Michael Clark/Frank Lane Picture Agency cfr. N.H.P.A.: Stephen Dalton tcr. Science Photo Library: Susumu Nishinaga cbl. Warren Photographic: tr. 102 Alamy Images: David Sanger tcr. Ardea.com: Alan Weaving cb. Corbis: Ralph A.Clevenger cr. DK Images: Frank Greenaway clb; Steven Wooster br. 103 Corbis: Carl & Ann Purcell bcl; Strauss/Curtis cbl. DK Images: Colin Keates cr, bcr; Francesca Yorke cra; Frank Greenaway tc, ca. 104 The Natural History Museum, London: ca. OSF/photolibrary. com: b. 105 Natural Visions: crb. DK Images: Dave King tr. FLPA: Michael & Patricia Fogden/ Minden Pictures cfr. Science Photo Library: Claude Nuridsany & Marie Perennou cal; Eye of Science bcl; Vaughan Fleming bc. 106 Science Photo Library: Claude Nuridsany & Marie Perennou bl; Dr Jeremy Burgess clb. 107 Nature Picture Library Ltd: Hans Christoph Kappel tr. N.H.P.A.: Ant Photo Library br. 108 Science Photo Library: Eye of Science clb, cfl; John Burbidge ca. 109 DK Images: Frank Greenaway cr, cb, crb; Kim Taylor cbr; Peter Anderson car, tcr. N.H.P.A.: George Bernard cbl. Science Photo Library: Claude Nuridsany & Marie Perennou cal, tcl. 110 N.H.P.A.: Stephen Dalton cbr. Getty Images: National Geographic bl. 110-111 Warren Photographic. 111 Ardea. com: John Mason bcl. Warren Photographic: br. Professor Dr. Ruediger Wehner: car. 112 DK Images: Frank Greenaway bl. N.H.P.A.: George Bernard tcr. 112-113 DK Images: Frank Greenaway. 113 Auscape: cfr. DK Images: Frank Greenaway bl, bc, br, cbl. N.H.P.A.: Robert Thompson tcr. OSF/photolibrary.com: cbl. Warren Photographic: tc. 114 DK Images: Steve Gorton bl. 114-115 DK Images: Dave King. 115 Alamy Images: Nigel Cattlin/Holt Studios International Ltd cbr; Wildchromes tr. DK Images: Jerry Young crb. Science Photo Library: Claude Nuridsany & Marie Perennou tc. Warren Photographic: cr. 116 DK Images: Colin Keates/The Natural History Museum, London bcr; Frank Greenaway crb; Kim Taylor tl, cla, bl. 117 DK Images: Steve Gorton t. N.H.P.A.: Alan Barnes bcl. Warren Photographic: br. 118-119 Warren Photographic. 119 DK Images: Colin Keates car; Dave King cfr; Frank Greenaway car; Frank Greenaway/The Natural History Museum, London cra; Steve Gorton tc. N.H.P.A.: Stephen Dalton cl. Warren Photographic: tl. 120-121 DK Images: Frank Greenaway. 121 Alamy Images: Maximilian Weinzierl tl; NaturePicks car. DK Images: Neil Fletcher br, tcr. N.H.P.A.: Stephen Dalton cbr. OSF/photolibrary.com: ca. Science Photo Library: Andy Harmer cr. 122 DK Images: Frank Greenaway clb, cfl. Nature Picture Library Ltd: Martin Dohrn tr. 122-123 DK Images: Frank Greenaway. 123 Michael and Patricia Fogden: crb. Nature Picture Library Ltd: Premaphotos cfr. 124 Natural Visions: bl. Corbis: Clouds Hill Imaging Ltd cb. DK Images: Neil Fletcher ca. Science Photo Library: Claude Nuridsany & Marie Perennou car. 124-125 DK Images: Neil Fletcher. 125 DK Images: Neil Fletcher tl, c, br. N.H.P.A.: M.I. Walker tr. OSF/ photolibrary.com: ca. 126 Corbis: Michael & Patricia Fogden bl. OSF/photolibrary.com: cra, bcr. 126-127 OSF/photolibrary.com. 127 N.H.P.A.: George Bernard cl. OSF/photolibrary. com: cla, br. Warren Photographic: car, tcr. 128 DK Images: Geoff Brightling/Peter Minster car. Nature Picture Library Ltd: Martin Dohrn b. 129 DK Images: Steve Gorton/Oxford Museum of Natural History tl. Science Photo Library: Dr Gary Gaugler bl; John Burbidge cfl; Sinclair Stammers cla, crb. Warren Photographic: cra, car. 130 DK Images: Frank Greenaway cbr; Kim Taylor cbl. OSF/photolibrary.com: clb, cb. 131 N.H.P.A.: Stephen Dalton cfr. OSF/photolibrary. com: tr. Science Photo Library: Eye of Science ca; Sinclair Stammers crb. Warren Photographic: tl. 132 Corbis: Gary W. Carter bl. Science Photo Library: bcr; J.C.Revy cb; VVG ca. 133 DK Images: Frank Greenaway br; Steve Gorton cbl. Nature Picture Library Ltd: Premaphotos tcl. Science Photo Library: Claude Nuridsany & Marie Perennou tr. 134 Alamy Images: Maximilian Weinzierl cbr. FLPA: Minden Pictures clb. Nature Picture Library Ltd: Premaphotos tl. Science Photo Library: Darwin Dale/Agstock cb. 135 DK Images: Kim Taylor cbl. N.H.P.A.: Stephen Dalton cb. Science Photo Library: Claude Nuridsany & Marie Perennou tr; Michael Abbey cal. 136 DK Images: Oxford Scientific Films b. Science Photo Library: Susumu Nishinaga tl. 137 DK Images: Howard Rice cb; Kim Taylor tr. N.H.P.A.: Robert Thompson tl. Warren Photographic: clb, cfr. 138 Ardea.com: D.W.Greenslade cfl. DK Images: Neil Fletcher cfl. N.H.P.A.: Stephen Dalton bl. OSF/ photolibrary.com: bcr. Warren Photographic: clb. 138-139 N.H.P.A.: James Carmichael JR. 139 Corbis: David A. Northcott tr. N.H.P.A.: Stephen Dalton tcl. Science Photo Library: Darwin Dale/Agstock tc. 140 DK Images: Gables cfl. Warren Photographic: car. 140-141 N.H.P.A.: Anthony Bannister. 141 DK Images: Steve Gorton/Oxford University Museum cfr. The Natural History Museum, London: cbr. N.H.P.A.: Stephen Dalton tr. 142 DK Images: Frank Greenaway/The Natural History Museum, London car. Nature Picture Library Ltd: Ingo Arndt b. 143 DK Images: Frank Greenaway crb. Holt Studios International: ca. N.H.P.A.: Anthony Bannister cfl. OSF/photolibrary.com: bc, br, bcr. 144 DK Images: Colin Keates/The Natural History Museum, London clb; Jerry Young bl. 144-145 N.H.P.A.: Anthony Bannister. 145 Natural Visions: bcl. DK Images: Frank Greenaway tr, cr, cbl; Frank Greenaway/ The Natural History Museum, London c, tc; Harry Taylor/The Natural History Museum, London br. N.H.P.A.: Stephen Dalton crb. 146 N.H.P.A.: Daniel Heuclin clb. 146-147 Warren Photographic. 147 Alamy: Ashok Captain/ Agency Ephotocorp crb. DK Images: Colin Keates tcr; Frank Greenaway tc, tr. FLPA: tcl. Getty Images: Taxi c. 148 Corbis: Galen Rowell tr. Warren Photographic: b. 149 Ardea.com: Steve Hopkin br. Holt Studios International: t. Nature Picture Library Ltd: cl; Richard Bowsher c. Warren Photographic: bcl. 152 Alamy Images: Maximilian Weinzierl cfl. FLPA: Mitsuhiko Imamori/Minden Pictures b. N.H.P.A.: Eric Soder tr. 153 DK Images: Frank Greenaway tl; Jane Burton br. FLPA: Michael & Patricia Fogden/Minden Pictures clb, bl, cfl. N.H.P.A.: Daniel Heuclin tr. 154 Nature Picture Library Ltd: Hans Christoph Kappel cfl. 154 OSF/ photolibrary.com: bl. 154-155 Science Photo Library: Andrew Syred. 155 Ardea.com: cr. DK Images: Frank Greenaway tcl; Kim Taylor cfr. N.H.P.A.: Anthony Bannister bc. OSF/ photolibrary.com: tr. 156 Corbis: Michael & Patricia Fogden tr. DK Images: Neil Fletcher bl, bc, bcl. 156-157 DK Images: Linda Whitwam; Neil Fletcher. 157 Natural Visions: cbr. Ardea. com: bcr; Alan Weaving cr. DK Images: Frank Greenaway cbr; Neil Fletcher cl. Ecoscene: tcr. Nature Picture Library Ltd: car; Robin Chittenden cra. N.H.P.A.: Gerry Cambridge tcr. 158 DK Images: Andy Crawford/Gary Stabb - modelmaker bcl; Dave King c, cfl; Frank Greenaway cb; Jane Burton bl; Kim Taylor br. N.H.P.A.: John Shaw tc, tr. 159 Corbis: Roy Morsch br. DK Images: Frank Greenaway cl; Frank Greenaway/The Natural History Museum, London cl; Kim Taylor c. Nature Picture Library Ltd: Ingo Arndt bl. N.H.P.A.: John Shaw tl, tc, tr. Jerry Young tr; Ted Benton crb. 160-161 DK Images: Kim Taylor and Jane Burton. 161 Corbis: Pat Jerrold/Papilio tcr. DK Images: Jerry Young tr; Ted Benton crb. FLPA: Mitsuhiko Imamoril/Minden Pictures cfr. OSF/ photolibrary.com: cl. 162 Ardea.com: cla. DK Images: Frank Greenaway cbr, cfl; Kim Taylor cl; Steve Gorton/Oxford University Museum c. OSF/photolibrary.com: bl. Warren Photographic: cr. 162-163 FLPA: Mitsuhiko Imamori/Minden Pictures. 163 Ardea.com: cbr; Steve Hopkin cra. FLPA: Mitsuhiko Imamori/ Minden Pictures crb. Nature Picture Library Ltd: David Welling bc. 164 Corbis: Michael T. Sedam b; Wolfgang Kaehler car. 165 Natural Visions: tl. Ardea.com: John Mason br; Steve Hopkin cla. DK Images: Frank Greenaway car; Guy Ryecart/The Ivy Press Limited cfr. FLPA: Fritz Polking cbl. 166 DK Images: Frank Greenaway cla, clb, cfl. Nature Picture Library Ltd: Andrew Cooper br; Pete Oxford bl; Premaphotos bc. 166-167 DK Images: Oxford Scientific Film. 167 Ardea.com: Alan Weaving bc. Nature Picture Library Ltd: Hermann Brehm bl; Martin Dohrn br. 168-169 DK Images: Frank Greenaway. 169 DK Images: Geoff Dann bcl. Nature Picture Library Ltd: John B Free tcl. OSF/photolibrary.com: tc. Warren Photographic: br. 170 DK Images: Kim Taylor c. 170-171 DK Images: Kim Taylor. Warren Photographic. 171 Natural Visions: crb. Ardea. com: Steve Hopkin car. DK Images: Frank Greenaway cbl. N.H.P.A.: Anthony Bannister crb; Stephen Dalton cb. OSF/photolibrary.com: cbr. 172 DK Images: Jerry Young c. Warren Photographic: cla. 172-173 N.H.P.A.: Manfred Danegger. 173 Natural Visions: tcl. FLPA: Konrad Wothe/Minden Pictures bcr; Treat Davidson car. Nature Picture Library Ltd: Premaphotos tcr. N.H.P.A.: N.A. Callow cbr; Steve Robinson cr. Science Photo Library: B.G Thomson cbl. 174 Science Photo Library: Sinclair Stammers tr, c. 174-175 FLPA: Mitsuhiko Imamori/Minden Pictures. 175 Nature Picture Library Ltd: John Cancalosi br. N.H.P.A.: Eric Soder tr; Martin Harvey tl. Science Photo Library: David Scharf cfr. 176 Holt Studios International: bl. OSF/ photolibrary.com: cl. 176-177 FLPA: Frans Lanting/Minden Pictures. 177 Jeffrey A. Lockwood: br, cbr. 178 Corbis: Michael Pole bl; Wolfgang Kaehler cra. 179 Alamy Images: Steve Fallon/Agency LifeFile Photos Ltd cl. Corbis: Naturfoto Honal tc. DK Images: Frank Greenaway cr. N.H.P.A.: Daniel Heuclin tl. Science Photo Library: Jack K. Clark/Agstock tr; Peter Menzel bcl. 180 Ardea.com: tr. 180-181 Science Photo Library: Peter Menzel. 181 ASA-Multimedia: Thomas Kujawski cb. 181 DK Images: Colin Keates br; Nigel Hicks car. The Natural History Museum, London: crb. N.H.P.A.: Ant Photo Library tr. Eric Preston: cfr. Science Photo Library: Debra Ferguson/Agstock tcl. 184 DK Images: Frank Greenaway l. 185 DK Images: Frank Greenaway r. 186 DK Images: Frank Greenaway l. 187 DK Images: Frank Greenaway r.

Dorling Kindersley would like to thank Andy Bridge for proof-reading and Hilary Bird for the index; Margaret Parrish for Americanization; and Niki Foreman for editorial support.

Picture Credits

The publisher would like to thank the following for their kind permission to reproduce their photographs:

(Abbreviations key: t=top, b=below, r=right, l=left, c=centre, a = above)

2: Auscape/John & Lorraine Carnemolla; 189: Nature Picture Library/Ron O'Connor; 4-5: OSF/photolibrary.com/Daniel Cox; 190: Ardea/Masahiro Iijima (bl); 190-191: N.H.P.A/Andy Rouse (c), Seapics.com (b); 192: Getty Images/Paul Nicklen (b); 193: Nature Picture Library/Anup Shah (bl), N.H.P.A/Martin Harvey (cl), (tr), Science Photo Library/GE Medical Systems (tl); 195: Associated Press/Carnegie Museum of Natural History/Mark A. Klingler (cl); 196: National Geographic Image Collection/Jonathan Blair (cl); 198: Nature Picture Library/Dave Watts (cr), N.H.P.A/Ken Griffiths (cb); 198-199: N.H.P.A/Nigel J. Dennis (b); 199: Ardea/Ferrero-Labat (cl), M. Watson (tr), N.H.P.A/Nigel J Dennis (cr); 200: Nature Picture Library/Bernard Castelein (bc); 201: Nature Picture Library/E.A. Kuttapan (cb), 202: Ardea/Francois Gohier (bc), OSF/photolibrary.com/Mark Hamblin (t); 203: Nature Picture Library/Gertrud & Helmut Denzau (br); 204: Ardea/Francois Gohier (tr); 205: Corbis/Joe McDonald (br); 206: Corbis/Michael & Patricia Fogden (tl), Nature Picture Library/Dave Watts (br); 207: FLPA/Frans Lanting (cr), Jurgen & Christine Sohns (bl); Nature Picture Library/Anup Shah (tl), Bernard Walton (cl); 208: Ardea/M. Watson (tr), N.H.P.A/Rich Kirchner (b); 209: Ardea/Masahiro Iijima (r); N.H.P.A/Manfred Danegger (tl); 210: Ardea/Ferrero-Labat (cl), Ardea/Chris Knights (b), Natural Visions/Richard Coomber (c); 211: Auscape/John & Lorraine Carnemolla (tc), Nature Picture Library/Barrie Britton (cr), Nature Picture Library/Tony Heald (bl); 212: Alamy/Martin Ruegner (t), Getty Images/G.K & Vicky Hart (cr), (cra), (bl), Getty Images/Wayne Eastep (crb), Science Photo Library/Peter Chadwick (cl); 213: Corbis/Ralph A. Clevenger (br), Corbis/Michael & Patricia Fogden (bcl), Corbis/Lester Lefkowitz (t), Corbis/Joe McDonald (bl); 214: Ardea/Sid Roberts (bc), Ardea/M. Watson (br), Corbis/Dan Guravich (t), N.H.P.A/T. Kitchin & V. Hurst (bl); 215: Ardea/Eric Dragesco (br); 216: Alamy/Stephen Frink Collection/Masa Ushioda (tr), FLPA/Mitsuaki Iwago/Minden Pictures (bc); 217: Alamy/Stephen Frink Collection/Masa Ushioda (tr), Bryan And Cherry Alexander Photography (bc); 218: N.H.P.A/Stephen Dalton (bl); 218-219: Corbis/Tom Brakefield; 219: Ardea/John Swedberg (tl), Corbis (bl), Nature Picture Library/Dave Watts (cr), Nature Picture Library/Doug Perrine (cra), N.H.P.A/Rich Kirchner (tr), OSF/photolibrary.com/Daniel Cox (crb); 220: Corbis/Steve Kaufman (tl), Nature Picture Library/Bruce Davidson (bl), N.H.P.A/ANT Photo Library (bc); 221: Science Photo Library/Merlin Tuttle (br); 222: Ardea/Mary Clay (bc), Nature Picture Library/T. J. Rich (tr); 223: Natural Visions/Richard Coomber (bl); 224: Ardea/Paul Germain (bl),OSF/photolibrary.com/Daniel Cox (r); 225: Nature Picture Library/Peter Blackwell (bl), Nature Picture Library/Tony Heald (tr); 226: Corbis/Carl & Ann Purcell (tr), Natural Visions/C. Andrew Henley (br); 227: Ardea/Andrey Zvoznikov (cal), (cca), Ardea/Dennis Avon (tcl), DK Images/Jerry Young (tr), Nature Picture Library/Jim Clare (cl), Nature Picture Library/Brandon Cole (b), OSF/photolibrary.com/Alan & Sandy Carey (cr); 230: DK Images/Natural History Museum (bc), FLPA/Gerry Ellis/Minden Pictures (cla), The Natural History Museum, London (br), OSF/photolibrary.com/Steve Turner (ca); 230-231: OSF/photolibrary.com/Hilary Pooley; 231: Alamy/John Morgan (br); 232: Ardea /Elizabeth Bomford (cl), FLPA/Michael & Patricia Fogden/Minden Pictures (b); 233: Ardea/Pat Morris (tl), Corbis/Tom Brakefield (r), Nature Picture Library/Pete Oxford (cla), N.H.P.A./John Hartley (bl), Still Pictures/A. & J. Visage (cl); 234: Nature Picture Library/Doug Allan (b), T. J. Rich (c), OSF/photolibrary.com/Nick Gordon (tl); 235: Corbis/Raymond Gehman (cra), FLPA/Gerard Lacz (cr), FLPA/Mitsuaki Iwago/Minden Pictures (tr), Nature Picture Library/Bruce Davidson (b); 236: Nature Picture Library/Mark Payne Gill (tl); 237: Ardea/Chris Harvey (cl), OSF/photolibrary.com/Daniel Cox (tr), Still Pictures/Martin Harvey (bc); 238: FLPA/Minden Pictures (tl), National Geographic Image Collection/Warren Marr/Panoramic Images (bl), Nature Picture Library/Thomas D. Mangelsen (c); OSF/photolibrary.com/M Leach (br); 239: Ardea/Clem Haagner (tl), Corbis/Jeffrey L.Rotman (tr), OSF/photolibrary.com/Tim Jackson (bc); 240: Ardea/Chris Harvey (cr), FLPA/Gerard Laoz (l), FLPA/Philip Perry (br); 241: Ardea/Francois Gohier (t), N.H.P.A/Kevin Schaefer (c); 242: OSF/photolibrary.com/Martyn Colbeck (bc), (bl), (br); 243: Ardea/Augusto Stanzani (bl), (br), Corbis/Rod Patterson/Gallo Images (c), DK Images/Barrie Watts (tr); 244: Auscape/Jean-Paul Ferrero (bc), Auscape/David Parer & Elizabeth Parer-Cook (bl), (br), Natural Visions/C. Andrew Henley (tr); 245: Auscape/Mike Gillam (br), OSF/photolibrary.com/Farneti Foster Carol (tr), Still Pictures/John Cancalosi (tl); 246: Auscape/David Parer & Elizabeth Parer-Cook (bc), (cr), Nature Picture Library/Dave Watts (c); 247: Ardea.com/D. Parer & E. Parer-Cook (tl), Auscape/Jean-Paul Ferrero (cr), Steven David Miller (br), Nature Picture Library/Dave Watts (tr); 248: Corbis/Marko Modic (br), Nature Picture Library/Jeff Rotman (tr); 249: Corbis/Tom Brakefield (bl); 250: Nature Picture Library/ T.J. Rich (cb), Nature Picture Library/Anup Shah (r), N.H.P.A/Jonathan & Angela Scott (ca); 250-251: Corbis/John Conrad (b); 251: Ardea /Jean Michel Labat (cl); 252: Ardea/Francois Gohier (cl), Nature Picture Library/Anup Shah (bl), Photovault/Wernher Krutein (tr); 253: Ardea/Ian Beames (r), Corbis/ABC Basin Ajansi (bl), Nature Picture Library/Neil Lucas (tl); 254: DK Images/University College London (bcl), Nature Picture Library/Pete Oxford (bcr); 255: Ardea/M. Watson (crb), Corbis/Gallo Images (tr), Corbis/Jeffrey L. Rotman (cra), Nature Picture Library/Anup Shah (bl), (br); 256: Corbis/Yann Arthus-Bertrand (bl); 256-257: Corbis/Clem Haagner/Gallo Images (bl); 257: Ardea/Stefan Meyers (bl), FLPA/Foto Natura Stock (cr), Nature Picture Library/Staffan Widstrand (br); 258: Corbis/John Conrad (b), Nature Picture Library/Christophe Courteau (cl), Art Wolfe/Gavriel Jecan (cr), (cra), (tr); 259: DK Images/Jerry Young (b), Nature Picture Library/Pete Oxford (tr), Nature Picture Library/Doug Perrine (ca); 260-261: Nature Picture Library/Anup Shah; 261: Corbis/John Francis (cb), Nature Picture Library/Pete Oxford (ca), Nature Picture Library/Anup Shah (bc), Nature Picture Library/Bruce Davidson (tc); 262: Ardea/Jean Paul Ferrero (bl); 263: Getty Images/National Geographic/Norbert Rosing (tr), Nature Picture Library/Andrew Cooper (tl); 264: Corbis/Kennan Ward (cl), Nature Picture Library/Ingo Arndt (bl), Solvin Zankl (tr); 264-265: Nature Picture Library/Doc White (b), Corbis/Yann Arthus-Bertrand (c); 266: Ardea/John Mason (cr), Corbis/Roy Corral (br), Corbis/George McCarthy (tl); 267: Getty Images/National Geographic/Beverly Joubert (tl), FLPA/Michael & Patricia Fogden/Minden Pictures (tr), FLPA/Frans Lanting/Minden Pictures (tc), FLPA/S & D & K Maslowski (bc), Nature Picture Library/John Cancalosi (br), N.H.P.A./John Shaw (c); 268: Corbis/Archivo Iconografico, S.A (tl), Mary Evans Picture Library (cr); 268-269: Corbis/Keren Su (b); 269: Corbis/© Lucy Nicholson/Reuters (tl), Corbis/Najlah Feanny (br), DK Images/Christopher & Sally Gable (c); 270: Ardea/Kenneth W. Fink (ccr), OSF/photolibrary.com/Konrad Wothe (tl); 270-271: Ardea/Francois Gohier; 271: Corbis/Kevin Schafer (c), FLPA/Norbert Wu/Minden Pictures (cr), N.H.P.A/Martin Harvey (bc), OSF/photolibrary.com/Steve Turner (tr).

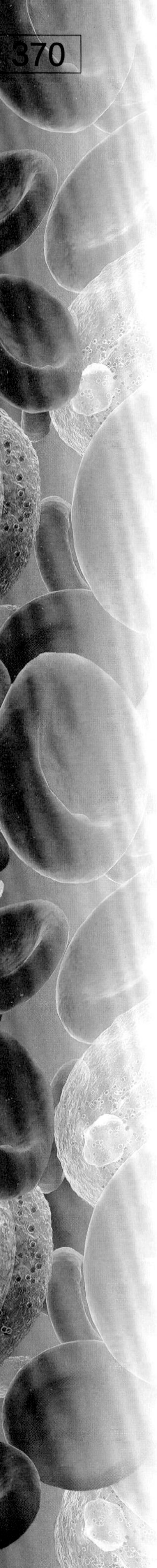

Dorling Kindersley would like to thank Lynn Bresler for proof-reading and for the index; Margaret Parrish for Americanization; and Tony Cutting for DTP support.

Picture Credits

The publisher would like to thank the following for their kind permission to reproduce their photographs:

Abbreviations key:

a=above, b=bottom/below; c=centre; l=left; r=right; t=top

4-5 Science Photo Library: D.Phillips. 280 akg-images: (bl).; The Art Archive: Dagli Orti (tl); Science Photo Library: (cr), (br); The Wellcome Institute Library, London: (c). 281 Science Photo Library: Christian Darkin (r), Du Cane Medical Imaging Ltd. (cb), Mehau Kulyk (ca), Montreal Neurological Institute (tc), PH. Saada/Eurelios (c), Simon Fraser (l), VVG (bc), Zephyr (cbb). 282 DK Images: Geoff Dann/ Donkin Models (b); Science Photo Library: Eric Grave (tr). 283 Science Photo Library: David McCarthy (cr), Michael Abbey (tc), (tr), (tcr), Prof. P. Motta/Dept. of Anatomy/University, "La Sapienza", Rome (tl), VVG (br). 284 Science Photo Library: Innerspace Imaging (c), VVG (tc), (ca). 285 Science Photo Library: Alfred Pasieka (tc), Biophoto Associates (tcr), Profs. P.M. Motta, K.R. Porter & P.M. Andrews (tr). 286 Getty Images (tr); Science Photo Library: Innerspace Imaging (bl), Institut Paoli-Calmettes, ISM (br). 287 Science Photo Library: Michael Donne, University of Manchester (bl), (br), (bcl), (bcr), Susan Leavines (tl). 288 Science Photo Library: David Scharf (tr), Prof. P. Motta/ Dept. Of Anatomy, University "La Sapienza", Rome (bc), (tcr), WG (cbl). 289 NASA: (tr); Science Photo Library: (bl), (bcl), Andrew Syred (tl). 291 Science Photo Library: David Mooney (tcr), Du Cane Medical Imaging Ltd. (cr), Mike Devlin (cla), Sam Ogden (tr), Zephyr (c). 292 Science Photo Library: (bc), (bcr), Biophoto Associates (br). 293 Corbis: Roininen Juha/ Sygma (tr), Corbis Royalty Free (cr). 294 Science Photo Library: David Becker (tr). 295 Science Photo Library: Don Fawcett (tl), VVG (bl). 296 Science Photo Library: P. Hattenberger, Publiphoto Diffusion (cl), Tony McConnell (bl); 296-297 Getty Images: Art Montes De Oca. 297 The Wellcome Institute Library, London: (cla), (ca), (ca2). 298 Science Photo Library: David Becker (tl), Susumu Nishinaga (ca). 299 Science Photo Library: Andrew Syred (crbb) CNRI (crb), Eye of Science (c), (br), J.C. Revy (tr), VVG (tl). 300 Science Photo Library: Dr. P. Marazzi (bc), Sheila Terry (bl). 301 Science Photo Library: CNRI (bc), J.C. Revy (c), Lawrence Lawry (tr). 302 Science Photo Library: Adam Hart-Davis (clb), (bl). 303 Science Photo Library: Geoff Bryant (br poppy backgrounds), VVG (cr). 304 Science Photo Library: CNRI (ca), (cl), Susumu Nishinga (br). 305 Science Photo Library: John Bavosi (br). 306 Science Photo Library: CNRI (bl). 307 Alamy Images: David Sanger (tl); 307 Science Photo Library: Omikron (bl). 310 Science Photo Library: Zephyr (bl). 312 Photovault: (b); Science Photo Library: CNRI (tr). 313 Photovault: (t); Science Photo Library: Hank Morgan (cr), Oscar Burriel (br), Zephyr (cl), (cb). 314 Getty Images: Vera Storman (cl), (bc). 315 Corbis: Charles Gupton (tcr), Rick Gomez (tr); Getty Images: (c); Science Photo Library: Mark Lewis (tc). 317 Corbis: Nik Wheeler (bl). 319 Science Photo Library: VVG (cb), Zephyr (bl). 320 Science Photo Library: (cb), Philippe Plailly (br). 321 Science Photo Library: BSIP, Joubert (br) Scott Camazine (bc). 324 Science Photo Library: (craa), Biophoto Associates (cl), Dr. Linda Stannard, UCT (cra), Eye of Science (tr), John Durham (br), Prof. P. Motta/Dept of Anatomy/University, "La Sapienza" Rome (crbb), Profs. P.M. Motta, K.R. Porter & P.M. Andrews (bl), Profs. P.M.Motta, K.R. Porter & P.M. Andrews (bl), VVG (clb). 325 Alamy Images: (br); Science Photo Library: Eye of Science (t); VVG (cl). 327 Science Photo Library: Ian Boddy (bl), NIBSC (tr). 328 Corbis: David Michael Zimmerman (crb), Science Photo Library: Simon Fraser/ Royal Victoria Infirmary, Newcastle Upon Tyne (bc). 328 Corbis: Lester Lefkowitz (t). 328 Science Photo Library: AJ Photo/Hop Americain (br), BSIP, Raguet (tr), Mauro Fermariello (clb), Pascal Goetgeluck (bl), SIU (cl), Will & Deni McIntyre (clbb). 329 Corbis: Reuters (tl); Science Photo Library: David M. Martin, M.D. (tc), (cl), (bl). 331 Science Photo Library: (bc), Alex Bartel (br), BSIP VEM (tr), Dr. Tony Brain (bl), Susumu Nishinaga (cr). 332 Science Photo Library: Dr. K.F.R. Schiller (bl), Eye of Science (crb), Prof. P. Motta & F. Magliocca/University "La Sapienza", Rome (br), Prof. P. Motta/ Dept. of Anatomy/ University "La Sapienza", Rome (cr), (tr), VVG (cra). 333 Science Photo Library: David Scharf (bl) Scimat (cr). 335 Digital Vision: (bl). 336 Science Photo Library: CNRI (bl), Pascal Goetgheluck (cl). 337 Science Photo Library: Alfred Pasieka (tr), Dr. Arnold Brody (cb), Hossler, Custom Medical Stock Photo (cl), James Steveson (bc), (cbb). 339 Corbis: Jeffrey L. Rotman (tr); Science Photo Library: Biophoto Associates (tc). 340 Science Photo Library: CNRI (bl), (br). 341 Alamy Images: Jacky Chapman (tl); Pa Photos: Phil Noble (cl); 341 Science Photo Library: Wellcome Dept. of Cognitive Neurology (br), (crb), (br). 342 Science Photo Library: Prof. P. Motta/Dept. of Anatomy/University "La Sapienza", Rome (bc), Professor P. Motta & D. Palermo (tc). 343 Science Photo Library: Adam Hart-Davis (bl), (bcl), CNRI (cl), Dr. Gopal Murti (cr), Prof. P. Motta/Dept. of Anatomy/University "La Sapienza", Rome (ccl), VVG (ccr). 344 Science Photo Library: VVG (crb). 345 Science Photo Library: (clb), (bl). 346 Science Photo Library: CNRI (crb), (bc). 347 Science Photo Library: Prof. P. Motta/Dept. of Anantomy/University "La Sapienza", Rome (cb), Professors P.M. Motta, G. Macchiarelli, S.A. Nottola (cr). 348 Science Photo Library: D. Phillips (l), Dr G. Moscoso bcl; Professor R. Motta, Department of Anatomy, Rome University (crb), Professors P.M. Motta & J. Van Blerkom (cra); The Wellcome Institute Library, London: Yorgos Nikas (bcr). 349 LOGIQlibrary: (tl), (tc), (tr); Getty Images: Ranald Mackechnie (bl); Science Photo Library: Du Cane Medical Imaging Ltd (cl); The Wellcome Institute Library, London: Anthea Sieveking (br). 350 Science Photo Library: (bl). 350-351 Getty Images: Photodisc Collection (c). 351 Alamy Images: David young-Wolff (cb); Corbis: Ariel Skelley (br); Science Photo Library: (tr). 352 Getty Images: Ryan McVey (cl); Science Photo Library: Andrew Syred (bcr), Dr. P. Marazzi (bcl), Scott Camazine (bl). 353 Corbis: Jim Richardson (cr), Tom Stewart (tl); Science Photo Library: (bc), Alfred Pasieka (br), Zephyr (bl). 354 DK Images: Geoff Dann / Donkin Models (tl); Science Photo Library: Andrew Syred (c). 355 Science Photo Library: CNRI (tl), Lauren Shear (tr). 356 Science Photo Library: Alfred Pasieka (cb), (t), Innerspace Imaging (br), Kenneth Eward/Biografx (cl), VVG (clb). 357 Corbis: George Shelley (cr); Getty Images: Barros & Barros (tl); Science Photo Library: Eye of Science (br). 358 Science Photo Library: James King-Holmes (br), Pilippe Plailly (tl). 359 Science Photo Library: Colin Cuthbert (tl), Mauro Fermariello (cla), (bl), Philippe Plailly (cl) Victor Habbick Visions (cra), VVG (tr).

Jacket images

Huitu: Veer

For further information see:
www.dkimages.com